KB014308

백종해 MASTER

소방시설 관리사 2차

소방시설의 설계 및 시공

에듀크라운
국가자격시험문제 전문출판
www.educrown.co.kr

최고의 적중률!! 최고의 합격률!!
크라운출판사
국가자격시험문제 전문출판
http://www.crownbook.com

이 책을 발행하며

우리는 소중한 국보 1호 남대문이 전소하는 순간을 눈물 흘리며 지켜보아야 했습니다. 곳곳에서 화재 사고 또한 끊이지 않고 있습니다. 그 허망함과 슬픔을 두 번 다시 맛보지 않기 위해서는 중요 문화재 등에 대한 현실적 방화대책이 필요하며, 이를 지속적으로 유지 · 보수 · 개선하기 위한 소방시설관리사의 중요성이 바로 여기에 있습니다.

이 교재는 소방시설관리사 시험을 준비하는 수험생들과 자격증 취득 후 업무를 수행하시는 소방관리사 분들이 실무에 쉽게 접근할 수 있도록, 그동안 현장에서 근무하며 틈틈이 정리했던 국가화재안전기준의 이해, 공학적인 현장실무, 소방시설의 작동원리 및 구조설명 등에 관한 자료들을 한 권으로 집대성한 국내 최신간 교재입니다.

소방시설관리사는 국가화재안전기준에 적합하게 설치된 소방시설의 성능을 안전하게 유지 · 관리함으로써 국민 생활의 안전과 산업경제 발전에 일익을 주는 소방전문가입니다. 소방시설등의 작동기능점검을 포함하여 설비별 주요구성부품의 구조기준이 화재안전기준 및 건축법등 관련 법령이 정하는 기준에 적합한지 여부를 철저하게 점검함은 물론 국가화재안전기준의 이해와 이를 적절히 일선현장에 접목시킬 수 있는 능력을 갖추어야 합니다.

이 교재의 특징

1. 국가화재안전기준의 설명과 중요 부분은 암기하기 쉽도록 머리글자식 암기법 수록
2. 핵심부분은 그림으로 나타내어 학원에서 강의를 듣는 것처럼 자세하게 설명
3. 출제빈도가 높은 부분과 핵심이론은 예상문제를 만들어 적중률 높임
4. 지난년도 출제문제를 분석하여 출제경향을 알 수 있게 하고 해설과 모범답안 수록

국내외 서적과 지식의 보고인 인터넷 자료들을 참고하고 최신 점검장비와 점검 기술을 현장에서 체험하면서 습득한 사항들을 반영하였습니다. 내용 중 일부가 필자의 부족한 지식이나 이해 부족으로 발생한 오류에 대해서는 널리 양해해 주시기 바라며, 더 좋은 교재가 되도록 예의 주시하여 수정 보완하겠습니다.

끝으로, 교재 출간에 여러 도움을 주신 크라운 출판사 이상원 회장님과 편집부 임직원 여러분과 물심양면으로 도와준 강경원 소방학원장님, 김시권 사장님과 바쁜 시간을 쪼개어 설계 도면을 그려준 정우성님, 강신길님, 한준희님, 이민철님, 송원영님, 권영아 관리사님께 깊은 감사 말씀을 전합니다.
또한 교정을 꼼꼼히 해준 이중섭 관리사님, 특히 엔지니어로서 실무에 전념할 수 있도록 배려해준 김환성 회장님, 천제홍 사장님께 감사드립니다.

항상 곁에서 힘이 되어준 사랑하는 모든 사람들과 가족에게 이 책을 바칩니다.

저자 백종해 드림

차례

C·O·N·T·E·N·T·S

제6장 경보설비

제7장 피난구조설비

제8장 소화용수설비

제9장 소화활동설비

제10장 방재안전시설

부록 시험 대비 최근 기출문제

소방시설관리사 가이드

1. 개요

소방시설관리사는 1991.12.24 소방법 제38조의 규정으로 도입한 이래 1993년에 첫 배출을 시작하여 특정소방대상물에서 소방안전 확보의 일익을 담당하며 전문직업인으로 활동하여 오고 있다.

2. 업무

① 소방시설관리업의 주된 기술인력
② 특정소방대상물의 소방시설 소방안전관리업무 대행
③ 특정소방대상물의 소방시설 자체점검 대행
④ 기타 소방시설 점검 및 유지관리

3. 역할

국가화재안전기준에 적합한 설치 및 성능으로 유지, 관리함에 있어 소방시설관리사의 전문적인 지식, 기술제공 등의 활동을 통하여 소방안전을 확보함으로써 국민의 안전한 생활 및 산업경제 발전에 일익을 담당하고 있다.

4. 전망

국가 경제 및 산업의 발달로 소방안전을 위협하는 요인이 증가 추세에 있어 소방안전관리의 전문적인 기법, 지식을 연구·발전시켜 소방안전관리 기법의 개발, 법령, 제도의 개선을 통하여 특정소방대상물의 효율적이고 전문적인 관리가 요구된다. 소방안전관리의 전문직업인으로서 육성, 발전시켜 나갈 것이라 예상되어 향후 소방시설 관리사의 전망은 밝다.

5. 자격시험제도 운영체계

① 소방청
　㉠ 자격과 관련한 법·제도·정책결정, 자격의 기본계획 수립
　㉡ 소방시설관리사 자격증 교부 및 재교부
　㉢ 자격증 취소 등 행정처분, 사후관리 등
② 한국산업인력공단
　㉠ 시험 시행계획 수립, 공고
　㉡ 응시원서 접수, 자격시험 출제·시행·채점, 합격자 발표

소방시설관리사 시험안내

Fire Equipment Manager

1. 시험일정

시험구분	월 및 요일	시험과목		시험시간	문항 수
제1차 시험	5월 토요일	5개 과목		09:30~11:35(125분) (09:00까지 입실)	과목별 25문항 (총 125문항)
		4개 과목(일부면제자)		09:30~11:10(100분) (09:00까지 입실)	
제2차 시험	9월 토요일	1교시	소방시설의 점검실무행정	09:30~11:00(90분) (09:00까지 입실)	과목별 3문항 (총 6문항)
		2교시	소방시설의 설계 및 시공	12:00~13:30(90분) (11:30까지 입실)	

2. 시험과목

① 시험과목

1차 시험(필기시험)			2차 시험(실기시험)	
과목	문항	시간	과목	시간
소방안전관리론 및 화재역학	25문제	125분	1. 소방시설의 점검실무행정 (점검절차 및 점검기구 사용법)	90분
소방수리학, 약제화학 및 소방전기	25문제			
소방관련 법령	25문제			
위험물 성상 및 시설기준	25문제		2. 소방시설의 설계 및 시공	90분
소방시설의 구조원리	25문제			

- 필기시험(1차 시험) : 매 과목 100점 만점기준, 매 과목 평균 40점 이상, 전과목 평균 60점 이상 득점한 사람(전회 1차 시험의 합격자는 당회 1차 시험 면제)
- 실기시험(2차 시험) : 매 과목 100점 만점기준 채점 점수중 최고점수와 최저점수를 제외한 점수가 매 과목 평균 40점 이상, 전과목 평균 60점 이상 득점한 사람

② 과목면제

2차 과목	
기술사(소방, 건축전기, 건축기계, 공조냉동)	소방시설의 설계 및 시공
위험물기능장, 건축사	
소방공무원으로 5년 이상 근무한 경력자	소방시설의 점검실무행정 (점검절차 및 점검기구 사용법)

3. 응시자격

자격 사항	소방실무경력
소방설비기사 소방실무경력자(소방안전공학 분야 석사학위 취득)	2년
소방설비산업기사 산업안전기사 위험물산업기사, 위험물기능사 대학에서 소방안전 관리학과 대학에서 소방안전 관련학과	3년
소방공무원	5년
기타	10년
소방기술사, 건축기계설비기술사, 건축전기설비기술사 공조냉동기계기술사, 위험물기능장, 건축사	-

(경력기간 산정은 원서접수 마감일까지)

4. 시험위원의 구성 등

① 시험위원 구성

응시자격 심사위원	출제위원	채점위원
3인	시험과목별 3인	시험과목별 5인 (제2차 시험의 경우에 한함)

② 시험위원의 자격

㉠ 소방관련학 박사학위를 가진 자

㉡ 소방안전관련학과 조교수 이상으로 2년 이상 재직한 자

㉢ 소방위 또는 지방소방위 이상의 소방공무원

㉣ 소방시설관리사

㉤ 소방기술사

5. 기출문제 요약분석

① 소방시설의 설계 및 시공(1회-18회)

No	분야	배점	비율
1	화재안전기준	569점	31.6 %
2	소방시설법	15점	0.8 %
3	소방법(소방시설법 제외)	31점	1.7 %
4	계산문제	882점	49.0 %
5	개념, 정의, 비교	294점	16.4 %
6	점검실무	9점	0.5 %
총점		1,800점	100 %

② 소방시설의 점검실무행정(1회-18회)

No	분야	배점	비율
1	화재안전기준	338점	18.8 %
2	소방시설법	226점	12.6 %
3	소방법(소방시설법 제외)	309점	17.2 %
4	계산문제	29점	1.6 %
5	점검실무	577점	32.0 %
6	점검항목	321점	17.8 %
총점		1,800점	100 %

6. 최근 합격자 연도별 응시유형별 현황

	일반 응시	일반 합격	합격률	설계 응시	설계 합격	합격률	점검 응시	점검 합격	합격률	총응 시자	총합 격자	총합격률
11회	1,568	132	8 %	360	49	14 %	153	9	6 %	2,081	190	9 %
12회	1,427	179	13 %	283	9	3 %	150	28	19 %	1,860	216	12 %
13회	1,126	119	11 %	291	7	2 %	166	21	13 %	1,583	147	9 %
14회	1,081	32	3 %	261	12	5 %	200	0	0 %	1,542	44	3 %
15회	1,586	32	2 %	324	0	0 %	548	43	8 %	2,458	75	3 %
16회	2,038	84	4 %	426	9	2 %	990	29	3 %	3,454	122	4 %
17회	1,369	39	3 %	304	7	2 %	851	24	3 %	2,524	70	3 %
18회	923	21	2 %	217	17	8 %	713	29	4 %	1,853	67	4 %

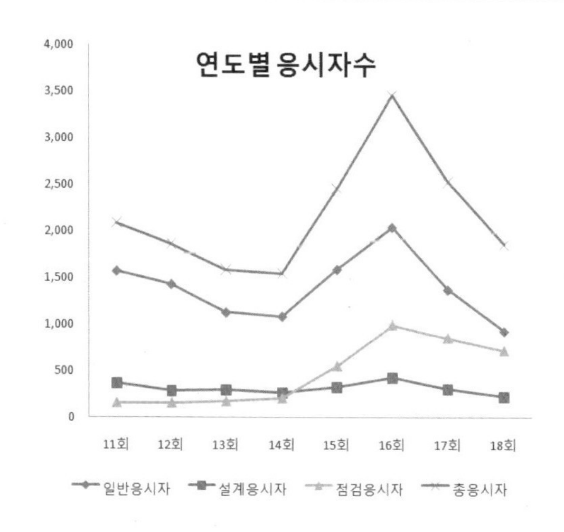

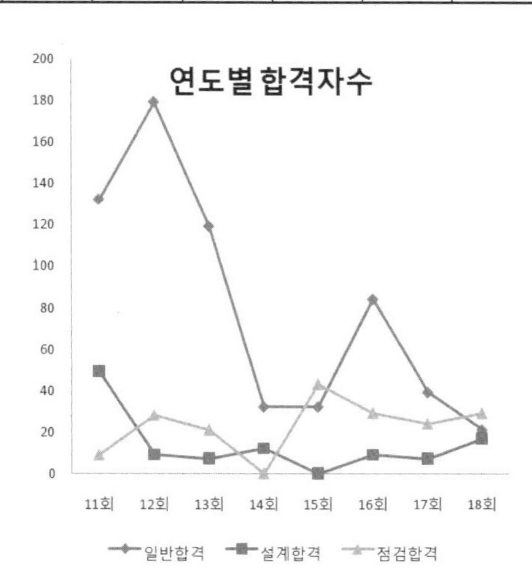

제 1 장

소방수리학

01 물리량과 단위

Fire Equipment Manager

01 단위계

(1) 절대단위계(Absolute System of Unit) 또는 SI단위계(International System of Unit)

① 차원 : MLT계{Mass(질량), Length(길이), Time(시간)}

② 기본단위 : 질량 m [kg], 길이 L [m], 시간 t [s]

③ 유도단위 : 밀도, 비체적

(2) 공학단위계(Technical System of Unit) 또는 중력단위계(Gravitational System of Unit)

① 차원 : FLT계{Force(힘, 무게), Length(길이), Time(시간)}

② 기본단위 : 무게(힘) F [kgf], 길이 L [m], 시간 t [s]

③ 유도단위 : 비중량, 비체적

(3) 단위변환(Unit Conversion)

① 중력단위계 → SI 단위계 ② 중력단위계 ← SI 단위계

단위와 차원의 정의

1. 단위(Unit) : 물리량의 크기를 나타내는 기준

   예 힘 F의 단위 : $F = m \times a$ [N] ※ 1 kg x 1 m/s^2 = 1 N ※ 변수 : 경사체, 단위 : 직립체

2. 차원(Dimension) : 모든 물리량의 단위(MLT)를 조합하여 문자로 나타낸 것

   예 힘 F의 차원 : $F = m \times a = m \times \frac{dv}{dt} = m \times \frac{1}{dt} \times \frac{dS}{dt}$ $[M L T^{-2}]$

기본단위 : SI의 가장 기본이 되는 7개의 단위로서 독립적인 차원을 갖도록 정의된다.

물리량	명 칭	기 호	틀린 기호
질량	킬로그램	kg	Kg, Kg, Kgs
길이	미터	m	Km, Kms, Kms, KM
시간	초	s	sec, secs, Sec, S
열역학적 온도	캘빈	K	° K
몰질량	몰	mol	–
전류	암페어	A	–
광도	칸델라	cd	–

SI 단위명칭과 기호 표기방법

1. 기호는 소문자로 쓰나 아래와 같은 경우에는 예외이다.
   ① 단위의 이름이 사람의 이름에서 따온 것일 경우 : 절대온도 (K)
   ② 기호가 문장의 첫머리일 경우 : 암페어 (A)
2. 기호는 복수일 경우라도 표기방식을 바꾸지 않으며 "s"를 붙이지 않는다.
3. 몇 개의 단위를 곱하여 조합된 단위는 중간점(·)을 넣거나 한 칸 띄운다.
   예 $m \cdot s^{-1}$, $m\ s^{-1}$, m/s, $\frac{m}{s}$
4. 혼합단위에서 둘 이상의 "사선(/)"이나 "per"를 사용하면 안 된다.
   혼돈을 방지하기 위해서, 괄호나 음의 지수를 사용한다.
   예 J/(kg·K), $J \cdot kg^{-1} \cdot K^{-1}$은 되지만 J/kg·K, J/kg/K은 안 된다.
5. 기호와 숫자 사이는 한 칸 띄운다.
   예 5 kg은 되지만 5kg은 안 된다.

02 주요 물리량의 단위

(1) 길이, 부피, 무게

① 길이(度) : 1 ft = 0.3048 m, 1 in = 25.4 mm

② 부피(量) : 1 gal = 3.785 L(∵ 미국)

③ 무게(衡) : 1 lb = 0.4536 kg, 1 kgf = 9.80665 N ≒ 9.8 N

힘(Force)과 중력(Weight, Gravity)

1. 힘 F = 질량 (m) x 가속도 (a) [N] ※ 1 N = 1 kg x 1 m/s^2
2. 중력 $W = m \times g$ = 1 kg x 9.80665 m/s^2 ≒ 9.8 $kg \cdot m/s^2$ = 9.8 N = 1 kgf
   ① 1 N : 질량 1 kg에 1 m/s^2의 가속도를 내도록 하는 힘의 크기
   ② 1 kgf : 질량 1 kg에 9.8 m/s^2의 중력가속도를 내도록 하는 힘의 크기
3. 예제
   60 kg의 몸무게를 가진 사람이 지표면에 작용하는 힘을 중력단위(kgf)와 SI 단위(N)로 나타내면,
   ① 중력단위 : 60 kgf ➜ 60 kg 숫자는 동일하나 단위는 다름
   ② SI 단위 : W = 60 kgf = 60 kgf × 9.8 N ÷ 1 kgf = 588 N
   $W = m \times g$ = 60 kg × 9.8 m/s^2 = 588 $kg \cdot m/s^2$ = 588 N

(2) 압력(∵ 재료역학 또는 고체역학 : Stress 또는 응력)

① 표준대기압

1 atm = 1.0332 kgf/cm^2 (∵ 0 ℃) = 1,013.25 mbar = 101.325 kPa = 14.7 psi = 760 mmHg

② 공학기압

$1\ ata = 1\ kgf/cm^2 = 10^4\ kgf/m^2 = 10^4 \times 9.8\ N/m^2 = 98{,}000\ N/m^2 = 0.098\ MPa$ ※ M(mega)=10^6

③ 기타

㉠ $1\ mmAq = 1\ kgf/m^2 = 9.8\ N/m^2 = 9.8\ Pa$

㉡ $1\ Pa = 1\ N/m^2$, $1\ bar = 10^5\ Pa \fallingdotseq 1.02\ kgf/cm^2$ ※ bar : 기상학에서 주로 사용

㉢ $1\ mmHg = 1\ Torr$(∵ 미세 압력단위, 즉 진공압에 사용)

※ 표준대기압 정의

1. 수은주 : 위도 45°의 해면에서 단위면적을 가진 0 ℃이고 높이 760 mmHg인 수은주(Hg)의 중량에 의해 그 바닥면이 받는 압력
2. 수주 : 4 ℃이고 높이 10.332 mAq인 수주의 중량에 의해 그 바닥면이 받는 압력

자주 사용하는 단위

1. 압력(소화설비)

$$1\ MPa = 10^6\ N/m^2 = 10^6 \times 1\ N \times \frac{1\ kgf}{9.8\ N} / (m^2 \times \frac{10^4\ cm^2}{1\ m^2})$$

$$= 10^2 \times \frac{1}{9.8}\ kgf/cm^2 = 10.2\ kgf/cm^2$$ (∵ 화재안전기준 : $1\ MPa \fallingdotseq 10\ kgf/cm^2$)

2. 전압(제연설비)

$$1\ Pa = 1\ N/m^2 = 1\ N \times \frac{1\ kgf}{9.8\ N} / m^2 = 0.102\ kgf/m^2 = 0.102\ mmAq$$

제연용 송풍기(Fan) 소요동력 : $Lm = \frac{\gamma\ Q\ H}{102\ \eta} \times K = \frac{P_T\ Q}{102\ \eta} \times K$ (∵ 전압 (P_T) = 정압(P_S) + 동압(P_D))

(3) 일(Work), 에너지(Energy), 열량(Heat Quantity) → 힘으로 움직인 거리

$1\ J = 1\ N \times m = 0.24\ cal$

(4) 동력, 일률(Power) → 일하는 속도 또는 에너지가 소비되는 속도

① $1\ kW = 1\ kJ/s = 102\ kgf \cdot m/s = 860\ kcal/h = 1.342\ HP$

$$1\ kW = 1\ kJ/s = 1{,}000\ N \cdot m/s = 1{,}000\ N \times \frac{1\ kgf}{9.80665\ N} \times m/s = 101.97\ kgf \cdot m/s \fallingdotseq 102\ kgf \cdot m/s$$

② $1\ HP = 76\ kgf \cdot m/s = 0.745\ kW$ (영미마력)

(5) 밀도, 비중량, 비체적, 비중

① 밀도{Density, ρ (로우)} : 4 ℃, 1 atm에서 물의 밀도 ※ HFC-227ea의 충전밀도 : $1{,}153.3\ kg/m^3$

$$\rho = \frac{질량}{체적} = \frac{m}{V} = 1{,}000\ kg/m^3 = 1{,}000\ N \cdot s^2/m^4\ [SI\ 단위]$$

② 비중량{Specific Weight, γ (감마)} : 4 ℃, 1 atm에서 물의 비중량 ※ 제3종 분말의 겉보기비중 1 kg/L

$$\gamma = \frac{무게}{체적} = \frac{W}{V} = 1{,}000\ kgf/m^3\ [중력단위] = 9{,}800\ N/m^3\ [SI\ 단위]$$

③ 비체적(Specific Volume, Vs) ※ CO_2 저장용기의 충전비 1.5 L/kg 이상

$$Vs = \frac{체적}{질량} = \frac{V}{m} = \frac{1}{\rho}\ [m^3/kg]\ [SI\ 단위]$$

$$Vs = \frac{체적}{중량} = \frac{V}{W} = \frac{1}{\gamma}\ [m^3/kgf]\ [중력단위]$$

④ 비중(Specific Gravity, S) ➜ 액체비중 ※ 경유의 증기비중 4~5

$$S = \frac{r}{r_w} = \frac{\rho \times g}{\rho_w \times g} = \frac{\rho}{\rho_w} = \frac{어떤\ 물체의\ 밀도}{4\ ℃,\ 1\,atm 의\ 물의\ 밀도}\ [-]$$

비중(比重)

1. 고체, 액체비중
   4 ℃, 1 atm(표준상태)인 물의 비중량에 대한 어떤 물질의 비중량 비율
2. 기체비중
   0 ℃, 1 atm(표준상태)인 공기의 비중량에 대한 어떤 기체의 비중량 비율

질량과 무게의 관계, 밀도

1. 질량과 무게의 관계 : $W = m \times g$ [kgf]

   $$\gamma = \frac{W}{V} = \frac{mg}{V} = \rho \times g = 102\ kgf \cdot s^2/m^4 \times 9.8\ m/s^2 ≒ 1{,}000\ kgf/m^3$$

   ➜ 비중량 γ와 밀도 ρ는 단위는 다르나 숫자는 동일하므로
   kgf의 f(∵ force)를 생략하여 kg으로 표기하며, 식에서 구분 가능함.

   $\gamma = 1{,}000\ kgf/m^3$, $\rho = 1{,}000\ kg/m^3$

2. 대기압 20 ℃에서 공기의 밀도(ρ) ➜ $PV = nRT = \frac{m}{M}RT$

   $$\rho = \frac{m}{V} = \frac{PM}{RT} = \frac{1\ atm \times 28.96\ kg/kmol}{0.082\ atm \cdot m^3/kmol \cdot K \times T\ [K]} = \frac{353}{T} = \frac{353}{293} = 1.2\ kg/m^3$$

(6) 온도

물체의 차갑고, 뜨거운 정도(∵ 냉온 정도) ➜ 열역학의 제0법칙

① 섭씨온도(Celsius, ℃) ➜ 절대온도 $T = t_℃ + 273[K]$

표준 대기압(1기압)에서 물의 빙점을 0 ℃, 물의 비점을 100 ℃로 하고 그 사이를 100등분한 온도체계

$$t_℃ = \frac{5}{9}(t_{°F} - 32),\ t_{°F} = \frac{9}{5}t_℃ + 32$$

② 화씨온도(Fahrenheit, ℉) ➜ 절대온도 $T = t_{°F} + 460[°R]$

표준 대기압(1기입)에서 물의 빙점을 32 ℉, 물의 비점을 212 ℉로 하고 그 사이를 180등분한 온도체계

③ 섭씨온도의 절대온도(Kelvin, K)

㉠ 물의 빙점이나 비점을 사용하지 않고, 운동에너지에 비례하도록 온도를 정의한 것으로 운동에너지(∵ 이동하는 에너지)가 0인 상태를 절대 0도, 즉 0 K라 한다.

㉡ 절대온도와 섭씨온도 사이의 관계 ➜ 샤를(Charles)의 법칙(∵ 등압법칙 P=C, V∝T)

$T = t_{℃} + 273[K]$(∵ 물의 빙점 기준일 경우 273.15 K)

표준대기압 (1 atm)	물의 빙점 0 ℃	273.15 K
	물의 비점 100 ℃	373.15 K
0.006 atm	물의 삼중점 0.01 ℃	273.16 K
	절대 0도 또는 0 K	-273.16 K

㉢ 절대 0도의 개념

온도가 얼마나 내려갔을 때 입자들의 움직임이 멈출까(∵ 고체화), 운동에너지가 0(Zero)인 상태의 온도

㉣ 절대 0도에 가까운 극저온상태에서는 초저온현상과 초유동현상이 일어나 금속의 전기저항이 0(Zero)이 되어 자기부상열차에 응용된다.

④ 절대온도와 섭씨온도 사이의 관계

샤를 법칙에 따르면 일정한 압력에서 일정한 양의 기체를 가열하여 그 온도를 높이면 온도가 1 ℃ 상승할 때마다 기체의 부피는 $\frac{1}{273}V_0$씩 상승한다. 만약, 0 ℃일 때의 기체의 부피를 V_0라고 하면

$V_t = V_0 + V_0\frac{t}{273} = V_0(1+\frac{t}{273}) = V_0(\frac{273+t}{273}) = V_0\frac{T}{T_0}$ ➜ $T = T_0 + t_{℃} = 273 + t_{℃}$ [K]

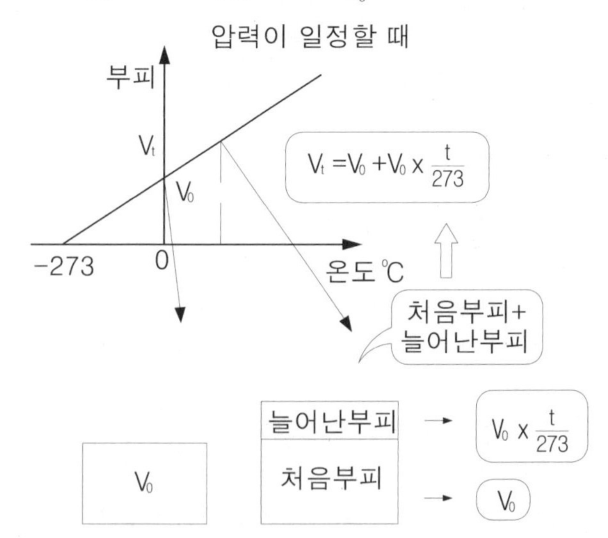

03 단위변환(∵ SI 단위 ⇄ 중력단위) : 숫자와 문자에 대한 단위변환

(1) 숫자에 대한 단위변환

예 3분을 초로 변환

$$1\ \text{min} = 60\ \text{s} \rightarrow \frac{1\ \text{min}}{60\ \text{s}} = 1,\ \frac{60\ \text{s}}{1\ \text{min}} = 1 \quad \rightarrow 3\ \text{min} = 3\ \text{min} \times \frac{60\ \text{s}}{1\ \text{min}} = 180\ \text{s}$$

(2) 문자에 대한 단위변환 : 변수(문자)로 된 공식에 단위변환하여 대입

① P [kgf/cm^2]를 P' [MPa]로 변환

P [kgf/cm^2]를 P' [MPa]로 변환	4 kgf/cm^{2}를 P' [MPa]로 변환
• P [kgf/cm^2] = P' [MPa] × □ • P [kgf/cm^2] = P' [MPa] × $\frac{1\ \text{kgf/cm}^2}{0.098\ \text{MPa}}$ = 10.2P' [MPa]로 식에 대입	• 4 kgf/cm^2 × □ = P' [MPa] • 4 kgf/cm^2 × $\frac{0.098\ \text{MPa}}{1\ \text{kgf/cm}^2}$ = 0.392 MPa

② Q [m^3/s]를 Q' [L/min]로 변환

Q [m^3/s]를 Q' [L/min]로 변환	0.04 [m^3/s]를 Q' [L/min]로 변환
• Q [m^3/s] = Q' [L/min] × □ • Q [$\frac{\text{m}^3}{\text{s}}$] = Q' [L/min] × $\frac{1\ \text{m}^3}{1{,}000\ \text{L}} \times \frac{1\ \text{min}}{60\ \text{s}}$ → $Q = \frac{1}{60{,}000} Q$로 해당 공식에 대입	• 0.04 m^3/s × □ = Q' [L/min] • 0.04 $\frac{\text{m}^3}{\text{s}} \times \frac{1{,}000\ \text{L}}{1\ \text{m}^3} \times \frac{60\ \text{s}}{1\ \text{min}}$ = 2,400 L/min

③ P [psi/ft]를 P' [kgf/(cm^2·m)]로 변환

P [psi/ft]를 P' [kgf/(cm^2·m)]로 변환	
• P [psi/ft] = P' [kgf /(cm^2·m)] × □ P [$\frac{\text{psi}}{\text{ft}}$] = P' [kgf/(cm^2·m)] × $\frac{14.7\ \text{psi}}{1.0332\ \text{kgf/cm}^2} \times \frac{0.3048\ \text{m}}{1\ \text{ft}}$ = 4.3366 P' [kgf/(cm^2·m)] → P = 4.3366P'	공식에서 단위변환 후 대입에 편리
• P [psi/ft] × □ = P' [kgf/(cm^2·m)] P [$\frac{\text{psi}}{\text{ft}}$] × $\frac{1.0332\ \text{kgf/cm}^2}{14.7\ \text{psi}} \times \frac{1\ \text{ft}}{0.3048\ \text{m}}$ = P' [kgf/(cm^2·m)] P × 0.2306 = P' → P = 4.3365 P'	숫자 있는 단위변환에 편리

02 유체정력학

Fire Equipment Manager

01 개념

(1) 유체정력학 (∵ 유속 = 0)

① 유수방향 : 흐름방향과 수직으로 작용

② 측정기기 : 정압이므로 압력계 또는 연성계로 측정

③ System : 충압펌프(∵ 평상시), 밀폐계

➜ 유체(Fluid ; 流體) : 흐르는 물질, 즉 액체, 기체로서 극히 작은 전단응력이더라도 받으면 연속적으로 변형하는 물질

02 절대압력 = 대기압 ± 게이지압

(1) 절대압력(Absolute Pressure)

① 완전진공 상태, 즉 절대영압을 기준으로 하였을 때의 압력 ➜ 절대 0압 = 압력, 운동에너지가 없는 상태

② 절대압력 = 국소대기압 + 게이지압력 = 국소대기압 −진공압

예 • 이상기체상태방정식 : $PV = nRT$(∵ P : 절대압력)

• 이용가능한 유효흡입양정(NPSHav : available NPSH)

NPSHav = 대기압 − 포화증기압(∵ 절대압력) − 흡입배관의 마찰손실수두 ± 펌프의 설치높이

$$= \frac{Pa}{\gamma} - \left(\frac{Pv}{\gamma} + H_\ell \pm H_S\right) \ [mH_2O]$$

(2) 게이지압력(Gauge Pressure)

국소대기압을 기준으로 하였을 때의 압력(∵ 공학문제에서 주로 사용)이다.

즉, 국소 대기압 Pa = 0으로 하여 측정한 압력

예 • 펌프 흡입측의 연성계, 펌프 토출측의 압력계, 압력챔버의 압력계 등

• 알람밸브, 건식밸브, 준비작동밸브, 일제개방밸브의 1차측 또는 2차측 압력계 등

대기압에 관한 문제는 간접적으로 지문에 나온다.
만약 문제에서 대기압이 작용하는 경우에 압력을 구하라고 한다면 그때 압력은 절대압력을 구해야 한다.

정지유체에서의 압력변화

1. 자유표면(Free Surface) : 대기압을 받고 있는 표면
2. 수심 h일 때 절대압력과 게이지압력
   ① 절대압력 Pabs = γ h + Pa(∵ Pa = 대기압)
   ② 게이지압력 Pg = γ h(∵ 대기압 Pa = 0) ➜ 수심에 대한 Y축의 함수

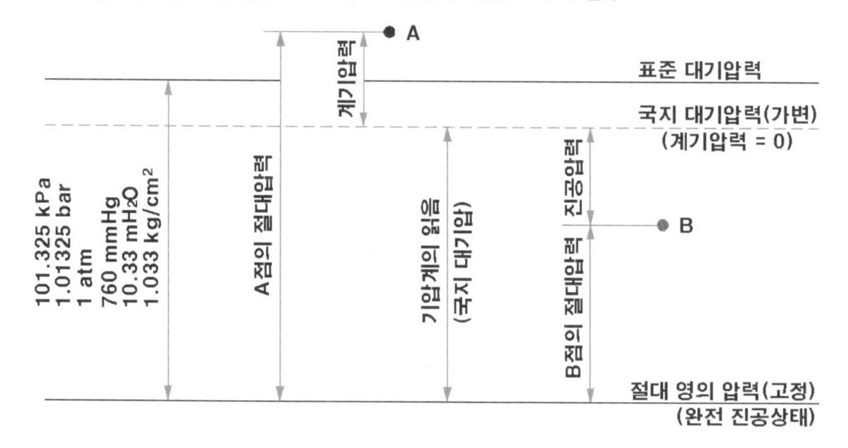

03 정지유체성질, Pascal의 원리

(1) 정지유체성질 암기 동방(의) 세수

① 정지 유체에서의 동일 수평면상의 압력은 동일하다.(유속 = 0, 등압면)
② 한 점에 작용하는 압력의 크기(세기)는 방향에 관계없이 동일하다 : 그림2
③ 밀폐된 용기나 배관 속에서의 압력은 모든 방향으로 균일한 크기(세기)로 전달된다. : 그림3
④ 압력은 모든 면에 수직 작용(∵ 속도구배($\frac{dv}{dy}$) = 0이므로, 전단응력(τ, 타우) = 0)
   : 그림1 ➜ 압축응력에 해당함

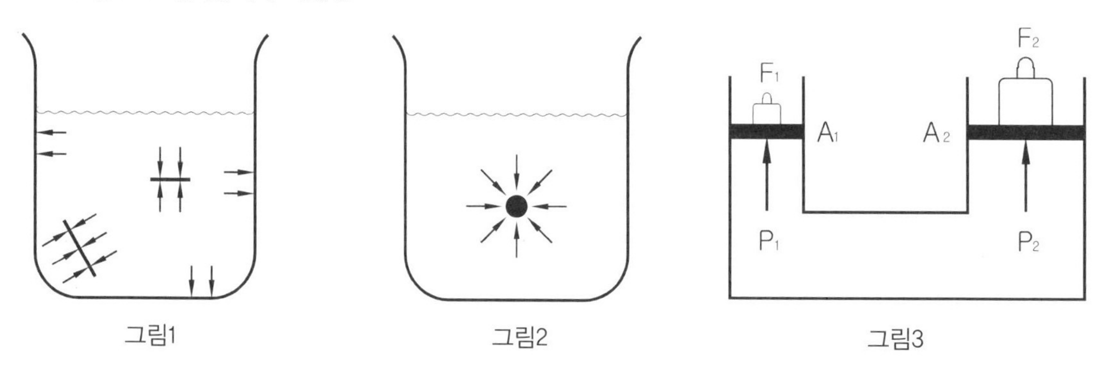

그림1 그림2 그림3

파스칼(Pascal)의 원리 : 압력 동일, 힘은 다름(∵ $P_1 = P_2$, $F_1 \neq F_2$)

$$P = P_1 = P_2 = \frac{F_1}{A_1} = \frac{F_2}{A_2} = \frac{수직력}{면적} \text{ 또는 } \frac{A_2}{A_1} = \frac{F_2}{F_1}$$

(∵ 면적비 = 힘의 비 ➜ 면적 10배이면 힘도 10배, 즉 지렛대의 원리와 유사)

1. 정의 : 밀폐계(∵ 유속 = 0)
   밀폐된 용기나 배관 속의 유체의 일부에 압력을 가하면 그 압력은 유체내의 모든 방향(∵ 곳)에 균일한 세기(크기)로 전달되어 벽면에 수직으로 작용한다.
2. 압력 $P = P_1 = P_2 = F/A = \gamma y$
3. 두 지점의 이격거리와 무관
4. 원리 적용의 예
   ① 알람밸브 또는 건식밸브의 클래퍼
   ② 건식밸브의 엑셀러레이터
   ③ 저압 건식밸브의 액추에이터
   ④ 건식밸브(다이어프램식) 및 준비작동밸브(다이어프램식)의 PORV
   ⑤ 준비작동밸브(다이어프램식) 중간챔버

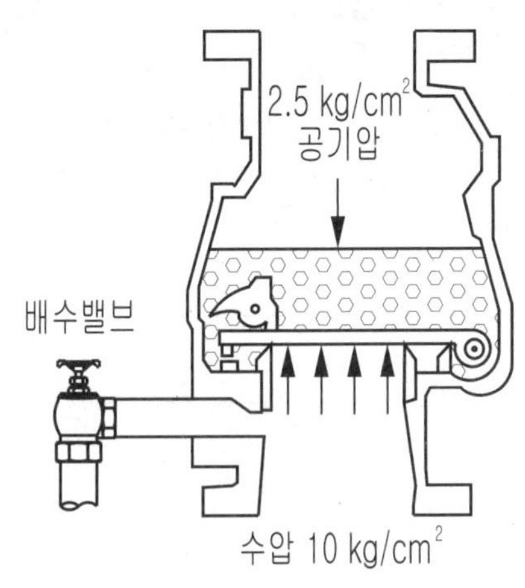

세코스프링클러(주)의 고압 건식밸브

※ 파스칼의 원리

F = P A = p A

03 유체운동학

Fire Equipment Manager

01 개념

(1) 유체운동학(∵ 유속 ≠ 0)

① 유수방향 : 흐름방향과 동일하게 작용
② 측정기기 : 동압이므로 피토게이지로 측정
③ System : 주펌프 작동(∵ 화재시), 개방계(∵ 계외로 방수)

02 연속방정식

자연계의 질량보존법칙을 흐르는 유체에 적용시켜 얻어진 방정식이다. 즉, 유관 속을 비압축성 유체의 정상류가 흐를 때 유입되는 유량과 유출되는 유량은 양적으로 변화하지 않는다.

(1) 체적 유량(Volumetric Flow Rate) → 방수량(Flow Rate 또는 Discharge, Q)

특정 단면을 통과하는 유체의 시간당 부피

$Q = A \times v\,[m^3/s]$, $A_1 \times v_1 = A_2 \times v_2$(∵ 비압축성 유체 $\rho_1 = \rho_2$)

$v = \dfrac{Q}{A}\,[m/s]$, $D = \sqrt{\dfrac{4Q}{\pi v}}\,[m]$

(여기서, Q : 체적 유량(m^3/s), v : 배관 평균유속(m/s), D : 배관 직경(m))

(2) 질량 유량(Mass Flow Rate) : $\dot{m}$

$\dot{m} = \rho Q = \rho A v\,[kg/s]$ → 압축성 유체일 경우 : $\rho_1 A_1 v_1 = \rho_2 A_2 v_2$

(여기서, ρ : 밀도($\dfrac{m}{V} = \dfrac{질량}{체적}$), A : 단면적(m^2), v : 배관 평균유속(m/s))

(3) 중량 유량(Weight Flow Rate) : $\dot{G}$

$\dot{G} = \gamma Q = \gamma A v\,[kgf/s]$ → 압축성 유체일 경우 : $\gamma_1 A_1 v_1 = \gamma_2 A_2 v_2$

(여기서, γ : 비중량($\dfrac{W}{V} = \dfrac{무게}{체적}$), A : 단면적(m^2), v : 배관 평균유속(m/s))

※ 연속방정식

$$A \times v = a \times V$$

03 베르누이 정리(Bernoulli's Theorem)

에너지보존법칙을 배관내 흐르는 물에 적용한 것으로 유선을 따르는 오일러(Euler)의 운동방정식을 적분하여 구한 식으로 유체의 각 지점에서의 압력수두, 속도수두, 위치수두의 합은 같다. 즉, 일정하다를 의미한다.

(1) 전제조건 암기 유정마비

① 유선을 따른 유동 : 유체장내에서 유체 입자의 속도벡터(유속)에 접하는 선

② 정상유동(Steady Flow) : 시간에 관계없이 압력, 온도, 속도, 밀도 등이 일정한 흐름

③ 마찰이 없는 유동(비점성 유체에 적용) : 배관의 마찰손실수두 $h_\ell = 0$

④ 비압축성 유동(비압축성 유체에 적용) : 비중량 γ = 일정

(2) 식

① 에너지로 표현한 베르누이 방정식

$\therefore PV + \frac{1}{2}mv^2 + mgz =$ 일정 [kgf · m], 압력에너지 + 운동에너지 + 위치에너지 = 일정

② 수두로 표현한 베르누이 방정식 : 양변을 mg로 나누면

$\therefore H = \frac{P}{\gamma} + \frac{v^2}{2g} + Z =$ 일정 [mH_2O], 압력수두 + 속도수두 + 위치수두 = 일정

여기서, H = 전수두(Total Head), 에너지선 또는 에너지경사선

③ 압력으로 표현한 베르누이 방정식 : 양변에 γ를 곱하면

$$\therefore P + \frac{\gamma v^2}{2g} + \gamma Z = \text{일정 } [kgf/cm^2]$$

(정압) (동압) 정압(낙차압)

④ 에너지 경사, 상당구배

$I = \frac{h_\ell}{L} = \frac{\text{마찰손실수두}}{\text{배관 전체 길이}}$ (즉, 단위길이당 마찰손실수두)

04 베르누이 정리의 응용

(1) 유출속도 $v = \sqrt{2gh}$: 토리첼리 정리(Torricelli's Theorem)

① 수면에서 깊이 h인 탱크 측벽에 뚫는 작은 구멍에서 유출하는 액체 유속(v_2)

㉠ 1지점(수면) $Z_1 = h$, $P_1 = 0$(∵ 대기압),

$v_1 = 0$(∵액면강하속도) ➜ 탱크의 단면적(A_1) >> 구멍의 단면적(A_2)

㉡ 2지점(유출시) $Z_2 = 0$, $P_2 = 0$(∵ 대기압), $v_2 = ?$

② 1지점과 2지점에서의 에너지 총합은 같기 때문에 베르누이 정리를 적용하면 (∵ $h_\ell = 0$, $\gamma_1 = \gamma_2 = \gamma$)

$$\frac{P_1}{\gamma} + \frac{v_1^2}{2g} + Z_1 = \frac{P_2}{\gamma} + \frac{v_2^2}{2g} + Z_2$$ (∵ 두 지점만 고려하고 과정은 고려하지 않음)

$$\frac{v_2^2}{2g} = Z_1 = h \rightarrow v_2^2 = 2gh \rightarrow v_2 = \sqrt{2gh}\ [\mathrm{m/s}]$$

(2) 유동속도 $v = \sqrt{2g\Delta h} = \sqrt{2g\frac{\Delta p}{\gamma}}$: Pitot Tube (피토우관)

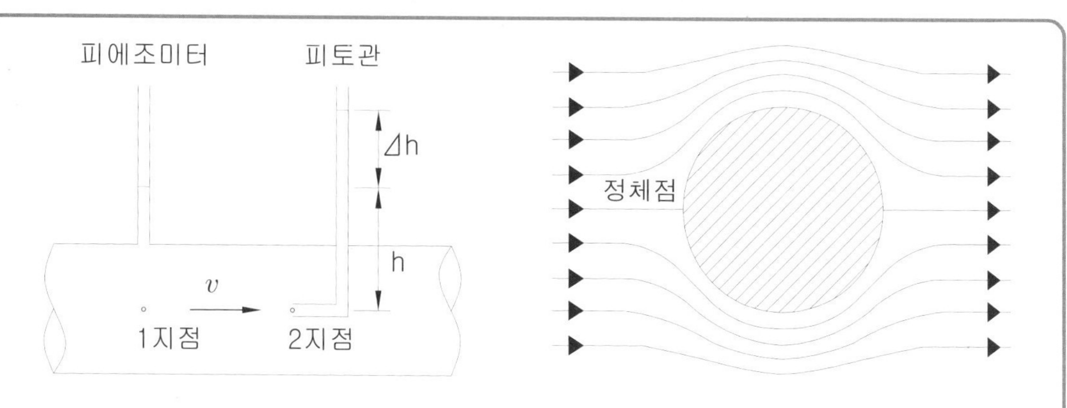

가정조건

1. 속도 $v_2 = v_s = 0$, 지점2는 정체점(Stagnation Point)이므로
2. 압력 $P_2 = Ps$, 동일 선상의 압력은 동일하므로(∵ 등압면)
3. 위치수두 $Z_1 = Z_2$, 동일 선상에 위치해 있으므로(∵ 등수두면)

그림에서 1지점과 2지점에 베르누이 방정식을 적용하면(∵ $h_\ell = 0$, $\gamma_1 = \gamma_2 = \gamma$)

$$\frac{P_1}{\gamma} + \frac{v_1^2}{2g} + Z_1 = \frac{P_2}{\gamma} + \frac{v_2^2}{2g} + Z_2$$

① $\frac{P_1}{\gamma}+\frac{v_1^2}{2g}=\frac{P_2}{\gamma}=\frac{P_S}{\gamma}$ ➜ 양변에 γ를 곱하면 ➜ $P_S=P_1+\frac{\gamma v_1^2}{2g}$

(여기서, Ps : 정체압력(Stagnation pressure) = 총압(Total pressure) = 전압

P_1 : 정압(Static pressure), $\frac{\gamma v_1^2}{2g}$: 동압(Dynamic pressure))

② 정체압력 P_2= Ps $=\gamma(h+\Delta h)$ 을 베르누이 정리에 대입하면

$$Ps=\gamma(h+\Delta h)=P_1+\frac{\gamma v_1^2}{2g}\ (\because\ P_1=\gamma h)$$

③ 유동속도(v_1를 v로 표기하면)

$$v=\sqrt{2g\frac{\Delta P}{\gamma}}=\sqrt{2g\Delta h}\ (\because \Delta P=P_2-P_1=\gamma\Delta h)$$

(3) 흡입속도 $v=\frac{1}{\sqrt{1-m^2}}\times\sqrt{2gR\frac{\gamma_2-\gamma_1}{\gamma_1}}$: 벤츄리미터(Venturi Meter)

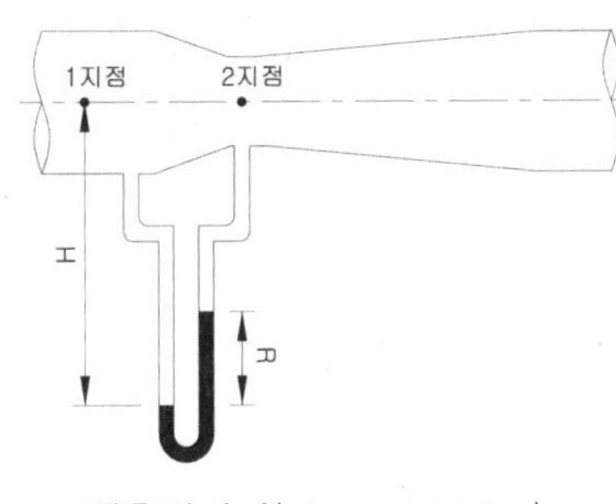

벤츄리미터(Venturi Meter)

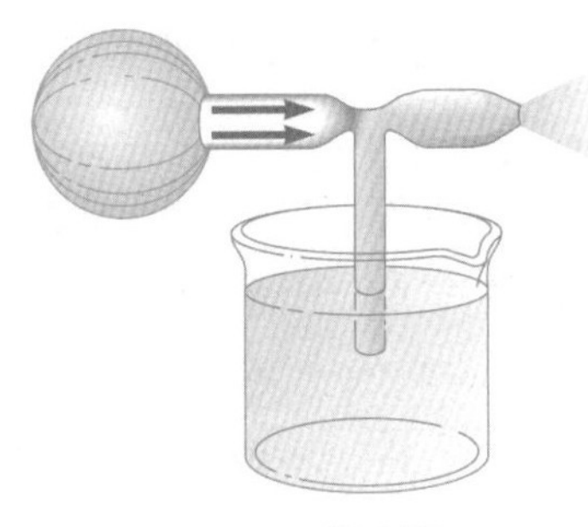
향수병

① 벤츄리(Venturi) 효과

단면의 축소부분에서 유체 속도(v↑)를 증가하여 압력(P↓)이 낮아지게 한 후 그 부분에 다른 유체가 흐르는 관을 연결하면 압력이 낮은 벤츄리 쪽으로 압력균형을 맞추기 위해 유체가 빨려 올라가는 현상

② 유량의 유도식

- 베르누이의 정리($\because\ Z_1=Z_2=0,\ h_\ell=0$)

$$\frac{P_1}{\gamma}+\frac{v_1^2}{2g}+Z_1=\frac{P_2}{\gamma}+\frac{v_2^2}{2g}+Z_2,\quad \frac{P_1-P_2}{\gamma}=\frac{v_2^2}{2g}[1-(\frac{v_1}{v_2})^2]$$

- 연속방정식

$$Q=A_1\times v_1=A_2\times v_2 \ ➜\ \frac{v_1}{v_2}=\frac{A_2}{A_1}=m\ \ (\because\ 단면\ 수축계수\ m=\frac{A_2}{A_1})$$

- 동일 수평면상의 압력은 동일($P_1>P_2, \gamma_1=\gamma_w=\gamma, \gamma_2=\gamma_{Hg}$)

$$P_1+\gamma_1 H=P_2+\gamma_1(H-R)+\gamma_2 R=P_2+\gamma_1 H-\gamma_1 R+\gamma_2 R$$

$$P_1-P_2=(\gamma_2-\gamma_1)R$$

$$v_2=\frac{1}{\sqrt{1-(\frac{A_2}{A_1})^2}}\times\sqrt{2gR\frac{\gamma_2-\gamma_1}{\gamma_1}}=\frac{1}{\sqrt{1-m^2}}\times\sqrt{2gR\frac{\gamma_2-\gamma_1}{\gamma_1}}\ (\because 0<m=\frac{A_2}{A_1}<1)$$

$\therefore Q=A_2\times v_2$

③ 응용분야

벤츄리미터, 포소화설비의 포혼합기 중 (라인, 프레져) 푸로포셔너방식에 응용됨

05 운동량 방정식

(1) 운동량 보존의 법칙 : 운동량 = 충격량(역적)

외부에서 힘이 작용하지 않으면 충돌 전 운동량의 합과 충돌 후 운동량의 합은 항상 일정하다.

$F = m \times a = m \times \frac{dv}{dt}$ ➜ $F \cdot dt = m \times dv$ (∵ 양변적분)

$F \times \Delta t = m(v_2 - v_1)$ [N · s]

➜ 단위확인 : $[N \cdot s] = [kg \times m/s^2 \times s] = [kg \cdot m/s]$

(여기서, $F \times \Delta t$: 역적(Impulse), 충격량 ➜ 운동량을 가속시켜주는 충격적인 힘

$m(v_2 - v_1)$: 운동량(Momentum)의 변화)

① 운동량(Momentum)

㉠ 운동하는 물체가 운동하려는 정도를 나타내는 물리량으로

물체의 질량(m)과 속도(v)의 곱으로 나타낸다.

운동량(P) = $m \times v$ [kg · m/s]

㉡ 물체의 질량이 크거나 속도가 빠르면 운동량이 커진다.

예 탁구공보다 볼링공에 맞았을 때 (질량이 클수록), 볼링공이 빠를수록(속도가 클수록) 아픔

빠르게 움직이는 무거운 트럭 같은 물체는 운동량이 크다.

㉢ 운동량과 운동에너지

	공식	단위	구분
운동량	$P = m \times v$	kg · m/s	벡터량
운동에너지	$Ek = \frac{1}{2}mv^2$	J	스칼라량

② 충격량(Impluse)

㉠ 물체가 받은 충격의 정도를 나타내는 물리량으로

물체에 작용하는 힘(F)과 힘이 작용하는 시간(Δt)의 곱으로 나타낸다.

충격량(I) = $F \times \Delta t$ [N · s]

㉡ 충격량의 크기가 같더라도 충돌시간(t)을 길게 하면 물체가 받는 충격력(F)을 줄일 수 있다.

예 자동차의 에어백 및 범퍼, 배에 달린 타이어, 매트리스, 유도 선수의 낙법 등

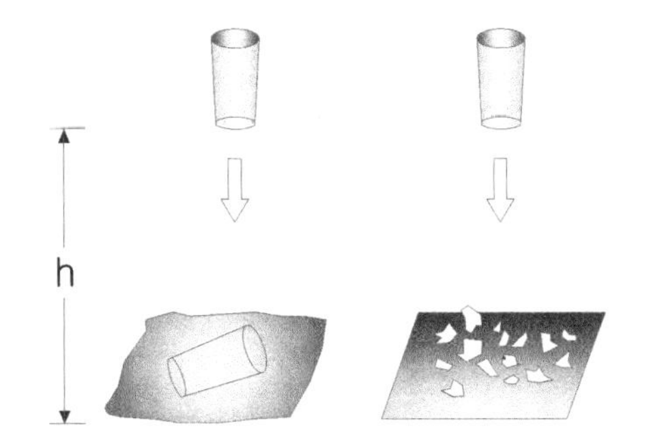

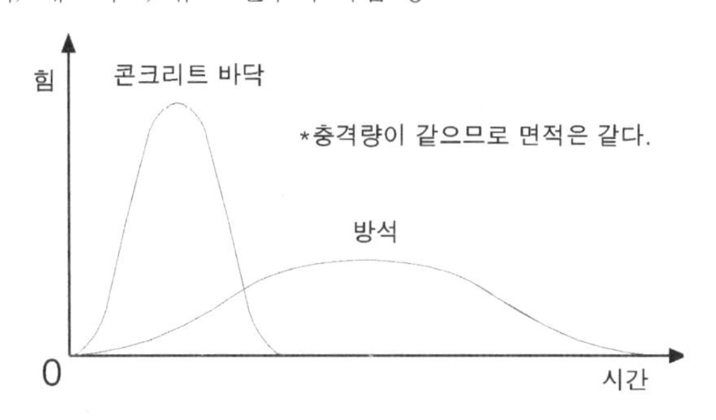

③ 운동량과 충격량의 관계

㉠ 물체에 작용하는 충격량이 커지면 운동량도 커지며, 충격량은 운동량의 변화량과 같다.
충격량(I) = 운동량의 변화량, $F \times \Delta t = m\Delta v = mv_2 - mv_1$

㉡ 지면의 마찰이 없을 때 앞차는 뒷차의 충격을 고스란히 흡수하여 나아간다.

(2) 운동량 방정식 ➜ 반동력

$$F = m \times a = \frac{m}{dt} \times dv = \rho Q(v_2 - v_1) \ [N]$$

① 유체가 배관에 작용하는 힘은 그 물체의 단위시간에 대한 운동량의 변화와 같다.

② 압축성, 점성의 유무에 관계없이 유체 전반에 적용된다.

➜ 식의 해석

$$\rho Q(v_2 - v_1) = \frac{질량}{부피} \times 유량 \times 유속 = \frac{m \times \Delta u}{V} Q = \frac{운동량\ 변화}{부피} \times \frac{부피}{시간} = \frac{운동량\ 변화}{시간}$$

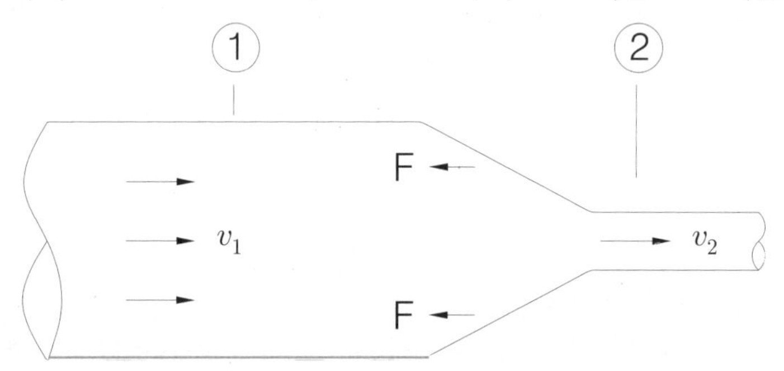

※ 유체가 배관에 미치는 힘의 종류

1. 직관에 작용하는 힘

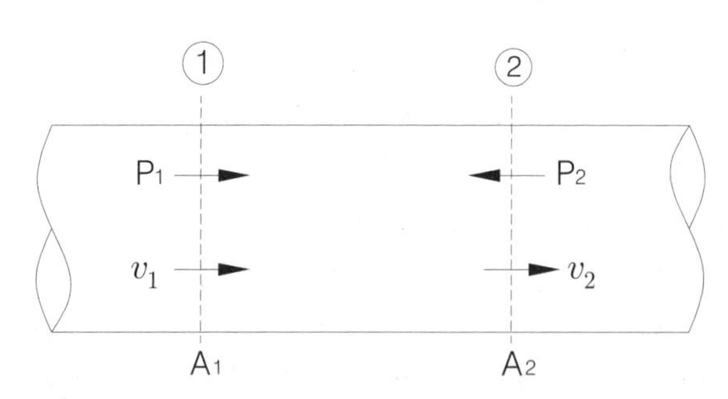

$밀도(\rho) = 일정, Q = Av = A_1v_1 = A_2v_2, \ A_1 = A_2 \rightarrow v_1 = v_2, \ P_1 = P_2$

$\Sigma F_x = P_1A_1 - P_2A_2 = \rho Q(v_2 - v_1) = 0$

2. 점차 축소하는 관에 작용하는 힘 → 소방호스의 관창

$F = P_1A_1 - \rho Q(v_2 - v_1) = \frac{\rho}{2}(v_2^2 - v_1^2)A_1 - \rho Q(v_2 - v_1)$ [N]

06 실제유체의 마찰손실

(1) 뉴튼(Newton)의 점성법칙

① 점성(Viscosity) ↔ 유동성

㉠ 끈적 끈적한 성질

㉡ 유체가 흐를 때, 분자간의 인력에 의해 유체 상호의 유동을 방해하려는 전단력(∵ 유체내부 마찰력)이 발생하여 마찰이 생기는 성질

② 뉴튼(Newton)의 점성법칙

점성유체가 배관에 흐르는 경우, 유속은 배관의 중심에서 관벽으로 진행함에 따라 감소한다.

여기서, 유속(v)의 직경방향의 변화비율을 dv/dy로 표시하면, 유체간에 작용하는 힘(F)와 속도구배(dv/dy)는 다음의 관계가 성립한다.

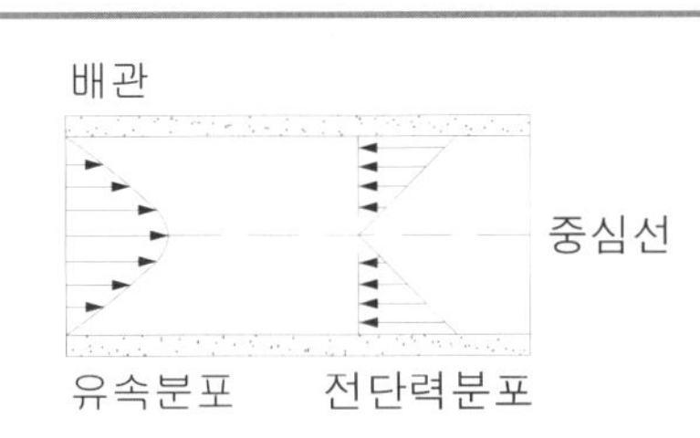

중심부 : 유속 최대, 전단력 ≒ 0

측벽부 : 유속 ≒ 0, 전단력 최대

평균속도 : $\frac{v_{max}}{2}$

㉠ 전단력(F) 또는 유체 내부의 마찰력

$$F \propto A\frac{dv}{dy}$$

㉡ 전단응력(τ, 타우)

$$\tau = \frac{F}{A} = \mu\frac{dv}{dy} = \text{점도} \times \text{속도구배}\ [kgf/m^2]$$

(여기서, τ : 유체층들 사이에서 점성으로 인해 발생하는 전단응력(kgf/m^2)

μ : 유체에 따라 각각 지니는 점성의 크기, 즉 점성계수($kgf \cdot s/m^2$)

v : 유체층과 유체층 사이의 상대속도(m/s)

y : 전단응력이 발생하는 유체층과 유체층 사이의 거리(m)

③ 점성과 온도와의 관계

구분	액체(∵ 식용유)의 점성	기체의 점성
온도상승(∵화재)	감소(분자 응집력이 감소)	증가(분자간 이동 활발)
온도하강	증가	감소

거실 제연설비용 송풍기 동력 증가 초래

온도(T) ↑ ➜ 점성(μ) ↑ ➜ 마찰손실수두(h_ℓ) ↑ ➜ 동력(Lm) ↑

제연설비의 화재안전기준(NFSC 501) 제9조 제2항 제1호

배출풍도는 아연도금강판 또는 이와 동등 이상의 내식성·내열성이 있는 것으로 하며, 내열성(석면재료를 제외한다)의 단열재로 유효한 단열 처리를 할 것

(2) 레이놀즈수(Reynold's Number)

① 레이놀즈의 적용

㉠ 층류와 난류를 구분해 주는 척도(기준)로 유체 유동상태를 결정한다.

㉡ 물리적인 힘은 관성력과 점성력의 비로서 무차원수이다.

㉢ 뉴튼의 점성법칙에 적용

② 레이놀즈수(Re)

㉠ 관계식 암기 **로보트 나무**

$$Re = \frac{\rho v d}{\mu} = \frac{vd}{\nu} = \frac{\text{관성력}}{\text{점성력}} = \frac{ma}{A\mu\frac{dv}{dy}} = \frac{\rho L^3 \times v/t}{\mu v L} = \frac{\rho L^2 \times v^2}{\mu v L} = \frac{\rho v L}{\mu}\ [-]$$

유속(V)이 빠를수록, 관경(d)이 클수록, 점성(μ)이 작을수록 레이놀즈의 수는 커지고 흐름은 난류로 된다.

(여기서, ρ : 유체의 밀도($N \cdot s^2/m^4$), v : 유체의 평균속도(m/s)

d : 관경(m), L : 배관의 길이(m)

μ : 유체의 점성계수($\because$ 1 poise = 1g/(cm · s) = $\frac{1}{98}$ kgf · s/m^2)

ν : 동점성계수 ➜ $\nu = \frac{\mu}{\rho}$($\because$ 1 stokes = 1 cm^2/s))

㉡ 분류

- 층류영역 : Re $\le$ 2,100
- 천이영역 : 2,100 $<$ Re $<$ 4,000
- 난류영역 : 4,000 $\le$ Re

③ 관마찰손실계수(f)

㉠ 층류(Re $\le$ 2,100) : $f = \frac{64}{Re}$ 암기 **육사 나레**

- Hagen-Poiseulle equ : $\Delta P = \frac{128\ \mu Q L}{\pi\, d^4}$ ➜ 층류에만 적용
- Darcy-Weisbach식 : $H_\ell = f\frac{L}{d} \times \frac{v^2}{2g} = \frac{\Delta P}{\gamma}$ [mAq] ➜ 층류, 난류에 적용
- 위의 두 식을 $\triangle$P에 대해 등식으로 놓고 정리하면

$$\Delta P = f\gamma\frac{L}{d} \cdot \frac{v^2}{2g} = \frac{128\mu A v L}{\pi\, d^4} = \frac{128\mu v L}{\pi\, d^4} \times \frac{\pi d^2}{4} = \frac{32\ \mu v L}{d^2}\ (\because\ Q = Av = \frac{\pi d^2}{4}v)$$

$$f = \frac{32\mu v L}{d^2} \times \frac{2gd}{\gamma L v^2} = 64\frac{\mu}{\rho v d} = \frac{64}{Re}\ (\because\ \gamma = \rho g)$$

$$\therefore\ f = \frac{64}{Re}$$

㉡ 난류($\because$ 4,000 $\le$ Re)

- $f = (\frac{1}{Re}, \frac{e}{d})$ ($\because$ e : 절대조도, $\frac{e}{d}$: 상대조도) ➜ Moody 선도
- Moody diagram(무디 선도) : 상업용 배관에서 레이놀즈수와 관마찰손실계수 f의 관계를 나타내는 선도

(3) 마찰손실

① 주손실(Major Loss) : 원형 직관의 마찰손실

㉠ 층류 : μ = 일정, 선형적

Hagen-Poiseulle 방정식 : $\Delta P = \dfrac{128\ \mu QL}{\pi d^4}$ ($\because$ Re = $\dfrac{관성력}{점성력} = \dfrac{\rho v d}{\mu}$, $f = \dfrac{64}{Re}$ [-])

㉡ 난류 : $\mu \neq$ 일정, 비선형적

Hazen-Williams 방정식 : $\Delta P = 6.174 \times 10^5 \times \dfrac{Q^{1.85} \times L}{C^{1.85} \times D^{4.87}} = \gamma h_\ell$ [kgf/cm^2]

㉢ 층·난류 모두 사용함

Darcy-Weisbach 방정식 : $h_\ell = f\dfrac{L}{d} \times \dfrac{v^2}{2g} = \dfrac{\Delta P}{\gamma}$ [mAq]

㉣ 층·난류 모두 사용함

베르누이의 정리 : $\dfrac{P_1}{\gamma} + \dfrac{v_1^2}{2g} + Z_1 = \dfrac{P_2}{\gamma} + \dfrac{v_2^2}{2g} + Z_2 + h_\ell$

② 미소손실(Minor Loss)

직관의 마찰손실 외에 방향전환, 구경변경, 밸브류, Fitting류에 의한 동등 관경의 직관길이로 환산하여 이를 직관길이에 더하여 마찰손실을 구하며, 상당길이(Le), 저항계수(K, f), 조도계수(C)로 나타냄

➜ 마찰손실 = 주손실(Major Loss) + 미소손실(Minor Loss) = [Ls(직관길이) + Le(직관외 부속품 등에 대한 동등 관경의 직관으로 환산한 길이)]의 마찰손실

㉠ 돌연 확대 / 축소관

$h_\ell = \dfrac{(v_1 - v_2)^2}{2g} = K\dfrac{v^2}{2g}$ ($\because$ V : 빠른 속도)

㉡ 관부속품 : 상당(등가) 길이 ➜ 배관의 등가길이 L = Ls (직관) + Le (직관외)

- $h_\ell = K\dfrac{v^2}{2g} = f\dfrac{Le}{D} \times \dfrac{v^2}{2g}$
- $Le = \dfrac{KD}{f}$

(여기서, h_ℓ : 배관의 마찰손실수두, Le : 배관의 상당길이, f : 관마찰손실계수, K : 손실계수)

07 배관 마찰손실 구하는 식

(1) 달시-바이스바하(Darcy-Weisbach) 방정식 : 층류, 난류 모두 적용

① 원인

물은 점성을 갖고 있기 때문에 물이 배관내를 흐를 때 물분자 상호간에 또는 물과 배관 내 표면 사이에 에너지의 손실이 생긴다.

② 관계식

정상류의 원형 직관에 있어서의 마찰손실수두(h_ℓ)

$h_\ell = f\dfrac{L}{d}\dfrac{v^2}{2g} = \dfrac{\Delta P}{\gamma}$ [mAq]

(여기서, f : 관마찰손실계수, d : 관경(m), L : 배관의 길이(m), v : 평균유속(m/s), g : 중력가속도(9.8 m/s^2))

③ 수력반경(Hydraulic Radius, Rh) : 비원형관일 경우

- $R_h = \frac{\text{접수단면적}}{\text{접수길이 또는 윤변길이}} = \frac{\pi d^2/4}{\pi d} = \frac{d}{4}$ (여기서, d : 수력직경)
- $h_\ell = f\frac{L}{4R_h} \times \frac{v^2}{2g} = \lambda\frac{L}{R_h} \times \frac{v^2}{2g}$ ➜ Fanning의 법칙

(여기서, Fanning의 마찰계수 $\lambda = \frac{f}{4} = \frac{1}{4} \times \frac{64}{Re} = \frac{16}{Re}$)

(2) 하젠-윌리암스(Hazen-Williams) 방정식

① 정의 : 수배관의 마찰손실압력(압력강하)을 구하는 실험식

② 성립조건 암기 **물비온속 찔러사 일오봉**

㉠ 유체 : 물
㉡ 비중량(γ) : 1,000 kgf/m^3
㉢ 온도범위 : 7.2 ℃ ~ 24 ℃
㉣ 속도범위 : 1.5 m/s ~ 5.5 m/s

③ 관계식

$$\Delta P = 6.174 \times 10^5 \times \frac{Q^{1.85}}{C^{1.85} \times D^{4.87}} \times L \quad [kgf/cm^2]$$

(여기서, ΔP : 압력강하 또는 마찰손실압력(kgf/cm^2)
Q : 유량(L/min), D : 관경(mm), L : 배관의 길이(m)
C : 조도(관마찰손실계수로 수계소화설비 설계시 강관의 경우 120 적용)

배관종류	흑강관 (건식, 준비작동식)	흑강관 (습식, 일제살수식)	백강관	동관, CPVC
조도(C)	100	120	120	150

흑관과 백관

1. 흑관 : 아연도금을 하지 않은 관
   ① 열간압연강판으로 제조된 강관으로 배관의 표면에 도장을 하지 않은 강관
   ② 스팀용은 흑관을 사용한다. 다만, 유체온도 80℃를 초과하는 경우에는 흑관을 사용한다.
2. 백관 : 흑관에 아연도금을 한 관
   ① 열간압연강판으로 제조된 강관으로 배관의 표면에 아연을 도금한 강관
   ② 아연의 자기희생 방식특성을 이용한 것으로 열간압연강판의 철강은 공기 중에 있는 산소와 만나 부식이 진행된다. 아연을 강판의 표면에 도금하면 아연특성인 방식특성으로 강관 부식이 아연이 벗겨지지 않는 한 부식의 신행을 억제한다.
   ③ 60℃ 이상에서 사용을 하게 되면 아연 도금이 분리되는 현상이 일어난다. 대개 냉수 및 온수용은 백관을 사용한다.

(3) 미소손실(Minor Loss)

① 저항계수(손실계수)법 : 돌연 확대 / 축소관

$$h_\ell = \frac{(v_1 - v_2)^2}{2\,g} = K\frac{v^2}{2\,g}$$

(여기서, K : 손실계수로 실험하여 결정, v : 빠른 속도)

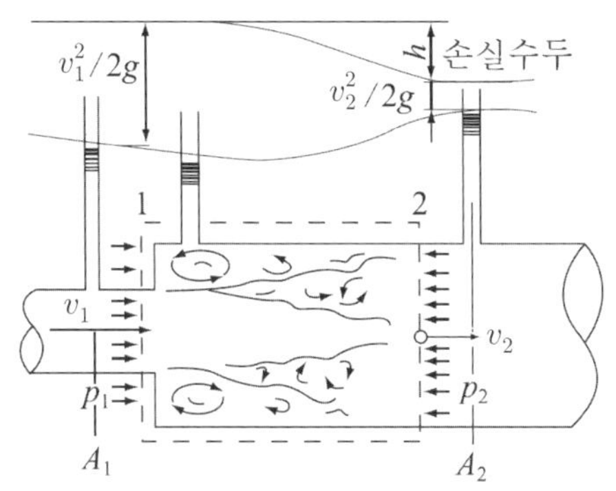

돌연확대관 속의 흐름
(베르누이 방정식에 적용)

검사체적은 운동량 변화가 일어나는 유체를 둘러싸고 있는 가상적인 체적을 의미한다. 검사체적은 임의로 정할 수 있기 때문에 문제의 형태에 따라서 달라질 수 있다.

검사체적
(운동량 방정식에 적용)

㉠ 단면 1, 2 사이의 손실수두를 h_ℓ라 하고, 베르누이의 정리를 적용하면

$$\frac{P_1}{\gamma} + \frac{v_1^2}{2\,g} + Z_1 = \frac{P_2}{\gamma} + \frac{v_2^2}{2\,g} + Z_2 + h_\ell \ (\because Z_1 = Z_2),$$

$$\frac{(v_1^2 - v_2^2)}{2\,g} = \frac{P_2 - P_1}{\gamma} + h_\ell \quad \cdots ①$$

㉡ 단면 1, 2 사이에 운동량 방정식을 적용하면($\because$ 검사체적 기준, $A_1 = A_2$)

- $F = A_1\ P_1 - A_2\ P_2 - \rho\,Q(v_2 - v_1) = 0$

  여기서, F = 외부에서 검사체적내의 유체에 주는 힘

- $0 = A_2(P_1 - P_2) + \rho\,Q(v_1 - v_2) = A_2(P_1 - P_2) + \rho\,A_2\,v_2(v_1 - v_2)(\because\ Q = A_2 \times v_2)$

- $P_2 - P_1 = \rho v_2(v_1 - v_2) = \frac{\gamma}{g}v_2(v_1 - v_2) \quad \cdots$ ②식

㉢ 운동량 방정식과 베르누이의 정리를 연립하여 h_ℓ를 구하면

$$\frac{(v_1^2 - v_2^2)}{2g} = \frac{\gamma v_2(v_1 - v_2)}{\gamma \times g} + h_\ell \ \rightarrow\ \frac{(v_1^2 - v_2^2)}{2g} = \frac{v_2(v_1 - v_2)}{g} + h_\ell$$

$$h_\ell = \frac{(v_1^2 - v_2^2)}{2g} - \frac{v_1 v_2}{g} + \frac{v_2^2}{g} \ \rightarrow\ h_\ell = \frac{v_1^2}{2g} - \frac{2v_1v_2}{2g} + \frac{v_2^2}{2g} = \frac{(v_1 - v_2)^2}{2g} \text{ (이론식)}$$

돌연확대관 손실수두의 이론식	돌연확대관 손실수두의 실제식
$h_\ell = \frac{(v_1 - v_2)^2}{2g}$	$h_\ell = K\frac{v_1^2}{2g}(\because$ 빠른 속도 $v_1)$
돌연축소관 손실수두의 이론식($\because$ 축소계수 Cc)	**돌연축소관 손실수두의 실제식**
$h_\ell = \frac{(v_c - v_2)^2}{2g}(\because\ 0 < Cc = \frac{Ac}{A_2} = \frac{v_2}{v_c} < 1)$	$h_\ell = K\frac{v_2^2}{2g}(\because$ 빠른 속도 $v_2)$

② 상당(∵ 등가)길이법 : 관부속품

㉠ Fitting류(관부속품)의 부차적 손실을 직관에 상당하는 길이로 나타내는 방법

➜ 배관의 마찰손실 = 주손실 + 미소손실

= [Ls(직관길이) + Le(직관외 부속품 등에 대한 동등 관경의 직관으로 환산한 길이)]의 마찰손실

㉡ 배관의 상당길이(Le)는 저항계수식과 Darcy-Weisbach식에 의해 유도

$$h_\ell = K\frac{v^2}{2g} = f\frac{Le}{D}\times\frac{v^2}{2g},\ Le = \frac{KD}{f}$$

(여기서, h_ℓ : 배관의 마찰손실수두, Le : 배관의 상당(등가) 길이, f : 관마찰손실계수, K : 손실계수)

예 상 문 제

Fire Equipment Manager

01 [ft-lb 단위]의 Hazen-Williams식을 [SI 단위]로 단위 변환하시오.

[ft-lb 단위]	[SI 단위]
$P = 4.52 \times \frac{Q^{1.85}}{C^{1.85} \times D^{4.87}}$ [psi/ft] →	$P = 6.05 \times 10^4 \times \frac{Q^{1.85}}{C^{1.85} \times D^{4.87}}$ [MPa/m]
여기서, Q : 유량, C : 조도계수, D : 배관의 내경, P : 압력강하	

풀이

1. P [psi/ft]를 P' [MPa/m]로 단위변환 ➜ P [psi/ft]= P [lb/(in^2 · ft)] = P'[MPa/m]x□
   (1 lb = 0.4536 kg, 1 ft = 12 in = 0.3048 m = 30.48 cm, 1.0332 kgf/cm^2 = 0.101325 MPa)

   $$P[\frac{lb}{in^2 \cdot ft}] = P'[\frac{MPa}{m} \left| \frac{1.0332\ kgf/cm^2}{0.101325\ MPa} \right| \frac{1\ lb}{0.4536\ kg} \left| \frac{(30.48\ cm)^2}{(12\ in)^2} \right| \frac{0.3048\ m}{1\ ft}],$$

   P = 44.2056 P' ⋯ ①
2. Q [gal/min]를 Q'[L/min]로 단위변환 ➜ Q [gal/min] = Q'[L/min] x □
   (1 gal = 3.785 L)

   $$Q\ [gal/min] = Q'[\frac{L}{min} \left| \frac{1\ gal}{3.785\ L} \right.],$$

   Q = 0.2642 Q' ⋯ ②
3. D [in]를 D' [mm]로 단위변환 ➜ D [in] = D' [mm]× □
   (1 in = 25.4 mm)

   $$D\ [in] = D'\ [\frac{mm}{1} \left| \frac{1\ in}{25.4\ mm} \right.],$$

   D = 0.03937 D' ⋯ ③
4. ①, ②, ③식을 주어진 식에 대입하여 정리하면

   $$44.2056\ P' = 4.52 \times \frac{(0.2642\ Q')^{1.85}}{C^{1.85} \times (0.03937\ D')^{4.87}}$$

   $$P = 6.05036 \times 10^4 \times \frac{Q^{1.85}}{C^{1.85} \times D^{4.87}}$$ [MPa/m] (∵ P'→ P, Q'→ Q, D'→ D로 하면)

정답 $P = 6.05 \times 10^4 \times \frac{Q^{1.85}}{C^{1.85} \times D^{4.87}}$ [MPa/m]

02 다음 식에서 P(방수압력)의 압력단위 kgf/cm^2를 MPa단위로 단위변환하면 방출계수(K)는?

$$Q = K\sqrt{P}\ [L/min]$$

(여기서 Q는 방수량(L/min), P는 방수압력(kgf/cm^2), K는 방출계수(80)이다.
다만, 계산결과에서 소수가 발생하면 소수 세번째자리에서 반올림하시오.

풀이

1. 압력단위 단위변환 : P [kgf/cm^2] -> P'[MPa]

   $P = [\frac{1.0332\ kgf/cm^2}{0.101325\ MPa}]\ P' = 10.1969\ P' \cdots ①$

2. ①식을 $Q = K\sqrt{P}$에 대입하여 정리하면

   $Q = K\sqrt{10.1969\,P'}$ (K = 80, P' [MPa], Q [L/min])

   $= 80 \times \sqrt{10.1969} \times \sqrt{P'} = 255.46\sqrt{P'}$

정답 255.46

03 옥내소화전설비의 방수량을 구하는 다음 공식의 유도과정을 쓰시오.

$$Q = 0.653\ d^2\sqrt{P}$$

(여기서, Q는 방수량(L/min), d는 노즐구경(mm), P는 방수압력(kgf/cm^2))

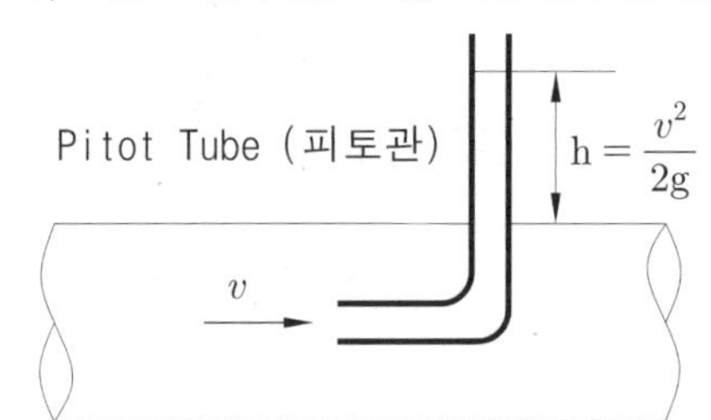

풀이

1. 그림 Pitot Tube : 유동속도 측정 ➜ 베르누이 정리의 응용

   ① 속도수두 $h = \frac{v^2}{2g}$ [mAq] → 동압 $P = \frac{v^2}{20g}$ [kgf/cm^2]

   ② 유동속도 $v = \sqrt{20\,gP} = \sqrt{20 \times 9.8} \times \sqrt{P} = 14\sqrt{P}\,[m/s]$

2. 공식유도

   ① 연속방정식 적용

   $Q = A \times v = \frac{\pi}{4}D^2 \times 14\sqrt{P} = 10.9956\ D^2\sqrt{P}\,[m^3/s]$

   ② SI 단위를 관습적인 사용단위로 변환

유량	$Q\,[\frac{m^3}{s}] = \frac{1\,m^3}{1{,}000\,L} \times \frac{1\,min}{60\,s} \times q\,[\frac{L}{min}] = \frac{1}{60 \times 1{,}000} \times q\,[\frac{L}{min}]$
구경	$D\,[m] = \frac{1\,m}{1{,}000\,mm} \times d\,[mm]$
정리	$\frac{1}{60 \times 1{,}000} \times q\,[\frac{L}{min}] = 10.9956 \times (\frac{1}{1{,}000} \times d)^2 \times \sqrt{P}$
	$\therefore q = 0.6597 \times d^2\sqrt{P}$ ➜ 이론식

③ 이론식 보정

- 실제 방수량 : 오리피스의 구조, 재질, 내부면 가공에 따른 조도에 따라 다르다.
- 유동계수 c 보정

$q = 0.6597 \times c \times d^2 \sqrt{P}$ (옥내소화전의 경우 c = 0.985 ≒ 0.99)

$= 0.6597 \times 0.99 \times d^2 \sqrt{P} = 0.653\ d^2 \sqrt{P}$

표준형 스프링클러헤드 방출계수(K) : 제조사마다 고유치 가짐

$Q = 0.6597 \times c \times d^2 \sqrt{P} = 0.6597 \times 0.75 \times 12.7^2 \sqrt{P} = 80\sqrt{P} = K\sqrt{P}$

(여기서, 유동계수 c = 0.75, 오리피스의 구경 d = 12.7 mm)

04 **펌프의 체절압력이 8 kgf/cm²이고, 순환배관을 통해서 유량을 40 L/min으로 방출하고자 할 경우 오리피스의 구경(mm)은? 다만, 유동계수는 0.66이며, 계산결과에서 소수가 발생하면 소수 셋째자리에서 반올림하시오.**

풀이 $Q = 0.6597 \times c \times d^2 \sqrt{P}$ (∵ 유동계수 c = 0.66) $= 0.6597 \times 0.66 \times d^2 \sqrt{P}$

여기서, Q는 방수량(L/min), d는 노즐구경(mm), P는 방수압력(kgf/cm²)

$$d = \sqrt{\frac{40}{0.6597 \times 0.66\sqrt{8}}} = 5.699\,mm$$

정답 5.7 mm

05 **건식밸브 1차측 가압수의 압력이 10 kgf/cm²이고, 건식밸브 2차측의 공기압이 2.5 kgf/cm²이다. 1차측의 수압이 클래퍼에 작용하는 단면적이 68 cm²이라면**
1. 이 클래퍼가 개방되지 않을 경우의 2차측의 공기압이 클래퍼에 작용하는 단면적(cm²)은?
2. 이것이 원형일 경우의 직경(mm)은?

풀이 1. 단면적 ➜ 압력비 = 면적비

2차측의 공기압이 클래퍼에 작용하는 단면적

$$A_2 = \frac{P_1 A_1}{P_2} = \frac{10 \times 68}{2.5} = 272\ cm^2$$

정답 272 cm²

2. 직경

$$A_2 = \frac{\pi}{4} D_2^2 \text{ 에서 } D_2 = \sqrt{\frac{4A_2}{\pi}} = \sqrt{\frac{4 \times 272}{\pi}} = 18.6097\ cm = 186.097\ mm$$

정답 186.10 mm

06 다음 각 그림을 보고 베르누이 정리를 이용하여 펌프의 전양정을 유도하시오.

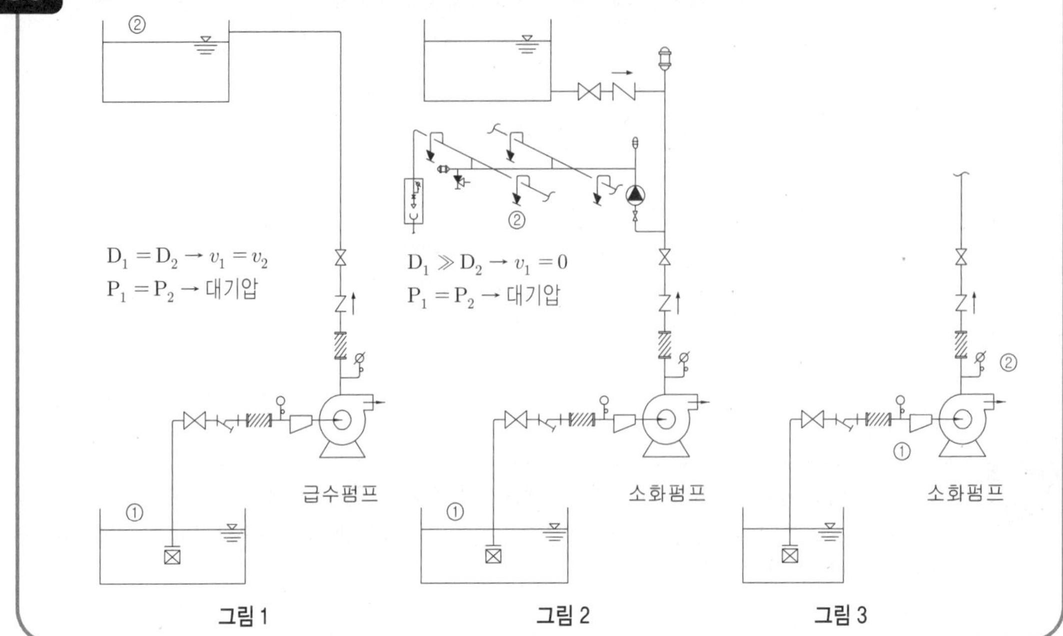

풀이

1. 개요

펌프의 입구와 출구에서 액체의 단위 무게가 가지는 에너지차를 양정 또는 수두(水頭)라고 함

2. 펌프의 전양정은 베르누이 정리를 적용하여 유도함

① 그림1의 경우

- $\frac{P_1}{\gamma} + \frac{v_1^2}{2\,g} + Z_1 + H = \frac{P_2}{\gamma} + \frac{v_2^2}{2\,g} + Z_2 + h_\ell$
- $H = (Z_2 - Z_1) + h_\ell$ = 낙차수두 + 배관의 마찰손실수두

(여기서, $P_1 = P_2$ = 대기압 = 0 ; $v_1 = v_2$ 흡입관과 토출관의 구경 동일)

② 그림2의 경우

- $\frac{P_1}{\gamma} + \frac{v_1^2}{2\,g} + Z_1 + H = \frac{P_2}{\gamma} + \frac{v_2^2}{2\,g} + Z_2 + h_\ell$
- $H = (Z_2 - Z_1) + h_\ell + \frac{P_2 - P_1}{\gamma} + \frac{v_2^2 - v_1^2}{2g} = (Z_2 - Z_1) + h_\ell + \frac{v_2^2}{2g}$

= 낙차수두 + 배관의 마찰손실수두 + 방수압력 환산수두 암기 **낙마방**

(여기서, $P_1 = P_2$ = 대기압 = 0 ;

$D_1 >> D_2$ ➜ $V_1 \fallingdotseq 0$ 헤드의 오리피스와 펌프 흡입관경의 차이)

※ 헤드 개방하는 순간은 정압과 동압이 동일함

$\frac{v_2^2}{2g} = \frac{P_D}{\gamma}$ (여기서, P_D는 방수압력임))

③ 그림3의 경우

H = 연성계의 눈금 + 압력계의 눈금 + 측정점의 높이차

07 소화펌프가 취급하는 액체는 20 ℃의 맑은 물이고, 흡입액면에 작용하는 압력은 대기압이며, 옥내소화전설비용 방수노즐의 압력은 5 kgf/cm^{2}이다. 또한, 흡입액면과 방수노즐의 낙차가 30 m, 정격유량이 유동할 때의 전체 배관의 마찰손실수두를 30 m라고 한다. 펌프의 전양정(mH_2O)은?(단, 20 ℃의 물의 비중량은 998.23 kgf/m^3)

풀이 펌프 전양정(H)

$$= (Z_2 - Z_1) + h_\ell + \frac{P_2 - P_1}{\gamma} + \frac{v_2^2 - v_1^2}{2g}$$

(여기서, $P_1 = P_2 =$ 대기압 $= 0$; $D_1 >> D_2$ ➜ $V_1 \fallingdotseq 0$ 노즐구경과 펌프 흡입관경의 차이)

$$= (Z_2 - Z_1) + h_\ell + \frac{v_2^2}{2g} \left(\because \frac{v_2^2}{2g} = \frac{P_V}{\gamma}\right)$$

= 낙차수두 + 배관의 마찰손실수두 + 방수압력 환산수두 암기 **낙마방**

$$= 30 + 30 + \frac{5}{998.23}\left[\frac{kgf}{cm^2} \times \frac{10,000\,cm^2}{m^2} \times \frac{m^3}{kgf}\right] = 110.0887\ mH_20$$

정답 110.09 mH_2O

알아두세요

1. 압력수두 계산시 온도에 따른 비중량 고려해야 함.
   순수한 물 4 ℃일 때 물의 비중량은 1,000 kgf/m^{3}이고,
   이 온도보다 다른 범위에서는 물의 비중량이 이보다 작다.
2. 노즐이 개방하는 순간은 정압과 동압이 동일함.
   $\frac{v_2^2}{2g} = \frac{P_D}{\gamma}$ (여기서, P_D는 방수압력임)

08 소화설비의 배관 내경이 10 cm인 관로상에 지름이 2 cm인 오리피스가 설치되었을 때 오리피스 전후의 압력수두 차이가 120 mm 경우의 유량(L/min)은?(단, 유동계수는 0.66)

풀이 1. 베르누이 방정식

① $\frac{P_1}{\gamma} + \frac{v_1^2}{2g} + Z_1 = \frac{P_2}{\gamma} + \frac{v_2^2}{2g} + Z_2$ (여기서, 1지점과 2지점에서의 위치수두 $Z_1 = Z_2$)

② $\frac{v_2^2 - v_1^2}{2g} = \frac{P_1 - P_2}{\gamma} = \frac{v_2^2}{2\,g}\left[1 - \left(\frac{v_1}{v_2}\right)^2\right]$ ⋯ i

2. 연속방정식

$Q = A_1 v_1 = A_2 v_2$에서 $\frac{v_1}{v_2} = \frac{A_2}{A_1}$ ⋯ ii

3. ii식을 i식에 대입하면

① $\frac{P_1 - P_2}{\gamma} = \frac{v_2^2}{2g}\left\{1 - \left(\frac{A_2}{A_1}\right)^2\right\}$ ($\because$ 수축계수 $m = \frac{A_2}{A_1}$) ➜ Vena Contracta 계수

② $v_2 = \frac{1}{\sqrt{1-m^2}} \times \sqrt{\frac{2g(P_1 - P_2)}{\gamma}}$

4. $Q = A \times v$에서, 단면 2지점에서의 유량

$$Q = A_2 \times v_2 = \frac{A_2}{\sqrt{1-m^2}} \times \sqrt{2g\frac{P_1 - P_2}{\gamma}} = \frac{A_2}{\sqrt{1-m^2}}\sqrt{2g\Delta h} \quad \cdots \text{ iii}$$

(여기서, A_2 : 차압발생기구에 의해 축소된 배관 단면적 ➜ Vena Contracta : 축류단면

$A_2 = C \times A_0$ (C : 유동(유출)계수, A_0 : 오리피스구경)

또한 $A_1 > A_2$ 이면 $m = \frac{A_2}{A_1} = C\frac{A_0}{A_1} = 0.66 \times 2^2/10^2 = 0.0264$

$$\frac{1}{\sqrt{1-m^2}} = \frac{1}{\sqrt{1-0.0264}} = 1.0003 \fallingdotseq 1$$

따라서 iii식을 다시 쓰면

$$Q = A_2 v_2 = CA_0\sqrt{2g\Delta h}\ [\frac{m^3}{s}]$$

$$= 0.66 \times \frac{\pi}{4} \times 0.02^2 \times \sqrt{2 \times 9.8 \times 0.12}\ [\frac{m^3}{s}] \times \frac{1{,}000\ L}{1\ m^3} \times \frac{60\ s}{1\ min} = 19.079\ L/min$$

※ 또 다른 방법

$Q = 0.6597 \times c \times d^2 \times \sqrt{P} = 0.6597 \times c \times d^2 \times \sqrt{0.1\ h}$

$= 0.6597 \times 0.66 \times 20^2\sqrt{0.1 \times 0.12} = 19.0784$ L/min

정답 19.08 L/min

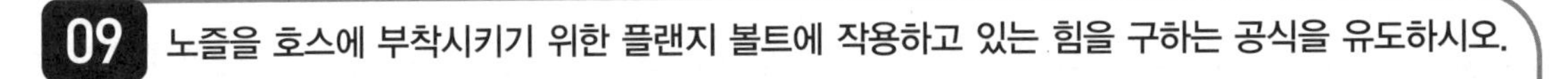

09 노즐을 호스에 부착시키기 위한 플랜지 볼트에 작용하고 있는 힘을 구하는 공식을 유도하시오.

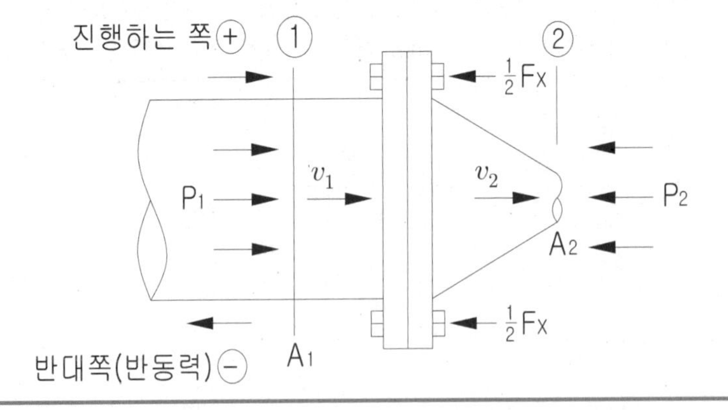

풀이 1. 힘의 평형조건(x축 방향에 대해) : 정압

$\Sigma Fx = P_1 \times A_1 - P_2 \times A_2 - Fx \quad \cdots$ i ($P_2 = 0$, 대기압)

2. 운동량 방정식 : 동압

(벤튜리 유동과 같은 수축유동으로 단면적 변화로 인한 속도변화(가속)에 의해 유체가 배관에 작용하는 힘)

$\Sigma Fx = \rho\, Q(v_2 - v_1)$ ⋯ ii

3. ⅰ, ⅱ식을 등식으로 놓고 정리하면($\because$ Fx = F)

① $\Sigma Fx = P_1 \times A_1 - P_2 \times A_2 - Fx = m \times a \neq 0$

가속이 있으니 힘의 합(ΣFx)은 0이 아니다.

② $F = P_1A_1 - \rho\, Q(v_2 - v_1)$[N] ⋯ iii

(여기서, P_1 : 노즐 상류 쪽의 게이지압력(N/m^2), P_2 : 대기압 = 0),

ρ : 물의 밀도(kg/m^3), Q : 방수량(m^3/s),

v_1 : 호스 평균유속(m/s), v_2 : 노즐 평균유속(m/s),

D_1 : 호스 지름(m), D_2 : 노즐 지름(m))

4. 1지점과 2지점 사이에 베르누이의 정리를 적용하면

$$P_1 = \frac{\gamma}{2g}v_2^2 - \frac{\gamma}{2g}v_1^2 = \frac{\gamma}{2g}(v_2^2 - v_1^2) = \frac{\rho}{2}(v_2^2 - v_1^2)[N] \quad \cdots \text{ iv}$$

5. ⅳ식을 ⅲ식에 대입하여 정리하면

$$F = \frac{\rho}{2}(v_2^2 - v_1^2)A_1 - \rho\, Q(v_2 - v_1)[N]$$

$$= \frac{\rho A_1}{2}Q^2\left(\frac{A_1 - A_2}{A_1A_2}\right)^2 \quad \left(\because Q = A_1v_1 = A_2v_2,\ \frac{v_1}{v_2} = \frac{A_2}{A_1}\right)$$

10 노즐구경과 방수압력을 알 경우 소방호스의 노즐 반동력을 유도하시오.

풀이

1. $\gamma = \rho g$, $Q = A \times v$, $v = \sqrt{2\,gh} = \sqrt{2\,g\frac{P}{\gamma}}$

2. $R = \rho Q v = \rho A v^2 = \frac{\gamma}{g} \times \frac{\pi}{4}d^2 \times \frac{2\,gP}{\gamma}$

$$= \frac{\pi}{2}d^2P = \frac{\pi}{2}d^2\,[m^2] \times [\frac{100\ cm}{1\ m}]^2 \times P[\frac{kgf}{m^2}] \times [\frac{1\ m}{100\ cm}]^2 = \frac{\pi}{2}d^2\,[cm^2] \times P\,[\frac{kgf}{cm^2}]$$

$= 1.57\ d^2P$ [kgf] (여기서, d : 노즐구경(cm), P : 방수압력(kgf/cm^2))

$= 0.0157\ d^2P$ [kgf] (여기서, d : 노즐구경(mm), P : 방수압력(kgf/cm^2))

단위를 잘 볼 것 ➜ 압력 P와 노즐구경의 길이단위는 동일하게 할 것

1. P : 방수압(kgf/cm^2), R : 20 kgf
2. d : 노즐구경(cm)(옥내 13 mm, 옥외 19 mm),
3. 방수압력 $P = R \div 1.5\ d^2 = 20 \div (1.5 \times 1.3^2) = 7.89\ kgf/cm^2$

11 지름 40 mm인 호스에 노즐선단의 구경이 13 mm인 노즐이 부착되어 있고, 0.2 m^3/min의 물을 대기 중으로 방수하고 있다. 이 때 노즐을 호스에 부착시키기 위한 플랜지 볼트에 작용하고 있는 힘(N)은?(단, 유동에는 마찰이 없는 것으로 한다.)

풀이

1. 단위환산

$Q = 0.2\ m^3/min = 0.00333\ m^3/s,\ D_1 = 40\ mm = 0.04\ m,\ D_2 = 13\ mm = 0.013\ m$

※ $P_1 = \frac{1{,}000}{2}(25.09^2 - 2.65^2) = 311{,}242.8\ N/m^2 = 3.176\ kgf/cm^2$

2. 호스의 평균유속

$v_1 = Q/A = Q/(\pi/4 \times D_1^2) = 0.00333/(\pi/4 \times 0.04^2) = 2.65\ m/s$

3. 노즐에서의 평균유속

$v_2 = Q/A = Q/(\pi/4 \times D_2^2) = 0.00333/(\pi/4 \times 0.013^2) = 25.09\ m/s$

4. 노즐을 호스에 부착시키기 위한 플랜지 볼트에 작용하고 있는 힘

$F = \frac{\rho}{2}(v_2^2 - v_1^2)A_1 - \rho Q(v_2 - v_1)[N]$

$= \frac{1{,}000}{2}(25.09^2 - 2.65^2) \times \frac{\pi}{4}0.04^2 - 1{,}000 \times 0.00333 \times (25.09 - 2.65)$

$= 391.12 - 74.73 = 316.39\ N$

정답 316.39 N

12 옥내소화전방수구를 열었더니 유량이 136 L/min, 압력이 1.7 kgf/cm^2로 방사되었다. 옥내소화전방수구에서 유량을 200 L/min으로 하려면 방수압력(kgf/cm^2)은?

풀이

1. 적용 공식 : 연속방정식 적용

$Q = A \times v = 0.653\ d^2\sqrt{P} = K\sqrt{P}\ [L/min]$

2. 비례식

① $Q_1 : \sqrt{P_1} = Q_2 : \sqrt{P_2}$ ➜ $136 : \sqrt{1.7} = 200 : \sqrt{P_2}$ ➜ $\sqrt{P_2} \times 136 = \sqrt{1.7} \times 200$

② $P_2 = 1.7 \times (\frac{200}{136})^2 = 3.68\ kgf/cm^2$

정답 3.68 kgf/cm^2

가압송수장치와 주위배관

01 가압송수장치의 종류

Fire Equipment Manager

01 펌프방식(Pump Type)

(1) 개요 암기 개성부 장단

전동기(∵ 모터) 또는 내연기관(∵ 트럭엔진)에 따른 펌프 이용하는 방식

(2) 성능기준

① 전양정(H) = 낙차수두(m) + 배관(호스 포함)의 마찰손실수두(m) + 방수압력 환산수두(m)

② 토출량(Q) = 해당 기준개수 × 방수량/개

(3) 부대설비

압력계, 성능시험배관, 순환배관, 기동용 수압개폐장치, 물올림장치, 비상전원 필요

(4) 장점

① 건물의 위치나 구조에 관계없이 설치가능 : 적용 제한 없음

② 소요 양정 및 토출량을 임의로 선정가능하다.

(5) 단점

① 비상전원 필요하다.

② 부대시설 필요 : 펌프의 낮은 신뢰도 보완

③ 저층부에 과압이 걸릴 수 있다.

02 고가수조방식(Gravity Tank Type)

(1) 개요 암기 개성부 장단

구조물 또는 지형지물 등에 설치하여 자연낙차 압력으로 급수하는 방식

(2) 성능기준

필요한 낙차수두(H) = 배관(호스 포함)의 마찰손실수두(m) + 방수압력 환산수두(m)

(3) 부대시설 암기 수배 급오맨

설계 3회, 12회

수위계, 배수관, 급수관, 오버플로우관, 맨홀

(4) 장점

① 소화설비의 기능이 확실하고 단순하다.
② 동력장치 등의 부하 및 비상전원(비상발전설비)을 줄일 수 있다.
③ 소화펌프 등의 설치공간을 줄일 수 있다.

(5) 단점

① 최상층 적용 제한 : 규정된 방수압력이 발생하려면 건물내부에는 설치곤란(∵ 고층부 담당 펌프 필요)
② 지형, 지물에 따라 고가수조의 적용에 제한적으로 적용됨 : 고산지대 콘도나 호텔에 적용
③ 건축구조상 고가수조 설치에 따른 구조계획이 필요하다.
④ 필요압력이 초과하는 부분에 감압장치(∵ 감압밸브)가 필요하다.
⑤ 초고층건축물에서 저층부 압력이 커 밸브류 등의 배관 부속품이 고장나기 쉽다.

03 압력수조방식(Pressure Tank Type)

(1) 개요 암기 개성부 장단

소화용수와 공기를 채우고 일정압력 이상으로 가압하여 그 압력으로 급수하는 방식

(2) 성능기준

필요한 압력 = 낙차 환산수두압(MPa) + 배관(호스 포함)의 마찰손실 수두압(MPa) + 방수압력(MPa)

(3) 부대시설 암기 수급 배급 맨압(에) 안자

수위계, 급수관, 배수관, 급기관, 맨홀, 압력계, 안전장치 및 압력저하 방지를 위한 자동식 공기압축기를 설치할 것

(4) 장점

① 신속하게 기준수량의 토출이 가능
② 별도의 비상전원 불필요

(5) 단점

① 만수시 탱크용량의 2/3밖에 저수할 수 없음(1/3은 압축공기)
② 시간 경과에 따라 방수압이 감소하게 됨
③ 급수펌프와 공기 압축기가 필수로 부설되어야 함
④ 설치면적 과다소요로 거의 사용되지 않는 방식임

04 가압수조방식(Cylinder Tank Type)

(1) 개요 암기 개성부 장단

가압원인 압축공기 또는 불연성 고압기체에 따라 소방용수를 가압시키는 방식

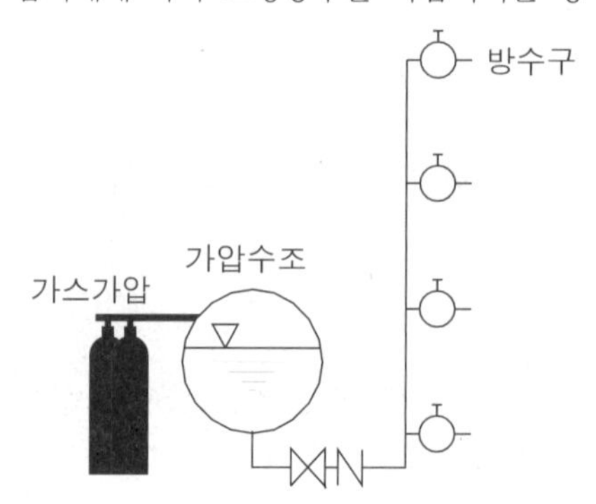

(2) 성능기준

가압수조의 압력은 법규정에 따른 방수량 및 방수압이 20분 이상 유지되도록 할 것

(3) 부대시설 암기 수급 배급 압(에) 안보

수위계, 급수관, 배수관, 급기관, 압력계, 안전장치 및 수조에 소화수와 압력을 보충할 수 있는 장치

(4) 장점

① 압축공기압력을 가압원으로 활용하므로 별도의 비상전원 불필요하다.
② 옥상수조 설치제외 가능하다.
③ 수조내의 수위나 가압원의 압력을 임의로 설정하여 조정가능하다.

(5) 단점

① 수조 및 가압원은 방화구획된 장소에 한하여 설치가능하다.
② 가압용기의 압력누설이 발생할 경우 이를 보충하지 않으면 규정방수압력과 방수량을 확보할 수 없다.
③ 설치된 사례가 드물어 신뢰성 검증 필요하다.

05 가압송수장치 종류별 특징 암기 신부비방 적저

종 류	펌프	고가수조	압력수조	가압수조
신뢰도	낮다	높다	△	△
부대시설	필요	X	△	△
비상전원	필요	X	X	X
방수압 감소	없다	△	감소	감소
적용제한	없다	있다	△	없다
저장제한	없다	없다	2/3만 저수	없다

02 소화펌프

Fire Equipment Manager

01 터보형(비용적형) 펌프

(1) 분류

유체 흐름의 방향에 따라 원심식, 사류식, 축류식의 3가지로 분류하며, 수계소화설비에는 원심식인 볼류트펌프가 주로 사용된다.

(2) 각 형식의 비교 암기 특전싸 회비 빨리유(8 2 6) 두 배

비교항목	원심식		사류식	축류식
	터빈식	볼류트식		
특징	소유량 고양정	중유량 중양정	보통	대유량 저양정
압력전달방법	원심력	원심력	양력 + 원심력	양력
펌프 크기	큼	큼	보통	작음
회전속도	작음	작음	보통	큼
비속도	매우 작음	작음	보통	큼
$(N_s = N\frac{\sqrt{Q}}{H^{3/4}})$ 암기 N루Q H 서너번	80 ∫ 250	200 ∫ 650	600 ∫ 1,200	1,200 ∫ 2,300

볼류트펌프와 터빈펌프의 특성비교

1. 보통 원심펌프는 볼류트펌프를 지칭하나, 고양정 원심펌프에서는 터빈(또는 디퓨져)펌프도 포함된다.
2. 디퓨져펌프는 유량변화가 심할 때에는 안내 깃이 유동에 방해가 되어 소음을 발생하고, 구조도 복잡하며 가격이 비싸다.
3. 볼류트펌프는 안내 깃이 없어 이와 같은 결점이 없고, 성능도 디퓨져펌프보다 우수하고 소형이며 가격이 싸다.

(3) 원심펌프의 원리와 종류

① 개요

㉠ 물을 담은 원통형의 용기를 그 축을 중심으로 회전시키면 용기내의 물은 원심력(Centrifugal Force)에 의하여 압력이 증가하여 둘레는 높아지고 중심부에서는 압력이 낮아져 처음에 있던 수면은 실선의 수면과 같이 변형한다.

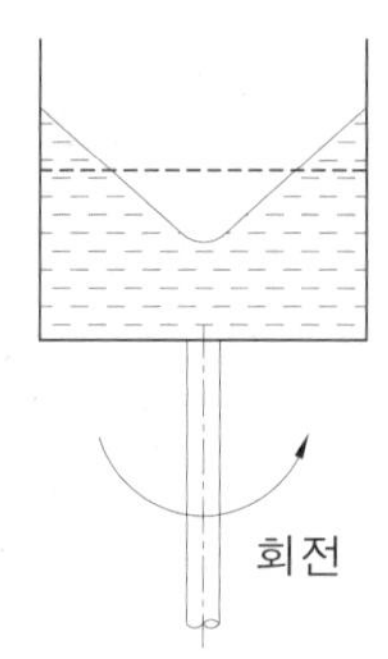

㉡ 이러한 현상으로부터 압력이 낮아진 중심부에 관을 연결하여 보다 아래쪽에 있는 물탱크와 연결하고 원통형의 용기를 밀폐된 것으로 하여 회전시키게 되면 용기 아래에 위치한 물탱크로부터 물이 차차 흡상(吸上)하게 된다.

② 원심펌프의 원리

㉠ 물 속에 있는 회전차(Impeller)를 고속으로 회전시킴으로써 회전차 내부에 있는 물에 원심력을 작용시켜 물은 회전차의 중심부에서 외주(外周)측으로 밀어내는 장치. 즉, 다수의 깃(Blade 또는 Vane)이 달린 회전차(Impeller)가 밀폐된 케이싱 내에서 회전함으로써 발생하는 원심력에 의하여 액체는 회전차의 중심으로 흡입되어 반지름 방향으로 흐르는 사이에 압력 및 속도 에너지를 얻게 된다.

㉡ 원심펌프는 회전차와 케이싱(Casing) 두 주요 부분으로 구성

- 회전차는 액체에 회전 운동을 일으켜 액체의 에너지를 증가시키는 부분
- 케이싱은 액체가 회전차로 들어가고 나오는 유동 경로를 형성하는 부분

㉢ 원심 펌프는 시동할 때에 먼저 펌프 내에 물을 채워야 함. 따라서 펌프의 설치 위치가 흡입측 수면보다 낮은 경우에는 공기빼기 콕(Air Cock)만 있으면 되지만, 흡입측 수면보다 높으면 물을 채우기 위하여 후드 밸브(Foot Valve), 물올림장치 및 공기빼기 콕 등을 설치해야 한다.

③ 원심펌프의 종류

㉠ 안내 깃의 유무

케이싱 내부에 안내 깃(Guide Vane)의 유무에 따라 볼류트펌프, 터빈펌프로 구분하고, 안내 깃은 회전차출구의 액체속도를 감속하여 속도에너지를 압력에너지로 변환시키는 역할

➔ 안내 깃의 역할 : 임펠러 출구의 흐름을 감속시켜 속도에너지를 압력에너지로 변환시킴

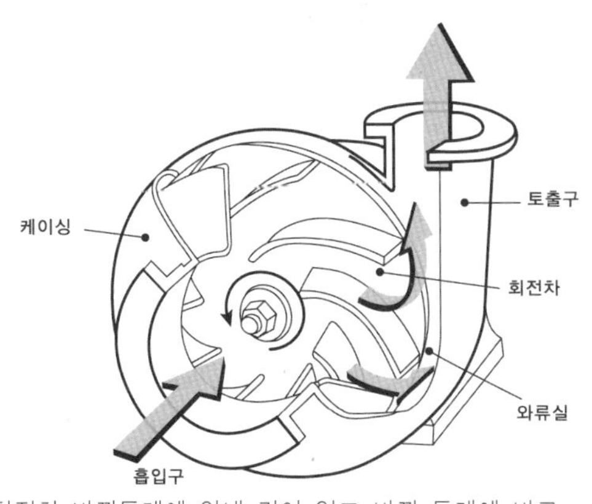

회전차 바깥둘레에 안내 깃이 없고 바깥 둘레에 바로 접하여 와류실이 있는 펌프이며 일반적으로 양정 80 m 이상이면 다단을 사용함

볼류트펌프(달팽이모양)

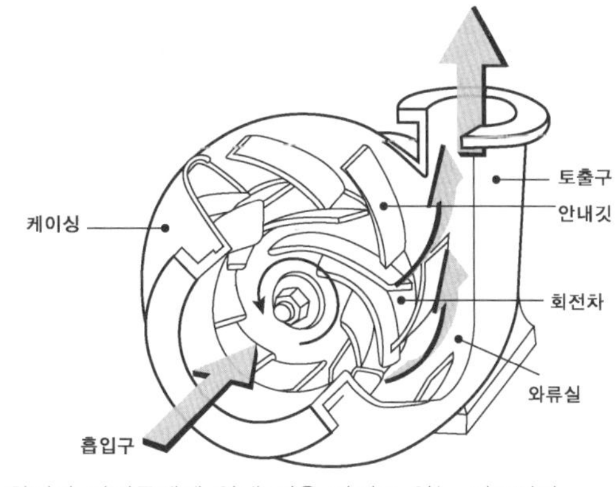

회전차 바깥둘레에 안내 깃을 가지고 있는 펌프이며 일반적으로 양정이 높은 곳에 사용됨

터빈펌프

㉡ 임펠러의 수 : 단단펌프와 다단펌프로 구분

단단펌프는 임펠러가 1개인 것이고 다단펌프는 임펠러를 하나의 축에 직렬로 여러 개를 배치하여 제1단에서 나온 액체를 제2단으로 흡입하고, 차례로 다음 단으로 송수함으로써 고압을 얻도록 설계한 것이다. 일반적으로 양정이 80 m 이상이 되면 다단펌프를 사용한다.

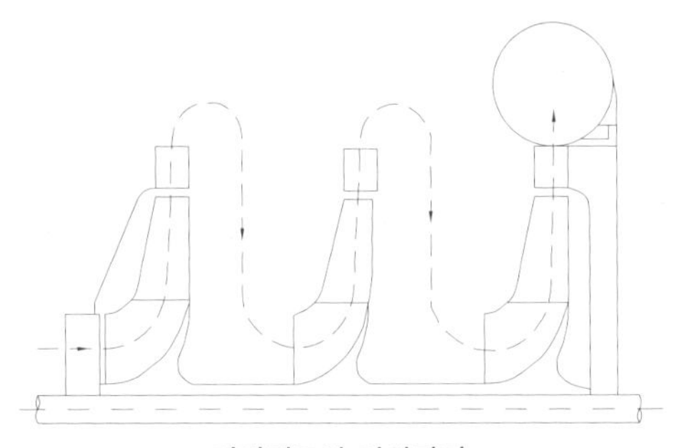

다단펌프의 가압과정

다단 터빈펌프(∵ 8단)

㉢ 흡입구의 수

- 편흡입펌프(Single Suction Pump) : 흡입구가 하나로 회전차의 한쪽에서만 흡입되는 것
- 양흡입펌프(Double Suction Pump) : 회전차의 양쪽에서 흡입되는 것

편흡입 단단 볼류트펌프

양흡입펌프

㉣ 축의 방향

- 횡축펌프(Horizontal Shaft) : 축이 수평
- 입축펌프(Vertical Shaft) : 축이 수직

횡축 원심펌프(∵ 4단)

입형펌프

02 수리학적 상사성(모형과 원형의 상사성)

(1) 상사법칙의 사용

① 해석적 방법으로 얻을 수 없는 정보를 얻기 위해서 모형실험을 수행하며, 이때 상사법칙을 사용한다.

② 상사법칙은 모형의 관찰결과로부터 원형의 거동을 예측하는데 필수적인 기법이다.

예 모형실험의 예 : 비행기, 자동차, 고속철도, 대형펌프 등

(2) 기하학적 상사성 암기 기운역 치속힘

동일한 모양이고, 치수의 비가 같을 때 성립

(∵ p : prototype(원형), m : model(모형))

$$\frac{(Lx)m}{(Lx)p} = \frac{(Ly)m}{(Ly)p} = \frac{(Lz)m}{(Lz)p} = Lr = \text{ 일정}$$

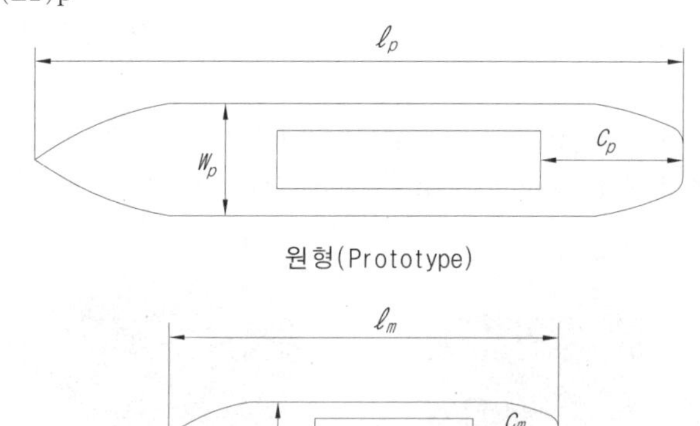

원형(Prototype)

모형(Model)

(3) 운동학적 상사성 : 유선의 형태가 같음

기하학적 상사시(치수의 비가 일정) 속도의 방향이 같을 때 성립

$$\frac{(vx)m}{(vx)p} = \frac{(vy)m}{(vy)p} = \frac{(vz)m}{(vz)p} = vr = \text{일정}$$

(4) 역학적 상사성

기하학적, 운동학적 상사시 각 대응점의 **힘**의 비가 같을 때 성립

$$\frac{(Fp)m}{(Fp)p} = \frac{(Fg)m}{(Fg)p} = \frac{(Fv)m}{(Fv)p} = \frac{(Fs)m}{(Fs)p} = Fr = \text{일정}$$

(여기서, Fp : 유체의 압력, Fg : 중력에 의한 힘, Fv : 점성력, Fs : 표면장력)

➜ 힘에 관한 적절한 무차원수(Reynolds수, Froude수, 압력계수 등)가 원형과 모형에서 같음

유체 유동 중 접하게 되는 주요한 힘

1. 관성력(Inertia Force) $= ma = (\rho L^3)(\frac{v}{t}) = (\rho L^2)(\frac{L}{t})v = \rho L^2 v^2(\text{평판}) = \rho v^2 d^2(\text{원관})$
2. 점성력(Viscous Force) $= \tau A = \frac{dv}{dy}A = \mu \frac{v}{L} L^2 = \mu v L(\text{평판}) = \mu v d(\text{원관})$
3. 중력(Gravity Force) $= mg = \rho L^3 g$
4. 표면장력(Surface Tension Force) $= \sigma L$

레이놀즈수(Reynold's number) ➜ 레이놀즈 : 유체역학의 아버지

유동영역(Flow Regime : 층류, 난류)을 결정하는 데 있어서 지표가 되는 무차원수

$$Re = \frac{\text{관성력}}{\text{점성력}} = \frac{ma}{\tau A} = \frac{\rho v^2 d^2}{\mu v d} = \frac{\rho v d}{\mu}$$: 모든 유체에 적용

03 펌프의 상사법칙 암기 유양축 123. 325. 효역

(1) 기하학적 상사인 두 개의 펌프의 성능과 회전수, 회전차 외경사이 관계($D_1 \neq D_2$)

유량비	$\frac{Q_1}{Q_2} = (\frac{N_1}{N_2})^1 \times (\frac{D_1}{D_2})^3$, $\frac{f_1}{f_2} = \frac{N_1}{N_2}$
양정비	$\frac{H_1}{H_2} = (\frac{N_1}{N_2})^2 \times (\frac{D_1}{D_2})^2$
축동력비	$\frac{L_1}{L_2} = (\frac{N_1}{N_2})^3 \times (\frac{D_1}{D_2})^5 \times (\frac{\eta_2}{\eta_1})$, $\frac{L_1}{L_2} \propto \frac{1}{\eta_1} / \frac{1}{\eta_2} = \frac{\eta_2}{\eta_1}$

(여기서, Q : 유량, N : 펌프 회전수, f : 전원 주파수, D : 회전차 외경, H : 양정, L : 축동력, η : 펌프 효율)

(2) 비속도가 같으면 펌프의 크기가 다른 경우에도 이를 상사(相似)라고 표현한다.

(3) 상사법칙의 이해

① 위의 세 가지 상사법칙은 회전차의 구경과 회전수를 변화시킴으로써 유량이나 양정을 변화시킬 수 있고, 그에 따라 변화되는 동력을 나타내고 있다.

② 엔진구동이나 벨트 연결식의 경우는 회전차의 회전수를 변화시킬 수 있으므로 동력이 허용하는 범위 내에서 유량과 양정의 조정이 가능하다.

③ 직결식 모터를 사용하는 펌프의 경우에는 회전수가 4극, 6극 등으로 고정되어 있으므로 부득이 펌프를 바꿀 수밖에 없는데, 이때 회전차의 직경만 바꿈으로써 상사법칙에 의한 결과가 나오기 위해서는 바꾸기 전후의 두 펌프가 상사관계이어야 한다. 이런 상사관계를 확인할 수 있는 요소가 비속도이다.

동기 회전수(Ns)

1. 전원 주파수와 모터의 극수로 결정되어지는 회전수
2. 주파수(사이클)에 비례, (극수/2)에 반비례

$$Ns = \frac{f}{P/2} = \frac{2f}{P}\ [r/s] = \frac{120f}{P}\ [r/min]$$

(여기서 f : 전원 주파수(Hz), P : 모터의 극수, 120 : 정수, r/min : 1분당 회전수(Revolution Per Minute))

임의 부하시 회전수(N)

1. $N = Ns\ (1-s) = \frac{120f}{P}(1-s)[r/min]$
2. 슬립(Slip) : $s = \frac{Ns - N}{Ns}$

극수와 회전수의 관계

극수(P)	동기속도(Ns)	
	50 Hz	60 Hz
2	3,000	3,600
4	1,500	1,800
6	1,000	1,200
8	750	900
10	600	720
12	500	600

슬립(Slip)

1. 유도전동기의 회전자(Rotor) 속도에 대한 고정자(Stator)가 만든 회전자계의 늦음 정도
2. 평상운전에서 슬립은 4 %~8 % 정도 되며, 슬립이 클수록 회전속도는 느려진다.

04 비속도(Pump Specific Speed, 비교회전도, 비교 회전속도, 특유속도)

(1) 개념 암기 임상 P종특 결정

① 임펠러의 상사성 또는 Pump의 종류 및 특성 등을 결정하는 데 이용되는 값
② 펌프 특성에 대한 설명을 단순화하기 위해 도입한 추상적 개념
③ 어떤 Pump의 최고 효율점에서의 수치로 계산하는 값으로 그 점에서 벗어난 상태의 전양정, 토출량을 대입하여 구해도 된다는 의미가 아니다.
④ 최적성능 지점에서 펌프의 회전수(N), 토출량(Q), 전양정(H)를 하나의 숫자로 통합한 개념
㉠ Pump의 성능을 나타냄 ➜ 토출량(Q), 전양정(H)
㉡ 회전차의 형상을 나타내는 척도
㉢ 최적합 회전수 결정에 이용 ➜ 회전수(N)
㉣ 구조가 상사이고, 유동상태가 상사일 때 비속도는 일정

(2) 비속도(Ns)

① 기본요소 : 펌프의 회전수(N), 토출량(Q), 전양정(H) 3가지

$Ns = \frac{N\sqrt{Q}}{H^{3/4}}$ [r/min,m³/min,m] 암기 N루Q H 서너번

(여기서, N : 펌프 회전수(r/min), H : 전양정(m) ➜ 다단인 경우 $\frac{H}{n}$ (∵ n : 단수 즉, 임펠러의 수)

Q : 토출량(m³/min) ➜ 양흡입인 경우 $\frac{Q}{2}$ (즉, 한쪽 흡입관의 유량만 계산))

② 펌프의 형식과 비속도, Ns와의 관계 암기 터볼사축 빨리유(8 2 6) 두 배

비교항목 암기 특전싸 회비	원심식		사류식	축류식
	터빈식	볼류트식		
특징	소유량 고양정	중유량 중양정	보통	대유량 저양정
압력 전달방법	원심력	원심력	양력 + 원심력	양력
기계의 크기	큼	큼	보통	작음
회전속도	작음	작음	보통	큼
비속도 ($Ns = N\sqrt{Q}/H^{3/4}$)	매우 작음	작음	보통	큼
	80 ~ 250	200 ~ 650	600 ~ 1,200	1,200 ~ 2,300
효율이 최대일 때 최적 비속도	200	400	1,100	1,500

㉠ 터빈펌프 〈 볼류트펌프 〈 사류펌프 〈 축류펌프의 순으로 비속도는 증가되고, 반면 양정은 감소된다.
㉡ 실제 펌프의 회전수(N)을 일정하게 둘 때,
- 비속도(Ns)가 작으면 소유량, 고양정 특성을 갖는 펌프가 된다. ➜ 원심펌프
- 비속도(Ns)가 크면 대유량, 저양정 특성을 갖는 펌프가 된다. ➜ 축류펌프

05 전동기, 내연기관(원동기)의 동력

(1) 수동력(Lw) : 펌프내의 임펠러가 회전하여 유체에 공급되는 이론동력

① 일(Work) = 힘(F) × 거리(L)

② 동력(일률) = 힘(F) × 거리(L) ÷ 시간(t) = N · m/s = J/s = W

(여기서, P = F/A, F = P × A, L = v × t (∵ 거리(L) = 속도 (v)× 시간(t) = m/s × s [m])

③ $동력 = \dfrac{힘(F) \times 거리(L)}{시간(t)} = P \times A \times v = P \times Q = \gamma QH[kgf \cdot m/s] (\because P = \gamma H)$

(여기서 kgf · m/s를 kW로 단위변환(1 kW = 102 kgf · m/s))

$$\therefore Lw = \frac{\gamma Q H \times 1kW}{102\,kgf \cdot m/s} = \frac{\gamma Q H}{102}\ [kW]$$

토출량이 m^3/min이라면, $Lw = \dfrac{1,000 \times Q_m H}{102 \times 60} = 0.163\ Q_m H\ [kW]$

(2) 축동력(Ls) : 전동기나 내연기관이 펌프내 임펠러를 구동하는 데 필요한 동력

$$\therefore Ls = \frac{Lw}{효율} = \frac{0.163\ Q_m H}{\eta}\ [kW],\ \eta = \frac{Lw}{Ls} = \frac{수동력}{축동력}$$

(3) 전동기나 내연기관의 용량, 동력, 소요출력(Lm) : 펌프운전에 필요한 원동기의 소요출력

동력발생장치(∵ 전동기, 내연기관)의 동력은 구동방법에 따라 기계손실을 일으키기 때문에 일반적으로 축동력보다 커야 한다.

$\therefore Lm = \dfrac{0.163 Q_m H}{\eta} \times 전달계수 \times 여유율 = Ls \times K \times S\ [kW]$ 암기 **축카(헤)여**

원심펌프의 성능곡선 예	전달계수(K)
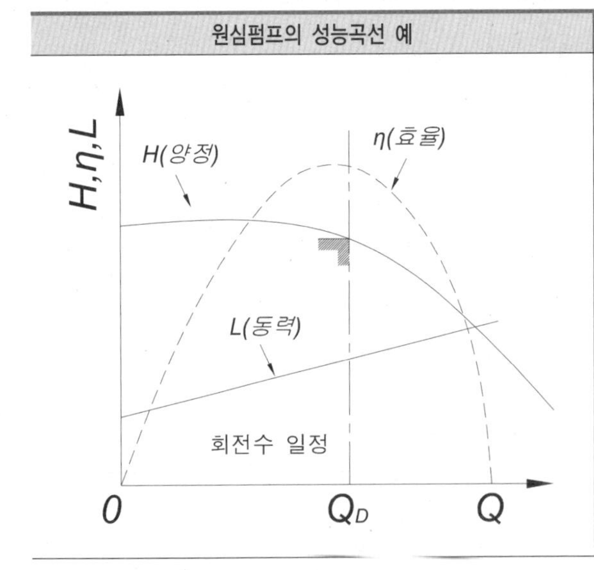	$K = \dfrac{1+\alpha}{\eta_T}$ • 전동기 직결 K : 1.1 • 내연기관 K : 1.15~1.2

원동기 종류	여유율(α)
유도 전동기	0.10 ~ 0.20
소출력 엔진	0.15 ~ 0.25

동력전달형식	전달효율(η_T)
평 벨트	0.90 ~ 0.93
V-Belt	0.94 ~ 0.96
기어변속	0.92 ~ 0.98
유체 커플링	0.95 ~ 0.97

여유율(펌프의 동력 계산시)

1. 시험문제에서 여유율이 전달계수는 아님
2. 실무에서는 전동기의 전압, 주파수의 변동, 엔진의 연료 적합여부, 설계 또는 제작상의 여유 등을 고려하여 적용함
   예 여유율, 안전율 등

06 펌프 손실과 효율 암기 소녀는 수누기, 수체기

펌프 손실	펌프 효율
1. **수**력손실(Hydraulic Loss) 암기 **마부충** ① 배관 전체의 **마**찰, **부**차적, **충**돌 손실 ② 축동력의 8 %~20 % ➜ 어느 손실보다도 펌프성능에 큰 영향 미침 ➜ 관내 흐름과 날개(Blade) 사이의 마찰과 충돌에 의해서 발생하는 손실	1. **수**력효율(Hydraulic Efficiency) ① Pump Theory에 의해서 계산된 이론양정과 실제양정의 비 ② $\eta_h = \dfrac{H}{H_{th}}$ x 100 % = 80 %~96 %
2. **누**설손실(Leakage Loss) : 틈새 ① 펌프의 패킹부분과 베어링 부분의 틈새 ② 모든 부분의 틈은 가능한 작게 하고, 길게 한다. ➜ 회전부와 정지부 틈새에서의 유체누설에 의한 손실	2. **체**적효율(Volumetric Efficiency) ① 펌프 흡입유량과 실제 토출유량비 ② $\eta_v = \dfrac{Q}{Q + \Delta Q}$ x 100 % = 90 %~95 %
3. **기**계손실(Mechanical Power Loss) : 마찰 ① 펌프의 베어링, 패킹장치 등에서의 마찰손실 : 회전수 제곱에 비례 $h_\ell = f\dfrac{L}{d}\dfrac{v^2}{2g} = K\dfrac{v^2}{2g}$ ② 누설량과 반비례 관계 ③ Stepanoff의 경험 : 축동력의 1 % ➜ 기계적 마찰에 의한 손실	3. **기**계효율(Mechanical Efficiency) ① 축동력에서 Pump내의 베어링 및 패킹의 손실동력과 축동력의 비 ② $\eta_m = \dfrac{L-(\Delta Lm + \Delta Ld)}{L}$ x 100 % $= \dfrac{\gamma(Q+\Delta Q)H_{th}}{L}$ x 100 % = 90 %~97 %
	4. 전효율(Total Efficiency) ① 펌프축에 고정 되어있는 회전차를 운전하는 데 필요한 축동력에 대한 수동력의 비 ② $\eta_T = \dfrac{L_w}{L} = \dfrac{\gamma QH}{L}$ $= \dfrac{H}{H_{th}} \times \dfrac{Q}{Q+\Delta Q} \times \dfrac{\gamma(Q+\Delta Q)H_{th}}{L}$ $= \eta_h \times \eta_v \times \eta_m$

07 펌프의 직렬 · 병렬운전

펌프의 직렬·병렬운전은 순차 또는 연차기동이 아닌 동시기동이 원칙이다.

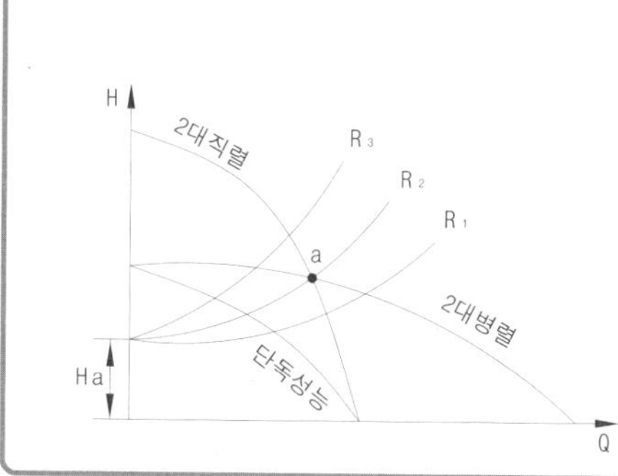

동일성능 펌프의 직렬 · 병렬운전 선정조건

1. 직렬 · 병렬운전의 선정조건 : 저항곡선의 양상에 따라 정함
2. 직렬 · 병렬운전의 한계점 → 교점 a
3. 직렬운전이 유리한 경우
   → 저항곡선이 R_2 보다 높은 R_3과 같은 경우
4. 병렬운전이 유리한 경우
   → 저항곡선이 R_2 보다 낮은 R_1과 같은 경우

(1) 직렬운전(H → 2H, Q = 일정)

① 양정변화가 커서 1대의 펌프로써는 양정이 부족할 경우 2대 이상의 펌프를 직렬로 운전

② 사용의 예

㉠ 소방펌프차로 송수구에 송수시 연결송수관설비의 가압송수장치 운전

㉡ 증축으로 양정이 부족할 경우

(2) 병렬운전(Q → 2Q, H = 일정)

① 유량변화가 크고 1대의 펌프로써는 유량이 부족할 경우는 2대 이상의 펌프를 병렬로 운전

② 사용의 예

㉠ 소화설비를 겸용으로 펌프용량이 클 경우

㉡ 증축으로 유량이 부족할 경우

(3) 실제 설계시 유의사항

① 병렬운전의 경우 : 토출량의 합산은 유량이 대기로 방출될 경우에 적용하는 것으로 실제 대기로 방출되지 않고 배관내에서는 마찰저항으로 인하여 병렬로 작동되는 펌프 2대는 더 큰 마찰저항을 갖게 된다.

② 따라서 펌프의 실제 특성곡선은 단형 펌프 유량의 2배보다 작게 되며 마찬가지로 직렬로 사용할 경우도 실제 양정은 단독운전시의 2배보다는 작게 된다. 보통 스프링클러 펌프 설계시 2,400 L/min의 경우 이를 1,200 L/(min · 대) × 2대를 병렬로 설계하고 있으나 이는 위와 같은 사유로 법정 토출량에 미달되므로 반드시 펌프 토출량 선정시 여유율을 반영해 주어야 한다.

(4) 소화 펌프 운전에서의 문제점

① 현재의 설계방법에 의하여 가장 큰 시스템의 경우
겸용배관에서 3,750 L/min(∵ 스프링클러설비 30개+ 옥내소화전 설비 5개+ 옥외소화전설비 2개)이며, 이를 두 대의 펌프로 분할하여 운전하는데, 그렇지 않은 경우를 모두 고려하여도 최소유량의 경우 약 5 % 또는 10 %의 유량이 요구될 때에 펌프 단속운전이 된다.

② 이때 압력챔버에서 압력감지를 민감하지 않게 조절하기 위하여 밸브, 오리피스를 설치하여 조정을 하게 되는데 이때 실수로 인한 장치의 차단으로 동작불능의 상태가 될 수 있다.

(5) 펌프를 분할했을 때의 영향

① 각 펌프의 유량이 적어지므로 동력이 적어져 기동 방식이 Y-△ 기동에서 직입 기동으로 가능해지므로 제어장치가 소형이 된다.

② 하나의 펌프 기동에서 적은 기동전류로 비상발전기의 용량선정에서 적은 여유율을 줄 수 있다.

③ 위험의 분산(∵ Fail Safe 개념내포) : 실패해도 사고나 재해로 연결되지 아니하고 안전을 확보할 수 있다.

④ 현재는 단순한 Sequence에 의하여 운전되는 것이 전자식 장치의 도입이 가능해지며, 안정적인 설비의 운전이 될 수 있다고 판단된다.

펌프의 이상현상

Fire Equipment Manager

01 펌프 흡입이론

(1) 소화수조의 수위가 펌프보다 아래에 있는 경우 펌프의 구동에 따라 펌프내 압력이 대기압 이하로 감소하여 외부 대기압에 밀려 물이 흡상된다.

(2) 수면에 작용하는 대기압이 펌프나 배관 등의 손실보다 커야 흡상된다.

(3) 흡입양정은 이론상 0 ℃, 1 atm에서 약 10.33 m이지만 배관마찰손실, 기타 손실 때문에 실제로 약 5 m~6 m밖에 안 된다.

흡입측 수온에 따른 실제 흡입할 수 있는 높이

수 온(℃)	0	20	50	70
이론상(m)	10.33	9.7	9	7.2
실제상(m)	7.5	6.3	2.5	0

(4) 소화용수설비에서는 이를 고려하여 소화수조가 지표면으로부터의 깊이가 4.5 m 이상이면 채수구용 가압송수펌프를 설치한다.(소방차 높이를 고려하여 1.5 m 여유율을 둠)

02 NPSH

(1) NPSH(Net Positive Suction Head : 유효흡입수두, 순흡입양정 또는 정미흡입양정) 암기 캐노유효 수주표

① 펌프의 흡입배관에서 <u>Ca</u>vitation이 생기지 <u>않기</u> 위해 필요한 최소 <u>유효</u>흡입양정을 <u>수주</u>로 <u>표</u>시한 것

② 펌프의 운전시 공기고임현상(Cavitation) 발생 없이 펌프를 안전하게 운전되고 있는가를 나타내는 척도로 NPSH를 세분하면 NPSHav, NPSHre로 분류할 수 있다.

(2) NPSHav(available NPSH : 이용 가능한 유효흡입양정)

① 정의 암기 현설온고 얻이유

㉠ <u>현</u>장의 펌프설비에서 <u>설</u>치위치, 유체<u>온</u>도 등을 <u>고</u>려하여 <u>얻</u>어지는 <u>이</u>용 가능한 <u>유</u>효흡입양정

㉡ 펌프 그 자체와는 무관하게 흡입측 배관 또는 시스템에 따라 정하여진 값으로 펌프 흡입구 중심까지 유체가 유입되는데 필요한 유효흡입양정

② 관계식

- $NPSHav = \frac{Pa}{\gamma} - (\frac{P_V}{\gamma} + H_\ell \pm Hs)$ (∵ 항상 절대압력 기준임)
- NPSHav = 대기압 - 포화증기압 - 흡입배관 마찰손실수두 ± 펌프의 설치높이 암기 **대증마설**

(3) NPSHre(required NPSH : 필요로 하는 유효흡입양정)

① 정의 암기 **펌자 필요유 메결**

㉠ 펌프 그 자체가 필요로 하는 유효흡입양정

㉡ 펌프 자체의 값 : maker(제조자)의 실험치에 의해 결정됨

㉢ 펌프 흡입 플랜지에서 임펠러 입구까지 유입되는 액체는 임펠러에서 가압되기 전에 일시적인 압력강하가 발생하는데 이에 해당하는 손실양정

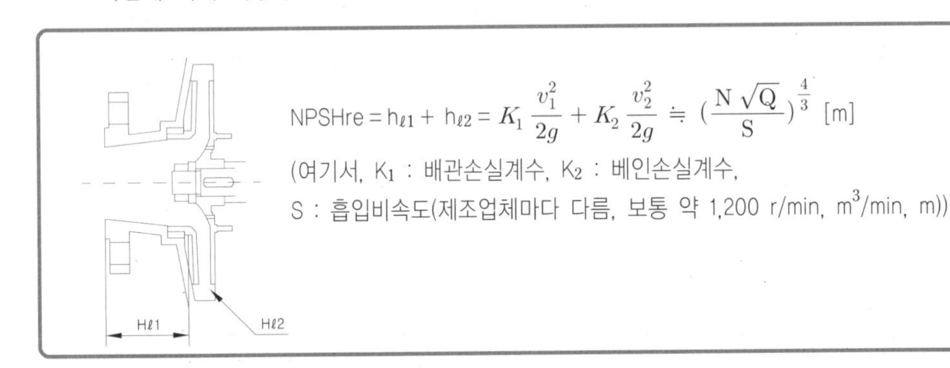

$$NPSHre = h_{\ell 1} + h_{\ell 2} = K_1 \frac{v_1^2}{2g} + K_2 \frac{v_2^2}{2g} \fallingdotseq (\frac{N\sqrt{Q}}{S})^{\frac{4}{3}} \ [m]$$

(여기서, K_1 : 배관손실계수, K_2 : 베인손실계수,
S : 흡입비속도(제조업체마다 다름, 보통 약 1,200 r/min, m^3/min, m))

② 관계식 : 실험이 불가능할 경우 계산식

㉠ Thoma의 Cavitation 계수(σ) 사용

$NPSHre = \sigma H$ (∵ H : 전양정)

㉡ 흡입비속도(S) 사용 암기 **N루Q 나S 포나떠**

$$NPSHre = (\frac{N\sqrt{Q}}{S})^{\frac{4}{3}} \ [m]$$

여기서, N : 회전수(r/min), Q : 유량(m^3/min), S : 흡입비속도(편흡입 1,200, 양흡입 1,700),
양흡입 Pump : Q/2, 다단 Pump : H/n (∵ n : 단수 즉, 임펠러의 수)

㉢ NPSHre는 유량이 증가함에 따라 증가하며, NPSHre가 증가하면 펌프의 흡입능력이 감소함

(4) NPSH와 Cavitation 관계

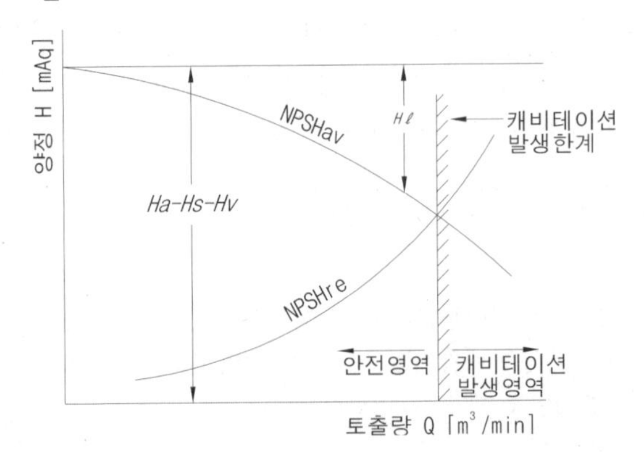

① NPSH와 Cavitation 관계 [암기] **발한 생 NO 설3 경마**

NPSHav − NPSHre 〈 Psat	발생(∵ Psat : 액온에 대한 포화증기압)
NPSHav = NPSHre	발생 한계
NPSHav 〉 NPSHre	발생 NO
NPSHav ≥ NPSHre × 1.3	설계 적용

② 30%의 여유율은 경년변화에 따른 배관의 마찰손실 증가 등 고려한 수치임

03 펌프의 이상현상과 Air Lock현상

(1) 공동현상(Cavitation, 공기고임현상) [T] 설계 1회

① 정의

㉠ 펌프는 액체를 빨아올리는 데 대기압을 이용하여 펌프내에서 진공(저압부)을 만들고 빨아 올린 액체를 높은 곳에 밀어 올리는 기계이므로 만일 펌프 내부 어딘가에서 그 액체가 기화되는 압력까지 압력이 저하하는 부분이 있으면 그 액체는 그 부분에 오면 기화되어 기포를 발생하고 액체 속에 공동(기체의 거품)이 생기게 되는 현상

㉡ 펌프의 흡입구에서 펌프 과열에 의한 수온상승이나 액체의 압력이 포화증기압 이하로 내려가면 증발하여 기포가 발생하는 현상

증기압의 개념

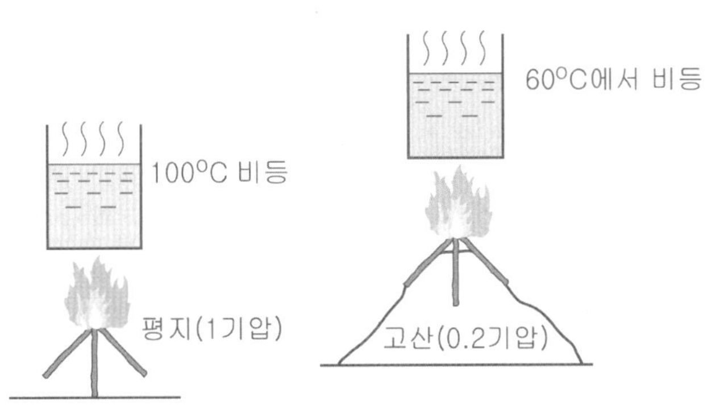

1. 증기압(Vapor Pressure)
   ① 액체 속에 잡혀 있는 증기의 압력
   ② 액체의 증기압은 그 액체의 증기가 닫힌 용기 속에서 미치는 압력을 측정하게 된다.
2. 압력 ∝ 액체의 비점 : 압력이 낮아지면 비점도 낮아져 낮은 온도에서도 끓는다. (∵ ∝ : 비례관계)
3. 물의 각 온도에 대한 포화증기압

수온(℃)	0	20	40	60	80	100	120
증기압(m)	0.06	0.238	0.75	2.03	4.83	10.33	20.24

㉢ 물의 P-T 상태도

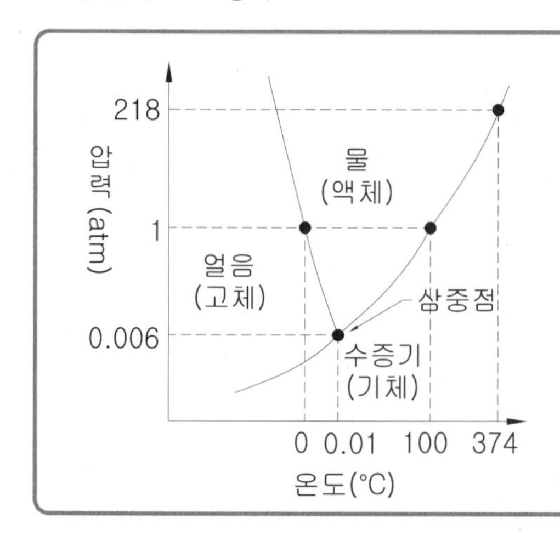

물은 100 ℃(대기압 상태)에서 끓지만 펌프 흡입구와 같이 대기압이하로 저압이 되면 비점도 낮아져 상온에서도 기포가 생성된다.

1. 물의 임계점 : 374 ℃, 218 atm
2. 물의 삼중점 : 0.01 ℃, 0.006 atm

② 발생원인(액체 → 기체)

NPSHav(= 대기압 − 포화증기압↑ − 흡입관 마찰손실수두↑ − 펌프의 설치높이↑)− NPSHre < 0

➜ 액온이 높아질수록↑ 포화증기압은 상승↑

➜ 흡입관 마찰손실수두 증가할수록 ➜ $h_\ell = f\dfrac{L}{d}\dfrac{v^2}{2g}[mAq]$(∵ L↑, V^2↑, d↓)

㉠ 포화 증기압↑ : 펌프 내부 액온이 상승하여 포화증기압 상승시(체절운전, 펌프과열 등)

㉡ 흡입배관의 마찰손실수두↑ : 흡입배관 마찰손실수두 증가(관경이 작을 때)

㉢ 펌프의 설치높이↑ : 펌프와 수면 사이가 너무 멀 때

③ 결과(문제점) 암기 **진소 양효침**

㉠ **진**동과 **소**음발생 : 캐비테이션으로 인하여 생긴 기포는 고압의 영역에 이르렀을 때 갑자기 파괴되고 다시 수중으로 말려들어 소멸하고 만다. 기포가 파괴될 때에는 심한 충격을 동반하고 진동과 소음을 동반한다.

㉡ **양**정곡선과 **효**율곡선의 저하

㉢ 깃의 **침**식

- PV = C(∵ 기포가 터져 부피(V)가 감소 상대적으로 압력(P)증가, 약 300기압)
  기포가 파괴될 때 기포의 표면에 밀어 붙이는 액체의 압력은 기포 체적의 급격한 축소에 따른 그 압력강도가 매우 커진다.
- 이와 같은 큰 힘의 충격 때문에 벽면은 침식(Erosion)하게 된다.

④ 방지대책 암기 **중마양을 낮추고 버터 편레통 단순직**

➜ 펌프내 포화**증**기압 이하의 부분이 발생치 않도록 조치. 즉, NPSHav↑ > NPSHre↓

㉠ NPSHav(↑) 높이는 방법(NPSHav = Ha − Hv − h_ℓ ± Hs)

- Hv↓ : 물의 온도↓, 펌프 내부에 고온부가 생기지 않게 한다.
- h_ℓ↓ : 흡입배관의 손실수두를 작게 한다. ➜ $h_\ell = f\dfrac{L}{d}\dfrac{v^2}{2g}[mAq]$: 길이를↓, 속도를↓, 관경↑
- Hs↓ : 펌프 설치높이를 될 수 있는 대로 **낮추**어 흡입양정을 짧게 한다.
  흡입배관에 **버터**플라이밸브 설치 안한다.
  흡입배관에 설치된 여과기의 **통**수면적을 크게 한다.
  편심 **레**듀셔를 쓴다.
  흡입배관을 **단순 직**관화 한다.

㉡ NPSHre(↓) 낮추는 방법(NPSHre = $(\frac{N\sqrt{Q}}{S})^{\frac{4}{3}}$) 암기 **회유 두 대 직병**

- 펌프의 회전수(N↓)를 낮추어 흡입비속도(S↓)를 작게 한다.
- 펌프의 유량(Q↓)을 줄이고 양흡입 펌프(Q÷2)를 사용한다.
- **2대** 이상의 펌프를 사용한다.
  - 양정부족시 2대 이상의 펌프를 직렬로 연결한다.
  - 유량부족시 2대 이상의 펌프를 병렬로 연결한다.

(2) 수격현상(Water Hammering)(속도차 =압력차) ➜ 유속이 급변할 때 수격발생

① 정의

㉠ 배관내 유속이 급격한 변화에 따라 운동에너지가 압력에너지로 변해 유체압력이 상승 또는 강하하는 현상

㉡ 배관내의 유속이 급격히 변할 때 운동에너지의 소실에 의해 체크밸브 부분에서 압력에너지(압력수두)의 급격한 증가로 인한 충격이 배관의 양 끝단을 왕복하여 타격하는 현상

② 관계식

㉠ 베르누이 정리 : 속도차 = 압력차

- $\frac{P_1}{\gamma} + \frac{v_1^2}{2g} = \frac{P_2}{\gamma} + \frac{v_2^2}{2g}$
- $\frac{v_2^2}{2g} - \frac{v_1^2}{2g} = \frac{P_1}{\gamma} - \frac{P_2}{\gamma}$ (∵ 비압축성유체 γ = 일정, $Z_1 = Z_2$)

㉡ 운동량 방정식 : 속도차 = 충격량(∵ $F = m \cdot a = \rho Q(v_2 - v_1)$ [N])

③ 발생원인 암기 **밸기정** → 유체의 정지시 주로 발생함

㉠ 밸브의 급개폐시 : 가장 일반적인 수격현상의 발생원인으로 펌프 토출측 체크밸브가 완전히 닫히기 전에 역류가 발생하면 밸브에 Slamming(쾅)현상이 발생하는데, 밸브를 급격히 닫을 때나 열 때도 마찬가지로 이와 같은 수격이 발생한다.

㉡ 펌프 기동시 : 펌프 기동시 배관내 Downstream(하향 흐름)에 Void Space(빈 공간)가 존재하면 급격한 압착으로 높은 압력상승을 유발한다.

㉢ 펌프의 급정지(Pump의 Failure)할 때 : 펌프 운전 중 갑작스런 정전 등으로 Pump Trip이 발생하면 펌프 토출측에서는 급격하게 압력이 저하한다. 저하된 압력파는 매우 빠른 속도(음속)로 Downstream(하향 흐름)쪽으로 전파되고 압력저하는 경우에 따라서는 수주분리현상을 발생시킨다. 저하된 압력이 그 유체의 증기압보다 낮을 경우 Vapor(증기)가 발생하여 Vapor Cavity(공동부)을 형성한다.

➜ 이 Vapor Cavity의 압착으로 높은 Shock Pressure 발생함

※ 밸브가 열린 상태에서 펌프가 정지하는 경우 : 체크밸브의 닫힘이 늦어 토출관의 물이 역류하고 닫힐 때

㉣ 기타(터빈의 출력변화) : 배관내의 유체에 유속의 변속을 유발시키는 어떤 작동이나 동작도 수격의 원인이 됨

④ 결과(문제점) 암기 **고진소 파손**

㉠ 고압 발생

㉡ 배관의 진동, 소음(충격음) 발생

㉢ 배관 파손

⑤ 방지대책 암기 UFO SA자 릴스모 쿠션 슬로우 개폐

㉠ 부압방지법

- 관내 유속(**U**)을 낮게 한다. → 배관 구경을 크게 함
- 펌프에 **F**ly Wheel(플라이 휠, 관성 바퀴) 부착 → 급격한 속도변화 감소 즉, 펌프에 플라이 휠을 붙여서 펌프의 동력공급이 중단되어도 급격하게 회전이 떨어지지 않도록 하여 압력의 저하를 방지함
- **공**기밸브 설치 → 부압이 됐을 때 공기를 흡입
- **S**urge Tank(조압 수조) 설치 → 압력이 저하되는 곳에 물 공급
- **A**ir Chamber(에어 챔버, 공기실) 설치 → 부압이 되기 전에 압축공기 공급
- **자**동수압조절밸브 설치

㉡ 압력상승 방지법 : **릴**리프밸브나 **스모**렌스키 체크밸브 설치 → 충격파로부터 펌프 보호

㉢ 수격압력 흡수장치 : Water Hammering **Cushion**를 배관의 적절한 위치에 설치

㉣ 펌프운전 중 각종 밸브의 **개폐**는 **서서히 조작** → 최소 5초 이상 소요(∵ 미국 NFPA 기준)

구 분	제1단계(부압발생단계)	제2단계(압력상승단계)
단계별 현상	• 원인 : 관성력의 존재 • 펌프 운전 중 갑작스런 정전 – 물에 관성력 작용 – 펌프쪽 배관내 밀도가 떨어져 경우에 따라서 완전진공상태가 됨	• 밀려간 물이 되돌아 옴 – 압력상승 발생 – Pump, Valve, Flange, 배관 등 파손 • 체크밸브가 닫힐 경우 – 압력상승발생 – 토출측 배관 파손
경감방법	부압이 발생하고 수주분리 현상 발생방지 • 펌프에 플라이 휠 부착 – 펌프 회전부의 관성효과를 크게 하여, 펌프 회전수 및 유량의 급격한 저하 방지 • 조압수조(Surge Tank) 설치 – 토출 배관상에 충분히 큰 Surge Tank를 설치하고, 배관압력이 저하되는 즉시 물을 공급시켜 압력 저하를 막는 동시에 압력상승도 흡수되도록 함 • 공기조 설치(압축공기 또는 압력수 보급) • 공기밸브 설치(배관에 부압이 발생시 공기 흡입)	수류 역류 및 압력상승 발생방지 • 급폐식 체크밸브를 이용 • 유압을 이용한 완폐식 체크밸브를 이용

(3) 맥동현상(Surging)

① 정의 암기 운 P Q 주기 한 맥

㉠ 펌프**운**전 중에 토출측 압력(**P**)과 유량(**Q**)이 **주기**적으로 변하는 현상으로 **한** 숨을 쉬거나 **맥**박이 뛰는 것 같다고 하여 맥동현상이라 함

㉡ 펌프운전 중에 압력계의 눈금이 어떤 주기적 큰 진폭으로 흔들림과 동시에 흡입 및 토출배관의 주기적인 진동, 소음을 수반하는 현상

㉢ 펌프의 작동점은 특성곡선의 폐곡선을 좌회하는 변화를 되풀이 함

② 발생원인(조건) 암기 우수공조 모두 만족

㉠ 펌프의 양정-유량(H-Q)곡선 : **우**상향 구배 특성이고, 상승점에서 운전할 경우

㉡ 배관 중간에 **수**조나 **공**기가 존재

㉢ 유량조절밸브가 탱크의 뒤에 있는 경우 : 위의 조건 **모두 만족**시 발생함

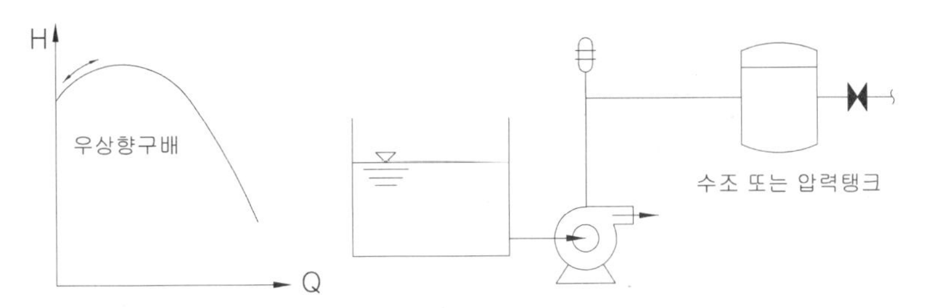

③ 결과(문제점)

㉠ 흡입 및 토출배관의 주기적인 진동, 소음 수반

㉡ 한번 발생하면 인위적으로 운전상태를 바꾸지 않는 한 지속된다.

④ 방지대책 암기 **우수 공조 바이형**

㉠ 펌프의 양정-유량(H-Q)곡선이 우하향 구배 갖는 펌프 선정 즉, 원심 펌프

㉡ 배관 중간에 수조나 공기상태인 부분이 존재하지 않도록 배관한다.

㉢ 유량조절밸브를 펌프 토출측 직후에 설치

㉣ 바이패스(By-pass) 배관을 사용하여 운전점이 서징범위를 벗어난 범위에서 운전

㉤ 회전차나 안내깃의 형상치수를 바꾸어 그 특성을 변화시킨다.

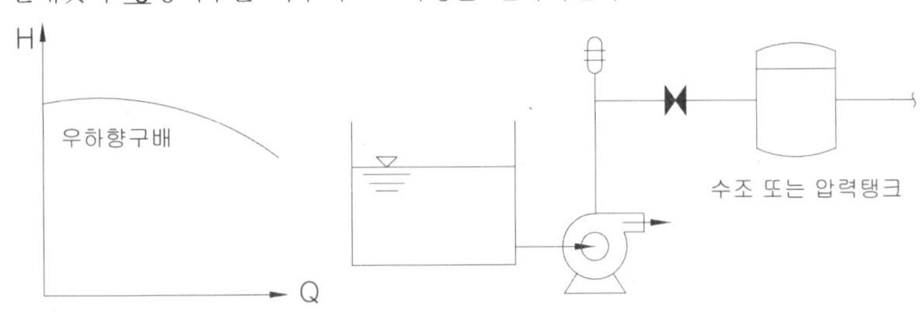

(4) 과열현상

① 정의 암기 **체효낮↓ 동 → 열 변온↑ 증기캐**

체절운전시(Q = 0, 극소의 상태에서 운전) 효율이 극히 낮아져 동력 대부분이 열로 변환되어 수온이 상승함으로써 증기 발생, Cavitation, 부품 고착원인이 됨

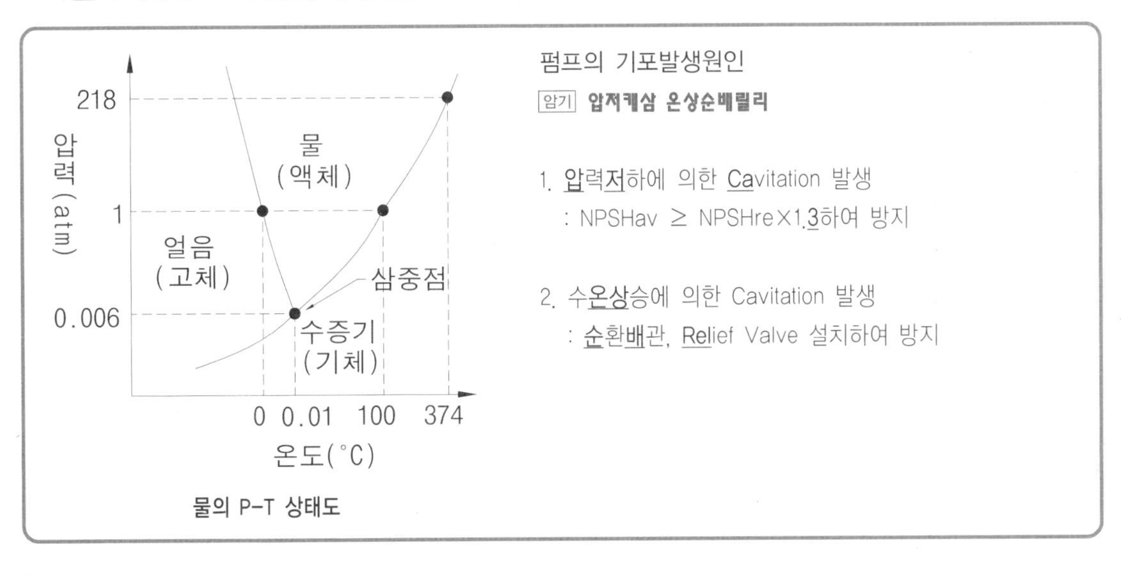

물의 P-T 상태도

펌프의 기포발생원인

암기 **압저캐삼 온상순배릴리**

1. 압력저하에 의한 Cavitation 발생
   : NPSHav ≥ NPSHre×1.3하여 방지

2. 수온상승에 의한 Cavitation 발생
   : 순환배관, Relief Valve 설치하여 방지

② 온도 상승의 계산식(일본 수력기계공학 편람)

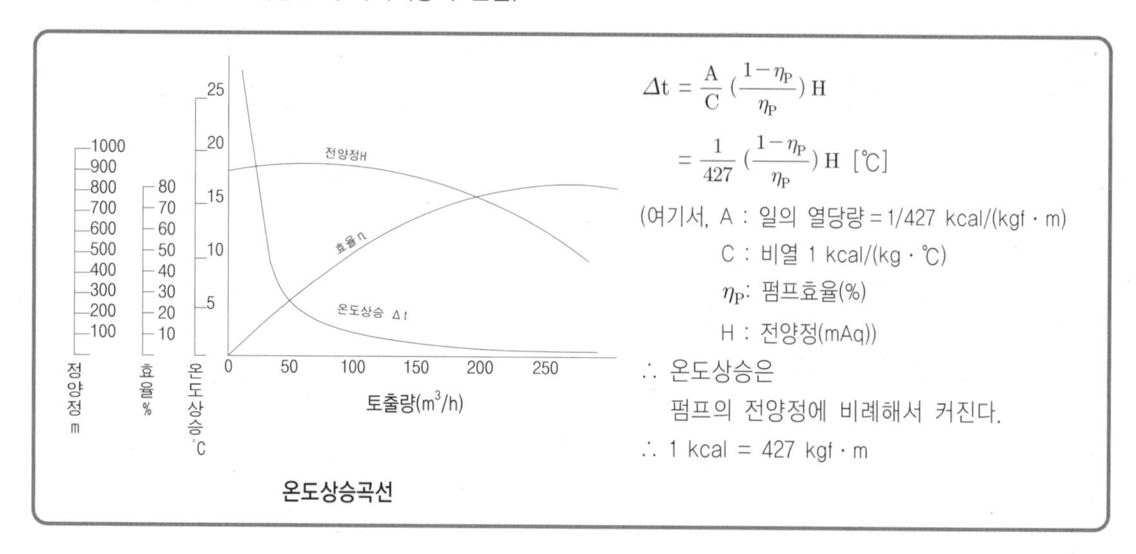

온도상승곡선

$$\Delta t = \frac{A}{C}\left(\frac{1-\eta_P}{\eta_P}\right)H$$

$$= \frac{1}{427}\left(\frac{1-\eta_P}{\eta_P}\right)H \ [℃]$$

(여기서, A : 일의 열당량 = 1/427 kcal/(kgf · m)

C : 비열 1 kcal/(kg · ℃)

η_P: 펌프효율(%)

H : 전양정(mAq))

∴ 온도상승은

펌프의 전양정에 비례해서 커진다.

∴ 1 kcal = 427 kgf · m

③ 방지대책 암기 **순배릴리**

㉠ <u>순</u>환<u>배</u>관 설치(정격토출량의 3 %~5 %로 최소 40 L/min)하여 오리피스를 통해 수조로 환수되도록 함

㉡ <u>**Reli**</u>ef Valve(최소구경 20 mm) 설치하여 수조나 배수구로 환수되도록 함

(5) Air Lock현상

① 정의 : Air Lock은 기계내부 또는 배관에 부분적으로 공기가 차서 Air Pocket을 형성하여 유체기계가 작동할 수 없거나 액체의 흐름이 방해가 되는 상태를 말한다.

② 압력수조의 구조

㉠ 압력수조에는 수위계 · 급수관 · 배수관 · 급기관 · 맨홀 · 압력계 · 안전장치 및 압력저하 방지를 위한 자동식 공기압축기를 설치할 것

㉡ 전체용량의 2/3은 물로, 1/3은 압축공기로 채워야 하며 압축공기는 5.5 kgf/cm^{2}의 압력을 유지

③ Air Lock의 문제점

소화설비의 효율저하, 소화설비의 방수압력 및 방수량 감소, 화재의 진압실패 및 지연불가피, 인명 및 재산 피해의 증가

④ Air Lock의 발생원인(∵ $P_{고} < P_{압}$)

압력수조와 옥상수조가 연결된 소화설비에서 고가수조의 체크밸브에서의 압력이 압력수조의 공통급수 배관 내의 공기압력보다 작으면 발생한다.

⑤ Air Lock의 방지방법

㉠ 압축공기의 유출방지책

- 공기관은 탱크상부에 설치하고 토출관은 하부에 설치한다.
- 급수펌프의 압력을 공기압축기의 압력보다 높게 설정한다.
- 압축공기의 압력을 감소시켜서 소화수가 방출되었을 때 수조내의 잔류공기압력을 작게 한다.
- 고가수조의 배관과 압력수조 배관의 연결점을 소화설비의 개방압력과 압력손실을 고려하여 12.2 m(40 ft) 이상 유지한다.

㉡ 용입기체 방지방법 : 압력수조 내 공기실과 수실을 격막으로 분리 → 압축공기의 물속 용입 막음

04 펌프 주위배관의 부속기기

Fire Equipment Manager

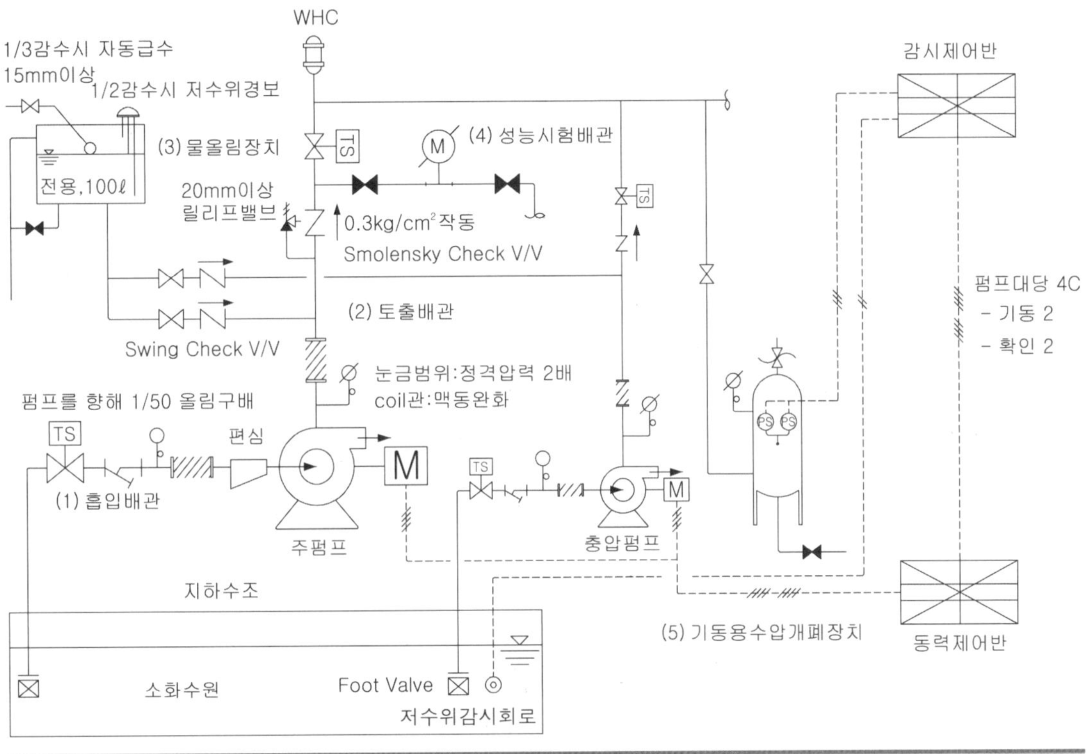

구 분	명 칭	구 분	명 칭
(1) 펌프 흡입측 부속품	① 후드밸브(역류방지, 여과기능) ➜ 부압흡입방식일 경우 설치 ② 개폐밸브(버터플라이밸브 안 됨) ③ 스트레이너(여과기능) ④ 연성계(또는 진공계) ➜ 부압흡입방식일 경우 설치 ⑤ 후렉시블 죠인트(진동흡수)	(2) 펌프 토출측 부속품	① 압력계 ② 후렉시블 죠인트(진동흡수) ③ 릴리프밸브(20 mm 이상, 체절압력미만 개방) ④ 물올림장치 ➜ 부압흡입방식일 경우 설치 ⑤ 체크밸브(Smolensky Check Valve) ⑥ 성능시험배관 ⑦ 개폐밸브 ⑧ 수격방지기
(3) 펌프의 성능시험배관 $Q = 0.6597 \times c \times d^2 \times \sqrt{P}\,[L/min]$		① 개폐밸브(개폐용) ② 유량계($Q = A_2 \times v_2 = CA_0\sqrt{2g\Delta h}\,[m^3/s]$) ③ 개폐밸브(유량조절용)	
(4) 물올림 장치	① 체크밸브(Swing Check Valve) ② 개폐밸브(물올림관의) ③ 개폐밸브(배수) ④ 급수밸브(15 mm 이상) ⑤ 볼탑(탱크 만수시 급수정지) ⑥ 저수위감시회로 ⑦ 물올림탱크	(5) 기동용 수압 개폐장치	① 개폐밸브(물공급밸브) ② 배수밸브(자동기동 여부 확인) ③ 압력스위치(펌프 기동) : a 접점 사용 ④ 안전밸브(호칭압력의 1배~1.3배에서 개방) ⑤ 압력계

01 펌프 흡입측 부속품

(1) 후드밸브(Foot Valve)

① 기능

체크밸브 기능(물이 한쪽 방향으로만 흐르게 하는 기능)과 여과기능

② 설치목적

수원의 수위가 펌프보다 낮게 위치한 부압흡입방식으로 흡입배관 말단에 설치하여 즉시 물을 공급하는 기능을 유지하기 위해

(2) 개폐표시형 개폐밸브

① 기능 : 배관의 개폐기능

② 설치목적 : 후드밸브 보수시 사용

펌프 흡입측 배관에는 버터플라이밸브(볼형식은 제외) 외의 개폐밸브 설치

(3) 스트레이너(y형)

① 기능 : 이물질 걸러내는 기능(여과기능)

② 설치목적

펌프의 기동시 흡입측 배관내의 이물질을 걸러내어 임펠러를 보호

(4) 연성계(또는 진공계)

① 기능 : 흡입압력 표시

② 설치목적 : 펌프의 흡입양정을 알기 위해서 설치

➜ 설치제외 : 수원의 수위가 펌프의 위치보다 높거나 수직회전축 펌프의 경우에는 연성계 또는 진공계를 설치하지 않을 수 있음

(5) 후렉시블죠인트 T 설계7회

① 기능 : 충격흡수

② 설치목적 : 펌프의 진동이 펌프의 흡입배관으로 전달되는 것을 완화하여, 흡입배관 보호

02 펌프 토출측 부속품

(1) 압력계

① 기능 : 펌프의 토출측 압력 표시(∵ 눈금범위 : 정격토출압력의 1.4배 이상)

② 설치목적 : 펌프의 토출측 압력을 알기 위해서 설치

③ 설치위치 : 체크밸브 이전에 펌프 토출측 플랜지에서 가까운 곳에 설치

(2) 후렉시블죠인트

① 기능 : 충격 또는 진동 흡수

② 설치목적 : 펌프의 진동이 펌프의 토출배관으로 전달되는 것을 완화하여, 토출배관 보호

(3) 릴리프밸브(Circulation Relief Valve) : 펌프 보호용 밸브 [T] 설계 8회, 점검 10회

① 기능 : 체절압력 미만에서 개방되어 압력수 방출

② 설치목적 : 소화펌프가 체질상태에서 무부하운전을 계속하면 마찰열에 의해 펌프가 과열되어 손상을 입음 이를 방지하기 위해 체절압력미만에서 작동

③ 설치위치와 구경

체크밸브와 펌프 사이에서 분기한 구경 20 mm 이상의 배관에 설치

> 미국 NFPA 기준
> 1. 펌프 유량이 2,500 gal/min 이하 : 20 mm
> 2. 펌프 유량이 2,500 gal/min~5,000 gal/min : 25 mm

④ 셋팅방법 : 상단부의 조절볼트를 이용하여 현장상황에 맞게 셋팅

㉠ 조절볼트를 조이면(시계방향으로 돌림) → 릴리프밸브 작동압력이 높아짐

㉡ 조절볼트를 풀면(시계반대방향으로 돌림) → 릴리프밸브 작동압력이 낮아짐

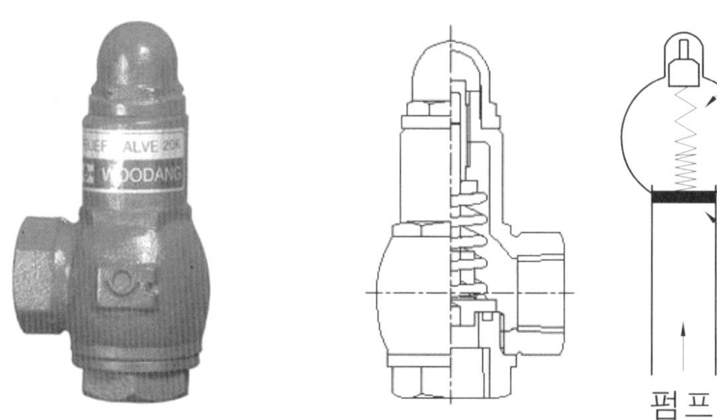

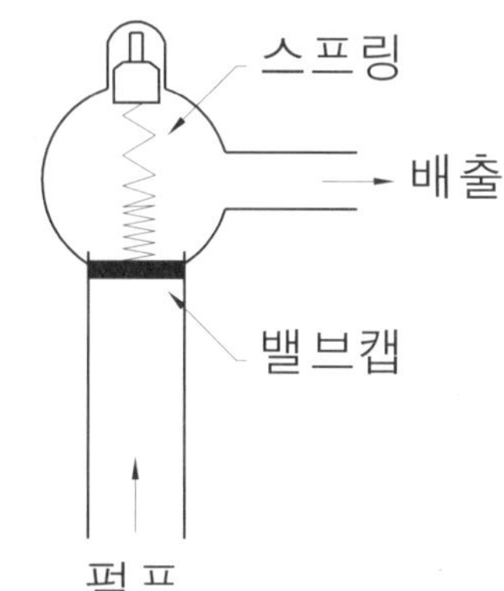

> 순환배관(Circulation Pipe) : 일본
> 1. 기능 : 정격토출량의 3 %~5 %로 최소 40 L/min를 오리피스를 통해 수조로 환수되도록 함
> 2. 설치목적 : 주펌프의 체절운전시 수온 상승을 방지하기 위해 설치
> 3. 설치위치 : 체크밸브와 펌프 사이에서 분기
> 4. 이 방법은 일본에서 채택하고 있으며 배출유량은 다음과 같다.
>
> $$Q = \frac{Ls \cdot C}{60\Delta t}$$
>
> (여기서, Q : 배출유량(L/min), Ls : 펌프의 체절운전시 출력(kW), Δt : 30 ℃(펌프내부의 수온상승 한노), C : 860 kcal(1 kWh의 발열량))

(4) 물올림장치 ➜ 부압흡입방식일 경우 설치

수원의 수위가 펌프보다 낮은 위치에 있는 경우로서 후드밸브의 고장 등으로 누수되어 흡입측 배관 및 펌프에 물이 없을 경우 펌프가 공회전을 하게 되는데 이를 방지하기 위하여 설치한다.

(5) 체크밸브 ➜ 표시사항 : 호칭구경, 사용압력, 유수의 방향

① 기능 : 물의 역류방지(물이 한쪽방향으로만 흐르게 하는 기능)

② 설치목적 : 토출측 배관내 압력을 유지하며, 기동시 펌프의 기동부하를 줄이기 위해서

➜ 스모렌스키 체크밸브의 경우 : 바이패스밸브가 있어 필요시 펌프측 진공 발생시에 진공상태를 풀어줄 수도 있고, 펌프 토출측 배관의 배수(2차압력 퇴수)도 할 수 있다.

(6) 성능시험배관

펌프의 특성성능곡선을 수시로 확인하여 펌프의 토출량 및 토출압력이 설치 당시의 특성성능곡선에 부합여부를 확인하고, 부합되지 않을 경우 어느 정도의 편차가 있는지를 조사하기 위함.

(7) 개폐표시형 개폐밸브

① 기능 : 배관의 개폐기능

② 설치목적 : 펌프나 체크밸브의 수리·보수시 밸브 2차측의 물을 배수시키지 않기 위해서이며, 또한 펌프 성능시험시에 사용하기 위함

(8) 수격방지기(Water Hammer Cushion)

① 기능 : 배관내 압력변동 또는 수격흡수 기능

② 설치목적 : 배관내 유체가 제어될 때 발생하는 수격 또는 압력변동현상을 질소가스나 압축공기로 충전된 합성고무로 된 벨로우즈가 흡수하여 배관을 보호함

③ 설치위치 : 배관의 굴절지점, 펌프 토출측 및 입상관 상층부에 설치

체크밸브의 종류

1. 스윙 체크밸브(Swing Check Valve) : 보통형, 급폐형, 주밸브 완폐형
   ① 개폐구조 : 디스크(원판)가 유체의 압력에 의해 힌지핀을 중심으로 회전(90°)하면서 개폐가 이루어지는 간단한 구조
   ② 설치위치 : 수격우려가 적은 옥상수조, 고가수조, 물올림탱크의 연결배관
   ➜ 필요시 연결송수관펌프의 흡입배관, 최상층 펌프의 소화수조와 입상관 연결용 바이패스 배관
   ③ 수격방지 : 수격의 우려가 없는 곳에 사용한다.
   ④ 마찰저항 : 스모렌스키 체크밸브에 비해 마찰저항이 작다.
   ⑤ 경제성 : 스모렌스키 체크밸브에 비해 저렴하다.
   ※ 디스크가 몸통시트에 평면으로 접촉되므로 밸브 폐쇄시에 높은 소음이 발생하거나 디스크의 Chattering(채터링, 개폐진동)에 의해 소음이 발생할 수 있다.
2. 스모렌스키 체크밸브(Smolensky Check Valve, Spring Loaded Check Valve, Hammerless Check Valve)
   ① 개폐구조 : 디스크(원판)가 수압과 Spring의 힘으로 상하이동(180°)하면서 개폐가 이루어지는 구조로 바이패스 밸브가 있다.
   ② 설치위치 : 펌프의 토출배관, 송수구의 연결배관

③ 수격방지 : Lift Check Valve기능의 Spring 설계로서 수격 흡수능력이 탁월하다.

④ 마찰저항 : 스윙 체크밸브에 비해 마찰저항이 크다.

⑤ 경제성 : 스윙 체크밸브에 비해 고가이다.

※ 수직 · 수평배관 등에 모두 사용되나 가능한 수직배관에 사용하는 것이 좋다.

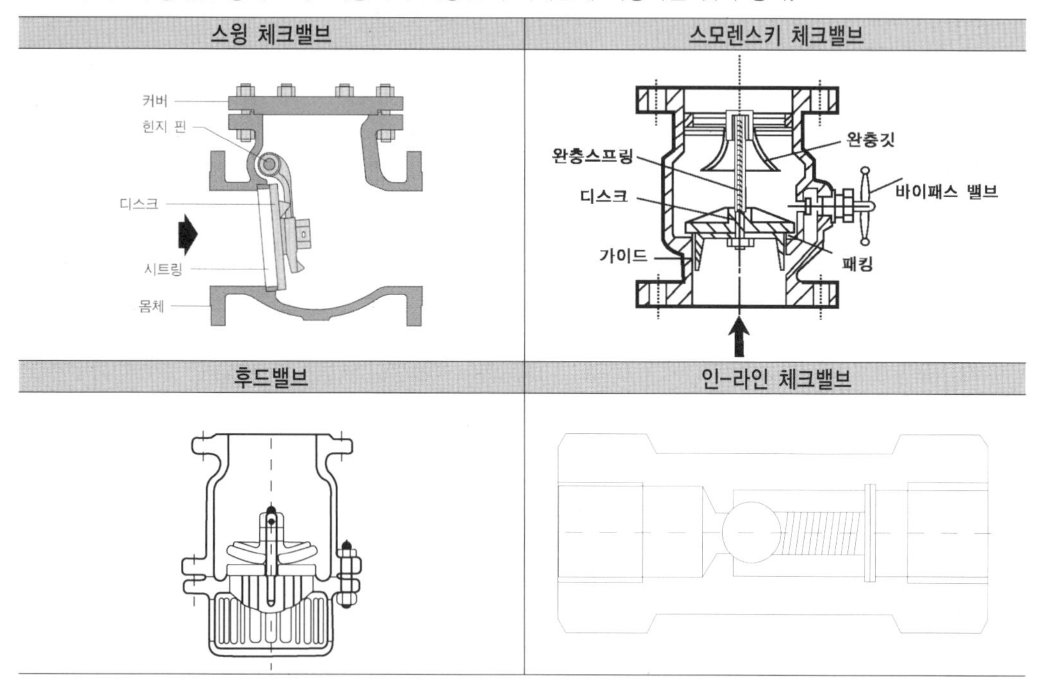

3. 인-라인 체크밸브(In-Line Check Valve)

① 일종의 리프트 체크밸브의 형태로서 볼이나 풀 가이드 디스크를 스프링으로 유지하는 밸브

② 소형경량이고 스윙체크밸브에 비하여 밸브 면간길이가 절반 이하의 콤팩트한 구조

③ 한번 설치된 연후에는 조정이나 분해가 전혀 불가능한 구조로 되어있다.

4. 후드밸브(Foot Valve)

① 펌프 흡입측 수직배관 끝에 설치하여 펌프 정지시 흡입관로의 만수상태 유지

② 리프트 체크밸브의 형태를 갖추고 있다.

③ 펌프내부 유체의 손실을 방지하기 위한 것으로 스트레이너가 붙어 있다.

소화수 급수배관의 구경과 유속

1. 소화수 급수배관

① NFPA, FM, IRI 등 : 급수배관 마찰손실 : 2 kgf/cm^2 이하, 급수배관의 최소구경 : 150 mm 이상

② 국내의 옥내소화전설비(NFSC 102) : 펌프 토출측 주배관의 유속 : 4 m/s 이하

③ 배관 구경 계산의 예

- $Q = A \times v$, $v = 4$ m/s
- 옥내소화전 5개 방수량(Q) = 130 L/(min · 개) x 5개 x 150 % = 975 L/min
- 975 L/min x 1/1,000 x 1/60 = π /4 x d^2 x 4에서 d = 71.92 mm
- 따라서 80 mm 사용

2. 소화수 급수배관의 유속을 제한하는 이유
   ① 균일한 살수밀도 확보 : 유속이 너무 빠르면 배관내 유속흐름이 일정치 아니한 난류를 형성하여 일정한 압력으로 소화수를 균일하게 공급하는 데 지장초래
   ② 배관내의 부식 촉진
3. 소화배관의 유속 비교
   ① 국내 NFSC : 옥내소화전설비 4 m/s 이하, 스프링클러설비 10 m/s 이하
   ② 미국 NFPA(National Fire Protection Association, 미국방화협회) : 펌프 흡입측 15 ft/s(4.57 m/s), 펌프 토출측 20 ft/s(6.20 m/s)
   ③ 미국 FM(Factory Mutual Research Corporation, 공장상호보험기구연구소) : 20 ft/s(6.20 m/s) 이하
4. 펌프 흡입배관과 토출배관의 구경(∵ 미국 NFPA 기준)
   ① 흡입배관의 크기(미국 NFPA 20.2.5.4) : 하나 또는 다수 또는 이들 모두에 대한 흡입배관의 크기는 각 펌프가 정격용량의 150 %로 작동할 수 있고, 흡입플랜지에서의 게이지압력이 0 psi 이상이 되게 하는 것이어야 한다. 흡입관의 유속이 4.57 m/s(15 ft/s)를 초과하지 않아야 한다.
   ② 토출배관의 크기(미국 NFPA 20.A-2-10.3) : 정격속도(유량)의 150 %에서 작동하는 펌프로 토출배관에서의 속도가 6.2 m/s(20 ft/s)를 초과하지 않는 것

소화배관의 유속 암기 **옥내속 4 6 장**

1. 옥내소화전설비 : 펌프의 토출측 주배관의 구경은 유속이 4 m/s 이하가 될 수 있는 크기 이상이다.
2. 스프링클러설비 : 급수배관의 구경은 수리계산에 따르는 경우 가지배관의 유속은 6 m/s, 그 밖의 배관의 유속은 10 m/s를 초과할 수 없다.

03 펌프 성능시험배관 Ⓣ 설계 6회

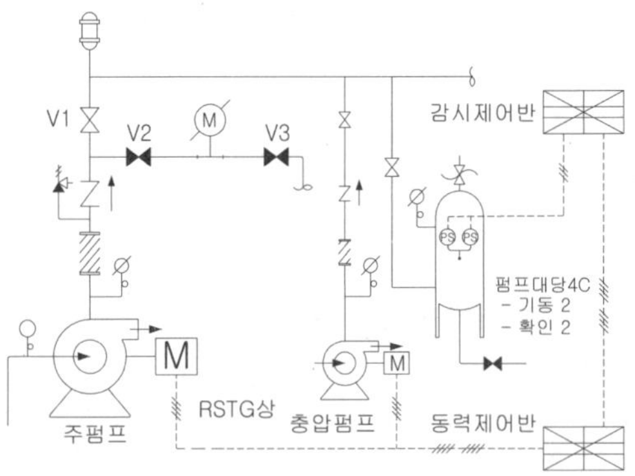

(1) 설치목적

펌프의 특성성능곡선을 수시로 확인하여 펌프의 토출량 및 토출압력이 설치 당시의 특성성능곡선에 부합여부를 확인하고 부합되지 않을 경우 어느 정도의 편차가 있는지를 조사하여 유지관리 및 보수를 위한 자료의 수집에 있다.

(2) 개폐밸브(측정시 개방) ➜ 주로 게이트밸브 사용

① 기능 : 펌프 성능시험배관의 개폐기능

② 설치목적 : 유량측정시 개방하여 사용(평상시는 폐쇄)

(3) 유량계

① 기능 : 펌프의 유량측정

② 설치목적 : 펌프의 유량을 측정하기 위하여 설치

③ 유량계의 성능 : 펌프의 정격토출량의 175 % 이상 측정할 수 있는 성능일 것

(4) 개폐밸브(유량조절밸브)

➜ 주로 글로브밸브를 사용하나 게이트밸브 또는 버터플라이밸브도 사용가능함

① 기능 : 펌프성능시험 배관의 개폐기능

② 설치목적 : 펌프 성능시험시 유량조절을 위해서 설치

③ 펌프 성능시험배관의 시공시 주의사항

성능시험배관의 분기	펌프의 토출측 개폐밸브 이전에서 분기(∵ 체크밸브까지 점검하자는 취지임)
성능시험배관의 구경	펌프의 정격토출량의 150 %로 운전시 정격토출압력의 65 % 이상을 토출할 수 있는 구경 이상
직관부 설치	유량측정장치를 기준으로 상류측에는 성능시험배관 구경의 8배 이상, 하류측은 5배 이상의 직관부를 둠(∵ 정류거리 확보위한 권장기준임)

04 물올림장치 T 설계 1회

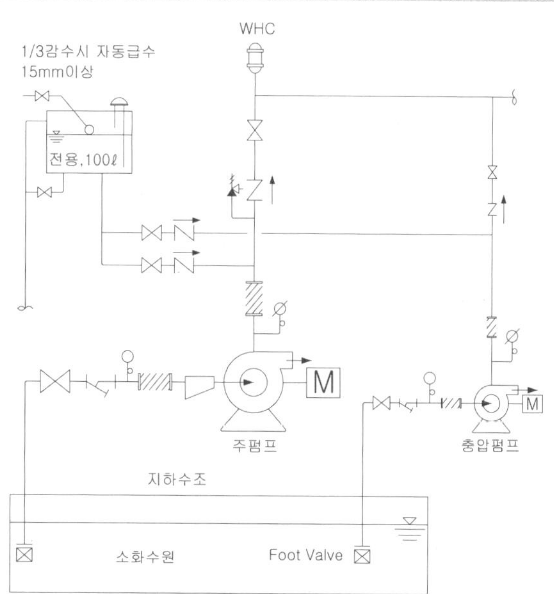

(1) 정의

물올림장치는 수원의 수위가 펌프보다 낮은 위치에 있는 경우로서, 후드밸브의 고장 등으로 누수되어 흡입측 배관 및 펌프에 물이 없을 경우 펌프가 공회전을 하게 되는데 이를 방지하기 위하여 설치한다.

(2) 설치기준

① 물올림장치에는 전용의 탱크를 설치할 것
② 탱크의 유효수량은 100 L 이상으로 하되, 구경 15 mm 이상의 급수배관에 따라 해당 탱크에 물이 계속 보급되도록 할 것

(3) (물올림관의) 체크밸브

① 기능 : 역류방지 기능
② 설치목적 : 펌프 기동시 가압수가 물올림탱크로 역류되지 않도록 하기 위해서 설치
➜ 설치시 유의사항 : 체크밸브의 방향이 바뀌지 않도록 설치할 것

(4) (물올림관의) 개폐밸브

① 기능 : 배관의 개폐기능
② 설치목적 : 물올림관의 체크밸브 고장수리시, 물올림탱크내 물을 배수시키지 않기 위해서 설치

(5) (배수관의) 배수밸브

① 기능 : 배관의 개폐기능
② 설치목적 : 물올림탱크의 배수 및 청소시 사용하기 위해서 설치

(6) (급수배관의) 개폐밸브

① 기능 : 급수배관의 개폐기능
② 설치목적 : 볼탑의 수리시 사용하기 위해서 설치

(7) 볼탑

① 기능 : 저수위시 급수 및 만수위시 단수기능
② 설치목적 : 물올림탱크내 자동급수하여 항상 100 L 이상의 유효수량 확보

(8) 저수위감시회로

① 기능 : 저수위시 경보하는 기능
② 설치목적 : 물올림탱크내 물의 양이 감소하는 경우에 감수를 경보함

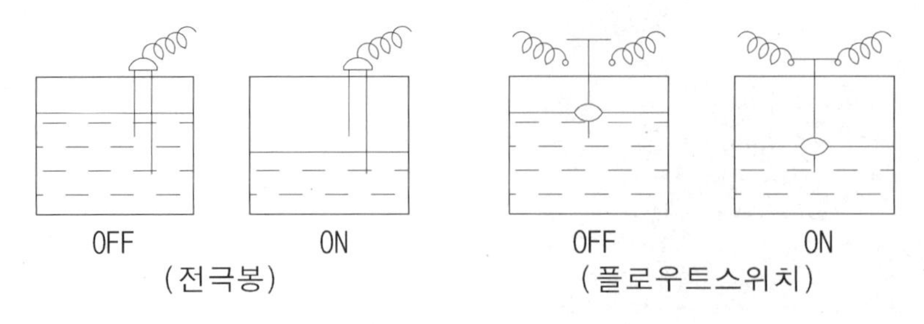

(9) 물올림탱크

① **기능** : 후드밸브에서 펌프 사이에 물을 공급하는 기능

② **설치목적** : 수원의 수위가 펌프보다 낮은 경우에 설치하며, 펌프내 및 흡입측 배관의 누수로 인한 공기고임의 방지

> 물올림장치 설치시 유의사항
>
> 1. 물올림장치를 소화펌프 · 충압펌프에 공용으로 사용시
>   ① 펌프 흡입측 배관을 각각 별도로 수조에 연결 설치
>   ② 에어 포켓현상 : 하나의 흡수배관에 주펌프 및 충압펌프를 공용으로 연결하여 설치하게 되면 소화펌프 또는 충압펌프 기동시 물올림탱크내 물을 흡입하게 되며, 물올림탱크내 물이 모두 없어지면 결국에는 공기를 흡입하게 되어 소화에 실패하게 되는 현상
>
> 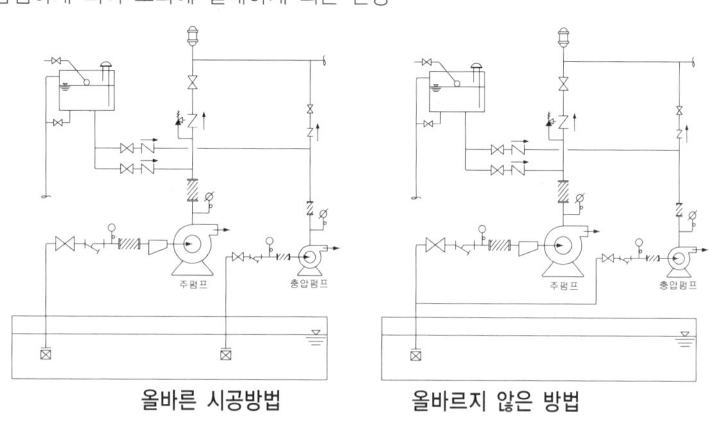
>
>
> **올바른 시공방법**　　　**올바르지 않은 방법**
>
> 2. 물올림장치를 소화펌프 2대, 충압펌프 1대에 공용으로 연결 사용할 경우(∵ 권장사항)
>   ① 물올림탱크의 용량은 가능하면 200 L 이상으로 할 것
>   ② 모든 펌프 흡입측 배관은 각각 수조에 연결 설치할 것

05 기동용 수압개폐장치

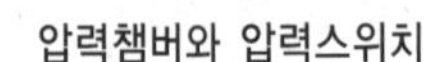

압력챔버와 압력스위치

기동용 압력스위치 (전자식)

(1) 기능 [암기] P보충

① 배관내 설정 압력(Pressure) 유지

압력챔버 및 압력스위치를 사용하여, 압력챔버내 수압의 변화를 감지하여 설정된 펌프의 기동점이나 정지점이 될 때 펌프를 자동으로 기동시키거나 정지시켜 배관내를 설정압력으로 유지함

② 압력변동에 따른 설비의 보호

펌프의 기동시 압력챔버 상부의 공기가 완충역할을 하게 되어 주변기기의 충격과 손상예방

③ 압력변화의 완충작용(∵ 수격방지)

배관에 직접 압력스위치를 달아도, 펌프는 자동기동이 되나 이 경우 배관에는 순간적으로 압력변화가 발생하여 기동 및 정지를 단속적으로 하게 됨. 따라서, 압력챔버를 사용하면 챔버상부의 공기가 완충작용을 하여 공기의 압축 또는 팽창으로 인하여 급격한 압력변화를 방지하게 됨

(2) 설치목적

상시 배관내 압력을 압력스위치에서 검지하여 설정된 압력을 유지하기 위해 펌프를 자동으로 기동 및 정지시키는 역할

(3) 안전밸브

① 기능 : 일정한 압력이 걸리면 압력수 방출

② 설치목적 : 기동용 수압개폐장치내 이상 과압이 걸리면 압력수를 방출하여 기동용 수압개폐장치 주변기기를 보호하기 위해서 설치

(4) 압력스위치

① 기능 : 기동용 수압개폐장치내 압력변동에 따라 압력스위치내 접점을 붙여주는 기능(∵ a접점 사용)

② 설치목적 : 평상시 전 배관의 압력을 검지하고 있다가, 일정압력의 변동이 있을 경우 압력스위치가 작동하여 감시제어반으로 신호를 보내어 설정된 제어순서에 의해 펌프를 자동으로 기동 및 정지를 시키는 역할

배관

Fire Equipment Manager

01 일반사항

(1) 배관재질 선정시 고려사항

① 개요 암기 **온압성환**

사용온도, 사용압력, 유체의 물리적 성질(마찰손실), 화학적 성질(부식) 및 배관의 외부환경을 고려해야 함

② 온도

㉠ 350 ℃ 미만에 사용 : KS D 3507(SPP), KS D 3562(SPPS) 탄소강관은 400 ℃ 이상에서 장시간 사용하면 탄소석출(∵ 400 ℃ 이상시 합금강관 사용)

㉡ 소화수는 상온 20 ℃에서 사용하기 때문에 온도의 영향은 거의 없다.

③ 압력(수계 소화설비 : 강관의 경우)

㉠ 배관내 사용압력이 1.2 MPa 미만일 경우 : KS D 3507(배관용 탄소강관), KS D 5301(이음매 없는 구리 및 구리 합금관, 습식의 배관에 한함), KS D 3576, KS D 3595(일반배관용 스테인리스강관), KS D 4311(덕타일 주철관)

㉡ 배관내 사용압력이 1.2 MPa 이상일 경우 : KS D 3562, KS D 3583(배관용 아크용접 탄소강관)

④ 유체의 물리적, 화학적 성질

유체의 화학적 성분에 따라 내식성이 큰 재료 선택 및 내부에 Lining 또는 Coating 필요

⑤ 배관의 외부환경

배관의 노출, 매설시 외부조건이 습한 곳인지, 수중배관인지에 따라 부식저항이 큰 재료 선정 및 방식처리 필요함

(2) 배관의 종류별 용도

① 강관

종 류	배관용 탄소강관(KS D 3507, SPP) Carbon Steel Pipe Piping	압력배관용 탄소강관(KS D 3562, SPPS) Carbon Steel Pipe Pressure Service
용 도	수계 소화설비용 배관에 사용	수계, 가스계 소화설비용 배관에 사용
특 성	암기 **PT호인수** · 압력(P) : 10 kgf/cm^2 미만 · 온도(T) : −15 ℃∼350 ℃ 미만 · **호**칭지름 : 6 A∼600 A까지의 24종 · **인**장강도 : 30 kgf/mm^2 이상 · **수**압시험 : 25 kgf/cm^2	암기 **PT호인수** · 압력(P) : 10 kgf/cm^2 이상 · 온도(T) : −15 ℃∼350 ℃ 미만 · **호**칭지름 : 6 A∼650 A까지의 25종 · **인**장강도 : 38 kgf/mm^2, 42 kgf/mm^2 이상 · **수**압시험 : 20 kgf/cm^2 ∼ 200 kgf/cm^2

② 이음매 없는 동 및 동합금관(KS D 5301)

㉠ 가스계 소화배관에는 무계목강관 대신에 동 및 동합금관을 사용가능함

㉡ 습식 스프링클러설비에 사용할 수 있으나 이종금속간 접촉부식(Galvanic Corrosion)우려와 가격고가로 사용에 문제 있음

③ 소방용 합성수지배관(CPVC, Chlorinated Polyvinyl Chloride, 염소화 염화비닐수지)

㉠ 기존 PVC의 최대 약점인 내열성, 내후성, 내식성을 향상시킨 제품

㉡ 국내의 경우 제한된 장소에만 사용하도록 규정

④ 폴리에틸렌 피복강관(KS D 3589 : Polyethylene Coated Steel Pipes)

지하 매설 배관에는 부식 방지를 위해 폴리에틸렌피복강관을 사용

⑤ 기타 이와 동등 이상의 강도 · 내식성 및 내열성을 가진 것

(3) 배관의 연결방법 암기 나용플G

① 나사접합

㉠ 50 mm 이하의 강관, CPVC 접합에 주로 사용

㉡ 나사맞춤 접합방법 : 관 절단 후 내면의 Burr(쇠거스러미)를 파이프 리이머로 제거 후 나사절삭기 또는 오스타로 나사치기를 한 후 숫나사에 테프론테이프를 감고 나사맞춤을 한다. 한번 나사 맞춤을 한 것은 각도 등을 맞추려고 나사를 풀어서는 안 된다.

② 용접 접합 : 대구경은 정압이 크므로 배관과 부속품 일체화

㉠ 65 mm 이상의 강관 접합에 사용한다.

㉡ 알루미나이트계, 고산화티탄계의 용접봉을 이용하여 아크용접을 실시한다.

㉢ 용접은 가접(Tack Welding)을 한 다음 자세를 바르게 하고 용접을 한다.

㉣ 용접 후 관내의 스케일을 제거하고 외부 용접부는 그라인더로 연삭한다.

③ 플랜지 접합

교체 및 분해의 편리를 위해 또는 절연을 위해 플랜지 사이에 가스켓을 끼우고 볼트를 사용하여 결합한다.

➜ 플랜지 체결볼트는 체결후 나사산이 3개정도 너트 밖으로 돌출되도록 볼트 길이를 결정해야 한다.

④ Grooved 접합(홈접합)

㉠ Grooved 접합방법

- 접합하고자 하는 배관 또는 부속의 끝단에 홈을 낸다.
- 고무 패킹이 있는 분할 커플링을 끼운다.
- 분할 커플링의 볼트를 죄어 체결한다.

㉡ 특징

- 시공이 용이하다.
- 굴곡이 자유롭다.
- 내진성이 강하다.
- 관내의 압력이 증가할수록 누수의 염려가 없다.

가스계 소화설비의 압축접합
고무링을 이용하여 배관과 배관 사이를 압축하여 접속하는 방법

(4) 배관의 감압방법 암기 전부고감

① 개요

옥내소화전설비의 노즐은 사람이 직접 조작하여야 하므로 노즐에서의 압력이 문제가 된다. 즉, 지나치게 높은 압력은 노즐 조작시 반동력에 의해 노즐을 놓치거나 이로 인하여 부상을 입을 수 있고 소방호스가 파손될 우려가 있어 방수압력을 0.7 MPa 이하로 제한한다.

② 전용배관 방식

㉠ 설비를 고층부와 저층부로 분리 후 별도의 가압송수장치 설치

㉡ 특징

- 공사비 과도
- 설비의 감시, 제어가 2중

③ 부스타펌프방식

㉠ 저층부와 고층부로 분리한 후 부스타펌프 및 수조를 별도로 설치

㉡ 공사비 과도

④ 고가수조방식

㉠ 고가수조를 고층부와 저층부용으로 구분하여 설치

㉡ 특징

- 규정 방사압을 얻기 위해서는 일정 낙차 확보
- 수조를 고층부에 설치할 경우 저층부는 과압
- 가압펌프 및 비상전원이 필요 없는 신뢰도가 높은 방식

⑤ 감압장치

㉠ 가장 많이 사용하는 방식

㉡ 호스접결구의 인입측에 감압장치 설치

➜ 감압 오리피스 : 작은 구멍을 통과할 때 발생하는 압력손실을 이용한 것

㉢ 특징

- 설치용이(기존 건물도 가능)
- 모든 감압방식에 공통적으로 적용
- 수리계산에 의해 방수압력이 0.7 MPa 초과인 위치를 선정하여 옥내소화전 앵글밸브와 호스 사이에 설치하여 방수압력을 낮추는 방식

⑥ 펌프실에 감압밸브 설치

㉠ 저층부와 고층부 급수용 소화펌프 토출배관에서 저층부 주관에 감압밸브를 설치하여 저층부를 분리함.

㉡ 모든 감압방식에 공통적으로 적용

㉢ 공사비 저렴

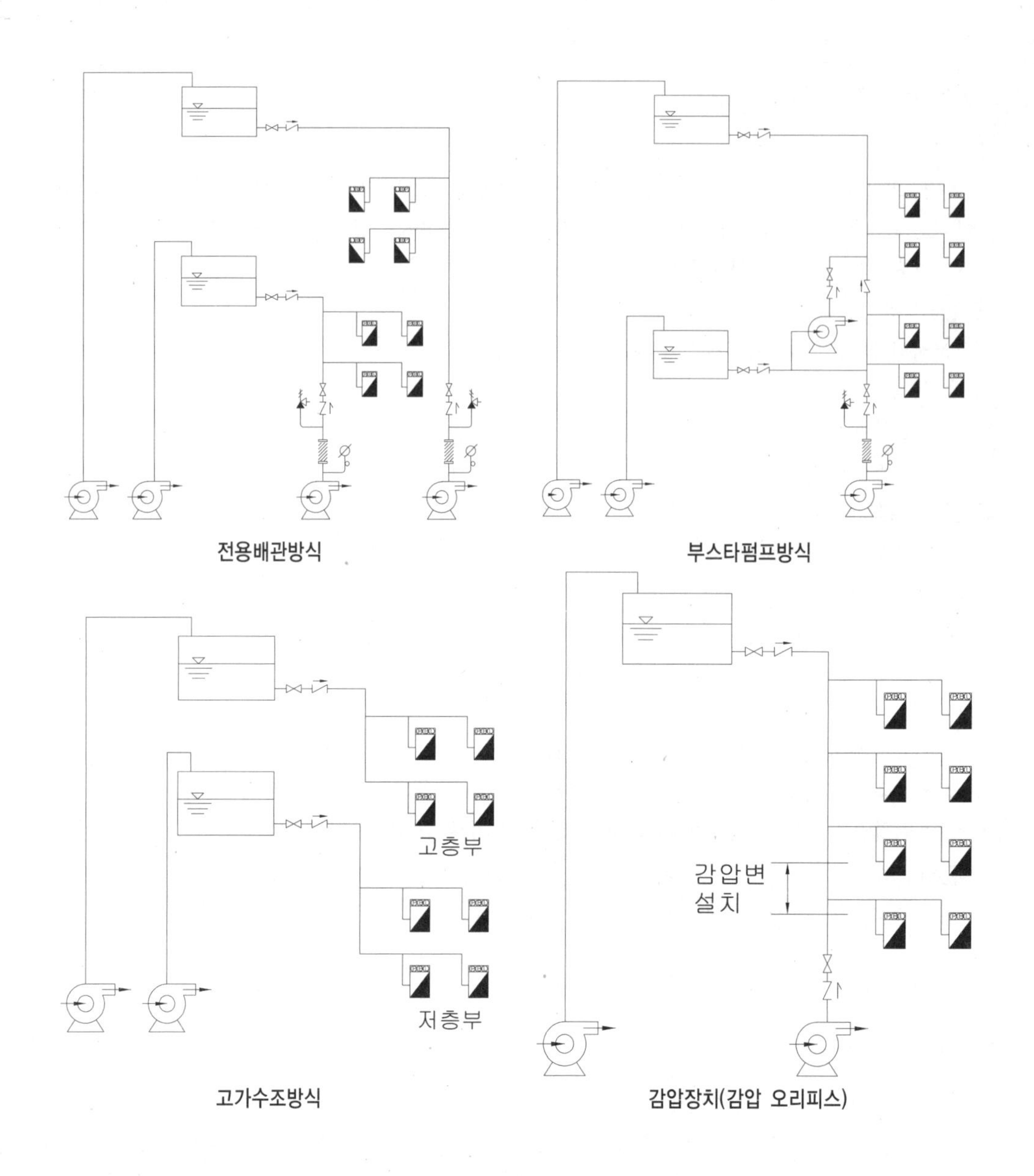

전용배관방식 부스타펌프방식

고가수조방식 감압장치(감압 오리피스)

02 동파방지 T 설계 8회

(1) 동파현상

① 물은 수소결합으로 얼면(고체) 육각결정 구조형성으로 내부에 공간을 만든다.

② 동결시 약 9 % 체적팽창과 밀폐된 장치에 있어서는 약 25 MPa 이상의 높은 압력을 발생하여 배관, 기기 등을 파손시킨다.

③ 따라서 부동액을 첨가하여 어는점을 내린다.

(2) 동파방지대책 암기 난보 가유 매제 부

① 건물내 난방법 ➜ 동파방지만을 위한 난방은 비경제적임

㉠ 기기 및 배관은 옥내에 설치하고 건물내를 난방하여 실내온도를 0 ℃ 이상으로 유지한다.

㉡ Pipe Shaft 등은 외벽을 피하여 설계한다.

㉢ 창고, 기계실, 샤프트실 즉, 비거실에 0 ℃ 이하가 되지 않도록 난방을 해야 하므로 비경제적이다.

② 보온법 ➜ 장시간 저온시 동결우려 있음.

㉠ 물의 온도가 0 ℃ 이하가 되지 않도록 단열 보온한다.

㉡ 야간 난방정지와 함께 실온이 저하해서 익일 난방 운전 전까지 동결의 가능성이 있는 경우에 적용되며, 단기적인 방법이다.

㉢ 옥외 지상노출배관의 경우 충분한 보온두께를 유지한다. 이 경우는 보온의 두께가 상당히 두꺼워지므로 경제성 등을 고려하여 시공을 한다.

③ 가열법 : 전기열선(Heat Tracing Cable) 사용 ➜ 유지관리가 중요하며 건물 Remodeling시 주의요함.

㉠ 배관외부에 전기열선을 직접 나선형으로 감싸서 보온하는 방법

㉡ 옥외노출배관, 주차장, 로비 등 외기의 영향을 받기 쉬운 곳에 난방에 의하여 실내온도를 0 ℃ 이상으로 유지시킬 수 없는 장소의 배관에 적용한다.

④ 물의 유동(∵ 건축설비에 적용 : 냉온수 순환펌프)

㉠ 물이 정체되지 않고, 상시 흐르도록 하는 방법이다.

㉡ 소화수는 일정압력 이상이 되어 유동하도록 하는 것이 중요하다.

⑤ 매설법 ➜ 지역별 매설깊이, 부식에 유의

㉠ 배관을 동결심도 이하로 매설하는 것이다.

㉡ 옥외소화전설비에서 주로 채택하며, Valve Box 등은 맨홀을 설치하거나 Post Indicator Valve (∵ 지상소화전의 급수배관에 설치하는 개폐표시형개폐밸브)를 설치하는 등의 세심한 주의가 필요하다.

㉢ 옥외소화전설비, 상수도소화용수설비 등의 소화배관에 주로 적용

동결심도(Freezing Depth) ➜ 미국 NFPA 기준 : 동결심도 + 0.3 m의 깊이로 매설

1. 공식

$$Z = C\sqrt{F}$$

(여기서, Z : 동결심도(cm), C : 정수(3~5), F : 표고가 보정된 동결지수(℃-day))

2. 정수(C)

노면의 일조조건, 토질, 배수조건 등 고려하여 3~5의 값을 결정한다.

3. 동결지수(F)

동결기간 동안의 일평균(3, 9, 15, 21시에 측정된 기온의 평균온도)을 적산하여 적산기온의 최대치와 최소치의 차가 가장 큰 값

⑥ 배관내 물의 제거 ➜ 건식배관에 적용되며, 방수시간지연, 소화후 자연배수 가능하도록 자연구배로 시공

㉠ 공장, 창고시설 또는 학교(∵ 옥상수조 설치대상은 제외)으로서 동결의 우려가 있는 장소에는 사용시 이외는 배관에서 물을 제거하여 비워두고, 0 ℃ 이상의 온도유지가 가능한 장소에 물을 보관하였다가 필요시 사용하는 방법이다.

㉡ 신속한 사용을 목적으로 하는 소화설비에는 문제가 있으며 관부식도 쉽게 되므로 주의할 필요가 있다.

⑦ 부동액 주입(배합비 = 부동액 : 물 = 50 % : 50 %)

㉠ 난방 또는 전열선 방식에 의한 대책이 곤란한 경우 또는 경제적인 문제가 있는 경우 배관내 물에 부동액을 주입시킨다.

㉡ 부동액 종류

- 유기물 계통 : 에틸렌글리콜($C_2H_4(OH)_2$)(∵ 독성 강함), 글리세린($C_3H_8O_3$)(∵ CPVC에 사용), 프로필렌글리콜($C_3H_6(OH)_2$)(∵ CPVC에는 화학적 손상을 유발하여 강관에 주로 사용)
- 무기물 계통 : 염화칼슘($CaCl_2$) ➜ 높은 부식성 때문에 소방설비에 사용 못한다.

㉢ 부동액 사용방법

- 부동액 혼입 수용액의 부동액 혼입비는 50 % 이내로 한다.
- 부동액 혼입배관은 장치나 설비 2차측 부분 또는 별도의 계통으로 하며 점검구의 설치 및 표식판을 설치한다.

㉣ 부동액 사용 기준

시수연결 스프링클러설비	CPVC 배관 설비
• 에틸렌글리콜($C_2H_4(OH)_2$), 디에틸렌글리콜($C_4H_{10}O_3$)은 독성이 있으므로 사용금지 • 글리세린($C_3H_8O_3$), 프로필렌글리콜($C_3H_6(OH)_2$) 사용	• 글리콜계 부동액은 CPVC에 화학적 손상을 발생시키므로 사용금지 • 글리세린(Glycerine, $C_3H_8O_3$)만 사용

(3) 소화설비별 동파방지 대책

① 옥외소화전설비

㉠ 소화전의 몸통은 물이 차 있지 않은 건식으로 한다.

㉡ 소화전이 묻힌 지하의 기저부에 작은 배수구가 있으며 소화전의 주밸브가 약간만 열려도 배수밸브가 닫히게 된다.

㉢ 주밸브의 기밀이 확실하고 배수구가 제대로 작동하면 몸통에는 물이 차지 않고 동파의 염려는 피할 수 있으므로 소화전의 매설시 기저부의 주위는 배수가 잘 되도록 자갈층을 형성하는 것이 중요하다.

㉣ 지하로의 배수가 만족스럽지 못하고 지하수의 수위가 높은 경우에는 배수구의 역할이 어려우므로 배수구는 완전히 잠그고 주기적으로 소화전 몸통의 물을 밖으로 배출해야 한다.

㉤ 부동액을 이용할 때는 소화전 몸통에만 국한한다.

② 스프링클러설비

㉠ 겨울철에 동결우려가 있는 곳에서는 습식설비 대신에 건식설비를 이용한다.

㉡ 건식설비도 건식밸브 일차측이 외부로 노출될 때는 Heat Tracing 처리한다.

㉢ 그러나 건식밸브 자체는 Heat Tracing해서는 안 된다. 이는 건식밸브의 Priming Water가 증발하여 금속 무기물이 남아서 막히거나 Seat고착의 원인이 되기 때문이다.

03 부식·방식

(1) 정의

① 철강은 철강석(Fe_2O_3, 산화철)을 인공적으로 환원하여 얻은 것으로, 산화되어 안정한 상태인 산화철(Rust, 녹)로 돌아가려는 자연적인 현상

② 어떤 금속이 주위 환경과의 전기작용 또는 화학작용에 의해 금속자체가 소모되어 가는 현상

(2) 물과 접촉된 철(Fe)의 부식발생 매커니즘(Mechanism)

① 산화물로 물속에 존재하는 철이 이온화되면서 빠져나온 양극 또는 음극이라는 전자가 물속에서 존재하고 있다가 배관내에 있는 물과 산소와 결합하여 수산화이온(OH^-)를 발생시킨다.

② 다시 철이온(Fe^{2+})과 결합하여 수산화제1철($Fe(OH)_2$)이 되고 수산화제1철이 다시 물속에 함유된 산소와 결합하여 붉은색의 녹(Fe_2O_3)이 된다.

③ 이러한 과정으로 생성된 철 산화물을 바로 "녹"이라고 한다.

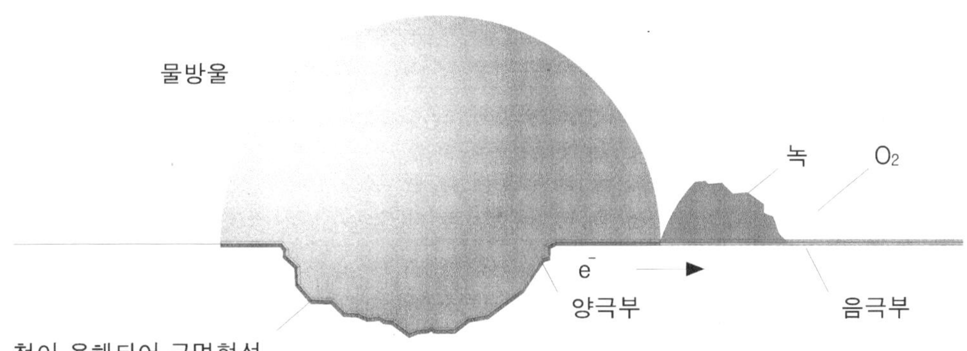

㉠ 양극부(Anode) : 양극반응 또는 산화반응

$Fe \rightarrow Fe^{2+} + 2e^-$ … i

전자를 방출하는 산화반응을 함

㉡ 음극부(Cathode) : 음극반응 또는 환원반응

$H_2O + \frac{1}{2}O_2 + 2e^- \rightarrow 2OH^-$ … ii

- 철(Fe)은 철이온(Fe^{2+})이 되어 물속에 녹아들고 금속체를 통하여 음극부로 이동
- 음극부는 용존산소에 의해 수산화이온(OH^-)을 만든다.

㉢ 철이온(Fe^{2+})이 수산화이온(OH^-)과 결합하여 수산화제1철($Fe(OH)_2$)을 만든다.

- i 식 + ii 식 = $Fe^{2+} + 2OH^- \rightarrow Fe(OH)_2$

㉣ 그 다음 수산화제1철이 용존산소와 결합하여 수산화제2철을 만든다.

$2Fe(OH)_2 + H_2O + \frac{1}{2}O_2 \rightarrow 2Fe(OH)_3 \rightarrow Fe_2O_3 + 3H_2O$

㉤ 부식의 촉진제 : 물, 공기, 전해질

대기 중의 철부식

1. $Fe + \frac{1}{2}O_2 \rightarrow FeO$　　2. $2Fe + \frac{3}{2}O_2 \rightarrow Fe_2O_3$　　3. $3Fe + 2O_2 \rightarrow Fe_3O_4$

(3) 부식의 원인(영향을 주는 인자) 암기 용해유온 P 열가금

① 외적요인

㉠ **용**존산소의 영향(∵경년변화에 따라 습식배관보다 건식배관에서 부식이 심함)
가열로 인해 물속에 함유된 산소가 분리되어 부식된다. ➜ 산소부식

㉡ 용**해**성분의 영향
가수분해하여 산성이 되는 염기류에 의하여 부식된다.

㉢ **유**속의 영향
너무 빠르면 산화작용으로 보호피막의 박리가 일어나 금속표면 침식(동관에 많이 발생)

㉣ **온**도의 영향
약 80 ℃까지는 부식속도 증가. 그 이상되면 용존산소 제거되어 부식성은 현저히 감소

㉤ **p**H의 영향
pH 4 이하에서는 피막이 용해되므로 부식된다. ➜ 페하지수가 낮을수록 부식이 용이

산성과 염기

1. 산(Acid)
   ① 수용액에서 이온화하여 H^+를 내는 물질
   ② 붉은 리트머스 종이를 붉게 변색. 신맛
   예 HCl(염산), H_2SO_4(황산), HNO_3(질산), 아세트산(CH_3COOH), HF(불화수소)
2. 염기(Base)
   ① 수용액에서 이온화하여 OH^-를 내는 물질
   ② 붉은 리트머스 종이를 푸르게 변색. 쓴맛
   예 NaOH(수산화나트륨), $Ca(OH)_2$(수산화칼슘, 소석회), NH_3(암모니아)

pH(Potential of Hydrogen, 수소이온지수 또는 페하지수)

1. 액체의 수소 이온 농도를 나타내는 기호로 화학에서 수용액의 산성, 알칼리성의 정도를 나타내는 수치
2. 산(Acid) : 물에 녹았을 때에 pH 〈 7 미만인 물질
3. 염기(Base) : 물에 녹았을 때에 pH ≥ 7 이상인 물질

종 류	pH	종 류	pH
위액	1~3	마시는 물	6.3~6.6
탄산음료	2.5~3.5	순수한 물	7
세제	14	바닷물	7.8~8.3

② 내적요인

㉠ **열**처리 영향 : 잔류 응력을 제거하여 안정시켜 내식성을 향상시킨다.

㉡ **가**공의 영향 : 냉간가공은 금속을 단단하게 하여 화학적 변화보다는 구조적 변화를 주어 부식용이

㉢ **금**속조직의 영향 : 금속을 형성하는 결정 상태면에 따라 부식정도가 다르다.

(4) 부식의 종류

① 부식환경에 따라

㉠ 습식부식 : 금속표면이 접하는 환경 중에 습기가 있고 비교적 저온에서 발생

㉡ 건식부식 : 습기가 없는 환경 중에서 200 ℃ 이상 가열된 상태에서 발생하는 부식

② 전면부식과 국부부식

㉠ 전면부식 : 금속표면에 균일하게 부식 ➜ 부식속도로 재료의 부식여유 두께를 계산하여 설계

㉡ 국부부식 : 금속표면에 국부적으로 부식 ➜ 수명 예측 불가능

③ 국부부식 암기 **전선간 입찰갈까? 응!**

㉠ 전식(Cathodic Corrosion) ➜ 직류 전차선로 부근

외부전원에서 누설된 전류로 전위차가 발생, 전기를 형성하여 부식되는 현상

㉡ 선택부식 ➜ 황동(Cu + Zn)에서 탈아연현상에 의해 아연만 부식

재료의 합성성분 중 한쪽 합금에서만 일어나는 부식

㉢ 간극(틈새) 부식 ➜ 유수제어밸브 플랜지 접합부위 누수시

재료사이의 틈새에서 전해질의 수용액이 침투하여 전위차를 형성하면 틈새에서 집중적으로 부식발생

㉣ 입계부식 ➜ 알루미늄 합금, 황동(Cu + Zn)

합금이나 금속 중에 불순물이 포함되어 있을 때 입계부분에서 선택적으로 부식발생

㉤ 찰과부식(Fretting Corrosion)

서로 움직이고 있는 2개의 고체 접속면에 수직압력이 작용하고 윤활제가 없으면 진동 등에 의해 부식발생

㉥ 갈바닉부식(Galvanic Corrosion : 이종금속의 접촉부식) ➜ STS 소화수조와 펌프 흡입강관

재료가 각각 전극, 전위차에 의하여 전지를 형성하고, 그 양극이 되는 금속이 국부적으로 부식하는 일종의 전식현상

㉦ 응력부식 ➜ 응력이 높을수록 양이온이 됨.

하중 받는 금속은 내부(잔류)응력이나 외부응력에 의하여 갈라짐 현상으로 발생한다.

금속의 이온화 경향 서열 암기 **냉온묽 산수(화) 343**

냉수 + H_2↑(大)		온수 + H_2↑		묽은 산 + H_2↑(小)		H_2 발생안함
K, Ca, Na	〉	Mg, Al, Zn, Fe	〉	Ni, Sn, Pb	〉	(H), Cu, Hg, Ag, Pt, Au
① 양이온 되기 쉽다. ② 부식경향 : 양극부 ③ 산화발생(녹)		大 ← 이온화 경향 → 小				① 양이온 되기 어렵다. ② 부식경향 : 음극부 ③ 산화방지

(주) • (H)에서 괄호의 의미 : 수소는 비금속이지만 금속과 마찬가지로 양이온이 되려는 성질이 있기 때문
• 철보다 이온화 경향이 작은 STS, Cu, Pb 등의 배관과 매설시 철이 부식함
• 음극방식(희생양극법)
- 희생양극으로 Mg양극을 사용해서 피보호관과 도체로 연결
- 피보호관의 전위가 Mg양극보다 높아(지상관점) 희생양극에서 피보호관 쪽으로 전류가 흐르므로 관의 부식이 방지됨(지하관점)

(5) 부식방지대책 암기 배유나 부부 설전

① 배관재 선정

㉠ 내구성, 내식성, 내열성 고려 ➜ 수계 : 강도·내식성 및 내열성, 가스계 : 강도·내식성

㉡ 가급적 동일재질의 배관재 선정 ➜ 이종금속의 접촉부식 대비

㉢ 부식여유가 있는 고급 재질선정

② 유속제어 : 유속을 1.5 m/s 이하로 제어

너무 빠르면 산화작용으로 보호피막의 박리가 일어나 금속표면 침식(동관에 많이 발생)

③ 라이닝(Lining), 코팅(Coating), 도장(Painting), 도금(Plating)

㉠ 라이닝(Lining) : 배관의 내면에 납판, 고무, 합성수지 등을 피복시키는 것

㉡ 코팅(Coating) : 배관의 외면에 부식에 강한 유기질로 코팅(PE, Tar Epoxy, 아스팔트 등 사용)

㉢ 도장(Painting) : 부식을 방지하는 동시에 미관을 주기 위한 목적으로 금속의 표면에 도료를 칠함

㉣ 도금(Plating) : 금속의 표면이나 비금속표면에 다른 금속을 사용하여 피막을 만드는 처리이며, 처리방법으로서는 전기도금, 화학도금, 용융도금, 진공도금, 침투도금, 이온도금 등이 있다.

④ 부식 환경 제거

㉠ 용존산소 제거

배관내를 가급적 가압상태로 유지하고 최고지점에 자동공기 배출밸브로 유리기체 제거

㉡ 습기제거

㉢ pH 4조정 : pH 8.3~pH 8.5 유지(∵ SFPE, 미국소방기술사회)

⑤ 부식 억제제의 사용 : 규산, 인산계 방식제 사용(∵ 질산나트륨($NaNO_3$), 과망간산칼륨($KMnO_4$))

⑥ 구조상 적절한 설계

㉠ 이종금속의 조합을 피하고 동일재질을 사용한다.

㉡ 응력이 일어날 수 있는 구조를 피한다.

㉢ 불필요한 틈새, 표면요철을 피한다.

⑦ 전기방식법

㉠ 희생양극법(Sacrificial Anode Methode, SAM)

- 양극 자체와 철금속 자체가 가지고 있는 전위(Potential)차에 의해 방식하는 방법
- 장점 : 외부에서 전원공급이 필요 없다. 설계와 설치가 간단하다. 양극 수명동안 유지보수가 거의 필요 없다. 간섭 현상이 거의 없다. 전류 분포가 균일하다.
- 단점 : 양극의 출력 전류가 제한되기 때문에 대용량에서 부적합하다. 유효전위가 제한 되어있다.

㉡ 외부전원법(Impressed Current Cathodic Protection, ICCP)

- 양극에 강제로 직류 전원의 (+)극을 연결하고 피방식체(철)에 (−)극을 연결하여 방식하는 방법
- 장점 : 전압조절이 가능하다. 방식 소요전류의 대, 소에 관계없이 설계할 수 있다.
- 단점 : 설계가 복잡하다. 전원공급이 항상 필요하다. 유지관리가 필요하다. 다른 인접 시설물에 전기적 간섭 현상이 야기될 수 있다. 과방식이 야기될 수 있다.

희생양극법	외부전원법	직접배류법	선택배류법
지중배관과 Mg양극을 케이블로 연결	정류기로 양극에 전류를 공급	변전소의 (−)극과 지중배관의 전극 사이를 도체로 연결	다이오드로 연결(전차회생제동)

04 Scale(관석 또는 물때) 방지

(1) 정의

① 물에는 광물질 및 금속의 이온 등이 녹아 있다. 이 이온 등의 화학적 결합물($CaCO_3$)이 침전하여 배관이나 장비의 벽에 부착하는데 이를 Scale(관석)이라고 한다.

② Scale의 대부분 : $CaCO_3$(탄산칼슘)

(2) Scale 생성원인

① 온도
  ㉠ 온도가 높으면 Scale 생성 촉진
  ㉡ 급수관보다 급탕관 Scale이 많다.

② Ca^{2+}이온 농도
  ㉠ Ca^{2+}이온 농도가 높으면 Scale 생성 촉진
  ㉡ 경수가 Scale 생성이 많다. ➜ 경수(Light Water) : 수소와 산소로 이루어진 보통의 물

③ CO_3이온 농도

④ Scale 생성의 Parameter : 물의 온도, 경도, CO_3이온 농도

(3) 문제점

① 배관의 단면적 축소로 마찰손실 증가 → 동력 증가

② 각종 밸브 등 작동 불량 : Scale 등의 이물질 영향이며 고장의 원인 제공

(4) Scale 생성방지법

① 화학적 방법
  ㉠ 인산염 이용법 : 인산염은 $CaCO_3$ 침전물 생성을 억제하며 원리는 Ca^{2+}이온을 중화시킨다.
  ㉡ 경수연화장치(합성수지이용법)
    • 경수(센물)를 연수(단물)로 만들어주는 장치
    • Ca^{2+}, Mg^{2+}이온을 용해성이 강한 Na^{+}이온으로 교환하여 Scale 생성원인인 Ca^{2+}이온 자체를 제거
    • 완전반응 후 Ca, Mg 화합물이 잔류하지 않도록 물로 세척
  ㉢ 순수제조장치(Deionizer System, Water Purification)
    • 물속에 포함되어 있는 오염 물질을 제거하여 순도가 높은 순수를 얻기 위한 장치
    • 모든 전해질을 제거하는 장치로 부식도 감소시킨다.

② 물리적 방법
  물리적인 에너지를 공급하여 배관 내부에 유도 감응된 전기장을 형성하며 물속에 함유된 스케일의 결정 성장이 촉진되어진다. 결정체는 용액 속에서 떠있는 상태로 남아있게 되며 배관 벽면에 더 이상 달라붙지 않게 된다. 또한 기존의 스케일 층은 부드러워지고 결합이 느슨해져 물 세척으로 쉽게 제거되어진다.
  ㉠ 전류이용법(Electrical Current) : 전기적 작용에 교류전류를 응용
  ㉡ 라디오파 이용법(Radio Wave) : 배관계통에 코일을 두고 라디오파를 형성하여 이온결합에 영향을 줌
  ㉢ 자장이용법(Magnetic Field) : 영구자석을 배관외벽에 부착하여 자장 속에 전하띤 이온에 영향을 줌

㉣ 전기장 이용법(Electro Static Field) : 전기장의 크기와 방향을 가지는 벡터량이 음이온과 양이온이 서로 반대방향의 힘을 받게 되어 전기장 스케일 방지장치의 원리로 이용

경도(Hardness of Water : 물의 세기 정도)

1. 정의

물에 용해된 Ca^{2+}, Mg^{2+}이온의 함유량에 상당하는 양을 탄산칼슘($CaCO_3$)으로 환산하여 ppm(mg/L)으로 나타낸 값 ➜ ppm : parts per million, 백만분의 1를 의미함

2. 물의 종류

① 연수(軟水, Soft Water, 단물) : 경도가 0 ppm~75 ppm인 물 ➜ 수돗물

② 경수(硬水, Hard Water, 센물) : 경도가 75 ppm 이상인 물

- 약한 경수 : 경도 75 ppm~150 ppm
- 강한 경수 : 경도 150 ppm~300 ppm
- 아주 강한 경수 : 경도 300 ppm 이상

③ 먹는 물 수질기준 : 경도 300 ppm 이하

예 물맛이 좋다고 느낄 때 : 경도 50 ppm 정도

3. 경수(센물)의 문제점

① 세탁효과저하 : 센물 속의 이온들이 비누와 먼저 결합반응하여 세척효과를 떨어뜨리며, 비누의 거품을 만드는 데 다량의 비누가 소비됨

예 지하수, 바닷물 등

② 급탕관, 온수관 등의 설비에 Scale를 만들어 장치 장애, 열효율을 저하시킴

③ 위생적인 면 : 경수마시면 설사, 복통유발

예 상 문 제

Fire Equipment Manager

01 그림과 같은 펌프의 설치상태에서의 NPSHav를 계산하시오.
(다만, 대기압은 10.33 mH_2O, 수온은 20 ℃(포화 수증기압 : 0.2383 mH_2O), 흡입배관의 마찰손실수두 0.6 mH_2O이다.)

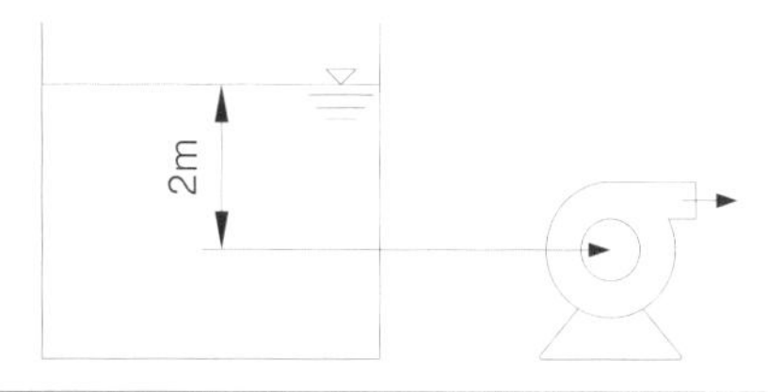

풀이 NPSHav = 대기압 − 포화 수증기압 − 흡입배관의 마찰손실수두 + 흡입측 실양정

$= 10.33 - 0.2383 - 0.6 + 2 = 11.4917\ mH_20$

정답 11.49 mH_20

02 그림과 같은 펌프 설치상태에서의 1. NPSHav, 2. NPSHre를 구하고, 3. 캐비테이션 발생여부를 판정하시오.

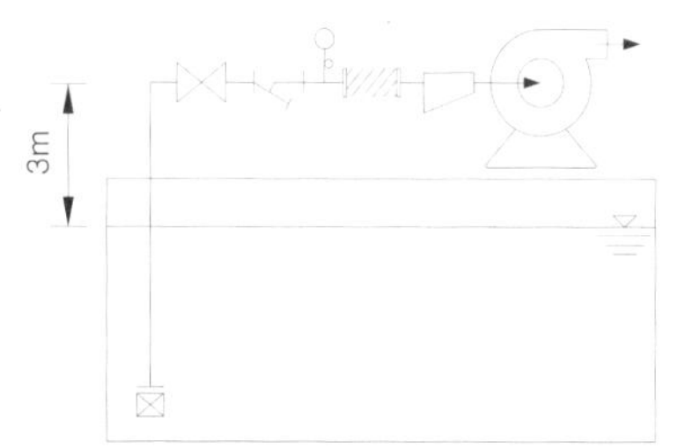

조건

① 대기압은 10.33 mH_2O, 수온은 20 ℃(포화 수증기압 : 0.2383 mH_2O)
② 흡입배관의 마찰손실수두 0.8 mH_2O, 유량은 2.4 m^3/min, 전양정은 70 mH_2O
③ 회전수는 1,750 r/min, 흡입비속도는 1,200 r/min, m^3/min, m

 1. NPSHav의 값

① NPSHav = 대기압 − 포화증기압 − 흡입배관의 마찰손실수두 − 펌프의 설치높이

② $NPSHav = 10.33 - 0.2383 - 0.8 - 3 = 6.2917\ mH_2O$

정답 $6.29\ mH_2O$

2. NPSHre의 값

$$Ns = \frac{N\sqrt{Q}}{H^{3/4}} = \frac{1,750\sqrt{2.4}}{70^{3/4}} = 112.026338\ r/min,\ m^3/min,\ m$$

$$\sigma = (\frac{Ns}{S})^{\frac{4}{3}} = (\frac{112.026338}{1,200})^{\frac{4}{3}} = 0.042349848$$

$NPSHre = \sigma\ H = 0.042349848 \times 70 = 2.9644894\ mH_2O$

※ $NPSHre = \sigma\ H = (\frac{n\sqrt{Q}}{S})^{4/3} = (\frac{1,750\sqrt{2.4}}{1,200})^{4/3} = 2.9644894\ mH_2O$

정답 $2.96\ mH_2O$

3. 캐비테이션 발생여부

NPSHav > NPSHre이면 캐비테이션이 발생하지 않으므로

$NPSHav = 6.29\ m > NPSHre = 2.96\ mH_2O$

정답 캐비테이션 발생하지 않음

03 다음 그림과 조건을 참고하여 각 물음에 답하시오.

1. 정격운전점에서 캐비테이션 발생유무와 계산과정
2. 최대운전점에서 캐비테이션 발생유무와 계산과정
3. 소화펌프의 사용 가능여부

조건

① 대기압 1 kgf/cm^2, 수온 20 ℃, 물의 비중량 1,000 kgf/m^3, 포화수증기압 0.03 kgf/cm^2
② 흡입배관의 마찰손실수두압 0.03 kgf/cm^2

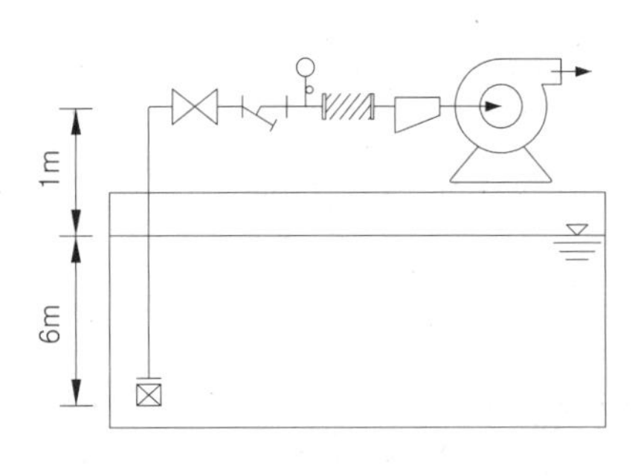

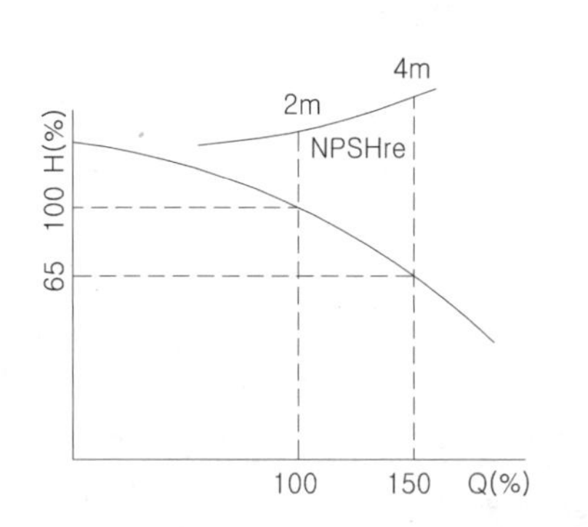

풀이 1. 정격운전점에서 캐비테이션 발생유무와 계산과정

① NPSHav = 대기압 − 포화증기압 − 흡입배관의 마찰손실수두 − 펌프의 설치높이
$= 10 - 0.3 - 0.3 - 7 = 2.4\ mH_2O$

② $NPSHre = 2\ mH_2O$

③ 캐비테이션 발생유무

$NPSHav = 2.4\ mH_2O > NPSHre = 2\ mH_2O$: 캐비테이션 발생 안함

2. 최대운전점에서 캐비테이션 발생유무와 계산과정

① NPSHav = 대기압 − 포화증기압 − 흡입배관의 마찰손실수두 − 펌프의 설치높이

$= 10 - 0.3 - 0.3 - 7 = 2.4\ mH_2O$

② $NPSHre = 4\ mH_2O$

③ 캐비테이션 발생유무

$NPSHav = 2.4\ mH_2O < NPSHre = 4\ mH_2O$: 캐비테이션 발생함

3. 소화펌프의 사용 가능여부

정격운전을 할 경우에는 캐비테이션이 발생하지 않으나 최대운전을 할 경우에는 캐비테이션이 발생하므로, 당 펌프는 사용이 불가능하다.

04 **펌프 성능시험시 1. 공동현상, 2. 수격현상, 3. 맥동현상, 4. 기계적 진동이 일어나는 원인과 그 방지대책에 대하여 쓰시오.**

1. 공동현상

원 인	대 책
펌프내부 액온 상승하여 포화증기압이 상승할 때	액온을 낮추어 펌프내부에 고온부 생기지 않게 함
흡입측 여과기 막히거나 통수면적 작을 때	여과기 주기적 청소하거나 통수면적을 크게 함
흡입배관이 길고 굴곡이 심할 때	배관을 짧고 단순 직관화 함
펌프와 수면 사이가 너무 멀 때	펌프 설치높이를 될 수 있는 대로 낮춘다.
펌프 회전차의 회전이 빨라서 유량이 증가할 때	펌프 회전수를 낮추어 흡입비속도를 작게 한다.

2. 수격현상

원 인	대 책
밸브급개폐	펌프운전 중 각종 밸브의 개폐는 서서히 조작
펌프기동시	펌프 토출측 배관말단에 수격방지기 설치
펌프급정지	펌프에 플라이 휠(Fly Wheel) 부착

3. 맥동현상

원 인	대 책
펌프의 성능곡선(H−Q곡선)이 우상향구배일 때	펌프의 성능곡선(H−Q곡선)이 우하향 구배 갖는 펌프 선정
배관내 공기 고임부 발생	배관내 공기 고임부 제거
유량조절밸브가 공기 고임부 이후에 있을 때	펌프 토출측 직후의 밸브로 토출량 조절

4. 기계적 진동

원 인	대 책
축 중심의 불일치	축 중심 조정
축이 휨	축의 흔들림 검사 후 이상시 정비 또는 교체
펌프 회전부와 고정부 마찰간섭	축의 중심 및 흔들림 조사 후 이상시 수정 또는 교체
커플링 손상	커플링, 기어접촉, 볼트 등 손상된 부품 교환

베어링 손상	베어링의 교체
회전부와 고정부 사이에 이물질 낌	이물질 제거
회전체 막힘	회전체 청소
회전체 불균형	회전체 밸런싱

05 1. 설계도면상 옥내소화전 소화펌프의 유량은 650 L/min, 전양정은 80 mH_2O이다. 그러나 시운전했을 때의 양정이 70 mH_2O이었으며, 회전수는 1,650 r/min이었다. 설계도면상 전양정 80 mH_2O를 얻기 위해 어떻게 해야 하는지 쓰시오.
2. 펌프 축동력이 시운전시에는 15 HP이었는데 설계도면대로 변경하면 축동력(HP)은 ?

1. 문제 요약

구 분	유 량	양 정	회전수	축동력
설계도면	Q_1 = 650 L/min	H_1 = 80 m	N_1 = ?	L_1 = ?
시운전 DATA	Q_2 = ?	H_2 = 70 m	N_2 = 1,650 r/min	L_2 = 15 HP

2. 최초양정 80 m를 얻기 위해 회전수 증가

유량비	$\frac{Q_1}{Q_2}=(\frac{N_1}{N_2})^1$	$Q_2 = Q_1 \times \sqrt{\frac{H_2}{H_1}} = 650 \times \sqrt{\frac{70}{80}} = 608.02\ \mathrm{L/min}$	–
양정비	$\frac{H_1}{H_2}=(\frac{N_1}{N_2})^2$	$N_1 = N_2 \times \sqrt{\frac{H_1}{H_2}} = 1{,}650 \times \sqrt{\frac{80}{70}} = 1{,}764\ \mathrm{r/min}$	회전수 증가
축동력비	$\frac{L_1}{L_2}=(\frac{N_1}{N_2})^3$	$L_1 = L_2 \times (\frac{N_1}{N_2})^3 = 15 \times (\frac{1{,}764}{1{,}650})^3 = 18.33\ \mathrm{HP}$	회전수 증가에 따른 동력변화

06 전양정 16 m, 유량 5 m^3/min, 펌프의 효율 86 %인 펌프에서 1. 회전수(r/min), 2. 비속도, 3. 축동력(kW)을 구하라.(단, 임펠러는 4극의 유도 전동기(50 Hz, 미끄럼율 s = 3.3 %를 직결 구동한다고 가정하라)

1. 회전수(상대속도)

$$N = \frac{120f}{P}(1-s) = \frac{120 \times 50}{4}(1-0.033) = 1{,}450.5\ \mathrm{r/min}$$

정답 1,450.5 r/min

2. 비속도

$$Ns = \frac{n\sqrt{Q}}{H^{3/4}} = \frac{1{,}450.5\sqrt{5}}{16^{3/4}} = 405.427\ \mathrm{r/min,\ m^3/min,\ m}$$

정답 405.43 r/min, m^3/min, m

3. 축동력

$$Ls = \frac{0.163\ QH}{\eta} = \frac{0.163 \times 5 \times 16}{0.86} = 15.16\ kW$$

정답 15.16 kW

알아두세요

단위변환(1 kW 〉 1 HP)

1. 1 HP = 0.745 kW, 1 kW = 1.342 HP, 1 HP = 76 kgf · m/s
2. 1 kW = 1 kJ/s = 1,000 N · m/s = $1,000\,N \times \frac{1\ kgf}{9.8\ N}$ · m/s = 102 kgf · m/s

07 운전 중인 펌프의 압력을 조사하였더니 토출측 압력계는 5.5 kg/cm^2, 흡입측의 진공계는 100 mmHg, 압력계는 진공계보다 30 cm 높은 곳에 설치되어 있을 때 다음 물음에 답하시오.

7-1 펌프의 전양정(mAq)
7-2 펌프의 토출량이 260 L/min일 때 수동력(kW)
7-3 펌프의 수력효율 90 %, 체적효율 95 %, 기계효율 70 %일 때 축동력(kW)
7-4 전동기의 용량(전달계수 1.1)(kW)
7-5 전동기의 용량(전달계수 1.1)(HP)

7-1 펌프의 전양정(mAq)

풀이 펌프의 전양정 = 진공계의 눈금 + 측정점의 높이차 + 압력계의 눈금

$$= 5.5\ kg/cm^2 \times \frac{10\ mAq}{1\ kg/cm^2} + 0.3\,mAq + 100\ mmHg \times \frac{10.332\ mAq}{760\ mmHg}$$

$$= 55\ mAq + 0.3\ mAq + 1.36\ mAq = 56.66\ mAq$$

정답 56.66 mAq

7-2 펌프의 토출량이 260 L/min일 때 수동력(kW)

풀이

$$L_w = \frac{rQH}{102} = \frac{1,000\ kg/m^3 \times 0.26\,m^3/min \times 56.66\,m}{102 \times 60} = 2.4\ kW$$

정답 2.4 kW

7-3 펌프의 수력효율 90 %, 체적효율 95 %, 기계효율 70 %일 때 축동력(kW)

풀이 암기 **수체기**

- 전효율 = 수력효율 × 체적효율 × 기계효율 = 0.9 × 0.95 × 0.7 = 0.6
- 축동력 = 수동력 / 전효율 = 2.4 / 0.6 = 4 kW

정답 4 kW

7-4 전동기의 용량(전달계수 1.1)(kW)

풀이 전동기 용량(kW) : 축동력 × 전달계수 = $4 \times 1.1 = 4.4$ kW

정답 4.4 kW

7-5 전동기의 용량(전달계수 1.1)(HP)

풀이 전동기 용량(HP)

$$4.4\ \text{kW} \times \frac{102\ \text{kgf} \cdot \text{m/s}}{1\ \text{kW}} \times \frac{1\ \text{HP}}{76\ \text{kgf} \cdot \text{m/s}} = 5.905\ \text{HP}$$

정답 5.91 HP

08 Gland Packing과 Mechanical Seal을 비교하시오.

구 분	Gland Packing(그랜드패킹)	Mechanical Seal(미캐니컬 실)
구조		
누수량		
축마모		
동력손실		
분해조립		
수명		
초기비용		
운전비용		

풀이

구 분	Gland Packing(그랜드패킹)	Mechanical Seal(미캐니컬 실)
구조	간단	복잡
누수량	많다	적다
축마모	많다	적다
동력손실	있다	없다
분해조립	간단	불편
수명	짧다	길다
초기비용	적다	많다
운전비용	많다	적다

알아두세요

구 분	Gland Packing(그랜드 패킹)	Mechanical Seal(미캐니컬 실)
분해 조립	Sleeve마모가 없는 한 Pump를 분해하지 않고 간단히 Packing 교체 가능함	M/Seal을 끼우거나 빼야 하기 때문에 Pump 일부 혹은 전체를 분해, 조립해야 함
누설량	운전시 원활한 회전과 타는 현상을 막기 위해 통상 300 mL/h~1,200 mL/h의 누설허용	모든 조건에 동일한 량의 누설을 허용하며, 3 mL/h 이하의 누설(KS)로 억제 가능함
Shaft & Sleeve마모	G/Packing과 Shaft가 섭동하여 작동하므로 외경의 마모가 심함	M/Seal과 Shaft의 직접적인 섭동면이 Shaft Packing 이외에는 없으며, 무시할 정도임
동력손실	섭동면적이 커서 접촉에 따른 저항이 크므로 동력손실이 큼	섭동면적이 작아서 접촉에 따른 저항이 작아 동력손실이 작음
수명	• 정기적으로 4주~6주에 한번 교환 필요함 • 축 슬리브의 교체도 필요함	• 보통 4년 이상 연속운전도 가능함 • 운전조건에 따라 10년 이상 연속운전도 가능
가격	초기비용은 낮지만 운전비용은 높음	Initial Cost는 높지만, Running Cost가 낮음

09 화재안전기준과 성능측면에서 스프링클러설비용 소화펌프와 충압펌프를 비교하시오. (항목 : 설치목적, 종류, 성능기준, 전동기 기동방식, 자동정지, 성능시험배관, 순환배관 등)

풀이

항 목	소화펌프	충압펌프
설치 목적	화재시 수계소화설비에서 소화에 필요한 수량을 공급하는 역할	배관내 압력손실에 따른 주펌프의 빈번한 기동을 방지하여 배관내 충압역할
펌프 종류	원심펌프를 주로 설치 ※ 터빈, 볼류트펌프	웨스코(마찰) 펌프를 주로 설치
펌프의 성능기준	•체절운전시 정격토출압력의 140 % 이하일 것 •정격토출량의 150 %로 운전시 정격토출압력의 65 % 이상일 것	•펌프 토출압력은 그 설비의 최고위살수장치의 자연압보다 적어도 0.2 MPa이 더 크도록 하거나 가압송수장치의 정격토출압력과 같게 할 것 •펌프의 정격토출량은 정상적인 누설량으로 소화설비가 자동적으로 작동할 수 있도록 충분한 토출량을 유지할 것 ※ 옥내소화전설비 : 토출량 규정이 없음
전동기 기동방식	감전압기동(기동보상기, Reactor, Y-Δ, Kondorfer, VVVF)	전전압기동 = 직입기동
자동정지여부	자동정지 아니함	자동정지함 ※ 충압펌프가 소화펌프보다 먼저 기동 설정
성능시험배관	설치해야 함	설치할 필요 없음
순환배관	설치해야 함	설치할 필요 없음
릴리프밸브	설치해야 함	설치할 필요 없음

10 성능시험배관의 시공방법을 기술하시오.

배관 재질	① 배관 내 사용압력이 1.2 MPa 미만일 경우에는 다음 각 목의 어느 하나에 해당하는 것 또는 동등 이상의 강도·내식성 및 내열성을 가진 것 ㉠ 배관용 탄소강관(KS D 3507) ㉡ 이음매 없는 구리 및 구리합금관(KS D 5301). 다만, 습식배관에 한한다. ㉢ 배관용 스테인리스강관(KS D 3576) 또는 일반배관용 스테인리스강관(KS D 3595) ② 배관 내 사용압력이 1.2 MPa 이상일 경우에는 압력배관용탄소강관(KS D 3562) 또는 이와 동등 이상의 강도·내식성 및 내열성 가진 것
설치위치와 밸브 기준	펌프의 토출측에 설치된 개폐밸브 이전에서 분기하여 설치하고, 유량측정장치를 기준으로 전단 직관부에 개폐밸브를, 후단 직관부에는 유량조절밸브를 설치할 것
유량측정장치 설치	유량측정장치를 기준으로 전단 직관부에 개폐밸브에 성능시험배관 지름의 8배 이상, 후단 직관부에는 유량조절밸브에 성능시험배관 지름의 5배 이상의 성능시험배관의 직관부에 설치한다.(유량계 전후의 물 흐름의 안정을 위함)
유량측정장치의 용량	펌프의 정격토출량의 175 % 이상 측정할 수 있는 성능이 있을 것
성능시험배관의 구경	유량계의 구경과 성능시험배관의 구경은 동일하게 할 것

11 기동용 수압개폐장치의 구성요소 중 압력챔버의 역할 3가지를 쓰시오.

암기 **P보충**

펌프의 자동기동 및 정지	압력챔버 및 압력스위치를 사용하여 압력챔버 내 수압의 변화를 감지하여 설정된 펌프의 기동점, 정지점이 될 때 펌프를 자동으로 기동 및 정지시킨다.
압력변동에 따른 설비의 **보**호	압력챔버로 인하여 펌프의 기동시 압력챔버 상부의 공기가 완충역할을 하게 되어 주변 기기의 충격과 손상을 방지하게 된다.
압력변화의 완**충**작용 → 수격방지	배관에 직접 압력스위치(∵ 기동용 압력스위치는 제외)를 달아도 펌프는 자동기동이 되나 이 경우 배관에는 순간적으로 압력변화가 발생하여 기동 및 정지를 단속적으로 하게 된다. 따라서 압력챔버를 사용하면 압력챔버 상부의 공기가 완충작용을 하여 공기의 압축 및 팽창으로 인하여 급격한 압력변화를 방지하게 된다.

12 펌프의 흡입측배관에 버터플라이밸브의 사용을 제한하는 이유를 쓰시오.

1. 버터플라이밸브는 유체저항이 크다.
2. 이용 가능한 유효흡입수두(NPSHav)가 감소하여 캐비테이션 발생을 촉진시킨다.
3. 개폐조작이 빨라서 수격작용발생을 촉진시킨다.

13 소화배관의 동파방지 방법을 쓰시오.

암기 **난보가유 매제부**

1. 배관은 옥내에 설치하고 건물내를 난방하여 실내온도를 0 ℃ 이상 유지
2. 물의 온도가 0 ℃ 이하가 되지 않도록 단열 보온하는 것
3. 배관 외부에 전기열선(Heat Tracing Cable)을 직접 나선형으로 감싸서 가열하는 것
4. 물이 정체되지 않고, 상시 흐르도록 하는 것 : 소화펌프 토출측에 설치된 스모렌스키 체크밸브의 By-pass밸브를 조금 열어두고, 충압펌프가 배관내를 충압한다.
5. 배관을 동결심도 이하로 매설
6. 배관내 물을 제거
7. 배관내 물에 부동액을 주입한다.

14 강관 등 배관에 발생하는 부식의 방지대책을 쓰시오.

암기 **배유나 부부 설전**

1. 배관재 선정
   ① 가급적 동일재질의 배관재를 선정한다. ➜ 이종금속의 접촉부식 대비
   ② 부식여유가 있는 고급 재질을 선정한다.
2. 유속제어 : 유속을 1.5 m/s 이하로 제어
   너무 빠르면 산화작용으로 보호피막의 박리가 일어나 금속표면 침식(동관에 많이 발생)
3. 라이닝(Lining), 코팅(Coating), 도장(Painting), 도금(Plating)
   ① 라이닝(Lining) : 배관의 내면에 납판, 고무, 합성수지 등을 피복시키는 것
   ② 코팅(Coating) : 부식에 강한 유기질 코팅(PE, Tar Epoxy, 아스팔트 등 사용)
   ③ 도장(Painting) : 부식방지와 동시에 미관을 주기 위한 목적으로 금속표면에 도료를 칠한다.
   ④ 도금(Plating) : 금속의 표면이나 비금속표면에 다른 금속을 사용하여 피막을 만드는 처리
4. 부식 환경 제거
   ① 용존산소 제거
   ② 습기제거
   ③ pH 조정 : pH 8.3~pH 8.5 유지(∵ SFPE, 미국소방기술사회)
5. 부식 억제제의 사용 : 규산, 인산계 방식제 사용(Na_2NO_3, $KMnO_4$)
6. 구조상 적절한 설계
   ① 이종금속의 조합을 피하고 동일재질을 사용한다.
   ② 응력이 일어날 수 있는 구조를 피한다.
   ③ 불필요한 틈새, 표면요철을 피한다.
7. 전기방식법
   ① 희생양극법 : 양극 자체와 철금속 자체가 가지고 있는 전위(Potential)차에 의해 방식
   ② 외부전원법 : 양극에 강제로 직류전원의 (+)극을 연결하고 피방식체(철)에 (−)극을 연결하여 방식

제3장

소방시설 적용기준

01 소방설계

Fire Equipment Manager

01 개요

(1) 국내기준은 건물의 위험성 정도인 화재하중, 화재가혹도에 대한 상관성을 거의 무시하고, 특정소방대상물의 규모(∵ 층수, 연면적 등), 용도 및 수용인원 등을 고려하여 적용함

(2) 화재 위험도가 높은 장소를 그보다 낮은 장소의 기준을 적용하여 살수밀도가 같거나 오히려 낮은 경우가 발생하므로, 소방설계시 가연물의 양, 가연성 정도, 열방출률, 가연물 적재높이, 인화성·가연성 액체 존재여부, 분진류 등을 고려하여 화재를 100 % 진압할 수 있는 기준을 적용해야 한다.

→ 확실한 보호가 아니면 전체손실(All or Nothing)

(3) 소방설계시 공학적 계산근거와 화재실험결과 등에 의해 명확한 근거를 제시할 수 있는 성능위주설계기준을 적용함이 바람직하다.

02 설계목적 암기 인재 기업 환경

(1) 인명보호 : 다중이용업의 영업장에 간이스프링클러설비

① 일반대중, 입주자, 소방관들의 생명보호

② 화재로 인한 부상 및 인명의 손실 최소화

(2) 재산보호 : 랙창고에 화재조기진압용 스프링클러설비

① 재산상의 피해와 문화적 자원의 피해 최소화

② 건물, 내용물, 문화재 보호

(3) 기업 활동의 연속유지

① 조직의 임무, 생산 혹은 작업능력 보호

② 작업성 및 영입과 관련된 매출의 영향 최소화

(4) 환경피해 최소화

화재 및 소화활동으로 인한 환경피해의 최소화

03 설계개념

(1) 코드위주설계(CBD, Code Based Design)

① 동시 다발적 화재는 고려하지 않는다.
(∵ Single Risk In Single Area : 한 장소(방화구획)에서는 하나의 위험만 존재한다.)
② 방화(放火)나 자연재해에 의한 화재는 고려하지 않는다. ※ **방화(防火) : 화염확산을 막을 수 있는 성능**
③ 동일 부지내 여러 용도의 특정소방대상물이 있을 경우 각 대상물별로 각각의 용도에 맞는 소방시설 적용
④ 소방시설은 설계된 대로 작동한다. ➜ 일정 규모 이상은 성능위주설계 도입(신설 2005.8.4)

(2) 성능위주설계(PBD, Performance Based Design)

① 정의
화재예방, 소방시설 설치 · 유지 및 안전관리에 관한 법률, 같은 법 시행령 · 시행규칙 및 화재안전기준 등에 따라 제도화된 설계를 대체하여 설계하는 경우를 말한다.
② 성능위주설계 대상이 되는 건축물에 대하여는 화재안전기준 등 법규에 따라 설계된 화재안전성능보다 동등 이상의 화재안전성능을 확보하도록 설계하여야 한다.
③ 시나리오는 실제 건축물에서 발생 가능한 시나리오를 선정하되, 건축물의 특성에 따라 시나리오 적용이 가능한 모든 유형(7가지) 중 가장 피해가 클 것으로 예상되는 최소 3개 이상의 시나리오에 대하여 실시한다.

04 성능위주설계의 시나리오 작성기준

▼ 근거 : 소방시설등의 성능위주설계방법 및 기준

(1) 인명안전 기준

구 분	성능기준		비 고
호흡 한계선	바닥으로부터 1.8 m 기준		–
열에 의한 영향	60 ℃ 이하		–
가시거리에 의한 영향	용도	허용가시거리 한계	단, 고휘도유도등, 바닥유도등, 축광유도표지 설치시, 집회시설, 판매시설은 7 m 적용 가능
	기타시설	5 m	
	집회시설, 판매시설	10 m	
독성에 의한 영향	성분	독성기준치	기타, 독성가스는 실험결과에 따른 기준치를 적용 가능
	CO	1,400 ppm	
	O_2	15 % 이상	
	CO_2	5 % 이하	

※ 화재발생시 거주자 피난을 위해서는 최소 5분이 가장 중요한 의미를 갖는다.
➜ 화재의 온도 · 연기의 온도가 낮고, 연기의 유동이 빠르지 않기 때문이다.

(2) 피난가능시간(RSET) 기준(단위 : 분)

※ SFPE Handbook Table 3-13.1 준용

용 도	W1	W2	W3
사무실, 상업 및 산업건물, 학교, 대학교 (거주자는 건물의 내부, 경보, 탈출로에 익숙하고, 상시 깨어 있음)	〈 1	3	〉 4
상점, 박물관, 레져스포츠 센터, 그 밖의 문화집회시설 (거주자는 상시 깨어 있으나, 건물의 내부, 경보, 탈출로에 익숙하지 않음)	〈 2	3	〉 6
기숙사, 중·고층 주택 (거주자는 건물의 내부, 경보, 탈출로에 익숙하고, 수면상태일 가능성 있음)	〈 2	4	〉 5
호텔, 하숙용도 (거주자는 건물의 내부, 경보, 탈출로에 익숙하지도 않고, 수면상태일 가능성 있음)	〈 2	4	〉 6
병원, 요양소, 그 밖의 공공 숙소(대부분의 거주자는 주변의 도움이 필요함)	〈 3	5	〉 8

〈비고〉 • W1 : 방재센터등 CCTV 설비가 갖춰진 통제실의 방송을 통해 육성 지침을 제공할 수 있는 경우 또는 훈련된 직원에 의하여 해당 공간내의 모든 거주자들이 인지할 수 있는 육성지침을 제공할 수 있는 경우 ➜ 수동방송
• W2 : 녹음된 음성 메시지 또는 훈련된 직원과 함께 경고방송 제공할 수 있는 경우 ➜ 자동방송
• W3 : 화재경보신호를 이용한 경보설비와 함께 비 훈련 직원을 활용할 경우 ➜ 자동경종

(3) 수용인원 산정기준

※ NFPA 101 Table 7.3.1.2 준용

사용용도	m^2/인	사용용도	m^2/인
집회용도		상업용도	
고밀도지역 (고정좌석 없음)	0.65	피난층 판매지역	2.8
저밀도지역 (고정좌석 없음)	1.4	2층 이상 판매지역	3.7
		지하층 판매지역	2.8
벤치형 좌석	1인/좌석길이 45.7 cm	보호용도	3.3
고정좌석	고정좌석수	-	
취사장	9.3	의료용도	
		입원치료구역	22.3
서가지역	9.3	수면구역(구내숙소)	11.1
열람실	4.6	교정, 감호용도	11.1
수영장	4.6(물 표면)	주거용도	
수영장 데크	2.8	호텔, 기숙사	18.6
헬스장	4.6	아파트	18.6
운동실	1.4	대형 숙식주거	18.6
무대	1.4	공업용도	
접근출입구, 좁은 통로, 회랑	9.3	일반 및 고위험공업	9.3
카지노등	1	특수공업	수용인원 이상
		업무용도	9.3
스케이트장	4.6	-	
교육용도		창고용도 (사업용도 외)	수용인원 이상
교실	1.9		
매점, 도서관, 작업실	4.6	-	

05 성능위주설계범위

▼ 근거 : 화재예방, 소방시설 설치·유지 및 안전관리에 관한 법률 시행령 제15조의3

(1) 연면적 200,000 m^2 이상인 특정소방대상물(아파트 등 제외)

(2) 건축물의 높이가 100 m 이상인 특정소방대상물(지하층을 포함한 층수가 30층 이상인 특정소방대상물 포함)(아파트 등 제외)

(3) 연면적 30,000 m^2 이상인 철도 및 도시철도 시설·공항시설

(4) 하나의 건축물에 영화상영관이 10개 이상인 특정소방대상물

06 성능위주설계 변경신고하여야 하는 경우

▼ 근거 : 소방시설 등의 성능위주설계 방법 및 기준

(1) 연면적이 10 % 이상 증가되는 경우

(2) 연면적을 기준으로 10 % 이상 용도변경이 되는 경우

(3) 층수가 증가되는 경우

(4) 화재예방, 소방시설 설치·유지 및 안전관리에 관한 법률과 화재안전기준을 적용하기 곤란한 특수공간으로 변경되는 경우

(5) 건축법 제16조제1항에 따라 허가를 받았거나 신고한 사항을 변경하려는 경우

(6) 제5호에 해당하지 않는 허가 또는 신고사항의 변경으로 종전의 성능위주설계 심의내용과 달라지는 경우

02 소방시설 설계업무

Fire Equipment Manager

01 소방시설 설계자 대관 업무사항(코드위주설계)

구 분	신청자	허가, 승인	소방설계자 업무사항	비 고
건축심의	건축주 (설계자)	시장, 구청장	계획설계 : 방재계획서 작성 제출	•시·군·구 조례로 건축심의대상 결정 (다중이용시설로서 5,000 m^2 이상)
건축허가	건축주 (설계자)	시장, 구청장	기본설계 : 소방시설설계도서 및 소방시설설치계획표 작성제출	•건축허가 동의요청(시청 등→소방서) •관할소방서 설계도서 검토 후 건축허가 동의
감리자 지정신고	건축주 (감리자)	소방서장	–	소방시설 시공신고 이전이나 동시에 진행완료
소방시설 시공신고	시공자	소방서장	실시설계 : 건축허가서와 소방시설이 변경된 경우 설계도서 작성, 발주처에 납품(설계변경사유서 포함)	감리자, 시공자 설계검토사항 적용여부 검토 및 협의
소방시설 완공	시공자	감리자	완공설계도서 검토 확인 날인	설계자와 협의하지 않고 공사가 진행된 사항은 설계자확인 날인거부
감리완료 결과보고	감리자	소방서장	–	관할소방서소방시설 완공검사 필증교부 (건축물 사용승인 동의)

02 설계업무 진행절차(코드위주설계)

기획 설계 (Pre-design)

- 기본적인 법규검토
- 건축가능여부, 투자의 방향에 대하여 확인하는 단계
- 의뢰인의 땅에 원하는 용도의 건축이 가능한지 검토
- 몇 층까지 지을 수 있는지 검토
- 건축물의 규모(연면적, 층수), 용도(층별), 대지위치(지구, 지역) 검토

계획 설계(일명 가설계) (Schematic Design)

- 건축심의 도서작성(소방 : 방재계획서 4쪽 이하 작성)
- 기본적인 공간계획 : 건축물 개요검토
  → 용도, 규모, 특정소방대상물 분류, 동일 소방대상물 적용여부(∵ 연결통로)
- 증축인 경우 적용소방법 결정(∵ 증축과 기존구역 방화구획 설정가능여부 확인)
- 방화계획
  → 방화구획(층, 면적, 용도별), 건축방화설비(방화문, 자동방화셔터, 배연설비) 검토
- 피난계획
  → 수직피난경로(옥외피난계단, 옥내피난계단, 특별피난계단, 비상용승강기) 배치검토
  → 수평피난경로(복도, 통로)와 피난기구 배치검토

기본 설계 (Drawing Development)

- 건축허가 도서작성
- 건축심의 대상인 경우 방재계획서, 성능위주 소방설계 대상인 경우 심의자료 작성
- 건축허가 동의용 설계도서(설계도면, 시방서, 계산서, 내역서) 작성
- 소방시설 설치에 필요한 건축공간 협의 확정
  → 수평공간확보 : 방재실, 수조, 펌프, 유수검지장치, 가스저장용기실, 비상발전기, 피난기구 및 개구부, 제연송풍기(∵ 외기인입경로)
  → 수직공간확보 : 배관 및 덕트 샤프트, 층고(∵ 배관, 덕트 등 설치공간) 등
- 소방시설의 계통도 확정

실시 설계 (Working Drawing)

- 견적을 내기 위한 도서작성
- 시공신고용 설계도서(설계도면, 시방서, 계산서, 내역서) 작성
- 각 분야별(건축, 기계, 전기, 소방) 업무 범위 조정
- 별도 공사부분 확인

설계 종료

- 시공신고 전 건축변경 등에 따른 소방시설 설계변경 사항 반영 확정
- 감리자 지정신고 전 감리자 의견 반영 확정(∵ 설계도서 오류부분)
- 소방법 개정사항 반영 여부 검토

03 건축허가 등의 동의요구서에 첨부서류 암기 건설 등자표임

▼ 근거 : 화재예방, 소방시설 설치·유지 및 안전관리에 관한 법률시행규칙 제4조

(1) 건축허가신청서 및 건축허가서 또는
건축·대수선·용도변경신고서 등 건축허가 등을 확인할 수 있는 서류의 사본

(2) 다음 각 목의 설계도서

① 건축물의 단면도 및 주단면 상세도(내장재료를 명시한 것)
② 소방시설의 층별 평면도 및 층별 계통도(시설별 계산서 포함) ③ 창호도
※ ① 및 ③의 설계도서는 소방시설공사 착공신고대상에 해당되는 경우에 한함

(3) 소방시설 설계업 등록증과 소방시설을 설계한 기술인력자의 기술 자격증

(4) 소방시설 설치계획표

(5) 임시소방시설 설치계획서(설치 시기 · 위치 · 종류 · 방법 등 임시소방시설의 설치와 관련한 세부사항을 포함)

(6) 소방시설설계 계약서 사본 1부

04 건축허가 동의대상

▼ 근거 : 화재예방, 소방시설 설치·유지 및 안전관리에 관한 법률시행령 제12조

(1) 연면적이 400 m^2(학교시설 100 m^2, 노유자시설 및 수련시설 200 m^2, 정신의료기관(입원실이 없는 정신건강의학과 의원은 제외)은 300 m^2, 장애인 의료재활시설 300 m^2) 이상인 건축물

(2) 층수가 6층 이상인 건축물

(3) 차고·주차장 또는 주차용도로 사용되는 시설로서 다음 각 목의 어느 하나에 해당하는 것

① 차고·주차장으로 사용되는 바닥면적이 200 m^2 이상인 층이 있는 건축물이나 주차시설

② 승강기 등 기계장치에 의한 주차시설로서 자동차 20대 이상을 주차할 수 있는 시설

(4) 항공기격납고, 관망탑, 항공관제탑, 방송용 송수신탑

(5) 지하층 또는 무창층이 있는 건축물로서 바닥면적이 150 m^2(공연장의 경우에는 100 m^2) 이상인 층이 있는 것

(6) 특정소방대상물 중 위험물 저장 및 처리 시설, 지하구

(7) 요양병원. 다만, 정신의료기관 중 정신병원(이하 "정신병원"이라 한다)과 의료재활시설은 제외한다.

05 동의대상 제외

▼ 근거 : 화재예방, 소방시설 설치·유지 및 안전관리에 관한 법률시행령 제12조

(1) 별표 5에 따라 특정소방대상물에 설치되는 소화기구, 누전경보기, 피난기구, 방열복·방화복·공기호흡기 및 인공소생기, 유도등 또는 유도표지가 법 제9조제1항 전단에 따른 화재안전기준에 적합한 경우 그 특정소방대상물

(2) 건축물의 증축 또는 용도변경으로 인하여 해당 특정소방대상물에 추가로 소방시설이 설치되지 아니하는 경우 그 특정소방대상물

(3) 법 제9조의3제1항에 따라 성능위주설계를 한 특정소방대상

용어정의

1. 소방대상물

   건축물, 차량, 선박(항구에 매어둔 선박만 해당), 선박 건조 구조물, 산림, 그 밖의 인공 구조물 또는 물건

2. 특정소방대상물(∵ 30개)

   소방시설을 설치하여야 하는 소방대상물로서 대통령령으로 정하는 것

3. 소방시설

   소화설비, 경보설비, 피난설비, 소화용수설비, 그 밖에 소화활동설비로서 대통령령으로 정하는 것

4. 소방시설등

   소방시설과 비상구, 그 밖에 소방 관련 시설로서 대통령령으로 정하는 것

5. 소방용품

   소방시설등을 구성하거나 소방용으로 사용되는 제품 또는 기기로서 대통령령으로 정하는 것

6. 설계도서

   소방시설공사에 기본이 되는 공사계획, 설계도면, 설계 설명서, 기술계산서 및 이와 관련된 서류

시방서(示方書)의 종류

▼ 근거 : 건설기술 진흥법 시행령 제65조, 시행규칙 제40조

종류	작성자	정의
공사시방서	설계자	건설공사의 계약도서에 포함된 시공기준을 기술한 것
전문시방서	발주처	시설물별 표준시방서를 기본으로 모든 공종을 대상으로 하여 특정한 공사의 시공 또는 공사시방서의 작성에 활용하기 위한 종합적인 시공기준을 기술한 것
표준시방서	국토교통부	시설물의 안전 및 공사시행의 적정성과 품질 확보 등을 위하여 시설물별로 정한 표준적인 시공기준으로서 발주청 또는 건설기술용역업자가 공사시방서를 작성할 때 활용하기 위한 시공기준을 기술한 것

설계도서 해석의 우선순위(설계도서가 일치하지 않을 경우)

▼ 근거 : 건축물의 설계도서 작성기준 국토해양부고시 제2012-553호(2012.8.22.), 건축사법 제23조 제1항

설계도서 · 법령해석 · 감리자의 지시 등이 서로 일치하지 아니하는 경우에 있어 계약으로 그 적용의 우선 순위를 정하지 아니한 때에는 다음의 순서를 원칙으로 한다.

공사시방서 〉 설계도면 〉 전문시방서 〉 표준시방서 〉 산출내역서 〉 승인된 상세시공도면 〉 관계법령의 유권해석 〉 감리자의 지시사항

설계도서 ▼ 근거 : 건설기술 진흥법 시행규칙 제40조

설계도면, 설계명세서, 공사시방서, 발주청이 특히 필요하다고 인정하여 요구한 부대도면과 그 밖의 관련 서류

03 소방시설 적용기준

Fire Equipment Manager

01 소방시설 적용기준

관계인이 특정소방대상물의 규모·용도 및 수용인원 등을 고려하여 갖추어야 하는 소방시설 등의 종류

▼ 근거 : 화재예방, 소방시설 설치·유지 및 안전관리에 관한 법률시행령 별표5

<table>
<tr><th>소화설비</th><th colspan="4">적용기준</th></tr>
<tr><td rowspan="2">소화기구
암기 삼땡</td><td rowspan="2" colspan="2">소화기</td><td>연면적</td><td>33 m² 이상</td></tr>
<tr><td>터널</td><td>전부</td></tr>
<tr><td rowspan="2">자동소화장치</td><td colspan="2">주거용 주방자동소화장치</td><td>아파트등 및 30층 이상 오피스텔</td><td>모든 층</td></tr>
<tr><td colspan="3">(캐비닛형, 가스, 분말, 고체에어로졸) 자동소화장치</td><td>NFSC에서 정한 장소</td></tr>
<tr><td rowspan="5">옥내소화전설비
암기 3천, 지무4바 옥백</td><td colspan="3">연면적</td><td>3,000 m² 이상</td></tr>
<tr><td colspan="3">지하층, 무창층 또는 4층 이상인 층중 바닥면적</td><td>600 m² 이상 모든 층</td></tr>
<tr><td colspan="3">건축물의 옥상에 설치된 차고 또는 주차용도로 사용되는 부분의 면적</td><td>200 m² 이상</td></tr>
<tr><td colspan="3">연면적(근생, 판매, 숙박, 위락, 노유자, 의료, 업무, 공장, 창고, 복합)</td><td>1,500 m² 이상 모든 층</td></tr>
<tr><td colspan="3">위에 해당하지 않는 지하층, 무창층 또는 4층 이상인 층중 바닥면적</td><td>300 m² 이상 모든 층</td></tr>
<tr><td rowspan="2">옥외소화전설비
암기 1,2 합 9천</td><td colspan="3">지상 1층 및 2층의 바닥면적의 합계</td><td>9,000 m² 이상</td></tr>
<tr><td colspan="3">국보 또는 보물로 지정된 목조건축물</td><td>전부</td></tr>
<tr><td rowspan="16">스프링클러설비
암기 지무 4바천 복5 6</td><td colspan="3">지하층·무창층 또는 4층 이상인 층으로 바닥면적</td><td>1,000 m² 이상인 층</td></tr>
<tr><td colspan="3">복합건축물 또는 기숙사(교육연구 · 수련시설내 학생수용)로서 연면적</td><td>5,000 m² 이상 모든 층</td></tr>
<tr><td colspan="3">6층 이상인 특정소방대상물</td><td>모든 층</td></tr>
<tr><td colspan="3">창고시설(물류터미널은 제외)로서 바닥면적의 합계</td><td>5,000 m² 이상 모든 층</td></tr>
<tr><td rowspan="5">문회 및 집회, 종교시설, 운동시설</td><td colspan="2">수용인원</td><td>100 명 이상</td></tr>
<tr><td rowspan="2">무대부 면적</td><td>지하층, 무창층 또는 4층 이상</td><td>300 m² 이상</td></tr>
<tr><td>위의 층 이외에 있는 경우</td><td>500 m² 이상</td></tr>
<tr><td rowspan="2">영화상영관 용도로 쓰이는 바닥면적</td><td>지하층 또는 무창층인 경우</td><td>500 m² 이상</td></tr>
<tr><td>그 밖의 층인 경우</td><td>1,000 m² 이상</td></tr>
<tr><td rowspan="2">판매, 운수, 물류터미널</td><td colspan="2">수용인원</td><td>500명 이상 모든 층</td></tr>
<tr><td colspan="2">바닥면적의 합계</td><td>5,000 m² 이상 모든 층</td></tr>
<tr><td colspan="3">천장 또는 반자의 높이 10 m 넘는 랙식 창고로서 바닥면적의 합계</td><td>1,500 m² 이상</td></tr>
<tr><td colspan="3">지하가(터널은 제외)의 연면적</td><td>1,000 m² 이상</td></tr>
<tr><td colspan="3">스프링클러설비 설치대상인 특정소방대상물에 부속된</td><td>보일러실, 연결통로 등</td></tr>
</table>

간이스프링클러설비 암기 **근복숙**	근린생활시설로 사용하는 부분의 바닥면적 합계	1,000 m^2 이상 모든 층
	복합건축물(별표 2 제30호나목의 복합건축물만 해당)로서 연면적	1,000 m^2 이상 모든 층
	생활형 숙박시설로서 해당 용도로 사용되는 바닥면적의 합계	600 m^2 이상
물분무등소화설비 암기 **주차기전** **8 2 2 3**	항공기격납고	전부
	차고, 주차용 건축물 또는 철골 조립식 주차시설 연면적	800 m^2 이상
	건축물 내부에 설치된 차고 또는 주차 용도의 바닥면적의 합계	200 m^2 이상
	기계식 주차장치를 이용하여 주차할 수 있는 차량	20대 이상
	전기실, 발전실, 변전실, 축전지실, 통신기기실, 전산실의 바닥면적	300 m^2 이상

경보설비	적용기준	
비상경보설비 암기 **연4지무바15**	연면적	400 m^2 이상
	지하층 또는 무창층의 바닥면적(공연장 100 m^2 이상)	150 m^2 이상
	터널 길이	500 m 이상
비상방송설비 암기 **연상녀** **따라지 상**	연면적	3,500 m^2 이상
	지하층을 제외한 층수가 11층 이상	전부
	지하층의 층수가 3층 이상	전부
누전경보기	내화구조가 아닌 특정소방대상물로서 계약전류용량 암기 **니NO 백아초**	100 A 초과
자동화재탐지설비 암기 **근위숙의복** **6백** **문판지** **관공업 운** **공창 천**	근린생활시설, 위락시설, 숙박 시설, 의료시설, 복합건축물로서 연면적	600 m^2 이상
	문화 및 집회시설, 판매시설, 지하가, 관광휴게시설, 공동주택, 업무시설, 운수시설, 운동시설, 공장, 창고시설로서 연면적	1,000 m^2 이상
	지하구	전부
	노유자생활시설	전부
	노유자생활시설에 해당하지 않는 연면적 400 m^2 이상인 노유자시설 및 숙박시설이 있는 수련시설로서 수용인원	100명 이상
	터널 길이	1,000 m 이상
자동화재속보설비	공장, 창고, 업무시설 등으로서 바닥면적 1,500 m^2 이상인 층이 있는 것	설치(24시설치제외)
	층수가 30층 이상인 것	전부
	노유자 생활시설	전부
	노유자 생활시설에 해당 않는 노유자시설로 바닥면적 500 m^2 이상인 층	설치(24시설치제외)
단독경보형감지기 암기 **연천 미 아기**	아파트등으로서 연면적	1,000 m^2 미만
	기숙사로서 연면적	1,000 m^2 미만
시각 경보기 암기 **근판숙위** **노의업 문방구** **도서상가**	근린생활시설, 판매시설, 숙박시설, 위락시설	자탐설치대상인 것
	노유자시설, 의료시설, 업무시설, 문화 및 집회시설	자탐설치대상인 것
	방송통신시설 중 방송국, 교육연구시설 중 도서관, 지하상가	자탐설치대상인 것
	종교시설, 운수시설, 운동시설, 물류터미널, 발전시설 및 장례식장	자탐설치대상인 것
가스누설경보기 (가스시설 설치시) 암기 **문판숙 운동의**	문화 및 집회시설, 판매시설, 숙박시설, 운수시설, 운동시설, 의료시설	전부
	노유자시설, 종교시설, 창고시설 중 물류터미널, 수련시설, 장례식장	전부
	기체연료를 사용하는 보일러가 설치된 장소	전부
통합감시시설	지하구(∵ 지하전력구, 지하통신구, 공동구)	전부

피난설비	적용기준	
피난기구 암기 **삼 10층**	특정소방대상물(피난층, 지상 1층, 지상 2층, 층수가 11층 이상의 층과 가스시설, 터널 또는 지하구의 경우 제외)	전부
인명구조기구 암기 **7호 파병**	방열복 또는 방화복(안전헬멧, 보호장갑 및 안전화를 포함한다), 인공소생기 및 공기호흡기 : 지하층을 포함하는 층수가 7층 이상	관광호텔
	방열복 또는 방화복(안전헬멧, 보호장갑 및 안전화를 포함한다), 및 공기호흡기 : 지하층을 포함하는 층수가 5층 이상	병원
공기호흡기 암기 **100대영 지역상가**	수용인원 100명 이상인 대규모점포, 영화상영관, 지하역사, 지하상가	전부
	물분무등소화설비를 설치하여야 하는 특정소방대상물, 화재안전기준에 따라 이산화탄소소화설비를 설치하여야 하는 특정소방대상물,	전부
유도등	피난구유도등, 통로유도등 및 유도표지는 특정소방대상물	전부
	객석유도등은 유흥주점영업시설, 문화 및 집회시설, 종교시설, 운동시설	전부
비상조명등 암기 **5, 3천** **지무 바45**	지하층 포함하는 층수가 5층 이상으로 연면적	3,000 m^2 이상
	지하층 또는 무창층의 바닥면적이 450 m^2 이상	해당층
	터널 길이	500 m 이상
휴대용비상조명등 암기 **100대영 지역상가**	숙박시설	전부
	수용인원 100명 이상인 대규모점포, 영화상영관, 지하역사, 지하상가	전부

소화용수시설	적용기준	
상수도소화용수설비 암기 **상어(5)100T**	연면적	5,000 m^2 이상
	가스시설로서 지상에 노출된 탱크의 저장용량의 합계	100톤 이상

소화활동설비	적용기준	
제연설비 암기 **지무 근판숙위** **바합 천**	지하층 또는 무창층에 설치된 근린생활시설, 판매시설, 숙박시설, 위락시설, 운수시설, 창고시설 중 물류터미널로서 해당 용도 바닥면적의 합계	1,000 m^2 이상인 층
	문화 및 집회시설, 종교시설, 운동시설로서 무대부의 바닥면적	200 m^2 이상
	문화 및 집회시설 중 영화상영관으로서 수용인원	100명 이상
	지하가(터널은 제외)로 연면적	1,000 m^2 이상
	특별피난계단 또는 비상용 승강기의 승강장(갓복도형 아파트 제외)	전부
연결송수관설비 암기 **5 6, 7, 3바천**	5층 이상으로서 연면적	6,000 m^2 이상
	지하층 포함한 층수	7층 이상
	지하층의 층수가 3층 이상이고 지하층의 바닥면적의 합계	1,000 m^2 이상
연결살수설비 암기 **지바합 15**	지하층(피난층으로 주된 출입구가 도로와 접한 경우 제외)으로서 바닥면적의 합계	150 m^2 이상
	판매시설, 운수시설, 물류터미널로서 해당 용도 바닥면적의 합계	1,000 m^2 이상
	특정소방대상물의 1목, 2목에 부속된 연결통로	전부
비상콘센트설비 암기 **따라지 3바천**	층수가 11층 이상	11층 이상의 층
	지하층의 층수가 3개층 이상이고 지하층의 바닥면적의 합계가 1,000 m^2 이상	지하층의 모든 층
무선통신보조설비 암기 **3천또 3바천**	지하층의 바닥면적의 합계	3,000 m^2 이상
	지하층의 층수가 3개층 이상이고 지하층의 바닥면적의 합계가 1,000 m^2 이상	지하층의 모든 층
	층수가 30층 이상인 것으로서 16층 이상 부분의	모든 층
연소방지 및 방화벽	지하구(전력 또는 통신사업용만 해당 : 폭 1.8 m x 높이 2 m x 길이 500 m)	전부

설치면제 소방시설	설치된 소방시설	설치면제 소방시설	설치된 소방시설
스프링클러설비	물분무등소화설비	연결송수관설비	옥내, SP, 간이, 연결살수
물분무등(차고, 주차장)	스프링클러설비	연소방지설비	SP, 물분무, 미분무
간이스프링클러설비	SP, 물분무, 미분무	자동화재탐지설비	SP설비, 물분무등
자동소화장치(주방용 제외)	물분무등소화설비	비상방송설비	비상경보, 자동화재탐지설비
옥내소화전설비	호스릴방식의 미분무 또는 옥외	비상경보, 단독경보형	자동화재탐지설비
연결살수설비	SP, 간이, 물분무, 미분무	비상경보설비	2개 이상 연동 단독경보형

특정소방대상물 중 중요구분

◆ 근거 : 화재예방, 소방시설 설치·유지 및 안전관리에 관한 법률 시행령 별표2

1. 공동주택
   ① 아파트등 : 주택으로 쓰이는 층수가 5층 이상인 주택
   ② 기숙사(학교, 공장의 공동취사나 공동주거 즉, 독립된 주거의 형태가 아닌 것)
2. 근린생활시설
   ① 소매점 바닥면적의 합계 1,000 m^2 미만
   ② 골프연습장, 체력단련장 용도 바닥면적의 합계가 500 m^2 미만
   ③ 휴게음식점, 일반음식점, 제과점, 기원, 노래연습장 및 단란주점 용도 바닥면적의 합계가 150 m^2 미만
3. 판매시설 : 소매점 바닥면적 합계 1,000 m^2 이상
4. 운동시설
   ① 골프연습장, 체력단련장, 당구장, 물놀이형 시설 등으로서 근린생활시설에 해당하지 않는 것
   ② 체육관으로서 관람석이 없거나 관람석의 바닥면적이 1,000 m^2 미만인 것
5. 문화 및 집회시설
   ① 공연장으로서 근린생활시설에 해당하지 않는 것
   ② 집회장 : 예식장, 공회당, 회의장 등으로서 근린생활시설에 해당하지 않는 것
   ③ 관람장 : 경마장, 경기장, 체육관 및 운동장으로서 관람석의 바닥면적의 합계가 1,000 m^2 이상
6. 지하구 암기 **전통 가냉집 사출 1 825**
   ① 전력·통신용의 전선이나 가스·냉난방용의 배관 또는 이와 비슷한 것을 집합수용하기 위하여 설치한 지하 인공공작물로서 사람이 점검 또는 보수하기 위하여 출입이 가능한 것 중 폭 1.8 m 이상이고 높이가 2 m 이상이며 50m 이상(전력 또는 통신사업용인 것은 500 m 이상)인 것
   ② 국토의 계획 및 이용에 관한 법률 제2조 제9호에 따른 공동구
7. 복합건축물 : 하나의 건축물 안에 제1호(공동주택)부터 제27호(지하가)까지의 것 중 둘 이상의 용도로 사용되는 것

무창층(無窓層)의 정의

◆ 근거 : 화재예방, 소방시설 설치·유지 및 안전관리에 관한 법률시행령 제2조 정의

➜ 지상층 중 다음 각 목의 요건을 모두 갖춘 개구부(건축물에서 채광·환기·통풍 또는 출입 등을 위하여 만든 창·출입구, 그 밖에 이와 비슷한 것)의 면적의 합계가 해당 층의 바닥면적의 1/30 이하가 되는 층

1. 크기는 지름 50 cm 이상의 원이 내접할 수 있는 크기일 것
2. 해당 층의 바닥면으로부터 개구부 밑부분까지의 높이가 1.2 m 이내일 것
3. 도로 또는 차량이 진입할 수 있는 빈터를 향할 것
4. 화재시 건축물로부터 쉽게 피난할 수 있도록 개구부에 창살이나 그 밖의 장애물이 설치되지 아니할 것
5. 내부 또는 외부에서 쉽게 부수거나 열 수 있을 것

※ 쉽게 파괴할 수 있는 유리의 종류

- 일반유리 : 두께 6 mm 이하
- 강화유리 : 두께 5 mm 이하
- 복층유리
  - 일반유리 두께 6 mm 이하 + 공기층 + 일반유리 두께 6 mm 이하
  - 강화유리 두께 5 mm 이하 + 공기층 + 강화유리 두께 5 mm 이하
- 기타 소방서장이 쉽게 파괴할 수 있다고 판단되는 것

02 소방시설 적용기준에 대한 적법성 검토

적용시점 · 건물규모	① 적용시점 : 최초 건축허가 신청일자(건축법) 또는 최초 사업계획승인 신청일자(주택법) ② 지역지구 : 일반상업지역, 중심지 미관지구, 방화지구 ③ 건물용도 : 복합 건축물(공동주택, 근린생활시설) ④ 건물규모 : 지하 6층, 지상 26층, 옥탑 2개층, 연면적 : 60,909.50 m^2 ⑤ 최고높이 : 84.3 m			
구 분	**소방시설**	**적용 규정**	**적용여부**	**누락·면제**
소화설비	소화기구	소방시설법시행령 별표 5의 제1호가목1)	◎	-
	자동소화장치	소방시설법시행령 별표 5의 제1호나목1),2)	◎	-
	옥내소화전설비	소방시설법시행령 별표 5의 제1호다목1)	◎	-
	스프링클러설비	소방시설법시행령 별표 5의 제1호라목3)	◎	-
	물분무등 소화설비	소방시설법시행령 별표 5의 제1호바목5)	◎	-
	옥외소화전설비	-	-	해당 없음
경보설비	비상경보설비	소방시설법시행령 별표 5의 제2호가목1)	-	설치 면제
	비상방송설비	소방시설법시행령 별표 5의 제2호나목1)	◎	-
	누전경보기	-	-	해당 없음
	자동화재탐지설비	소방시설법시행령 별표 5의 제2호라목1)	◎	-
	시각경보기	소방시설법시행령 별표 5의 제2호사목1)	◎	-
	가스누설경보기	-	-	해당 없음
	자동화재속보설비	-	-	설치 면제
피난설비	피난기구	소방시설법시행령 별표 5의 제3호가목	◎	-
	인명구조기구	-	-	해당 없음
	공기호흡기	-	-	해당 없음
	유도등	소방시설법시행령 별표 5의 제3호다목1)	◎	-
	비상조명등	소방시설법시행령 별표 5의 제3호라목1)	◎	-
	휴대용비상조명등	-	-	해당 없음
용수	상수도소화용수설비	소방시설법시행령 별표 5의 제4호가목	◎	-
소화활동설비	거실제연설비	소방시설법시행령 별표 5의 제5호가목2)	◎	-
	부속실제연설비	소방시설법시행령 별표 5의 제5호가목6)	◎	-
	연결송수관설비	소방시설법시행령 별표 5의 제5호나목1)	◎	-
	연결살수설비	-	-	해당 없음
	비상콘센트	소방시설법시행령 별표 5의 제5호라목1)	◎	-
	무선통신보조설비	소방시설법시행령 별표 5의 제5호마목2)	◎	-
	연소방지설비	-	◎	해당 없음
	통합감시시설	-	◎	해당 없음
특수장소의 방염		소방시설법시행령 제19조 제5호	◎	-

(주) 화재예방, 소방시설 설치·유지 및 안전관리에 관한 법률 시행령 ➜ 소방시설법시행령

03 건축방재 적용기준에 대한 적법성 검토

적용시점 · 건물규모	① 적용시점 : 최초 건축허가 신청일자(건축법) 또는 최초 사업계획승인 신청일자(주택법) ② 지역지구 : 일반상업지역, 중심지 미관지구, 방화지구 ③ 건물용도 : 복합 건축물(공동주택, 근린생활시설) ④ 건물규모 : 지하 6층, 지상 26층, 옥탑 2개층, 연면적 60,909.50 m^2 ⑤ 최고높이 : 84.3 m, 지면에서 지상 13층 바닥까지의 높이 41.1 m

구 분		적용기준	관련법규	적 용
건축방재	내화구조	3층 이상의 건축물 및 지하층이 있는 건축물	건축법시행령 제56조 제1항 제5호	◎
	내화구조 기준	벽(외벽중 내력벽, 내벽), 기둥, 바닥, 보(지붕틀 F.L 4 m 이상)	피난방화규칙 제3조	◎
	직통계단	3층 이상의 층으로서 그 층 거실의 바닥면적의 합계 400 m^2 이상	건축법시행령 제34조 제1항, 제2항	◎
	피난계단	5층 이상 또는 지하 2층 이하의 층에 적용	건축법시행령 제35조 제1항	갈음
	특별피난계단	11층 이상의 층 또는 지하 3층 이하의 층에서 피난층으로 통하는 직통계단	건축법시행령 제35조 제2항	◎
	보행거리	피난층외의 층거실에서 직통계단까지 50 m 이내	건축법시행령 제34조 제1항	◎
		피난층의 직통계단에서 옥외출구까지 50 m 이내	피난방화규칙 제11조 제1항	◎
		피난층의 거실에서 옥외출구까지 100 m 이내	피난방화규칙 제11조 제1항	◎
	방화구획	층별구획(3층 이상의 층과 지하층은 층마다 구획)	피난방화규칙 제14조 제1항 제1호	◎
		면적구획(10층 이하의 층은 바닥면적 1,000 m^2)	피난방화규칙 제14조 제1항 제2호	◎
	비상용승강기	높이 31 m를 넘는 건축물	건축법시행령 제90조	◎
		10층 이상인 공동주택의 경우 승용승강기를 비상용승강기 구조로 할 것	주택건설기준 등에 관한규정 제15조 제2항	
	배연설비	6층 이상인 건축물로서 문화 및 집회시설, 판매시설, 숙박시설, 위락시설, 업무시설, 운수시설, 의료시설, 관광휴게시설 등의 거실에 설치	건축법시행령 제51조 제2항	해당 없음
	방화지구	방화지구안의 지붕·방화문 및 외벽등에 건축방화설비(창문에 드렌처설비)	피난방화규칙 제23조 제1항, 제2항	◎
	실내내장재	5층 이상의 층의 거실 바닥면적합계가 500 m^2 이상인 건물의 마감은 난연재(자동식소화설비 설치부분은 거실 바닥면적합계 산출에서 제외)	건축법시행령 제61조 제1항 제5호 피난방화규칙 제24조 제1항	◎
	옥상광장	5층 이상인 층이 문화 및 집회, 종교, 판매 또는 장례식장 등의 용도로 쓰는 경우	건축법시행령 제40조 제2항	해당 없음
	헬리포트	11층 이상인 건축물로서 11층 이상인 층의 바닥면적의 합계가 10,000 m^2 이상인 건축물의 옥상	건축법시행령 제40조 제3항	해당 없음
	항공 장애등	지표, 수면에서 150 m 이상 구조물에 설치 (장애물 제한구역 외의 경우)	항공법 제83조 제4항, 동법규칙 제247조 제2항	◎

예 상 문 제

Fire Equipment Manager

01 성능위주 소방설계를 해야 할 신축 특정소방대상물의 범위를 쓰시오.

▼ 근거 : 소방시설공사업법 시행령 제2조의 2

1. 연면적 200,000 m^2 이상인 특정소방대상물(아파트 등 제외)
2. 건축물의 높이가 100 m 이상인 특정소방대상물
   (지하층을 포함한 층수가 30층 이상인 특정소방대상물 포함)(아파트 등 제외)
3. 연면적 30,000 m^2 이상인 철도 및 도시철도 시설·공항시설
4. 하나의 건축물에 영화상영관이 10개 이상인 특정소방대상물

02 소방시설 등의 성능위주설계방법 및 기준에서 화재 및 피난시뮬레이션의 시나리오 작성 기준 중 인명안전기준인 아래의 표를 완성하시오.

<table>
<tr><th>구 분</th><th colspan="2">성능기준</th><th>비 고</th></tr>
<tr><td>호흡 한계선</td><td colspan="2">①</td><td>-</td></tr>
<tr><td>열에 의한 영향</td><td colspan="2">②</td><td>-</td></tr>
<tr><td rowspan="3">가시거리에 의한 영향</td><td>용도</td><td>허용가시거리 한계</td><td rowspan="3">단, 고휘도유도등, 바닥유도등, 축광유도표지 설치시, 집회시설·판매시설 7 m 적용 가능</td></tr>
<tr><td>기타시설</td><td>③</td></tr>
<tr><td>집회시설
판매시설</td><td>④</td></tr>
<tr><td rowspan="4">독성에 의한 영향</td><td>성분</td><td>독성기준치</td><td rowspan="4">기타, 독성가스는 실험결과에 따른 기준치를 적용 가능</td></tr>
<tr><td>CO</td><td>⑤</td></tr>
<tr><td>O_2</td><td>⑥</td></tr>
<tr><td>CO_2</td><td>⑦</td></tr>
</table>

① 바닥으로부터 1.8 m 기준, ② 60 ℃ 이하, ③ 5 m, ④ 10 m,
⑤ 1,400 ppm, ⑥ 15 % 이상, ⑦ 5 % 이하

03 피난안전성 평가방법으로 사용되고 있는 Time-Line 분석법에서 RSET와 ASET의 정의를 쓰시오.

RSET (Required Safe Egress Time : 피난소요시간)	ASET (Available Safe Egress Time : 피난허용시간)
•대상은 거주자이고, 화재발생 후부터 대상 공간내부의 거주자들이 피난을 완료하는 데 필요한 시간 •RSET은 화재감지시간, 지연시간, 이동시간으로 구분된다. •피난시뮬레이션을 통해서 예측할 수 있다.	•대상은 열, 연기, 독성가스 등이고, 화재발생 후부터 대상 공간내부의 거주자들에게 위험이 파급되기 전까지의 시간 •ASET은 화재성상에 따라 달라진다. •화재시뮬레이션을 통해서 예측할 수 있다.

04 다음과 같은 조건의 복합건축물(무창층 구조 아님)에 적용되는 소방시설의 종류를 모두 열거하고 다음의 적용기준을 쓰시오(단, 면제기준은 적용하지 않으며 복도, 계단, 화장실 바닥면적은 무시함).

4-1 전층 적용 소방시설

4-2 4-1를 제외한 층별 소방시설

조건

층구분	바닥면적(m^2)	용 도
지하 2층	550	기계실 : 200 m^2, 전기실 : 350 m^2
지하 1층	550	주차장
지상 1층~지상 3층	각 층별 490	사무실
지상 4층	490	기념관(무대부와 관람석은 없음)

4-1 전층 적용 소방시설

※ 건물개요

① 규모 : 연면적 3,060 m^2, 지하 2층, 지상 4층

② 용도 : 복합건축물(업무시설의 사무실과 문화 및 집회시설의 전시장)

③ 수용인원 : 490 m^2 ÷ 4.6 m^2/명 = 106.52명 ≒ 107명

1. 소화기구 : 연면적 33 m^2 이상시 각 실마다 적응성 있는 소화기 설치
2. 옥내소화전설비 : 복합건축물로서 연면적 1,500 m^2 이상시 전층 설치
3. 스프링클러설비 : 문화 및 집회시설로서 수용인원 100명 이상인 경우 전층 설치
4. 비상경보설비 : 연면적 400 m^2 이상시 설치
5. 자동화재 탐지설비 : 복합건축물로서 연면적 600 m^2 이상시 설치
6. 시각경보기 : 업무시설의 사무실, 문화 및 집회시설의 전시장, 부속용도인 전층 설치
7. 유도등 : 지하구 및 터널 제외한 특정소방대상물에 설치

8. 피난기구 : 지상 3층~지상 4층에 완강기 설치

9. 비상조명등 : 지하층을 포함하는 층수가 5층 이상으로 연면적 3,000 m^2 이상

4-2 위의 4-1을 제외한 층별 소방시설

풀이

층구분	층별 소방시설	
지하 2층	전기실	물분무등소화설비(전기실로서 300 m^2 이상시 설치)
	기계실	연결살수설비 (지하층으로서 바닥면적의 합계 150 m^2 이상시 설치)
지하 1층	주차장	물분무등소화설비 (옥내 주차장 200 m^2 이상시 설치, SP로 대체)
		연결살수설비 (지하층으로서 바닥면적의 합계 150 m^2 이상시 설치)
지상 1층, 지상 2층	사무실	-
지상 3층	사무실	피난기구(완강기)
지상 4층	기념관	피난기구(완강기)

05 화재안전기준에 근거한 비상전원의 설치대상, 종류, 용량에 대한 기준인 아래의 표를 완성하시오. 다만, 도로터널은 제외한다.

설비의 종류 (화재안전기준)	설치대상	상용전원	비상전원			비상전원 용량 (층수가 30층 미만)
		2 이상 변전소 전력공급	자가 발전 설비	축전지 설비	비상전원 전용 수전설비	
옥내소화전설비	①	○	○	○	×	20분이상
화재조기진압용 스프링클러설비	화재조기진압용 SP설비가 설치된 것	○	○	○	×	④
간이 SP설비	간이SP설비 설치된 것	×	○	○	○	⑤
연결송수관설비	②	×	○	○	×	20분 이상
비상콘센트설비	③	○	○	×	○	20분 이상
무선통신 보조설비	증폭기 및 무선이동 중계기 설치할 경우	×	×	○	×	⑥

풀이

①, ③ 층수가 7층 이상으로서 연면적이 2,000 m^2 이상인 것 또는 지하층의 바닥면적의 합계가 3,000 m^2 이상인 것. ② 지표면에서 최상층 방수구의 높이가 70 m 이상의 특정소방대상물 ④ 20분 이상, ⑤ 10분(영 별표 5 제1호라목1) 또는 6)과 7)에 해당하는 경우에는 5개의 간이헤드에서 최소 20분) 이상, ⑥ 30분 이상

06 비상전원을 비상전원수전설비로 설치할 수 있는 소방시설의 종류와 조건을 쓰시오.

1. 스프링클러설비 : 차고·주차장으로서 스프링클러설비가 설치된 부분의 바닥면적(포소화설비의 화재안전기준(NFSC 105) 제13조 제2항 제2호의 규정에 따라 차고·주차장의 바닥면적을 포함)의 합계가 1,000 m^2 미만인 경우
2. 포소화설비
   ① 제4조 제2호 단서의 규정에 따라 호스릴포소화설비 또는 포소화전만을 설치한 차고·주차장
   ② 포헤드설비 또는 고정포방출설비가 설치된 부분의 바닥면적(스프링클러설비가 설치된 차고·주차장의 바닥면적을 포함한다)의 합계가 1,000 m^2 미만인 것
3. 비상콘센트설비
   ① 지하층을 제외한 층수가 7층 이상으로서 연면적이 2,000 m^2 이상
   ② 지하층의 바닥면적의 합계가 3,000 m^2 이상인 특정소방대상물
4. 간이스프링클러설비 : 간이스프링클러설비를 설치하여야 하는 특정소방대상물

제4장

수계소화설비

01 옥내소화전설비

Fire Equipment Manager

01 개요

(1) 설치목적

화재초기에 사람이 화재를 발견하였을 경우 옥내소화전을 조작하여 진압할 수 있도록 설치되는 설비

(2) 시설별 비교 암기 개사수 수평배구 PQ 소설가

<table>
<tr><th>구 분</th><th>호스릴옥내소화전설비</th><th>옥내소화전설비</th><th>옥외소화전설비</th><th colspan="2">연결송수관설비</th></tr>
<tr><td rowspan="2">방호개념</td><td>화재 초기진압용</td><td>화재 초기진압용</td><td>저층부 화재진압용</td><td colspan="2">고층부 화재에 효과적</td></tr>
<tr><td>소방대 도착전 사용</td><td>소방대 도착전 사용</td><td>주변으로 연소확대방지</td><td colspan="2">본격 화재진압용</td></tr>
<tr><td>사용자</td><td>노약자, 관계인</td><td>관계인</td><td>소방대, 관계인</td><td colspan="2">소방대</td></tr>
<tr><td>수원
(30층 미만)</td><td>건물내 확보
(130 L/min × 20분 × N)</td><td>건물내 확보
(130 L/min × 20분 × N)</td><td>건물내 확보
(350 L/min × 20분 × N)</td><td colspan="2">소방펌프 자동차
(대형 10 t, 중형 6 t,
소형 3 t)</td></tr>
<tr><td rowspan="2">수평거리</td><td rowspan="2">25 m</td><td rowspan="2">25 m</td><td rowspan="2">40 m</td><td colspan="2">25 m
(지하층의 바닥면적의
합계가 3,000 m^2 이상)</td></tr>
<tr><td colspan="2">50 m(그 밖의 경우)</td></tr>
<tr><td>배관구경</td><td>입상관 : 32 mm 이상
가지관 : 25 mm 이상</td><td>입상관 : 50 mm 이상
가지관 : 40 mm 이상</td><td>입상관 : –
가지관 : 65 mm 이상</td><td colspan="2">입상관 : 100 mm 이상
가지관 : 65 mm 이상</td></tr>
<tr><td>방수구</td><td>25 mm</td><td>40 mm</td><td>65 mm</td><td colspan="2">65 mm</td></tr>
<tr><td>방수압력(P)</td><td>0.17 MPa~0.7 MPa</td><td>0.17 MPa~0.7 MPa</td><td>0.25 MPa~0.7 MPa</td><td colspan="2">0.35 MPa 이상</td></tr>
<tr><td rowspan="2">방수량(Q)</td><td rowspan="2">130 L/min 이상</td><td rowspan="2">130 L/min 이상</td><td rowspan="2">350 L/min 이상</td><td>3개까지</td><td>추가마다</td></tr>
<tr><td>2,400 L/min
(아파트
1,200 L/min)</td><td>800 L/min
(아파트
400 L/min)</td></tr>
<tr><td>소방시설
종류</td><td>소화설비</td><td>소화설비</td><td>소화설비</td><td colspan="2">소화활동설비</td></tr>
<tr><td>설치위치</td><td>복도 〉 실내</td><td>복도 〉 실내</td><td>옥외</td><td colspan="2">계단 〉 승강장</td></tr>
<tr><td>가압송수장치</td><td>설치</td><td>설치</td><td>설치</td><td colspan="2">해당 없음
(지표면에서 70 m 미만)</td></tr>
<tr><td>호스, 노즐의
보관상태</td><td>상시 접결</td><td>상시 접결</td><td>방수기구함내 보관</td><td colspan="2">방수기구함내 보관</td></tr>
</table>

02 적용기준

(1) 설치대상

적용기준 암기 3천, 지무4바 옥백, 근판숙위 노의업 공창복	
① 연면적	3,000 m² 이상
② ①에서 지하층, 무창층 또는 4층 이상인 층중 바닥면적	600 m² 이상 모든 층
③ 연면적(근린생활시설, 판매시설, 숙박시설, 위락시설, 노유자시설, 의료시설, 업무시설, 공장, 창고시설, 복합건축물, 발전시설, 장례식장, 항공기 및 자동차관련시설 등)	1,500 m² 이상 모든 층
④ ③에서 지하층, 무창층 또는 4층 이상인 층중 바닥면적	300 m² 이상 모든 층
⑤ 건물 옥상에 설치된 차고 또는 주차장으로서 차고 또는 주차용도로 사용되는 부분의 면적	200 m² 이상
⑥ 터널 길이	1,000 m 이상
⑦ 공장 또는 창고시설로서 특수가연물을 저장·취급량이 지정수량의	750배 이상

(2) 설치면제

① 소방대가 조직되어 24시간 근무하고 있는 청사 및 차고

② 자체소방대(위험물안전관리법 제19조)가 설치된 위험물제조소 등에 부속된 사무실

> 소방대
> 근거 : 소방기본법 제2조 제5호
> 화재를 진압하고 화재, 재난, 재해 그 밖의 위급한 상황에서의 구조·구급활동 등을 하기 위하여 구성된 조직체 (소방공무원, 의무소방원, 의용소방대원)

(3) 방수구 설치제외장소(불연재료로 된 특정소방대상물) 암기 불냉장고 반전식야

① 냉동창고의 냉동실 또는 냉장창고중 온도가 영하인 냉장실 → 동파우려

② 고온의 노가 설치된 장소 또는 물과 격렬하게 반응하는 물품의 저장 또는 취급 장소 → 수손피해

③ 발전소·변전소 등으로서 전기시설이 설치된 장소 → 적응성

④ 식물원·수족관·목욕실·수영장(관람석부분 제외) 또는 그 밖의 이와 비슷한 장소 → 동파우려

⑤ 야외음악당·야외극장 또는 그 밖의 이와 비슷한 장소 → 동파우려

> 설치장소별 방수구 적용기준
> 1. 설치대상인 특정소방대상물내 장소에 따른 설치제외
>   예 전기실, 변전실 등
> 2. 옥내소화전설비 설치대상인 건축물에서 전기실 내부는 방수구를 제외할 수 있으나 전기실의 복도, 계단 등은 옥내소화전이 포용되도록 설치해야 됨. ※ 발신기의 수평거리도 포용할 것
>   → 옥내소화전방수구 설치기준 : 해당 특정소방대상물의 각 부분으로부터 하나의 옥내소화전방수구까지의 수평거리가 25 m 이하가 되도록 할 것
> 3. 연결송수관설비 설치대상인 건축물에서 전기실은 연결송수관용 방수구를 설치해야 함
>   → 본격 소화설비로서 전기실 화재는 초기 C급화재(통전화재)에서 정전시 A급화재(일반화재)로 전이함

(1) 계통도

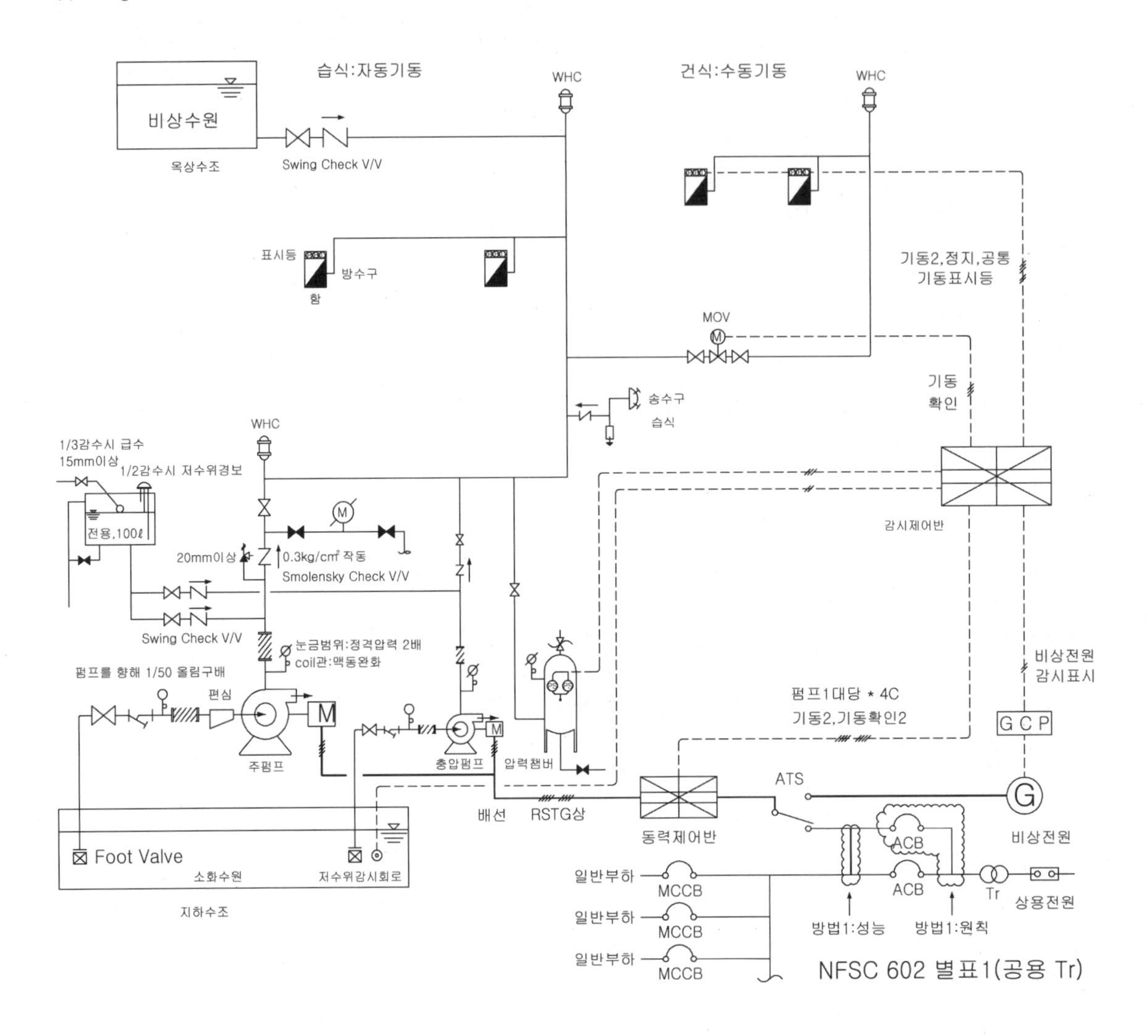

습식:자동기동
WHC
건식:수동기동
WHC
비상수원
옥상수조
Swing Check V/V
표시등
방수구
함
기동2,정지,공통
기동표시등
MOV
기동
확인
송수구
습식
WHC
1/3감수시 급수
15mm이상
1/2감수시 저수위경보
전용,100ℓ
20mm이상
0.3kg/cm² 작동
Smolensky Check V/V
Swing Check V/V
눈금범위:정격압력 2배
coil관:맥동완화
펌프를 향해 1/50 올림구배
편심
감시제어반
비상전원
감시표시
펌프1대당 * 4C
기동2,기동확인2
GCP
주펌프
충압펌프
압력챔버
ATS
배선
RSTG상
동력제어반
G
비상전원
Foot Valve
소화수원
저수위감시회로
지하수조
ACB
ACB
Tr
상용전원
일반부하
MCCB
일반부하
MCCB
일반부하
MCCB
방법1:성능
방법1:원칙
NFSC 602 별표1(공용 Tr)

(2) 배선도

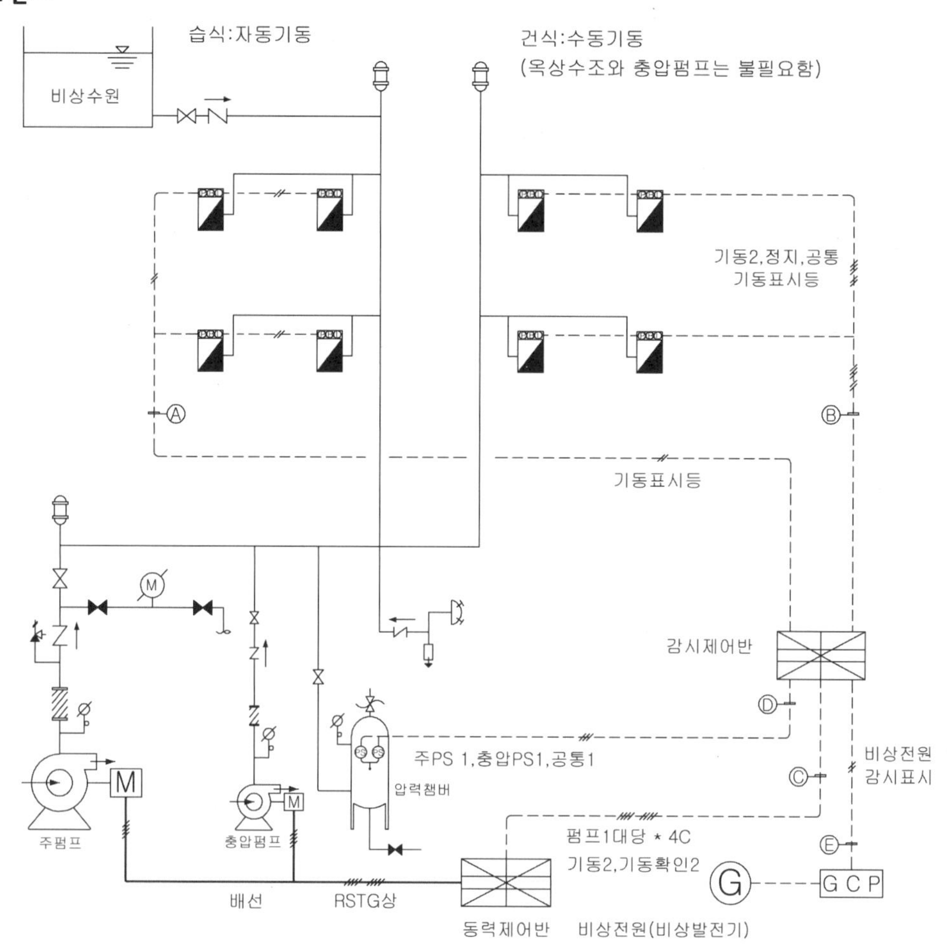

〈옥내소화전 배선도〉

	배선위치	배선수	배선규격	배선용도
□	소화전함 ↔ 감시제어반	2	HFIX 2.5 mm^2 (16C)	기동표시등 2(∴ 자동기동)
□	소화전함 ↔ 감시제어반	5	HFIX 2.5 mm^2 (22C)	기동표시등 2, 기동, 정지, 공통(∴ 수동기동)
□	동력제어반 ↔ 감시제어반	8	HFIX 2.5 mm^2 (28C)	(기동 2, 기동확인 2) × 2대
□	압력챔버 ↔ 감시제어반	3	HFIX 2.5 mm^2 (16C)	주펌프 압력스위치 1, 충압펌프 압력스위치 1, 공통
□	GCP ↔ 감시제어반	2	HFIX 2.5 mm^2 (16C)	비상전원 감시표시 2

배선 규격		배선 주용도
HFIX 1.5 mm^2	–	감지기
HFIX 2.5 mm^2	FR-3 2.5 mm^2	입출력 제어
HFIX 4.0 mm^2	FR-8 4.0 mm^2	전원, 동력제어 등
HFIX 6.0 mm^2	–	단상 콘센트

※ 전선굵기 선정 3요소 암기 **허전기**
허용전류, 전압강하(직류 2선식 : $e_V = 0.0356\ LI/S$), 기계적 강도

04 수조

(1) 수원

① 주된 수원의 저수량(Q)

$Q = 130\ \text{L/(min}\cdot\text{개)} \times 20\text{분} \times N / 1{,}000 = 2.6 \times N\ [m^3]$

N : 가장 많이 설치된 층의 소화전수. 단, $N \leq 5$

> 30층 미만의 건축물에 가장 많이 설치된 층의 소화전수가 5개일 경우 수원의 양과 옥상수조의 저수량
> 1. 수원의 양 : $2.6\ m^3$/개 × 5개 = $13\ m^3$
> 2. 옥상수조의 양 : 13 / 3 = $4.34\ m^3$

② 옥상수조의 저수량 ➜ 비상수원

㉠ 설치 목적

펌프의 고장 또는 정전에 의해 작동되지 않을 경우 자연낙차에 의해 압력을 공급하여 긴급하게 소화전을 사용할 수 있도록 건물의 옥상에 수조를 설치하는 것

㉡ 저수량 : 유효수량외 유효수량의 3분의 1 이상

㉢ 옥상수조를 설치하지 않아도 되는 경우 암기 **지고수10 별내비 가압**

- 지하층만 있는 건축물
- 고가수조를 가압송수장치로 설치한 옥내소화전설비
- 수원이 건축물의 최상층에 설치된 방수구(∵ 스프링클러설비인 경우 : 헤드)보다 높은 위치에 설치된 경우
- 지표면으로부터 해당 건축물의 상단까지의 높이가 10 m 이하인 경우
- 주 펌프와 동등 이상의 성능이 있는 별도의 펌프로서 내연기관의 기동과 연동하여 작동되거나 비상전원을 연결하여 설치한 경우
- 가압수조를 가압송수장치로 설치한 옥내소화전설비

(2) 유효수량

① 수원을 수조로 설치하는 경우 : 소방설비의 전용 수조로 할 것

② 다른 설비와 겸용하여 설치하는 경우

㉠ 옥내소화전펌프의 후드밸브 또는 흡수배관의 흡수구를 다른 설비의 후드밸브 또는 흡수구보다 낮은 위치에 설치한 때

㉡ 고가수조로부터 옥내소화전설비의 수직배관에 물을 공급하는 급수구를 다른 설비의 급수구보다 낮은 위치에 설치한 때

③ 유효수량(겸용할 경우)

옥내소화전설비의 후드밸브·흡수구 또는 수직배관의 급수구와
다른 설비의 후드밸브·흡수구 또는 수직배관의 급수구간의 수량

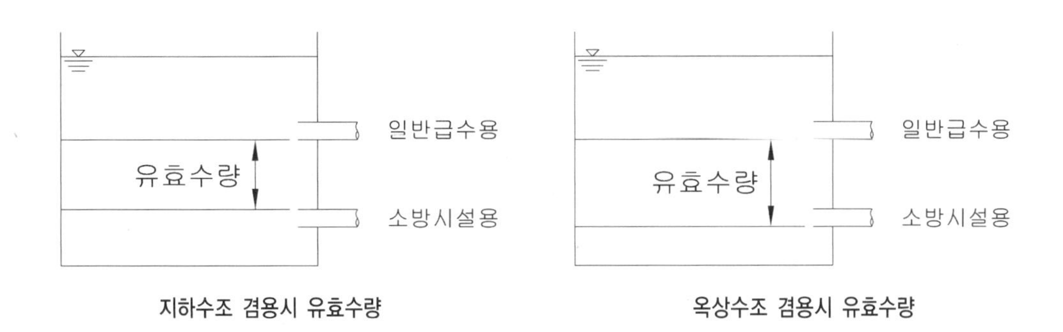

지하수조 겸용시 유효수량 옥상수조 겸용시 유효수량

(3) 수조의 설치기준 암기 점동수사 조배표

① 점검 편리한 곳
② 동결방지조치, 동결우려가 없는 장소
③ 수조 외측에 수위계 설치. 불가피시 맨홀 설치
④ 수조 상단이 바닥보다 높을 때 수조 외측에 고정식 사다리 설치
⑤ 실내에 조명설비 설치
⑥ 수조의 밑부분에는 청소용 배수밸브 또는 배수관 설치
⑦ 옥내소화전설비용 수조의 표지 설치(겸용시 같이 표시한 표지)
⑧ 옥내소화전설비용 배관의 표지 설치

(4) 수원과 수조 점검항목 : 소방시설종합정밀점검표

① 수원 암기 양위수저
주된 수원의 저수량, 다른 설비와 겸용의 경우
후드밸브 또는 흡수구의 위치, 수원의 수질, 옥상수조의 저수량
② 수조 암기 점동수사 조배표
점검의 편의성, 동결방지조치(또는 동결 우려없는 장소의 환경)상태, 수위계(또는 수위확인 조치), 수조 외측 사다리(바닥보다 낮은 경우 제외), 조명 설비(또는 채광상태), 배수밸브 또는 배수관, "옥내소화전용 수조"의 표지 설치상태, 수조내부 청소상태 및 방청조치

(5) 수조의 종류와 구성요소

① 수조는 가압송수장치의 형태에 따라 다르다.
② 펌프방식을 사용하는 경우 지하수조, 고가수조방식의 가압송수장치를 사용하는 때는 고가수조라 함
③ 현재 가장 많이 설치되는 방식은 펌프에 의한 가압송수장치이며 지하수조와 옥상수조가 기본 골격을 이루고 입상배관으로 상호 연결되어 있는 형태이다.

05 가압송수장치(압력을 가해서 송수량을 보내는 장치)

물을 가압하여 소화전으로 보내주는 장치를 말하며, 가압하는 방식에 따라 4가지가 있다.

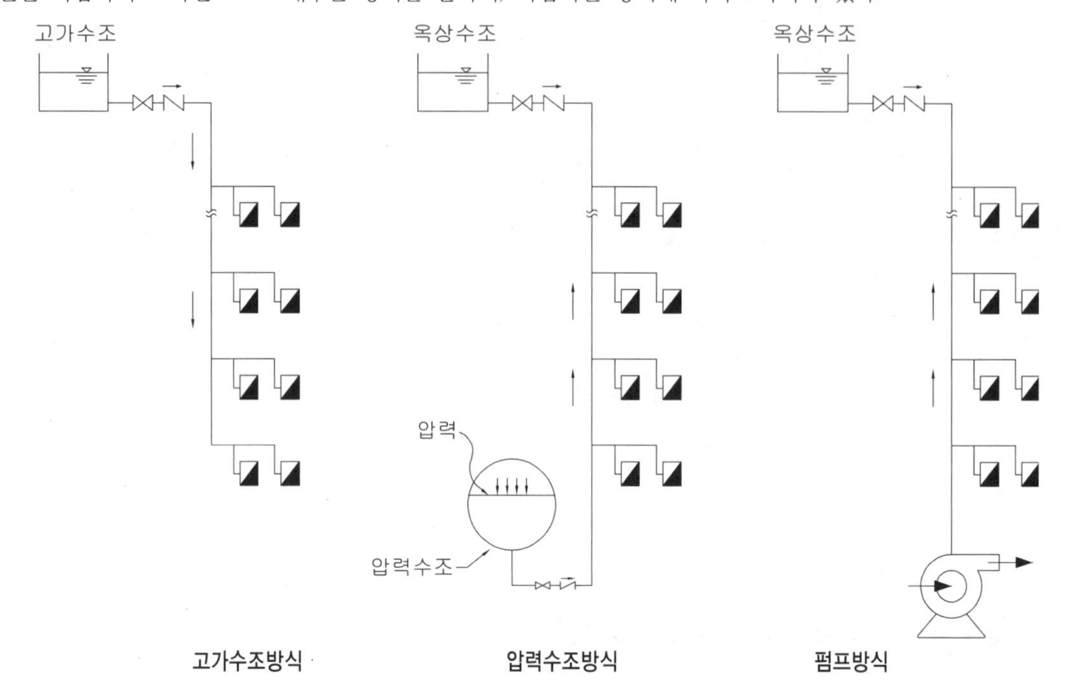

(1) 종류

① 고가수조방식

건축물의 상단보다 높게 설치된 수조의 자연낙차 압력으로 급수하는 방식

② 압력수조

소화용수와 공기를 채우고 일정압력 이상으로 가압하여 그 압력으로 급수하는 방식

③ 펌프방식

전동기(∵ 모터) 또는 내연기관(∵ 트럭엔진)에 따른 펌프 이용하는 방식

④ 가압수조방식

가압원인 압축공기 또는 불연성 고압기체에 따라 소방용수를 가압시키는 방식

(2) 펌프를 이용한 가압송수장치의 설치기준 암기 접~동전 토 압계 성 순환 기물, P Q, 충내표 정지

전동기 또는 내연기관에 따른 펌프를 이용하는 가압송수장치는 다음 각 호의 기준에 따라 설치하여야 한다. 다만, 가압송수장치의 주펌프는 전동기에 따른 펌프로 설치하여야 한다.

① 쉽게 접근할 수 있고 점검하기에 충분한 공간이 있는 장소로서 화재 및 침수 등의 재해로 인한 피해를 받을 우려가 없는 곳에 설치할 것

② 동결방지조치를 하거나 동결의 우려가 없는 장소에 설치할 것

③ 펌프는 전용으로 할 것. 다만, 다른 소화설비와 겸용하는 경우 각각의 소화설비의 성능에 지장이 없을 때에는 그러하지 아니하다.

④ 펌프의 토출량은 옥내소화전이 가장 많이 설치된 층의 설치개수(옥내소화전이 5개 이상 설치된 경우에는 5개)에 130 L/min를 곱한 양 이상이 되도록 할 것

⑤ 펌프의 토출측에는 압력계를 체크밸브 이전에 펌프토출측 플랜지에서 가까운 곳에 설치하고, 흡입측에는 연성계 또는 진공계를 설치할 것. 다만, 수원의 수위가 펌프의 위치보다 높거나 수직회전축 펌프의 경우에는 연성계 또는 진공계를 설치하지 아니할 수 있다.

⑥ 가압송수장치에는 정격부하운전시 펌프의 성능을 시험하기 위한 배관을 설치할 것. 다만, 충압펌프의 경우에는 그러하지 아니하다.

⑦ 가압송수장치에는 체절운전시 수온의 상승을 방지하기 위한 순환배관을 설치할 것. 다만, 충압펌프의 경우에는 그러하지 아니하다.

⑧ 기동용 수압개폐장치(압력챔버)를 사용할 경우 그 용적은 100 L 이상의 것으로 할 것

⑨ 수원의 수위가 펌프보다 낮은 위치에 있는 가압송수장치에는 다음의 기준에 따른 물올림장치를 설치할 것

㉠ 물올림장치에는 전용의 탱크를 설치할 것

㉡ 탱크의 유효수량은 100 L 이상으로 하되, 구경 15 mm 이상의 급수배관에 따라 해당 탱크에 물이 계속 보급되도록 할 것

⑩ 특정소방대상물의 어느 층에 있어서도 해당 층의 옥내소화전(5개 이상 설치된 경우에는 5개의 옥내소화전)을 동시에 사용할 경우

㉠ 각 소화전의 노즐선단에서의 방수압력(P)이 0.17 MPa(호스릴옥내소화전설비 포함) 이상이고, 방수량(Q)이 130 L/min(호스릴옥내소화전설비 포함) 이상이 되는 성능의 것으로 한다.

㉡ 다만, 하나의 옥내소화전을 사용하는 노즐선단에서의 방수압력이 0.7 MPa을 초과할 경우에는 호스접결구의 인입측에 감압장치를 설치하여야 한다.

⑪ 기동용 수압개폐장치를 기동장치로 사용할 경우에는 다음의 각목의 기준에 따른 충압펌프를 설치할 것. 다만, 옥내소화전이 각 층에 1개씩 설치된 경우로서 소화용 급수펌프로도 상시 충압이 가능하고 다음 ㉠ 목의 성능을 갖춘 경우에는 충압펌프를 별도로 설치하지 아니할 수 있다.

㉠ 펌프의 토출압력은 그 설비의 최고위 호스접결구의 자연압보다 적어도 0.2 MPa이 더 크도록 하거나 가압송수장치의 정격토출압력과 같게 할 것

㉡ 펌프의 정격토출량은 정상적인 누설량보다 적어서는 아니되며, 옥내소화전설비가 자동적으로 작동할 수 있도록 충분한 토출량을 유지할 것

⑫ 기동장치로는 기동용 수압개폐장치 또는 이와 동등 이상의 성능이 있는 것을 설치할 것. 다만, 학교・공장・창고시설로서 동결의 우려가 있는 장소에 있어서는 기동스위치에 보호판을 부착하여 옥내소화전함내에 설치할 수 있다.

⑬ ⑫의 단서의 경우에는 주펌프와 동등 이상의 성능이 있는 별도의 펌프로서 내연기관의 기동과 연동하여 작동하거나 비상전원을 연결한 펌프를 추가 설치할 것. 다만, 다음 각 목의 경우는 제외한다.

- 지하층만 있는 건축물
- 고가수조를 가압송수장치로 설치한 경우
- 수원이 건축물의 최상층에 설치된 방수구보다 높은 위치에 설치된 경우
- 지표면으로부터 해당 건축물의 상단까지의 높이가 10 m 이하인 경우
- 가압수조를 가압송수장치로 설치한 경우

⑭ 내연기관 사용하는 경우 다음의 기준에 적합한 것으로 할 것

㉠ 내연기관의 기동은 제9호의 기동장치를 설치하거나 또는 소화전함의 위치에서 원격조작이 가능하고 기동을 명시하는 적색등을 설치할 것

㉡ 제어반에 따라 내연기관의 자동기동 및 수동기동이 가능하고, 상시 충전되어 있는 축전지설비를 갖출 것

㉢ 내연기관의 연료량은 펌프를 20분(층수가 30층 이상 49층 이하는 40분, 50층 이상은 60분) 이상 운전할 수 있는 용량일 것

⑮ 가압송수장치에는 "옥내소화전펌프"라고 표시한 표지를 할 것 이 경우 그 가압송수장치를 다른 설비와 겸용하는 때에는 그 겸용되는 설비의 이름을 표시한 표지를 함께 하여야 한다.

⑯ 가압송수장치가 기동이 된 경우에는 자동으로 정지되지 아니하도록 하여야 한다. 다만, 충압펌프의 경우에는 그러하지 아니하다.

(3) 펌프 성능과 주위배관

① 펌프의 성능

㉠ 체절운전시 정격토출압력(P_O)의 140 % 이하일 것
($\therefore$ $Q=0 \rightarrow P= P_O \times 1.4$ 이하)

㉡ 최대운전시 정격토출량(Q_O)의 150 %에서 정격토출압력(P_O)의 65 % 이상일 것
($\therefore$ $Q=Q_O \times 1.5 \rightarrow P=P_O \times 0.65$ 이상)

② 펌프흡입배관

㉠ 공기고임이 생기지 아니하는 구조로 하고 여과장치를 설치할 것

> 공기고임이 생기지 아니하는 구조
> 1. 펌프를 향해 약 1/50 올림구배하고,
> 2. 부압흡입방식일 경우 동심레듀셔(Concentric Reducer)가 아닌 편심레듀셔(Eccentric Reducer)를 설치하라는 의미임

㉡ 수조가 펌프보다 낮게 설치된 경우에는 각 펌프(충압펌프 포함)마다 수조로부터 별도로 설치할 것

㉢ 펌프의 흡입측 배관에는 버터플라이밸브 외의 개폐표시형 밸브를 설치

③ 펌프토출배관

㉠ 주배관 구경은 유속 4 m/s 이하가 될 수 있는 크기 이상

> 배관 유속을 제한한 이유 암기 **수격 부마호**
> 1. 유속 4 m/s 초과시 배관내 수격 등으로 인한 배관 손상방지
> 2. 유속이 빠르므로 부식발생 과속화
> 3. 마찰손실 증가로 인한 모터 용량증가와 더불어 발전기용량 증가초래
> 4. 옥내소화전설비는 반고정식으로 화재진압시 관계자 호스사용이 용이하지 않음

㉡ 주배관 중 수직배관의 구경은 50 mm(호스릴옥내소화전설비 32 mm) 이상으로 하고, 연결송수관설비의 배관과 겸용할 경우의 주배관구경은 100 mm 이상의 것

㉢ 옥내소화전방수구와 연결되는 가지배관의 구경은 40 mm(호스릴옥내소화전설비 25 mm) 이상으로 하고, 연결송수관설비의 배관과 겸용할 경우 방수구로 연결되는 배관구경은 65 mm이상의 것

④ 릴리프밸브

㉠ 가압송수장치의 체절운전시 수온의 상승을 방지

㉡ 체크밸브와 펌프 사이에서 분기한 구경 20 mm 이상의 배관에 체절압력 미만에서 개방

⑤ 펌프의 성능시험배관과 유량계

㉠ 성능시험배관은 펌프의 토출측에 설치된 개폐밸브 이전에서 분기하여 설치

㉡ 유량측정장치를 기준으로 전단 직관부에 개폐밸브를, 후단 직관부에는 유량조절밸브를 설치할 것

㉢ 유량측정장치는 성능시험배관의 직관부에 설치하되, 펌프의 정격토출량의 175 % 이상 측정할 수 있는 성능이 있을 것

⑥ 동결방지조치를 하거나 동결의 우려가 없는 장소에 설치. 다만, 보온재를 사용할 경우에는 난연재료 성능 이상의 것으로 하여야 한다.

(4) 소화펌프의 제어방법

① 개요

국내 소화펌프의 자동운전 방법은 일반적으로 충압펌프에 의하여 배관내 상시 일정압력을 유지하고 있다가 스프링클러헤드의 감열 또는 소화전의 방수 등으로 유수가 발생하여 배관의 압력이 감소하게 되면 기동용 수압개폐장치에 부착된 압력스위치의 접점이 붙어 감시제어반에 접점신호가 전송되고, 감시제어반이 동력제어반에 기동신호를 보내 펌프가 자동운전하게 된다.

② 소화펌프 기동의 의미

㉠ 평상시 시운전 또는 점검 등을 위해 소화펌프를 운전하는 경우 외에는 주펌프가 기동되는 경우는 거의 없다.

㉡ 만일 소화펌프가 기동되었다면 실제 화재상황을 의미하며, 주펌프가 기동된 후 수동으로 정지하기 전까지는 지속적인 운전이 보장되는 높은 신뢰성이 요구된다.

③ 펌프의 제어와 배관 부속품의 사양

㉠ 기계적 설정방법

저층 건축물(체절압력 1.2 MPa 미만)은 충압펌프의 정지점을 주펌프 체절압력 + 여유율에 셋팅

➜ 이유 : 보통 유지관리 편리성과 신뢰도 제고 차원임

㉡ 전기적 설정방법

고층 건축물(체절압력 1.2 MPa 이상)은 수신반 또는 감시제어반에 자기유지 회로를 구성하여 소화펌프가 자동정지를 아니하도록 한다(현재 거의 수신반에 자기유지회로 구성하여 납품함).

➜ 이유 : 기계적 설정방법의 단점인 배관내 사용압력이 높아
배관규격 변경과 방수압력 제한규정 초과 우려 때문임

㉢ 배관 부속품의 규격

- 기본원칙 : 배관 규격에 따라 결정(NFSC에 의거 배관내 사용압력 즉, 체절압력 기준으로 선정)
- 배관 부속품은 10 K용, 20 K용으로 KS제품이 생산되어 NFSC 규정과 상이함.
- 배관내 사용압력이 1.1 MPa일 경우 해당구간 배관은 KS D 3507(일반배관용 탄소강관), 부속품은 20 K용을 법과 설계도서 모두 만족하도록 선정해야 함.
- 따라서 펌프 토출측 배관 중 일정구간만 KS D 3562, 부속품은 20 K용을 사용하도록 함.

㉣ NFPA(미국)

- 펌프의 정지점을 설정하지 않고 화재여부를 소방안전관리자가 확인 후 수동정지를 원칙으로 함
- 자동정지 적용은 Relay Timer 등을 이용하여 일정시간 운전이 지속되도록 조치함.

06 배관

(1) 배관종류

① 배관내 사용압력이 1.2 MPa 미만일 경우
  ㉠ 배관용 탄소강관(KS D 3507)
  ㉡ 이음매 없는 구리 및 구리합금관(KS D 5301). 다만, 습식배관에 한한다.
  ㉢ 배관용 스테인리스강관(KS D 3576) 또는 일반배관용 스테인리스강관(KS D 3595)
  ㉣ 덕타일 주철관(KS D 4311)

② 배관내 사용압력이 1.2 MPa 이상일 경우
  ㉠ 압력배관용탄소강관(KS D 3562)
  ㉡ 배관용 아크용접 탄소강강관(KS D 3583)

③ 이와 동등 이상의 강도·내식성 및 내열성을 가진 것

④ 소방용 합성수지배관 : 제한적 장소에 사용됨 [암기] **매내 덕피 천반준습**
  ㉠ 배관을 지하에 매설하는 경우
  ㉡ 다른 부분과 내화구조로 구획된 덕트 또는 피트의 내부에 설치하는 경우
  ㉢ 천장과 반자를 불연재료 또는 준불연재료로 설치하고 그 내부에 습식으로 배관을 설치하는 경우

(2) 급수배관

① 전용으로 할 것
② 소화설비 사용시 다른 설비를 송수차단하거나 성능에 지장이 없는 경우에는 다른 설비와 겸용가능
③ 급수배관에 설치하여야 한다. 이 경우 펌프의 흡입측 배관에는 버터플라이 밸브 외의 개폐표시형 밸브를 설치하여야 한다.

(3) 분기배관

분기배관을 사용할 경우에는 소방청장이 정하여 고시한 분기배관의 성능인증 및 제품검사의 기술기준에 적합한 것으로 설치하여야 한다.

① 비확관형 분기배관 : 배관의 측면에 분기호칭내경 이상의 구멍을 뚫고 배관이음쇠를 용접 이음한 배관
② 확관형 분기배관 : 배관의 측면에 조그만 구멍을 뚫고 소성가공으로 확관시켜 배관 용접이음자리를 만들거나 배관 용접이음자리에 배관이음쇠를 용접 이음한 배관(일명 "돌출형 T분기관")

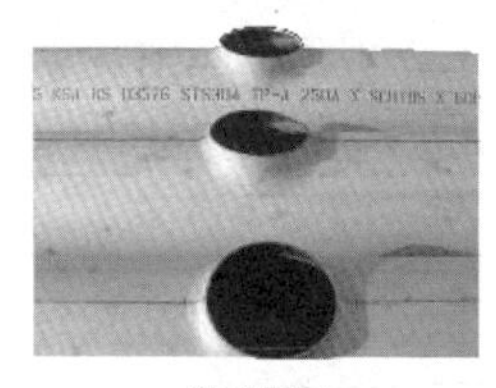

배관천공

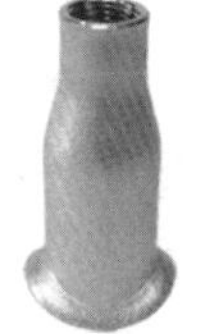

관이음쇠

분기배관 시공

(4) 배관구분

① 배관은 다른 설비의 배관과 쉽게 구분이 될 수 있는 위치에 설치하거나

② 그 배관표면 또는 배관 보온재표면의 색상은 한국산업표준(배관계의 식별 표시, KS A 0503) 또는 적색으로 식별이 가능하도록 소방용설비의 배관임을 표시할 것

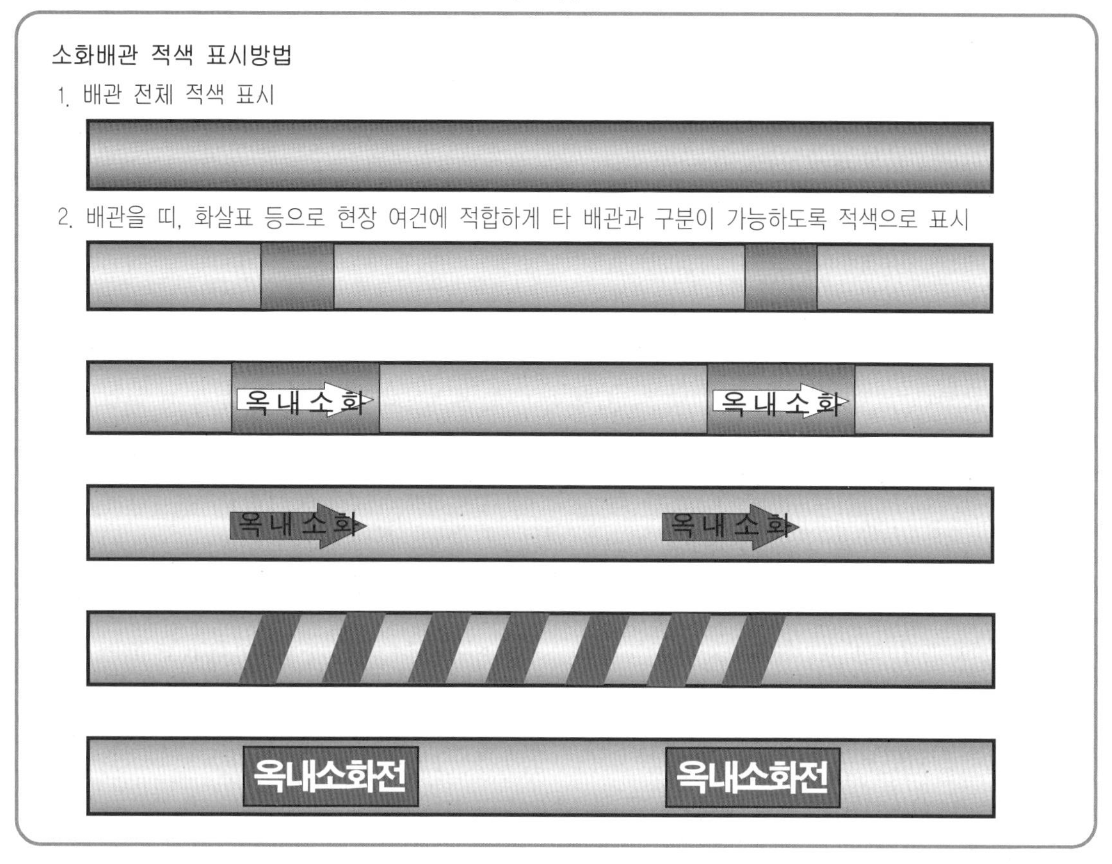

(5) 옥내소화전 옥외송수구 암기 접유 소개 지구 자체 마개

① 설치 장소

송수구는 소방차가 쉽게 접근할 수 있는 잘 보이는 장소에 설치하되 화재층으로부터 지면으로 떨어지는 유리창 등이 송수 및 그 밖의 소화작업에 지장을 주지 아니하는 장소에 설치할 것

② 개폐밸브 설치금지

송수구로부터 주배관에 이르는 연결배관에는 개폐밸브를 설치하지 아니할 것. 다만, 스프링클러설비·물분무·포소화설비·연결송수관설비의 배관과 겸용하는 경우에는 예외

③ 설치 높이

지면으로부터 높이가 0.5 m 이상 1 m 이하의 위치에 설치할 것

④ 구경

구경 65 mm의 쌍구형 또는 단구형으로 할 것

⑤ 자동배수밸브·체크밸브의 설치위치 및 상태

송수구의 가까운 부분에 자동배수밸브(또는 직경 5 mm의 배수공) 및 체크밸브를 설치할 것. 이 경우 자동배수밸브는 배관안의 물이 잘 빠질 수 있는 위치에 설치하되, 배수로 인하여 다른 물건 또는 장소에 피해를 주지 아니하여야 한다.

⑥ 송수구에는 이물질을 막기 위한 마개를 씌울 것

⑦ 송수구 겸용

- 스프링클러설비·간이스프링클러설비·화재조기진압용 스프링클러설비·물분무소화설비·포소화설비·연결송수관설비의 송수구와 겸용으로 설치시 스프링클러설비의 송수구의 설치기준 준용
- 연결살수설비의 송수구와 겸용으로 설치시 옥내소화전설비의 송수구의 설치기준 준용
- 각각의 소화설비의 기능에 지장이 없도록 할 것

(6) 수압시험

① 시험구간

㉠ 가압송수장치 및 부속장치(밸브류·배관·배관부속류 등)의 수압시험(접속상태에서 실시)

㉡ 옥외연결송수구 및 연결배관의 수압시험

㉢ 입상배관 및 가지배관의 수압시험

② 시험방법

㉠ 상용수압이 1.05 MPa 미만인 경우 1.4 MPa로 2시간 이상 시험하고자 하는 장치의 가장 낮은 부분에서 가압하되, 배관과 배관·배관부속류·밸브류·각종 장치 및 기구의 접속부분에서 누수현상이 없어야 한다.

㉡ 이 경우 상용수압이 1.05 MPa 이상인 부분에 있어서의 압력은 그 상용수압에 0.35 MPa을 더한 값으로 한다.

상용수압	시험방법
1.05 MPa 미만	1.4 MPa로 2시간 이상 가압하여 누수 없을 것
1.05 MPa 이상	상용수압 + 0.35 MPa로 2시간 이상 가압하여 누수 없을 것

07 함 및 방수구

(1) 옥내소화전함

① 함은 소방청장이 정하여 고시한 소화전함 성능인증 및 제품검사의 기술기준에 적합한 것으로 설치하되 밸브의 조작, 호스의 수납등에 충분한 여유를 가질 수 있도록 할 것. 연결송수관의 방수구를 같이 설치하는 경우에도 또한 같다.

② 기둥 또는 벽이 설치되지 아니한 대형공간의 경우 함 설치기준

㉠ 호스 및 관창은 방수구의 가장 가까운 장소의 벽, 기둥 등에 함을 설치하여 비치할 것

㉡ 방수구의 위치표지는 표시등 또는 축광도료등으로 상시 확인이 가능토록 할 것

③ 옥내소화전설비함의 표면에 "소화전"이라는 표시와 그 사용요령을 기재한 표지판(외국어 병기)을 붙일 것

(2) 옥내소화전 방수구

① 설치기준 암기 층수 노호개

㉠ 특정소방대상물의 층마다 설치

㉡ 해당 특정소방대상물의 각 부분으로부터 하나의 옥내소화전 방수구까지의 수평거리가 25 m(호스릴 옥내소화전설비 포함) 이하가 되도록 할 것

㉢ 복층형 구조의 공동주택 세대의 출입구가 설치된 층에만 설치할 수 있다.

② 설치높이 : 바닥으로부터의 높이가 1.5 m 이하가 되도록 할 것

③ 호스 길이

호스는 구경 40 mm(호스릴 옥내소화전설비의 경우 25 mm) 이상의 것으로서 특정소방대상물의 각 부분에 물이 유효하게 뿌려질 수 있는 길이로 설치할 것

➜ 노즐구경 : 13 mm(옥내소화전), 19 mm(옥외소화전)

④ 호스릴 옥내소화전설비의 노즐 : 노즐을 쉽게 개폐할 수 있는 장치를 부착할 것

(3) 위치표시등

① 옥내소화전설비의 위치를 표시하는 표시등은 함의 상부에 설치하되, 소방청장이 고시하는 표시등의 성능인증 및 제품검사의 기술기준에 적합한 것으로 할 것

② 가압송수장치의 기동표시등은 옥내소화전함의 상부 또는 그 직근에 적색등으로 할 것. 다만, 자체소방대를 구성하여 운영하는 경우(위험물안전관리법시행령 별표8에서 정한 소방자동차와 자체소방대원의 규모를 말한다) 가압송수장치의 기동표시등을 설치하지 않을 수 있다.

(4) 호스릴과 소방호스 비교 암기 구사조 신관

항 목	호스릴 (Hose Reel)	소방호스 (Fire Hose)
구경	25 mm	40 mm
사용자	노약자도 사용가능	노약자, 부녀자 등의 사용곤란(신체건강인 제외)
조작력	1명 조작가능 (조작력 10 kgf 이내)	2명 이상 공동조작 (밸브개폐 1명 + 호스 1명)(조작력 20 kgf 이내)
신속성	신속하게 방사가능	호스 전길이 펼쳐야 사용가능(꼬임, 접힘)
유지관리	항상 환형상태 유지하고 있어 점착 방지효과 발휘	접혀져 있는 상태로 보관유지되기 때문에 내장재의 점착현상이 경년에 따라 증가

08 전원

(1) 상용전원 회로배선 암기 저수인 특수전 2주1 지주2

가압수조방식으로서 모든 기능이 20분 이상 유효하게 지속될 수 있는 경우에는 그러하지 아니하다.

① 저압 수전회로의 배선

㉠ 인입개폐기의 직후에서 분기하여 전용배선으로 하고

㉡ 전용의 전선관에 보호 되도록 할 것

② 특별고압수전 또는 고압수전회로의 배선

㉠ 전력용 변압기 2차측의 주차단기 1차측에서 분기하여 전용배선으로 하되, 상용전원의 상시공급에 지장이 없을 경우에는 주차단기 2차측에서 분기하여 전용배선으로 할 것

㉡ 다만, 가압송수장치의 정격입력전압이 수전전압과 같은 경우에는 저압수전의 기준에 따른다.

(2) 비상전원

자가발전설비 또는 축전지설비(내연기관에 따른 펌프를 사용하는 경우에는 내연기관의 기동 및 제어용 축전지를 말한다) 이외 전기저장장치(외부 전기에너지를 저장해 두었다가 필요할 때 전기를 만드는 장치)를 설치할 것

① 설치대상 암기 7연2 지바3

㉠ 층수가 7층 이상으로 연면적이 2,000 m^2 이상인 것

㉡ 지하층의 바닥면적의 합계가 3,000 m^2 이상인 것

➜ 스프링클러설비용 비상전원 설치대상은 건축규모제한이 없이 적용함

② 설치면제 암기 둘변 동자 가압

㉠ 2 이상의 변전소에서 전력을 동시에 공급받을 수 있는 경우

㉡ 하나의 변전소로부터 전력의 공급이 중단되는 때에는 자동으로 다른 변전소로부터 전력을 공급받을 수 있도록 상용전원을 설치한 경우

➜ 본선예비선 수전방식

㉢ 가압수조방식인 경우

③ 비상전원 설치기준 암기 점재 2자 방조

㉠ 점검에 편리하고 화재 및 침수 등의 재해로 인한 피해를 받을 우려가 없는 곳에 설치할 것

㉡ 옥내소화전설비를 유효하게 20분 이상 작동할 수 있어야 할 것

㉢ 상용전원으로부터 전력의 공급이 중단된 때에는 자동으로 비상전원으로부터 전력을 공급받을 수 있도록 할 것

㉣ 비상전원(내연기관의 기동 및 제어용 축전기를 제외)의 설치장소는 다른 장소와 방화구획 할 것
이 경우 그 장소에는 비상전원의 공급에 필요한 기구나 설비외의 것(열병합발전설비에 필요한 기구나 설비는 제외한다)을 두어서는 안 된다.

㉤ 비상전원을 실내에 설치하는 때에는 그 실내에 비상조명등을 설치할 것

수전방식의 종류

1. 1회선 수전방식
   ① 전력회사의 변전소로부터 1회전 수전
   ② 정전시간 최대이나, 초기 투자비 측면에서 가장 경제적임
2. 평행 2회선 수전방식
   ① 전력회사의 변전소로부터 2회선으로 수전
   ② 1회선이 사고로 차단시 다른 회선으로 전력을 공급받을 수 있으므로, 정전시간이 1회선 방식에 비해 단시간이고, 공급신뢰도는 높음
3. 루프수전방식
   ① 전력회사의 변전소로부터 전력을 공급받아 루프형식으로 구성하여 전력을 공급
   ② 각각의 수용가에는 차단기를 2개씩 추가로 설치해야 하는 부담이 있음
4. 본선예비선 수전방식
   ① 다른 변전소로부터 각각 별도의 배전선로를 통해 전력을 공급
   ② 두 개의 변전소에서 전력을 공급을 받는 방식이고, 상시에는 한 개의 변전소로부터 전력을 공급받다가 받고 있는 변전소가 정전이 되면 다른 한 개의 변전소에서 전력을 공급받게 됨
5. 스포트 네트워크(Spot Network) 수전방식
   ① 배전하던 중 임의 지점에서 단락사고가 발생한 경우, 우선 변전소 인출구의 차단기가 트립되고, 또한 고장 구간이 네트워크 프로텍터에 의해 분리되므로 사고의 확산과 나머지 회선으로 정전없이 전력공급을 할 수 있도록 한 것이다.
   ② 부하증가에 대한 계통의 탄력성이 크므로 대형수요가 빈발하는 지역에 적합하므로 도심재개발지역, 대형빌딩가, 공단지역에 적용하는 것이 효과적이다.

구 분	1회선	2회선			3회선(다회선)
		평행2회선	본선예비선	루 프	스포트 네트워크
구성	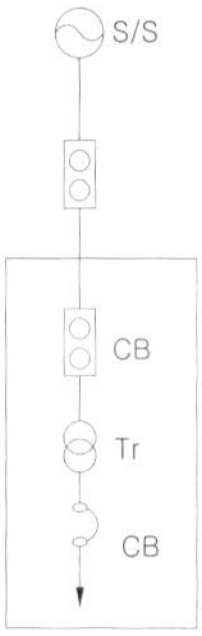 S/S, CB, Tr, CB	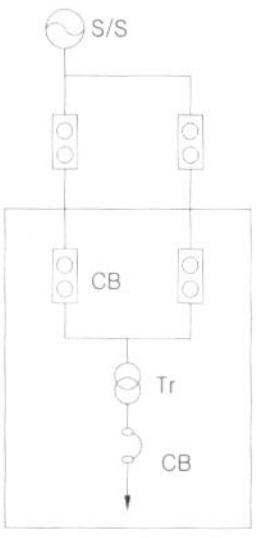 S/S, CB, Tr, CB	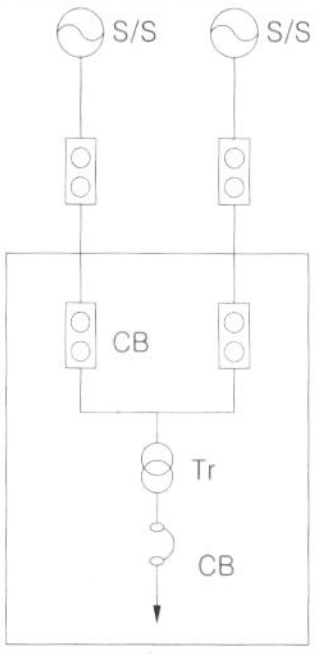 S/S, S/S, CB, Tr, CB	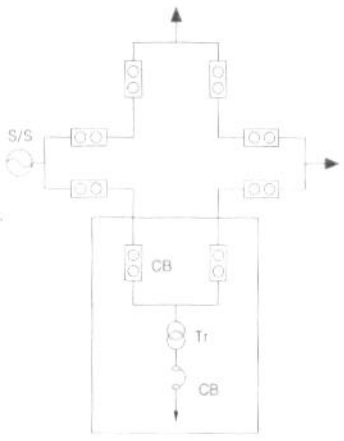 S/S, CB, Tr, CB	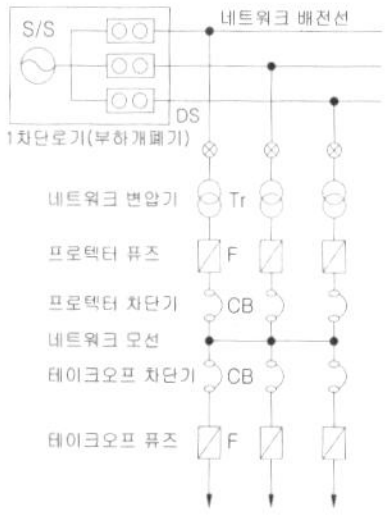 S/S, 네트워크 배전선, DS, 1차단로기(부하개폐기), 네트워크 변압기, Tr, 프로텍터 퓨즈, F, 프로텍터 차단기, CB, 네트워크 모선, 테이크오프 차단기, CB, 테이크오프 퓨즈, F
신뢰성	낮다	높다	조금 높다	높다	가장 높다
정전시간	최대	단시간	단시간	순시	거의 없다
투자비	가장 작다	많다	많다	중간	가장 많다
장점	• 간단, 경제적 • 저압방식 적용	•국내 가장 많이 적용	•선로사고에 대비가능 •단독수전가능	•선로사고시 루프 개로되나 무정전수전 • 전압변동률 적다.	•무정전 수전가능 •전압변동률 적다. •부하증가에 대한 적응성 크다
단점	•소규모 용량 •사고대비책없음	•수전선 보호장치필요	•실질적 1회선 수전 무정전	•수전방식 복잡 •선로사고시 복귀시간 걸림	• 보호장치는 수입의존 • 국내시공사례 드물다

09 제어반

(1) 감시제어반 기능 암기 P 표자 B 확인 저도예

① 각 펌프의 작동여부를 확인할 수 있는 표시등 및 음향경보기능이 있어야 할 것

② 각 펌프를 자동 및 수동으로 작동시키거나 중단시킬 수 있어야 할 것

③ 비상전원을 설치한 경우에는 상용전원 및 비상전원의 공급여부를 확인할 수 있어야 할 것

④ 수조 또는 물올림탱크가 저수위로 될 때 표시등 및 음향으로 경보할 것

⑤ 각 확인회로(기동용수압개폐장치의 압력스위치회로·수조 또는 물올림탱크의 감시회로를 말한다)마다 도통시험 및 작동시험을 할 수 있어야 할 것

⑥ 예비전원이 확보되고 예비전원의 적합여부를 시험할 수 있어야 할 것

(2) 감시제어반 설치기준 암기 재전전방 피조급 무면기

① 화재 및 침수등의 재해로 인한 피해를 받을 우려가 없는 곳에 설치할 것

② 감시제어반은 옥내소화전설비의 전용으로 할 것.
다만, 옥내소화전설비의 제어에 지장이 없는 경우에는 다른 설비와 겸용할 수 있다.

③ 감시제어반은 다음 각목의 기준에 따른 전용실 안에 설치할 것.
다만 제1항 각호의 1에 해당하는 경우와 공장, 발전소등에서 설비를 집중 제어·운전할 목적으로 설치하는 중앙제어실내에 감시제어반을 설치하는 경우에는 그러하지 아니하다.

㉠ 다른 부분과 방화구획을 할 것.
이 경우 전용실의 벽에는 기계실 또는 전기실등의 감시를 위하여 두께 7 mm 이상의 망입유리(두께 16.3 mm 이상의 접합유리 또는 두께 28 mm 이상의 복층유리를 포함한다)로 된 4 m^2 미만의 붙박이창을 설치할 수 있다.
➜ 전기실, 기계실용 중앙감시제어실에 감시제어반이 설치된 경우에 한함

㉡ 피난층 또는 지하 1층에 설치할 것.
다만, 다음의 1에 해당하는 경우에는 지상 2층에 설치하거나 지하 1층외의 지하층에 설치할 수 있다.
- 특별피난계단이 설치되고 그 계단(부속실 포함)출입구로부터 보행거리 5 m 이내에 전용실의 출입구가 있는 경우
- 아파트의 관리동(관리동이 없는 경우에는 경비실)에 설치하는 경우

㉢ 비상 조명등 및 급·배기설비를 설치할 것

㉣ 무선기기 접속단자(무선통신보조설비가 설치된 특정소방대상물에 한함) 설치

㉤ 바닥면적은 감시제어반의 설치에 필요한 면적 외에 화재시 소방대원이 그 감시제어반의 조작에 필요한 최소면적 이상으로 할 것

④ 전용실에는 소방대상물의 기계·기구 또는 시설등의 제어 및 감시설비 외의 것을 두지 아니할 것

제1항 각호의 1에 해당하는 경우, 즉 감시제어반을 전용실 안에 설치하지 아니하여도 되는 경우

1. 비상전원 설치대상에 해당하지 아니하는 소방대상물에 설치되는 옥내소화전설비
2. 내연기관, 고가수조, 가압수소에 따른 가압송수장치를 사용하는 옥내소화전설비
3. 공장, 발전소 등에서 설비를 집중 제어·운전할 목적으로 설치하는 중앙제어실내에 감시제어반을 설치하는 경우

(3) 동력제어반 설치기준 암기 재 전함 표적

① 화재 및 침수 등의 재해로 인한 피해를 받을 우려가 없는 곳에 설치할 것
② 감시제어반은 옥내소화전설비의 전용으로 할 것. 다만, 옥내소화전설비의 제어에 지장이 없는 경우에는 다른 설비와 겸용할 수 있다.
③ 외함은 두께 1.5 mm 이상의 강판 또는 이와 동등 이상의 강도 및 내열성능이 있는 것으로 할 것
④ 앞면은 적색으로 하고 "옥내소화전설비용 동력제어반"이라고 표시한 표지를 설치할 것

(4) 감시제어반과 동력제어반으로 구분하여 설치하지 아니할 수 있는 경우 암기 비내고가

① 비상전원 설치대상에 해당하지 아니하는 소방대상물에 설치되는 옥내소화전설비
② 내연기관에 따른 가압송수장치를 사용하는 옥내소화전설비
③ 고가수조에 따른 가압송수장치를 사용하는 옥내소화전설비
④ 가압수조에 따른 가압송수장치를 사용하는 옥내소화전설비

10 배선 암기 비 동가내, 동감조표 내화열

(1) 비상전원으로부터 동력제어반 및 가압송수장치에 이르는 전원회로의 배선은 내화배선으로 할 것. 다만, 자가발전설비와 동력제어반이 동일한 실에 설치된 경우에는 자가발전기로부터 그 제어반에 이르는 전원회로의 배선은 그러하지 아니하다.

(2) 상용전원으로부터 동력제어반에 이르는 배선, 그 밖의 옥내소화전설비의 감시·조작 또는 표시등회로의 배선은 내화배선 또는 내열배선으로 할 것. 다만, 감시제어반 또는 동력제어반 안의 감시·조작 또는 표시등회로의 배선은 그러하지 아니하다.

(3) 옥내소화전설비의 과전류차단기 및 개폐기에는 "옥내소화전설비용"이라고 표시한 표지를 하여야 한다.

(4) 옥내소화전설비용 전기배선의 양단 및 접속단자에는 다음 각호의 기준에 따라 표지하여야 한다.

① 단자에는 "옥내소화전단자"라고 표시한 표지를 부착할 것
② 옥내소화전설비용 전기배선의 양단에는 다른 배선과 식별이 용이하도록 표시할 것

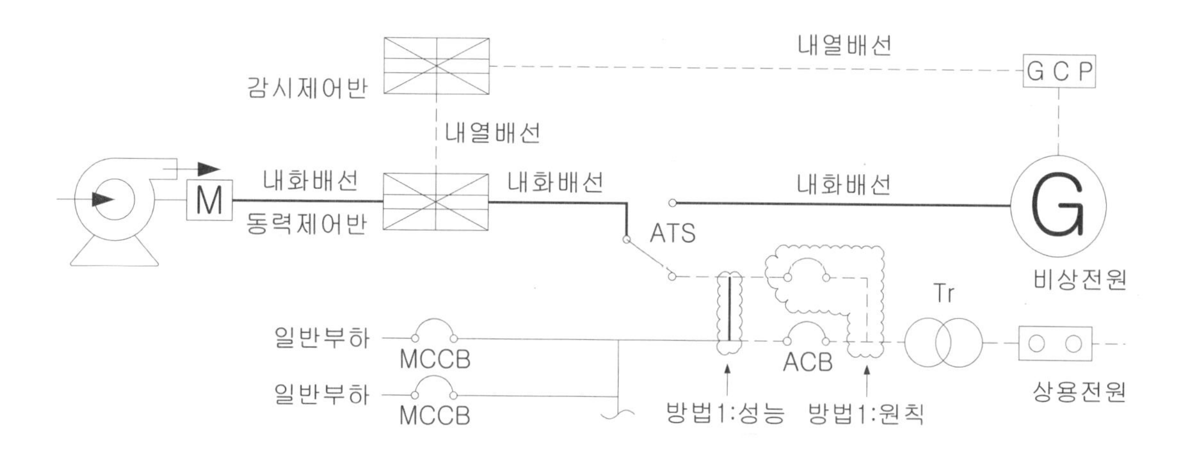

11 수원 및 가압송수장치의 펌프 등의 겸용

(1) 수원 겸용시 저수량

① 각 소화설비에 필요한 저수량을 합한 양 이상

옥내소화전설비의 수원을 스프링클러설비·간이스프링클러설비·화재조기진압용스프링클러설비·물분무소화설비·포소화전설비 및 옥외소화전설비의 수원과 겸용하여 설치하는 경우

② 각 고정식 소화설비에 필요한 저수량 중 최대의 것 이상

이들 소화설비 중 고정식 소화설비가 2 이상 설치되어 있고, 그 소화설비가 설치된 부분이 방화벽과 방화문으로 구획되어 있는 경우

➜ 고정식 소화설비 : 펌프·배관과 소화수 또는 소화약제를 최종 방출하는 방출구가 고정된 설비

(2) 펌프 겸용시 토출량

① 각 소화설비에 해당하는 토출량을 합한 양 이상

옥내소화전설비의 펌프를 스프링클러설비·간이스프링클러설비·화재조기진압용스프링클러설비·물분무소화설비·포소화전설비 및 옥외소화전설비의 가압송수장치와 겸용하여 설치하는 경우

② 각 펌프의 토출량 중 최대의 것 이상

이들 소화설비 중 고정식 소화설비가 2 이상 설치되어 있고, 그 소화설비가 설치된 부분이 방화벽과 방화문으로 구획되어 있으며 각 소화설비에 지장이 없는 경우

(3) 토출측 배관 상호연결

① 옥내소화전설비 스프링클러설비·간이스프링클러설비·화재조기진압용스프링클러설비·물분무소화설비·포소화전설비 및 옥외소화전설비의 가압송수장치에 있어서 각 토출측배관과 일반급수용의 가압송수장치의 토출측 배관을 상호 연결하여 화재시 사용할 수 있음

② 이 경우 연결배관에는 개폐표시형밸브를 설치하여야 하며, 각 소화설비의 성능에 지장이 없도록 하여야 할 것

(4) 송수구 겸용

① 옥내소화전설비의 송수구를 스프링클러설비·간이스프링클러설비·화재조기진압용스프링클러설비·물분무소화설비·포소화설비·연결송수관설비의 송수구와 겸용으로 설치시 스프링클러설비의 송수구의 설치기준 준용

② 연결살수설비의 송수구와 겸용으로 설치시 옥내소화전설비의 송수구의 설치기준 준용

③ 각각의 소화설비의 기능에 지장이 없도록 할 것

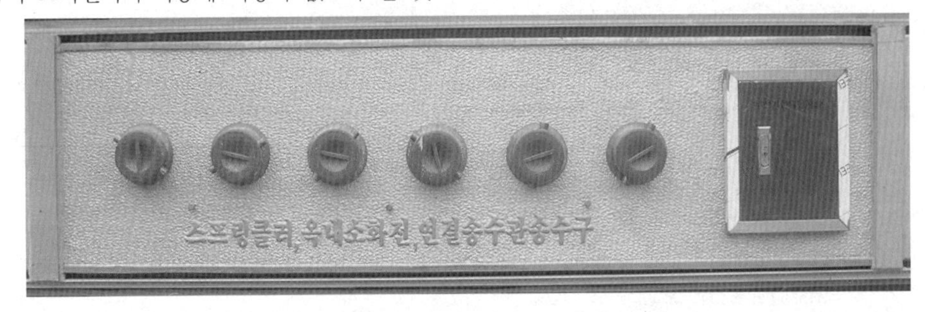

02 옥외소화전설비

Fire Equipment Manager

01 개요

(1) 옥외소화전설비는 건축물의 저층부(1층, 2층)의 초기화재는 물론 중기화재 이후의 대형화재에도 대처하며, 아울러 인접 건물로의 연소(延燒)확대 방지를 위해 건물외부로부터의 화재진압을 행하는 설비로서 소방대가 도착하기 이전까지 자위소방대가 사용하는 것은 물론 소방대도 이용할 수 있도록 한 설비이다.

(2) 옥외소화전설비의 설비구성은 수원, 가압송수장치, 옥외소화전, 배관등으로 구성되어 있으며, 옥내소화전설비와 거의 유사하다.

(3) 다만, 대형화재 또는 주위건물까지 소화활동에 대처하여야 하기 때문에 옥내소화전설비보다 방수압이 높고 방수량도 많게 하여 소화능력을 제고시켰다. 그리고 소화전을 건물외부에 설치한 것이 다를 뿐이다. 그러나 옥외소화전설비는 높은 층 및 지하층에 대하여는 효과적인 소화활동에 불가능하여 건축물의 1층 및 2층에 한하여 유효하도록 규정하고 있다.

02 적용기준

(1) 설치대상(아파트, 가스시설, 지하구 또는 터널은 제외)

적용기준 암기 1,2 합 9천	
지상 1층 및 2층의 바닥면적의 합계(동일구내에 2 이상의 특정소방대상물은 연소우려가 있는 구조인 경우에는 이를 하나의 특정소방대상물로 봄)	9,000 m^2 이상
문화재보호법 제23조에 따라 국보 또는 보물로 지정된 목조건축물	–
공장 또는 창고시설로서 특수가연물을 저장 · 취급량이 지정수량의	750배 이상

➜ 연소우려가 있는 구조 동일 대지경계신 안에 2 이상의 건축물이 있는 경우로서 각각의 건축물이 다른 건축물이 외벽으로부터 수평거리가 1층에 있어서는 6 m 이하, 2층 이상의 층에 있어서는 10 m 이하이고 개구부가 다른 건축물을 향하여 설치된 구조

(2) 설치면제 : 석재, 불연성금속, 불연성 건축재료 등의 가공공장, 기계조립 공장, 주물공장, 불연성 물품을 저장하는 창고

03 계통도

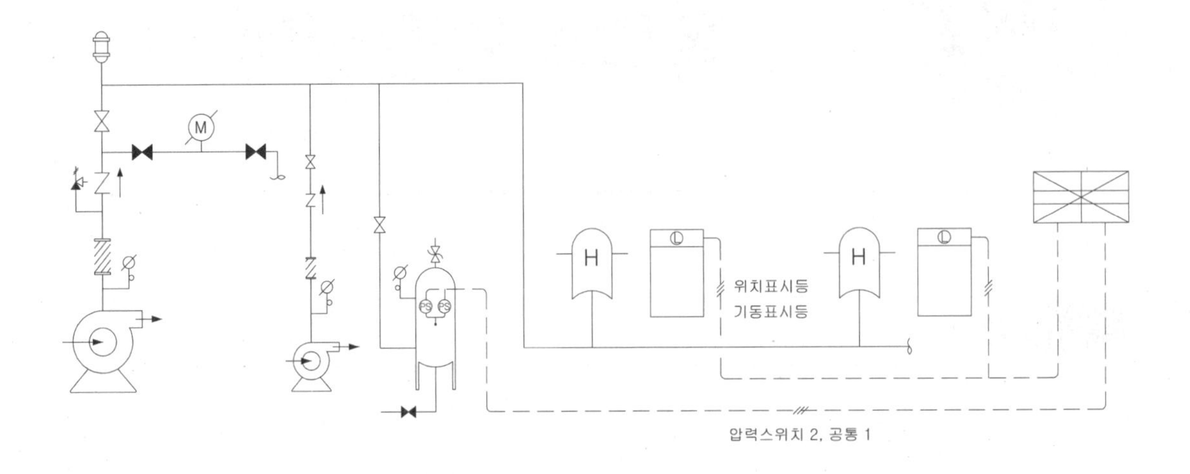

04 지상식 소화전의 구조

(1) 볼타입의 배수밸브가 부착되어 개폐밸브를 개방하면 볼이 배수구를 막아서 배수되지 않고, 개폐밸브를 잠그면 볼이 밑으로 떨어져 옥외소화전 몸체 내의 물을 배수시키도록 되어 있다.

(2) 현재 국내 생산품은 배수밸브 바로 윗부분에 좌우로 배수구가 부착되고 배수밸브는 없는 것이 생산되고 있다.

(3) 국내 생산품의 특성은 개폐밸브를 완전히 열어야 밸브디스크에 의해 배수구가 막힌다.

(4) 국내의 지상식 소화전 사용시 완전히 열지 않으면 소화전 몸체의 배수구로 계속 압력수가 배수되어 몸체 주위에 웅덩이가 파이는 원인이 되므로 시공이나 유지관리시 이러한 특성을 감안하여야 한다.

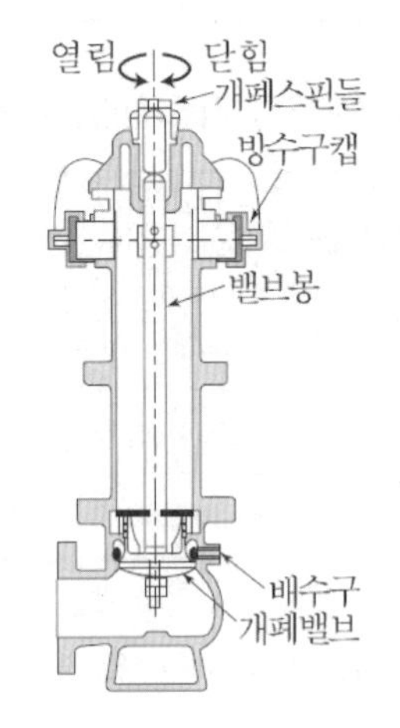

지상식 옥외소화전 100A-2Way

05 수원

(1) 주된 수원의 저수량 Q

① $Q = 350$ L/(min · 개) × 20분 × N / 1,000 = 7 × N[m^3]

② N : 옥외소화전의 설치개수. 단, $N \leq 2$

(2) 수원에 관한 일반적인 기준은 옥내소화전설비와 동일하게 적용된다.

06 방수압력 및 방수량

(1) 방수압력 : 0.25 MPa 이상

(2) 방수량 : 350 L/min 이상

(3) 가압송수장치에 적용되는 일반적인 기준은 옥내소화전설비와 동일하게 적용된다.

07 배관

(1) 배관 종류

일반사항은 옥내소화전소화설비의 설치기준 준용

(2) 배관 동등 이상의 배관

① 상수도용 도복장 강관(KS D 3565, STWW = Coated Steel Pipes For Water Works)

㉠ 다른 강관에 폴리에틸렌, 아스팔트, 콜타르 에나멜, 타르 에폭시수지도료, 액상 에폭시수지도료, 폴리에틸렌 테이프 등을 도복장한(입힌) 관

㉡ 종류

기 호	인장강도	수압시험
STWW 290	30 kgf/mm^2	25 kgf/cm^2
STWW 370	38 kgf/mm^2	35 kgf/cm^2
STWW 400	41 kgf/mm^2	25 kgf/cm^2

② 폴리에틸렌 피복강관(KS D 3589, PLP = Polyethylene Coated Steel Pipe)

㉠ 강관에 폴리에틸렌을 피복하여 물, 가스, 석유 등의 수송에 사용하는 지중매설용 배관

㉡ 종류

기 호	폴리에틸렌	하층피복	피복두께(점착제포함)	적 용
P1S	1층	접착제	1.5 mm~3.0 mm	곧은관
P2S	2층	접착제	0.6 mm~1.3 mm	곧은관
P1F	1층	–	1.5 mm~3.0 mm	이형관

08 함 및 호스접결구

(1) 소화전함의 설치수

① 옥외소화전 10개 이하 : 옥외소화전마다 5 m 이내의 장소에 1개 이상 설치
② 옥외소화전 11개 이상 30개 이하 : 11개 이상의 소화전함을 각각 분산설치
③ 옥외소화전 31개 이상 : 옥외소화전 3개마다 1개 이상의 소화전함을 설치
➜ 소화전 40개일 경우 소화전함의 설치수 : 40 / 3 = 13.3 ≒ 14 개

(2) 호스

① 호스구경 : 65 mm
② 노즐구경 : 19 mm(∴ 옥내 13 mm)

(3) 소화전함의 표지와 기동표시등

① 함의표지 : 함의 표면에 "옥외소화전"이라고 표시한 표지
② 기동표시등 : 가압송수장치의 조작부 또는 그 부근에는 가압송수장치의 기동을 명시하는 적색등 설치

(4) 호스접결구

① 호스접결구는 지면으로부터 높이가 0.5m 이상 1m 이하의 위치에 설치하고, 특정소방대상물의 각 부분으로부터 하나의 호스접결구까지의 수평거리가 40 m 이하가 되도록 설치
② 호스는 구경 65 mm의 것으로 하여야 한다.

09 전원

(1) 상용전원 회로배선 : 옥내소화전 소화설비의 설치기준 준용

(2) 비상전원 설치기준

① 소방시설용 비상전원수전설비의 화재안전기준(NFSC 602) 준용
② 비상전원(∴ 자가발전설비, 축전지설비) 적용설비 아님

10 PIV(Post Indicator Valve)

(1) 지하밸브의 개폐 상태를 육안으로 식별할 수 있도록 Open, Closed 상태 표시가 지상까지 연결된 밸브 Stem을 통해 식별할 수 있도록 한 밸브이다.
(2) Loop배관등의 중간 밸브개폐 여부 확인(개방상태유지)을 위해 이용되며 일반적으로 Tamper Switch가 부착되어 중앙제어반에서도 개폐상태를 감시할 수 있다.
(3) OS & Y 밸브도 Outside Screw의 상태로 개폐여부가 확인되는 개폐표시형 밸브의 일종이다.

03 스프링클러설비

Fire Equipment Manager

01 개요

(1) 설치목적

① 화재시 헤드 감열부분 또는 화재감지기가 화재를 감지하고,
유수검지장치등의 개방으로 배관내 수압 감소를 기동용 수압개폐장치가 검지한다.

② 이를 기동신호로 소화펌프가 작동하여 물을 배관내에 연속적으로 공급하고, 헤드로부터 방수시켜 소화하는 설비

(2) 스프링클러설비, 물분무소화설비, 미분무소화설비의 비교

구 분	스프링클러설비 (Sprinkler System)	물분무소화설비 (Water Spray System)	미분무소화설비 (Water Mist System)
물방울과 연관된 설비의 특징	•물입자가 반사판에 부딪혀 속도가 감소한 후 자중으로 자연낙하한다. •물방울크기가 커서 화심속 침투로 냉각소화가 주체이다.	•물입자가 유속을 가지고 직접 대상물에 분사되어 운동모멘트가 크다. •물입자의 운동모멘트로 유화효과도 있다. •물방울 크기가 스프링클러 보다도 작은 관계로 냉각 소화 이외 질식소화의 비율이 스프링클러보다 크다.	•물입자가 반사판에 부딪히지 않고 유속과 운동모멘트를 가지고 바로 낙하한다. •물입자가 매우 작아 운동모멘트가 적기 때문에 주위로 비산되어 유화효과는 없다. •질식효과는 물분무보다 훨씬 크며 또한 기후에 영향을 받으므로 옥외에서 효과 없다.
물입자 크기	1,000 μm~2,000 μm	200 μm~800 μm	Dv 0.99 = 400 μm 이하 (보통 200 μm 이하)
방수압력	0.1 MPa~1.2 MPa	0.35 MPa	저압 : 최고사용압력 1.2 MPa 이하 중압 : 사용압력 1.2 MPa~3.5 MPa 이하 고압 : 최저사용압력 3.5 MPa 초과
살수밀도	7.56 L/(min·m^2)	10L/(min·m^2)~20L/(min·m^2)	0.05 L/(min·m^2)~0.5 L/(min·m^2)
적응화재	A급 화재	A·B·C급 화재	A·B·C·K급 화재
적응장소	대규모 장소의 전체보호	특정장비의 표면방호	소규모 장소
냉각효과	S/P 〉 W/S 〉 W/M ➜ Burning Material(연소물질)에 대한 소화 : 표면연소		
질식효과	S/P 〈 W/S 〈 W/M ➜ Flare(화염)에 대한 소화 : 불꽃연소		
유화효과	물분무소화설비(W/S)		

02 적용기준

(1) 설치대상(가스시설 또는 지하구는 제외)

<table>
<tr><th colspan="4">적용기준 암기 지무 4바천 복5 6</th></tr>
<tr><td colspan="3">① 지하층, 무창층 또는 4층 이상인 층으로 바닥면적</td><td>1,000 m^2 이상</td></tr>
<tr><td colspan="3">② 복합건축물 또는 기숙사(교육연구시설 · 수련시설내 학생수용을 위한 것)로서 연면적</td><td>5,000 m^2 이상 모든 층</td></tr>
<tr><td colspan="3">③ 6층 이상인 특정소방대상물</td><td>모든 층</td></tr>
<tr><td colspan="3">④ 창고시설(물류터미널은 제외)로서 바닥면적의 합계</td><td>5,000 m^2 이상 모든 층</td></tr>
<tr><td rowspan="5">⑤ 문회 및 집회시설,
종교시설,
운동시설
암기 문종운 100</td><td colspan="2">수용인원</td><td>100 명 이상 모든 층</td></tr>
<tr><td rowspan="2">무대부 면적</td><td>지하층, 무창층 또는 4층 이상</td><td>300 m^2 이상 모든 층</td></tr>
<tr><td>위의 층 이외에 있는 경우</td><td>500 m^2 이상 모든 층</td></tr>
<tr><td rowspan="2">영화상영관
용도로 쓰이는 바닥면적</td><td>지하층 또는 무창층인 경우</td><td>500 m^2 이상 모든 층</td></tr>
<tr><td>그 밖의 층인 경우</td><td>1,000 m^2 이상 모든 층</td></tr>
<tr><td rowspan="2">⑥ 판매시설, 운수시설,
물류터미널
암기 판운물 500</td><td colspan="2">수용인원</td><td>500 명 이상 모든 층</td></tr>
<tr><td colspan="2">바닥면적의 합계</td><td>5,000 m^2이상 모든 층</td></tr>
<tr><td colspan="3">⑦ 천장 또는 반자의 높이 10 m 넘는 랙식 창고로서 바닥면적의 합계</td><td>1,500 m^2 이상</td></tr>
<tr><td colspan="3">⑧ 지하가(터널은 제외)의 연면적</td><td>1,000 m^2 이상</td></tr>
<tr><td colspan="3">⑨ 스프링클러설비 설치대상인 특정소방대상물에 부속된</td><td>보일러실, 연결통로등</td></tr>
<tr><td colspan="3">⑩ 정신보건시설·노유자시설 또는 숙박이 가능한 수련시설로 연면적</td><td>600 m^2 이상 전층</td></tr>
<tr><td colspan="3">⑪ 공장 또는 창고시설로서 특수가연물을 저장 · 취급량이 지정수량의</td><td>500배 이상</td></tr>
</table>

(2) 설치면제

① 물분무등소화설비를 화재안전기준에 적합하게 설치한 경우에는 그 설비의 유효범위 안의 부분
② 소방대(소방기본법 제2조 제5호)가 조직되어 24시간 근무하고 있는 청사 및 차고
③ 펄프공장의 작업장·음료수공장의 세정 또는 충전하는 작업장 그 밖에 이와 비슷한 용도로 사용하는 것

(3) 헤드 설치제외 장소 암기 계통발병 둘원반 피대현 냉고불 가정 음료수 펄프

설치 제외 장소	비 고
계단실(특별피난계단의 부속실 포함)·**경**사로·승강기의 승강로·비상용승강기의 **승**강장·**파**이프덕트 및 덕트피트(파이프·덕트를 통과시키기 위한 구획된 구멍에 한한다)·**목**욕실·**수영**장(관람석부분 제외)·**화**장실·직접 외기에 개방되어 있는 **복도**·기타 이와 유사한 장소 암기 계경 승파목 수영화 복도	집열문제
통신기기실·전자기기실·기타 이와 유사한 장소 ➜ 약전회로 60 V 미만	비적응
발전실·변전실·변압기·기타 이와 유사한 전기설비가 설치되어 있는 장소 ➜ 강전회로 60 V 이상	비적응
병원의 수술실·응급처치실·기타 이와 유사한 장소	수손피해
천장과 반자 양쪽이 불연재료로 되어 있는 경우로서 그 사이의 거리 및 구조가 다음 각목의 1에 해당하는 부분 • 천장과 반자 사이의 거리가 2 m 미만인 부분 • 천장과 반자 사이의 벽이 불연재료이고 천장과 반자 사이의 거리가 2 m 이상으로서 그 사이에 가연물이 존재하지 아니하는 부분	화재하중 낮다
천장·반자중 한쪽이 불연재료로 되어 있고 천장과 반자 사이의 거리가 1 m 미만인 부분	화재하중 낮다
천장 및 반자가 불연재료 외의 것으로 되어 있고 천장과 반자 사이의 거리가 0.5 m 미만인 부분	화재하중 낮다
펌프실·물탱크실·엘리베이터 권상기실 그 밖의 이와 비슷한 장소 ➜ 공조실, 기계실, 보일러실, 소화약제 저장용기실등에는 설치해야 함	화재하중 낮다
공동주택의 발코니에 설치된 **대**피공간	화재하중 낮다
현관 또는 로비 등으로서 바닥으로부터 높이가 20 m 이상인 장소	단층효과
영하의 **냉**장창고의 냉장실 또는 냉동창고의 냉동실	화재강도 낮다
고온의 노가 설치된 장소 또는 물과 격렬하게 반응하는 물품의 저장 또는 취급장소	수손피해
불연재료로 된 특정소방대상물 또는 그 부분으로서 다음 각목의 1에 해당하는 장소 • 불연성의 금속·석재 등의 **가**공공장으로서 가연성물질을 저장 또는 취급하지 않는 장소 • **정**수장·오물처리장 그 밖의 이와 비슷한 장소 • **음료수**공장의 세정 또는 충전하는 작업장·**펄프**공장의 작업장 그 밖의 이와 비슷한 장소	화재하중 낮다
실내에 설치된 테니스장·게이트볼장·정구장 또는 이와 비슷한 장소로서 실내 바닥·벽·천장이 불연재료 또는 준불연재료로 구성되어 있고 가연물이 존재하지 않는 장소로서 관람석이 없는 운동시설(지하층은 제외)	화재하중 낮다. (∵ 헤드파손으로 인한 수손피해)

03 계통도와 배선도

(1) 계통도

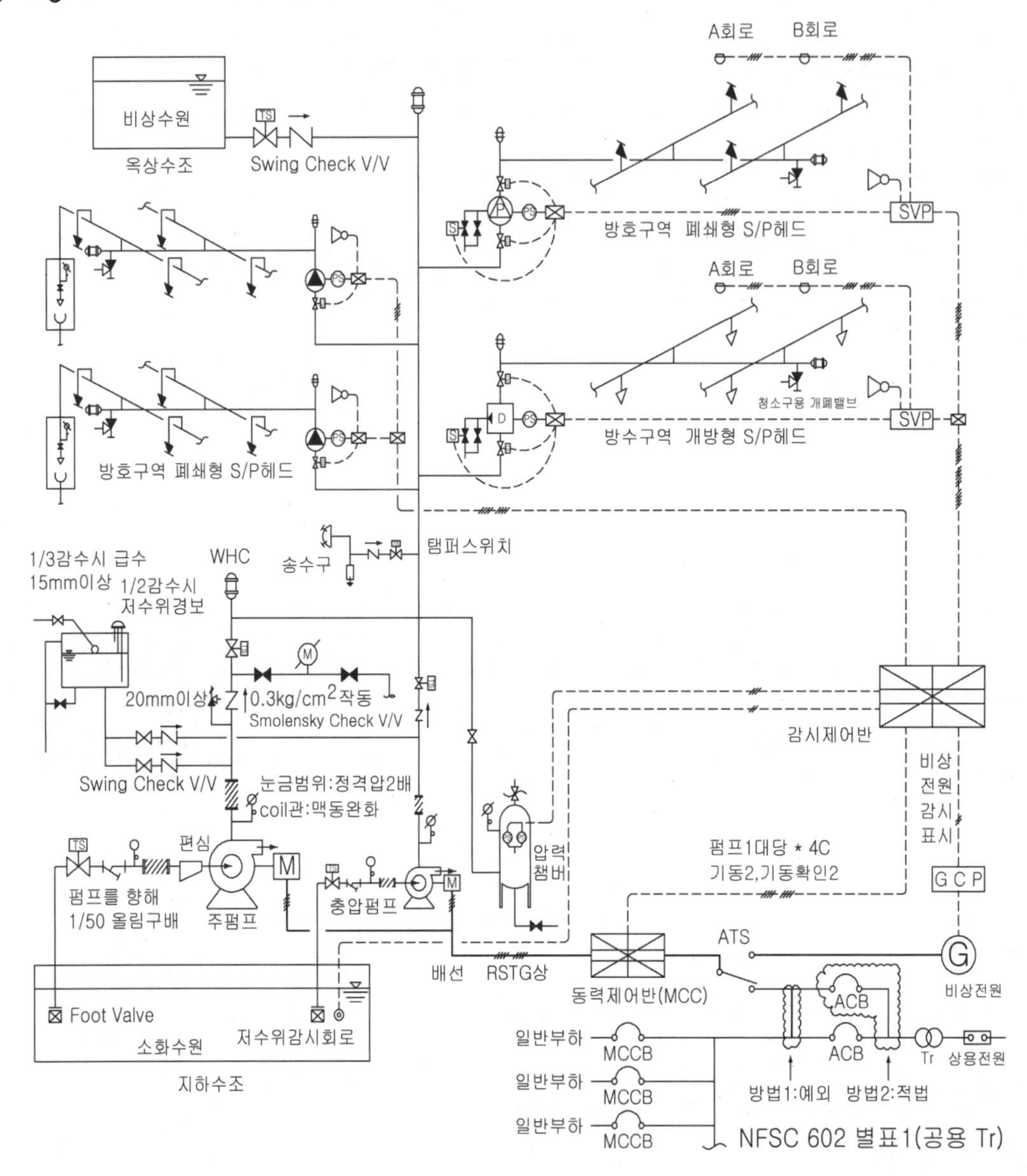

① 습식스프링클러설비

가압송수장치에서 폐쇄형 스프링클러헤드까지 배관내에 항상 물이 가압되어 있다가 화재로 인한 열로 폐쇄형 스프링클러헤드가 개방되면 배관내에 유수가 발생하여 습식유수검지장치가 작동하게 되는 방식

② 건식스프링클러설비

건식유수검지장치 2차측에 압축공기 또는 질소 등의 기체로 충전된 배관에 폐쇄형 스프링클러헤드가 부착된 스프링클러설비로서, 폐쇄형 스프링클러헤드가 개방되어 배관내의 압축공기 등이 방출되면 건식유수검지장치 1차측의 수압에 의하여 건식유수검지장치가 작동하게 되는 방식

③ 준비작동식스프링클러설비

가압송수장치에서 준비작동식유수검지장치 1차측까지 배관내에 항상 물이 가압되어 있고 2차측에서 폐쇄형 스프링클러헤드까지 대기압 또는 저압으로 있다가 화재발생시 감지기의 작동으로 준비작동식 유수검지장치가 작동하여 폐쇄형 스프링클러헤드까지 소화용수가 송수되어 폐쇄형 스프링클러헤드가 열에 따라 개방되는 방식

④ 일제살수식스프링클러설비

가압송수장치에서 일제개방밸브 1차측까지 배관내에 항상 물이 가압되어 있고 2차측에서 개방형 스프링클러헤드까지 대기압으로 있다가 화재발생시 자동감지장치 또는 수동식 기동장치의 작동으로 일제개방밸브가 개방되면 스프링클러헤드까지 소화용수가 송수되는 방식

⑤ 부압식스프링클러설비

가압송수장치에서 준비작동식 유수검지장치의 1차측까지는 항상 정압의 물이 가압되고, 2차측 폐쇄형 스프링클러헤드까지는 소화수가 부압으로 되어 있다가 화재시 감지기의 작동에 의해 정압으로 변하여 유수가 발생하면 작동하는 방식

(2) 배선도

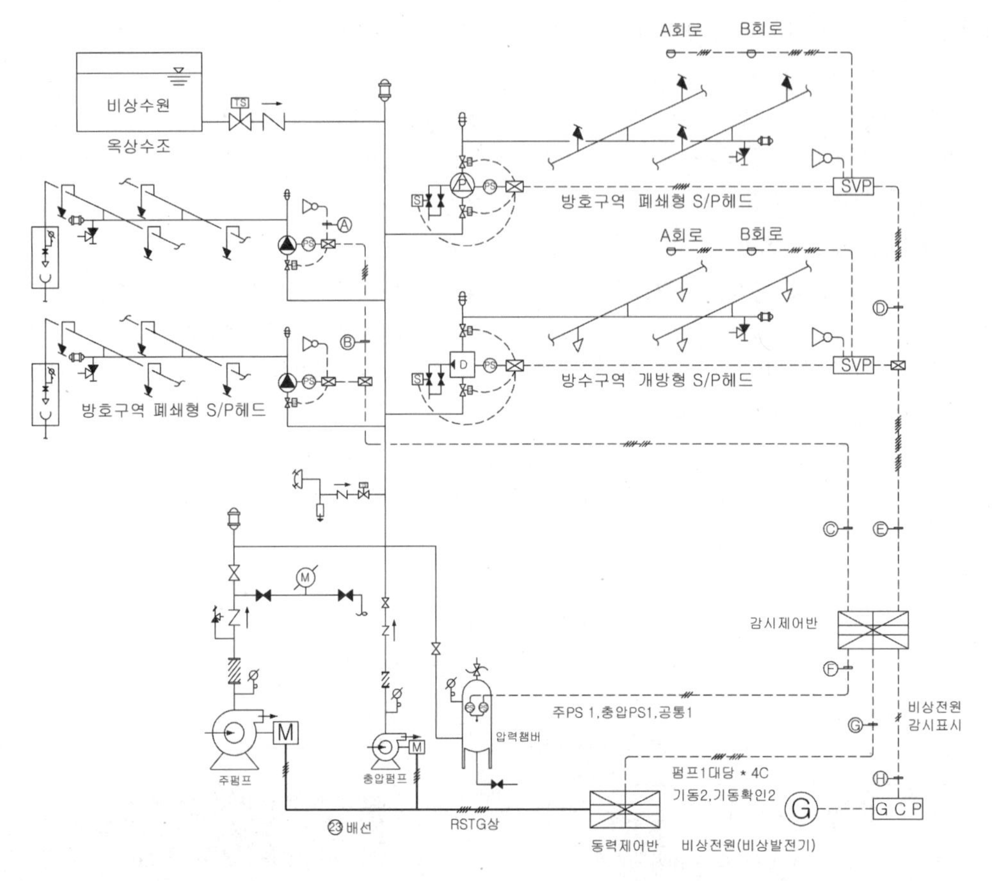

〈스프링클러설비의 배선도〉

No	배선위치	배선수	배선규격	배선용도
□	사이렌 ↔ 4각박스	2	HFIX 2.5 mm^2(16C)	사이렌 × 2
□	4각박스 ↔ 4각박스	4	HFIX 2.5 mm^2(22C)	(P/S, 사이렌, T/S, 공통) × 1
□	4각박스 ↔ 감시제어반	7	HFIX 2.5 mm^2(28C)	(P/S, 사이렌, T/S) × 2, 공통
□	SVP ↔ 4각박스	9	HFIX 2.5 mm^2(28C)	전원+, 전원-, 전화, S/V, P/S, T/S, 사이렌, 감지기A, 감지기B
□	4각박스 ↔ 감시제어반	15	HFIX 2.5 mm^2(28C)	전원+, 전원-, 전화(S/V, P/S, T/S, 사이렌, 감지기A, 감지기B) × 2
□	압력챔버 ↔ 감시제어반	3	HFIX 2.5 mm^2(16C)	주펌프 P/S 1, 충압펌프 P/S 1, 공통
□	MCC ↔ 감시제어반	8	HFIX 2.5 mm^2(28C)	(기동 2, 기동확인 2) × 2대
□	GCP ↔ 감시제어반	2	HFIX 2.5 mm^2(16C)	비상전원 감시표시 2

04 스프링클러설비의 종류 및 특징

(1) 설비별 종류

스프링클러설비는 방호대상물, 설치장소 등에 따라 폐쇄형 헤드를 사용하는 방식과 개방형 헤드를 사용하는 2가지 방식이 있다.

헤 드	스프링클러설비	밸 브	
폐쇄형 헤드방식	습식	알람밸브(65A, 80A, 100A, 125A, 150A), 패들형(65A, 80A, 100A)	유수검지장치
	건식	건식밸브(100A, 150A)	
	부압식	준비작동밸브(80A, 100A, 125A, 150A)	
	준비작동식	준비작동밸브(80A, 100A, 125A, 150A)	
개방형 헤드방식	일제살수식	델류지밸브, 자동밸브	일제개방밸브
	드렌처설비	델류지밸브, 자동밸브	

(2) 스프링클러설비의 종류

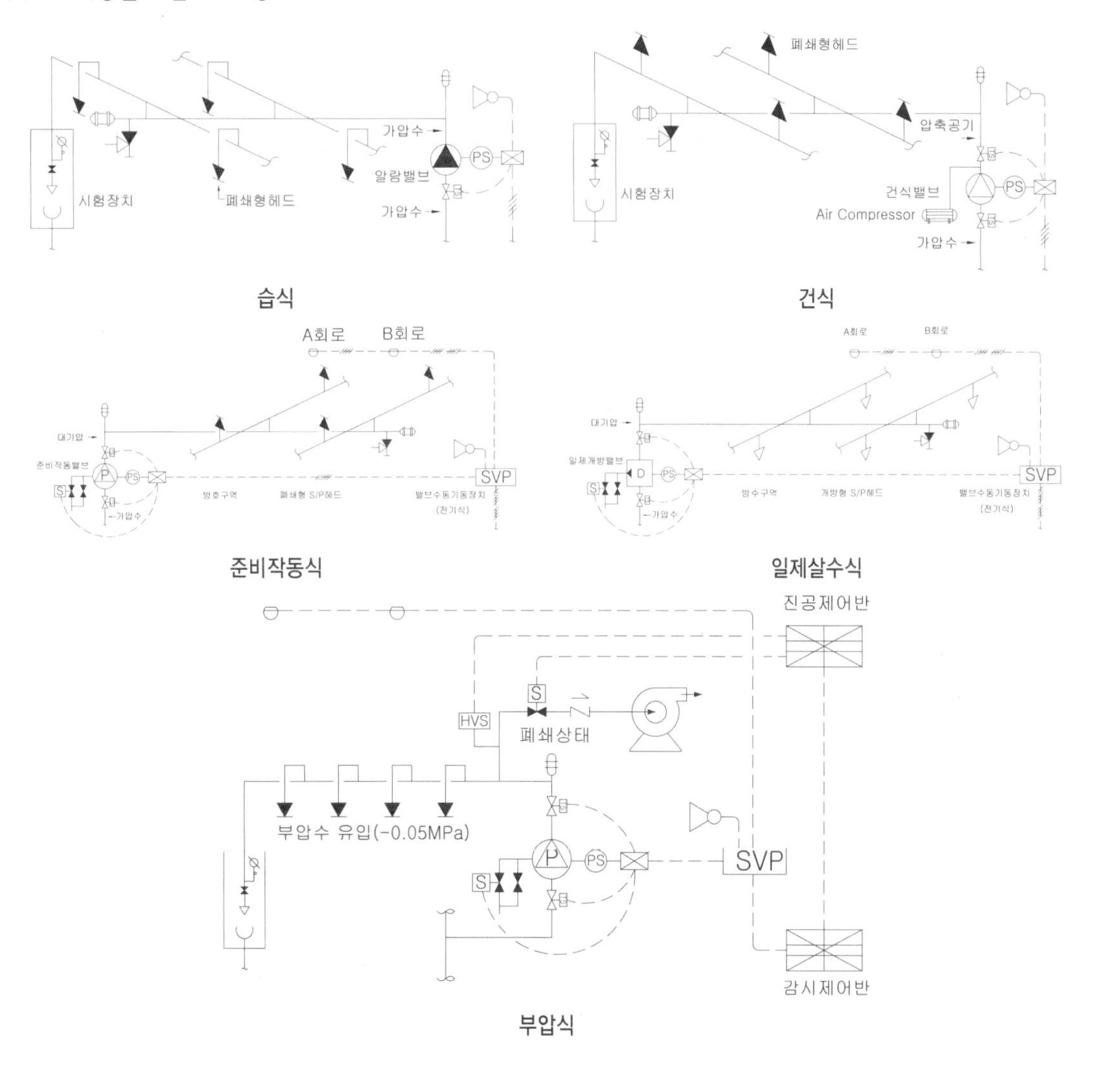

습식

건식

준비작동식

일제살수식

부압식

유수검지장치와 일제개방밸브의 정의

1. 유수검지장치
   습식(패들형을 포함), 건식, 준비작동식 유수검지장치를 말하며, 본체내의 유수현상을 자동적으로 검지하여 신호 또는 경보를 발하는 장치
2. 일제개방밸브
   개방형 스프링클러헤드를 사용하는 일제살수식 스프링클러설비에 설치하는 밸브로서 화재발생시 자동 또는 수동식 기동장치에 따라 밸브가 열려지는 것

① 습식 스프링클러설비

㉠ 가장 일반적인 스프링클러설비로서 가압송수장치에서 폐쇄형 스프링클러헤드까지 배관내에 항상 물이 가압되어 있고 유수검지장치로는 알람밸브(Alarm Valve)를 사용한다.

㉡ 화재로 인한 열로 폐쇄형 스프링클러헤드가 개방되면 배관내에 유수가 발생하여 습식유수검지장치가 작동하게 되는 스프링클러설비

유수검지장치	배관(1차측/2차측)	헤 드	감지기 유무	수동기동장치
알람밸브	가압수/가압수	폐쇄형	없음	없음

② 건식 스프링클러설비

㉠ 주로 난방이 되지 않는 옥외 창고, 주차장 등에 설치하는 스프링클러설비로서 가압송수장치에서 건식유수검지장치 1차측까지 배관내에 항상 물이 가압되어 있고 2차측에서 폐쇄형 스프링클러헤드까지 Air-Compressor를 이용한 압축공기 또는 질소등의 기체로 충전되어 있으며 유수검지장치는 건식(Dry)밸브를 사용한다.

㉡ 화재로 인한 열로 폐쇄형 스프링클러헤드가 개방되면 2차측 압축공기등이 방출되며 이때 1차측의 수압에 의하여 건식 유수검지장치가 작동하게 되는 설비

유수검지장치	배관(1차측/2차측)	헤 드	감지기 유무	수동기동장치
건식밸브	가압수/압축공기, 질소	폐쇄형	없음	없음

③ 준비작동식 스프링클러설비

㉠ 주로 난방이 되지 않는 옥외 창고, 주차장 등에 설치하는 스프링클러설비로서 가압송수장치에서 준비작동식유수검지장치 1차측까지 배관내에 항상 물이 가압되어 있고 2차측에서 폐쇄형 스프링클러 헤드까지 대기압 또는 저압으로 있으며 유수검지장치는 준비작동(Preaction)밸브를 사용

㉡ 화재발생시 먼저 감지기의 작동으로 전자개방밸브가 기동되고 이로 인하여 준비작동식 유수검지장치가 작동하면 폐쇄형 스프링클러헤드까지 소화용수가 송수되어 폐쇄형 스프링클러헤드가 열에 따라 개방되는 방식

유수검지장치	배관(1차측/2차측)	헤 드	감지기 유무	수동기동장치
준비작동밸브	가압수/대기압, 저압	폐쇄형	있음	있음

④ 일제살수식 스프링클러설비

㉠ 초기화재에 신속하게 대처하여야 하는 장소에 설치하는 스프링클러설비로서 가압송수장치에서 일제개방밸브 1차측까지 배관내에 항상 물이 가압되어 있고, 2차측에서 개방형 스프링클러헤드까지 대기압으로 있으며 일제개방밸브로는 델류지(Deluge)밸브를 사용

㉡ 화재발생시 자동감지장치 또는 수동식 기동장치의 작동으로 전자개방밸브가 기동되고 이로 인해 일제개방밸브가 개방되면 1차측의 가압수가 2차측으로 유입되어 해당 방수구역의 전 헤드에서 방사되는 설비

일제개방밸브	배관(1차측/2차측)	헤 드	감지기 유무	수동기동장치
델류지밸브	가압수/대기압	개방형	있음	있음

⑤ 부압식 스프링클러설비

㉠ 스프링클러헤드 오작동으로 막대한 수손피해가 발생할 우려가 있는 클린룸, 전산실, 수장고 등에 설치하는 스프링클러설비로서 가압송수장치에서 준비작동식 유수검지장치의 1차측까지는 항상 정압의 물이 가압되고, 2차측 폐쇄형 스프링클러헤드까지는 소화수가 부압으로 되어 있으며 유수검지장치는 준비작동(Preaction)밸브를 사용한다.

㉡ 화재발생시 감지기의 작동에 의해 정압으로 변하여 유수가 발생하면 작동하는 스프링클러설비이다.

유수검지장치	배관(1차측/2차측)	헤 드	감지기 유무	수동기동장치
준비작동밸브	가압수/부압수	폐쇄형	있음	있음

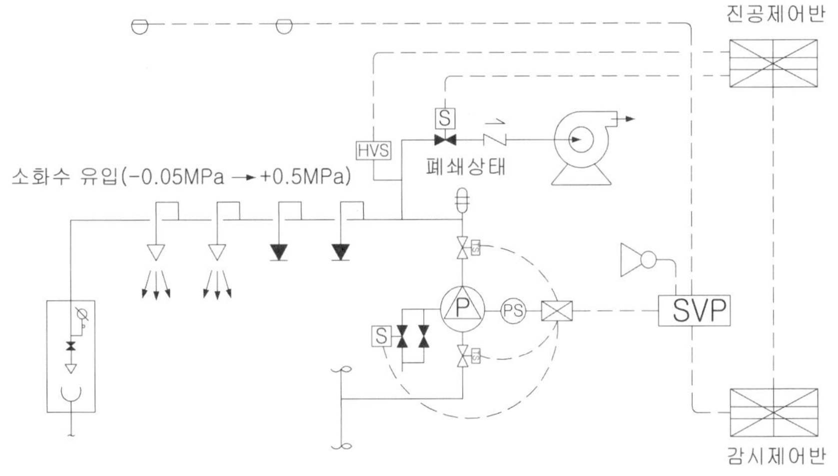

1. 화재발생
2. 감지기 작동→ 감시제어반 → 경종 또는 사이렌 작동
3. 감시제어반에서 화재신호 → 진공제어반(모든 제어기능 정지) → 진공펌프 강제정지
4. 감시제어반에서 화재신호 → 진공스프링클러 제어부(SVP) → 전자밸브 개방
5. 준비작동밸브의 클래퍼 개방으로 1차측 가압수가 2차측으로 넘어가 부압에서 정압유지상태
6. 압력스위치(PS) 작동
7. 유수확인신호를 감시제어반에 송출
8. 화재로 인한 열로 폐쇄형 스프링클러헤드 개방
9. 헤드에서 방수

오작동시 동작순서도

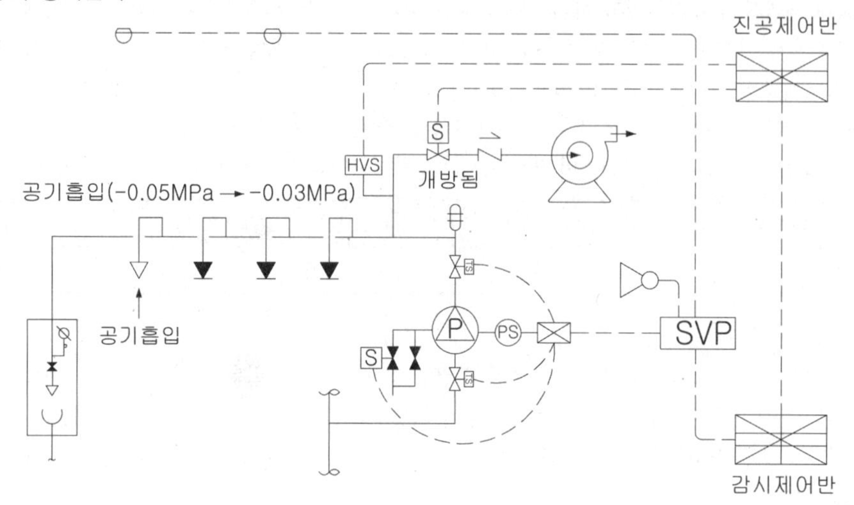

1. 헤드 파손(비화재)
2. 공기흡입(−0.05 MPa → −0.03 MPa)
3. 2차측 압력상승
4. 고압진공스위치(HVS) 동작(−0.03 MPa에서 동작)
5. 고압진공스위치(HVS) → 진공제어반에 스프링클러 오작동램프 점등
6. 진공제어반 → 오리피스 전자밸브 개방(평상시 폐쇄)
7. 진공제어반 → 진공펌프 기동(−0.05 MPa ~ −0.08 MPa)

진공스위치 2개로 진공펌프를 병렬 제어하며, 당 설비에 부압만 설정하여 사용함

1. 고압진공스위치(HVS, 설정범위 −0.05 MPa → −0.03 MPa) : 각 준비작동밸브의 2차측에 설치함.
   규격 : VU72W-100-5-R3(10A)
2. 진공스위치(VS, 설정범위 −0.05 MPa → −0.08 MPa) : 진공펌프 인근에 하나 더 설치하여 제어 신뢰도를 높임. 규격 : VU74W-76-R3(10A)

⑥ 드렌처설비

㉠ 개요

- 연소할 우려가 있는 개구부에는 개방형 스프링클러설비를 설치하도록 규정하고 있으며 드렌처설비를 설치한 경우 대체할 수 있다.
- 공장은 생산라인이나 공간 활용 때문에 방화구획을 하기 힘든 구조이므로 이런 경우 문이나 벽에 대체할 수 있는 수막커튼 효과를 내는 드렌처설비를 설치함
- 드렌처설비의 구조원리 : 일제살수식 스프링클러설비와 동일하며, 헤드는 드렌처헤드를 사용함

㉡ 화재가 발생하면 먼저 감지기 동작에 의해 전자개방밸브가 기동되고 이로 인하여 자동(AUTO) 밸브가 개방되면 1차측의 가압수가 2차측으로 유입되어 해당 개구부의 전 헤드에서 방사되는 설비

일제개방밸브	배관(1차측/2차측)	헤 드	감지기 유무	수동기동장치
Deluge 밸브 또는 AUTO 밸브	가압수/대기압	개방형	있음	있음

㉢ 설치기준

- 드렌처헤드는 개구부 위측에 2.5 m 이내마다 1개를 설치할 것
- 제어밸브는 특정소방대상물 층마다에 바닥면으로부터 0.8 m 이상 1.5 m 이하의 위치에 설치할 것
  ➜ 제어밸브 : 일제개방밸브·개폐표시형밸브 및 수동조작부를 합한 것
- 수원의 수량은 드렌처헤드가 가장 많이 설치된 제어밸브의 드렌처헤드의 설치개수에 1.6 m^3를 곱하여 얻은 수치 이상
- 헤드 선단에 방수압력은 0.1 MPa 이상, 방수량이 80 L/min 이상
- 수원에 연결하는 가압송수장치는 점검이 쉽고 화재 등의 재해로 인한 피해우려가 없는 장소에 설치

㉣ 드렌처헤드의 종류 암기 **창외는 추녀 지**

창문용 헤드, 외벽용 헤드, 추녀용 헤드, 지붕용 헤드

㉤ 법상 비교

구 분	소방법	건축법
설치대상	연소할 우려가 있는 개구부(각 방화구획을 관통하는 에스컬레이터·컨베이어 또는 이와 유사한 시설의 주위로서 방화구획을 할 수 없는 부분)	연소할 우려가 있는 부분(방화지구내 건축물 상호 외벽 간의 중심선으로부터 1층에서 3 m 이내, 2층 이상에서 5 m 이내의 거리에 있는 건축물의 각 부분)
설치목적	방화구획 부분의 개구부에 수막을 형성하여 방사열차단이나 냉각	인접건물이나 산림화재로부터의 비화, 복사열 등에 의한 연소(延燒) 확대 방지
설치장소	옥내	옥외
설치기준	NFSC 103 제15조 제2항	소방법에는 이에 적합한 기준 없음
법적근거	스프링클러설비의 화재안전기준(NFSC 103) 제3조	건축물의 피난·방화구조 등의 기순에 관한 규칙 제23조

(3) 설비별 적응성

방 식	적응성	설치장소
습식	• 난방이 되는 장소로서 층고가 높지 않은 장소	• 난방이 되는 거실, 복도 등 • 동결심도 이하의 주차장, 기계실 등
건식	• 난방이 되지 않는 옥내외의 대규모 장소 • 배관 및 헤드설치 장소에 전원공급이 불가능한 장소 (∴ 열선처리 불가장소)	• 동결의 우려가 있는 장소 • 주차장, 대단위 옥외창고
준비 작동식	• 난방이 되지 않는 옥내의 장소	• 로비, 주차장, 공장, 창고 등
일제 살수식	• 천장이 높아서 폐쇄형 헤드가 작동하기 곤란한 장소 • 화재시 순간적으로 연소확대가 우려되어 초기에 대량 주수가 필요한 장소	• 무대부, 연소할 우려가 있는 개구부 • 위험물저장소등
드렌처	• 난방이 되지 않는 옥외 개구부 • 연소확대 차단 • 방화구획하기 어려운 부분	• 연소(燃燒)할 우려가 있는 개구부(실내, 소방법) • 연소(延燒)할 우려가 있는 부분(실외, 건축법)

(4) 설비별 장단점

방 식	장 점	단 점
습식	• 소화시간이 빠르다(헤드개방 즉시 살수) • 구조가 간단하고, 공사비가 저렴하다. • 타 설비에 비해 신뢰도가 높음 • Grid 배관방식 가능 • 유지관리가 용이하다.	• 동결우려가 있는 장소에는 적용 제한 • 헤드 오동작시 수손피해가 큼 • 층고가 높을 경우 헤드의 개방지연으로 초기화재에 대처할 수 없음 • 보온이 필요
건식	• 동결우려가 있는 장소에 사용 가능 • 옥외에서도 사용이 가능 • 화재감지기가 별도로 필요하지 않음 • 보온이 불필요	• 압축공기 공급 및 신속한 개방을 위한 부대설비 필요 • 압축공기 방출 후 살수가 개시되므로 살수 개시까지의 시간지연 있음 • 화재초기 압축공기 방출로(∴ 산소 공급) 화재가 촉진될 우려 있음 • 일반 헤드의 경우 상향식 헤드만 사용 가능
준비 작동식	• 동결우려가 있는 장소에 사용 가능 • 헤드 개방 이전에 경보가 울리므로 화재초기에 피난대응이 가능 • 헤드 오동작으로 개방되어도 수손우려 없음 • 보온이 불필요	• 화재감지기를 별도로 설치 • 감지기 고장시 자동 기동되지 않음 • 일반 헤드의 경우 상향식 헤드만 사용 가능
일제 살수식	• 밸브개방시 즉시 살수가 되므로 초기화재시 신속하게 대처할 수 있음 • 층고가 높은 경우에도 적용할 수 있음	• 대용량의 수원·펌프가 필요 • 오작동시 광범위하게 살수가 되므로 수손피해가 매우 큼 • 화재감지기를 별도로 설치
드렌처	• 동결우려가 있는 장소에 사용 가능 • 연소확대 차단	• 오작동시 수손피해우려 • 유지관리 미흡시 효과 감소

05 수원

(1) 1차 수원

① 폐쇄형 헤드를 사용하는 경우

$Q = N \times 1.6\ m^3$/개

(여기서, $Q(m^3)$: 수원의 양, N(개) : 폐쇄형 헤드 기준개수(∵ 기준개수보다 적은 경우 그 설치개수))

② 개방형 헤드를 사용하는 경우

㉠ 30개 이하 설치한 경우

$Q = N \times 1.6\ m^3$/개 이상(여기서, $Q(m^3)$: 수원의 양, N(개) : 개방형 헤드 설치개수)

㉡ 30개 초과 설치한 경우

Q = 가압송수장치의 송수량(L/min) × 20 min 이상

$= K\sqrt{10P}$ /개 × 설치헤드수 × 20 min 이상

(여기서, Q(L) : 수원의 양, N(개) : 개방형 헤드 설치개수, P(MPa) : 헤드의 방수압력, K : 방출계수)

③ 스프링클러설비의 기준개수와 수원량

<table>
<tr><th colspan="2" rowspan="2">스프링클러설비 설치장소</th><th colspan="2">폐쇄형 헤드</th><th>개방형 헤드</th></tr>
<tr><th>기준개수</th><th>수원의 양</th><th>수원의 양</th></tr>
<tr><td colspan="2">층수가 11층 이상인 소방대상물(아파트를 제외)·지하가 또는 지하역사</td><td>30개</td><td>30개×1.6 m³/개
= 48 m³</td><td rowspan="5">최대 방수구역의 설치헤드 개수
• 30개 이하인 경우 : 헤드수 × 1.6 m³/개
• 30개 초과의 경우 : 가압송수장치의 송수량(L/min) × 20 min</td></tr>
<tr><td rowspan="3">층수가 10층 이하인 소방대상물</td><td>• 공장 또는 창고(랙크식 창고 포함) : 특수가연물 저장·취급함
• 판매시설 또는 복합건축물(판매시설이 설치되는 복합건축물)</td><td>30개</td><td>30개×1.6 m³/개
= 48 m³</td></tr>
<tr><td>• 공장 또는 창고(랙크식 창고 포함) : 특수가연물 저장·취급안함
• 근린생활시설·운수시설 또는 판매시설 없는 복합건축물
• 헤드의 부착높이가 8 m 이상인 것</td><td>20개</td><td>20개×1.6 m³/개
= 32 m³</td></tr>
<tr><td>• 헤드의 부착높이가 8 m 미만인 것</td><td rowspan="2">10개</td><td rowspan="2">10개×1.6 m³/개
= 16 m³</td></tr>
<tr><td colspan="2">아파트</td></tr>
</table>

기준개수

1. 하나의 소방대상물에 2 이상의 기준개수가 적용되는 경우에는 큰 수치를 기준개수로 함. 다만, 각 기준개수에 해당하는 수원을 별도로 설치하는 경우에는 그러하지 아니하다.
2. 기준개수는 스프링클러헤드의 설치개수가 가장 많은 층(아파트의 경우에는 설치개수가 가장 많은 세대)에 설치된 헤드의 개수가 기준개수보다 작은 경우에는 그 설치개수를 말한다.

헤드의 부착높이가 8 m 이상인 것

1. 층고 높을 수록 인입 공기에 의해 열기류의 온도와 속도가 감소되고 헤드 감열이 지연되어 화세가 확대되므로 기준개수 증가

(2) 2차 수원

① 2차 수원 : 산출된 유효수량외 유효수량의 1/3 이상을 옥상에 설치(∵ 스프링클러설비가 설치된 건축물의 주된 옥상을 말함)

② 그 밖의 사항은 옥내소화전설비의 관련 기준을 준용함

06 가압송수장치

일반적인 것은 옥내소화전설비의 가압송수장치 관련기준을 참고할 것

07 배관 및 부속설비

(1) 배관기준

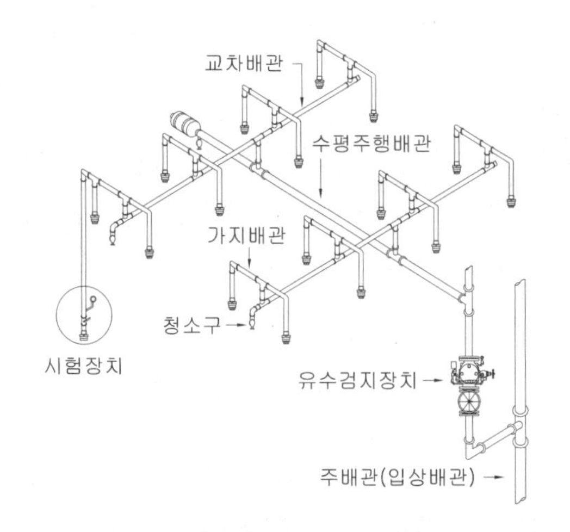

배관의 구조와 명칭

교차배관, 가지배관, 상향식 헤드

① 배관재질 : 일반사항은 옥내소화전 소화설비의 설치기준 준용

② 급수배관

㉠ 급수배관은 수원 및 옥외송수구로부터 스프링클러헤드에 급수하는 배관을 말한다.

㉡ 전용으로 할 것. 다만, 스프링클러설비의 기동장치의 조작과 동시에 다른 설비의 용도에 사용하는 배관의 송수를 차단할 수 있거나, 스프링클러설비의 성능에 지장이 없는 경우에는 다른 설비와 겸용할 수 있다.

㉢ 급수를 차단할 수 있는 개폐밸브는 개폐표시형으로 할 것. 이 경우 펌프의 흡입측 배관에는 버터플라이밸브 외의 개폐표시형밸브를 설치하여야 한다.

㉣ 배관의 구경은 제5조 제1항 제10호의 규정에 적합하도록 수리계산에 의하거나 별표1(스프링클러헤드 수별 급수관의 구경)의 기준에 따라 설치할 것. 다만, 수리계산에 따르는 경우 가지배관의 유속은 6 m/s, 그 밖의 배관의 유속은 10 m/s를 초과할 수 없다.

③ 주배관

㉠ 주배관은 각 층을 수직으로 관통하는 수직배관(∵ 입상배관)을 말한다.

㉡ 연결송수관설비의 배관과 겸용할 경우의 주배관은 구경 100 mm 이상, 방수구로 연결되는 배관의 구경은 65 mm 이상의 것으로 하여야 한다.

④ 교차배관

㉠ **정의** : 교차배관은 직접 또는 수직배관을 통하여 가지배관에 급수하는 배관을 말한다.

㉡ **교차배관의 위치·청소구 설치기준**

교차배관의 위치	• 가지배관과 수평으로 설치하거나 또는 가지배관 밑에 설치할 것 • 구경은 제3항 제3호의 규정에 따르되 최소구경이 40 mm 이상 되도록 할 것 • 패들형 유수검지장치 사용시 교차배관의 구경과 동일하게 설치 가능
청소구	• 청소구는 교차배관 끝에 개폐밸브를 설치할 것 • 호스접결이 가능한 나사식 또는 고정배수 배관식으로 할 것 • 나사식의 개폐밸브는 옥내소화전 호스접결용의 것으로 하고, 나사보호용의 캡으로 마감할 것

㉢ **분기배관** : 소방청장이 정하여 고시한 분기배관의 성능인증 및 제품검사의 기술기준에 적합한 것으로 설치하여야 한다.

⑤ 가지배관

㉠ **가지배관** : 스프링클러헤드가 설치되어 있는 배관

㉡ **가지배관의 배열기준**

• 토너먼트(Tournament)방식이 아닐 것

• 교차배관에서 분기되는 지점을 기점으로 한쪽 가지배관에 설치되는 헤드의 개수(반자 아래와 속의 헤드를 하나의 가지배관 상에 병설할 경우에는 반자 아래에 설치하는 헤드의 개수)는 8개 이하로 할 것. 다만, 다음 중 1에 해당하는 경우에는 예외

– 기존의 방호구역 안에서 칸막이 등으로 구획하여 1개의 헤드를 증설하는 경우

– 습식 스프링클러설비 또는 부압식 스프링클러설비에 격자형 배관방식(2 이상의 수평주행배관 사이를 가지배관으로 연결하는 방식)을 채택하는 때에는 펌프의 용량, 배관의 구경 등을 수리학적으로 계산한 결과 헤드의 방수압 및 방수량이 소화목적을 달성하는 데 충분하다고 인정되는 경우

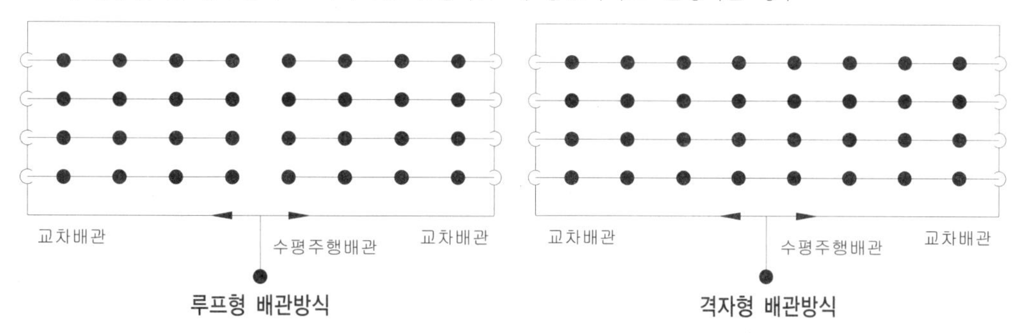

> 가지형 배관방식
> 1. 8개 이하 제한 이유 : 과도한 마찰손실을 줄이기 위해 헤드개수 제한함
> 2. 반자 아래와 속의 헤드를 하나의 가지배관상에 병설할 경우 반자 아래 헤드개수는 거의 동시에 화재발생을 하지 않는다고 가정하여 완전히 독립된 방호구역으로 간주함

- 가지배관과 스프링클러헤드 사이의 배관을 신축배관으로 하는 경우에는 소방청장이 정하여 고시한 스프링클러설비신축배관 성능인증 및 제품검사의 기술기준에 적합한 것으로 설치할 것. 이 경우 신축배관의 설치길이는 제10조제3항(헤드의 수평거리)의 거리를 초과하지 아니할 것

※ 신축배관 : 가지배관과 스프링클러헤드를 연결하는 구부림이 용이하고 유연성을 가진 배관

㉢ 헤드 접속배관

- 하향식헤드를 설치할 경우 가지배관으로부터 헤드에 이르는 헤드 접속배관은 가지관 상부에서 분기할 것
- 소화설비용 수원의 수질이 먹는 물 관리법 제5조의 규정에 따라 먹는 물의 수질기준에 적합하고 덮개가 있는 저수조로부터 물을 공급받는 경우에는 가지배관의 측면 또는 하부에서 분기할 수 있다.

⑥ 배수배관

㉠ 수직배수배관의 구경은 50 mm 이상으로 하여야 한다.

㉡ 수직배관의 구경이 50 mm 미만인 경우에는 수직배관과 동일한 구경으로 할 수 있다.

⑦ 배관의 배수를 위한 기울기

㉠ 습식 스프링클러설비 또는 부압식 스프링클러설비의 배관을 수평으로 할 것. 다만, 배관의 구조상 소화수가 남아 있는 곳에는 배수밸브를 설치할 것

㉡ 습식 스프링클러설비 또는 부압식 스프링클러설비외의 경우 헤드를 향하여 상향으로 수평주행배관의 기울기를 1/500 이상, 가지배관의 기울기를 1/250 이상으로 하되 배관의 구조상 기울기를 줄 수 없는 경우에는 배수를 원활하게 할 수 있도록 배수밸브를 설치할 것

⑧ 행가 [암기] **가교수**

㉠ 가지배관

- 가지배관에는 헤드의 설치지점 사이마다 1개 이상의 행가를 설치할 것
- 헤드 간의 거리가 3.5 m를 초과하는 경우에는 3.5 m 이내마다 1개 이상 설치할 것(이 경우 상향식헤드와 행가 사이에는 8 cm 이상의 간격을 둘 것)

㉡ 교차배관

- 가지배관과 가지배관 사이마다 1개 이상의 행가를 설치할 것
- 가지배관 사이의 거리가 4.5 m를 초과하는 경우에는 4.5 m 이내마다 1개 이상 설치할 것

㉢ 수평주행배관

위의 ㉠, ㉡의 수평주행배관에는 4.5 m 이내마다 행가를 1개 이상 설치할 것

⑨ 탬퍼스위치

㉠ 설치목적 : 급수배관에 설치되어 급수를 차단할 수 있는 개폐밸브에는 그 밸브의 개폐상태를 감시제어반에서 확인할 수 있도록 하기 위하여 설치

㉡ 설치기준 [암기] **경시배**

- 급수개폐밸브가 잠길 경우 탬퍼스위치(Tamper Switch)의 동작으로 인하여 감시제어반 또는 수신기에 표시되어야 하며 경보음을 발할 것
- 탬퍼스위치는 감시제어반 또는 수신기에서 동작의 유무확인과 동작시험, 도통시험을 할 수 있을 것
  ➜ 동작시험 : 부자 작동여부 확인
- 급수개폐밸브의 작동표시스위치에 사용되는 전기배선은 내화전선 또는 내열전선으로 설치할 것

⑩ 배관구분

㉠ 배관은 다른 설비의 배관과 쉽게 구분이 될 수 있는 위치에 설치하거나

㉡ 그 배관표면 또는 배관 보온재표면의 색상은 한국산업표준(배관계의 식별 표시, KS A 0503) 또는 적색으로 식별이 가능하도록 소방용설비의 배관임을 표시하여야 한다.

(2) 습식 스프링클러설비

① 방호구역·유수검지장치의 적합기준 암기 **3천 일어호실 하(HA)표 지 낙차 조**

㉠ 하나의 방호구역의 바닥면적은 3,000 m^2를 초과하지 아니할 것

㉡ 하나의 방호구역에는 1개 이상의 유수검지장치를 설치하되, 화재발생시 접근이 쉽고 점검하기 편리한 장소에 설치할 것

㉢ 하나의 방호구역은 2개층에 미치지 아니하도록 할 것 다만, 1개 층에 설치되는 스프링클러헤드의 수가 10개 이하인 경우와 복층형구조의 공동주택에는 3개 층 이내로 할 수 있다.

㉣ 설치장소 : 화재발생시 접근이 쉽고, 점검하기 편리한 장소에 설치할 것

구분	내용
실내에 설치할 경우	• 보호용 철망등으로 구획하거나 실내에 설치할 것 • 바닥으로부터 0.8 m 이상 1.5 m 이하의 위치에 설치할 것 • 해당 실 등에는 가로 0.5 m 이상 세로 1 m 이상의 출입문을 설치할 것 • 해당 출입문 상단에 "유수검지장치실"이라고 표시한 표지를 설치할 것
기계실(공조용 기계실을 포함)에 설치할 경우	• 별도의 실 또는 보호용 철망을 설치하지 아니하고 • 기계실 출입문 상단에 "유수검지장치실"이라고 표시한 표지를 설치할 수 있다.

㉤ 스프링클러헤드에 공급되는 물은 유수검지장치등을 지나도록 할 것. 다만, 송수구를 통하여 공급되는 물은 그러하지 아니하다.

➜ 송수구로부터의 배관은 유수검지장치 2차측과 연결해도 된다는 의미

㉥ 자연낙차에 따른 압력수가 흐르는 배관상에 설치된 유수검지장치는 화재시 물의 흐름을 검지할 수 있는 최소한의 압력이 얻어질 수 있도록 수조의 하단으로부터 낙차를 두어 설치할 것

㉦ 조기반응형 스프링클러헤드를 설치하는 경우

• 습식 유수검지장치 또는 부압식 스프링클러설비를 설치할 것

• 설치장소 암기 **공노 숙오병 거침없이 하이킥**

– 공동주택·노유자시설의 거실(∴ 공용복도, 주차장 등은 아님)

– 숙박시설·오피스텔의 침실, 병원의 입원실(∴ 복도, 진료실 등은 아님)

② 패들(Paddle)형 유수검지장치

㉠ 개요

• 헤드 개방으로 본체 및 배관내 유수현상을 자동 검지하여 신호 또는 경보를 발하는 장치

• 배관에 구멍을 뚫어 삽입한 금속이나 플라스틱제의 원판(패들)이 있는 전기장치

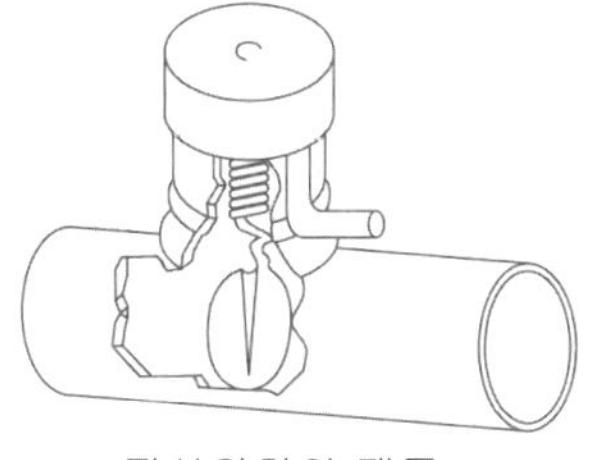

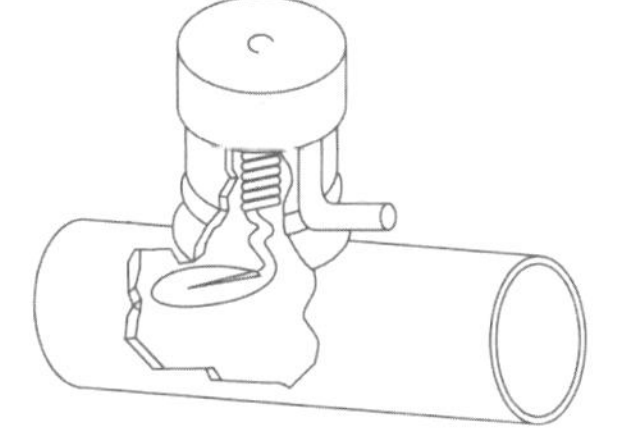

정상위치의 패들 유수상태의 패들

패들형 유수검지기

㉡ 작동원리

- 습식 스프링클러설비에서 헤드가 작동하면 배관의 유량흐름방향으로 원판(패들, Paddle)이 움직여 날개의 축이 전기접점을 이룬다.
- 이때 시간지연장치가 작동하여 이 장치가 작동한 이후 일정시간까지 원판이 경보위치에 있으면 전기적인 경보신호를 발하고 펌프가 작동되도록 신호를 보낸다.

㉢ 특징

- 패들형 유수검지장치에는 자동경보밸브와 같은 측로관이 없다. 때문에 마이크로스위치를 사용하고 있기 때문에 밸브가 충분히 열리지 않는 한 마이크로스위치는 작동이 되지 않도록 되어 있다.
- 자동경보밸브와 달리 체크밸브의 기능이 없다.
- 패들형 유수검지장치는 알람밸브의 보조역할로 많이 사용되나, 알람밸브보다 경제적이다.
- 배관내 패들의 위치에 따라 유수현상을 자동 검지함으로 설치장소를 가장 적게 차지하며, 경계구역내 배관의 유로가 많이 분기한 곳에 적합하다.

㉣ 용도

- 스프링클러설비의 작동지역을 신속, 정확히 알기 위하여 몇 개의 지역으로 스프링클러설비를 세분화하고자 할 때
- 세탁물 슈트·쓰레기슈트 또는 소창고실과 같은 특별한 장소에 스프링클러설비를 부분적으로 설치하고자 할 경우
- 국내의 경우 공동주택은 층별로 방호구역을 설정하도록 기준을 강화한 후 이의 경제적 보완책으로 패들형 유수검지장치를 사용하도록 배려한 것

㉤ 주의사항

- 물의 흐름방향에 맞추어 유수검지기를 설치하여야 함(시험밸브로 시험)
- NFPA(미국)에서는 습식설비에서만 사용하도록 규정함
  ➜ 건식등의 경우 급격한 수압변동으로 인한 수격으로 패들파손 방지

③ 청소구

㉠ 교차배관 끝에 개폐밸브를 설치할 것

㉡ 호스접결이 가능한 나사식 또는 고정배수 배관식으로 할 것

㉢ 나사식의 개폐밸브는 옥내소화전 호스접결용으로 하고, 나사보호용의 캡으로 마감할 것

④ 시험장치 암기 **연구헤**

㉠ **설치목적** : 습식유수검지장치 또는 건식유수검지장치를 사용하는 스프링클러설비와 부압식 스프링클러설비의 유수경보기능 확인

㉡ **설치위치** : 유수검지장치에서 가장 먼 가지배관의 끝으로부터 **연**결하여 설치할 것

㉢ **배관구경** : 유수검지장치에서 가장 먼 가지배관의 구경과 동일**구**경으로 하고, 그 끝에 개폐밸브 및 개방형**헤**드를 설치할 것.

이 경우 개방형헤드는 반사판 및 프레임을 제거한 오리피스만으로 설치할 수 있다.

➜ 시험장치의 배관구경

개정 전에는 25 mm이었으나 화재조기진압용 스프링클러설비나 Large Drop 스프링클러설비등은 가지배관의 구경이 25 mm보다 더 클 수 있어 삭제함

㉣ **배수처리** : 시험배관의 끝에는 물받이통 및 배수관을 설치하여 시험 중 방사된 물이 바닥에 흘러내리지 아니하도록 할 것. 다만, 목욕실·화장실 또는 그 밖의 곳으로서 배수처리가 쉬운 장소에 시험배관을 설치한 경우에는 그러하지 아니하다.

알람밸브와 패들(Paddle)형 유수검지장치의 비교

항 목	알람밸브	패들(Paddle)형 유수검지장치
체크밸브 기능	있다	없다
측로배관	있다	없다
설치공간	크다	작다
단가	고가	저가

(3) 건식 스프링클러설비

① 건식밸브(Dry Valve)

습식설비의 알람체크밸브(자동경보밸브)와 같은 기능을 하며 펌프측(1차측)은 가압수로 헤드측(2차측)은 압축공기 또는 질소(N_2)가스로 충압된다.

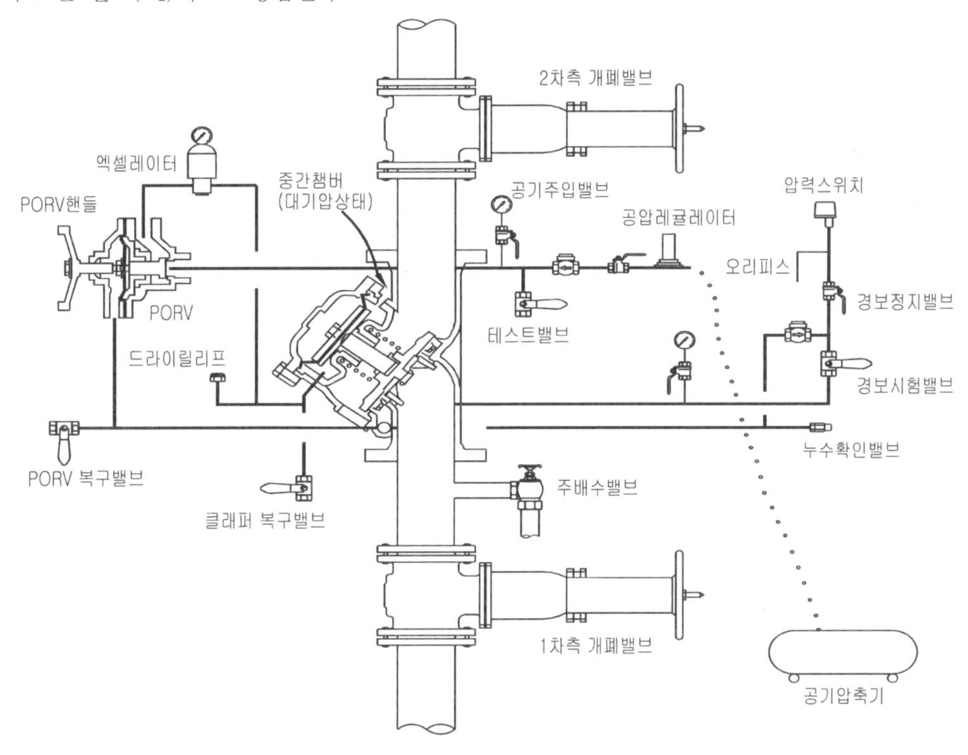

② Quick Opening Device(긴급개방장치)

➜ 2차측 배관내 압축공기의 장애로 인해 헤드로부터의 살수가 지연되므로 배관내 공기를 빼주는 속도를 증가시켜 건식밸브를 신속히 개방시키기 위한 장치

㉠ 엑셀러레이터(Accelerator, 가속기) : 헤드가 작동하여 배관내 압축공기의 압력이 설정압력 이하로 저하되면 엑셀레이터가 이를 감지하여 2차측의 압축공기를 1차측으로 우회시켜 클래퍼 하부에 있는 중간챔버로 보내줌으로써 수압과 공기압이 합해져 클래퍼를 신속하게 개방시켜주는 기능

㉡ 이그죠스터(Exhauster, 배출기) : 헤드가 작동하여 배관내 압축공기의 압력이 설정압력 이하로 저하되면 이그죠스터가 이를 감지하여 2차측 배관내 압축공기를 방호구역 외의 다른 곳으로 배출시키는 기능

㉢ 비교

항 목	엑셀러레이터	이그죠스터
구조		
2차압력	중간챔버로 보냄	해당 방호구역외로 방출
배관 구경	소구경(15 mm)	대구경(50 mm)
설치 위치	건식밸브에 설치	교차배관 말단에 설치
설치 목적	개방시간 단축	소화수 이송시간 단축
	클래퍼 신속개방유도	2차측 압축공기를 대기 중으로 신속배출로 클래퍼 개방 촉진

※건식밸브의 방수 지연시간 = Trip Time(클래퍼 개방시간) + Transit Time(소화수 이송시간)

③ Priming Water(마중물) ➜ 건식밸브(Dry Valve)에서 2차측 밸브몸체에 채워 두는 물 암기 **균지누충**

㉠ 공기압력이 클래퍼에 수직으로 균일하게 작용하도록 함

㉡ 공기압, Priming Water와 클래퍼의 무게(Gravity), 넓은 2차측 접촉면적등으로 1차측 압력과 2차측의 낮은 공기압으로 균형 유지

㉢ 클래퍼의 완전 폐쇄여부를 누설로 확인

㉣ 클래퍼개방시 충격완화

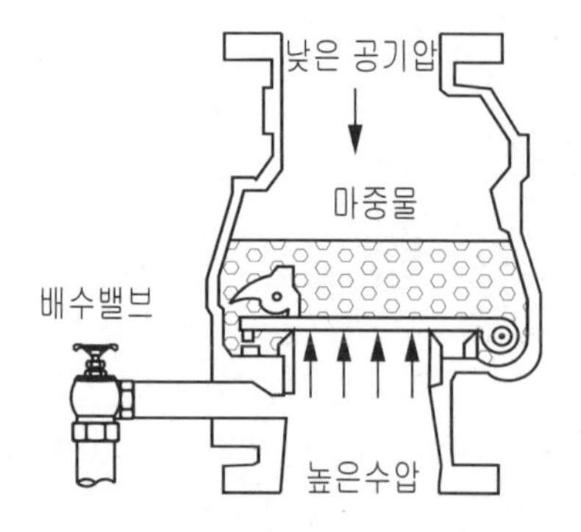

(4) 일제살수식 스프링클러설비

① 일제개방밸브의 종류

㉠ 델류지밸브

㉡ 자동밸브

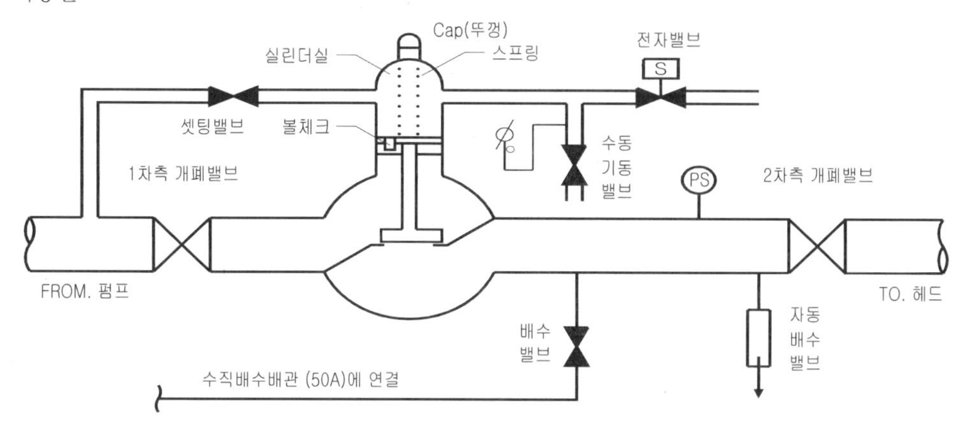

② 개방형 스프링클러설비의 방수구역 및 일제개방밸브 설치기준 암기 **2개층 방수 5호실 HA 표지**

㉠ 하나의 방수구역은 <u>2개층</u>에 미치지 아니할 것

㉡ <u>방수</u>구역마다 일제개방밸브를 설치할 것

㉢ 하나의 방수구역을 담당하는 헤드의 개수는 <u>5</u>0개 이하로 할 것. 다만, 2개 이상의 방수구역으로 나눌 경우에는 하나의 방수구역을 담당하는 헤드의 개수는 25개 이상으로 할 것

> 최소 헤드의 개수 25개 이상을 제한한 이유
> 방수구역의 면적이 지나치게 좁아지는 것을 막아 화세제어의 확률을 높이기 위한 것(감지면적 일정크기 확보)

㉣ 일제개방밸브의 설치위치는 제6조 제4호의 기준에 따르고, <u>표지</u>는 "일제개방밸브실"이라고 표시할 것

실내에 설치할 경우	• 보**호**용 철망등으로 구획하거나 **실**내에 설치할 것 • 바닥으로부터 **<u>0.8 m 이상 1.5 m 이하</u>**의 위치에 설치할 것 • 해당 실등에는 **<u>가로 0.5 m 이상 세로 1 m 이상</u>**의 출입문을 설치할 것 • 해당 출입문 상단에 "일제개방밸브실"이라고 표시한 **표**지를 설치할 것
기계실(공조용 기계실을 포함)에 설치할 경우	• 별도의 실 또는 보호용 철망을 설치하지 아니할 것 • 기계실 출입문 상단에 "일제개방밸브실"이라고 표시한 표지를 설치할 수 있다.

③ 준비작동식유수검지장치 또는 일제개방밸브 2차측 배관의 부대설비

㉠ 개폐표시형밸브를 설치할 것

㉡ 개폐표시형밸브와 준비작동밸브 또는 일제개방밸브 사이의 배관 구조

- 수직배수배관과 연결하고 동 연결배관상에는 개폐밸브를 설치할 것
- 자동배수장치 및 압력스위치를 설치할 것
- 압력스위치는 수신부에서 준비작동식유수검지장치 또는 일제개방밸브의 개방여부를 확인할 수 있게 설치할 것

④ 기동장치

㉠ 준비작동식 유수검지장치 또는 일제개방밸브의 작동의 적합기준

- 담당구역내의 화재감지기의 동작에 따라 개방 및 작동될 것
- 화재감지기회로는 교차회로방식으로 할 것

교차회로방식으로 아니하여도 되는 경우	• 스프링클러설비의 배관 또는 헤드에 누설경보용 물 또는 압축공기가 채워지거나 부압식 스프링클러설비의 경우 • 화재감지기를 자동화재탐지설비의 화재안전기준(NFSC 203) 제7조제1항 단서의 각 호의 감지기로 설치한 때

- 준비작동식 유수검지장치 또는 일제개방밸브의 인근에서 수동기동(전기식 및 배수식)에 따라서도 개방 및 작동될 수 있게 할 것
  ➜ 전기식 : SVP(Supervisory Panel), 배수식 : 수동기동밸브

㉡ 화재감지기의 설치기준

- 교차회로방식에 있어서의 화재감지기의 설치는 각 화재감지기 회로별로 설치할 것
- 각 화재감지기회로별 화재감지기 1개가 담당하는 바닥면적은 자동화재탐지설비의 화재안전기준(NFSC 203)의 규정에 따른 바닥면적으로 할 것
- 제1호 및 제2호의 규정에 따른 화재감지기의 설치기준에 관하여는 자동화재탐지설비의 화재안전기준(NFSC 203) 제7조 및 제11조의 규정을 준용할 것 이 경우 교차회로방식에 있어서의 화재감지기의 설치는 각 화재감지기 회로별로 설치하되, 각 화재감지기회로별 화재감지기 1개가 담당하는 바닥면적은 자동화재탐지설비의 화재안전기준 (NFSC 203) 제7조 제3항 제5호·제8호부터 제10호까지에 따른 바닥면적으로 한다.

㉢ 화재감지기회로에는 다음 각목의 기준에 따른 발신기를 설치할 것.
다만, 자동화재탐지설비의 발신기가 설치된 경우에는 그러하지 아니하다.

- 조작이 쉬운 장소에 설치하고, 스위치는 바닥으로부터 0.8 m 이상 1.5 m 이하의 높이에 설치할 것
- 특정소방대상물의 층마다 설치하되, 해당 특정소방대상물의 각 부분으로부터 하나의 발신기까지의 수평거리가 25 m 이하가 되도록 할 것. 다만, 복도 또는 별도로 구획된 실로서 보행거리가 40 m 이상일 경우에는 추가로 설치할 것
- 발신기의 위치를 표시하는 표시등 암기 **상 15 텐미적**
  – 함의 상부에 설치하되, 그 불빛은 부착면으로부터 15° 이상의 범위 안에서 부착지점으로부터 10 m 이내의 어느 곳에서도 쉽게 식별할 수 있는 적색등으로 할 것

유수검지장치, 일제개방밸브의 1차측, 2차측에 설치되는 개폐밸브의 설치목적

1. 1차측 개폐밸브
   ① 화재진압 후 개폐밸브를 폐쇄하여 수손피해 방지
   ② 유수검지장치등의 고장시 수리 및 교체
   ③ 2차측 배관의 헤드 증설 및 변경시 사용
   ④ 건식밸브, 준비작동밸브의 복구시 클래퍼 수동폐쇄
2. 2차측 개폐밸브
   ① 일제개방밸브의 수동기동시험시 사용
   ② 감지기 연동시험시 사용

일제개방밸브의 감압개방식과 가압개방식

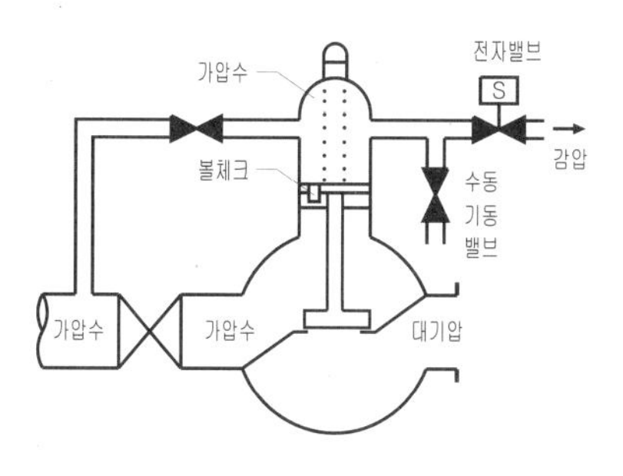

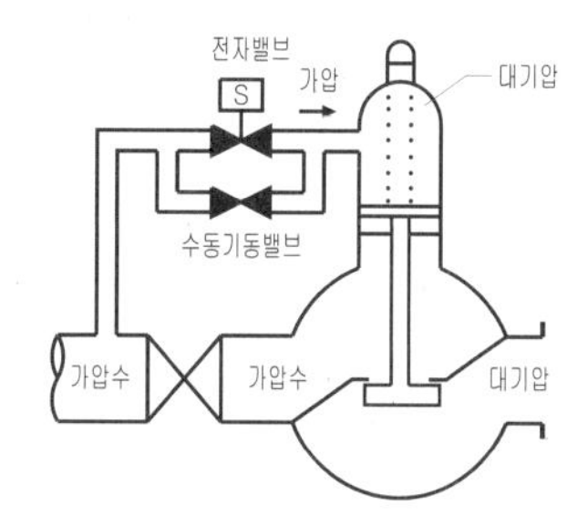

1. 감압개방식

   그림과 같이 밸브 상부에 가압실이 있어서 가압실내를 가압수로 채워 두었다가 전자밸브 또는 수동개방밸브가 개방되면 실린더내의 압력이 감압되어 밸브가 열리도록 된 것

2. 가압개방식

   실린더내를 평상시에는 가압해두지 않고, 전자밸브 또는 수동개방밸브가 개방되면 실린더 내의 압력이 가압 되어 밸브가 열리도록 된 것. 가압개방식은 실린더 내를 가압수로 가압하기 위한 관로를 설치해야 한다.

(5) 펌프의 작동

① 습식 유수검지장치 또는 건식 유수검지장치를 사용하는 설비의 경우 유수검지장치의 발신이나 기동용 수압개폐장치에 의하여 작동되거나 또는 이 두 가지의 혼용에 따라 작동될 수 있도록 할 것

② 준비작동식 유수검지장치 또는 일제개방밸브를 사용하는 설비의 경우 화재감지기의 화재감지나 기동용 수압개폐장치에 따라 작동되거나 또는 이 두 가지의 혼용에 따라 작동될 수 있도록 할 것

(6) 기동장치와 음향장치

① 습식 유수검지장치 또는 건식 유수검지장치를 사용하는 설비

헤드가 개방되면 유수검지장치가 화재신호를 발신하고 그에 따라 음향장치가 경보되도록 할 것

② 준비작동식 유수검지장치 또는 일제개방밸브를 사용하는 설비

화재감지기의 감지에 따라 음향장치가 경보되도록 할 것. 이 경우 화재감지기회로를 교차회로방식으로 하는 때에는 하나의 화재감지기회로가 화재를 감지하는 때에도 음향장치가 경보되도록 하여야 한다.

③ 음향장치는 유수검지장치 및 일제개방밸브 등의 담당구역마다 설치하되 그 구역의 각 부분으로부터 하나의 음향장치까지의 수평거리는 25 m 이하가 되도록 할 것

④ 음향장치는 경종 또는 사이렌(전자식 사이렌 포함)으로 하되, 주위의 소음 및 다른 용도의 경보와 구별이 가능한 음색으로 할 것. 이 경우 경종 또는 사이렌은 자동화재탐지설비·비상벨설비·자동식 사이렌설비의 음향장치와 겸용가능

⑤ 주음향장치는 수신기의 내부 또는 그 직근에 설치할 것

⑥ 경보방식 암기 **5년 3천초 2 1 지**

층수가 **5**층 이상으로서 **연**면적이 **3,000** m^2를 **초**과하는 특정소방대상물 또는 그 부분에 있어서는 **2**층 이상의 층에서 발화한 때에는 발화층 및 그 직상층에 한하여, **1**층에서 발화한 때에는 발화층·그 직상층 및 지하층에 한하여, **지**하층에서 발화한 때에는 발화층·그 직상층 및 기타의 지하층에 한하여 경보를 발할 수 있도록 할 것

경보의 우선순위

1. 지상층 경보의 순위

   발화층이 0순위, 직상층이 1순위(∵ 불길은 위로 올라가므로)

2. 지하층 경보의 순위

   지하층 중간에서 화재시 지상으로 피난하려면 화재층을 경유해야 하므로 지하층 전체가 동시에 경보를 발해야 한다.

⑦ 음향장치는 다음 각목의 기준에 따른 구조 및 성능의 것으로 할 것 암기 **팔일구**

㉠ 정격전압의 80 % 전압에서 음향을 발할 수 있는 것으로 할 것

㉡ 음량은 부착된 음향장치의 중심으로부터 1 m 떨어진 위치에서 90 dB 이상으로 할 것

(7) 송수구 암기 **접유소 개폐 지구자체 표수 마개**

① **설치 장소** : 소방차가 쉽게 접근할 수 있는 잘 보이는 장소에 설치하되 화재층으로부터 지면으로 떨어지는 유리창 등이 송수 및 그 밖의 소화작업에 지장을 주지 아니하는 장소에 설치할 것

➜ 일반적으로 건물 외벽에서 2 m 이상 이격하고 65 mm 호스 1본길이 이내로 설치

② **개폐 밸브** : 송수구로부터 스프링클러설비의 주배관에 이르는 연결배관에 개폐밸브를 설치한 때에는 그 개폐상태를 쉽게 확인 및 조작할 수 있는 옥외 또는 기계실 등의 장소에 설치할 것

➜ 설치목적 : 자동소화설비용 송수구의 연결배관에 사용하는 것으로 체크밸브의 고장시 수리 및 교체하는 중에 개폐밸브를 폐쇄하여 건물 보호

③ **설치 높이** : 지면으로부터 높이가 0.5 m 이상 1 m 이하의 위치에 설치할 것

④ **구경** : 구경 65 mm의 쌍구형으로 할 것

⑤ **자동배수밸브·체크밸브의 설치위치 및 상태** : 송수구의 가까운 부분에 자동배수밸브(또는 직경 5 mm의 배수공) 및 체크밸브를 설치할 것. 이 경우 자동배수밸브는 배관안의 물이 잘 빠질 수 있는 위치에 설치하되, 배수로 인하여 다른 물건 또는 장소에 피해를 주지 아니하여야 한다.

⑥ **송수압력범위 표지** : 송수구에는 그 가까운 곳의 보기 쉬운 곳에 송수압력범위를 표시한 표지를 할 것

⑦ **설치 개수** : 폐쇄형 스프링클러헤드를 사용하는 스프링클러설비의 송수구는 하나의 층의 바닥면적이 3,000 m^2를 넘을 때마다 1개 이상(5개를 넘을 경우에는 5개)을 설치할 것

⑧ 송수구에는 이물질을 막기 위한 마개를 씌워야 한다.

⑨ 송수구 겸용

㉠ 스프링클러설비의 송수구를 옥내소화전설비·간이스프링클러설비·화재조기진압용 스프링클러설비·물분무소화설비·포소화설비·연결송수관설비 또는 연결살수설비의 송수구와 겸용으로 설치하는 경우에는 스프링클러설비의 송수구의 설치기준에 따라 설치할 것

㉡ 각각의 소화설비의 기능에 지장이 없도록 할 것

08 헤드의 분류

(1) 감도특성별 분류

① 조기 반응형 헤드(Fast Response Sprinkler Head)
② 특수 반응형 헤드(Special Response Sprinkler Head)
③ 표준 반응형 헤드(Standard Response Sprinkler Head)

(2) 감열부별 분류

① 폐쇄형(Close Type Sprinkler Head)
- ㉠ 감열부가 있고 방수구가 폐쇄되어 있는 구조
- ㉡ 종류 : 퓨지블링크형(Fusible-link Type), 유리벌브형(Glass-bulb Type)

② 개방형(Open Type Sprinkler Head)
- ㉠ 감열부가 없고 방수구가 개방되어 있는 구조
- ㉡ 설치시 별도의 감지기를 설치하여야 한다.

(3) 설치형태별 분류 암기 상하측 반매은

① 상향식(Upright Type)
- ㉠ 일반적으로 반자가 없는 곳에 적용한다.
- ㉡ 분사패턴이 가장 우수하다.
- ㉢ 건식 및 준비작동식 스프링클러설비는 상향식 헤드를 사용하나 다음의 경우는 예외이다. 암기 드동개
  - 드라이펜던트(Dry Pendent) 스프링클러헤드를 사용하는 경우
  - 스프링클러헤드의 설치장소가 동파의 우려가 없는 곳인 경우
  - 개방형 스프링클러헤드를 사용하는 경우

② 하향식(Pendent Type)

㉠ 습식설비에 사용하며 일반적으로 반자가 있을 경우 적용한다. 습식의 경우 하향식 헤드 설치시에는 회향식으로 가지관 상부에서 분기하여야 한다. 다만, 먹는 물 수질기준에 적합하고 덮개가 있는 저수조로부터 물을 공급받는 경우에는 가지배관의 측면 또는 하부에서 분기할 수 있다.

㉡ 분사패턴이 상향식보다 못하다.

㉢ 준비작동식의 경우는 드라이펜던트 헤드를 사용하여야 한다.

드라이펜던트 스프링클러헤드(Dry Pendent Type)

1. 습식스프링클러설비를 설치한 냉동창고, 냉장고 등의 방호에 사용되며, 압축공기나 부동액을 충전하고 Water Tight Seal로 밀봉되어 있다.
2. 건식 및 준비작동식스프링클러설비를 적용한 지하주차장의 승강장, 용역원실(반자 있음)에 하향식 스프링클러헤드를 설치할 경우 드라이펜던트 스프링클러헤드를 설치함.
   ➜ 동절기에 누수나 오작동으로 인해 소화수가 유수검지장치 2차측으로 넘어갈 경우 배수용이 및 동파방지 위해 드라이펜던트 스프링클러헤드를 설치함.

③ 측벽형(Side-wall Type)

㉠ 실내의 폭이 9 m 이하인 경우에 한하여 적용한다.

㉡ 옥내의 벽체 측면에 설치한다.

㉢ 분사패턴은 축심을 중심으로 한 반원상에 균일하게 방사된다.

㉣ 천장이 낮고, 화재하중이나 위험도가 낮은 장소에 제한적 사용 권장한다.

④ 반매입형(Flush Type)

㉠ 부착나사를 포함한 몸체의 일부나 전부가 천장면 위에 설치되어있는 헤드이다.

㉡ 사람의 출입이 많은 경우 미관을 고려하여 천장면과 거의 평탄하게 부착되는 헤드이다.

⑤ 매입형(Recessed Type)

㉠ 부착나사외 몸체 일부나 전부가 보호집 안에 설치되어 있는 헤드로서 설치 후 천장면 밖으로 돌출될 수 있는 높이를 조정할 수 있다.

㉡ 내부배관과 천장면과의 차이로 인한 높이 조정폭이 크므로 설치작업이 편리한 헤드이다.

⑥ 은폐형(Concealed Type)

㉠ 매입형 스프링클러헤드에 덮개가 부착된 헤드로서 설치 후 외부에서 보이지 않도록 설계된 헤드로서 천장면과 동일한 표면에 설치되는 덮개판에 의해 헤드가 은폐되도록 되어 있다.

㉡ 헤드가 덮개판에 의해 감추어지는 고품격의 제품으로 실내가구 이동이나 부주의에 의한 파손의 우려가 없으며 내부배관과 천장면과의 차이로 인한 높이의 조정이 가능한 구조로 되어 있다.

(4) 사용목적별 분류

① 분사형(Spray) 헤드(표준형 헤드)

② 조기반응형 헤드(FR 헤드)

③ 화재조기진압용 스프링클러헤드(ESFR 헤드)

④ 랙크형 헤드(In-rack 헤드)

(5) 사용온도별 분류

① 표시온도

㉠ 폐쇄형 스프링클러헤드는 그 설치장소의 평상시 최고 주위온도에 따라 다음 표에 따른 표시온도의 것으로 설치하여야 한다.

㉡ 다만, 높이가 4 m 이상인 공장 및 창고(랙식 창고 포함)에 설치하는 스프링클러헤드는 그 설치장소의 평상시 최고주위온도에 관계없이 표시온도 121 ℃ 이상의 것으로 할 수 있다.

암기 **삼구 육사 공육, 친구 둘하나 육이**

설치장소의 최고 주위온도	표시온도
39 ℃ 미만	79 ℃ 미만
39 ℃ 이상~ 64 ℃ 미만	79 ℃ 이상~121 ℃ 미만
64 ℃ 이상~106 ℃ 미만	121 ℃ 이상~162 ℃ 미만 ➜ 높이 4 m 이상의 공장, 창고
106 ℃ 이상	162 ℃ 이상

② 헤드의 표시온도(작동온도)에 따른 색표시

화재안전기준	스프링클러헤드 형식승인 및 제품검사의 기술기준			
표시온도	퓨지블링크형		유리벌브형	
	표시온도	후레임 색	표시온도	액체색
79 ℃ 미만	77 ℃ 미만 (제품 72 ℃)	표시없음 (∴ 청동)	57 ℃	오렌지
			68 ℃	빨강
79 ℃ 이상 121 ℃ 미만 (보일러실, 주방, 탕비실등)	78 ℃~120 ℃ (제품 105 ℃)	흰색	79 ℃	노랑
			93 ℃	초록
121 ℃ 이상 162 ℃ 미만 (수손피해 최소화 : 공장, 창고등)	121 ℃~162 ℃ (제품 143 ℃)	파랑	141 ℃	파랑
162 ℃ 이상	163 ℃~203 ℃ (제품 183 ℃)	빨강	182 ℃	연한자주
	204 ℃~259 ℃	초록	227 ℃	검정
	260 ℃~319 ℃	오렌지	–	–
	320 ℃ 이상	검정	–	–

09 헤드의 배치

(1) 용도별 헤드의 수평거리(살수반경) 암기 무특 비내랙아

설치장소			수평거리
폭 1.2 m 초과하는 천정·반자·닥트·선반 기타 이와 유사한 부분	**무**대부, **특**수가연물		1.7 m 이하
	기타 특정소방대상물	**비**내화구조	2.1 m 이하
		내화구조	2.3 m 이하
	랙식 창고	특수가연물	1.7 m 이하
		기타	2.5 m 이하
	공동주택(**아**파트) 세대 내의 거실		3.2 m 이하(스프링클러헤드 형식승인 및 제품검사의 기술기준 유효반경의 것)
연소우려가 있는 개구부	개구부 폭이 2.5 m 초과		그 상하좌우는 2.5 m 간격
	개구부 폭이 2.5 m 이하		중앙
랙식 창고	특수가연물		랙크 높이 4 m 이하마다
	기타의 장소		랙크 높이 6 m 이하마다
폭이 9 m 이하인 실내 (∴ 측벽형 헤드)	폭 4.5 m 미만		긴 변의 한쪽 벽에 일렬로 설치
	폭 4.5 m 이상 9 m 이하		• 긴 변의 양쪽에 각각 일렬로 설치 • 마주보는 헤드가 나란히 꼴이 되도록 3.6 m 이내마다 설치

무대부의 정의

1. 공연을 위한 무대장치가 설치된 건물 내의 장소 ➜ NFPA 101.3-3
   ① 정통무대(Legitimate Stage) : 무대높이가 50 ft(15 m) 초과하는 경우
   ② 일반무대(Regular Stage) : 무대높이가 50 ft(15 m) 이하인 경우.
2. 무대부분 : 무대주위에 설치되어 공연을 하기 위한 장치실, 소품실(의상실, 소도구실)등 부속용도의 실은 무대부에 포함한다.
3. 무대장치 : 조명시설, 음향시설, 무대막등의 고정시설 ➜ 무대장치가 없는 장소, 즉 단상은 적용 안 된다.

(2) 헤드의 배치 및 간격

① 정사각형(정방형)의 배치 : $S = L = 2R \times \cos 45^\circ$

㉠ 헤드간 거리와 가지배관의 거리를 같게 하여 배치하는 방법
㉡ 헤드의 간격은 수평거리와의 개념이 다름
㉢ 수평거리는 헤드 1개당 포용하는 거리이나 헤드의 간격은 헤드와 헤드 사이의 거리임
- 헤드간격(S) = $2R \times \cos 45^\circ$ = 가지배관의 간격(L)
- 수평거리(R) = 살수반경 = 포용반경

② 직사각형(장방형)의 배치 : $Pt = 2R(\because S \neq L)$

헤드간의 거리와 배관간의 거리가 같지 않은 직사각형의 배열로 헤드 배치

㉠ 가지배관의 간격(L) = $2R \times \sin\theta$, 헤드간격(S) = $\sqrt{4R^2 - L^2}$

㉡ 헤드간 대각선 길이(Pt) = $2R = \sqrt{S^2 + L^2}$

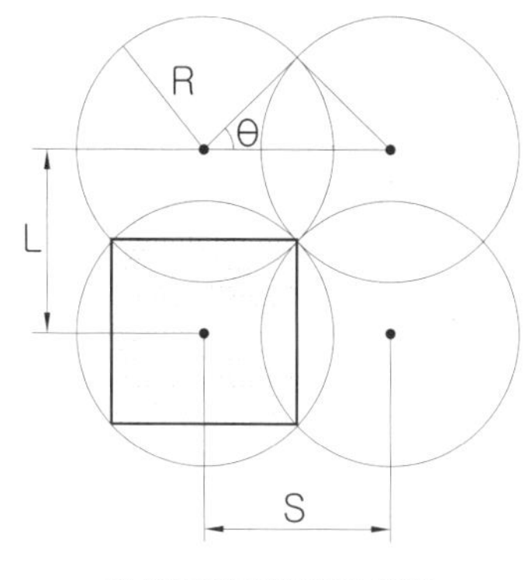

정사각형(정방형)의 배치

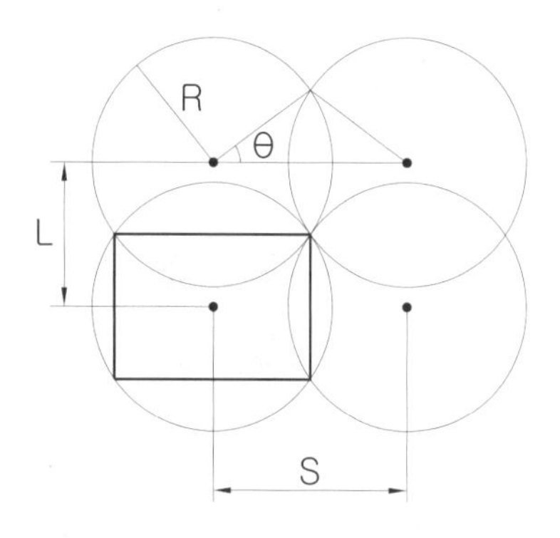

직사각형(장방형)의 배치

③ 지그재그형(나란히꼴형)의 배치 : $S = 2r\cos 30°$

3개의 헤드가 정삼각형을 이루고 4개의 헤드는 나란히꼴을 이루는 배치형태

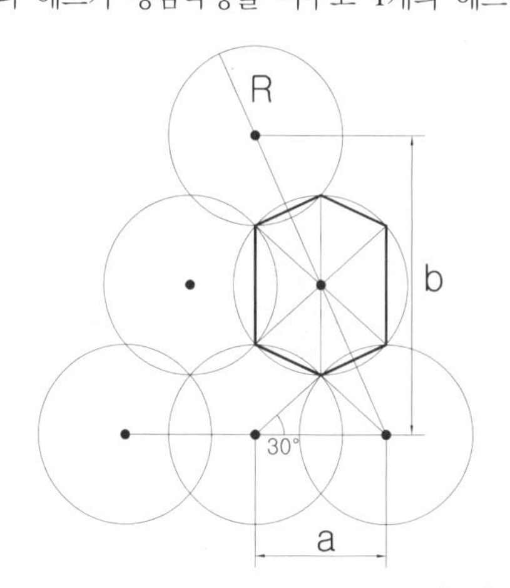

① 헤드간격(S)

$S = a = 2R \times \cos 30°$

$\rightarrow \frac{S}{2} = R \times \cos 30°$

② 가지배관의 간격(L)

$L = a \times \cos 30° = \frac{b}{2}$

$\rightarrow 2L = 2a \times \cos 30° = b$

지그재그형(나란히꼴형)의 배치

(3) 헤드의 설치기준 암기 설랙수 무연 조표

① 헤드 설치위치 및 장소(공간)

특정소방대상물의 천장·반자·천장과 반자 사이·덕트·선반 기타 이와 유사한 부분(폭이 1.2 m를 초과하는 것에 한한다)에 설치할 것. 다만, 폭이 9 m 이하인 실내에 있어서는 측벽에 설치할 수 있다.

② 랙식 창고의 경우

㉠ 특수가연물 저상 또는 취급하는 경우 : 랙크높이 4 m 이하마다 헤드 설치

㉡ 그 밖의 것을 취급하는 경우 : 랙크높이 6 m 이하마다 헤드 설치

㉢ 천장높이 13.7 m 이하로서 화재조기진압용 스프링클러헤드를 설치하는 경우 : 천장에만 헤드 설치

➜ FMRC(미국보험회사 연구소) : 45 ft = 13.7 m(NFSC 준용), NFPA(미국) : 40 ft = 12.2 m

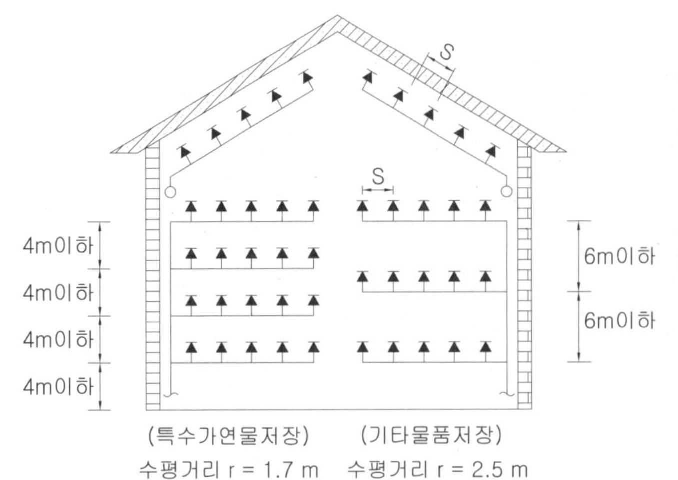

랙크식 창고 바닥 교차배관

③ 수평거리(살수반경)

용도별 헤드의 수평거리를 참조할 것

④ 영 별표5 소화설비의 소방시설 적용기준란 제3호 가목의 규정에 따른 무대부 또는 연소할 우려가 있는 개구부에 있어서는 개방형 헤드를 설치할 것

> 무대부에 개방형 헤드를 설치할 대상
>
> 1. 문화 및 집회시설(동·식물원은 제외), 종교시설(사찰·제실·사당은 제외), 운동시설(물놀이형 시설은 제외)로서 다음의 어느 하나에 해당하는 경우에는 전층
>   ① 무대부가 지하층·무창층 또는 4층 이상의 층에 있는 경우에는 무대부의 면적이 300 m^2 이상인 것
>   ② 무대부가 ①외의 층에 있는 경우에는 무대부의 면적이 500 m^2 이상인 것

⑤ 다음 해당하는 장소에는 조기반응형 헤드를 설치할 것 암기 **공노숙오병 거침없이(하이킥)**

㉠ 공동주택·노유자시설의 거실(∴ 공용복도, 주차장 등은 아님)

㉡ 숙박시설·오피스텔의 침실, 병원의 입원실(∴ 복도, 진료실 등은 아님)

⑥ 폐쇄형 스프링클러헤드는 그 설치장소의 평상시 최고 주위온도에 따라 다음 표에 따른 표시온도의 것으로 설치하여야 한다. 다만, 높이가 4 m 이상인 공장 및 창고(랙식 창고 포함)에 설치하는 스프링클러헤드는 그 설치장소의 평상시 최고주위온도에 관계없이 표시온도 121 ℃ 이상의 것으로 할 수 있다.

➜ 고온 작업등이 있는 공장, 창고에서의 축열효과로 인한 오작동으로 인한 수손피해 방지

암기 **삼구 육사 공육, 친구 둘하나 육이**

설치장소의 최고 주위온도	표시온도
39 ℃ 미만	79 ℃ 미만
39 ℃ 이상~ 64 ℃ 미만	79 ℃ 이상~121 ℃ 미만
64 ℃ 이상~106 ℃ 미만	121 ℃ 이상~162 ℃ 미만
106 ℃ 이상	162 ℃ 이상

⑦ 헤드의 설치기준 암기 **공부 배반 기연 건 옆차**

㉠ 살수가 방해되지 아니하도록 헤드로부터 반경 60 cm 이상의 공간을 보유할 것. 다만, 벽과 헤드간의 공간은 10 cm 이상으로 할 것

㉡ 헤드와 그 부착면과의 거리는 30 cm 이하로 할 것 ➜ NFPA 기준 : 1 in~12 in(감열효과 증대)

㉢ 배관·행가 및 조명기구 등 살수를 방해하는 것이 있는 경우에는 위의 규정에 불구하고 그로부터 아래에 설치하여 살수에 장애가 없도록 할 것. 다만, 헤드와 장애물과의 이격거리를 장애물 폭의 3배 이상 확보한 경우에는 예외

㉣ 헤드의 반사판은 그 부착면과 평행하게 설치할 것. 다만, 측벽형 헤드 또는 연소할 우려가 있는 개구부에 설치하는 헤드의 경우에는 예외

㉤ 천장의 기울기가 1/10을 초과하는 경우(경사지붕, 박공지붕)

- 가지관을 천장의 마루와 평행하게 설치할 것
- 천장의 최상부에 헤드를 설치하는 경우에는 최상부에 설치하는 헤드의 반사판을 수평으로 설치할 것
- 천장의 최상부를 중심으로 가지관을 서로 마주보게 설치하는 경우에는 최상부의 가지관 상호간의 거리가 가지관상의 헤드 상호간의 거리의 1/2 이하(최소 1 m 이상)가 되게 헤드를 설치하고, 가지관의 최상부에 설치하는 헤드는 천장의 최상부로부터의 수직거리가 90 cm 이하가 되도록 할 것. 톱날지붕, 둥근지붕 기타 이와 유사한 지붕의 경우에도 이에 준한다.

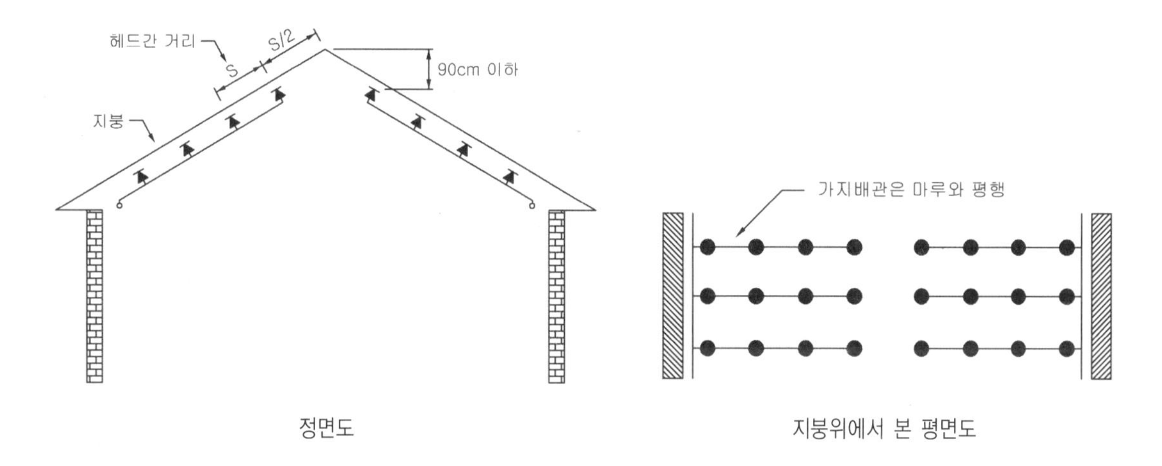

정면도

지붕위에서 본 평면도

㉥ 연소할 우려가 있는 개구부의 경우

- 개구부에는 그 상하좌우에 2.5 m 간격으로(개구부의 폭이 2.5 m 이하인 경우에는 그 중앙에) 헤드를 설치할 것
- 헤드와 개구부의 내측면으로부터 직선거리는 15 cm 이하가 되도록 할 것
- 사람이 상시 출입하는 개구부로서 통행에 지장이 있는 때에는 개구부의 상부 또는 측면(개구부의 폭이 9 m 이하인 경우에 한함)에 설치하되, 헤드 상호간의 간격은 1.2 m이하로 설치할 것

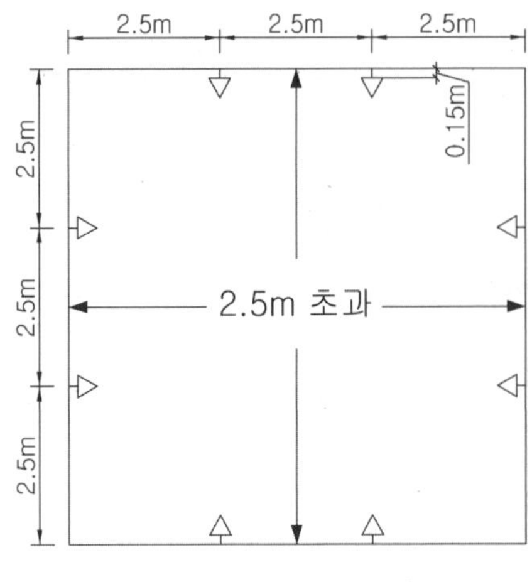

개구부의 폭이 2.5m초과인 경우

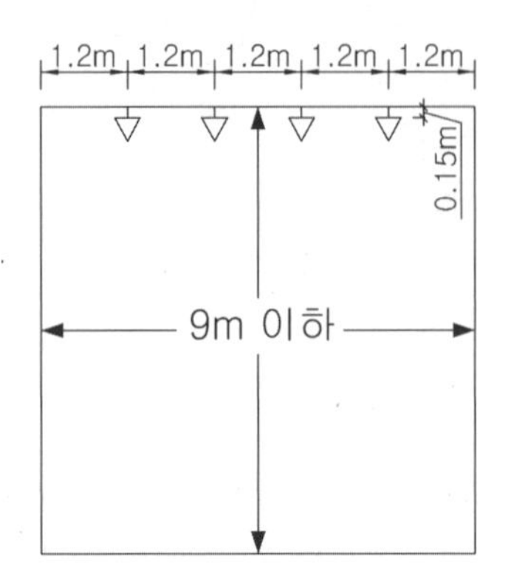

통행에 지장이 있는 경우

㉧ 습식 스프링클러설비 및 부압식 스프링클러설비외의 설비에는 상향식 스프링클러헤드를 설치할 것
다만, 다음 각목의 1에 해당하는 경우에는 예외

- 드라이펜던트 스프링클러헤드를 사용하는 경우
- 헤드의 설치장소가 동파의 우려가 없는 곳인 경우
- 개방형 스프링클러헤드를 사용하는 경우

㉨ 측벽형 스프링클러헤드를 설치하는 경우

- 폭이 4.5 m 미만인 경우 긴 변의 한쪽 벽에 일렬로 3.6 m 이내마다 설치할 것
- 폭이 4.5 m 이상~9 m 이하인 경우 긴 변의 양쪽에 각각 일렬로 설치하되 마주보는 헤드가 나란히꼴이 되도록 3.6 m 이내마다 설치할 것
- 천장이 낮고, 화재하중이나 위험도가 낮은 장소에 설치 권장

덕트 하부 측벽형 헤드

차폐판 또는 집열판 부착한 측벽형 헤드

㉩ 차폐판 설치
상부에 설치된 헤드의 방출수에 따라 감열부에 영향을 받을 우려가 있는 헤드에는 방출수를 차단할 수 있는 유효한 차폐판을 설치할 것

㉷ 보와 가장 가까운 헤드 설치

• 보의 깊이가 55 cm 이하, 보의 폭이 1.2 m 이하인 경우

A : 헤드 반사판 중심과 보와의 수평거리	B : 헤드반사판과 보의 하단과의 수직거리
0.75 m 미만	보의 하단보다 낮을 것
0.75 m 이상~1 m 미만	0.1 m 미만일 것
1 m 이상~1.5 m 미만	0.15 m 미만일 것
1.5 m 이상	0.3 m 미만일 것

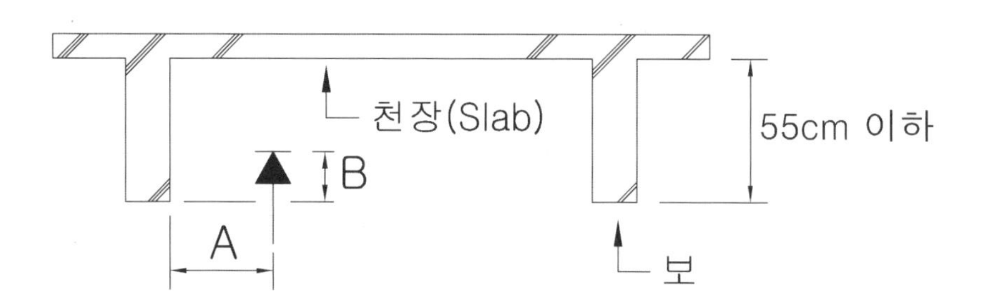

• 보의 깊이가 55 cm 초과, 보의 폭이 1.2 m 이하인 경우

➜ 천장 면에서 보의 하단까지의 길이에 관계없이 보의 중심으로부터 스프링클러헤드까지의 거리가 스프링클러헤드 상호간 거리의 2분의 1 이하가 되는 경우에는 스프링클러헤드와 그 부착 면과의 거리를 30cm 이하로 할 수 있다.

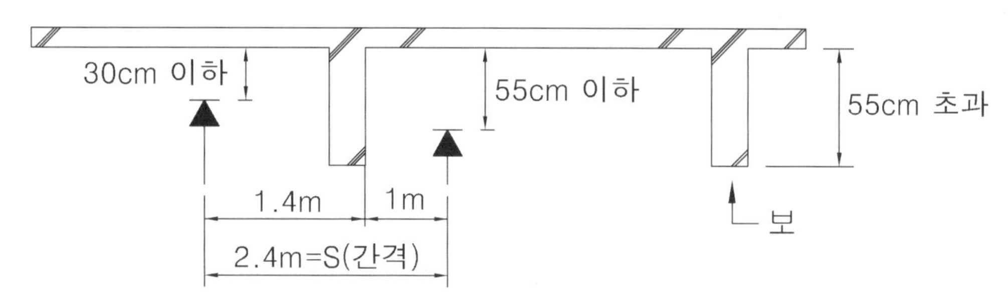

1. S/2 이하는 55 cm 이하
2. S/2 초과는 30 cm 이하가 원칙으로 하고 보의 하부바닥을 포용할 것
3. 보로부터 모든 헤드는 60 cm 이상 이격 시킬 것
4. 헤드와 장애물과의 이격거리를 장애물 폭의 3배 이상 확보

주차장 헤드 배치 개념

1. 집열기준

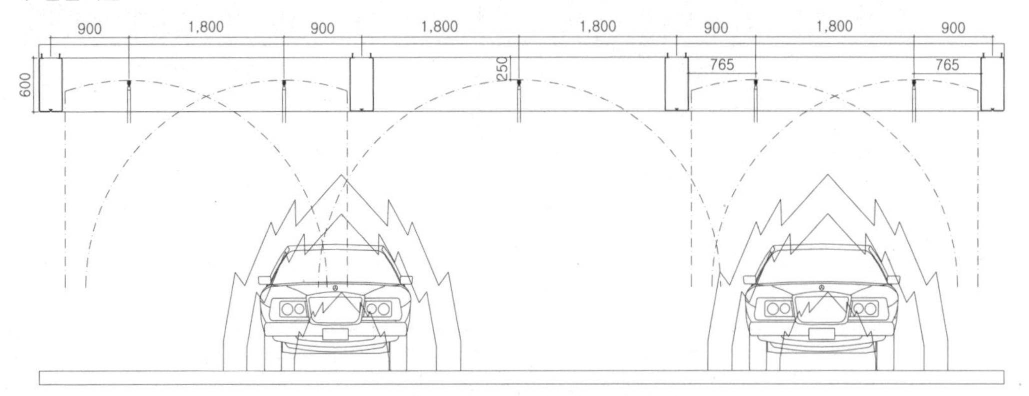

< 집열기준으로한 시공상세도 >

집열기준시 살수장애부분에 반경부족할 경우 살수장애가 없는 헤드에서 미반영부분을 포용함

2. 집열과 이격거리 기준

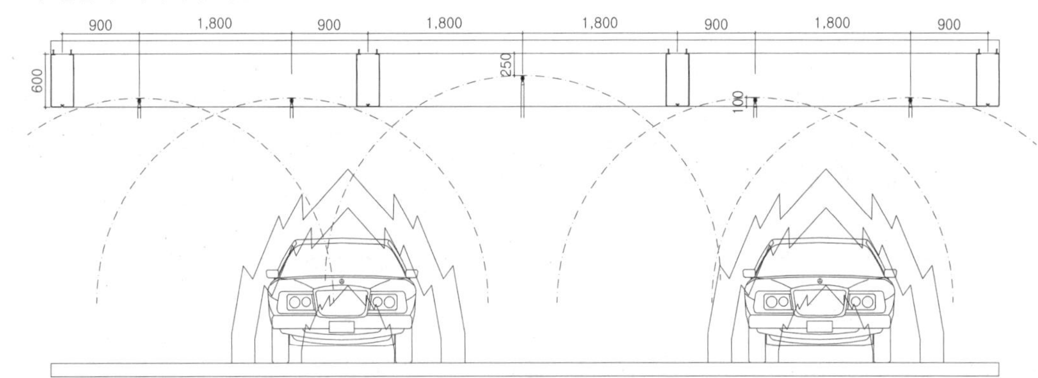

< 집열/이격거리 기준으로한 시공상세도 >

보와 이격거리가 1.5m 이상 일경우에는 집열기준으로 시공하고
보와의 거리가 최소이격거리 0.75m 일때 보 하단에서 0.1m이하로 시공하여 살수장애를 방지함

10 스프링클러설비의 소화특성

(1) 개요

화재의 특성에 따라 적용되는 스프링클러가 갖추어야 할 중요한 소화특성은 화재발생시부터 소화작업이 시작되는 시간과 관계되는 화재감지특성과 방호대상물의 용도 등에 따른 화재제어 및 화재진압에 관한 방사특성으로 크게 두 가지로 분류할 수 있다.

(2) 화재감지특성

화재감지특성은 화재감지와 직결된 감도의 특성을 결정짓는 요소로서, 화재발생으로 생성된 열기류에 의한 헤드의 각 부분으로 열이 전달되는 감열부가 작동하는 감도범위를 정하는 요소는 반응시간지수(RTI)와 전도열전달계수(Conductivity : C)가 있다.

① RTI(Response Time Index : 반응시간지수) 암기 **온속시간**

기류의 온도·속도 및 작동시간에 대하여 헤드의 반응을 예상한 지수, 즉 헤드의 열에 대한 민감도를 정량적인 수치로 나타낸 것

RTI $=\tau\sqrt{U}\,[\sqrt{\mathrm{m}\cdot\mathrm{s}}]$, 감열체의 시간상수 $\tau=\dfrac{\mathrm{mc}}{\mathrm{hA}}[\mathrm{s}]$

(여기서, U = 기류속도(m/s), m = 감열체의 질량(kg), c = 감열체의 비열(kJ/(kg · ℃)), h = 대류열전달계수(kW/(m^2 · ℃)), A = 감열체의 면적(m^2))

위의 식에서 RTI는 감열체의 질량이 작을수록, 비열이 작을수록 표면적이 넓을수록 값이 작아지는 것을 알 수 있으며 값이 작을수록 헤드의 작동지연시간이 짧아진다는 의미이다.

(열용량(mc)을 작게 : 유리벌브형 헤드의 유리벌브 구경 5 mm → 3 mm, 감열체의 표면적이 넓게 : ESFR 헤드 감열체의 표면적(A)이 크다)

② 전도열전달계수(Conductivity : C)

헤드의 주위로부터 흡수된 열량 중 배관 및 수로 등으로 방출되는 열손실량에 대한 특성값으로, 값이 작을수록 전도열손실량이 적어져 헤드가 빨리 작동한다.

③ 감도특성에 따른 헤드의 구분 암기 **오빠 삼오헤**

헤드 구분	반응시간지수(RTI)
조기반응형	50 이하
특수반응형	51 초과~80 이하
표준반응형	80 초과~350 이하

소화설비에서 화재감지는 매우 중요한 요소로서 스프링클러설비의 경우에는 반응시간지수 등의 특성치를 개발하여 방호대상물의 화재특성에 따라 화재감지시간을 제어할 수 있도록 하고 있다.

(3) 방사특성

헤드의 소화특성은 화재제어(Fire Control)와 화재진압(Fire Suppression) 능력이다. ADD와 RDD는 화재제어 및 진압을 위한 방사특성을 결정짓는 중요한 요소이다.

① RDD(Required Delivered Density : 필요 살수밀도)

㉠ 화재를 진화하는 데 필요한 최소 물의 양을 가연물 상단의 표면적으로 나눈 값($L/(min \cdot m^2)$)

$$RDD = \frac{Q_R}{A} \ [L/(min \cdot m^2) \text{ 또는 } mm/min]$$

(여기서, Q_R : 요구 방수량, A : 가연물 상단의 표면적)

㉡ 화재크기등이 클수록 RDD는 크다. 초기 소화를 위해서는 "RDD < ADD"이어야 한다.

㉢ RDD(내화구조로 수평거리 2.3 m 이하인 경우)

$$RDD = \frac{\text{헤드방수량}}{\text{가연물상단표면적}} = \frac{80 \ L/min}{10.58 \ m^2}$$

$$= \frac{80 \ L}{min} \times \frac{1 \ m^3}{1{,}000 \ L} \times \frac{1}{10.58 \ m^2} \times \frac{1{,}000 \ mm}{1 \ m} = 7.56 \ \frac{mm}{min}$$

② ADD(Actual Delivered Density : 실제 침투밀도)

㉠ 화재시 화염에 의한 상승기류 등으로 인하여 헤드에서 방사된 물의 전부가 화염에 도달하지 못한다. 이때 실제 화염에 침투하는 방수량으로서 가연물 상단의 표면적으로 나눈 값이다.

$$ADD = \frac{Q_A}{A} \ [L/(min \cdot m^2) \text{ 또는 } mm/min]$$

(여기서, Q_A : 침투 방수량, A : 가연물의 상단표면적)

㉡ 화재 발생시 화재크기 등(화재하중, 화재가혹도)에 따라 소화에 필요한 살수밀도

㉢ 화세크기, 열방출률, 물입자 크기 및 물입자의 운동량 등에 의해 결정된다.

③ RTI와 ADD, RDD와의 관계

㉠ RDD는 시간이 경과될수록 화세가 확대되므로 더 많은 주수를 필요로 하여 시간에 따라 증가하게 된다.

㉡ ADD는 시간이 지나면 확대된 화세로 인하여 Fire Plume 주위로 물방울이 비산되거나 증발하는 양이 증가하게 되어 실제 화심 속으로 침투하는 양은 줄어들게 된다.

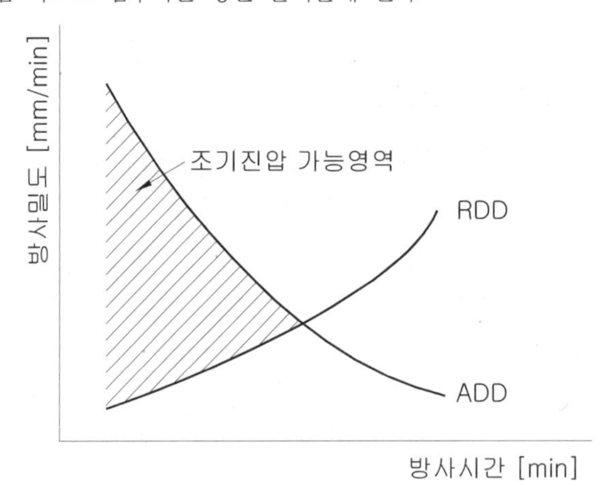

㉢ 따라서 화재시 조기에 진화가 될 수 있는 조건은 ADD > RDD인 빗금 친 영역이 되며 RDD 및 ADD의 단위는 $L/(min \cdot m^2)$이다.

- RTI가 작을수록 ADD가 커 화재진압을 통한 소화가 가능하나, RTI가 높을수록 ADD가 작아져 화재제어를 통한 소화나 소화에 실패할 확률이 커진다.

RTI	열응답	헤드개방시간	헤드 개방수	RDD	ADD	조기진압조건	화재제어조건
						ESFR	스프링클러설비
작아질수록	민감	빨라진다	소수	더 작아진다	더 커진다	ADD 〉 RDD	ADD 〈 RDD
커질수록	둔감	늦어진다	다수	더 커진다	더 작아진다		

- 헤드의 반응이 빠를수록(RTI 수치가 낮을수록) RDD는 낮고 ADD는 높다.
- ESFR헤드는 발화점 위치와 관계없이 RDD보다 큰 ADD를 확보하는 것이 전제조건이다.

소화이론

스프링클러설비의 소화과정은 화재제어와 화재진압 기능의 복합된 과정으로 구성된다.

1. 화재제어(Fire Control) ➜ ADD 〈 RDD(화재규모 제한) 암기 **열규가**
   ① 헤드에서 방사되는 물이 화재실의 <u>열</u>방출률 서서히 감소
   ② 주위의 가연성 물질을 미리 적심으로 화재<u>규</u>모 제한
   ③ 구조물이 붕괴되지 않도록 화재실 천장의 <u>가</u>스온도를 제어하는 것
2. 화재진압(Fire Suppression) ➜ ADD 〉 RDD(조기진화) 암기 **열재**
   ① 물방울의 침투력을 증가시켜 <u>열</u>방출률을 급격히 감소
   ② 화재의 재성장, <u>재</u>발화 방지하는 진압 방법
3. 소화(Fire Extinguishment)
   연소하고 있는 가연물이 없도록 완전히 진압하는 것

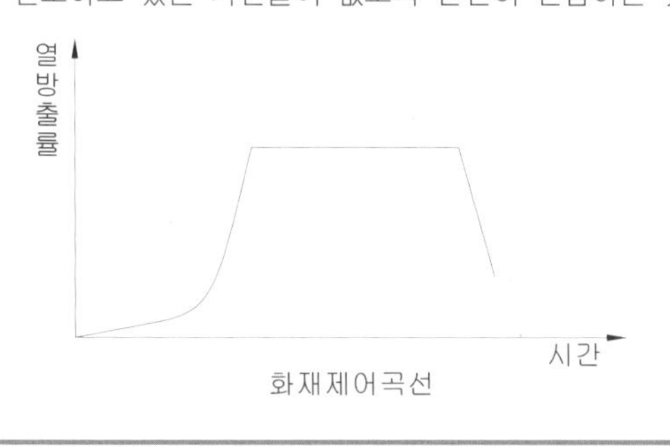

화재제어곡선

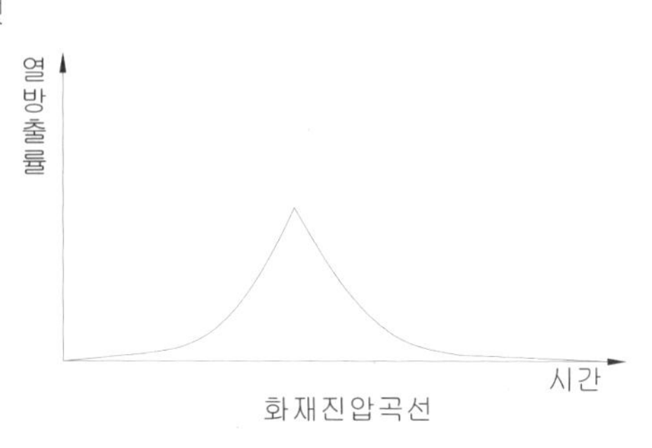

화재진압곡선

11 배관방식

(1) 개요

① 소화설비 가지관의 배관방식은 가지형, 루프형, 격자형, 토너먼트형등이 있다.
② 방식에 따른 용도 구분

가지형, 격자형, 루프형	수계소화설비
토너먼트형	가스계 소화설비

(2) 가지형 배관방식(Tree Type)

① 주배관 → 교차배관 → 가지관 → 헤드의 단일방향으로 유수되며,
설치기준에 따라 일반적으로 사용하는 스프링클러 배관방식
② Tee에 의한 분기점은 가지배관당 1개소로 마찰손실이 토너먼트방식보다 줄어들게 된다.
③ 헤드의 방수압력 및 방수량은 각 지점에서 균일하지 않다.
④ 배관 주위에 각종 살수장애용 시설물이 있어도 적절한 배관설계가 가능하다.
⑤ 시공이 용이하며 편리하다.
⑥ 마찰손실은 최소화하기 위하여 수계소화설비에 사용한다.

(3) 루프형 배관방식(Loop Type)

① 작동중인 스프링클러헤드에 둘 이상의 배관에서 물이 공급되도록 여러 개의 교차배관들이 서로 접속되어 있는 스프링클러설비
② 가지배관은 접속되지 않는다.

(4) 격자형 배관방식(Grid Type)

① 평행 교차배관들 사이에 다수의 가지배관(Branch line)을 접속한 스프링클러설비
② 작동 중인 스프링클러헤드가 그 가지배관의 양쪽에서 물을 공급받는 동안 다른 가지배관들은 교차배관 간의 물 이송을 보조한다.
③ 소방배관을 Grid 배관으로 하는 이유 암기 **유간충 소증**
　㉠ 유수의 흐름 분산 : 압력손실이 적고 고른 압력분포가 가능하다.
　㉡ 중간에 배관이 막히거나, 고장 수리시에도 공급이 가능 : 소화수 공급의 안정성 향상
　㉢ 관내 압력변동 적고, 충격파 발생시 분산가능
　㉣ 소화용수 및 가압송수장치 분산배치 용이
　㉤ 소화설비의 증·개축 용이

(5) 토너먼트형 배관방식(Tournament Type)

① 방사된 소화약제가 방호구역의 전역에 균일하게 신속히 확산할 수 있도록
H형으로 헤드를 배치하는 배관방식으로 가스계 소화설비에 사용
② Tee에 의한 분기점의 수량이 과다하며 마찰손실이 증가하게 되며 이로 인하여 말단의 헤드 방사압력이 저하
③ 헤드의 방사압력 및 방사량은 각 지점에서 균등(균일)하다.
④ 배관 주위에 각종 살수장애용 시설물이 있을 경우 균등한 배관설계가 어렵다.
⑤ 시공시 많은 티(Tee)를 사용하여야 하므로 시공이 불편하다.
⑥ 균등한 약제의 방사 및 빠른 시간 내 확산을 위하여 가스계 및 분말 소화설비에 사용

12 전원

(1) 상용전원 회로배선

옥내소화전설비의 화재안전기준 준용

(2) 비상전원

① 설치대상

㉠ 자가발전설비, 축전지설비 또는 전기저장장치에 따른 비상전원을 설치할 것

㉡ 차고·주차장으로서 스프링클러설비가 설치된 부분의 바닥면적(포소화설비가 설치된 차고·주차장의 바닥면적 포함)의 합계가 1,000 m^2 미만인 경우에는 비상전원수전설비로 설치할 수 있다.

② 설치면제

옥내소화전설비의 화재안전기준 준용

(3) 비상전원 설치기준 암기 점재 2자 방조 급표

① 점검에 편리하고 화재 및 침수 등의 재해로 인한 피해를 받을 우려가 없는 곳에 설치할 것

② 스프링클러설비를 유효하게 20분 이상 작동할 수 있어야 할 것

③ 상용전원으로부터 전력의 공급이 중단된 때에는 자동으로 비상전원으로부터 전력을 공급받을 수 있도록 할 것

④ 비상전원(내연기관의 기동 및 제어용 축전지를 제외)의 설치장소는 다른 장소와 방화구획 할 것. 이 경우 그 장소에는 비상전원의 공급에 필요한 기구나 설비외의 것(열병합발전설비에 필요한 기구나 설비는 제외한다)을 두어서는 아니 된다.

⑤ 비상전원을 실내에 설치하는 때에는 그 실내에 비상조명등을 설치할 것

⑥ 옥내에 설치하는 비상전원실에는 옥외로 직접 통하는 충분한 용량의 급배기설비를 설치할 것

⑦ 비상전원실의 출입구 외부에는 실의 위치와 비상전원의 종류를 식별할 수 있도록 표지판을 부착할 것

⑧ 비상전원의 출력용량은 다음 각 목의 기준을 충족할 것

㉠ 비상전원 설비에 설치되어 동시에 운전될 수 있는 모든 부하의 합계는 입력용량을 기준으로 정격출력을 선정할 것. 다만, 소방전원 보존형 발전기를 사용할 경우에는 그러하지 아니하다.

㉡ 기동전류가 가장 큰 부하가 기동될 때에도 부하의 허용 최저입력전압 이상의 출력전압을 유지할 것

㉢ 단시간 과전류에 견디는 내력은 입력용량이 가장 큰 부하가 최종 기동할 경우에도 견딜 수 있을 것

⑨ 자가발전설비는 부하의 용도와 조건에 따라 다음 각 목 중의 하나를 설치하고 그 부하용도별 표지를 부착하여야 한다. 다만, 자가발전설비의 정격출력용량은 하나의 건축물에 있어서 소방부하의 설비용량을 기준으로 하고, 나목의 경우 비상부하는 국토해양부장관이 정한 건축전기설비설계기준의 수용률 범위 중 최대값 이상을 적용한다.

㉠ 소방전용 발전기 : 소방부하용량을 기준으로 정격출력용량을 산정하여 사용하는 발전기

㉡ 소방부하 겸용 발전기 : 소방 및 비상부하 겸용으로서 소방부하와 비상부하의 전원용량을 합산하여 정격출력용량을 산정하여 사용하는 발전기

㉢ 소방전원 보존형 발전기 : 소방 및 비상부하 겸용으로서 소방부하의 전원용량을 기준으로 정격출력용량을 산정하여 사용하는 발전기

13 제어반

(1) 감시제어반 기능 암기 P 표자 B 확인 저예

① 각 펌프의 작동여부를 확인할 수 있는 표시등 및 음향경보기능이 있어야 할 것
② 각 펌프를 자동 및 수동으로 작동시키거나 중단시킬 수 있어야 할 것
③ 비상전원을 설치한 경우에는 상용전원 및 비상전원의 공급여부를 확인할 수 있어야 할 것
④ 수조 또는 물올림탱크가 저수위로 될 때 표시등 및 음향으로 경보할 것
⑤ 예비전원이 확보되고 예비전원의 적합여부를 시험할 수 있어야 할 것

(2) 감시제어반 설치기준 암기 재전전방 피조급 무면기 유수일 확인 작도, P F, P D T 연동

① 화재 및 침수등의 재해로 인한 피해를 받을 우려가 없는 곳에 설치할 것
② 감시제어반은 스프링클러설비의 전용으로 할 것. 다만, 스프링클러설비의 제어에 지장이 없는 경우에는 다른 설비와 겸용할 수 있다.
③ 감시제어반은 다음 각목의 기준에 따른 전용실 안에 설치할 것. 다만, 다음 각호의 1에 해당하는 경우와 공장, 발전소등에서 설비를 집중 제어·운전할 목적으로 설치하는 중앙제어실내에 감시제어반을 설치하는 경우에는 그러하지 아니하다.
  ㉠ 다른 부분과 방화구획을 할 것. 이 경우 전용실의 벽에는 기계실 또는 전기실등의 감시를 위하여 두께 7 mm 이상의 망입유리(두께 16.3 mm 이상의 접합유리 또는 두께 28 mm 이상의 복층유리를 포함)로 된 4 m^2 미만의 붙박이창을 설치할 수 있다.
    ➜ 전기실, 기계실용 중앙감시제어실에 감시제어반이 설치된 경우에 한함
  ㉡ 피난층 또는 지하 1층에 설치할 것. 다만, 다음 각 세목의 어느 하나에 해당하는 경우에는 지상 2층에 설치하거나 지하 1층 외의 지하층에 설치할 수 있다.
    • 특별피난계단이 설치되고 그 계단(부속실 포함)출입구로부터 보행거리 5 m 이내에 전용실의 출입구가 있는 경우
    • 아파트의 관리동(관리동이 없는 경우에는 경비실)에 설치하는 경우
  ㉢ 비상 조명등 및 급·배기설비를 설치할 것
  ㉣ 무선기기 접속단자(무선통신보조설비가 설치된 특정소방대상물에 한함)설치
  ㉤ 바닥면적은 감시제어반의 설치에 필요한 면적 외에 화재시 소방대원이 그 감시제어반의 조작에 필요한 최소면적 이상으로 할 것
④ 전용실에는 소방대상물의 기계·기구 또는 시설 등의 제어 및 감시설비 외의 것을 두지 아니할 것
⑤ 각 유수검지장치 또는 일제개방밸브의 작동여부를 확인할 수 있는 표시 및 경보기능이 있도록 할 것
⑥ 일제개방밸브를 개방시킬 수 있는 수동조작스위치를 설치할 것
⑦ 일제개방밸브를 사용하는 설비의 화재감지는 각 경계회로별로 화재표시가 되도록 할 것
⑧ 다음의 각 확인회로마다 작동시험 및 도통시험을 할 수 있도록 할 것
  ㉠ 기동용 수압개폐장치의 압력스위치회로(P)
  ㉡ 수조 또는 물올림탱크의 저수위감시회로(F)
  ㉢ 유수검지장치 또는 일제개방밸브의 압력스위치회로(P)
  ㉣ 일제개방밸브를 사용하는 설비의 화재감지기회로(D)
  ㉤ 제8조 제16항의 규정에 따른 개폐밸브의 폐쇄상태 확인회로(T)
  ㉥ 그 밖의 이와 비슷한 회로

⑨ 감시제어반과 자동화재탐지설비의 수신기를 별도의 장소에 설치하는 경우에는 이들 상호간 연동하여 화재 발생 및 제2항제1호(∵펌프 작동)、제3호(∵비상전원 공급)와 제4호(∵ 저수위감시)의 기능을 확인할 수 있도록 할 것

(3) 동력제어반 설치기준

옥내소화전설비의 화재안전기준 준용

(4) 감시제어반과 동력제어반으로 구분하여 설치하지 아니할 수 있는 경우

옥내소화전설비의 화재안전기준 준용

(5) 자가발전설비 제어반의 제어장치

자가발전설비 제어반의 제어장치는 비영리 공인기관의 시험을 필한 것으로 설치하여야 한다. 다만, 소방전원 보존형 발전기의 제어장치는 다음 각 호의 기준이 포함되어야 한다.

① 소방전원 보존형임을 식별할 수 있도록 표기할 것
② 발전기 운전시 소방부하 및 비상부하에 전원이 동시 공급되고, 그 상태를 확인할 수 있는 표시가 되도록 할 것
③ 발전기가 정격용량을 초과할 경우 비상부하는 자동적으로 차단되고, 소방부하만 공급되는 상태를 확인할 수 있는 표시가 되도록 할 것

14 배선

옥내소화전설비의 화재안전기준 준용

용어정의

1. 소방부하
   소방시설 및 방화·피난·소화활동을 위한 시설의 전력부하를 말한다.
2. 소방전원 보존형 발전기
   소방부하 및 소방부하 이외의 부하(이하 비상부하라 한다)겸용의 비상발전기로서, 상용전원 중단시에는 소방부하 및 비상부하에 비상전원이 동시에 공급되고, 화재시 과부하에 접근될 경우 비상부하의 일부 또는 전부를 자동적으로 차단하는 컨트롤러를 구비하여, 소방부하에 비상전원을 연속 공급하는 자가발전설비를 말한다.

04 간이스프링클러설비

Fire Equipment Manager

01 개요

(1) 설치목적

① 설치목적

소규모 건축물, 지하층 다중이용업소 등에서 화재시 인명 및 재산의 피해가 크며 빈도도 잦아 초기소화 대응 또는 화재확대 억제 목적으로 사용

② 소화기나 소화전과 같이 사람에 의존하지 않고 화재시 연속살수가 가능하고, 피난시간 확보가 가능함

(2) 간이스프링클러설비, 미국의 주거용 스프링클러설비의 비교

구 분	간이스프링클러설비	NFPA 13D(미국)	NFPA 13R(미국)
목적	1차 인명안전 2차 재산보호	1차 인명안전 2차 재산보호	1차 인명안전 2차 재산보호
장소	다중이용업소	1가구, 2가구 주택과 조립식 주택	4층 이하 주거용도 (아파트, 여관, 호텔, 갱생보호시설, 기숙사)
헤드종류	간이헤드, 조기반응형 (26 $\sqrt{m \cdot s}$)	주거형 스프링클러, 조기반응형	주거형 스프링클러, 조기반응형
설비	습식	습식	습식
살수밀도	–	2.04 mm/min	2.04 mm/min
방호면적	–	13.4 m^2	13.4 m^2
수평거리 r 또는 헤드간격 S	수평거리 2.3 m 이하 (형식승인 및 제품검사의 기술기준 유효반경 2.6 m 이하)	헤드간격 2.3 m~3.7 m 이하	헤드간격 2.3 m~3.7 m 이하
벽이격거리	–	1.8 m 이하	1.8 m 이하
방수량	50 L/min 이상	1개 68 L/min (2개 49 L/min)	4개 49 L/min
방수압력	0.1 MPa 이상	7 psi	7 psi
기준개수	2개 또는 5개	2개	4개
방수시간	10분 또는 20분 이상	10분 이상	30분 이상(경급위험)
작동온도	57 ℃~77 ℃	57 ℃~74 ℃	57 ℃~74 ℃

주거용 스프링클러 설치목적 : 화재제어 → Flashover 발생시간지연 → 거주가능시간 연장

1. 화재진압보다는 화재제어에 목적을 두므로 수원의 양도 많지 않으며, 반응시간지수(RTI)가 낮은 스프링클러 헤드를 선정한다.
2. Flashover 발생시긴을 지연함으로써 거주가능시간을 연장하기 위한 목적으로 하나의 헤드로 실 전체에 균일한 살수밀도가 요구되며, 바닥에서 1.8 m 이상의 높은 벽 적심을 요구한다.
3. 인명 안전성 확보의 개념으로 Flashover의 제어를 통한 소화이기 때문에 화재실에서 Flashover를 막고 안전한 온도유지와 CO농도를 허용범위 이내로 유지하여 표준형 스프링클러보다 더 균일한 살수밀도와 더 높은 벽 적심을 필요로 한다.

02 적용기준

(1) 설치대상

적용기준 [암기] 지밀 산고총 근복숙	
① 지하층에 설치된	영업장
② 밀폐구조에 설치된	영업장
③ 산후조리업 및 고시원업의	영업장
④ 권총사격장의	영업장
⑤ 근린생활시설로 사용하는 부분의 바닥면적 합계가	1,000 m^2 이상인 것은 모든 층
⑥ 복합건축물(별표 2 제30호나목의 복합건축물만 해당한다)로서 연면적	1,000 m^2 이상인 것은 모든 층
⑦ 숙박시설 중 생활형 숙박시설로서 해당 용도로 사용되는 바닥면적의 합계가	600 m^2 이상인 것

(2) 설치면제

간이스프링클러설비를 설치하여야 하는 특정소방대상물에 스프링클러설비, 물분무소화설비 또는 미분무소화설비를 화재안전기준에 적합하게 설치한 경우 그 설비의 유효범위안의 부분에서 설치가 면제된다.

(3) 헤드 설치제외 장소

스프링클러설비 화재안전기준 준용

캐비닛형 간이스프링클러설비와 시험밸브 2개

03 계통도

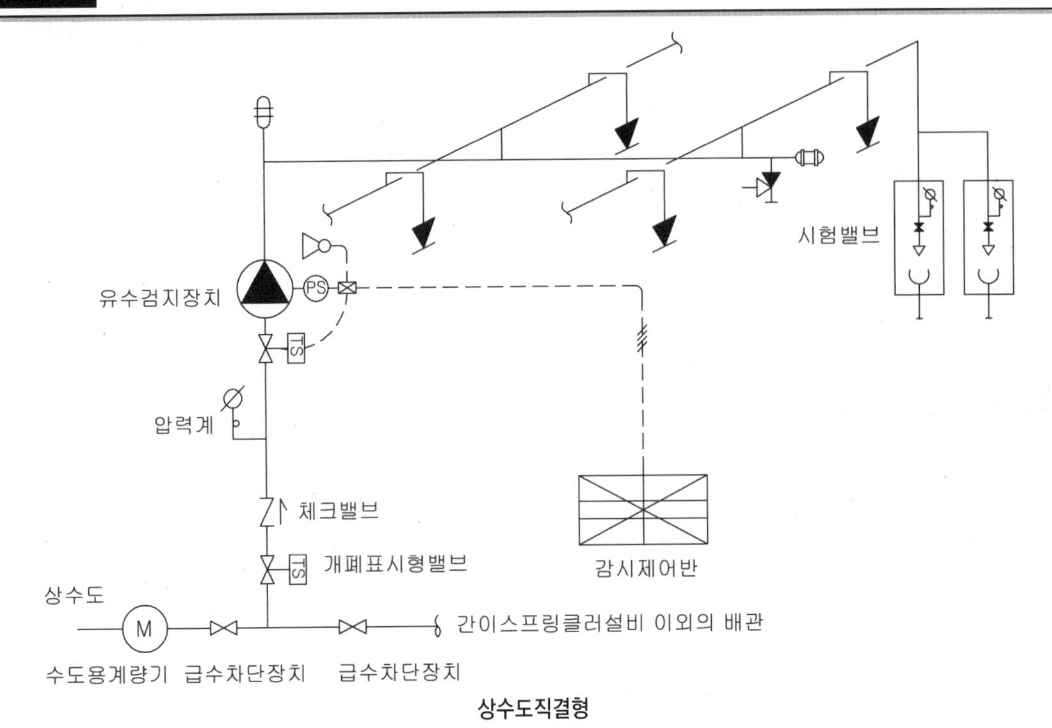

상수도직결형

04 설치기준

(1) 수원

① 상수도직결형의 경우에는 수돗물

② 수조("캐비닛형"을 포함)를 사용하고자 하는 경우에는 적어도 1개 이상의 자동급수장치를 갖추어야 하며, 2개의 간이헤드에서 최소 10분[영 별표 5 제1호마목1) 또는 6)과 7)에 해당하는 경우에는 5개의 간이헤드에서 최소 20분] 이상 방수할 수 있는 양 이상을 수조에 확보할 것

> 영 별표5 제1호마목1) 또는 6)과 7)에 해당하는 경우
>
> 1. 근린생활시설로 사용하는 부분의 바닥면적합계가 1,000 m^2 이상인 것은 모든 층
> 2. 복합건축물(별표2 제30호나목의 복합건축물만 해당)로서 연면적 1,000 m^2 이상인 것은 모든 층
> 3. 숙박시설 중 생활형 숙박시설로서 해당 용도로 사용되는 바닥면적의 합계가 600 m^2 이상인 것
>
> ※ 별표2 제30호나목의 복합건축물
> 하나의 건축물이 근린생활시설, 판매시설, 업무시설, 숙박시설 또는 위락시설의 용도와 주택의 용도로 함께 사용되는 것

(2) 가압송수장치

① 방수압력(상수도직결형의 상수도압력)은 가장 먼 가지배관에서 2개(영 별표5 제1호마목1) 또는 6)과 7)에 해당하는 경우에는 5개)의 간이헤드를 동시에 개방할 경우, 각각의 간이헤드 선단 방수압력은 0.1 MPa 이상, 방수량은 50 L/min 이상이어야 한다. 다만, 제6조 제7호에 따른 주차장에 표준반응형 스프링클러헤드를 사용할 경우 헤드 1개의 방수량은 80 L/min 이상이어야 한다.

② 그 밖의 가압송수장치등의 설치기준은 스프링클러설비의 화재안전기준 준용

(3) 방호구역 및 유수검지장치

① 하나의 방호구역의 바닥면적은 1,000 m^2를 초과하지 아니할 것

② 간이스프링클러설비가 설치되는 특정소방대상물에 부설된 주차장부분(영 별표 5 제1호마목에 해당하지 아니하는 부분에 한한다)에는 습식 외의 방식으로 하여야 한다. 다만, 동결의 우려가 없거나 동결을 방지할 수 있는 구조 또는 장치가 된 곳은 그러하지 아니하다.

③ 그 밖의 방호구역 및 유수검지장치등의 설치기준은 스프링클러설비의 화재안전기준 준용

(4) 배관, 밸브

① 급수배관

전용으로 할 것. 다만, 상수도직결형의 경우에는 수도배관 호칭지름 32 mm 이상의 배관이어야 하고, 간이헤드가 개방될 경우에는 유수신호 작동과 동시에 다른 용도로 사용하는 배관의 송수를 자동 차단할 수 있도록 하여야 하며, 배관과 연결되는 이음쇠 등의 부속품은 물이 고이는 현상을 방지하는 조치를 하여야 한다.

② 배관 및 밸브 등의 설치순서 암기 **상펌가캐**

㉠ 상수도직결형의 경우 암기 **수급 개체 압유시**

- 수도용계량기, 급수차단장치, 개폐표시형밸브, 체크밸브, 압력계, 유수검지장치(압력스위치 등 유수검지장치와 동등 이상의 기능과 성능이 있는 것을 포함), 2개의 시험밸브의 순으로 설치할 것
- 간이스프링클러설비 이외의 배관에는 화재시 배관을 차단할 수 있는 급수차단장치를 설치할 것

㉡ 펌프 등의 가압송수장치를 이용하여 배관 및 밸브 등을 설치하는 경우 암기 **수연펌 압체성 개유시**

수원, 연성계 또는 진공계(수원이 펌프보다 높은 경우 제외), 펌프 또는 압력수조, 압력계, 체크밸브, 성능시험배관, 개폐표시형밸브, 유수검지장치, 시험밸브의 순으로 설치할 것

㉢ 가압수조를 가압송수장치로 이용하여 배관 및 밸브 등을 설치하는 경우

수원, 가압수조, 압력계, 체크밸브, 성능시험배관, 개폐표시형밸브, 유수검지장치, 2개의 시험밸브의 순으로 설치할 것

㉣ 캐비닛형의 가압송수장치에 배관 및 밸브 등을 설치하는 경우

수원, 연성계 또는 진공계(수원이 펌프보다 높은 경우를 제외), 펌프 또는 압력수조, 압력계, 체크밸브, 개폐표시형밸브, 2개의 시험밸브의 순으로 설치할 것. 다만, 소화용수의 공급은 상수도와 직결된 바이패스관 또는 펌프에서 공급받아야 한다.

(5) 간이헤드

① 정의

폐쇄형 헤드의 일종으로 간이스프링클러설비를 설치하여야 하는 특정소방대상물의 화재에 적합한 감도·방수량 및 살수분포를 갖는 헤드

② 폐쇄형 간이헤드를 사용할 것

③ 간이헤드의 작동온도

실내의 최대 주위천장온도	공칭작동온도
0 ℃~38 ℃	57 ℃~ 77 ℃
39 ℃~66 ℃	79 ℃~109 ℃

④ 간이헤드의 수평거리

㉠ 간이헤드를 설치하는 천장·반자·천장과 반자 사이·덕트·선반 등의 각 부분으로부터 간이헤드까지의 수평거리는 2.3 m(스프링클러헤드의 형식승인 및 제품검사의 기술기준 유효반경의 것으로 한다)이하가 되도록 하여야 한다.

㉡ 다만, 성능이 별도로 인정된 간이헤드를 수리계산에 따라 설치하는 경우에는 그러하지 아니하다.

⑤ 간이헤드의 디플렉터에서 천장 또는 반자까지의 거리

헤드 수평거리 기준	간이헤드 종별	수평거리
디플렉터에서 천장 또는 반자까지의 거리	상향식 또는 하향식	25 mm~102 mm 이내
	측벽형	102 mm~152 mm 이내
	플러쉬 스프링클러헤드	102 mm 이하

⑥ 기타

㉠ 간이헤드는 천장 또는 반자의 경사·보·조명장치등에 따라 살수장애의 영향을 받지 아니하도록 설치할 것

㉡ 상향식 간이헤드 아래에 설치되는 하향식 간이헤드에는 상향식 헤드의 방출수를 차단할 수 있는 유효한 차폐판을 설치할 것

(6) 송수구 암기 장로개 배수 구 마개

간이스프링클러설비에는 소방차로부터 그 설비에 송수할 수 있는 송수구를 다음 각 호의 기준에 따라 설치하여야 한다. 다만, 다중이용업소의 안전관리에 관한 특별법 제9조 제1항 및 같은 법 시행령 제9조에 해당하는 영업장(건축물 전체가 하나의 영업장일 경우는 제외)에 설치되는 상수도 직결형 또는 캐비닛형의 경우에는 송수구를 설치하지 아니할 수 있다.

① 장소

송수구는 소방차가 쉽게 접근할 수 있는 잘 보이는 장소에 설치하되 화재층으로부터 지면으로 떨어지는 유리창등이 송수 및 그 밖의 소화작업에 지장을 주지 아니하는 장소에 설치할 것

② 높이

지면으로부터 높이가 0.5 m 이상 1 m 이하의 위치에 설치할 것

③ 개폐밸브

송수구로부터 간이스프링클러설비의 주배관에 이르는 연결배관에 개폐밸브를 설치한 때에는 그 개폐상태를 쉽게 확인 및 조작할 수 있는 옥외 또는 기계실 등의 장소에 설치할 것

④ 자동배수밸브

송수구의 가까운 부분에 자동배수밸브(또는 직경 5 mm의 배수공) 및 체크밸브를 설치할 것 이 경우 자동배수밸브는 배관안의 물이 잘 빠질 수 있는 위치에 설치하되, 배수로 인하여 다른 물건 또는 장소에 피해를 주지 아니하여야 한다.

⑤ 구경

구경 65 mm의 단구형 또는 쌍구형으로 하여야 하며, 송수배관의 안지름은 40 mm 이상으로 할 것

⑥ 마개

송수구에는 이물질을 막기 위한 마개를 씌울 것

(7) 비상전원

간이스프링클러설비에는 다음 각 호의 기준에 적합한 비상전원 또는 소방시설용 비상전원 수전설비의 화재안전기준(NFSC 602)의 규정에 따른 비상전원수전설비를 설치하여야 한다. 다만, 무전원으로 작동되는 간이스프링클러설비의 경우에는 모든 기능이 10분(영 별표5 제1호마목1) 또는 6)과 7)에 해당하는 경우에는 20분) 이상 유효하게 지속될 수 있는 구조를 갖추어야 한다.

① 간이스프링클러설비를 유효하게 10분(영 별표5 제1호마목1) 또는 6)과 7)에 해당하는 경우에는 20분) 이상 작동할 수 있도록 할 것

② 상용전원으로부터 전력의 공급이 중단된 때에는 자동으로 비상전원으로부터 전원을 공급받을 수 있는 구조로 할 것

간이헤드수별 급수관의 구경(제8조 제3항 제3호 관련)

(단위 : mm)

구분 \ 급수관의 구경	25	32	40	50	65	80	100	125	150
가	2	3	5	10	30	60	100	160	161 이상
나	2	4	7	15	30	60	100	160	161 이상

(주) 1. 폐쇄형 간이헤드를 사용하는 설비의 경우로서 1개 층에 하나의 급수배관(또는 밸브등)이 담당하는 구역의 최대면적은 1,000 m^2를 초과하지 아니할 것

2. 폐쇄형 간이헤드를 설치하는 경우에는 "가"란의 헤드수에 따를 것

3. 폐쇄형 간이헤드를 설치하고 반자 아래의 헤드와 반자속의 헤드를 동일 급수관의 가지관상에 병설하는 경우에는 "나"란의 헤드수에 따를 것

4. "캐비닛형" 및 "상수도 직결형"을 사용하는 경우

주배관은 32 mm, 수평주행배관은 32 mm, 가지배관은 25 mm 이상으로 할 것. 이 경우 최장배관은 제5조 제6항에 따라 인정받은 길이로 하며 하나의 가지배관에는 간이헤드를 3개 이내로 설치하여야 한다.

05 화재조기진압용 스프링클러설비

Fire Equipment Manager

01 개요

(1) ESFR

ESFR은 Early Suppression Fast Response의 약어로 화재조기진압용 스프링클러설비이며, 초기에 화재를 감지하여 화재를 조기에 진압하는 것을 뜻함

(2) 표준형 스프링클러설비와 차이점

① 표준형 스프링클러설비 : 화재규모 제한 ➜ Fire Control : ADD < RDD
② ESFR용 스프링클러설비 : 화재 조기진압 ➜ Fire Suppression : ADD > RDD

(3) 화재조기진압용 스프링클러설비는 헤드를 천장에만 설치한다.

① 성장기 이전인 화재초기(약 55초 이내) 화재를 감지
② 높은 압력(0.35 MPa)과 12개 이내의 스프링클러헤드로 방사
③ 물이 화재의 상승기류를 뚫고 가연물에 도달하도록 하여 화재를 진압

(4) 필요성

① 랙식창고는 화재하중이 매우 크다.
② 천장이 높아 상승기류가 크게 된다.
③ 기존 스프링클러설비는 화재기류에 대한 침투력 약하며, 초기소화가 어렵다.

02 적용기준

(1) 설치대상 암기 장미 1,500원

천장 또는 반자(반자가 없는 경우에는 지붕의 옥내에 면하는 부분)의 높이가 10 m를 넘는 랙식창고(Rack Warehouse)(물건을 수납할 수 있는 선반이나 이와 비슷한 것을 갖춘 것)로서 연면적 1,500 m^2 이상인 것

(2) 헤드 설치제외 장소 암기 4류 타 종섬 속도

다음 물품의 경우에는 화재조기진압용스프링클러를 설치하여서는 안 된다. 다만, 물품에 대한 화재시험등 공인기관의 시험을 받은 것은 제외한다.

① 제4류 위험물

② 타이어, 두루마리 종이 및 섬유류, 섬유제품 등 연소시 화염의 속도가 빠르고 방사된 물이 하부까지에 도달하지 못하는 것

03 소화이론

(1) 초기진압 성능결정 3요소

① RTI(Response Time Index) : 반응시간지수

㉠ RTI는 온도변화에 대한 스프링클러 열감지부의 감도 또는 반응도

㉡ RTI = 감열체의 시간상수 × $\sqrt{기류속도}$ $[\sqrt{m/s}]$

㉢ RTI가 낮을수록 스프링클러는 개방온도에 일찍 도달하므로 화재에 대해 더욱 민감하게 반응

② RDD(Required Delivery Density) : 필요살수밀도

RDD는 일정 크기의 화재를 진압하는 데 필요한 최소한의 물의 양을 가연물 상단의 표면적으로 나눈 값

③ ADD(Actual Delivery Density) : 실제침투밀도

ADD는 실제로 화염을 침투하여 연소면 상부에 물이 공급되는 밀도로 침투된 물의 분포밀도를 나타내며, 스프링클러 성능을 결정하는 요소

(2) RDD와 ADD의 관계

① 스프링클러 반응이 빠를수록(RTI 수치가 낮을수록) RDD는 작고 ADD는 크다.

② ESFR용 스프링클러설비는 발화점의 위치와 관계없이 RDD보다 큰 ADD를 확보하는 것이다.

04 설치기준

(1) 설치장소의 구조 암기 노기선

① 해당층의 높이가 13.7 m 이하일 것

다만, 2층 이상일 경우에는 해당층의 바닥을 내화구조로 하고 다른 부분과 방화구획할 것

→ NFPA(미국) : 40 ft(12.2 m), FMRC(미국 보험회사 연구소) 시험치 45 ft(13.7 m)

② 천장의 기울기가 168/1,000을 초과하지 않아야 하고, 이를 초과하는 경우 반자를 지면과 수평으로 설치

→ 헤드 작동 위한 축열시간 단축 목적

③ 창고 내의 선반의 형태는 하부로 물이 침투되는 구조로 할 것

④ 천장은 평평하여야 하며 철재나 목재트러스 구조인 경우, 철재나 목재의 돌출부분이 102 mm를 초과하지 아니할 것

⑤ 보로 사용되는 목재·콘크리트 및 철재 사이의 간격이 0.9 m 이상 2.3 m 이하일 것. 다만, 보의 간격이 2.3 m 이상인 경우에는 화재조기진압용 스프링클러헤드의 동작을 원활히 하기 위하여 보로 구획된 부분의 천장 및 반자의 넓이가 28 m^2를 초과하지 아니할 것

(2) 수원 암기 3가 4헤

수리학적으로 가장 먼 가지배관 3개에 각각 4개의 스프링클러헤드가 동시에 개방되었을 때 헤드선단의 압력이 별표3에 의한 값 이상으로 60분간 방사할 수 있는 양

Q = 헤드 12개 × 60분 × $K\sqrt{10P}$ [L]

(여기서, K : 상수(L/(min · $\sqrt{MPa}$)), P : 헤드선단의 압력(MPa))

(3) 배관

① 습식으로 할 것

② 가지배관 사이의 거리는 2.4 m 이상 3.7 m 이하로 할 것. 다만, 천장의 높이가 9.1 m 이상 13.7 m 이하인 경우에는 3.1 m 이하로 한다.

③ 그 밖의 사항은 스프링클러설비의 화재안전기준에 따른다.

(4) 헤드 암기 벽면 온거 확차

① 헤드와 벽과의 거리는 헤드 상호간 거리의 1/2을 초과하지 않아야 하며 최소 102 mm 이상일 것

② 헤드 하나의 방호면적은 6.0 m^2 이상 9.3 m^2 이하로 할 것

③ 헤드의 작동온도는 74 ℃ 이하일 것. 다만, 헤드 주위의 온도가 38 ℃ 이상의 경우에는 그 온도에서의 화재시험 등에서 헤드작동에 관하여 공인기관의 시험을 거친 것을 사용할 것

④ 가지배관의 헤드 사이의 거리는 천장의 높이가 9.1 m 미만인 경우에는 2.4 m 이상 3.7 m 이하로, 9.1 m 이상 13.7 m 이하인 경우에는 3.1 m 이하로 할 것

⑤ 헤드의 반사판은 천장 또는 반자와 평행하게 설치하고 저장물의 최상부와 914 mm 이상 확보할 것

⑥ 상부에 설치된 헤드의 방출수에 따라 감열부에 영향을 받을 우려가 있는 헤드에는 방출수를 차단할 수 있는 유효한 차폐판을 설치할 것

⑦ 하향식 헤드의 반사판의 위치는 천장이나 반자 아래 125 mm 이상 355 mm 이하일 것

⑧ 상향식 헤드의 감지부 중앙은 천장 또는 반자와 101 mm 이상 152 mm 이하이어야 하며, 반사판의 위치는 스프링클러배관의 윗부분에서 최소 178 mm 상부에 설치되도록 할 것

(5) 저장물품 사이의 간격

모든 방향에서 152 mm 이상의 간격을 유지하여야 할 것

(6) 환기구

① 공기의 유동으로 인하여 헤드의 작동온도에 영향을 주지 않는 구조일 것

② 화재감지기와 연동하여 동작하는 자동식 환기장치를 설치하지 아니할 것. 다만, 자동식 환기장치를 설치할 경우에는 최소작동온도가 180 ℃ 이상일 것

➜ 헤드 작동위한 축열시간 확보 목적

05 장·단점

(1) 장점 암기 천인초분

① 천장에만 설치하므로 기존 인랙 스프링클러보다 설치비가 저렴

② 적재물 상하차시 인랙헤드의 파손으로 인한 누수손실 방지

③ 초기 진압에 따른 상당한 손실을 방지

④ 위험도에 따른 분류, 적재하여야 하는 번잡함을 피할 수 있음

(2) 단점 암기 4류타 종섬 속도

① 제4류 위험물

② 타이어, 두루마리 종이 및 섬유류, 섬유제품 등 연소시 화염의 속도가 빠르고 방사된 물이 하부까지에 도달하지 못하는 것

→ 화염의 전파속도가 스프링클러헤드 개방속도보다 빠른 가연물 사용 불가능

물분무소화설비

Fire Equipment Manager

01 개요

(1) 화재시 물분무헤드에서 물을 미립자의 무상으로 방사하여 소화하는 설비로서, 질식, 냉각, 유화, 희석작용으로 주로 가연성액체, 전기설비 등의 화재에 유효하다.

(2) 연소의 제어, 소화, 노출부분의 방호 또는 화재발생의 예방의 목적으로 사용하는 설비이다. 이 설비는 물입자가 무상으로 방사되므로 고압의 전기화재에도 적합하다.

02 적용기준

(1) 설치대상

적용기준 암기 주차기전 8 2 2 3	
항공기격납고	전부
주차용 건축물(기계식 주차장을 포함) 연면적	800 m^2 이상
건축물 내부에 설치된 차고 또는 주차 용도의 바닥면적의 합계	200 m^2 이상
기계식 주차장치를 이용하여 주차할 수 있는 차량	20대 이상
전기실, 발전실, 변전실, 축전지실, 통신기기실, 전산실의 바닥면적	300 m^2 이상
예상 교통량, 경사도 등 터널의 특성을 고려하여 총리령으로 정하는 터널	전부

(2) 설치면제

① 물분무등소화설비를 설치하여야 하는 차고·주차장에 스프링클러설비를 화재안전기준에 적합하게 설치한 경우에는 그 설비의 유효범위 안의 부분

② 소방대가 조직되어 24시간 근무하고 있는 청사 및 차고

(3) 물분무헤드 설치제외 장소 암기 물고기

① 물에 심하게 반응하는 물질 또는 물과 반응하여 위험한 물질을 생성하는 물질을 저장 또는 취급하는 장소

② 고온의 물질 및 증류범위가 넓어 끓어 넘치는 위험이 있는 물질을 저장 또는 취급하는 장소

③ 운전시에 표면의 온도가 260 ℃ 이상으로 되는 등 직접 분무를 하는 경우 그 부분에 손상을 입힐 우려가 있는 기계장치 등이 있는 장소

03 소화원리 암기 질냉유희

(1) 질식작용(Smothering Effect)

① 물분무입자가 화재시 기화되어 수증기가 되면 연소면을 차단하여 산소공급을 제한 또는 차단하는 것
② 물이 수증기로 전환될 때 대기압 내에서의 부피팽창은 약 1,700배 정도가 되어 연소에 이용될 산소의 농도를 낮춘다.

(2) 냉각작용(Cooling Effect)

미세한 물분무 입자의 증발잠열로 인하여 화재시 화열에 의해 증발하면서 주위 열을 탈취하며, 연소면 전체를 물방울이 덮을 경우 매우 효과적으로 냉각작용을 한다.

(3) 유화작용(Emulsion Effect)

① 비수용성 액체위험물(∵중유, 윤활유)의 경우에 해당되는 사항으로 물분무입자가 속도에너지를 가지고 유표면에 방사되면 유면에 부딪히면서 산란하여 불연성의 박막인 유화층을 형성하게 된다.
② 이러한 유화층이 유면을 덮는 것을 유화작용이라 하며 무상주수시 유화상태가 된 액체위험물은 증발능력이 저하되어 가연성가스의 발생이 연소범위 이하가 되므로 연소성을 상실하게 된다.

(4) 희석작용(Dilution Effect)

수용성 액체위험물(∵알콜)의 경우에 해당되는 사항으로 방사되는 물분무입자의 수량에 따라 액체위험물이 비인화성의 농도로 희석되는 것으로서, 적응성이 있으려면 가연성 물질을 비인화성으로 만드는 데 필요한 양 이상이 되어야 한다.

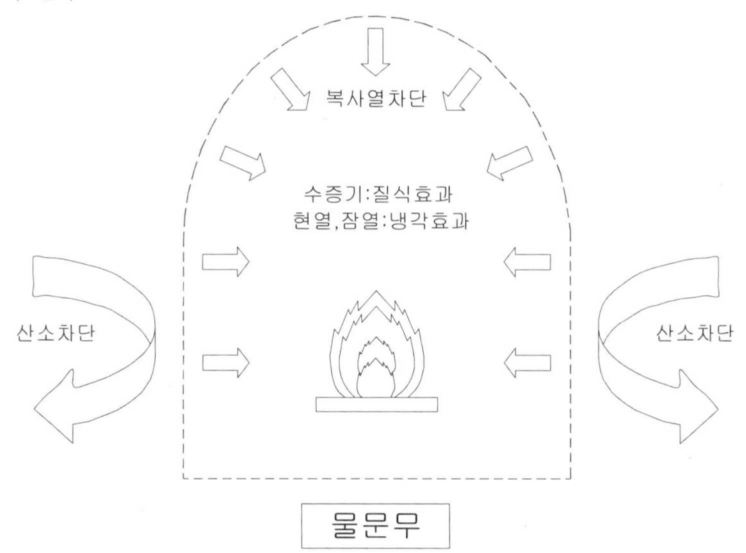

물분무

연소의 3요소 관점
1. 열(온도, 점화원) : 물방울 입자가 현열, 잠열로 연소면 주위의 열원을 탈취하여 냉각
2. 가연물 : 물(액체)이 수증기(기체)로 전환될 때 수증기가 가연성 증기의 농도희석
3. 공기(산소) : 산소의 농도 15 % 이하로 질식

04 특징

(1) 장점

① 미세한 물방울이므로 열흡수가 우수하고, 균일한 분포로 방사
② 물이 증발하여 약 1,700배의 부피로 수막을 형성하여 질식소화 효과가 우수
③ 유면에 유화층 만듦(B급인 유류화재 적용)
④ 옥외 변전소에 적합하며 전기절연성이 높아 전기화재에도 적용(물 입자 미세)
⑤ 분무노즐의 다양함(Spray, Fog, Mist, Vapor)
⑥ 사용범위(연소의 제어, 소화, 노출부분의 방호 또는 화재발생의 예방)가 넓고 경비가 적어 경제적
⑦ 가스폭발 방지에 효과적

(2) 단점

① 설비 구조상 다량의 방수량이 요구되기 때문에 소화용수, 가압송수장치의 용량이 커진다.
② 물방울이 작아 바람의 영향을 받기 때문에 풍향, 풍속 등을 고려하여야 한다.
③ 다량의 방수량이 있어 배수설비가 필요하다.

(4) 물분무소화설비가 C급 화재에 적용될 수 있는 이유

① 스프링클러는 물을 큰 비 상태의 물방울로 살수하는 것인데 비해, 물분무소화설비는 특수한 물분무헤드로부터 0.02 mm~2.5 mm의 미립자, 즉 안개비 상태로 하여 분무하는 것이다.
② 그런데 안개상태(무상)의 물은 스프링클러에서 방출되는 큰 물방울과는 달리 전기적 절연성이 높아서 감전의 염려가 없기 때문에 일정한 간격만 유지하면 전기화재에도 이용하는 것이 가능하다.

(5) 물분무소화설비가 복사열을 차단하는 원리

① 안개 상태인 물은 큰 물방울에 비해서 그 표면적이 현저히 커지므로 열의 흡수속도가 빠르기 때문에 복사열을 신속히 흡수하여 차단한다.
② 또한 무상의 물은 쉽게 증발하여 증발잠열에 의한 냉각효과가 커지고, 증발하면서 그 체적이 약 1,700배 정도로 급팽창하여 연소면을 수증기로 덮어버리기 때문에 방사열차단에 의해 화염으로부터 미연소표면으로의 열전달을 감소시키는 효과를 가진다.

05 계통도

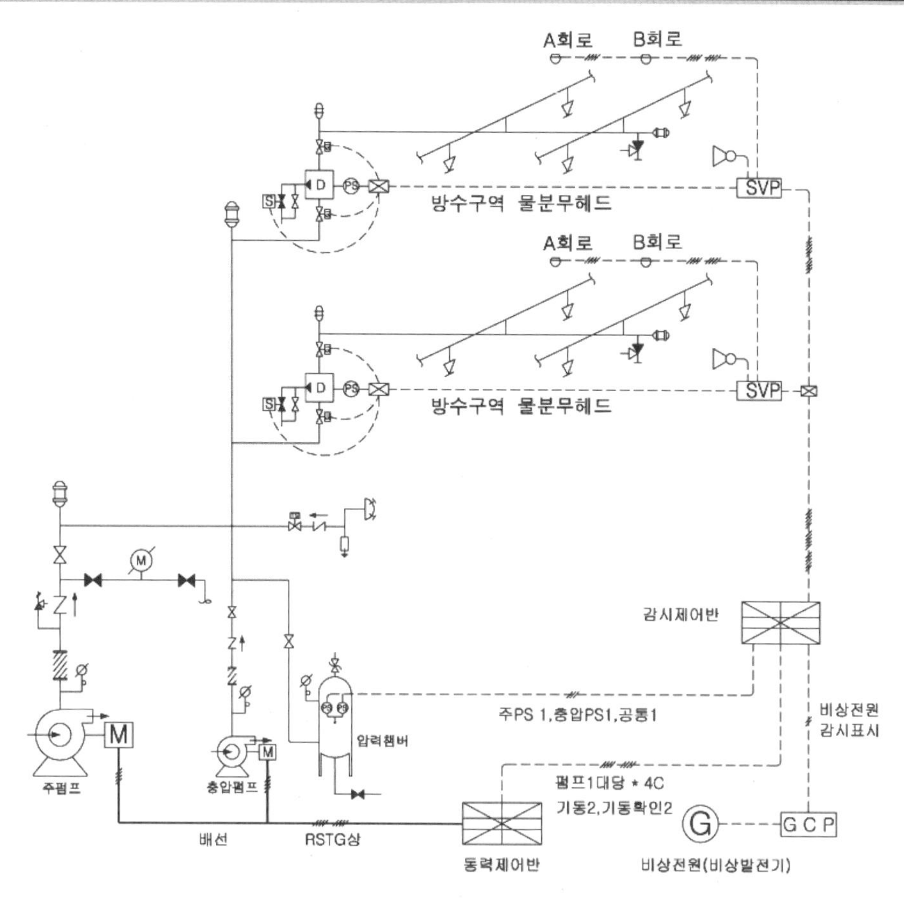
A회로
B회로
SVP
방수구역 물분무헤드
A회로
B회로
SVP
방수구역 물분무헤드
감시제어반
주PS 1,충압PS1,공통1
비상전원
감시표시
압력챔버
주펌프
충압펌프
펌프1대당 * 4C
기동2,기동확인2
G
GCP
배선
RSTG상
동력제어반
비상전원(비상발전기)

무정전365일

06 설치기준

(1) 수원 암기 특변콘 10케 12주차 트웬 티 37

소방대상물	수량(L)	기준면적(S)
특수 가연물 저장 또는 취급하는 특정소방대상물 또는 그 부분	10 L/(min·m^2) × 20분 × S	바닥면적(최소 50 m^2)
절연유 봉입 **변**압기	10 L/(min·m^2) × 20분 × S	표면적(바닥부분 제외)
콘베이어 벨트	**10** L/(min·m^2) × 20분 × S	벨트부분 바닥면적
케이블트레이, **케**이블덕트	**12** L/(min·m^2) × 20분 × S	투영된 바닥면적
주차장 또는 **차**고	**20** L/(min·m^2) × 20분 × S	바닥면적(최소 50 m^2)
위험물옥외저장**탱크**(15 m 기준)	**37** L/(min·m) × 20분 × L	탱크 원주길이(L)

※ 특수가연물 : 소방기본법 시행령 별표2
면화류 200 kg 이상, 나무껍질 400 kg 이상, 넝마 및 종이부스러기, 사류, 볏집류 1,000 kg 이상

(2) 펌프

① 양정

$H = h_1 + h_2$ [m]

(여기서, h_1 = 물분무헤드의 설계압력 환산수두(m), h_2 = 배관의 마찰손실 수두(m))

② 토출량

소방대상물	토출량(L/min)	기준면적(S)
특수가연물 저장 또는 취급	10 L/(min·m^2) × S	바닥면적(최소 50 m^2)
절연유 봉입 변압기	10 L/(min·m^2) × S	표면적(바닥부분 제외)
콘베이어 벨트	10 L/(min·m^2) × S	벨트부분 바닥면적
케이블트레이, 케이블덕트	12 L/(min·m^2) × S	투영된 바닥면적
주차장 또는 차고	20 L/(min·m^2) × S	바닥면적(최소 50 m^2)
위험물옥외저장탱크(15 m 기준)	37 L/(min·m) × L	탱크 원주길이(L)

(3) 헤드

① 헤드의 종류 암기 디선슬 충분

㉠ **디**플렉타형 : 오리피스를 통과시켜 빨라진 물을 살수판(반사판)에 충돌하여 미세한 물방울 만듦
㉡ **선**회류형 : 선회류에 의한 확산방출 및 선회류와 직선류 충돌에 의해 확산 방출
㉢ **슬**리트형 : 수류를 슬리트(Slit, 틈새)로 방출하여 수막상의 분무를 만듦
㉣ **충**돌형 : 유수와 유수의 충돌에 의해 미세한 물방울 만듦
㉤ **분**사형 : 소구경의 오리피스로부터 고압으로 분사하여 미세한 물방울 만듦

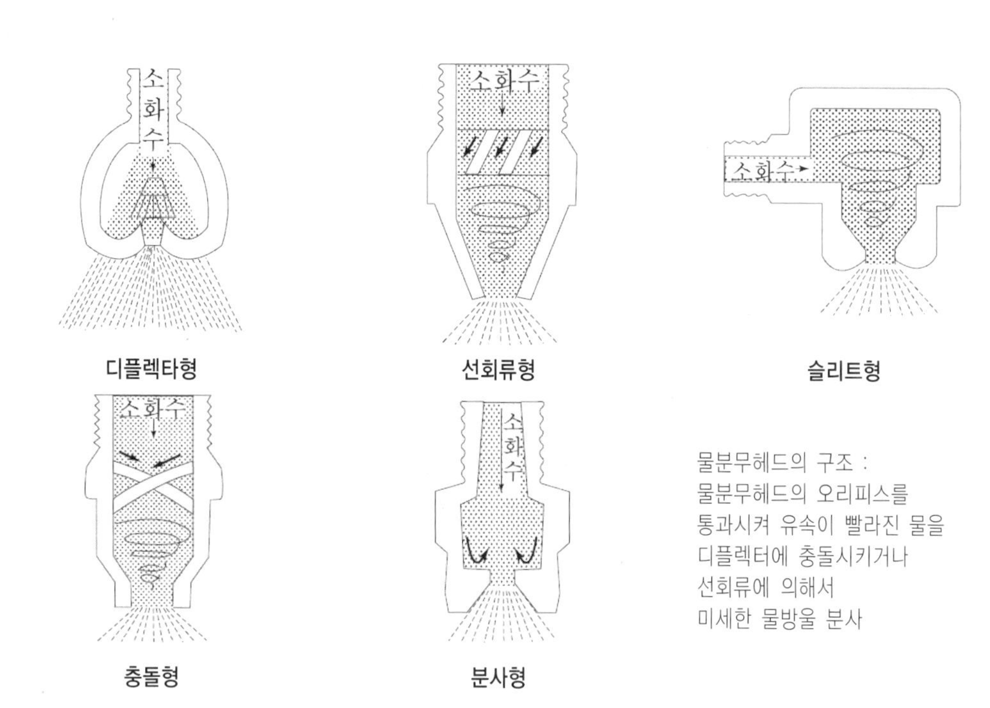

디플렉타형 선회류형 슬리트형

충돌형 분사형

② 헤드의 수량

㉠ 물분무헤드는 표준방사량으로 해당 방호대상물의 화재를 유효하게 소화하는 데 필요한 수를 적정한 위치에 설치하여야 한다.

㉡ 설계자가 물분무헤드의 특성을 고려하여 소요개수와 배치방법을 결정한다.

㉢ 물분무헤드는 제조사별로 유효사정거리, 분사각도, 살수유효반경등 형식에 따른 사양이 다르다.

③ 고압전기 기기와 물분무헤드 사이의 이격거리 ➜ 전압에 반올림한 이격거리

전압(kV)	거리(cm)	전압(kV)	거리(cm)
66 이하	70 이상	154 초과 ~ 181 이하	180 이상
66 초과 ~77 이하	80 이상	181 초과 ~ 220 이하	210 이상
77 초과 ~ 110 이하	110 이상	220 초과 ~ 275 이하	260 이상
110 초과 ~ 154 이하	150 이상	-	-

(4) 기동장치

① 수동식 기동장치

㉠ 직접조작(∵ 기계식, 손으로 조작) 또는 원격조작(∵ 전기식, 원격 On-off 버튼)에 따라 각각의 가압송수장치 및 수동식 개방밸브(∵ 전동밸브) 또는 가압송수장치 및 자동개방밸브(∵ 일제개방밸브)를 개방할 수 있도록 설치할 것

㉡ 기동장치의 가까운 곳의 보기 쉬운 곳에 "기동장치"라고 표시한 표지를 할 것

② 자동식 기동장치

㉠ 자동화재탐지설비의 감지기의 작동 또는 폐쇄형 스프링클러헤드의 개방과 연동하여 경보를 발하고, 가압송수장치 및 자동개방밸브를 기동할 수 있는 것으로 해야 한다.

㉡ 다만, 자동화재탐지설비의 수신기가 설치되어 있는 장소에 상시 사람이 근무하고 있고, 화재시 물분무소화설비를 즉시 작동시킬 수 있는 경우에는 그러하지 아니하다.

(5) 제어밸브

① 제어밸브

㉠ 바닥으로부터 0.8 m 이상 1.5 m 이하의 위치에 설치할 것

㉡ 제어밸브의 가까운 곳의 보기 쉬운 곳에 "제어밸브"라고 표시한 표지를 할 것

② 자동개방밸브 및 수동식 개방밸브

㉠ 자동개방밸브의 기동조작부 및 수동식 개방밸브는 화재시 용이하게 접근할 수 있는 곳의 바닥으로부터 0.8 m 이상 1.5 m 이하의 위치에 설치할 것

㉡ 자동개방밸브 및 수동식 개방밸브의 2차측 배관부분에는 해당 방수구역 외에 밸브의 작동을 시험할 수 있는 장치를 설치할 것. 다만, 방수구역에서 직접 방사시험을 할 수 있는 경우에는 그러하지 아니하다.

(6) 배수설비 암기 경유배기

① 배수구

차량이 주차하는 장소의 적당한 곳에 높이 10 cm 이상의 경계턱으로 배수구를 설치할 것

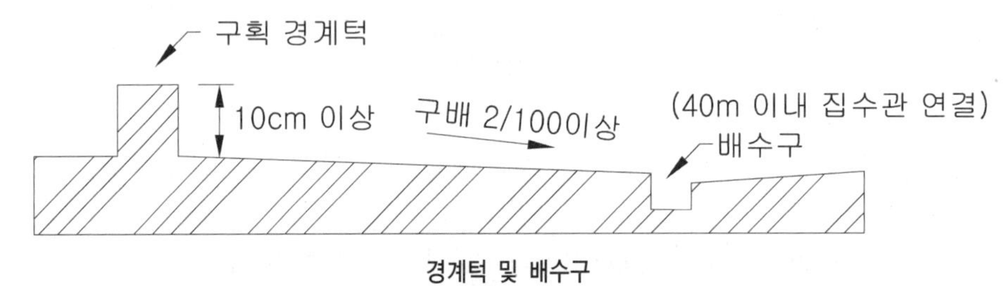

경계턱 및 배수구

② 유(기름)분리장치

배수구에는 새어나온 기름을 모아 소화할 수 있도록 길이 40 m 이하마다 집수관·소화핏트등 기름분리장치를 설치할 것

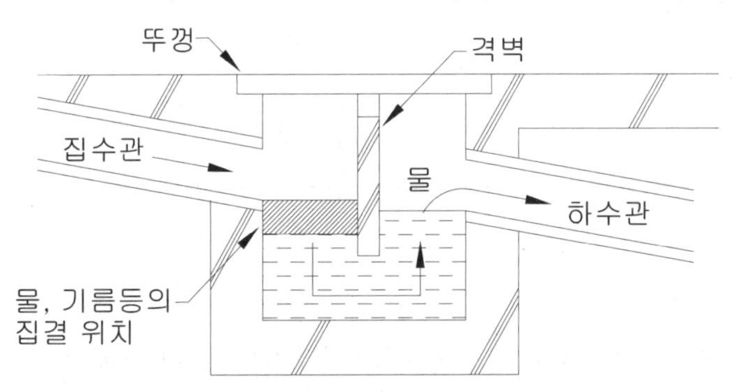

③ 배수설비 용량

배수설비는 가압송수장치의 최대송수능력의 수량을 유효하게 배수할 수 있는 크기 및 기울기로 할 것

④ 기울기

차량이 주차하는 바닥은 배수구를 향하여 2/100 이상의 기울기를 유지할 것

07 미분무소화설비

Fire Equipment Manager

01 개요

(1) 정의

① 물분무소화설비보다 물의 사용량을 줄여 소화 후 2차적인 피해(침수 및 오염 등)을 줄일 수 있는 소화설비로 물분무등소화설비로 구분한다.

② 가압된 물이 헤드 통과 후 미세한 입자로 분무됨으로써 소화성능을 가지는 설비를 말하며, 소화력을 증가시키기 위해 강화액 등을 첨가할 수 있다.

(2) 미분무 소화설비의 소화 메커니즘

① 냉각효과

㉠ 물입자가 화재플럼에 분무됨에 따라 반응영역에서는 화재로부터 열을 흡수하게 된다. 일반적으로 1 L의 물이 20 ℃에서 100 ℃까지 증가하여 증발하는데 각각 335 kJ 현열과 2,257 kJ의 잠열을 빼앗는다. 따라서 미분무소화설비에서 분무되는 물입자가 효과적으로 증발한다면 물은 소화약제 중 흡열량이 가장 높은 소화약제이다.

㉡ 물방울이 작을수록 증발은 더욱 잘 일어나고 이에 따라 냉각효과도 더 커지게 된다.

㉢ 물입자가 반응영역에 있는 동안 증발이 이루어지므로 냉각효과를 극대화하기 위해서는 반응영역에 존재하는 시간을 길게 하여야 한다.

② 질식효과

㉠ 물이 증발할 경우 그 체적은 약 1,700배 증가한다. 이는 화원 인근의 공기 중 산소농도를 감소시키는 효과를 발생시키므로 연소반응에 필요한 충분한 산소가 부족하게 되기 때문에 질식효과가 이루어진다.

㉡ 증기발생으로 인한 질식효과는 고온의 화원 근처에서만 발생된다.

③ 방사열 감소 : 미분무수가 연소 물질의 표면에 도달하거나 덮었을 때 물은 연소되지 않는 표면에서 뿐만 아니라 연소하고 있는 연소물질 표면에 방사됨으로 인하여 방사열에 대한 단열효과를 볼 수 있다.

④ 차폐효과

화염 수위의 복사열을 감소시킴과 동시에 복사열의 전달을 차단하는 차폐효과로 화염전파를 방지하고 화재로부터 거주자의 대피와 소방대의 접근을 용이하게 할 수 있다.

02 용어정의

(1) 미분무

물만을 사용하여 소화하는 방식으로 최소설계압력에서 헤드로부터 방출되는 물입자 중 99 %의 누적체적분포가 400 ㎛ 이하로 분무되고 A, B, C급 화재에 적응성을 갖는 것을 말한다.

> 미분무
> 1. 한국산업표준 (KS)
>   B급은 400 ㎛ 이하가 유효한 소화성능을 가지고, A급은 400 ㎛ 이상에서 유효한 소화성능을 갖는 것으로 되어 있다.
> 2. NFPA 750
>   최소설계압력에서 액적의 99 % 이상이 1,000 ㎛ 이하($Dv0.99 \le 1{,}000\ \mu m$)로 정의하고 있다.
>   여기서는 미분무소화설비가 C급 적응성을 갖기 위해서는 400 ㎛ 이하가 적당할 것으로 판단한다.
>
> 누적체적분포
> 물방울의 크기를 작은 것에서 큰 것으로 누적했을 경우의 체적분포

(2) 사용압력에 따른 미분무소화설비

① 저압 : 최고사용압력이 1.2 MPa 이하인 미분무소화설비
② 중압 : 사용압력이 1.2 MPa을 초과하고 3.5 MPa 이하인 미분무소화설비
③ 고압 : 최저사용압력이 3.5 MPa을 초과하는 미분무소화설비

(3) 폐쇄형 미분무소화설비

배관내에 항상 물 또는 공기 등이 가압되어 있다가 화재로 인한 열로 폐쇄형 미분무헤드가 개방되면서 소화수를 방출하는 방식

(4) 개방형 미분무소화설비

화재감지기의 신호를 받아 가압송수장치를 동작시켜 미분무수를 방출하는 방식의 미분무소화설비

(5) 전역방출방식

고정식 미분무소화설비에 배관 및 헤드를 고정 설치하여 구획된 방호구역 전체에 소화수를 방출하는 설비

(6) 국소방출방식

고정식 미분무소화설비에 배관 및 헤드를 설치하여 직접 화점에 소화수를 방출하는 설비로서 화재발생 부분에 집중적으로 소화수를 방출하도록 설치하는 방식

(7) 호스릴방식

미분무건을 소화수 저장용기등에 연결하여 사람이 직접 화점에 소화수를 방출하는 소화설비

(8) 교차회로방식

하나의 방호구역내에 2 이상의 화재감지기회로를 설치하고 인접한 2 이상의 화재감지기가 동시에 감지되는 때에는 미분무소화설비가 작동하여 소화수가 방출되는 방식

(9) 설계도서

특정소방대상물의 점화원, 연료의 특성과 형태 등에 따라서 발생할 수 있는 화재의 유형이 고려되어 작성된 것

03 설계도서 작성

(1) 미분무소화설비의 성능을 확인하기 위하여 하나의 발화원을 가정한 설계도서는 다음 각 호 및 별표1을 고려하여 작성되어야 하며, 설계도서는 일반설계도서와 특별설계도서로 구분한다.

① 점화원의 형태

② 초기 점화되는 연료 유형

③ 화재 위치

④ 문과 창문의 초기상태(열림, 닫힘) 및 시간에 따른 변화상태

⑤ 공기조화설비, 자연형(문, 창문) 및 기계형 여부

⑥ 시공 유형과 내장재 유형

(2) 일반설계도서는 유사한 특정소방대상물의 화재사례 등을 이용하여 작성하고, 특별설계도서는 일반설계도서에서 발화 장소 등을 변경하여 위험도를 높게 만들어 작성하여야 한다.

(3) 제1항 및 제2항에도 불구하고 검증된 기준에서 정하고 있는 것을 사용할 경우에는 적합한 도서로 인정할 수 있다.

04 수원

(1) 미분무소화설비에 사용되는 용수는 먹는 물 관리법 제5조에 적합하고, 저수조 등에 충수할 경우 필터 또는 스트레이너를 통하여야 하며, 사용되는 물에는 입자·용해고체 또는 염분이 없어야 한다.

(2) 배관의 연결부(용접부 제외) 또는 주배관의 유입측에는 필터 또는 스트레이너를 설치하여야 하고, 사용되는 스트레이너에는 청소구가 있어야 하며, 검사·유지관리 및 보수시에 배치위치를 변경하지 아니하여야 한다. 다만, 노즐이 막힐 우려가 없는 경우에는 설치하지 아니할 수 있다.

(3) 사용되는 필터 또는 스트레이너의 메쉬는 헤드 오리피스 지름의 80 % 이하가 되어야 한다.

(4) 수원의 양은 다음의 식을 이용하여 계산한 양 이상으로 하여야 한다.

$$Q = N \times D \times T \times S + V$$

(여기서, Q : 수원의 양(m^3), N : 방호구역(방수구역)내 헤드의 개수, D : 설계유량(m^3/min), T : 설계방수시간(min), S : 안전율(1.2 이상), V : 배관의 총체적(m^3))

(5) 첨기제의 양은 설계방수시간 내에 충분히 사용될 수 있는 양 이상으로 산정한다.
이 경우 첨기제가 소화약제인 경우 소방청장이 정하여 고시한 소화약제 형식승인 및 제품검사의 기술기준에 적합한 것으로 사용하여야 한다.

05 수조

(1) 수조의 재료는 냉간 압연 스테인리스 강판 및 강대(KS D 3698)의 STS 304 또는 이와 동등 이상의 강도·내식성·내열성이 있는 것으로 하여야 한다.

(2) 수조를 용접할 경우 용접찌꺼기 등이 남아 있지 아니하여야 하며, 부식의 우려가 없는 용접방식으로 하여야 한다.

(3) 미분무소화설비용 수조의 설치기준

옥내소화전설비의 화재안전기준 준용

06 폐쇄형 미분무소화설비 및 개방형 미분무소화설비의 방호구역의 적합기준

(1) 폐쇄형 미분무소화설비

① 하나의 방호구역의 바닥면적은 펌프용량, 배관의 구경 등을 수리학적으로 계산한 결과 헤드의 방수압 및 방수량이 방호구역 범위내에서 소화목적을 달성할 수 있도록 산정하여야 한다.

② 하나의 방호구역은 2개층에 미치지 아니하도록 할 것

(2) 개방형 미분무소화설비

① 하나의 방수구역은 2개층에 미치지 아니할 것

② 하나의 방수구역을 담당하는 헤드의 개수는 최대 설계개수 이하로 할 것. 다만, 2개 이상의 방수구역으로 나눌 경우에는 하나의 방수구역을 담당하는 헤드의 개수는 최대설계개수의 1/2 이상으로 할 것

③ 터널, 지하구, 지하가 등에 설치할 경우 동시에 방수되어야 하는 방수구역은 화재가 발생된 방수구역 및 접한 방수구역으로 할 것

07 성능시험배관과 유량계의 적합기준

(1) 성능시험배관은 펌프의 토출 측에 설치된 개폐밸브 이전에서 분기하여 직선으로 설치하고, 유량측정장치를 기준으로 전단 직관부에는 개폐밸브를 후단 직관부에는 유량조절밸브를 설치할 것

(2) 유입구에는 개폐밸브를 둘 것

(3) 개폐밸브와 유량측정장치 사이의 직관부 거리 및 유량측정장치와 유량조절밸브 사이의 직관부 거리는 해당 유량측정장치 제조사의 설치사양에 따른다.

(4) 유량측정장치는 펌프의 정격토출량의 175% 이상까지 측정할 수 있는 성능이 있을 것

(5) 성능시험배관의 호칭은 유량계 호칭에 따를 것

08 헤드

(1) 미분무헤드는 소방대상물의 천장·반자·천장과 반자사이·덕트·선반 기타 이와 유사한 부분에 설계자의 의도에 적합하도록 설치하여야 한다.

(2) 하나의 헤드까지의 수평거리 산정은 설계자가 제시하여야 한다.

(3) 미분무 설비에 사용되는 헤드는 조기반응형 헤드를 설치하여야 한다.

(4) 폐쇄형 미분무헤드는 그 설치장소의 평상시 최고주위온도에 따라 다음 식에 따른 표시온도의 것으로 설치하여야 한다.

$Ta = 0.9\ Tm - 27.3$ ℃(Ta : 최고주위온도, Tm : 헤드의 표시온도)

(5) 미분무헤드는 배관, 행가 등으로부터 살수가 방해되지 아니하도록 설치한다.

(6) 미분무헤드는 설계도면과 동일하게 설치하여야 한다.

(7) 미분무헤드는 한국소방산업기술원 또는 법 제42조 제1항의 규정에 따라 성능시험기관으로 지정받은 기관에서 검증받아야 한다.

설계도서 작성 기준 ➜ 미분무소화설비의 화재안전기준 별표1

1. 공통사항

설계도서는 건축물에서 발생 가능한 상황을 선정하되, 건축물의 특성에 따라 제2호의 설계도서 유형 중 가목의 일반설계도서와 나목부터 사목까지의 특별설계도서 중 1개 이상을 작성한다.

2. 설계도서 유형

1) 일반설계도서

(1) 건물용도, 사용자 중심의 일반적인 화재를 가상한다.

(2) 설계도서에는 다음 사항이 필수적으로 명확히 설명되어야 한다.

① 건물사용자 특성 ② 사용자의 수와 장소 ③ 실 크기 ④ 가구와 실내 내용물 ⑤ 연소 가능한 물질들과 그 특성 및 발화원 ⑥ 환기조건 ⑦ 최초 발화물과 발화물의 위치

(3) 설계자가 필요한 경우 기타 설계도서에 필요한 사항을 추가할 수 있다.

2) 특별설계도서1

(1) 내부 문들이 개방되어 있는 상황에서 피난로에 화재가 발생하여 급격한 화재연소가 이루어지는 상황을 가상한다.

(2) 화재시 가능한 피난방법의 수에 중심을 두고 작성한다.

3) 특별설계도서2

(1) 사람이 상주하지 않는 실에서 화재가 발생하지만 잠재적으로 많은 재실자에게 위험이 되는 상황을 가상한다.

(2) 건축물 내의 재실자가 없는 곳에서 화재가 발생하여 많은 재실자가 있는 공간으로 연소 확대되는 상황에 중심을 두고 작성한다.

4) 특별설계도서3

(1) 많은 사람들이 있는 실에 인접한 벽이나 덕트 공간 등에서 화재가 발생한 상황을 가상한다.

(2) 화재감지기가 없는 곳이나 자동으로 작동하는 소화설비가 없는 장소에서 화재가 발생하여 많은 재실자가 있는 곳으로의 연소 확대가 가능한 상황에 중심을 두고 작성한다.

5) 특별설계도서4

(1) 많은 거주자가 있는 아주 인접한 장소 중 소방시설의 작동범위에 들어가지 않는 장소에서 아주 천천히 성장하는 화재를 가상한다.

(2) 작은 화재에서 시작하지만 큰 대형화재를 일으킬 수 있는 화재에 중심을 두고 작성한다.

6) 특별설계도서5

(1) 건축물의 일반적인 사용 특성과 관련, 화재하중이 가장 큰 장소에서 발생한 아주 심각한 화재를 가상한다.

(2) 재실자가 있는 공간에서 급격하게 연소 확대되는 화재를 중심으로 작성한다.

7) 특별설계도서6

(1) 외부에서 발생하여 본 건물로 화재가 확대되는 경우를 가상한다.

(2) 본 건물에서 떨어진 장소에서 화재가 발생하여 본 건물로 화재가 확대되거나 피난로를 막거나 거주가 불가능한 조건을 만드는 화재에 중심을 두고 작성한다.

08 포소화설비

Fire Equipment Manager

01 개요

(1) 물에 의한 소화방법으로는 효과가 작거나 오히려 화재가 확대될 위험성이 있는 가연성, 인화성 액체에서 발생하는 화재에 사용하는 설비로서 그 소화원리는 물과 포소화약제가 일정한 비율로 혼합된 포수용액이 공기에 의하여 발포되어 기포들을 형성하여 연소물의 표면을 덮어 공기를 차단하는 질식효과와 포에 함유된 수분에 의한 냉각효과이다. (∵ 포(Foam) = 포수용액(물 + 포소화약제) + 공기)

(2) 포소화설비의 구성요소는 포소화약제, 포저장탱크, 수조, 가압송수장치, 기동용수압개폐장치, 포소화약제의 혼합장치, 포방출장치, 배관, 유수검지장치, 일제개방밸브, 송수구등이다.

02 적용기준

(1) 설치대상

물분무소화설비의 화재안전기준 준용

(2) 적용설비와 설비별 적응성

① 적용설비

소방대상물	적용설비
특수가연물을 저장·취급하는 공장 또는 창고	포워터스프링클러설비, 포헤드설비, 고정포방출설비, 압축공기포소화설비
차고 또는 주차장	
항공기격납고	
항공기격납고 중 바닥면적 1,000 m^2 이상이고 항공기의 격납위치가 한정된 장소이외 부분	호스릴포소화설비
차고·주차장등 소화활동에 지장이 없는 장소	포소화전설비, 호스릴포소화설비
발전기실, 엔진펌프실, 변압기, 전기케이블실, 유압설비의 바닥면적의 합계가 300m^2 미만의 장소	고정식 압축공기포소화설비

② 설비별 적응성

설비종류	적응성
포헤드설비 압축공기포소화설비	• 특수가연물을 저장·취급하는 공장 또는 창고 • 차고 또는 주차장 • 항공기 격납고
고정포방출설비	• 특수가연물을 저장·취급하는 공장 또는 창고 • 차고 또는 주차장 • 항공기 격납고
고정식 압축공기포소화설비	발전기실, 엔진펌프실, 변압기, 전기케이블실, 유압설비의 바닥면적의 합계가 300 m^2 미만의 장소
호스릴포소화설비	• 다음과 같은 차고 또는 주차장(소화활동에 지장이 없는 장소) - 완전 개방된 옥상주차장 또는 고가 밑의 주차장으로서 주된 벽이 없고 기둥뿐이거나 주위가 위해방지용 철주 등으로 둘러쌓인 부분 - 지상 1층으로서 지붕이 없는 부분
포소화전설비	• 다음과 같은 차고 또는 주차장 - 위와 동일

03 소화원리 및 특징

(1) 냉각작용

① 포는 수용액상태이므로 방호대상물에 방사되면 주위의 열을 흡수하여 기화하면서 연소면의 열을 탈취하는 냉각작용을 한다.

② 연료표면을 연소점 이하로 냉각시켜 증기발생을 방지한다.

발화점, 인화점, 연소점의 정의

1. 발화점(Auto Ignition Temperature)
   점화원 없이 물질을 대기 중에서 가열시 스스로 발화하는 최저온도(인위적으로 직접 가열하지 않고 함)
2. 연소점(Fire Point)
   인화점보다 5 ℃~10 ℃ 높고, 연소를 5초 이상 지속할 수 있는 온도
3. 인화점(Flash Point, Pilot Ignition)
   점화원 존재시 발화가 일어나는 최저온도

(2) 질식작용

① 화염을 연료표면에서 분리시킨다.

② 포에서 증발된 수증기가 가연성혼합기의 형성을 막는다.

③ 증발된 가연성증기를 눌러서 방출을 막는다.

(3) 특징

① 장점

㉠ 포의 내화성이 크므로 대규모의 화재소화에 효과가 있다.

㉡ 옥외 소화에도 소화 효력을 충분히 발휘한다.

㉢ 재연소가 예상되는 화재에도 소화가 가능하다.

㉣ 인접 방호 대상물에 연소 방지대책으로 최적격이다.

㉤ 소화제는 인체에 무해하고, 유독성 가스의 발생도 없으며, 소화작업에 지장을 주지 않는다.

② 단점

㉠ 사용 후 소화약제에 의한 오손

㉡ 알코올과 같은 소포 작용을 가진 액체의 경우에 있어서 포의 파괴

㉢ 전기화재에 적용곤란

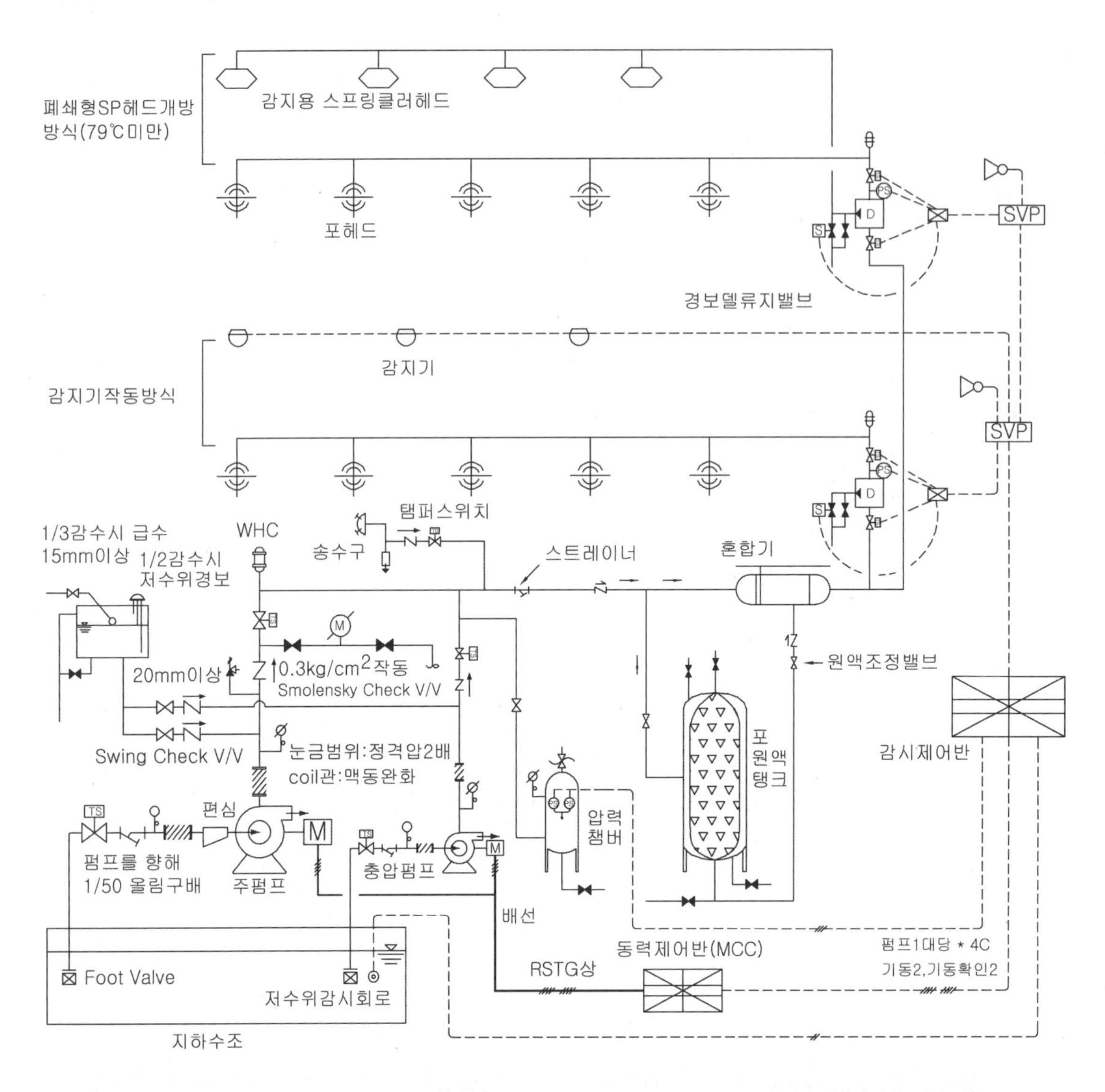
폐쇄형SP헤드개방
방식(79℃미만)
감지용 스프링클러헤드
포헤드
경보델류지밸브
SVP
감지기
감지기작동방식
SVP
1/3감수시 급수
15mm이상
1/2감수시
저수위경보
WHC
송수구
탬퍼스위치
스트레이너
혼합기
20mm이상
0.3kg/cm2작동
Smolensky Check V/V
원액조정밸브
Swing Check V/V
눈금범위:정격압2배
coil관:맥동완화
포
원액
탱크
감시제어반
편심
압력
챔버
펌프를 향해
1/50 올림구배
주펌프
충압펌프
배선
동력제어반(MCC)
RSTG상
펌프1대당 * 4C
기동2,기동확인2
Foot Valve
저수위감시회로
지하수조

S64E

05 포소화설비의 분류

(1) 방출구에 의한 분류

① 포헤드 방식(Foam Water Sprinkler, Foam Head System)

소방대상물에 고정식 배관을 설치하고 배관에 접속된 포헤드를 이용하여 포 방사

② 고정포방출구 방식 ➜ 부대설비 참고

㉠ 대분류

- 액표면 포방출구 : Ⅰ형, Ⅱ형, 특형
- 액표면하 포방출구 : Ⅲ형(SSI), Ⅳ형(SSSI)

㉡ Ⅰ형 포방출구 : 콘루프탱크(Cone Roof Tank)

- 개념 : 방출된 포가 위험물 표면 아래로 투입 또는 위험물과 혼합되지 아니하고 탱크 안으로 들어가도록 통(Foam Trough), Tube등의 부속설비가 있는 포방출구
- 위험물 표면에 유동을 주지 않아 위험물이 오버플로하는 것을 막는다.
- 알코올형포는 연소액면에 포를 주입할 때 소포성이 빨라 소화효과가 감소하기 때문에 Ⅰ형 포방출구를 사용하는 것이 좋다.

㉢ Ⅱ형 포방출구

- 개념 : 방출된 포가 반사판(Deflector)에 의하여 탱크의 벽면을 따라 흘러들어가 소화작용을 하도록 된 포방출구
- 콘루프탱크(Cone roof Tank)에 사용

㉣ 특형 포방출구

- 개념 : 탱크내측으로부터 1.2 m 떨어진 곳에 높이 0.9 m 이상의 금속제 굽도리판을 설치하고 양쪽 사이의 환상부위에 포를 방사하는 구조의 포방출구
- 플루팅루프 탱크(Floating Roof Tank)에 사용

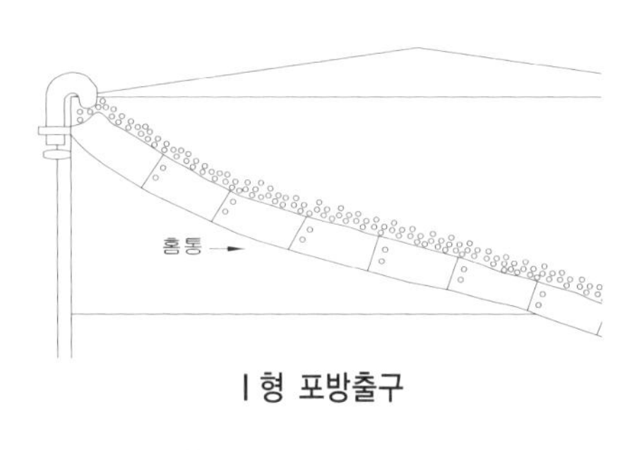

Ⅰ형 포방출구

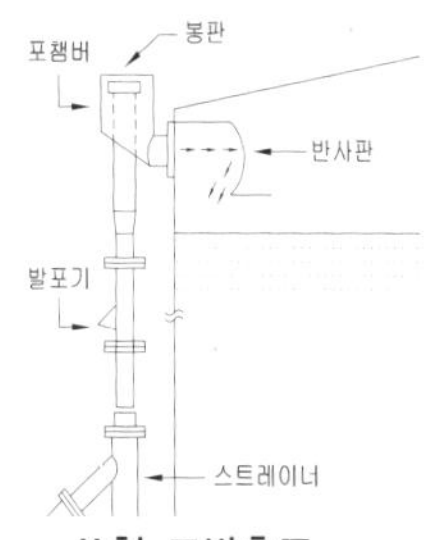

Ⅱ형 포방출구

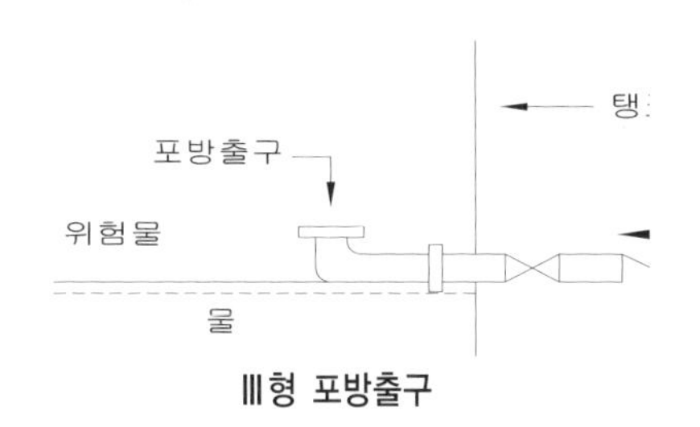

Ⅲ형 포방출구

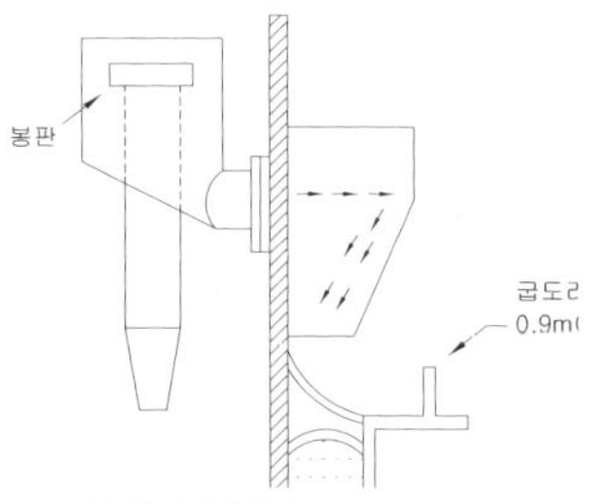

특형 포방출구

㉤ Ⅲ형 포방출구(Subsurface Injection System, SSI : 표면하 주입방식)

- 개념 : 탱크화재시 폭발에 의하여 탱크측면에 부착된 고정포 방출구가 파괴되는 결점을 보완한 형태로 탱크내부 저부에서 포를 주입하는 방식
- 발포기
  – 포방출구 토출측에 액체 위험물의 압력등이 배압(Back Pressure)으로 작용하므로 고압발포기(High Back Pressure Foammaker) 사용(∵ 최소압력 0.7 MPa 이상)
  – 높이 18 m인 탱크의 경우 발포기에 약 1 MPa 이상
- 포방출량과 방출시간 : Ⅱ형 포방출구 준용
- 포소화약제 : 불화단백포, 수성막포
- 장점 및 단점

장 점	• 불화단백포 탱크의 측벽파괴에도 포소화설비가 파괴되는 경우는 거의 없다. • 수성막포를 사방으로 확산시킬 수 있으므로 확산속도가 빠르다. • 저장 가연성 액체가 대류현상을 일으켜 상부 유온저하로 화재촉진을 방지한다. • Ⅱ형 포방출구의 포의 유동은 유면에서 30 m 이내이므로 탱크직경이 60 m를 초과하는 경우에는 표면하주입방식이 적합하다. • Cone Roof 탱크형 대기압의 탱크에 적합하다.
단 점	• Floating Roof 탱크, 압력이 걸리는 탱크 및 수용성 액체 탱크에는 사용 불가 • 점도가 높은 위험물 저장탱크에 부적합

㉥ Ⅳ형 포방출구(Semi – Subsurface Injection System, SSSI : 반표면하주입방식)

- 개념 : 표면하주입방출구를 더욱 개량한 것으로 표면하주입식이 포방출시 포가 탱크바닥에서 액면까지 떠오르면서 유류에 오염되어 파괴되므로 이로 인하여 소화효과가 저하되는 것을 막기 위하여 개발된 방식으로 호스가 액체 표면에 떠올라 포를 방출한다.
- 작동시에 호스가 포의 부력에 의해 액체표면에 떠올라 호스가 펼쳐지면서 호스 앞부분이 액면까지 도달한 후 포를 방출하는 포방출구이다.
- Hose Container(호스 격납함), Main Hose(호스)로 구성되어 있으며 내유성 있는 호스가 Container 속에 넣어져 캡(Cap)으로 봉합되어 탱크 내 액체로부터 보호되고 있다. 다만, 탱크 내에 Hose Container가 있어 유지관리가 어렵다.

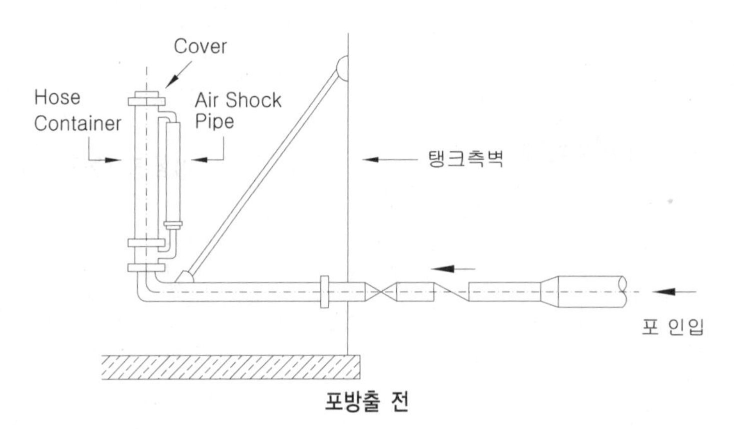

포방출 전

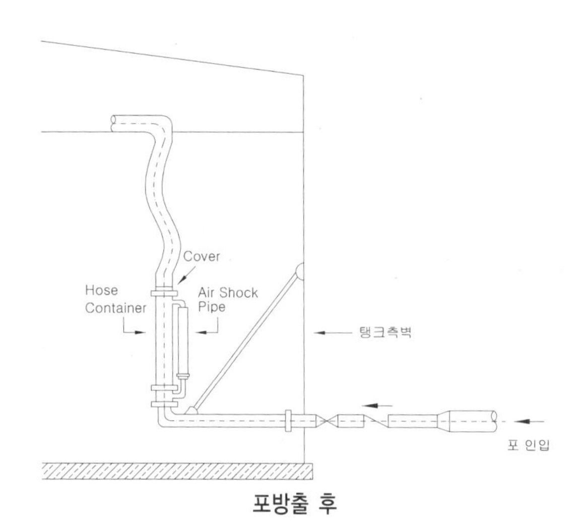

포방출 후

③ 포소화전방식

㉠ 화재시 접근하기 쉬운 장소에 설치하는 방식

㉡ 고정식 배관을 설치하고 포소화전방수구, 호스, 이동식포노즐을 사용하여 사람이 직접 포를 방사하는 방식

④ 호스릴방식

㉠ 포헤드방식, 포소화전방식에 보조적으로 설치하여 호스릴포방수구·호스릴 및 이동식 포노즐을 사용하여 사람이 직접 포를 방사하는 방식

㉡ 초기소화에 효과적임

(2) 위험물 옥외탱크에 따른 고정포방출구 분류

탱크의 종류	포방출구
콘루프 탱크(CRT, Cone Roof Tank)	Ⅰ형 포방출구, Ⅱ형 포방출구, Ⅲ형 포방출구, Ⅳ형 포방출구
플루팅루프 탱크(FRT, Floating Roof Tank)	특형 포방출구

(3) 혼합방식에 의한 분류

① 개요

혼합장치는 물과 포소화원액을 혼합하여 규정농도의 포수용액을 만드는 장치로서 3 %형 및 6 %형이 있으며 벤추리관이나 오리피스를 이용한다.

② 종류

㉠ 펌프 푸로포셔너(Pump Proportioner) 방식 ➜ 펌프혼합방식

- 개념 : 펌프의 토출관과 흡입관 사이의 배관도중에 설치한 흡입기에 펌프에서 토출된 물의 일부를 보내고, 농도조정밸브에서 조정된 포소화약제의 필요량을 포소화약제 탱크에서 펌프 흡입측으로 보내어 이를 혼합하는 방식
- 적용 : 화학소방차 등에서 사용
- 특징

– 원액을 사용하기 위한 손실이 적고 보수가 용이하다.

- 펌프의 흡입배관 압력손실이 거의 없어야 하며, 펌프의 흡입배관 압력손실이 있을 경우 원액의 혼합비가 차이가 나거나 원액탱크 쪽으로 물이 역류할 수 있다.
- 펌프의 흡입측으로 포가 유입되므로 수조는 포소화설비 전용이어야 한다.

ⓛ 프레져 푸로포셔너(Pressure Proportioner) ➜ 차압혼합방식

• 개념 : 펌프와 발포기의 중간에 설치된 벤추리관의 벤추리작용과 펌프 가압수의 포소화약제 저장탱크에 대한 압력에 따라 포소화약제를 흡입·혼합하는 방식

• 적용 : 포소화설비의 가장 일반적인 혼합방식으로 압입식과 압송식이 있다.

• 특징

- 혼합기에 의한 압력손실이 적다.
- 혼합가능한 유량범위는 50 %~200 %로 1개의 혼합기로 다수의 소방대상물을 충족시킬 수 있다.
- 물과 비중이 비슷한 소화약제(수성막포등)에는 혼합에 어려움이 있다.
- 혼합비에 도달하는 시간이 다소 소요된다(∵ 소형탱크 : 2분~3분, 대형탱크 : 15분).

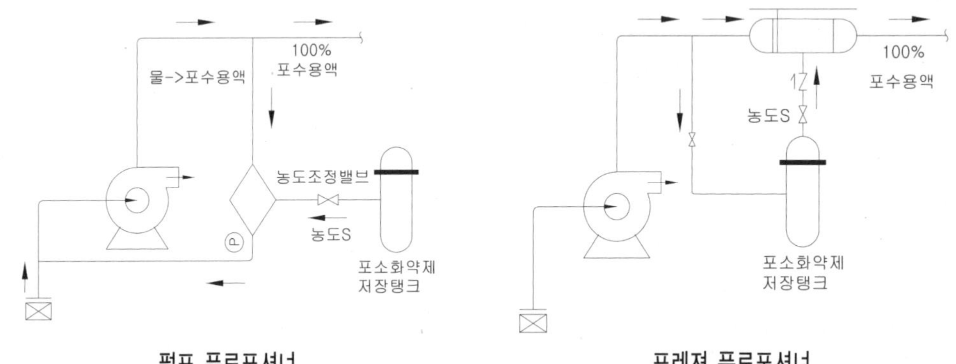

펌프 푸로포셔너　　　　프레져 푸로포셔너

ⓒ 프레져사이드 푸로포셔너(Pressure Side Proportioner) 방식 ➜ 압력혼합방식

• 개념 : 펌프의 토출관에 압입기(혼합기)를 설치하여 포소화약제 압입용 펌프로 포소화약제를 압입시켜 혼합하는 방식

• 적용 : 항공기격납고, 대규모 유류저장소, 석유화학 플랜트시설 등과 같은 대단위 고정식 포소화설비에 사용

• 특징

- 소화용수와 약제의 혼합우려 없어 장기간 보존이 가능하며 운전 후 재사용 가능하다.
- 혼합기를 통한 압력손실이 작다.
- 시설이 거대해지며 설치비가 비싸다.
- 압입용펌프의 토출압력이 급수펌프의 토출압력보다 낮으면 원액이 혼합기에 유입되지 못한다.

ⓔ 라인 푸로포셔너(Line Proportioner) 방식 ➜ 배관혼합방식

• 개념 : 펌프와 발포기 중간에 설치된 벤추리관의 벤추리작용에 따라 포소화약제를 흡입·혼합

• 적용 : 소규모 또는 이동식 간이설비에 사용되는 방법으로 포소화전 또는 한정된 방호대상물의 포소화설비에 적용

• 특징

- 가격이 저렴하고 시설이 용이하다.
- 혼합기를 통한 압력손실이 매우 크다.
- 이로 인하여 혼합기의 흡입가능 높이가 제한된다(∵ NFPA 11 : 1.8 m 이내)
- 혼합 가능한 유량의 범위가 좁다.

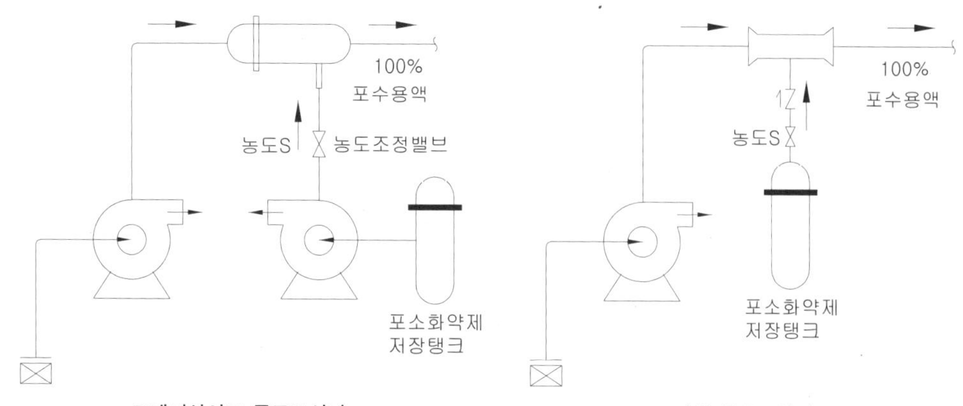

프레져사이드 프로포셔너　　　　　　라인 프로포셔너

㉤ 압축공기포 믹싱챔버방식

- 개념 : 혼합챔버(Mixing Chamber)로부터 이송된 포를 배관에 연결된 압축공기포 방출장치를 통하여 방출구 또는 노즐로 포를 방출하는 방식
- 적용 : 발전기실, 엔진펌프실, 변압기, 전기케이블실, 유압설비의 바닥면적의 합계가 300 m^2 미만의 장소
- 특징

– 고압축 기포는 일반적인 모양의 구 형태기포를 압축하여
납작한 평면의 다면체로 변화시켜 만듦으로서 기포를 천정면과 수직면에 쉽게 달라붙게 해준다.
즉, 면도 거품과 같이 흡착이 잘 된다.

– 높은 분사속도로 원거리 방수가 가능하고 기존 포소화설비의 물 사용량을 약 1/7로 줄여 수손피해를 최소화할 수 있다.

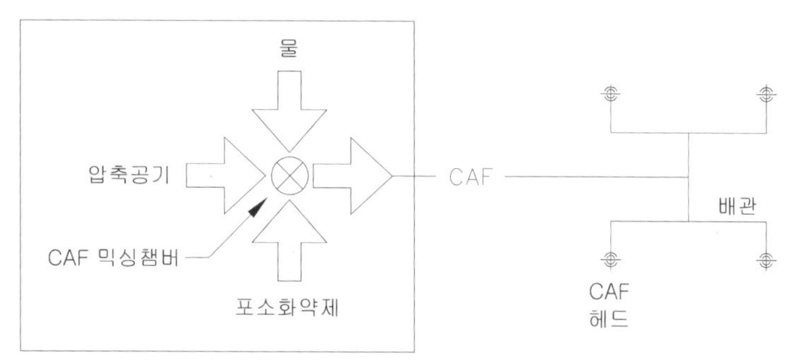

CAF Cabinet(압축공기포 캐비넷형)

③ 혼합방식의 비교 암기 펌프사라

구분	펌프푸로포셔너	프레져푸로포셔너	프레져 사이드푸로포셔너	라인푸로포셔너
특징	•펌프흡입배관 압력손실이 있을 경우 원액 혼합비가 차이가 나거나 원액탱크 쪽으로 물이 역류 •펌프 흡입측으로 포가 유입되므로 포소화설비 전용	•1개 혼합기로 다수 소방대상물 충족 •물과 비중이 비슷한 소화약제에는 혼합에 어려움 •혼합비에 도달하는 시간이 다소 소요 – 소형탱크 : 2분~3분 – 대형탱크 : 15분 이상	•압입용 펌프의 토출압력이 급수펌프의 토출압력보다 작으면 원액이 혼합기에 유입되지 못한다.	•압력손실이 커서 혼합기의 흡입 가능한 높이가 제한됨 ➜ 약제탱크에서 혼합기까지의 높이 1.8 m 이내(NFPA 11)
적용 범위	화학소방자동차	가장 일반적으로 사용	항공기격납고, 석유화학플랜트	이동식설비, 소규모 방호대상물,

06 포소화약제

(1) 포소화약제의 구비조건 암기 열유동착

① **내열성 : 탱크화재에 중요**
화염 및 화열에 대한 내력이 강해야 화재시 포가 파괴되지 않으며, A급 화재의 경우 물의 냉각에 의존하나 B급 화재의 경우는 포의 내열성이 중요한 요소가 된다.
예 우수 포소화약제 : 단백포, 불화단백포(∵ Ring Fire 방지효과)
　→ 내열성이 좋지 않으면 탱크화재에 부적합.

② **내유성 : 표면하주입방식에 중요**
포가 유류에 오염되어 파괴되지 않아야 하므로 내유성 또한 중요하며 특히 표면하주입식의 경우는 포약제가 유류에 오염될 경우 적용할 수 없다.
예 우수 포소화약제 : 불화단백포, 수성막포, 내알콜포

③ **유동성 : 유출화재에 중요**
포가 연소하는 유면상을 자유로이 유동하여 확산되어야 소화가 원활해지므로 유동성은 매우 중요하다.
예 우수 포소화약제 : 수성막포, 불화단백포, 합성계면활성제포
　→ 유동성이 나쁘면 소화속도가 느리며 유동성이 좋으면 유출화재에 적합하다.

④ **점착성 : 산불화재에 중요**
포가 표면에 잘 흡착하여 질식의 효과를 극대화시킬 수 있으며 특히, 점착성이 불량할 경우 바람에 의하여 포가 달아나게 된다.
예 우수 포소화약제 : 단백포, 내알코올포

(2) 발포배율상 분류

① **저발포 : 팽창비 20배 이하**

㉠ 개요
- 발포배율이 작은 포는 가연성 액체의 화재시 주로 사용된다. 포 수용액은 최고 20배까지 팽창하지만 대개 4배~12배 범위에서 사용된다.
- 차고, 주차장에 사용하는 포소화전설비 또는 호스릴포소화설비는 반드시 저발포 약제이어야 한다.

㉡ 포소화약제의 종류
- 포원액 지정농도 : 3 %, 6 %
- 비수용성 액체용 포소화약제 : 단백포, 합성계면활성제포, 수성막포, 불화단백포
- 수용성 액체용 포소화약제 : 내알코올포(Alcohol Residant Foam)

㉢ 포방출구의 종류 : 포헤드, 고정포 방출구, 포 소화전, 호스릴포, 포모니터 등 모든 포방출구 사용 가능

② **고발포 : 팽창비 80배 이상 1,000배 미만**

㉠ 개요
- 팽창비 80배 이상 1,000배 미만인 포로서 합성계면활성제포를 사용하며 자연발포가 아닌 발포장치를 사용하여 강제로 발포를 시켜주어야 한다.
- 창고, 물류시설, 격납고 등과 같은 넓은 장소의 급속한 소화, 지하층 등 소방대의 진입이 곤란한 장소에 매우 효과적이다.
- A급, B급 화재와 LNG화재에 적합하며, B급 화재의 경우는 저발포보다 다소 적응성이 떨어진다.

• 고발포는 수분이 아주 적기 때문에 증기밀폐, 재연방지, 유류에 대한 내성 및 바람에 대한 저항력이 약해서 화원에 도달하여도 화재를 진압하지 못하는 경우도 있다.

㉡ **포소화약제의 종류** : 합성계면활성제포

㉢ **발포장치**(Foam Generator)

고발포는 강제발포로서 NFPA 11 A.6.7.4(Operating Devices)에 따르면 고발포용 발포장치는 공기가 유입되는 방식에 따라 다음의 2가지 종류로 구분한다.

• 흡입식(Aspirator Type) : 포수용액이 분사될 때 공기를 자연적으로 흡입하고 포가 포스크린(Foam Screen)을 통과하면서 보통 250배 이하의 중팽창포를 생성한다. 발포기는 고정식 또는 이동식으로 적용할 수 있다.

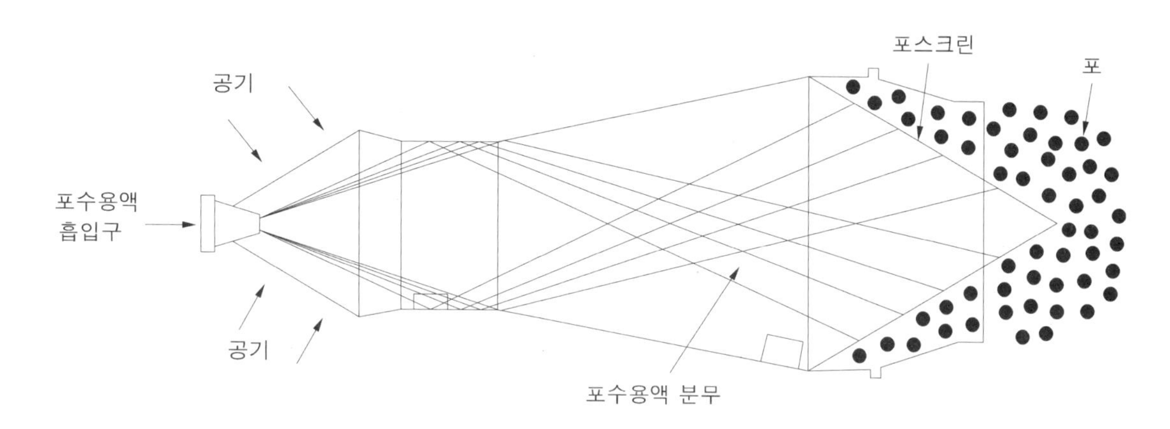

• 압입식(Blower Type) : 포수용액이 분사될 때 송풍기를 이용하여 강제로 공기를 공급하고 포수용액이 포스크린(Foam Screen)을 통과하면서 고팽창포(500배~1,000배)를 생성한다. 발포기는 고정식 또는 이동식으로 적용할 수 있다.

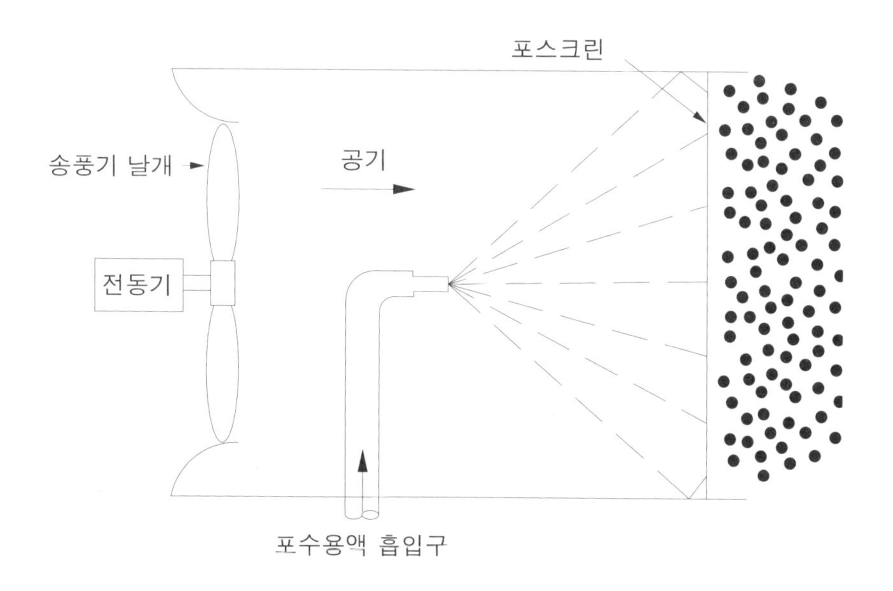

㉣ 방출 방식에 따라 전역방출방식과 국소방출방식이 있다.

(3) 포소화약제의 종류

① 개요

㉠ 포소화약제는 화학포와 기계포(공기포)로 구분한다.

㉡ 화학포는 소화약제와 물의 반응에 의해 생성하고, 기계포(공기포)는 기계적인 방법에 의하여 발생한다.

㉢ 화학포는 유지관리가 어려워 현재는 사용하지 않고, 기계포가 주로 사용된다.

② 기계포(공기포)

포소화약제와 물을 기계적으로 교반시키면서 공기를 흡입하여(공기를 핵으로 하여) 발생시킨 포

㉠ 단백포(Protein Foam)

- 소뿔, 발톱, 피등 동물성 단백질을 가수분해한 생성물에 염화제일철염($FeCl_2$)의 안정제, 방부제, 부동액을 첨가한 것으로서 저발포용(3 %형과 6 %형)으로 사용
- 내화성이 우수해서 포가 화염에 의해 잘 깨지지 않음
- 유동성이 나쁘고, 침전물이 생기며, 짧은 수명. 약한 내유성(耐油性)
- 제4류 위험물(인화성 액체)의 옥외 저장탱크의 측벽에 설치하여 고정포방출구(Ⅱ형)용으로 사용
- 부동액이 첨가되어 있어 −15℃에서 미동결
- 저렴한 가격, 인축에 무해

㉡ 불화단백포(Fluoroprotein Foam)

- 단백포에 불소계 계면활성제를 첨가하여 제조
- 내화성이 좋고 분말소화약제와 Twin Agent로 겸용이 가능
- 수명이 길고, 유동성이 좋아 소화속도도 빠름.
- 포가 기름에 오염되지 않고
- 포가 화염에 타오르거나 열에 의해 소멸되지 않음
- 소화효과는 소화약제 중 우수하나 가격이 비싸 잘 유통되지 않고 있다.
- 적용대상물 : 표면하 주입방식에도 사용되며, 대형유류저장탱크에 가장 적합

㉢ 수성막포(AFFF, Aqueous Film Forming Foam)

- 미국의 3M사가 개발(상품명 Light Water)
- 피연소 물질에 피해를 최소화할 수 있는 장점이 있으며 방사 후의 처리도 용이
- 불소계통의 습윤제에 합성계면활성제가 첨가되어 있는 약제
- 포와 유류 표면과의 사이에 엷은 불연성의 피막인 유화층을 형성하여 질식소화
- 소화성능은 단백포에 비해 약 300 % 효과가 있으며 필요한 소화약제의 양은 1/3 정도에 불과하다.
- 합성계면활성제포 소화약제처럼 장기간 저장시 쉽게 변질 또는 부패되지 않으며
- 저장탱크 그 밖의 시설물을 부식하지 않음
- 적용대상물 : 격납고, 유류저장탱크, 옥내주차장 등의 포헤드용으로 사용된다.

㉣ 합성계면활성제(Synthetic Foam)

- 탄화수소계의 합성계면활성제에 안정제, 부동액, 방부제 등을 혼합시켜 제조
- 포가 유면을 덮어 산소의 농도를 저하시키는 질식 소화효과로서 차고, 주차장, 주유소, 정유공장, 저유탱크 등의 설비에는 적합하다.
- 합성물질이기 때문에 단백질과 같이 쉽게 변질되지 않으나 세제공해 발생 우려
- 저발포용(3 %, 6 %형)과 고발포용(1 %, 1.5 %, 2 %형)으로 사용
- 수명이 반 영구적이며, 유동성이 좋고, 유류 및 일반화재에 사용이 가능

㉤ 내알코올용포(Alcohol Residant Foam)

- 단백질의 가수분해물에 합성세제를 혼합해서 제조한 소화약제
- 알코올, 에스테르류 같이 수용성인 용제에 단백포소화약제를 사용하면 포가 순식간에 파괴되고 지속성 및 소화기능을 발휘하지 못하여 내알코올포를 사용한다.
- 종류 : 금속비누형, 고분자 겔형, 불화단백형
- 금속비누형
  - 금속비누와 지방산을 단백포 소화약제에 녹여 제조
  - 금속비누는 알코올을 배척하는 성질이 있어 알코올로 포가 이동하는 것을 막아 거품이 알코올 위에 떠 있도록 해 주는 역할
  - 금속비누는 침전하는 성질이 있어 포의 즉시 발포 필요
- 고분자 겔형
  - 알킬산나트륨이 주성분으로, 기포제로 탄화수소계 또는 불소계 계면활성제를 사용한 것으로서 불용성의 Gel이 되는 것을 이용
  - 수용성 액체화재와 유류화재에 모두 사용할 수 있어서 소화범위가 넓은 장점
- 불화 단백형
  - 단백포소화약제에 알코올류를 배척하는 성질이 강한 불소계 계면활성제를 첨가한 소화약제
  - 수용성 및 가연성 액체의 화재와 석유류화재에 사용
  - 표면하주입방식에 사용

③ 화학포

㉠ 개요

- 화학포는 2가지의 소화약제가 화학 반응을 일으켜 생성되는 기체(이산화탄소)를 핵으로 하는 포이다.
- 우리나라에서는 이 약제를 사용한 소화기가 가장 먼저 보급되었으나 동결이 잘 되고(응고점 : −5 ℃) 약제의 부식성, 발포장치의 복잡성 등의 문제점 때문에 유지 및 관리가 어려워 현재는 별로 사용하지 않는다.

㉡ 성분 및 특성

- 화학포는 A약제인 탄산수소나트륨(중조 또는 중탄산나트륨, $NaHCO_3$)과 B약제인 황산알루미늄($Al_2(SO_4)_3$의 수용액에 발포제와 안정제 및 방부제를 첨가하여 제조한다.
- 두 약제의 화학 반응식

  $6NaHCO_3 + Al_2(SO_4)_3 \cdot 18H_2O \rightarrow 6CO_2 + 3Na_2SO_4 + 2Al(OH)_3 + 18H_2O$

  (여기서, $NaHCO_3$(탄산수소나트륨) : A제(알칼리성), $Al_2(SO_4)_3 \cdot 18H_2O$(황산알루미늄) : B제(산성))

㉢ 소화 효과

- 화학반응에 의해 생성된 수산화알루미늄($Al(OH)_3$)은 끈적끈적한 교질상으로 여기에 A약제에 포함된 수용성 단백질이 혼합되면 점착성이 좋은 포가 생성되어 가연물 표면에 부착되어 냉각과 질식 작용으로 화재를 진화한다.
- 유류화재에 대해서는 액면을 포로 덮어서 내화성이 강한 층을 형성하기 때문에 우수한 소화 효과를 나타낸다.
- 반면 가격이 비싸고, 발생과 사용이 어렵고, 생성된 포막은 대단히 견고하여 일단 구멍이 생기면 쉽게 막을 수 없고, 포의 질이 용액의 온도에 크게 좌우되는 등의 단점도 있다.

포소화약제 특징 비교

구분	단백포	수성막포	불화단백포
주성분	동식물성 단백질의 가수분해생성물	불소계 계면활성제	단백포 + 불소계(2 %~3 %)
단점	내유성, 유동성↓	내열성↓, 점착성↓	점착성↓(단백포보다 낮다)
장점	내열성, 봉쇄성↑, 점착성↑	내유성, 유동성↑	내유성, 유동성, 내열성
윤화	발생우려 낮다	발생우려 높다	발생우려 낮다

윤화(Ring Fire)
분출하는 유류표면에 포를 방출하는 경우 저장탱크의 중앙부분의 화염은 소화되었어도탱크 외벽을 따라 환상으로 화염이 계속 분출되는 것

가수분해(加水分解)
물(水)을 가(加)하면 분해(分解)되는 반응으로 무기염류가 물의 작용으로 산과 알칼리로 분해되는 것

07 설치기준

(1) 포소화설비의 종류 및 적응성

① 특수가연물을 저장·취급하는 공장 또는 창고 : 포워터스프링클러설비·포헤드설비·고정포방출설비 또는 압축공기포소화설비

② 차고 또는 주차장

㉠ 일반적 경우 : 소화활동에 지장이 있는 장소
포워터스프링클러설비, 포헤드설비, 고정포방출설비, 압축공기포소화설비

㉡ 특정한 경우 : 소화활동에 지장이 없는 장소
포소화전설비, 호스릴포소화설비

소화활동에 지장이 없는 차고 또는 주차장 암기 **완전, 상수원, 지방**

1. 완전 개방된 옥상주차장 또는 고가 밑의 주차장으로서 주된 벽이 없고 기둥뿐이거나 주위가 위해방지용 철주 등으로 둘러쌓인 부분
2. 지상 1층으로서 지붕이 없는 부분

③ 항공기 격납고

㉠ 포워터스프링클러설비·포헤드설비·고정포방출설비 또는 압축공기포소화설비

㉡ 호스릴포소화설비는 바닥면적의 합계가 1,000 m^2 이상이고 항공기의 격납위치가 한정되어 있는 경우에는 그 한정된 장소 외의 부분

(2) 포소화약제량

구 분	포소화약제의 양
고정포방출방식	• 고정포방출구 : $Q = A \times Q_1 \times T \times S$ (여기서, Q : 포소화약제의 양(L) A : 탱크의 액표면적(m^2), Q_1 : 단위 포소화수용액의 양($L/(min \cdot m^2)$) T : 방출시간(min), S : 포소화약제의 사용농도(%)) • 보조소화전 : $Q = N \times S \times 8{,}000$ L (여기서, Q : 포소화약제의 양(L), N : 호스접결구수(최대 3개), S : 포소화약제의 사용농도(%)) • 가장 먼 탱크까지의 송액관에 충전 필요량 : $Q = Q_A \times S$ (여기서, Q : 배관(내경 75 mm 이하 제외) 충전 필요량(L) Q_A : 송액관 충전량(L), S : 포소화약제의 사용농도(%) • 고정포 방출방식 약제저장량 = ① + ② + ③
옥내포소화전방식 또는 호스릴방식 (바닥면적 200 m^2 미만인 건축물일 경우 저장량 × 0.75)	• $Q = N \times S \times 6{,}000$ (여기서, Q : 포소화 약제의 양(L) N : 호스 접결구수(최대 5개), S : 포소화약제의 사용농도(%))
포헤드방식	바닥면적 m^2(최대 200 m^2) × 표준방사량($L/(min \cdot m^2)$)× 10분 × S

(3) 포소화설비 종류에 따른 토출량, 포수용액량, 약제량, 수원량

구 분	포소화설비의 화재안전기준		위험물 안전관리에 관한 세부기준			
	소방대상물		옥외탱크저장소			
	포헤드	옥내포소화전 또는 호스릴방식	고정포 방출구		보조 포소화전	송액관
설치개수 (N)	A ÷ 9 m^2/개 (A = 최대 200 m^2)	5	탱크직경등에 따라 다름		3	–
방사량 (L/min)	차고, 주차장, 격납고 수성막 3.7 $L/(min \cdot m^2)$ 단백포 6.5 $L/(min \cdot m^2)$ 합성계 8.0 $L/(min \cdot m^2)$	300 L/(min·개)	기본 : 4 $L/(min \cdot m^2)$		400 L/(min·개)	–
	특수가연물(수, 단, 합) 6.5 $L/(min \cdot m^2)$		특형, 수용성액체 : 8 $L/(min \cdot m^2)$			
방사시간 (min)	10	20	위험물에 따라 다름		20	–
토출량 (L/min)	A [m^2] × Q [$L/(min \cdot m^2)$]	N × 300 (200 m^2 미만 N × 225)	A × Q		N × Q	–
포수용액량(L)	A [m^2]× Q [$L/(min \cdot m^2)$]× T [min]	N × 300 × 20 (200 m^2 미만 N × 225 × 20)	NFSC	A×Q×T	N×Q×T	A×L×1,000
			위험물기준	A×Q×T	N×Q×T	A×L×1,000
약제량 (L)	A × Q × T × S	N × Q × T × S	NFSC	A×Q×T×S	N×Q×T×S	A×L×1,000×S
			위험물기준	A×Q×T×S	N×Q×T×S	A×L×1,000×S
수원량 (L)	A×Q×T	N×Q×T	NFSC	A×Q×T	A×Q×T	A×L×1,000
			위험물기준	A×Q×T(1−S)	N×Q×T(1−S)	A×L(1−S)

주기사항

1. 포헤드 설치수량 : ①과 ② 중 큰 쪽을 선택함
   ① 헤드수 : 바닥면적(최대 200 m^2) ÷ 9 m^2/개
   ② 헤드수 : 바닥면적(최대 200 m^2) × 방출량(L/(min · m^2))÷ 포헤드 표준방사량(L/(min · 개))
2. 고정포방출구의 경우 포약제량(L) 계산
   고정포방출구의 양(A × Q × T × S) + 보조소화전의 양(N × Q × T × S) + 송액관의 양(배관체적 × S)
3. 가장 먼 탱크까지의 송액관에 충전 필요량(내경 75 mm 이하도 포함)
   ▼ 근거 : 위험물 안전관리에 관한 세부기준 제133조 제3호 마목
4. 펌프의 토출량에 배관 보정량을 적용하지 않는 이유 : 배관내에 저장되어 있는 것으로 소비되는 것이 아니다.
5. 수원의 양
   ① 포소화설비의 화재안전기준(NFSC 105) 제5조
   수원의 양은 고정포방출설비 경우에는 고정포방출구가 가장 많이 설치된 방호구역안의 고정포방출구에서 표준방사량으로 10분간 방사할 수 있는 양 이상.
   즉, 농도와 무관하며 모든 포소화설비에 대해 공통적인 사항으로 적용할 수는 없음
   ② 위험물안전관리에 관한 세부기준 제133조
   수원의 양은 포수용액을 만들기 위하여 필요한 양 이상이 되도록 할 것. 즉, 수원량 = 포수용액량×(1–S)
6. 압축공기포소화설비를 설치하는 경우 방수량은 설계사양에 따라 방호구역에 최소 10분간 방사할수 있어야 한다.
7. 압축공기포소화설비의 설계방출밀도(L/(min · m^2))는 설계사양에 따라 정하여야 하며 일반가연물, 탄화수소류는 1.63L/(min · m^2) 이상, 특수가연물, 알코올류와 케톤류는 2.3L/(min · m^2) 이상으로 하여야 한다.

(4) 가압송수장치

① 압축공기포소화설비에 설치되는 펌프의 양정은 0.4 MPa 이상이 되어야 한다.
다만, 자동으로 급수장치를 설치한 때에는 전용펌프를 설치하지 아니할 수 있다.

② 가압송수장치에는 포헤드·고정포방출구 또는 이동식 포노즐의 방사압력이 설계압력 또는 방사압력의 허용범위를 넘지 아니하도록 감압장치를 설치하여야 한다.

③ 표준방사량

구 분	표준 방사량
포워터스프링클러헤드	75 L/min 이상
포헤드·고정포방출구 또는 이동식포노즐·압축공기포헤드	각 포헤드·고정포방출구, 이동식포노즐의 설계압력에 따라 방출되는 소화약제의 양

④ 압축공기포소화설비를 스프링클러 보조설비로 설치하거나 압축공기포 소화설비에
자동으로 급수되는 장치를 설치한때에는 송수구 설치를 아니할 수 있다.

⑤ 압축공기포소화설비의 배관은 토너먼트방식으로 하여야 하고
소화약제가 균일하게 방출되는 등거리 배관구조로 설치하여야 한다.

⑥ 그밖의 사항은 스프링클러설비의 화재안전기준 준용

(5) 저장탱크 암기 화온변점 PG액

① 화재 등의 재해로 인한 피해를 받을 우려가 없는 장소에 설치할 것

② 기온의 변동으로 포의 발생에 장애를 주지 아니하는 장소에 설치할 것 다만, 기온변동에 영향을 받지 아니하는 포소화약제의 경우에는 그러하지 아니하다.

③ 포소화약제가 변질될 우려가 없고 점검에 편리한 장소에 설치할 것

④ 가압송수장치 또는 포소화약제 혼합장치의 기동에 따라 압력이 가해지는 것 또는 상시 가압된 상태로 사용되는 것에 있어서는 압력계(Pressure Gauge)를 설치할 것

⑤ 가압식이 아닌 저장탱크는 글라스게이지(Glass Gauge)를 설치하여 액량을 측정할 수 있는 구조로 할 것

⑥ 포소화약제 저장량의 확인이 쉽도록 액면계 또는 계량봉 등을 설치할 것

(6) 개방밸브

① 자동개방밸브(∵ 일제개방밸브, 자동밸브)는 화재감지장치의 작동에 따라 자동으로 개방되는 것으로 할 것

② 수동식 개방밸브(∵ 전동밸브, MOV)는 화재시 쉽게 접근할 수 있는 곳에 설치할 것
→ MOV : Motor Operated Valve, 모터구동밸브

(7) 기동장치

① 포소화설비의 수동식 기동장치

㉠ 직접조작(∵수동기동장치) 또는 원격조작(∵전자밸브)에 따라
가압송수장치·수동식 개방밸브 및 소화약제 혼합장치를 기동할 수 있는 것으로 할 것
→ 포소화설비 : 가압송수장치·수동식 개방밸브 및 소화약제 혼합장치

㉡ 2 이상의 방사구역을 가진 포소화설비에는 방사구역을 선택할 수 있는 구조로 할 것

㉢ 기동장치의 조작부는 화재시 쉽게 접근할 수 있는 곳에 설치하되, 바닥으로부터 0.8 m 이상 1.5 m 이하의 위치에 설치하고, 유효한 보호장치를 설치할 것

㉣ 기동장치의 조작부 및 호스 접결구에는 가까운 곳의 보기 쉬운 곳에 각각 "기동장치의 조작부" 및 "접결구"라고 표시한 표지를 설치할 것

㉤ 차고 또는 주차장에 설치하는 포소화설비의 수동식 기동장치는 방사구역마다 1개 이상 설치할 것

㉦ 항공기 격납고에 설치하는 포소화설비의 수동식 기동장치는 각 방사구역마다 2개 이상을 설치하되, 그 중 1개는 각 방사구역으로부터 가장 가까운 곳 또는 조작에 편리한 장소에 설치하고, 1개는 화재감지수신기를 설치한 감시실등에 설치할 것

② 포소화설비의 자동식 기동장치

자동화재탐지설비의 감지기의 작동 또는 폐쇄형 스프링클러헤드의 개방과 연동하여 가압송수장치·일제개방밸브 및 포소화약제 혼합장치를 기동시킬 수 있도록 다음 기준에 따라 설치하여야 한다.
다만, 자동화재탐지설비의 수신기가 설치된 장소에 상시 사람이 근무하고 있고, 화재시 즉시 해당 조작부를 작동시킬 수 있는 경우에는 그러하지 아니하다.

㉠ 폐쇄형 스프링클러헤드를 사용하는 경우에는 다음에 따를 것 암기 온돌(높)층

- 표시온도가 79 ℃ 미만인 것을 사용하고, 1개의 스프링클러헤드의 경계면적은 20 m^2 이하로 할 것
- 부착면 높이는 바닥으로부터 5 m 이하로 하고, 화재를 유효하게 감지할 수 있도록 할 것
- 하나의 감지장치 경계구역은 하나의 층이 되도록 할 것

㉡ 화재감지기를 사용하는 경우에는 다음에 따를 것

- 화재감지기는 자동화재탐지설비의 화재안전기준(NFSC 203) 제7조 기준에 따라 설치할 것

• 화재감지기회로에는 다음 기준에 따른 발신기를 설치할 것
– 조작이 쉬운 장소에 설치하고, 스위치는 바닥으로부터 0.8 m 이상 1.5 m 이하의 높이에 설치할 것
– 특정소방대상물의 층마다 설치하되, 해당 특정소방대상물의 각 부분으로부터 수평거리가 25 m 이하가 되도록 할 것. 다만, 복도 또는 별도로 구획된 실로서 보행거리가 40 m 이상일 경우에는 추가 설치
– 발신기의 위치를 표시하는 표시등은 함의 상부에 설치하되, 그 불빛은 부착면으로부터 15° 이상의 범위 안에서 부착지점으로부터 10 m 이내의 어느 곳에서도 쉽게 식별할 수 있는 적색등으로 할 것
• 동결우려가 있는 장소의 포소화설비의 자동식 기동장치는 자동화재탐지설비와 연동으로 할 것

③ 포소화설비의 기동장치에 설치하는 자동경보장치

자동화재탐지설비에 따라 경보를 발할 수 있는 경우에는 음향경보장치를 설치하지 아니할 수 있다.

㉠ 방사구역마다 일제개방밸브와 그 일제개방밸브의 작동여부를 발신하는 발신부를 설치할 것. 이 경우 각 일제개방밸브에 설치되는 발신부 대신 1개 층에 1개의 유수검지장치를 설치할 수 있다.

㉡ 상시 사람이 근무하고 있는 장소에 수신기를 설치하되, 수신기에는 폐쇄형 스프링클러헤드의 개방 또는 감지기의 작동여부를 알 수 있는 표시장치를 설치할 것

㉢ 하나의 특정소방대상물에 2 이상의 수신기를 설치하는 경우에는 수신기가 설치된 장소 상호간에 동시 통화가 가능한 설비를 할 것

(8) 포헤드 및 고정포방출구

① 포방출구의 종류

팽창비율에 따른 포의 종류	포방출구의 종류
팽창비가 20 이하인 것(저발포)	포헤드, 압축공기포헤드
팽창비가 80 이상 1,000 미만인 것(고발포)	고발포용 고정포방출구

② 포헤드의 설치기준

㉠ 포워터스프링클러헤드는 특정소방대상물의 천장 또는 반자에 설치하되, 바닥면적 8 m^2마다 1개 이상으로 하여 해당 방호대상물의 화재를 유효하게 소화할 수 있도록 할 것

㉡ 포헤드는 특정소방대상물의 천장 또는 반자에 설치하되, 바닥면적 9 m^2마다 1개 이상으로 하여 해당 방호대상물의 화재를 유효하게 소화할 수 있도록 할 것

㉢ 특정소방대상물별로 사용되는 포소화약제량

특정소방대상물	포소화약제의 종류	방사량
차고·주차장 및 항공기격납고	단백포소화약제	6.5 L/(min·m^2) 이상
	합성계면활성제포소화약제	8.0 L/(min·m^2) 이상
	수성막포소화약제	3.7 L/(min·m^2) 이상
특수가연물을 저장·취급하는 특정소방대상물	단백포소화약제	6.5 L/(min·m^2) 이상
	합성계면활성제포소화약제	
	수성막포소화약제	

㉣ 특정소방대상물의 보가 있는 부분의 포헤드 설치기준

포헤드와 보의 하단의 수직거리	포헤드와 보의 수평거리
0	0.75 m 미만
0.1 m 미만	0.75 m 이상 ~ 1 m 미만
0.1 m 이상 ~ 0.15 m 미만	1 m 이상 ~ 1.5 m 미만
0.15 m 이상 ~ 0.30 m 미만	1.5 m 이상

㉤ 포헤드 상호간 이격거리

- 정방형 배치 : 다음의 식에 따라 산정한 수치 이하

  $S = 2r \times \cos45°(\therefore \cos45° = 0.707)$

  (여기서, S : 포헤드 상호간의 거리(m), r : 유효반경(2.1 m))

- 장방형 배치 : 그 대각선의 길이가 다음의 식에 따라 산정한 수치 이하

  $pt = 2r$(여기서, pt : 대각선의 길이(m), r : 유효반경(2.1 m))

㉥ 포헤드와 벽 방호구역의 경계선과는 포헤드 상호간의 거리의 1/2 이하의 거리를 둘 것

㉦ 압축공기포소화설비의 분사헤드는 천장 또는 반자에 설치하되
방호대상물에 따라 측벽에 설치할 수 있으며 유류탱크주위에는 바닥면적 13.9 m^2 마다 1개 이상,
특수가연물 저장소에는 바닥면적 9.3 m^2 마다 1개 이상으로
당해 방호대상물의 화재를 유효하게 소화할 수 있도록 할 것 <신설 2015.10.28>

방호대상물	방출량(L/0(min · m^2))
특수가연물, 알코올류와 케톤류	2.3
일반가연물, 탄화수소류	1.63

방호대상물	분사헤드당 방사량(L/(min · 개))
특수가연물 저장소	2.30 L/(min · m^2) x 9.3 m^2/개 = 31.39
유류탱크주위	1.63 L/(min · m^2) x 13.9 m^2/개 = 22.66

③ 차고·주차장에 설치하는 호스릴포소화설비 또는 포소화전설비 설치기준

㉠ 특정소방대상물의 어느 층에 있어서도 그 층에 설치된 호스릴포방수구 또는 포소화전방수구(최대 5개)를 동시에 사용할 경우 각 이동식 포노즐 선단의 포수용액 방사압력이 0.35 MPa 이상이고 300 L/min 이상(1개층의 바닥면적 200 m^2 이하인 경우에는 230 L/min 이상)의 포수용액을 수평거리 15 m 이상으로 방사할 수 있도록 할 것

㉡ 저발포의 포소화약제를 사용할 수 있는 것으로 할 것

㉢ 호스릴 또는 호스를 호스릴포방수구 또는 포소화전방수구로 분리하여 비치하는 때에는 그로부터 3 m 이내의 거리에 호스릴함 또는 호스함을 설치할 것

㉣ 호스릴함 또는 호스함은 바닥으로부터 높이 1.5 m 이하의 위치에 설치하고 그 표면에는 "포호스릴함(또는 포소화전함)"이라고 표시한 표지와 적색의 위치표시등을 설치할 것

㉤ 방호대상물의 각 부분으로부터 하나의 호스릴포방수구까지의 수평거리는 15 m 이하(포소화전방수구의 경우에는 25 m 이하)가 되도록 하고 호스릴 또는 호스의 길이는 방호대상물의 각 부분에 포가 유효하게 뿌려질 수 있도록 할 것

④ 고발포용 포방출구 설치기준

㉠ 전역방출방식의 고발포용 고정포방출구는 다음에 따를 것

- 개구부에 자동폐쇄장치(갑종방화문·을종방화문 또는 불연재료로된 문으로 포수용액이 방출되기 직전에 개구부가 자동적으로 폐쇄될 수 있는 장치)를 설치할 것. 다만, 해당 방호구역에서 외부로 새는 양 이상의 포수용액을 유효하게 추가하여 방출하는 설비가 있는 경우에는 그러하지 아니하다.
- 고정포방출구(포발생기가 분리되어 있는 것에 있어서는 해당 포발생기 포함)는 특정소방대상물 및 포의 팽창비에 따른 종별에 따라 해당 방호구역의 관포체적(해당 바닥면으로부터 방호대상물의 높이보다 0.5 m 높은 위치까지의 체적) 1 m^3에 대하여 1분당 방출량이 다음 표에 따른 양 이상이 되도록 할 것

특정소방대상물	포의 팽창비	포수용액 방출량 암기 둘반어구 5땡 욱이오
항공기 격납고	팽창비 80 이상 250 미만의 것	2.00 L/(min·m^3)
	팽창비 250 이상 500 미만의 것	0.50 L/(min·m^3)
	팽창비 500 이상 1,000 미만의 것	0.29 L/(min·m^3)
차고 또는 주차장	팽창비 80 이상 250 미만의 것	2 x 0.555 = 1.11 L/(min·m^3)
	팽창비 250 이상 500 미만의 것	0.5 x 0.555 = 0.28 L/(min·m^3)
	팽창비 500 이상 1,000 미만의 것	0.29 x 0.555 = 0.16 L/(min·m^3)
특수가연물을 저장 또는 취급하는 소방 대상물	팽창비 80 이상 250 미만의 것	2 x 0.625 = 1.25 L/(min·m^3)
	팽창비 250 이상 500 미만의 것	0.5 x 0.625 = 0.31 L/(min·m^3)
	팽창비 500 이상 1,000 미만의 것	0.29 x 0.625 = 0.18 L/(min·m^3)

- 고정포방출구는 바닥면적 500 m^2마다 1개 이상으로 하여 방호대상물의 화재를 유효하게 소화할 수 있도록 할 것
- 고정포방출구는 방호대상물의 최고부분보다 높은 위치에 설치할 것. 다만, 밀어올리는 능력을 가진 것에 있어서는 방호대상물과 같은 높이로 할 수 있다.

㉡ 국소방출방식의 고발포용 고정포방출구는 다음에 따를 것

- 방호대상물이 서로 인접하여 불이 쉽게 붙을 우려가 있는 경우에는 불이 옮겨 붙을 우려가 있는 범위 내의 방호대상물을 하나의 방호대상물로 하여 설치할 것
- 고정포방출구(포발생기가 분리되어 있는 것에 있어서는 해당 포발생기 포함)는 방호대상물의 구분에 따라 해당 방호대상물의 높이의 3배(1 m 미만의 경우에는 1 m)의 거리를 수평으로 연장한 선으로 둘러쌓인 부분의 면적 1 m^2에 대하여 1분당 방출량이 다음 표에 따른 양 이상이 되도록 할 것

방호대상물	방출량
특수가연물	3 L/(min·m^2)
기타의 것	2 L/(min·m^2)

관포체적(∵ 전역방출방식에서 방호체적 관점)

1. 한국, 일본
   바닥면으로부터 방호대상물의 높이보다 0.5 m 높은 위치까지의 체적(바닥면적×(높이+0.5))
2. 미국(NFPA 11(6.12.5.2.1))
   바닥면에서 방호대상물의 높이의 1.1배(최소한 방호대상물 높이보다 2 ft 높아야 함) 체적

외주선(∵ 국소방출방식에서 방호면적 관점)

방호대상물 높이의 3 배(1 m 미만인 경우 1 m)의 거리를 수평으로 연장한 선

예 상 문 제

Fire Equipment Manager

01 습식, 건식, 준비작동식, 일제살수식 스프링클러설비의 장·단점을 쓰시오.

1. 습식 스프링클러설비

장 점	단 점
① 헤드 개방시 즉시 살수 ② 구조 간단 ③ 유지관리 용이	① 동결되는 장소에는 적용불가 ➜ 보온필요 ② 천정고가 높은 곳에 적용곤란 ③ 헤드 오동작시 수손피해가 큼

2. 건식 스프링클러설비

장 점	단 점
① 동결되는 장소에도 사용 가능 ② 별도의 화재감지장치 불필요 ③ 옥외 사용가능	① 살수되기까지의 시간지연 ② 일반헤드는 원칙적으로 상향식헤드만 사용 ③ 공기 압축기 등의 부대설비 필요 ④ 압축공기가 화재촉진 우려

3. 준비작동식 스프링클러설비

장 점	단 점
① 동결되는 장소에도 적용 가능 ② 헤드 개방전에 경보발생 ③ 헤드 파손에 의한 수손우려 없음	① 별도의 화재감지장치 필요 ② 일반헤드는 원칙적으로 상향식 헤드만 사용 ③ 감지기 실보시 밸브 개방안 됨

4. 일제살수식 스프링클러설비

장 점	단 점
① 대형화재나 급속한 화재에 적용 ② 천정고가 높은 곳에 적용 ③ 동결우려가 없음	① 별도의 화재감지장치 필요 ② 오동작시에는 수손 피해 ③ 대량 급수설비가 필요

02 스프링클러설비에 대한 다음의 빈칸을 채우시오.

구 분		습 식	건 식	준비작동식	일제살수식	부압식
유수검지장치의 종류						
배관 내부	1차측					
	2차측					
사용헤드 종류						
감지기 설치유무						
수동기동장치						
시험장치						
보온						

풀이

구 분		습 식	건 식	준비작동식	일제살수식	부압식
유수검지장치 종류		알람밸브 (자동경보밸브)	건식밸브 (드라이밸브)	준비작동밸브 (프리액션밸브)	일제개방밸브 (델류지밸브)	준비작동밸브 (프리액션밸브)
배관 내부	1차측	가압수	가압수	가압수	가압수	가압수
	2차측	가압수	압축공기나 질소	대기 또는 저압공기	대기(개방상태)	부압수
사용헤드		폐쇄형	폐쇄형	폐쇄형	개방형	폐쇄형
감지기 설치		없음	없음	있음(교차회로)	있음(교차회로)	있음(단일회로)
수동기동장치		없음	없음	있음 (전기식, 배수식)	있음 (전기식, 배수식)	있음 (전기식, 배수식)
시험장치		필요	필요	불필요	불필요	필요
보온		필요	불필요	불필요	불필요	필요

03 가로 20 m, 세로 10 m의 내화구조로 된 특정소방대상물에 표준형 스프링클러헤드(폐쇄형)를 그림과 같이 장방형으로 설치해야 하는 헤드의 최소수와 총 헤드를 담당하는 배관의 최소 관경(mm)은?

조건

1. 이 실의 내부에는 기둥이 없고, 실내상부에는 반자로 고르게 마감되어 있다.
2. 반자 속에는 헤드를 설치하지 아니하며, 전등 또는 공조용 디퓨저등의 모듈(Module)은 무시하는 것으로 한다.
3. 계산결과에서 소수점 발생시 소수 셋째자리에서 반올림한다.

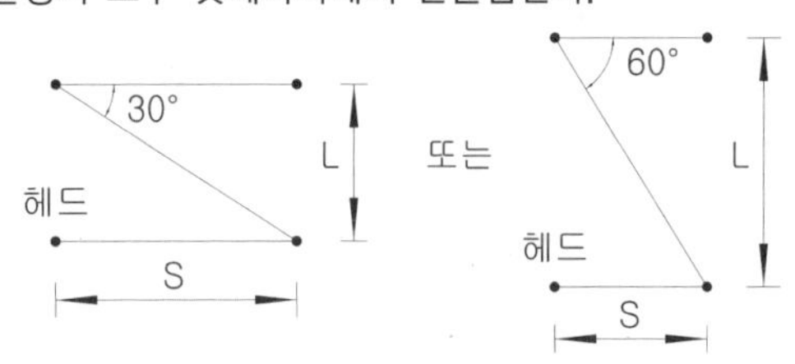

1. 헤드 배치형태1

   ① 가로열 최대 개수 = 가로길이/S = 20 m / (2rcos60°) = 20 m / (2 × 2.3 cos60°) = 8.69 = 9개

   ② 세로열 최소 개수 = 세로길이/L = 10 m / (2rsin60°) = 10 m / (2 × 2.3 sin60°) = 2.51 = 3개

2. 헤드 배치형태2

   ① 가로열 최소 개수 = 가로길이/S = 20 m / (2rcos30°) = 20 m / (2 × 2.3 cos30°) = 5.02 = 6개

   ② 세로열 최대 개수 = 세로길이/L = 10 m / (2rsin30°) = 10 m / (2 × 2.3 sin30°) = 4.35 = 5개

3. 총 헤드를 담당하는 배관의 최소 관경

구 경	헤드종류	25	32	40	50	65	80	90	100	125	150 mm
가	상향식 또는 하향식	2	3	5	10	30	60	80	100	160	161 이상
나	상하향식(반자 있을 경우)	2	4	7	15	30	60	65	100	160	161 이상
다	무대부·특수가연물 저장·취급장소	1	2	5	8	15	27	40	55	90	91 이상

정답 헤드수 27개, 관경 65 mm

04 **스프링클러 급수배관은 수리계산에 의하거나 아래의 스프링클러헤드수별 급수관의 구경에 따라 선정해야 한다. "스프링클러헤드수별 급수관의 구경"의 주기사항 5가지를 열거하고, 스프링클러헤드를 가, 나, 다 각 란의 유형별로 한쪽의 가지배관에 설치할 수 있는 최대의 개수를 그림으로 나타내시오(단, "가"란은 상향식 설치 및 상·하향식 설치 2가지 유형으로 표기하고, 관경표기는 필수임)**

〈스프링클러헤드수별 급수관의 구경〉

(단위 : mm)

급수관의 구경	25	32	40	50	65	80	90	100	125	150
가	2	3	5	10	30	60	80	100	160	161 이상
나	2	4	7	15	30	60	65	100	160	161 이상
다	1	2	5	8	15	27	40	55	90	91 이상

풀이 1. 한쪽의 가지배관에 설치할 수 있는 최대의 개수

① 별표의 가

- 가장 일반적인 헤드별 관경기준으로 상향식이나 하향식으로 설치된 경우에 적용하는 기준으로 교차배관에서 분기되는 지점을 기점으로 한쪽 가지배관에 설치되는 헤드의 개수는 8개 이하로 한다. 다만, 기존의 방호구역 안에서 칸막이등으로 구획하여 1개의 헤드를 증설하는 경우는 예외로 한다.
- 반자가 있고 천장과 반자 양쪽이 불연재료로 되어 있는 경우로서 천장내 높이가 2 m 미만인 장소에 회향식 하향식 헤드를 설치한 경우

예 사무실, 복도등

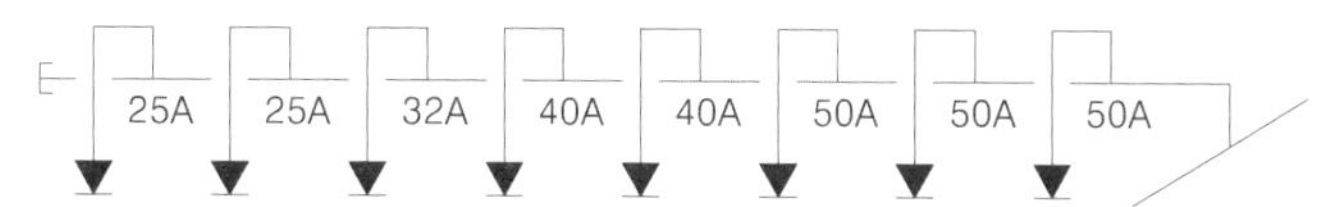

• 반자가 없는 장소로 살수장애가 없어 상향식 헤드를 설치한 경우
  예 창고, 저장용기실, 살수장애 없는 주차장이나 기계실 부분 등

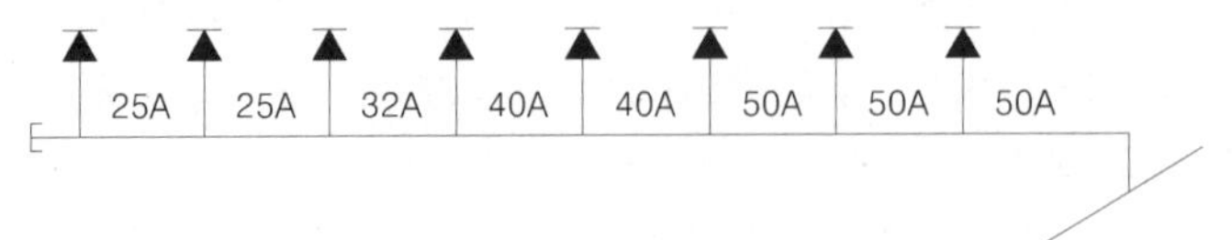

• 반자가 없는 장소로 살수장애로 인하여 헤드를 상·하향식으로 병설한 경우
  예 주차장, 기계실등

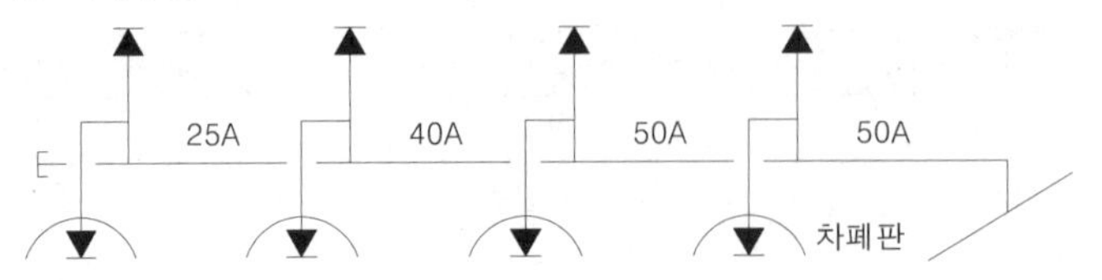

② 별표의 나

• 반자를 설치하고 반자 아래와 반자속의 헤드를 하나의 가지배관 상에 병설하는 경우에는 일반적인 헤드 설치기준인 "가"란을 적용하지 않고 "나"란으로 해야 한다.
• 마찬가지로 반자 아래와 속 각각 헤드의 설치 최대개수는 8개를 초과해서는 안 되며, 급수관의 구경은 반자 아래와 반자 속의 헤드 수량을 모두 합산하여 적용함.
• 반자 아래와 속은 완전히 독립된 별도의 방호구역으로 간주되어야 한다. 즉, 반자 아래와 속에서 동시에 화재가 발생할 확률이 거의 없기 때문에 개별 방호구역으로 간주할 수 있다.
• 따라서 이 경우는 상·하향식 헤드가 병설되어 설치한 경우보다 헤드 수량별 배관구경을 완화하여 적용하도록 한 것이다.

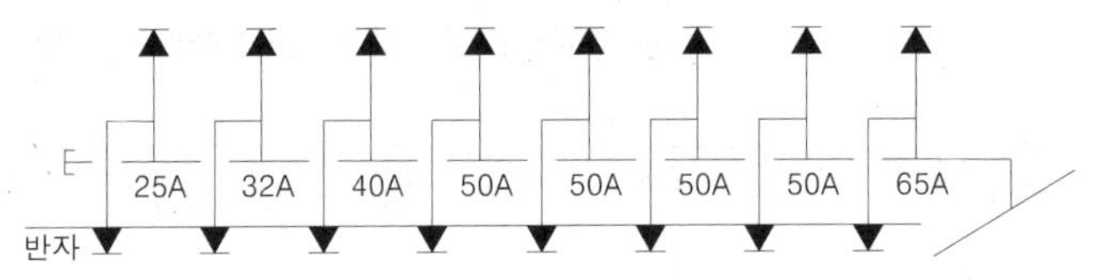

③ 별표의 다

무대부나 특수가연물을 저장 또는 취급하는 장소의 경우는 천장고가 높거나 가연성 물품 등으로 이하여 화재시 연소가 확대되기 쉬운 장소이며 또한 소화가 곤란한 장소인 관계로 헤드별 관경을 가장 엄격하게 "다"란을 적용하도록 한 것이다.

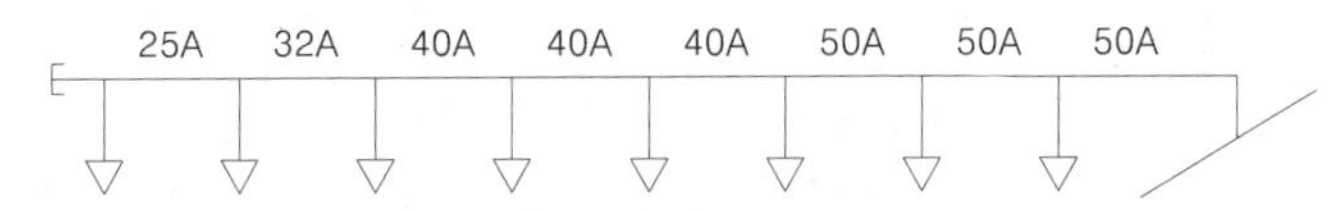

2. 스프링클러헤드수별 급수관의 구경의 주기사항

① 폐쇄형 스프링클러헤드를 사용하는 설비의 경우로서 1개층에 하나의 급수배관이 담당하는 구역의 최대면적은 3,000 m^2를 초과하지 아니할 것
② 폐쇄형 스프링클러헤드를 설치하는 경우에는 "가"란의 헤드 수에 따를 것. 다만, 100개 이상의 헤드를 담당하는 급수배관의 구경을 100 mm로 할 경우에는 수리계산을 통하여 제8조 제3항 제3호에서 규정한 배관의 유속에 적합하도록 할 것

Hazen-Williams식으로 유량과 압력을 결정시 속도를 제한한 이유

가지배관의 유속을 6 m/s로 제한한 것은 각각의 헤드로부터의 방수량의 차이를 최소화하여 설계의 안정성을 증가시키고 과도한 유속에 의한 마찰손실을 피하기 위한 것이나 방수량의 차이가 시스템의 성능에 크게 문제가 되지는 않는다. 그래서 NFPA 13은 유속에 대한 최대 한계를 규정하고 있지 않는다.

③ 폐쇄형 스프링클러헤드를 설치하고 반자 아래의 헤드와 반자속의 헤드를 동일 급수관의 가지관상에 병설하는 경우에는 "나"란의 헤드 수에 따를 것

④ 제10조 제3항 제1호의 경우로서 폐쇄형 스프링클러헤드를 설치하는 설비의 배관구경은 "다"란에 따를 것

⑤ 개방형 스프링클러헤드를 설치하는 경우 하나의 방수구역이 담당하는 헤드의 개수가 30개 이하일 때는 "다"란의 헤드수에 의하고, 30개를 초과할 때는 수리계산 방법에 따를 것

05 **최상층의 옥내소화전 방수구까지의 수직높이가 85 m인 24층 건축물의 1층에 설치된 소화펌프의 정격토출압력은 1.2 MPa이고, 최상층 소화전의 노즐선단 방수압력이 0.27 MPa이며, 소화펌프의 기동설정압력은 0.8 MPa이다. 기타 마찰손실을 무시할 경우 다음 항목에 대하여 설명하시오.**

1. 펌프 양정의 적합성 여부
2. 펌프의 자동기동 여부

풀이

1. 펌프 양정의 적합성 여부

① 압력수조의 압력(H)

$H = p_1 + p_2 +$ 소화전의 노즐선단 방수압력

$=$ 낙차의 환산수두압(MPa) + 배관 및 호스의 마찰손실수두압(MPa) + 소화전의 노즐선단 방수압력(MPa)

② 문제에서 주어진 조건에 따라 윗 식의 p_2를 무시하면

- 건물높이 : 85 m이므로
  $8.5\ \text{kgf/cm}^2 \times 0.098\ \text{MPa} / 1\ \text{kgf/cm}^2 = 0.833\ \text{MPa}$
- 소화전의 노즐선단 방수압력 : 0.27 MPa
- $H = p_1 + 0.27 = 0.833 + 0.27 = 1.103\ \text{MPa}$

③ 결론

필요한 압력은 1.103 MPa인데 소화펌프의 정격토출압력은 1.2 MPa이므로 펌프양정은 적합하다.

2. 펌프의 자동기동 여부

펌프의 기동 설정압력은 0.8 MPa인데 건물높이에 따른 자연낙차압력이 0.833 MPa이므로, 배관에 물이 차 있는 상태에서는 펌프 기동장치에 걸리는 압력이 펌프 기동설정압력보다 높으므로 펌프는 기동되지 않는다.

06 다음 그림과 조건을 참고하여 각 물음에 답하시오.

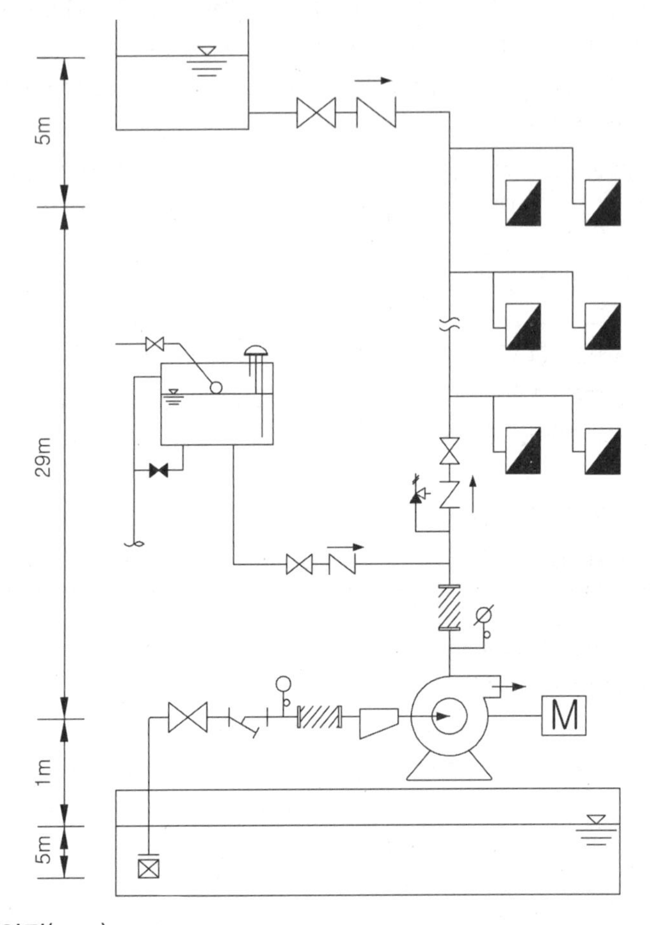

1. 주펌프의 전양정(MPa)
2. 주펌프의 전동기 소요출력(kW)
3. 충압펌프 최소 토출압력(MPa)

조건

1. 배관의 마찰손실수두는 20 mAq, 소방용호스의 마찰손실수두는 7.8 mAq이다.
2. 펌프의 수력효율 90 %, 체적효율 95 %, 기계효율 70 %이다.
3. 전달계수 1.1
4. 충압펌프는 주펌프 바로 옆에 설치되어있다.
5. 그 밖의 사항은 화재안전기준에 따른다.

1. 주펌프의 전양정(MPa)

$H = h_1 + h_2 + h_3 +$ 소화전의 노즐선단 방수압력 = 낙차의 환산수두압(MPa) + 배관과 소방호스의 마찰손실수두압(MPa) + 소화전의 노즐선단 방수압력(MPa)

$$= (35+20+7.8)\,\text{mAq} + 0.17\ \text{MPa} \times \frac{10\ \text{mAq}}{0.098\ \text{MPa}} = 80.15\ \text{mAq}$$

$$= 80.15\ \text{mAq} \times \frac{0.098\ \text{MPa}}{10\ \text{mAq}}$$

$$= 0.785\ \text{MPa}$$

정답 0.79 MPa

1 kgf/cm^2 = 10 mAq = 0.098 MPa ≒ 0.1 MPa
1. 낙차(실양정) : 주펌프의 Foot Valve에서 옥내소화전 방수구까지 수직거리
2. 배관의 마찰손실수두는 20 mAq, 소방용호스의 마찰손실수두는 7.8 mAq이다.
3. 펌프의 수력효율은 90 %, 체적효율은 95 %, 기계효율은 70 %이다.
4. 전달계수 1.1

2. 주펌프의 전동기 소요출력(kW)

① 펌프 토출유량 :

$$Q = 130\ \text{L/(min • 개)} \times 2\text{개} \times \frac{1\ \text{m}^3}{1{,}000\ \text{L}} \times \frac{1\ \text{min}}{60\ \text{s}} = 0.00433\ \text{m}^3/\text{s}$$

② 펌프 전양정 : 80.15 mAq

③ 전효율 = 수력효율 × 체적효율 × 기계효율
$= 0.9 \times 0.95 \times 0.7 = 0.5985 = 59.85\ \%$

④ 전달계수 K = 1.1

⑤ 전동기 소요출력(kW)

$$L_M = \frac{\gamma Q H}{102\,\eta} K = \frac{1{,}000 \times 0.00433 \times 80.15}{102 \times 0.5985} \times 1.1 = 6.253\ \text{kW}$$

정답 6.25 kW

3. 충압펌프의 최소토출압력(MPa)

① 충압펌프의 최소 토출압력(MPa)

$H = h_1 + h_2$

= 그 설비의 최고위 호스접결구의 자연압(MPa) + 0.2 MPa

$$= 30\ \text{mAq} \times \frac{0.098\ \text{MPa}}{10\ \text{mAq}} + 0.2\ \text{MPa}$$

$$= 0.494\ \text{MPa}$$

※ 그 설비의 최고위 호스접결구의 자연압(MPa) : 수면에서 최고위 호스접결구까지 낙차

② 충압펌프의 최대토출압력(MPa) : 0.79 MPa(가압송수장치의 정격토출압력과 동일)

정답 0.49 MPa

옥내소화전설비의 화재안전기준(NFSC 102) 제5조(가압송수장치) 제1항 제12호

기동용 수압개폐장치를 기동장치로 사용할 경우에는 다음의 각목의 기준에 따른 충압펌프를 설치할 것. 다만, 옥내소화전이 각층에 1개씩 설치된 경우로서 소화용 급수펌프로도 상시 충압이 가능하고 다음 ①목의 성능을 갖춘 경우에는 충압펌프를 별도로 설치하지 아니할 수 있다.

① 펌프의 토출압력은 그 설비의 최고위 호스접결구의 자연압보다 적어도 0.2 MPa이 더 크도록 하거나 가압송수장치의 정격토출압력과 같게 할 것

② 펌프의 정격토출량은 정상적인 누설량보다 적어서는 아니되며, 옥내소화전설비가 자동적으로 작동할 수 있도록 충분한 토출량을 유지할 것

07 옥내소화전설비의 화재안전기준에서 펌프를 이용한 가압송수장치의 설치장소 2가지를 쓰시오.

풀이

1. 쉽게 접근할 수 있고 점검하기에 충분한 공간이 있는 장소로서 화재 및 침수 등의 재해로 인한 피해를 받을 우려가 없는 곳에 설치할 것
2. 동결방지조치를 하거나 동결의 우려가 없는 장소에 설치할 것

08 옥내소화전설비의 화재안전기준에서 펌프 흡입측 배관의 설치기준 4가지를 쓰시오.

암기 **구여 별개진**

1. 공기고임이 생기지 아니하는 구조로 하고 여과장치를 설치할 것
2. 수조가 펌프보다 낮게 설치된 경우에는
   각 펌프(충압펌프 포함)마다 수조로부터 별도로 설치할 것
3. 펌프의 흡입측 배관에는 버터플라이밸브 외의 개폐표시형밸브를 설치
4. 펌프의 흡입측 배관에 연성계 또는 진공계를 설치할 것. 다만, 수원의 수위가 펌프의 위치보다 높거나 수직회전축 펌프의 경우에는 연성계 또는 진공계를 설치하지 아니할 수 있다.

09 옥내소화전설비의 화재안전기준에서 수원의 수위가 펌프의 위치보다 낮은 위치에 있는 경우 반드시 설치하여야 할 부속품 3가지를 쓰시오.

암기 **후진 장치**

1. 후드밸브
2. 진공계(연성계)　　3. 물올림장치(※ 물올림탱크는 아님)

10 **물올림장치에 대하여 다음 물음에 답하시오.**
1. 설치목적
2. 설치기준

풀이
1. 설치목적
수원의 수위가 펌프보다 낮은 위치에 있는 경우에 설치하며 펌프 가동시 펌프내와 흡입측 배관에는 공기고임이 생기게 되므로 이를 방지하기 위해 물올림장치를 설치함으로서 펌프 케이싱 및 흡입측 배관에 상시 물을 공급하게 됨
2. 설치기준
① 수원의 수위가 펌프보다 낮은 위치에 있는 가압송수장치에 설치
② 물올림장치에는 전용의 탱크를 설치할 것
③ 탱크의 유효수량은 100 L 이상으로 하되, 구경 15 mm 이상의 급수배관에 따라 해당 탱크에 물이 계속 보급되도록 할 것

11 **옥내소화전설비의 화재안전기준에 따라 전동기 또는 내연기관에 따른 펌프를 이용하는 가압송수장치에는 반드시 필요하나 충압펌프에는 설치하지 아니할 수 있는 2가지를 쓰시오.**

풀이
1. 정격부하운전시 펌프의 성능을 시험하기 위한 배관
2. 체절운전시 수온의 상승을 방지하기 위한 순환배관

12 **옥내소화전설비의 화재안전기준에 따라 펌프의 흡입측에는 연성계 또는 진공계를 설치하지 아니할 수 있는 경우 2가지를 쓰시오.**

풀이
1. 수원의 수위가 펌프의 위치보다 높게 설치된 경우
2. 수직회전축 펌프의 경우

13 **옥내소화전설비에서 소방차로부터 그 설비에 송수할 수 있는 송수구의 설치기준을 쓰시오.**

풀이
암기 **접유소개 지구 자체 마개**
1. 송수구는 소방차가 쉽게 <u>접</u>근할 수 있는 잘 보이는 장소에 설치하되 화재층으로부터 지면으로 떨어지는 <u>유</u>리창 등이 송수 및 그 밖의 <u>소</u>화작업에 지장을 주지 아니하는 장소에 설치할 것
2. 송수구로부터 주배관에 이르는 연결배관에는 <u>개</u>폐밸브를 설치하지 아니할 것(다만, 스프링클러설비·물분무소화설비·포소화설비 또는 연결송수관설비의 배관과 겸용하는 경우는 제외)
3. <u>지</u>면으로부터 높이가 0.5 m 이상 1 m 이하의 위치에 설치할 것

4. 구경 65 mm의 쌍구형 또는 단구형으로 할 것

구경 65 mm의 쌍구형	구경 65 mm의 단구형 또는 쌍구형
SP, ESFR, 물분무, 포, 연결송수관, 연결살수, 연소방지	옥내소화전, 간이SP

- 옥외소화전설비 : 송수구 불필요
- 연결살수설비 : 하나의 송수구역에 부착하는 살수헤드수가 10개 이하인 경우 단구형 가능

5. 송수구의 가까운 부분에 자동배수밸브(또는 직경 5 mm의 배수공) 및 체크밸브를 설치할 것
6. 송수구에는 이물질을 막기 위한 마개를 씌울 것

14 옥내소화전설비의 화재안전기준에서 비상전원의 설치대상이 되는 기준 2가지를 쓰시오.

암기 **7연2 지바3**

1. 지하층을 제외한 층수가 7층 이상으로서 연면적이 2,000 m^2 이상인 것
2. 위에 해당하지 아니하는 특정소방대상물로서 지하층의 바닥면적의 합계가 3,000 m^2 이상인 것

15 옥내소화전설비의 화재안전기준에서 비상전원의 설치면제가 되는 경우 3가지를 쓰시오.

암기 **둘변 동자 압**

1. 2 이상의 변전소에서 전력을 동시에 공급받을 수 있는 경우
2. 하나의 변전소로부터 전력의 공급이 중단되는 때에는 자동으로 다른 변전소로부터 전원을 공급받을 수 있도록 상용전원을 설치한 경우
3. 가압수조방식인 경우

16 옥내소화전설비의 화재안전기준에 따른 내열전선의 성능시험기준 3가지를 쓰시오.

1. 816±10 ℃인 불꽃을 20분간 가한 후 불꽃을 제거하였을 때 10초 이내에 자연소화가 되고, 전선의 연소된 길이가 180 mm 이하일 것
2. 한국산업표준(KS F 2257-1)에서 정한 건축구조부분의 내화시험방법으로 15분 동안 380 ℃까지 가열한 후 전선의 연소된 길이가 가열로의 벽으로부터 150 mm 이하일 것
3. 소방청장이 정하여 고시한 내열전선의 성능인증 및 제품검사의 기술기준에 적합할 것

17

내화구조로 된 10층의 건물에 스프링클러설비를 설치하려고 한다. 아래 조건을 참조하여 각 물음에 답하시오.

1. 수원의 최저 저수량(m^3)은?
2. 전양정(mAq)은?
3. 펌프의 축동력(kW)은?
4. 헤드를 정방형으로 설치시 헤드간의 간격(m)은?

조건

1. 폐쇄형 스프링클러설비이다.
2. 헤드는 전층에 50개씩 설치한다.
3. 헤드의 부착높이 3 m 지점에 설치한다(다만, 지하 1층 일부 헤드의 부착높이는 9 m이다)
4. 낙차는 35 m이며, 기타 마찰손실수두는 15 m이다.
5. 펌프의 효율은 55 %이다.

풀이

1. 수원

10층에 헤드 부착높이가 8 m 이상이므로 기준개수는 20개임

20개 × 80 L/(min · 개) × 20 min = 32,000 L = 32 m^3

정답 32 m^3

2. 전양정

H = 낙차수두(mAq) + 배관의 마찰손실수두(mAq) + 방수압력 환산수두(mAq)

= 35 + 15 + 10 = 60 mAq

정답 60 mAq

3. 축동력

① 유량 : 10층에 헤드 부착높이가 8 m 이상이므로 기준개수는 20개임

20개 × 80 L/(min · 개) = 1,600 L/min = 1.6 m^3/min

② 축동력(kW)

$$Ls = \frac{0.163\ QmH}{\eta} = \frac{0.163 \times 1.6\ m^3/min \times 60\ m}{0.55} = 28.45\ kW$$

정답 28.45 kW

4. 헤드간의 간격

S = 2 rcos45° = 2 × 2.3 × cos45° = 3.25 m

정답 3.25 m

18

습식 스프링클러설비를 아래의 조건을 이용하여 그림(습식 스프링클러설비 계통도)과 같은 건축물에 시공할 경우 다음 각 물음에 답하시오.

1. 펌프의 토출량(m^3/min)
2. 펌프의 전양정(mH_2O)(단, 교차배관과 가지배관 간의 높이차는 무시한다.)
3. 펌프의 전효율(%)
4. 펌프의 축동력(kW)
5. 자가발전설비를 면제 할 수 있는 이유는?
6. 설치 가능한 옥상수조를 설치하지 않는다면 어떻게 해야 하는가?
7. 천장내 공간이 부족하여 하향식 헤드를 가지배관의 측면이나 하부에서 분기할 수 있는 경우는?

조건

1. 용도 : 슈퍼마켓·도매시장·
   소매시장이 없는 복합건축물
2. 규모 : 지상 9층, 연면적 7,200 m^2
3. 대기압은 1.0332 kg/cm^2,
   진공계의 지시압은 300 mmHg
4. 토출배관의 마찰손실수두압은
   압력챔버의 압력계
   지시치(자연압)의 30 %
5. 수력효율 90 %, 체적효율 80 %,
   기계효율 95 %
6. 전동기는 직결구동임
7. 비상발전기는 설치안 됨
8. 계산과정에서 소수점 발생시
   소수 셋째자리에서 반올림

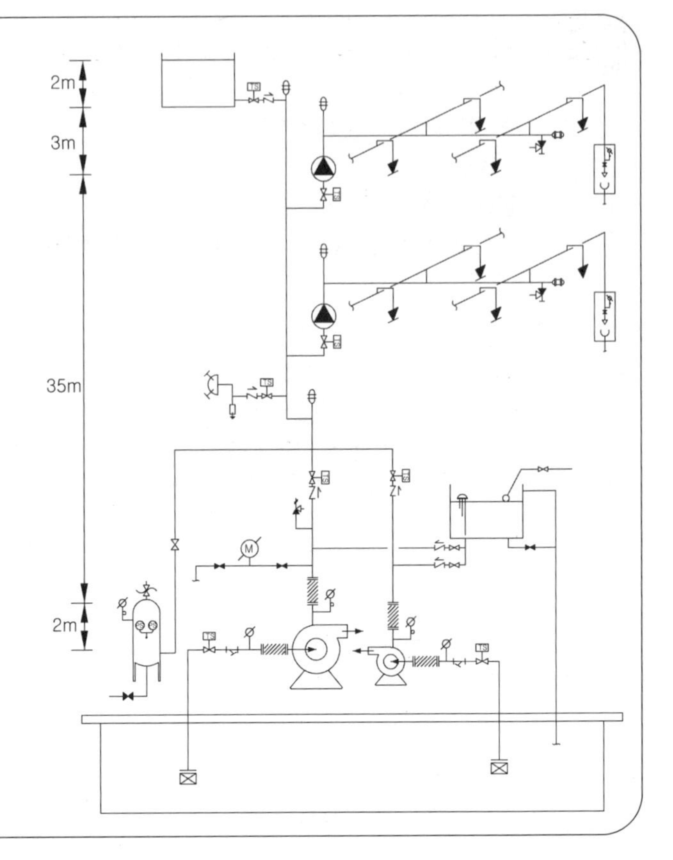

풀이

1. 펌프의 토출량(m^3/min)

   지하층을 제외한 10층 이하의 소방대상물로 슈퍼마켓·도매시장·소매시장이 없는 복합건축물이므로 헤드의 기준개수는 20개이다.

   → 펌프의 분당 토출량 = 20개 × 80 L/(min · 개) = 1,600 L/min = 1.6 m^3/min

   정답 1.6 m^3/min

2. 펌프의 전양정(mH_2O)(단, 교차배관과 가지배관 간의 높이는 무시한다.)

   ① 펌프의 전양정 = 낙차(실양정) + 배관 마찰손실 + 방수압력

   ② 흡입양정 = 300 mmHg × 10.332 mAq / 760 mmHg = 4.08 mH_2O

   ③ 토출양정 = 토출실양정 + 토출배관의 마찰손실 + 방수압력

   = 37 m + 40 m × 0.3 + 10 m = 59 mH_2O

   ④ 펌프의 전양정 = 흡입양정 + 토출양정 = 4.08 m + 59 m = 63.08 mH_2O

   정답 63.08 mH_2O

3. 펌프의 전효율(%)

   전효율 = 수력효율 × 체적효율 × 기계효율 = 0.9 × 0.8 × 0.95 = 0.684 = 68.4 %

   정답 68.4 %

4. 펌프의 축동력(kW)

   $$Ls = \frac{0.163\ QH}{\eta} = \frac{0.163 \times 1.6 \times 63.08}{0.684} = 24.052\ kW$$

   정답 24.05 kW

5. 당 건축물에 자가발전설비를 면제할 수 있는 이유
   ① 2 이상의 변전소에서 전력을 동시에 공급받을 수 있는 경우
   ② 하나의 변전소로부터 전력의 공급이 중단되는 때에는 자동으로 다른 변전소로부터 전력을 공급받을 수 있도록 상용전원을 설치한 경우
   ※ 펌프를 이용하는 가압송수장치를 설치하였으므로 가압수조방식은 해당 안 됨
6. 설치 가능한 옥상수조를 설치하지 않을 경우
   주펌프와 동등 이상의 성능이 있는 별도의 펌프로서 내연기관의 기동과 연동하여 작동되도록 설치한 경우

알아두세요

옥상수조 면제시 동일성능의 소화신뢰성 확보방법
① 내연기관의 기동 엔진펌프를 설치하는 이유 : 전원과 상관없이 운전이 가능하므로
② 비상전원에 의한 전동기에 따른 펌프 : 주펌프가 전기적 또는 기계적 결함에 의하여 기동이 안 될 경우에 사용하기 위해

7. 천장내 공간이 부족하여 하향식 헤드를 가지배관의 측면이나 하부에서 분기할 수 있는 경우
   소화설비용 수원의 수질이 먹는물 관리법 제5조의 규정에 따라 먹는 물의 수질기준에 적합하고 덮개가 있는 저수조로부터 물을 공급받는 경우

19 **지하층중 최대바닥면적이 5,500 m^2, 지상층중 최대바닥면적이 2,500 m^2일 경우 송수구의 수는?(다만, 건축물에 설치된 각 수직배관이 중간에 개폐밸브가 설치되지 아니한 배관으로 상호 연결되어 있다.)**

풀이 송수구의 수 $= 5{,}500\ m^2 \div 3{,}000\ m^2/개 = 1.83 = 2개$

정답 2개

20 **준비작동식 유수검지장치 또는 일제개방밸브를 사용하는 설비의 가압송수장치로서 펌프가 설치되는 경우 그 펌프의 작동에 대한 적합기준 3가지를 쓰시오.**

1. 기동용 수압개폐장치에 따라 작동
2. 화재감지기의 화재감지에 따라 작동
3. 기동용 수압개폐장치와 화재감지기의 화재감지에 따라 작동

알아두세요

습식 유수검지장치 또는 건식 유수검지장치를 사용하는 설비일 경우 펌프의 작동 3가지

1. 기동용 수압개폐장치에 따라 작동
2. 습식 유수검지장치 또는 건식 유수검지장치의 발신에 따라 작동
3. 기동용 수압개폐장치와 습식 유수검지장치 또는 건식 유수검지장치의 발신에 따라 작동

21 탬퍼스위치의 설치위치와 적용 소화설비의 종류를 각각 쓰시오.

1. 탬퍼(Tamper) 스위치의 설치위치
   급수배관에 설치되어 급수를 차단할 수 있는 개폐밸브
   ➜ 급수배관 : 수원 및 옥외송수구로부터 헤드에 급수하는 배관
   ① 소화펌프의 흡입측 개폐밸브 ➜ 충압펌프의 흡입측, 토출측 개폐밸브는 해당없음
   ② 소화펌프의 토출측 개폐밸브
   ③ 송수구와 주배관에 이르는 연결배관에 설치되는 개폐밸브
   ④ 습식 유수검지장치의 1차측 개폐밸브
   ⑤ 건식 유수검지장치의 1차측 및 2차측 개폐밸브
   ⑥ 준비작동식 유수검지장치의 1차측 및 2차측 개폐밸브
   ⑦ 일제개방밸브의 1차측 및 2차측 개폐밸브
   ⑧ 옥상수조와 주배관에 이르는 연결배관에 설치되는 개폐밸브
   ⑨ 감압밸브의 1차측 및 2차측 개폐밸브
   ⑩ 고가수조의 급수관에 설치되는 개폐밸브
   ⑪ 압력수조의 급수관에 설치되는 개폐밸브
   ⑫ 가압수조의 급수관에 설치되는 개폐밸브
2. 적용 소화설비 : 자동소화설비
   스프링클러설비, 간이스프링클러설비, 화재조기진압용 스프링클러설비,
   물분무소화설비, 미분무소화설비, 포소화설비

22 건식 스프링클러설비에서 하향식 헤드로 설치 가능한 경우 3가지를 쓰시오.

암기 드동개

1. 드라이펜던트 스프링클러헤드를 사용하는 경우
2. 헤드 설치장소가 동결의 우려가 없는 경우
3. 개방형 스프링클러헤드를 사용하는 경우

23 스프링클러설비의 배관에 설치되는 행가의 설치기준 3가지를 쓰시오.

1. 가지배관에는 헤드의 설치지점 사이마다 1개 이상의 행가를 설치하되, 헤드간의 거리가 3.5 m를 초과하는 경우에는 3.5 m 이내마다 1개 이상 설치할 것. 이 경우 상향식 헤드와 행가 사이에는 8 cm 이상의 간격을 두어야 한다.
2. 교차배관에는 가지배관과 가지배관 사이마다 1개 이상의 행가를 설치하되, 가지배관 사이의 거리가 4.5 m를 초과하는 경우에는 4.5 m 이내마다 1개 이상 설치할 것
3. 수평주행배관에는 4.5 m 이내마다 1개 이상 설치할 것

24 습식과 부압식스프링클러설비외의 설비, 개방형헤드를 사용하는 연결살수설비 및 연소방지설비용 수평주행배관의 배수를 위한 기울기 기준을 각각 쓰시오.

풀이

암기 **오백천**

1. 습식과 부압식스프링클러설비외의 설비
   헤드를 향하여 상향으로 **5**00분의 1 이상의 기울기로 설치
   ※ 가지배관의 기울기를 250분의 1 이상으로 할 것
2. 개방형헤드를 사용하는 연결살수설비
   개방형헤드를 향하여 상향으로 **100**분의 1 이상의 기울기로 설치
3. 연소방지설비
   방수헤드를 향하여 상향으로 **1,000**분의 1 이상의 기울기로 설치

25 스프링클러설비를 설치하여야 할 특정소방대상물에 있어서 스프링클러헤드를 설치하지 아니할 수 있는 장소 중에서 스프링클러헤드를 설치하였을 때 문제를 야기할 수 있는 장소(비적응, 수손피해) 4가지를 쓰시오.

풀이

1. 통신기기실 · 전자기기실 · 기타 이와 유사한 장소 ➜ C급 화재(비적응)
2. 발전실 · 변전실 · 변압기 · 기타 이와 유사한 전기설비가 설치되어 있는 장소 ➜ C급 화재(비적응)
3. 병원의 수술실 · 응급처치실 · 기타 이와 유사한 장소 ➜ 수손피해
4. 고온의 노가 설치된 장소 또는 물과 격렬하게 반응하는 물품의 저장 또는 취급장소 ➜ 수손피해

26 스프링클러설비에서 자가발전설비 또는 축전지설비에 따른 비상전원을 설치하지 아니할 수 있는 경우 4가지를 쓰시오.

암기 둘변 동자 압

1. **2** 이상의 **변**전소(전기사업법 제67조의 규정에 따른 변전소)에서 전력을 **동**시에 공급받을 수 있는 경우
2. 하나의 변전소로부터 전력의 공급이 중단되는 때에는 **자**동으로 다른 변전소로부터 전력을 공급받을 수 있도록 상용전원을 설치한 경우
3. 가**압** 수조방식인 경우
4. 차고·주차장으로서 스프링클러설비가 설치된 부분의 바닥면적의 합계가 1,000 m^2 미만인 경우

27 헤드에 가해지는 수압이 0.4 MPa이고, 상수 K = 240일 때 화재조기진압용 스프링클러설비에 필요한 수원의 양(m^3)을 계산하시오.

수원의 양 $= 12 \times 60 \times 240\sqrt{10 \times 0.4} = 345{,}600 \text{ L} = 345.6\text{m}^3$

정답 345.6 m^3

28 스프링클러설비의 화재감지특성과 방사특성의 주요요소 중 RTI, ADD, RDD의 정의와 이들의 관계를 설명하시오.

1. RTI의 정의
   기류의 온도·속도 및 작동시간에 대하여 스프링클러헤드의 반응을 예상한 지수로서 스프링클러헤드의 열에 대한 민감도를 정량적인 수치로 나타낸 것
2. ADD의 정의
   스프링클러헤드로부터 분사된 물중에서 화염을 통과하여 연소 중인 가연물의 상단에까지 침투하는 방수량을 가연물 상단 표면적으로 나눈 값
3. RDD의 정의(Requirred Delivered Density, 필요 살수밀도) : 화재저항
   화재진압에 필요한 최소의 스프링클러헤드 방수량을 가연물 상단면적으로 나눈 값
4. RTI와 ADD, RDD와의 관계
   ① RTI가 작을수록 ADD가 커 화재진압을 통한 소화가 가능하나, RTI가 높을수록 ADD가 작아져 화재제어를 통한 소화나 소화에 실패할 확률이 커진다.
   ② RTI와 ADD, RDD와의 관계

RTI	헤드개방시간	RDD	ADD	조기진압조건	화재제어조건
작아질수록	빨라진다	더 작아진다	더 커진다	ADD 〉 RDD	ADD 〈 RDD
커질수록	늦어진다	더 커진다	더 작아진다		

29 가로 4 m × 세로 5 m × 높이 5 m인 가연물에 화재가 발생하여 9 m^3의 물을 30분 동안 방수하여 화재를 진압하였으며 화염에 의해 0.5 m^3의 물이 밀려났다. RDD와 ADD를 구하라.

1. RDD = 헤드에서 방출된 물÷가연물 상단의 표면적
   $=(9{,}000\ \text{L}\ /\ 30\text{min}) \div 20\ \text{m}^2 = 15\ \text{L}/(\text{min}\cdot\text{m}^2)$
2. ADD = 가연물 상단에 도달한 방수량 ÷ 가연물 상단의 표면적
   $= (8{,}500\ \text{L}\ /\ 30\ \text{min}) \div 20\ \text{m}^2 = 14.17\ \text{L}/(\text{min}\cdot\text{m}^2)$

30 화재안전기준에서 화재조기진압용 스프링클러를 설치해서는 안 되는 물품의 종류를 모두 쓰시오.

정답 암기 **4류타 종섬 속도**

1. 제4류 위험물
2. 타이어, 두루마리 종이 및 섬유류, 섬유제품 등 연소시 화염의 속도가 빠르고 방사된 물이 하부까지에 도달하지 못하는 것

31 포소화설비에서 사용하는 포소화약제의 구비조건(포의 특성) 4가지를 쓰고 설명하시오.

풀이 암기 **열유동착**

1. 내열성 : 탱크화재에 중요
   화염 및 화열에 대한 내력이 강해야 화재시 포가 파괴되지 않으며, A급 화재의 경우 물의 냉각에 의존하나 B급 화재의 경우는 포의 내열성이 중요한 요소가 된다.
   ➜ 내열성이 좋지 않으면 탱크화재에 부적합하다.
2. 내유성 : 표면하주입방식에 중요
   포가 유류에 오염되어 파괴되지 않아야 하므로 내유성 또한 중요하며 특히 표면하주입식의 경우는 포약제가 유류에 오염될 경우 적용할 수 없다.
3. 유동성 : 유출화재에 중요
   포가 연소하는 유면상을 자유로이 유동하여 확산되어야 소화가 원활해지므로 유동성은 매우 중요하다. ➜ 유동성이 나쁘면 소화속도가 느리며 유동성이 좋으면 유출화재에 적합하다.
4. 점착성 : 산불화재에 중요
   포가 표면에 잘 흡착하여 질식의 효과를 극대화시킬 수 있으며 특히, 점착성이 불량할 경우 바람에 의하여 포가 달아나게 된다.
5. 발포배율(팽창비)
   저발포(팽창비 20 이하)는 가연성액체화재시 주로 사용된다. 고발포(팽창비 80 이상 1,000 미만)는 주로 지하실, 선창, 탄광등 소방대원이 진입하기 어려운 장소에서의 일반 가연물 화재에 사용하

고, 수분이 아주 적기 때문에 증기 밀폐성, 재연 방지성, 유류에 대한 내성 및 바람에 대한 저항력이 약해서 화원에 도달하여도 화재를 진압하지 못하는 경우도 있다.

포	팽창비율에 따른 포의 종류	포방출구의 종류
저발포	팽창비가 20 이하인 것	포헤드
고발포	팽창비가 80 이상 1,000 미만인 것	고발포용 고정포방출구

6. 환원시간(Drainage Time) : 포의 보수성을 나타냄

포가 깨져서 원래의 포수용액으로 되돌아가는 데 걸리는 시간이다. 포의 막이 두꺼울수록, 진득진득할수록, 발포배율이 작을수록 환원시간은 길어진다. 환원시간이 긴 포는 화염에 노출되어도 포가 쉽게 깨지지 않아 내열성이 우수하다.

포소화약제 종류	소방설비용헤드의 성능인증 및 제품검사의 기술기준		소화약제의 형식승인 및 제품검사의 기술기준	
	25% 환원시간	발포배율	25% 환원시간	발포배율
단백포	60초	5배 이상	1분	6배 이상
수성막포	60초	5배 이상	1분	5배 이상
합성계면활성제포	180초	5배 이상	3분	500배 이상

32 포소화설비에서 Venturi Effect의 정의와 소방시설에서 응용의 예를 2가지 쓰시오.

1. 포소화설비에서 Venturi Effect의 정의

포소화설비배관에 설치된 혼합기의 작은 오리피스(구멍)를 통과하는 가압수가 오리피스를 통과할 때 유속이 증가되고 이에 따라 압력이 감소되어 포원액을 끌어 올리는 것

※ 속도를 변화시키면 그에 따른 압력차가 발생하는 현상

2. 소방시설에서 응용의 예

Venturi-meter, 포소화설비의 혼합기

33 포소화설비에서 사용하는 혼합장치의 종류를 쓰고, 대표적으로 실생활에서 적용되는 예를 1개씩 쓰시오.

1. 펌프 푸로포셔너(Pump Proportioner) 방식

화학소방차 등에 사용하는 경우

2. 프레져 푸로포셔너(Pressure Proportioner) 방식

주차장 건물에 포헤드설비를 설치하는 등 가장 일반적인 혼합방식

3. 프레져 사이드 푸로포셔너(Pressure Side Proportioner) 방식

석유화학 플랜트 또는 항공기격납고 등 대단위 포소화설비에 사용하는 경우

4. 라인 푸로포셔너(Line Proportioner) 방식

소규모 또는 이동식 간이설비에 사용하는 경우

34 팽창비가 20인 포소화설비에서 3%의 포원액 저장량이 300 L/min라면 포를 방출한 후의 포의 체적(m^3)은?

풀이

1. 발포 전 포수용액량 = 포 원액량 ÷ 포 원액농도
   = 300 L ÷ 0.03 = 10,000 L
2. 포방출 후 포의 체적 = 팽창비 × 발포 전 포수용액량
   = 20 × 10,000 L = 200,000 L = 200 m^3

정답 200 m^3

35 화재안전기준에서 바닥면적이 300 m^2인 주차장에 포헤드설비를 설치할 경우 포소화약제의 종류별 필요한 최소 방사량(L/min)과 최소 수원량(L)은?

풀이

포소화약제의 종류	최소 방사량(L/min)	최소 수원량(L)
수성막포	3.7 L/(min·m^2) × 200 m^2 = 740 L/min	7,400 L
단백포	6.5 L/(min·m^2) × 200 m^2 = 1,300 L/min	13,000 L
합성계면활성제포	8.0 L/(min·m^2) × 200 m^2 = 1,600 L/min	16,000 L

36 내용적이 4,000 mL의 비커(Beaker)에 포를 가득 채우니 무게가 500 g, 빈 비커의 자체무게가 200 g이고 포수용액 비중이 1.1일 때 팽창비는?(다만, 계산결과에서 소수점 발생시 소수 셋째자리에서 반올림한다.)

풀이

1. 팽창비 = 방사 후 포의 체적 / 방사 전 포수용액 체적
2. 방사 후 포의 체적 : 4,000 mL
3. 방사 전 포수용액 체적(V)

   포수용액의 무게(W) : 500 − 200 = 300 g

   비중 $S = \frac{\gamma}{\gamma_w}$(4 ℃, 1기압), 비중량 $\gamma = \rho g = \frac{W}{V} = \frac{1}{Vs}\left[\frac{kg}{m^3}\right]$

   $$V = \frac{W}{\gamma} = \frac{W}{S \times \gamma_W} = \frac{300\ g}{1.1 \times 1\ g/mL} = 272.7273\ mL$$

   $(\because\ \gamma_w = 1{,}000\ \frac{kg}{m^3} = 1\ \frac{kg}{L} = 1\ \frac{g}{mL} = 1\ \frac{g}{cc})$
4. 팽창비 = 4,000 mL / 272.7273 mL = 14.6667 ≒ 14.67배

정답 14.67배

37 포헤드설비에서 자동식 기동장치로 폐쇄형 스프링클러헤드를 사용하는 경우 설치기준 3가지를 쓰시오.

1. 표시온도가 79 ℃ 미만인 것을 사용하고, 1개의 스프링클러헤드의 경계면적은 20 m^2 이하로 할 것
2. 부착면의 높이는 바닥으로부터 5 m 이하로 하고, 화재를 유효하게 감지할 수 있도록 할 것
3. 하나의 감지장치 경계구역은 하나의 층이 되도록 할 것

38 가로 15 m, 세로 10 m의 주차장에 포헤드설비를 설계하려고 한다. 다음 조건을 보고 물음에 각각 답하시오.

1. 방사구역내 필요한 최소 포헤드의 수
2. 펌프의 최소 토출량(L/min) 3. 포수용액의 최소 소요량(L)

조건

1. 포소화약제는 수성막포이다(바닥면적 1 m^2당 방사량 3.7 L/min 이상)
2. 포헤드는 정방형으로 배치한다.
3. 포헤드의 표준 방사량은 35 L/min이다.
4. 기타 조건은 무시한다.

1. 방사구역내 필요한 최소 포헤드의 수
   ① 바닥면적에 따른 포헤드의 수
   바닥면적 ÷ 9 m^2/개 = 150 m^2 ÷ 9 m^2/개 = 16.67 ≒ 17개 이상
   ② 용도별 약제량별 방사밀도에 따른 포헤드의 수
   150 m^2 × 3.7 L/(min · m^2) ÷ 35 L/(min · 개) = 15.86 ≒ 16개 이상
   ③ 배치방식에 따른 포헤드의 수
   - 포헤드 상호간의 거리(m)(r : 유효반경 2.1 m)
     $S = 2r \times \cos 45° = 2 \times 2.1 \times \cos 45° = 2.97$ m
   - 가로의 포헤드 수 : 15 / 2.97 = 5.05 ≒ 6개
   - 세로의 포헤드 수 : 10 / 2.97 = 3.37 ≒ 4개
   - 총 포헤드수 6 × 4 = 24개 이상

   ④ 위의 ①, ②, ③ 중에서 주어진 조건을 모두 만족하는 값을 소요 헤드수로 선정함

정답 24개

2. 펌프의 최소 토출량(L/min)
   35 L/(min · 개) × 24개 = 840 L/min

정답 840 L/min

3. 포수용액의 최소 소요량(L)
   840 L/min × 10 min = 8,400 L

정답 8,400 L

39 고정포방출설비에서 구형 탱크용량 600 kℓ, 직경 15 m, 높이 10 m, 저장물질 제1석유류(가솔린), 고정포방출구는 II형 2개 설치, 포소화약제의 농도 6%, 포수용액량 220 L/m^2, 탱크의 액표면적 120 m^2, 송액관 구경 100 mm, 배관길이 100 m, 보조 포소화전 5개가 설치되어 있을 경우 다음 물음에 답하시오(다만, 위험물안전관리에 관한 세부기준에 따른다).

1. 포수용액량(L)
2. 포원액량(L)

1. 포수용액량 = 고정포방출구의 양 + 보조포소화전의 양 + 송액관의 양

$$= A \times Q_1 T\ [L/m^2] + N_3 \times 400L/(min \cdot 개) \times 20분 + \frac{\pi}{4} D^2 \times L \times 1{,}000\ L/m^3$$

$$= 120\ m^2 \times 220\ L/m^2 + 3개 \times 8{,}000\ L/개 + \frac{\pi}{4} \times 0.1^2 \times 100 \times 1{,}000 = 51{,}185.398\ L$$

정답 51,185.40 L

2. 포원액량 = 51,185.40 × 0.06 = 3,071.124 L

정답 3,071.12 L

알아두세요

포수용액의 양과 수원의 양 ➜ 화재안전기준과 위험물안전관리법이 상이함.

1. 포소화설비의 화재안전기준 (NFSC 105) 제5조
   ① 수원의 양은 고정포방출설비 경우에는 고정포방출구가 가장 많이 설치된 방호구역 안의 고정포방출구에서 표준방사량으로 10분간 방사할 수 있는 양 이상
   ② 즉, 농도와 무관하며 모든 포소화설비에 대해 공통사항으로 적용할 수는 없다.
2. 위험물안전관리에 관한 세부기준 제133조
   ① 수원의 양은 포수용액을 만들기 위하여 필요한 양 이상이 되도록 할 것
   ② 즉, 수원량 = 포수용액량 × (1−농도)

MEMO

제5장

가스계 소화설비

01 이산화탄소소화설비

Fire Equipment Manager

01 개요

(1) 이산화탄소소화설비는 물분무등소화설비로 분류되며, 불활성 · 비전도성 소화약제가 필요한 장소로 수계소화설비를 적용하기 어려운 전기설비가 설치되어 있는 장소나 고가의 장치가 있는 장소에 많이 사용되고 있다.

(2) 그 구성요소로는 기동장치, 음향경보장치, 자동폐쇄장치, 소화약제, 저장용기, 집합관, 선택밸브, 방출표시등, 제어반, 환기설비, 과압배출구 등이 있다.

(3) 이산화탄소는 탄소의 최종 산화물로 더 이상 연소 반응을 일으키지 않기 때문에 질소, 수증기, 아르곤, 할론 등의 불활성기체와 함께 가스계소화약제로 사용되었으나 이제는 온실가스 주범으로 알려져 청정소화약제가 널리 이용되고 있다.

(4) 상온에서는 기체이지만 압력을 가하면 액화되기 때문에 고압가스 용기 속에 액화시켜 저장하며 방출시에는 배관 내를 액상으로 흐르지만 분사헤드에서는 기화되어 분사된다.

02 적용기준

(1) 설치대상

물분무소화설비의 설치대상 준용

(2) 설치면제

물분무소화설비의 설치대상 준용

(3) 분사헤드 설치제외 장소 암기 방니나전 다산 통전

① **방**재실, 제어실 등 사람이 상시 근무하는 장소
② **니**트로셀룰로오스, 셀룰로이드제품 등 자기연소성 물질 저장장소 : 제**5**류 위험물
③ **나**트륨, 칼륨, 칼슘 등 활성 금속물질을 저장 · 취급하는 장소 : 제**3**류 위험물
④ **전**시장 등의 관람을 위해 다수인이 출입, 통행하는 **통**로 및 **전**시실 등

마그네슘 화재시 소화약제로서 물과 이산화탄소를 사용할 수 없는 이유

1. 개요

K, Ca, Na, Mg, 철분, 금속분은 물과 반응하여 열, 수소를 발생하여 폭발분위기를 조성할 우려가 있으므로 저장시 용기밀폐가 중요하며, 연소시 마른 모래 등으로 소화하여야 한다.

2. 물 소화약제를 사용할 수 없는 이유

① 마그네슘과 반응함

- 마그네슘 화재에 물을 방수하면 마그네슘과 물이 반응하여 수소기체(H_2↑)를 발생하여 폭발분위기를 형성하게 된다.
- 화학반응식
  - 연소반응 : $2Mg + O_2 \rightarrow 2MgO + 2 \times 143$ kcal
  - 온수에서 : $Mg + 2H_2O \rightarrow Mg(OH)_2 + H_2$↑

② 물의 해리

- 금속화재의 고열에 의해 물이 수소와 산소로 해리됨
- 화학반응식 : $2H_2O \rightarrow O_2 + 2H_2$

3. 이산화탄소 소화약제를 사용할 수 없는 이유

① 이산화탄소가 마그네슘과 반응하여 소화효과를 얻을 수 없고, 가연물인 탄소(C)를 생성하여 화재를 확대시킨다.

② 화학반응식 : $2Mg + CO_2 \rightarrow 2MgO + C$

4. 이산화탄소 소화설비 제외 장소와 마그네슘

현 화재안전기준에는 이산화탄소 분사헤드 설치 제외 장소에 나트륨, 칼륨, 칼슘등 활성 금속물질을 저장 취급하는 장소로 되어 있어 구체적으로 마그네슘을 명기할 필요가 있음

➜ Active Metals(활성 금속) : 물과 직접 반응하기에 충분히 활성적인 금속

활성 금속 : Li 〉 K 〉 Ba 〉 Sr 〉 Ca 〉 Na 〉 Mg 〉 Al 〉 Mn 〉 Zn 〉 Fe 〉

즉, 활성금속들은 물과 반응하여 금속 수산화물과 수소기체를 생성한다.

$2Na(s) + 2H_2O(l) \rightarrow 2NaOH(aq) + H_2(g)$

※ s : Solid(고체), l : Liquid(액체), aq : Aqueous(수용액), g : Gas(기체)

종 류	성 질	품 명	지정수량
제2류	가연성고체	**황**화린(P_4S_3, P_4S_5, P_4S_7), **적**린(P), 유**황**	100 kg
		철분, **마**그네슘, **금**속분	500 kg
		인화성 고체 암기 **황적황 철마금인 일 오 천**	1,000 kg
제3류	자연발화성 및 금수성 물질	**칼**륨(K), **나**트륨(Na), **알**킬 알루미늄(R_3Al), **알**킬 **리**튬(RLi)	10 kg
		황린(P_4) 암기 **칼나알 알리 황알토 일 이 오**	20 kg
		알칼리 금속(K 및 Na을 제외) 및 알칼리**토** 금속	50 kg

(주) 1. 철분 : 철의 분말로서 53 ㎛의 표준체를 통과하는 것이 50 % 이상

2. 금속분 : 알칼리금속, 알칼리토류금속, 철 및 마그네슘 외의 금속의 분말을 말하고, 구리분, 니켈분 및 150 ㎛의 체를 통과하는 것이 50 % 이상

03 소화효과, 적응화재

(1) 소화효과

① 질식효과

㉠ 액화탄산가스 1 kg은 기화하였을 때 10 ℃에서 528 L의 기체로 변하여 가연물의 주위를 즉시 탄산가스로 덮어 공기 중의 산소농도를 21 %에서 15 %로 낮추어 질식소화

CO_2 질식효과 (액화 CO_2 1 kg, 대기압 1 atm, 방호구역의 최소 예상온도 10 ℃)

1. 비체적(S)

$$S = \frac{V}{M} \times \frac{T}{T_0} = \frac{22.4\,\mathrm{L/mol}}{44\,\mathrm{g/mol}} \times \frac{283\,\mathrm{K}}{273\,\mathrm{K}} = 0.528\,\mathrm{L/g}$$

2. 방출가스체적(Vg)

$$Vg = S \times W = 0.528\,\frac{\mathrm{L}}{\mathrm{g}} \times 1{,}000\,\mathrm{g} = 528\,\mathrm{L}$$

㉡ 일반적으로 소화를 위한 이산화탄소의 농도는 대개 34 %(∵28 % x 1.2) 이상으로 설계되며, 이때 산소의 농도는 14 % 정도가 됨

② 냉각효과

㉠ 이산화탄소가스 방출시 단열팽창(∵줄-톰슨효과)에 따라 드라이아이스 상태가 될 때 온도는 -78.5 ℃까지 급격히 저하되어 주위의 열을 흡수하는 냉각작용으로 소화를 보조적으로 돕는다.

㉡ 산소농도의 저하에 따른 질식효과가 사라진 후에도 냉각된 액체(유류)는 연소에 필요한 가연성 기체를 증발시키지 못하기 때문에 재연소를 방지할 수 있음

③ 피복작용

증기비중이 공기보다 1.52배(44 g/mol ÷ 28.96 g/mol) 무겁기 때문에 가연물을 이산화탄소가 덮어서 화재소화

특징

장 점	단 점
• 기화 팽창율이 크다. • 증발잠열이 커서 증발시 많은 열량 흡수 • 증기비중이 1.52배로 심부까지 침투 용이 • 자기증기압이 높아 별도의 가압원이 필요하지 않다. • 표면화재, 심부화재, 비전도성으로 C급 화재에 적용	• 흰색운무에 의한 가시도 저하 • 이산화탄소 방사시 동상우려가 있다. • 이산화탄소 방사시 소음이 크다. • 배관 및 용기가 고압설비로 취급이 어렵다. • 온실가스로서 지구온난화 물질이다.

공기(Dry Air : 건조공기)

1. 몰조성 = 부피비(vol%)

① 질소 78.03 %, 산소 20.99 %, 아르곤 0.94 %, 탄산가스 0.03 %, 기타(H_2, He, Ne 등) 0.01 %

② 아보가드로법칙에 의해 모든 기체 1몰은 STP(0 ℃, 1 atm)에서 22.4 L이다.

2. 공기의 평균 분자량

① 질소 분자량(N_2) : 14 × 2 = 28 g/mol

② 산소 분자량(O_2) : 16 × 2 = 32 g/mol

③ 아르곤 분자량(Ar) : 40 × 1 = 40 g/mol

④ 탄산가스 분자량(CO_2) : 12 + (16 × 2) = 44 g/mol

⑤ 공기의 분자량 : (28 × 78.03 %) + (32 × 21 %) + (40 × 0.94 %) + (44 × 0.03 %) = 28.96 g/mol

⑥ 공기의 평균 분자량 : (28 × 79 %) + (32 × 21 %) = 28.84 g/mol ≒ 29 g/mol

3. 공기 중의 산소질량비(wt%)

$$\text{wt\%} = \frac{32\ \text{g/mol} \times 21\ \%}{28.96\ \text{g/mol}} \times 100\ \% = 23.2\ \%$$

4. 기체의 몰수비, 체적비(부피비), 개수비, 무게비의 관계

몰수비 = 체적비 = 개수비 ≠ 무게비 [암기] **몰체개 not 무**

구 분	H_2 1몰	O_2 1몰	H_2O 2몰	CO_2 1몰
온도, 압력	0 ℃, 1 atm	0 ℃, 1 atm	0 ℃, 1 atm	0 ℃, 1 atm
체적(부피)	22.4 L	22.4 L	44.8 L	22.4 L
입자수	6.02×10^{23}개	6.02×10^{23}개	$2 \times 6.02 \times 10^{23}$개	6.02×10^{23}개
질량	2 g	32 g	36 g	44 g

(2) 적응 화재

① 이산화탄소는 연소물 주변의 산소 농도를 저하시켜서 소화하기 때문에 자체적으로 산소를 가지고 있거나, 연소시에 공기 중의 산소를 필요로 하지 않는 가연물 이외에는 사용할 수 있다.

② 따라서 일반화재(A급), 유류화재(B급), 전기화재(C급)(이산화탄소는 전기절연성)에 모두 적응성이 있으나 주로 B·C급 화재에 사용되고, A급은 밀폐된 경우에 유효하다. 밀폐되지 않은 경우에는 이산화탄소가 쉽게 분산되고 가연물에 침투되기가 어렵기 때문에 효과가 아주 미약하다.

③ 따라서 이산화탄소는 표면화재에는 우수한 효과를 나타내나 심부화재에 사용하는 경우에는 재발화의 위험성이 있다. 그러므로 심부화재의 경우에는 고농도의 이산화탄소를 방출시켜 소요 농도의 분위기를 비교적 장시간 유지시켜 줌으로써 일차적인 소화는 물론 재발화의 가능성도 제거해 줄 필요가 있다.

④ 이산화탄소는 사용 후 소화약제에 의한 오손이 없기 때문에 통신기기실, 전산기기실, 변전실 등의 전기 설비, 수손피해 우려되는 도서관이나 미술관, 소화활동이 곤란한 선박등에 유용하다.

04 특성

(1) 열역학적 특성

① NTP상태(21 ℃, 1 atm)에서 CO_2는 기상이며 압축 또는 냉각하면 쉽게 액화한다. 더욱 압축하거나 냉각하면 고체가 된다.

② 삼중점 온도 −56.4 ℃와 임계온도 31.4 ℃ 사이에는 기상 또는 액상으로 존재한다.

③ 임계온도 31.4 ℃에서는 기상과 액상의 밀도가 같아져 임계온도 이상에서는 기상으로만 존재한다.

④ 액상 CO_2가 방출될 때 일부는 증발하여 증기가 되고 나머지는 Dry Ice입자가 된다.

⑤ Dry Ice입자가 흰색 운무 상태로 부유되어 시야를 차단할 정도까지 된다.

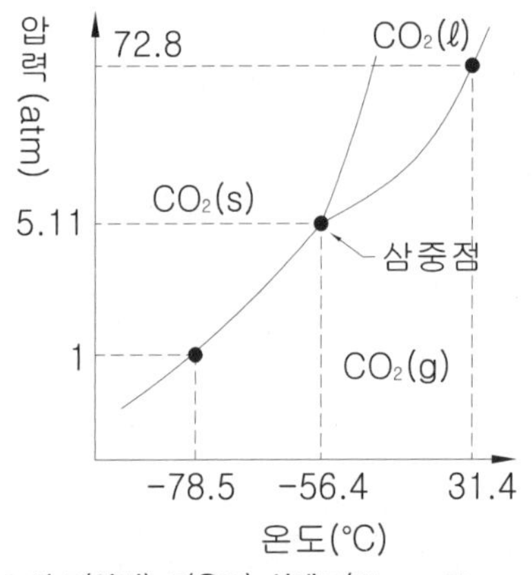

CO_2의 P(압력)-T(온도) 상태도(Phase Diagram)

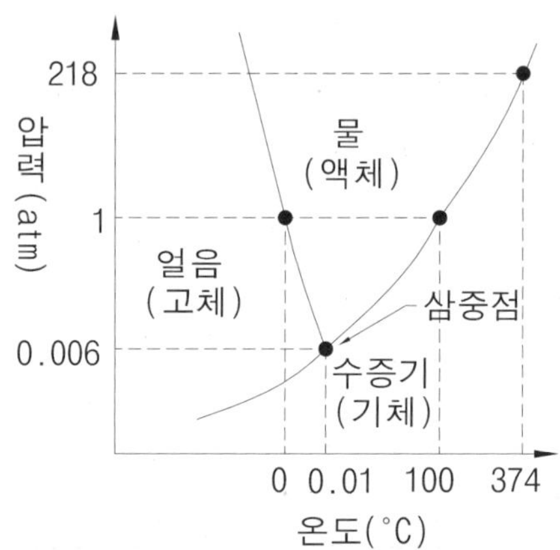

물의 P(압력)-T(온도) 상태도(Phase Diagram)

임계온도와 임계압력

1. 임계온도
   ① 물질이 액체상태로 존재할 수 있는 최고온도
   ② 임계온도보다 낮은 상태의 기체는 적당한 압력을 가하면 액화되지만 이 온도보다 높을 경우 액화되지 않고 기화됨
   ③ 임계점 이상이면 분자운동이 너무 활발해서 아무리 압력을 가해도 액화 안됨
2. 임계압력
   ① 임계온도에서 기체를 액화하기 위한 최소압력
   ② 기체가 액화되려면 최소 온도는 임계온도보다 낮고, 임계압력보다 높아야 함

(2) 이산화탄소의 저장

① 액체 이산화탄소는 −56.4 ℃(삼중점)와 31.4 ℃(임계온도) 사이에서 압력용기내에 저장될 수 있다.
② 임계온도 이상에서는 압력용기내에도 액체부분이 없게 되며 용기내의 유체가 모두 기체로 되어 압력이 급상승한다.
③ 액체 이산화탄소를 저장하는 21 ℃에서의 압력용기는 58 atm의 압력에 있게 되는데 이 압력은 21 ℃에서 이산화탄소의 증기압이 된다. 이 압력이 액체 이산화탄소를 소화용으로 실린더로부터 방출시키는데 이용된다.
④ 저장용기에는 일반적으로 내부에 잠긴 튜브(Siphon Tube)가 바닥까지 닿아 있는데 이는 증기보다는 액체를 방출시키기 위한 것이다.

(3) 이산화탄소의 방출

① 액체 방울들이 노즐로부터 주위의 낮은 압력환경으로 방출되어 나올 때 즉시 증발이 일어나고 증발에 의한 냉각작용으로 각 방울들의 잔유액체가 냉각된다. 이 현상은 Joule−Thomson 효과(단열 Q = 0, 팽창 V↑ → 온도 T↓)에 의해 발생된다.
② 이러한 과정으로 잔유분이 −78.5 ℃에서 고체화되어 Dry Ice 입자로 된다. 일반적으로 원래 액체가 21 ℃인 경우에는 방출액체의 약 75 %가 증발되고 약 25 %가 Dry Ice 입자로 전환된다.
③ 이와 같이 방출시 전체의 약 1/4정도가 고체의 Dry Ice 입자가 되어 흰색 운무 상태로 부유되어 시야를 차단할 정도까지 된다.

> 줄−톰슨효과(Joule−Thomson Effect : 단열 교축 팽창)
> Q = 0(단열), V(체적) ↑ → T(온도) ↓
> 1. 압축된 기체가 좁은 배관을 통과하여 방사될 때의 단열팽창에 의해 실내의 온도가 내려가는 현상
> 2. 저온을 얻는 기본원리
>   압축가스를 가는 구멍으로 분출하여 단열적으로 자유 팽창시키면 실제기체에서는 분자간 상호작용이 있기 때문에 온도가 내려가는 현상. 공기를 액화시킬 때나 냉매의 냉각에 응용되는 현상

(4) Dry Ice(드라이 아이스, 고체 탄산)의 냉각작용

① Dry Ice 입자의 일부는 연소표면에 충돌되어 냉각효과를 나타낸다. 그러나 고체가 직접 기체로 되는 이산화탄소의 승화열은 물의 증발잠열의 약 1/4 밖에 되지 않는다.
② 방출된 이산화탄소의 약 1/4 정도만이 Dry Ice로 전환되기 때문에 뜨거운 표면에 대한 냉각효과는 물이 중량기준으로 같은 량이 방출되었을 경우의 약 1/16 정도 밖에 되지 않는다.

05 계통도와 작동순서

(1) 계통도

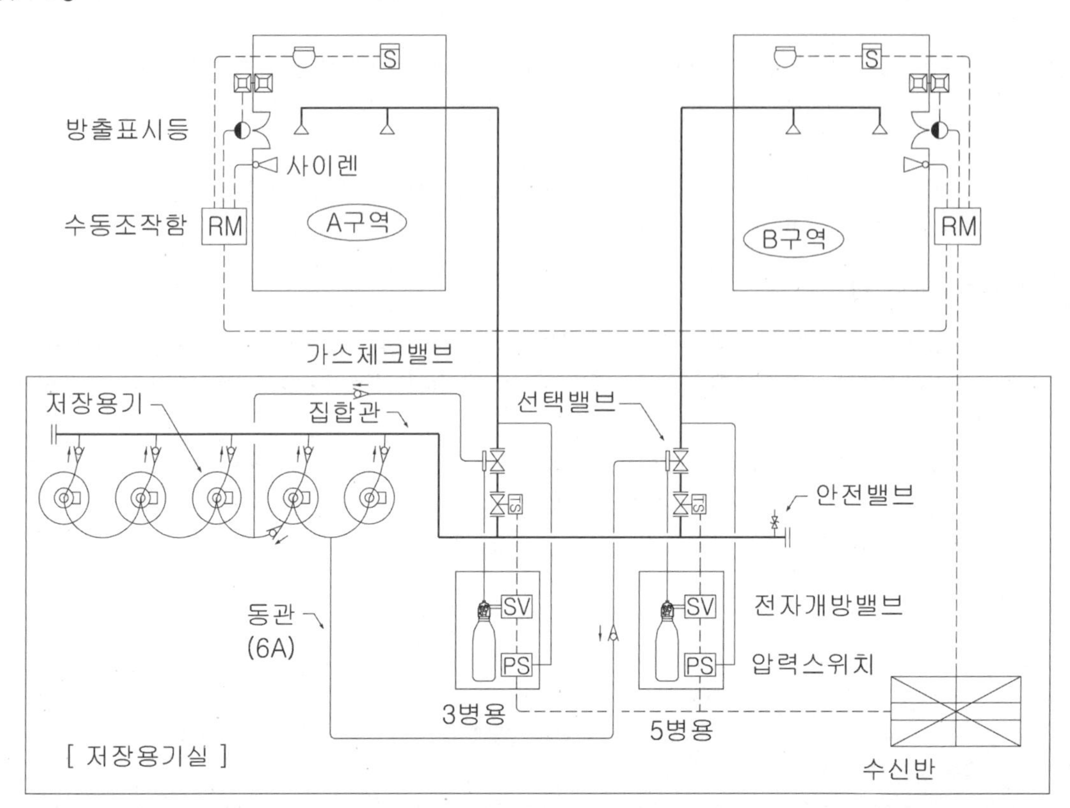

〈이산화탄소소화설비의 배선표〉

	배선위치	가닥수	배선규격	배선용도
Ⓐ	감지기 ↔ 감지기	4	HFIX 1.5 mm^2 (16C)	(지구, 공통) × 2선
Ⓑ	감지기 ↔ 수동조작함	8	HFIX 1.5 mm^2 (28C)	(지구, 공통) × 4선
Ⓒ	수동조작함 ↔ 수동조작함	8	HFIX 2.5 mm^2 (28C)	암기 **전전기사 방감비** **전**원+, **전**원−, **기**동스위치, **사**이렌, **방**출표시등, **감**지기 A와 B, **비**상스위치
Ⓓ	수동조작함 ↔ 수신기	13	HFIX 2.5 mm^2 (36C)	전원+, 전원−, 비상스위치 (기동스위치, 사이렌, 방출표시등, 감지기 A와 B)
Ⓔ	솔레노이드밸브 ↔ 압력스위치	3	HFIX 2.5 mm^2 (16C)	TS×1선, SV×1선, 공통
	TS, SV, PS ↔ 수신기	4	HFIX 2.5 mm^2 (22C)	TS×1선, SV×1선, PS×1선, 공통
Ⓕ	TS, SV, PS ↔ 수신기	7	HFIX 2.5 mm^2 (28C)	TS×2선, SV×2선, PS×2선, 공통
Ⓖ	사이렌 또는 방출표시등 ↔ 수동조작함	2	HFIX 2.5 mm^2 (16C)	기동×1선, 공통
Ⓗ	수신반 ↔ 방재실	7	HFIX 2.5 mm^2 (28C)	(방출확인, 감지기 A, B)×구역수, 공통

※ 배선수는 최소 가닥수로 적용하며, 구역수는 2구역일 때를 기준으로 예시한 것임

※ 시각경보기의 배선은 방출표시등과 직접 연결하거나 수동조작함 내부의 방출표시등 전원단자에서 연결함.

(2) 작동순서(CO_2 Control Block Diagram) 암기 자수비 화제지기 저집선배 제음방폐

화재, 제어반, 지연장치, 기동장치, 저장용기, 집합관, 선택밸브, 배관
(제어반 : 음향장치, 방출표시등, 자동폐쇄장치)

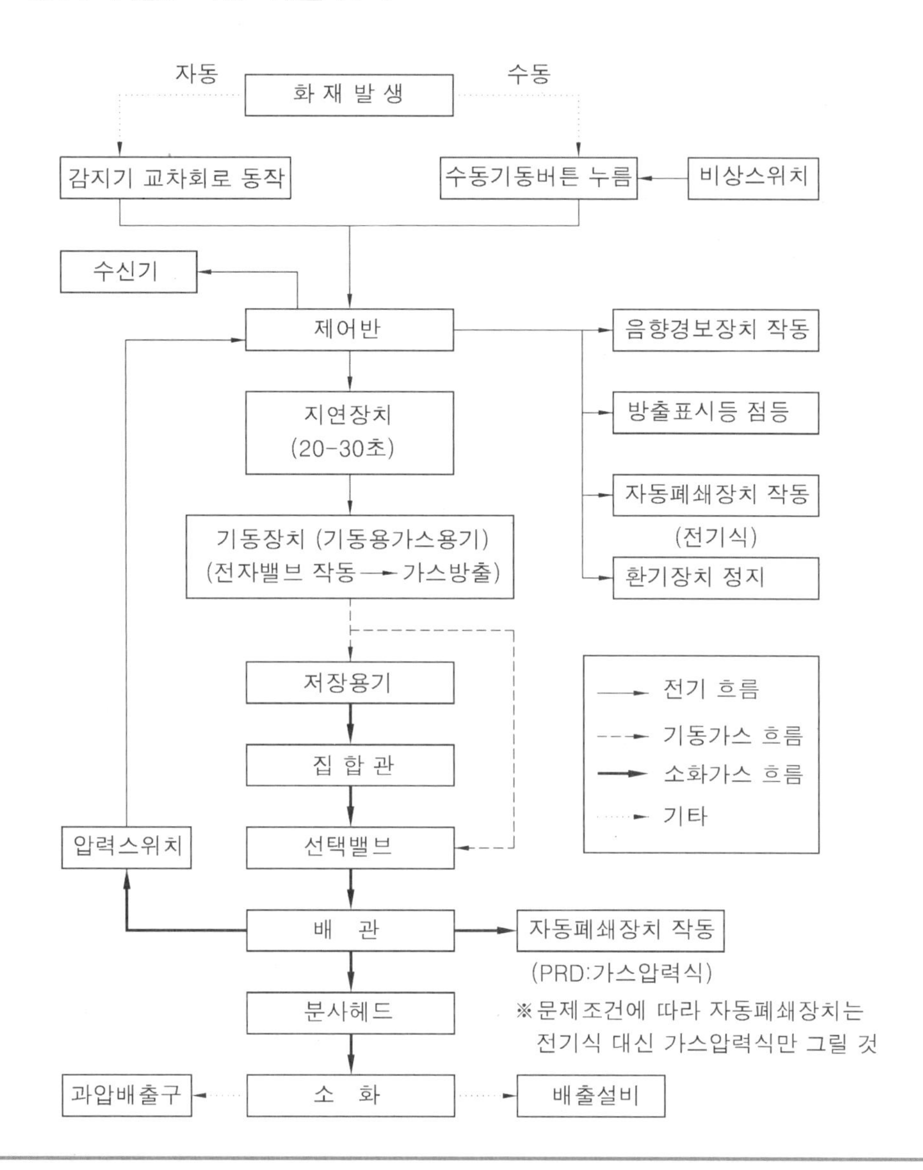

> 약제 방사시 시간지연의 이유 : 대피시간 + 구획 조성시간
> 1. 대피시간 : 약제 방사전에 거주자가 방호구역 외부로 피난하는 데 걸리는 시간
> 2. 구획 조성시간
>   ① 약제가 방사되기 전에 개구부를 폐쇄하는 데 걸리는 시간
>   ② 교차회로의 경우에는 1개의 회로만 작동되더라도 개구부 폐쇄(자동방화셔터, 자동방화문 등)
> 3. 시간 지연장치
>   시간 지연장치는 화재가 급격하게 성장할 우려가 있는 지역에서는 설치하지 않는다.

06 구성 요소

현재 가장 많이 사용되는 전역방출방식이고 고압 저장방식이며 가스압력식 이산화탄소소화설비 중심이다. 그 주요 구성요소를 살펴보면 다음과 같다.

(1) 저장용기

이산화탄소 소화약제를 고압으로 저장하는 저장용기는 고압가스안전관리법의 적용을 받는 것으로 보통 68 L의 내용적을 가지는 용기를 사용한다.

(2) 저장용기 밸브

기동용기로부터 압송된 가스압력으로 저장가스를 개방하는 밸브로서 용기밸브를 개방하는 니들밸브가 부착된다.

(3) 연결관 및 집합관

① 연결관 : 저장용기와 집합관을 연결시키는 것으로 후렉시블 호스로 신축성이 있는 관이다.

② 집합관 : 각각의 저장용기에서 방출된 이산화탄소 소화약제를 모아주는 관으로서 높은 압력에 견디는 압력배관으로 설치하여야 한다.

(4) 안전밸브

약제 저장용기와 선택밸브 사이 배관 도중에 설치하며, 저장용기의 용기밸브는 개방되었으나 선택밸브가 개방되지 아니하였을 때 설비의 안전을 위하여 개방되는 안전장치이다.

(5) 선택밸브

방호구역 및 방호대상물이 여러 곳인 특정소방대상물에서 저장용기는 공용으로 하고 해당 방호구역 및 방호대상물마다 설치하여 방사구역을 선택하여주는 밸브로서 저장용기가 개방되기 전에 잠금장치를 해제시켜 주는 피스톤릴리져가 부착되어 있다.

(6) 기동용기함

기동용 가스용기를 내장하는 함으로서 선택밸브와 같이 하나의 방호구역 마다 1개씩 설치되며 기동용기·전자개방밸브 및 압력스위치가 함께 내장된다.

① 기동용 가스용기

㉠ 기동용 가스용기 및 해당 용기에 사용하는 밸브는 25 MPa 이상의 압력에 견딜 수 있는 것으로 할 것

㉡ 기동용 가스용기에는 내압시험압력의 0.8배부터 내압시험압력 이하에서 작동하는 안전장치를 설치할 것

㉢ 기동용 가스용기의 용적은 5 L 이상으로 하고, 해당 용기에 저장하는 질소 등의 비활성기체는 6.0 MPa 이상(21 ℃ 기준)의 압력으로 충전 할 것

㉣ 기동용 가스용기에는 충전여부를 확인할 수 있는 압력게이지를 설치할 것

② 전자개방밸브(Solenoid Valve)

화재감지기의 작동에 따라 화재신호가 수신부(제어반)로 수신되면 전자개방밸브가 작동되어 파괴침이 기동용기밸브의 봉판을 뚫어서 기동용 가스를 방출시키는 역할을 한다.

③ 압력스위치 및 방출표시등

㉠ 압력스위치는 저장용기의 가스가 방출될 때 가스압력에 의해 접점신호를 제어반으로 입력시켜 방출표시등을 점등시키는 역할을 하는 스위치로서 일반적으로 선택밸브 2차측 배관상에서 동관으로 분기하고 동관을 연장시켜 기동용기 함내에 설치한다.

㉡ 방출표시등은 방호구역의 출입구 마다 설치하는데 출입구 바깥쪽 상단에 설치하여 가스 방출시 점등되어 옥내로 사람이 입실하는 것을 막아주는 역할을 한다.
이는 출입구 상단 외에 수동조작함과 제어반 등에도 점등되어 가스가 방출중임을 표시한다.

④ 체크밸브

㉠ 체크밸브는 기동용 동관 및 집합관과 연결관 사이 설치하여 가스가 역류하는 것을 방지하는 밸브로서 화살표(→)가 표시되어 있어 가스 흐름 방향을 나타내고 있으므로 설치시 방향에 주의하여야 한다.

㉡ 저장용기를 공용으로 하고 각 방호구역마다 필요로 하는 소요 저장용기만을 개방시켜 주고 개방되지 않은 다른 용기의 개방을 방지하기 위하여 설치한다.

⑤ 자동폐쇄장치

㉠ 이산화탄소 소화약제를 방사하는 실내에 출입문, 창문, 환기구 등 개구부가 있을 때 약제 방출전 이들 개구부를 폐쇄하여 방사된 가스의 누출로 인한 소화효과의 감소를 최소화하기 위하여 설치한다.

㉡ 종류
가스압력식인 피스톤릴리져댐퍼(Piston Releaser Damper), 전기식인 전동댐퍼(Motorized Damper), 장비반입구 같은 개구부를 자동폐쇄하기 위한 자동방화셔터가 있다.

07 설치기준

(1) 저장용기 설치장소의 기준 암기 외온 직방표 3체

① 방호구역 외의 장소에 설치. 다만, 방호구역내는 피난, 조작이 용이하도록 피난구 부근에 설치

② 온도가 40 ℃ 이하이고, 온도변화가 적은 곳에 설치할 것

③ 직사광선 및 빗물이 침투할 우려가 없는 곳에 설치할 것
➜ 직사광선은 급격한 온도상승 우려, 빗물침투는 용기의 부식과 침수 우려

④ 방화문으로 구획된 실에 설치할 것

⑤ 용기의 설치장소에는 해당용기가 설치된 곳임을 표시하는 표지

⑥ 용기간의 간격은 점검에 지장이 없도록 3 cm 이상의 간격유지

⑦ 저장용기와 집합관 연결하는 연결배관에는 체크밸브 설치
➜ 체크밸브의 설치이유 : 일부의 저장용기가 누기, 무게측정 등으로 집합관으로부터 분리할 경우 이 기간 동안에 화재로 인한 약제방출시 체크밸브가 없다면 약제누출로 인한 약제의 손실과 소화실패 때문

저장용기실 내부온도 40 ℃ 이내로 제한한 이유

1. CO_2의 자기증기압은 20 ℃에서 60 kg/cm^2이며, 40 ℃에서 약 160 kg/cm^2이다. 그러므로 사용온도범위는 40 ℃이다.
2. CO_2의 압력온도(P-T) 상태도에 의하면, 31.4 ℃(임계온도) 이상에서는 액화저장이 불가능하기 때문에 저장용기는 단열조치 되어 내부온도가 급상승하지 않도록 온도를 제한한다.

(2) 저장용기 설치기준

① 충전비(L/kg) ➜ 비체적(m^3/kg) = 내용적/무게 = 1/충전밀도

㉠ 고압식 : 1.5 이상 1.9 이하

㉡ 저압식 : 1.1 이상 1.4 이하

② 저압식 저장용기의 부대시설

㉠ 안전밸브 : 내압시험압력의 0.64배 내지 0.8배의 압력에서 작동

㉡ 봉판 : 내압시험압력의 0.8배 내지 내압시험압력에서 작동

㉢ 액면계 및 압력계

㉣ 압력경보장치 : 2.3 MPa 이상 1.9 MPa 이하의 압력에서 작동

㉤ 자동냉동장치 : 용기내부의 온도가 −18 ℃ 이하에서 2.1 MPa의 압력 유지

③ 내압시험압력

고압식은 25 MPa 이상, 저압식은 3.5 MPa 이상

④ 배관의 안전장치

㉠ 소화약제 저장용기의 개방밸브 : 전기식·가스압력식 또는 기계식에 따라 자동으로 개방되고 수동으로도 개방되는 것으로서 안전장치가 부착된 것

㉡ 소화약제 저장용기와 선택밸브 또는 개폐밸브 사이에는 내압시험압력 0.8배에서 작동하는 안전장치 설치

(3) 소화약제 저장량

2 이상의 방호구역이나 방호대상물이 있는 경우 산출한 저장량 중 최대의 것으로 함

① 전역방출방식

전역방출방식은 화재시 밀폐된 공간에 고정된 배관 분사헤드를 따라서 저장된 규정량의 CO_2를 전량 방출하여 산소농도를 저하시켜 연소를 정지시키는 소화방식

㉠ 표면화재 방호대상물 : 가연성 액체 또는 가연성 가스등

➜ 발전기실, 기계식 주차타워

• 일반 소방대상물의 기본소화약제량 암기 **표 사오 십오 천사오, 영구 파 사오, 다섯개**

방호구역 체적	방호체적(m^3)에 대한 소화약제의 양	소화약제 저장량의 최저한도의 양
45 m^3 미만	1.0 kg	45 kg (1 병)
45 m^3 이상 ~ 150 m^3 미만	0.9 kg	
150 m^3 이상 ~ 1,450 m^3 미만	0.8 kg	135 kg (3 병)
1,450 m^3 이상	0.75 kg	1,125 kg (25 병)

• 가연성 액체 또는 가연성 가스의 기본소화약제량 설계농도가 34 % 이상인 방호대상물의 소화약제량은 기본소화약제량에 다음 표에 따른 보정계수를 곱하여 산출한다.

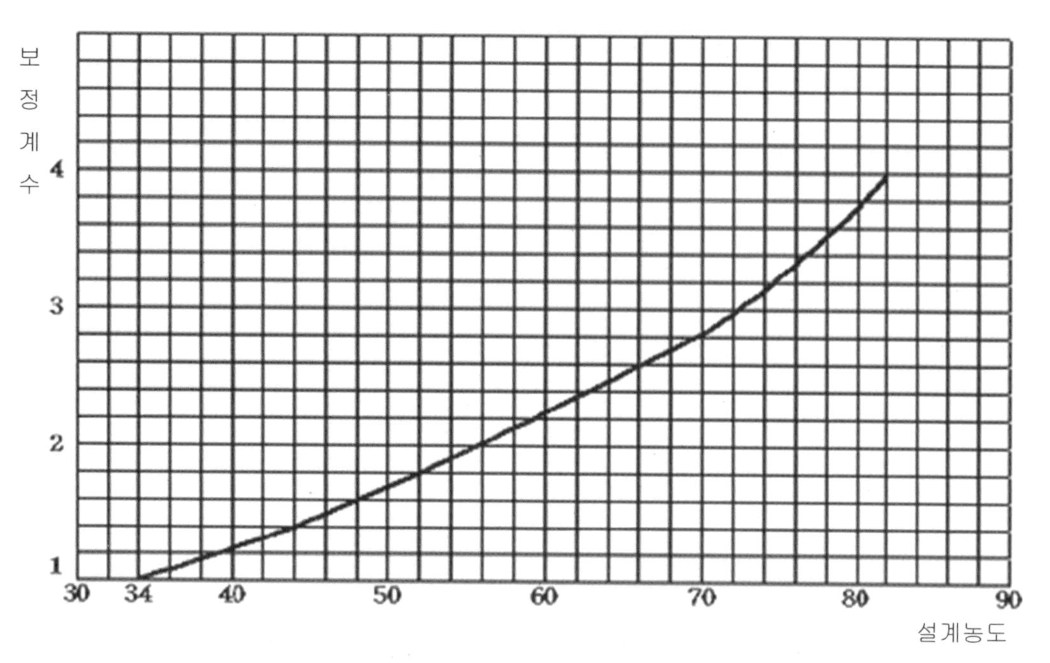

<가연성 액체 또는 가연성 가스의 소화에 필요한 설계농도>

방호대상물	설계농도(%)	방호대상물	설계농도(%)
수소(Hydrogen)	75	석탄가스, 천연가스(Coal, Natural Gas)	37
아세틸렌(Acetylene)	66	사이크로 프로판(Cyclo Propane)	37
일산화탄소(Carbon Monoxide)	64	이소부탄(Iso Butane)	36
산화에틸렌(Ethylene Oxide)	53	프로판(Propane)	36
에틸렌(Ethylene)	49	부탄(Butane)	34
에탄(Ethane)	40	메탄(Methane)	34

• 가산량 : 방호구역의 개구부에 자동폐쇄장치를 설치하지 아니한 경우에는 위 두 항의 기준에 따라 산출한 양에 개구부면적 1 m^2당 5 kg 가산함. 이 경우 개구부의 면적은 방호구역 전체 표면적의 3 % 이하로 할 것

㉡ **심**부화재 방호대상물 : 종이, 목재, 석탄, 섬유류, 합성수지류 등

• 기본소화약제량 암기 **심 전케 서전박목, 고모석면집 세 공 치, 열개**

방호대상물	방호체적(m^3)에 대한 소화약제의 양	설계농도(%)
유압기기를 제외한 **전**기설비, **케**이블실	1.3 kg	50
체적 55 m^3 미만의 전기설비	1.6 kg	50(실제 57)
서고, **전**자제품창고, **박**물관, **목**재가공품창고	2.0 kg	65
고무류, **모**피창고, **석**탄창고, **면**화류창고, **집**진설비	2.7 kg	75

• 가산량 : 방호구역의 개구부에 자동폐쇄장치를 설치하지 아니한 경우에는 기본소화약제량에 개구부 면적 1 m^2당 10 kg을 가산하여야 함. 이 경우 개구부의 면적은 방호구역 전체표면적의 3 % 이하로 할 것

② 국소방출방식

밀폐되어 있지 않거나 방호구역이 전역방출방식에 맞지 않는 곳에서 인화성 액체, 가스, 얇은 고체에서의 표면화재 소화용으로 적합

㉠ 평면화재 (∵ 면적식)

윗면이 개방된 용기에 저장하는 경우와 화재시 연소면이 한정되고 가연물이 비산할 우려가 없는 경우

- 방출계수 : 방호대상물의 표면적 1 m^2에 대하여 13 kg
- 할증계수 : 고압식의 경우 1.4, 저압식의 경우 1.1을 각각 곱하여 얻은 양 이상
- 계산식 : 저장량(kg) = 방호대상물 표면적(m^2)×13 kg/m^2×(고압식 1.4, 저압식 1.1)

㉡ 입면화재 (∵ 용적식)

- 방출계수

$$Q = [8 - 6\frac{a}{A}] \times (\text{고압식 } 1.4,\ \text{저압식 } 1.1)$$

(여기서, Q : 방호공간 1 m^3에 대한 이산화탄소 소화약제의 양(kg/m^3),
a : 방호 대상물 주위에 설치된 벽의 면적의 합계(m^2)
A : 방호공간의 벽면적(벽이 없는 경우 벽이 있는 것으로 가정한 해당 부분면적)의 합계(m^2)
➜ 방호공간 : 방호대상물의 각 부분으로부터 0.6 m의 거리에 따라 둘러싸인 공간)

- 할증계수 : 고압식의 경우 1.4, 저압식의 경우 1.1을 각각 곱하여 얻은 양 이상

③ 호스릴이산화탄소 소화설비

㉠ 분사헤드가 배관에 고정되어 있지 않고 저장된 규정량의 탄산가스를 호스를 통해서 수동으로 직접 연소부분에 분사하여 소화를 행하는 것으로서 기본적으로 국소방출방식과 같은 것으로 일명 이동식이라고 한다.

㉡ 하나의 노즐에 대하여 90 kg 이상으로 할 것

(4) 기동장치 암기 수전기가 마기비방 장높표

➜ Fail Safe 개념 : 자동식, 수동식의 기동방식

① 자동식 기동장치(기동용기) : 자탐설비 감지기의 작동과 연동 암기 수전기가

㉠ 자동식 기동장치에는 수동으로도 기동할 수 있는 구조

㉡ 전기식 기동장치 : 7병 이상 저장용기 개방시 2병 이상의 저장용기에 전자개방밸브를 부착

㉢ 기계식 기동장치 : 저장용기를 쉽게 개방할 수 있는 구조

㉣ 가스압력식 기동장치 암기 견안용 충전 게

- 기동용 가스용기 및 해당 용기에 사용하는 밸브는 25 MPa 이상의 압력에 견딜 수 있는 것으로 할 것
- 기동용 가스용기에는 내압시험압력의 0.8배부터 내압시험압력 이하에서 작동하는 안전장치를 설치할 것
- 기동용 가스용기의 용적은 5 L이상으로 하고, 해당 용기에 저장하는 질소 등의 비활성기체는 6.0 MPa 이상(21 ℃ 기준)의 압력으로 충전할 것
- 기동용 가스용기에는 충전여부를 확인할 수 있는 압력게이지를 설치할 것

㉤ 기동장치에 의한 분류 암기 **전기가**

CO_2 약제용기 상부에는 용기밸브가 부착되어 있으며 화재감지기의 동작 및 용기밸브가 개방되는 방법에 따라 전기식·기계식·가스압식으로 구분한다.

• 전기식 : 전기신호를 이용

– 캐비닛형 자동소화장치에 사용하는 기동방식으로 용기밸브에 니들밸브를 부착하는 대신 전자개방밸브를 용기밸브에 직접 부착하여 감지기 동작신호에 의해 수신기의 기동출력이 전자개방밸브에 전달되어 전자개방밸브의 파괴침이 용기밸브의 봉판을 파괴하면 저장용기 밖으로 가스가 개방되어 방출하게 된다.

– 각 용기별로 전자개방밸브를 부착할 필요는 없으며 화재안전기준에서 "7병 이상의 저장용기를 동시에 개방하는 경우 전자개방밸브를 2병 이상의 저장용기에 부착할 것"의 의미는 2병을 Master Cylinder(주실린더)를 사용하고 나머지 용기는 방출된 가스를 이용하는 Slave Cylinder(종속 실린더)로 사용하여도 무방하다는 의미이다. (즉, 다른 저장용기는 니들밸브만 부착)

• 기계식 : 기계 부품의 힘을 이용

– 소화약제 저장용기밸브를 수동으로 직접 개방하거나 와이어로프 등을 이용하여 개방하는 방식으로 쉽게 조작하여 저장용기를 개방할 수 있는 구조

– 국내에는 설치사례가 없는 특수한 구조

• 가스압력식 : 고압유체의 힘을 이용

– CO_2 시스템에서 사용하는 가장 일반적인 기동방식으로 감지기 동작신호에 따라 전자개방밸브의 파괴침이 작동하면 소형의 기동용기내에 있는 기동용가스가 동관을 통하여 방출된다.

– 이때 방출된 가스압에 의해 용기밸브에 부착된 니들밸브의 Needle Pin이 용기 안으로 움직여 저장용기의 봉판을 파괴하면 용기 밖으로 가스가 개방되어 방출하게 된다.

② 수동식 기동장치 암기 **마전비방 장높표**

수동식 기동장치의 부근에는 소화약제의 방출을 지연시킬 수 있는 비상스위치(자동 복귀형 스위치로서 수동식 기동장치의 타이머를 순간 정지시키는 기능의 스위치를 말한다)를 설치하여야 한다.

㉠ 전역방출방식에 있어서는 방호구역마다, 국소방출방식에 있어서는 방호대상물마다 설치할 것

㉡ 전기를 사용하는 기동장치에는 전원표시등을 설치할 것

㉢ 수동식기동장치의 부근에는 소화약제방출을 지연할 수 있는 비상스위치 설치

㉣ 기동장치의 방출용 스위치는 음향경보장치와 연동하여 조작될 수 있는 것

㉤ 해당방호구역의 출입구부분 등 조작을 하는 자가 쉽게 피난할 수 있는 장소에 설치할 것

㉥ 기동장치의 조작부는 바닥으로부터 높이 0.8 m 이상 1.5 m 이하의 위치에 설치하고, 보호판 등에 따른 보호장치를 설치할 것

㉦ 기동장치에 "이산화탄소소화설비 기동장치"라고 표시한 표지를 할 것

③ 방출표시등

이산화탄소 소화설비가 설치된 부분의 출입구등의 보기 쉬운 곳에 소화약제의 방사를 표시하는 표시등을 설치하여야 한다.

(5) 제어반 및 화재표시반

① 제어반 설치기준 암기 **수감수, 음방지기 전표**

㉠ 수동기동장치 또는 감지기에서의 신호를 수신하여 음향경보장치의 작동, 소화약제의 방출 또는 지연 기타의 제어기능을 가진 것으로 할 것

㉡ 전원표시등 설치할 것

② 화재표시반 설치기준 암기 **음감 벨부 수방절**

㉠ 각 방호구역마다 음향경보장치의 조작 및 감지기의 작동을 명시하는 표시등과 이와 연동하여 작동하는 벨·부자 등의 경보기 설치할 것. 이 경우 음향경보장치의 조작 및 감지기의 작동을 명시하는 표시등을 겸용할 수 있다.

㉡ 수동식 기동장치는 그 방출용 스위치의 작동을 명시하는 표시등 설치

㉢ 소화약제의 방출을 명시하는 표시등을 설치할 것

㉣ 자동식 기동장치는 자동·수동의 절환을 명시하는 표시등 설치할 것

㉤ 기동장치와 방출배관 사이에 설치한 수동잠금밸브의 개폐여부를 확인할 수 있는 표시등을 설치할 것

③ 제어반 및 화재표시반 설치기준 암기 **회취장**

㉠ 제어반 및 화재표시반에는 해당 회로도 및 취급설명서를 비치할 것

㉡ 제어반 및 화재표시반의 설치장소는 화재에 따른 영향, 진동 및 충격에 따른 영향 및 부식의 우려가 없고 점검에 편리한 장소에 설치할 것

(6) 배관등 암기 **전강동부**

① 설치기준

CO_2 소화설비	할로겐화합물 소화설비	분말 소화설비
• 전용 • 강관 - 고압식 압력배관용탄소강관중 스케줄 80(20 mm 이하 : 스케줄 40) - 저압식 압력배관용탄소강관중 스케줄 40 이상의 것 또는 이와 동등 이상의 강도를 가진 것으로 아연도금등으로 방식처리된 것 • 동관 이음이 없는 동 및 동합금관 고압식 16.5 MPa 이상, 저압식 3.75 MPa 이상 사용 • 부속 - 고압식 1차측 배관부속 : 4 MPa 이상 2차측 배관부속 : 2 MPa 이상 - 저압식 : 2 MPa 이상 사용	• 전용 • 강관 압력배관용 탄소강관중 스케줄 40 이상의 것 또는 이와 동등 이상의 강도를 가진 것으로 아연도금등으로 방식처리 • 동관 이음이 없는 동 및 동합금관 (KSD 5301) 고압식 16.5 MPa 이상, 저압식 3.75 MPa 이상 사용 • 부속 및 밸브류 강관 또는 동관과 동등 이상의 강도 및 내식성이 있는 것	• 전용 • 강관 - 배관용탄소강관(KS D 3507) 동등 이상의 강도·내식성 및 내열성을 가진 것 - 압력배관용 탄소강관중 이음이 없는 스케줄 40 이상(축압식 분말소화설비 중 20 ℃, 2.5 MPa~4.2 MPa 이하의 것) 이와 동등 이상의 강도를 가진 것으로서 아연도금으로 방식처리된 것 • 동관 고정압력 또는 최고사용압력의 1.5배 이상의 압력에 견딜 수 있는 것 • 부속 및 밸브류 강관 또는 동관과 동등 이상의 강도 및 내식성이 있는 것 • 밸브류 개폐위치 또는 개폐방향을 표시한 것

② 선택밸브

2 이상 방호구역 또는 방호대상물이 있어 이산화탄소저장용기를 공용하는 경우에 설치

㉠ 방호구역 또는 방호대상물마다 설치할 것

㉡ 각 선택밸브에는 그 담당방호구역 또는 방호대상물을 표시할 것

③ 수동잠금밸브(Lock-out Valve)

소화약제의 저장용기와 선택밸브 사이의 집합배관에는 수동잠금밸브를 설치하되 선택밸브 직전에 설치할 것. 다만, 선택밸브가 없는 설비의 경우에는 저장용기실 내에 설치하되 조작 및 점검이 쉬운 위치에 설치하여야 한다.

➡ 비화재시 오동작으로 방출되는 CO_2에 대하여 방호구역에 있는 작업자를 보호를 목적으로 함.

④ 분사헤드

㉠ 전역방출방식

- 방사된 소화약제가 방호구역의 전역에 균일하게 신속히 확산할 수 있도록 할 것
- 분사헤드의 방사압력이 2.1 MPa(저압식 : 1.05 MPa) 이상의 것으로 할 것
- 규정한 시간 이내에 방사할 수 있는 것으로 할 것

㉡ 국소방출방식

- 소화약제의 방사에 따라 가연물이 비산하지 아니하는 장소에 설치할 것
- 이산화탄소 소화약제의 저장량은 30초 이내에 방사할 수 있는 것으로 할 것
- 성능 및 방사압력이 법적기준에 적합한 것으로 할 것

(7) 방사시간

① 전역방출방식

㉠ 가연성 액체 또는 가연성 가스 등 표면화재 방호대상물의 경우에는 1분

㉡ 종이, 목재, 석탄, 섬유류, 합성수지류 등 심부화재 방호대상물의 경우에는 7분(이 경우 설계농도가 2분 이내에 30 %에 도달하여야 함)

② 국소방출방식 : 이 경우에는 30초 이내

(8) 호스릴 이산화탄소소화설비

① 화재 시 현저하게 연기가 찰 우려가 없는 장소(차고 또는 주차의 용도로 사용되는 부분 제외)

㉠ 지상 1층 및 피난층에 있는 부분으로서 지상에서 수동 또는 원격조작에 따라 개방할 수 있는 개구부의 유효면적의 합계가 바닥면적의 15 % 이상이 되는 부분

㉡ 전기설비가 설치되어 있는 부분 또는 다량의 화기를 사용하는 부분(해당 설비의 주위 5 m 이내의 부분 포함)의 바닥면적이 해당 설비가 설치되어 있는 구획의 바닥면적의 1/5 미만이 되는 부분

② 설치기준

㉠ 방호대상물의 각 부분으로부터 하나의 호스접결구까지의 수평거리가 15 m 이하

㉡ 노즐은 20 ℃에서 하나의 노즐마다 60 kg/min 이상의 소화약제를 방사할 수 있는 것

㉢ 소화약제 저장용기는 호스릴을 설치하는 장소마다 설치할 것

㉣ 소화약제 저장용기의 개방밸브는 호스의 설치장소에서 수동으로 개폐할 수 있는 것

㉤ 소화약제 저장용기의 가장 가까운 곳의 보기 쉬운 곳에 표시등을 설치하고, 호스릴 이산화탄소소화설비가 있다는 뜻을 표시한 표지를 할 것

(9) 분사헤드의 오리피스구경

① 분사헤드에는 부식방지조치를 하여야 하며 오리피스의 크기, 제조일자, 제조업체가 표시되도록 할 것
② 분사헤드의 갯수는 방호구역에 방사시간이 충족되도록 설치할 것
③ 분사헤드의 방출율 및 방출압력은 제조업체에서 정한 값으로 할 것
④ 분사헤드의 오리피스 면적은 분사헤드가 연결되는 배관구경면적의 70 %를 초과하지 아니할 것

(10) 안전시설

① 소화약제 방출시 방호구역 내와 부근에 가스방출시 영향을 미칠 수 있는 장소에 시각경보장치를 설치하여 소화약제가 방출되었음을 알도록 할 것
② 방호구역의 출입구 부근 잘 보이는 장소에 약제방출에 따른 위험경보표지를 부착할 것

(11) 기타

① 자동식 기동장치의 화재감지기
 ㉠ 각 방호구역내의 화재감지기의 감지에 따라 작동되도록 할 것
 ㉡ 화재감지기의 회로는 교차회로방식으로 설치할 것. 특수형 감지기로 설치하는 경우에는 제외
 ㉢ 교차회로내의 각 화재감지기회로별로 설치된 화재감지기 1개가 담당하는 바닥면적은 자동화재탐지설비의 화재안전기준의 규정에 따른 바닥면적으로 할 것

② 음향경보장치
 ㉠ 일반설치기준
  • 수동식 기동장치를 설치한 것 : 그 기동장치의 조작과정에서, 자동식 기동장치를 설치한 것
   → 화재감지기와 연동하여 자동으로 경보
  • 소화약제의 방사개시 후 1분 이상 경보를 계속할 수 있는 것으로 할 것
  • 방호구역 또는 방호대상물이 있는 구획안에 있는 자에게 유효하게 경보
 ㉡ 방송에 따른 경보장치
  • 증폭기 재생장치는 화재시 연소의 우려가 없고, 유지관리가 쉬운 장소에 설치
  • 방호구역 또는 방호대상물이 있는 구획의 각 부분으로부터 하나의 확성기까지의 수평거리는 25 m 이하가 되도록 할 것
  • 제어반의 복구스위치를 조작하여도 경보를 계속 발할 수 있는 것으로 할 것

③ 자동폐쇄장치
 ㉠ 환기장치를 설치한 것에 있어서는 이산화탄소가 방사되기 전에 해당 환기장치가 정지할 수 있도록 할 것
 ㉡ 개구부가 있거나 천장으로부터 1 m 이상의 아래부분 또는 바닥으로부터 해당층의 높이의 2/3 이내의 부분에 통기구가 있어 이산화탄소의 유출에 따라 소화효과를 감소시킬 우려가 있는 것에 있어서는 이산화탄소가 방사되기 전에 해당 개구부 및 통기구를 폐쇄할 수 있도록 할 것
 ㉢ 자동폐쇄장치는 방호구역 또는 방호대상물이 있는 구획의 밖에서 복구할 수 있는 구조로 하고, 그 위치를 표시하는 표지를 할 것

④ 배출설비

지하층, 무창층 및 밀폐된 거실 등에 이산화탄소소화설비를 설치한 경우에는 소화약제의 농도를 희석시키기 위한 배출설비를 갖추어야 한다.

⑤ 과압배출구

이산화탄소소화설비의 방호구역에 소화약제가 방출시 과압으로 인하여 구조물등에 손상이 생길 우려가 있는 장소에는 과압배출구를 설치하여야 한다.

⑥ 설계프로그램

이산화탄소소화설비를 컴퓨터프로그램을 이용하여 설계할 경우에는 가스계소화설비의 설계프로그램 성능인증 및 제품검사의 기술기준에 적합한 설계프로그램을 사용하여야 한다.

08 기타사항

(1) 고압식과 저압식 비교 암기 저압력 충관부 안내면 확충경관

항 목	고압식	저압식
저장용기	68 L/45 kg 용기를 표준으로 설치	대형 저장탱크 1대(3 t~60 t)를 설치
저장**압**력	상온(20 ℃)에서 6 MPa	−18 ℃ 이하에서 2.1 MPa
방사압**력**	분사헤드 기준 2.1 MPa 이상	분사헤드 기준 1.05 MPa 이상
충전비	1.5 L/kg~1.9 L/kg	1.1 L/kg~1.4 L/kg
배**관**	압력배관용 탄소강관(Sch.80)	압력배관용 탄소강관(Sch.40)
배관**부**속	선택밸브 1차측 : 4.0 MPa 이상 선택밸브 2차측 : 2.0 MPa 이상	2.0 MPa 이상
안전장치	안전밸브 (내압시험압력의 0.8배의 압력에서 작동 : 20 MPa) ➜ 저장용기와 선택밸브 또는 개폐밸브 사이에 설치	• 압력경보장치 : 2.3 MPa 이상 1.9 MPa 이하 • 안전밸브 : 내압시험압력의 0.64배~0.8배 • 봉판 : 내압시험압력의 0.8배~1배 • 자동냉동장치 : −18 ℃ 이하에서 2.1 MPa • 압력계 및 액면계
내압 시험압력	25 MPa 이상	3.5 MPa 이상
용기실 **면**적	저압식에 비해 저장용기실 바닥면적 크다	고압식에 비해 저장용기실 바닥면적 작다
약제량 **확**인	현장 측정(저울, 레벨미터 이용)	원격 감시(CO_2 Level Monitor 이용)
충전	불편(재충전시 용기별로 해체 및 재부착)	편리(설비 분리없이 현장 충전가능)
경제성	소용량시 유리	대용량시 유리(2 t 이상시 유리)
유지**관**리	용기내 약제누설등 관리 어려움	압력유지위한 자동냉동장치 필요

(주) 1. 저압식의 주의할 점

① −18 ℃의 저온에서 액화저장하기 때문에 방출초기에 배관으로부터 열을 흡수하여 CO_2가 기화되어 액상으로 방출되는 양이 적으므로 배관길이를 가급적 짧게 설계해야 함

② 배관 길이의 증가로 Vapor Delay Time이 너무 길어지면 연소가 확대되고, 약제량 부족으로 소화가 불가능해질 수 있음

2. Vapor Delay Time(배관냉각시간) : 저압식 CO_2 소화설비에서 발생

① 증기에 의해 액상 소화약제가 방출이 지연되는 시간

② 조기소화실패, 압력손실 증대를 유발하므로 설계유량에 손실량을 반영하여 보정해야 함

(2) 지구온난화현상

① 개요

㉠ 대기 중에 있는 이산화탄소, 메탄 등의 가스가 온실의 유리처럼 지구의 열이 외부로 흘러 나가는 것을 막고 있다.

㉡ 지구 표면에 닿는 태양의 복사열은 지구표면의 온도를 상승시키며 뜨거워진 지구표면은 다시 적외선을 방사한다.

㉢ 이 적외선은 대기 속의 기체에 흡수되어 뜨거워진 기체는 다시 적외선을 방사하여 지구의 대기는 태양 빛에 의하여 상승된 온도보다 더 뜨거워진다. 이것이 지구온난화현상이다.

㉣ 온실가스

- 지구가 방출하는 장파장의 적외선을 흡수하여 온도가 올라가는 기체들
- 고도 약 10 km인 대류권에 밀집되어 있다.
- CO_2(산업공정에서 발생), CO_4(폐기물에서 발생), N_2O(비료), HFCs(소화약제), CFC-11(냉매)

② GWP(Global Warming Potential : 지구 온난화 지수)

㉠ GWP는 이산화탄소 1 kg이 지구 온난화를 일으키는 정도에 비해 다른 물질이 얼마나 지구 온난화를 일으키는가를 나타내는 수치로서 이산화탄소의 GWP는 1.0이다.

$$GWP = \frac{\text{어떤 물질 1 kg이 기여하는 지구온난화 정도}}{CO_2 \text{ 1 kg이 기여하는 지구온난화 정도}}$$

㉡ GWP

- CO_2 = 1로 가정할 경우
- CFC = 10,000배 ~ 20,000배

㉢ 온실효과 기여도

- CO_2 = 55 % ➜ 다른 온실가스에 비해 그 양이 많다.
- CFC = 17 % ➜ CO_2에 비해 그 양이 훨씬 적다.

③ 지구온난화영향 암기 **기생 해인수**

㉠ 기후변화

- 지구 평균기온 상승 ➜ 태풍발생, 해일, 강우 등 기후형태 파괴
- 대기중 수증기량 증가로 강수량 증가

㉡ 생태계 변화

- 지구 평균온도 3 ℃ 상승은 지구역사 10만년간 변화와 같음
- 생태계의 빠른 변화, 즉 멸종, 도태, 재분포를 초래

㉢ 해수면 상승

- 극지방 빙하의 해빙으로 해수위 상승

㉣ 인체에 미치는 영향

- 여름철 질병 발생율 증가

㉤ 수자원 영향

- 가뭄지역의 지표수 유량감소로 농업, 생활용수난

(3) 오존층 파괴

① 개요

㉠ 지구를 둘러싸고 있는 대기는 질소, 산소, 아르곤, 이산화탄소, 오존, 수증기 혼합기체로 구성

㉡ 대기권은 대류권(10 km), 성층권(50 km), 중간권(80 km), 열권(100 km)으로 크게 4가지로 분류

㉢ 대류권은 고도 약 10 km~15 km에 위치하며, 성층권은 대류권 상층부로부터 50 km까지임

㉣ 특히, 성층권 내에서도 25 km 부근에 오존이 밀집되어 있는데 이 층을 오존층(Ozone Layer)이라 함

㉤ 오존층은 인체에 유해한 짧은 파장(UV-C)의 자외선(고강도 에너지)을 흡수하고 긴 파장(UV-A)의 자외선만 통과(저강도 에너지)시킴으로써 지구상의 생물을 보호

② 오존층 파괴구조

㉠ 지상에서 방출된 CFC물질은 파괴되지 않고 오존층이 있는 성층권까지 상승

㉡ 태양으로부터 강한 자외선을 받아 분해하여 Cl 또는 Br을 방출

• CFC-11 : $CFCl_3 \xrightarrow[\text{UV}-\text{B}]{\text{강한 자외선에 광분해}} CFCl_2^+ + Cl^-$

• 할론 1301 : $CF_3Br \xrightarrow[\Delta]{500\ ℃} CF_3^+ + Br^-$

㉢ 오존(O_3)과 Cl 또는 Br이 반응하여 오존 파괴

• $Cl + O_3 \xrightarrow{\text{반응}} ClO + O_2$

• $2ClO \xrightarrow[\text{UV}-\text{B}]{\text{강한 자외선에 광분해}} 2Cl + O_2$: 연쇄반응

• $Cl + O_3 \rightarrow ClO + O_2$: 연쇄반응

㉣ 계속 연쇄반응하여 성층권의 오존층 파괴
한 개의 Cl분자는 수천개~수십만개의 오존을 파괴할 수 있다.

③ 오존층 파괴영향 암기 **생식인 프랑 광피박(백)**

오존층이 파괴되면 강한 자외선이 지표면에 도달한다.

㉠ 생태계에 미치는 영향 : 바다의 플랑크톤 감소로 먹이사슬 파괴

㉡ 식물에 미치는 영향 : 식물의 광합성작용 방해(성장, 수확량 감소)

㉢ 인체에 미치는 영향 : 피부암, 백내장 유발

④ 대책 암기 **누은 대기 약사**

㉠ 할론가스 누설을 줄인다.

㉡ 할론 은행제도 도입

㉢ 대체 소화약제 개발(미분무수 등)

㉣ 기술진흥과 보급

㉤ 개발된 소화약제 사용확대

용어정리

1. ODP(Ozone Depletion Potential : 오존파괴지수)

   어떤 물질의 오존파괴능력을 상대적으로 나타내는 지표로서 CFC-11($CFCl_3$: 삼염화불화탄소)를 1.0으로 정하고 오존층에 대한 영향을 비교 환산한 것

$$ODP = \frac{\text{어떤 물질 1 kg이 파괴하는 오존량}}{\text{CFC-11, 1 kg이 파괴하는 오존량}}$$

2. 오존(O_3)

   지표면에서 오존은 강한 산화력 때문에 동식물에 치명적인 유해 물질이 된다.

   대기 중의 오존은 자동차 배기가스가 주된 원인이다(광화학스모그의 원인).

   성층권의 오존층은 태양에서 오는 해로운 자외선을 차단하여 지구상의 생물체를 지켜 주는 보호막이다.

3. 자외선

   ① 태양으로부터 방출되는 광선 중 파장이 0.18 ㎛~0.28 ㎛의 영역은 UV-C, 0.28 ㎛~0.32 ㎛의 영역은 UV-B, 0.32 ㎛~0.40 ㎛의 영역은 UV-A로 구분한다.

   ② 자외선이 생체에 좋은 영향을 미치는 것으로는 비타민 D를 합성시킨다는 점이다. 그러나 자외선이 인체에 해로운 가장 큰 이유는 UV-B 영역의 자외선을 흡수하여 세포노화, 면역기능저하, 피부암, 백내장 등을 초래하기 때문이다.

4. 오존층 파괴 물질

   프레온가스(CFC), 할론(Halon), 사염화탄소(CCl_4), 메틸클로로포름($C_2H_3Cl_3$) 등이 있는데 프레온가스에 의한 오존층의 파괴가 가장 심각하다.

5. 프레온가스(CFC, Chloro Fluoro Carbon(염화 플로오르화 탄소))

   ① 프레온-11(CFC-11, $CFCl_3$), 프레온-12(CFC-12(CF_2Cl_2), 프레온-22(CFC-22, CF_2HCl)

   색깔과 냄새 및 독성이 없는 기체로서 액화나 기화가 잘 되고, 기화열이 크기 때문에 냉장고나 에어컨의 냉매, 스프레이의 분사제, 반도체의 세척제, 스티로폼의 발포제 등으로 많이 쓰인다.

   ② 화학적으로 매우 안정하여 공기 중에서 거의 분해되지 않으며, 불연성이다. 공기보다 무거운 기체이지만, 대류 현상에 의하여 오존층에 도달한 후 자외선에 의해 Cl이 떨어져 나와 오존층을 파괴한다.

6. 프레온가스의 대체물질이 갖추어야 할 조건

   오존층을 파괴하지 않아야 한다는 점외에는 프레온의 성질과 같아야 대신 사용이 가능하다.

(4) 압력배출(Pressure Vent)

① 개요

방출되는 CO_2양 만큼 공기가 외부로 방출되면 실내의 압력변화가 없으나 완전 밀폐방식이나 자유 유출방식의 경우 실내압력은 상승

② 소화약제 방출시 구획내 압력변화

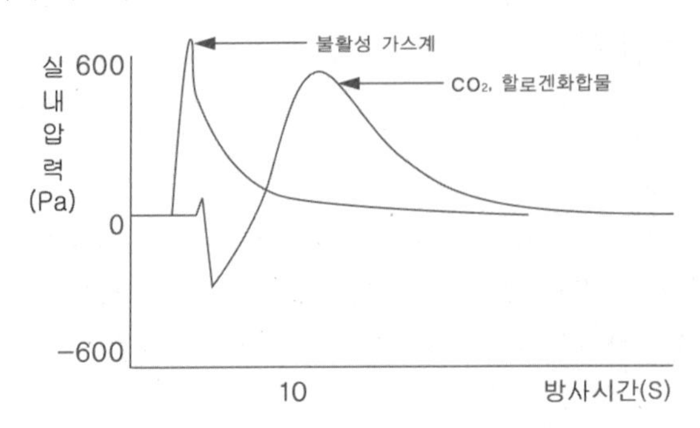

㉠ CO_2가 밀폐된 화재실로 방출될 때 초기에는 줄-톰슨 효과 등의 영향으로 온도가 하강하여 부압을 형성하다가 압력이 상승하여 정압을 형성한다.

㉡ 불활성가스계는 초기부터 압력이 상승하여 정압을 형성한다. 따라서 압력을 배출하여 구조물에 영향을 미치지 않게 하여야 한다.

㉢ Descend Interface Mode(Zone Model, 환기팬 정지상태)에서는 가스의 밀도가 공기보다 무거우므로 압력배출구의 위치를 천장 가까이 두는 것이 좋으나 Mixing Mode(환기팬 가동상태)에서는 기류의 이동이 있기 때문에 압력배출구의 위치는 제한을 받지 않는다.

③ 과압배출구 요구사항

㉠ 액상의 이산화탄소가 밀폐된 화재실로 방출되면 초기에는 저온가스에 의해 갑작스런 냉각효과(줄톰슨 효과)로 실내의 공기가 수축되는 현상 발생(부압 생성)

㉡ 이산화탄소가 밀폐된 화재실에 충만되는 단계에서는 이산화탄소와 공기가 결합된 체적이 화재실의 체적보다 커진다.

㉢ 초기에는 대기압보다 낮은 진공이 형성되어 실외의 공기를 실내로 끌어들이지만 나중에는 압력이 증가되어 과잉 체적 부분이 개구부 또는 누설부를 통해 배출된다.

㉣ 화재실에서는 문이나 창 틈, 벽의 기공 등 충분한 누설면적이 있어서 진공이나 과압형성의 인지가 쉽지는 않지만 효과적인 전역방출 관점에서는 주개구부를 바닥보다는 천장 가까이의 윗부분에 두는 것이 효율적이다.

㉤ 밀폐된 화재실에서는 안전 Vent 지역을 만들어 그 부분을 다른 부분보다 저강도로 하여 Pressure Vent(압력 배출)가 일어나도록 해야 한다.

과압배출구 면적 (저장량을 기준으로 산정)

1. CO_2소화약제 소화설비 암기 **이삼구 루피**

$$A[mm^2] = 2,390\frac{Q}{\sqrt{P[kgf/m^2]}} = 239\frac{Q}{\sqrt{P[kPa]}} = 23.9\frac{Q}{\sqrt{P[kgf/cm^2]}}$$

(여기서, A : 과압배출구 면적(mm^2), Q : 유량 (kg/min), P : 실구조의 허용 인장강도)

경량건축물	122 kgf/m^2	1.2 kPa
일반건축물	244 kgf/m^2	2.4 kPa
궁륭건축물	488 kgf/m^2	4.8 kPa

※ NFPA 12.5.6.2.2(2011 Edition), Fire Protection Handbook 11-74쪽(19th Edition)

※ $P[\frac{kgf}{m^2}] = P^\circ\ [kPa] \times (\ ) = P^\circ\ [k\frac{N}{m^2}] \times (\ ) = P^\circ\ [k\frac{N}{m^2}] \times [\frac{1kgf}{9.8N}] \times \frac{1,000}{1k} \fallingdotseq 100P^\circ\ [kPa]$

2. IG-541 암기 **사이구 루피**

$$A[cm^2] = 42.9\frac{Q}{\sqrt{P[kgf/m^2]}} = 4.29\frac{Q}{\sqrt{P[kPa]}}$$

(여기서, A : 과압배출구 면적(cm^2), Q : 유량 (m^3/min), P : 실구조의 허용 인장강도)

경량 칸막이	10 kgf/m^2	0.1 kPa
블록	50 kgf/m^2	0.5 kPa
철근콘크리트	100 kgf/m^2	1.0 kPa

※ 궁륭(vault) 건축물 : 돌이나 벽돌 또는 콘크리트의 아치로 둥그스름하게 만든 천장

(5) 방출방식

① 개요

㉠ CO_2 소화약제는 방호대상물의 크기, 위치, 형태, 유동성 등에 따라 방출방식이 달라진다.

㉡ 방출방식에 따라 소화농도, 소요약제량이 달라진다.

② 전역방출방식

㉠ 구획의 기밀성이 높으면 CO_2의 소화농도는 긴 시간동안 유지될 수 있다.

㉡ 전역방출방식은 구획내 모든 부분에서 CO_2농도가 균일하게 되도록 한다.

㉢ CO_2가 누설되면 소화농도는 급속히 상실되며 재발화의 원인이 된다.

㉣ 소화농도 유지 위해 개구부를 폐쇄하거나 누설속도로 CO_2를 추가 방출한다.

㉤ 소화제가 방출되기 전에 방화셔터와 댐퍼를 자동폐쇄하며, 환기장치, 기계장치 등을 정지시켜야 한다.

㉥ 천장의 개구부는 내부공기압의 방출에 도움이 되며 CO_2누설에는 영향이 없다.

㉦ 고속형 방출노즐은 구획전체에 균일한 CO_2농도를 위해 혼합을 만들어낸다.

③ 국소방출방식

㉠ 조기응답과 열축적 최소를 위해 자동감지가 필요하다.

㉡ 방호대상물을 노즐로 커버하여 화염을 소멸시킨다.

㉢ CO_2를 연소표면 위에 직접 방출한다.

㉣ 저속형 방출은 연료의 튀김방지 및 공기인입방지를 위해 최소화한다.

ⓜ 연료가 확산될 수 있는 주변지역도 커버하여 재발화를 방지한다.

ⓑ 전역방출방식의 구획내에서도 화재의 신속한 진화를 위해 국소방출방식이 이용된다.

④ 호스릴방식

㉠ 호스릴방식은 국부화재의 수동방호를 위해 이용된다.

㉡ 고정식 소화설비의 보조용으로 이용된다.

㉢ 소화약제의 양은 1분 동안 사용할 수 있어야 한다.

㉣ 노즐은 접지되어 방출시 정전하가 배출되어야 한다.

(6) 표면화재와 심부화재의 비교

구 분	불꽃연소(Flaming Fire)	작열연소(표면연소, Glowing Fire)
불꽃유무	연료표면에서 불꽃을 발생하며 연소	연료표면에서 불꽃을 발생하지 않고 작열하면서 연소
연소특성	고체의 열분해, 액체의 증발에 따른 기체의 확산 등 연소양상이 매우 복잡	고비점 액체생성물과 타르가 응축되어 공기 중에서 무상의 연기 형성
연소속도	매우 빠르다.	느리다.
시간당 방출열량	많다.	적다.
에너지	고에너지 화재	저에너지 화재
연쇄반응	일어난다.	일어나지 않는다.
연소물질	가연성 가스(메탄, 프로판 등), 인화성 액체(아세톤, 휘발유), 가연성 액체(등유, 경유, 중유), 열가소성 합성수지류	숯, 코크스, 금속분(Al, Mg, Na), 특수가연물 보관장소(목재,석탄, 종이), 가연성 고체, 열경화성 합성수지류
	유압기기가 있는 전기실, 보일러실, 발전실, 축전지실, 주차장	유압기기가 없는 전기실, 통신기기실, A급 가연물이 대량으로 있는 장소(예 : 박물관, 서고)
화재형태	표면화재(B급, C급화재 불꽃화재)	심부화재(A급 화재위주로 하는 훈소)
소화대책	연소 3요소이론의 냉각, 질식, 제거 외에 연쇄반응의 억제에 의한 소화대책	연쇄반응이 없으므로 연소 3요소이론의 냉각, 질식, 제거의 소화대책
CO_2 소화	• 34 % 이상 질식소화 • 방사시간 1분 이내	• 34 % 이상 질식소화 및 냉각소화 • 방사시간 7분 이내
할론 소화	• 설계농도 5 % 이내의 부촉매소화 • 방사시간 10초 이내	• 설계농도 10 % 이내로 고농도장시간방사 • 방사시간 10초 이내(국내기준 NFSC) • Soaking Time 최소 10분(미국 NFPA)
연기형태	Dark Smoke	Light Smoke
연소가스	CO_2↑, CO↓(∴ 완전연소)	CO_2↓, CO↑(∴ 불완전연소)
대류열전달	높다	낮다
화염전파	있다	없다
UV·IR	높다	낮다

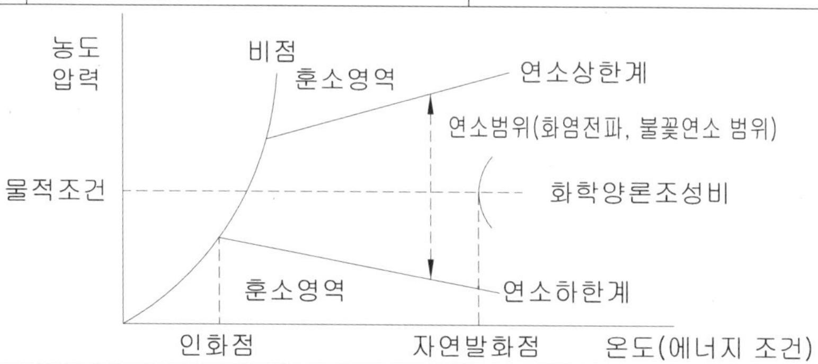

※ 연소의 유형에 따른 단순비교 암기 **MO C F E 연가**

Mode	Combustion(연소)					Fire(화재)	Energy	연소속도	가연물
Flaming	불꽃	발염	확산	증발	분해	표면화재	고에너지화재	빠르다	가연성가스, 인화성액체
Glowing	작열	무염	훈소	응축	표면	심부화재	저에너지화재	느리다	숯, 코크스, 금속분

(7) 가스계 소화설비 약제 계산식

① 완전치환 : 약제 넣은 만큼 공기만 외부로 배출

㉠ 방출한 CO_2가스농도 : $CO_2 = \frac{Vg}{V} \times 100 = \frac{CO_2\text{ 가스 체적}}{\text{방호구역 체적}} \times 100$

㉡ 방출한 CO_2가스체적 : $Vg = V \times \frac{C}{100}$ = 방호체적 × 설계농도 = $S \times W$ $[m^3]$

② No Efflux : 무유출, 밀폐조건(방사 전후 산소의 양은 일정하나 산소농도는 다르다)

㉠ 약제량(kg) : W

$$\text{설계농도 } C = \frac{\text{방사한 약제체적}}{\text{방호구역의 체적} + \text{방사한 약제체적}} \times 100 = \frac{Vg}{V+Vg} \times 100$$

➜ Vg(약제체적) = 비체적 × 약제량 = S × W

$$\text{설계농도 } C = \frac{W \times S}{V + W \times S} \times 100$$

$$C \times (V + W \times S) = W \times S \times 100$$

$$W \times S \times 100 - W \times S \times C = V \times C$$

$$W \times S(100 - C) = V \times C$$

$$W = \frac{V}{S} \times \frac{C}{100 - C} \quad [kg] \ \cdots \ \text{i}$$ 암기 **체비농 백마시**

㉡ 약제체적 또는 약제부피(m^3) : 방사 전후 산소의 양은 일정하나 산소농도는 다르다.

$$V \times 21 = (V + Vg) \times O_2$$

$$Vg = \frac{V \times 21}{O_2} - V = V \times \frac{21 - O_2}{O_2} \quad \cdots \ \text{ii}$$

㉢ 완전기체 상태방정식 : ii식으로 구한 약제체적 Vg를 iii식에 대입

$$W = \frac{PVgM}{RT} = \rho_g \times Vg \cdots \ \text{iii}$$

㉣ CO_2 가스농도

$$CO_2 = \frac{Vg}{V + Vg} \times 100 = \frac{V \times \frac{21 - O_2}{O_2}}{V + \frac{V \times 21}{O_2} - V} \times 100$$

$$= \frac{21 - O_2}{21} \times 100 \quad \cdots \ \text{iv}$$ 암기 **2마산 나어**

(여기서, CO_2 : CO_2 방사후 실내의 CO_2 농도(%),
O_2 : CO_2 방사후 실내의 O_2 농도(%))

③ Free Efflux(자유유출시)

㉠ CO_2가스(가압 액화가스)

- 방출계수 K(설계농도 C = 30 %일 때), X : 공간체적당 더해진 소화약제의 부피(m^3/m^3)

$$e^x = \frac{100}{100-C},\ X = \frac{Vg}{V} = \ln\frac{100}{100-C} = S \times \frac{W}{V} = S \times K\ [m^3/m^3]$$

(여기서, Vg(약제체적) = 비체적 × 약제량 = S × W)

$$K = \frac{1}{S} \times \ln\frac{100}{100-C} = \frac{1}{0.53} \times \ln\frac{100}{100-30} = 0.673\ kg/m^3$$

암기 **S역 자러온 백 마 시**

비체적 $S = \frac{약제체적}{약제량} = \frac{Vg}{W}$(여기서, 0℃, 1atm 표준상태)

미국 NFPA 기준

1. 심부화재 10 ℃ : $S = \frac{22.4}{M} \times \frac{T}{T_0} = \frac{22.4\,m^3/kmol}{44\,kg/kmol} \times \frac{283\,K}{273\,K} \fallingdotseq 0.53\ m^3/kg$
2. 표면화재 30 ℃ : $S = \frac{22.4}{M} \times \frac{T}{T_0} = \frac{22.4\,m^3/kmol}{44\,kg/kmol} \times \frac{303\,K}{273\,K} \fallingdotseq 0.57\ m^3/kg$

- 최소유량 R [kg/min]

  $R = V[m^3] \times K\ [kg/m^3] \div 2\ min = □\ [kg/min]$
- 노즐 수(NFPA 기준 25 A : 177 kg/(min · 개)

  R [kg/min] ÷ 177 kg/(min · 개) = □ 개
- 방사시간 : 저장약제 소요량 (kg) ÷ R [kg/min] = □ [min]

㉡ IG-541(압축가스)

- 방출계수 X [m^3/m^3]

$$e^x = \frac{100}{100-C},\ X = \frac{Vg}{V} = \ln\frac{100}{100-C} = S \times \frac{W}{V} = S \times K\ [m^3/m^3]$$

➜ 체적 ∝ 온도 비례하므로, 비체적개념 도입

$$X = \frac{1}{S} \times \ln\frac{100}{100-C} \times Vs\ \ [m^3/m^3]$$

(여기서, X : 공간체적당 더해진 소화약제의 부피(m^3), Vs : 20 ℃에서 소화약제의 비체적(m^3/kg), S : 소화약제별 비체적(m^3/kg))

- 약제체적 Vg [m^3]

$$Vg = 방호체적 \times 농도개념(X) = V \times \ln\frac{100}{100-C} \times \frac{Vs}{S}\ \ [m^3](\because \frac{Vs}{S} \fallingdotseq 1)$$

$$= \frac{1}{S} \times \ln\frac{100}{100-C} \times V \times Vs$$ 암기 **S역 자러온 백 마 시 방 비워**

➜ Vs는 0.707 m^3이며, Vs/S는 온도가 상온보다 높은 경우에는 1보다 작게 되며, 상오보다 낮은 경우에는 1보다 크다.

02 할론소화설비

Fire Equipment Manager

01 개요

(1) 할론소화약제는 지방족 탄화수소인 메탄, 에탄 등에서 분자내의 수소 일부 또는 전부가 할로겐족 원소(F, CI, Br, I)로 치환된 화합물을 말하며 Halon(Halogenated Hydrocarbon의 준말)이라고 부르고 있다.

(2) 다른 소화약제와는 달리 연소의 4요소 중의 하나인 연쇄반응을 차단시켜 화재를 소화한다. 이러한 소화를 부촉매소화 또는 억제소화라 하며 이는 화학적 소화에 해당된다.

(3) 각종 Halon은 상온, 상압에서 기체 또는 액체 상태로 존재하나 저장하는 경우는 액화시켜 저장한다.

(4) 일반적으로 유류화재(B급 화재), 전기화재(C급 화재)에 적합하나 전역방출방식과 같은 밀폐상태에서는 일반화재(A급 화재)에도 사용할 수 있다.

02 적용기준

(1) 설치대상

이산화탄소 소화설비 준용

(2) 적용분야

이산화탄소 소화설비 준용

03 소화원리

(1) 물리적 소화

① Flaming Mode(표면화재) 및 Glowing Mode(심부화재)에 모두 유효하게 작용하며 질식소화, 냉각소화, 제거소화가 이에 속한다.

② 기체 및 액상 할론의 열흡수, 액체 할론이 기화할 때와 할론이 분해할 때 주위에서 열을 뺏는 냉각효과 및 가연성 증기의 농도를 묽게 하는 희석효과가 있다.

(2) 화학적 소화(부촉매소화, 연쇄반응 차단, 억제소화)

① Flaming Mode에만 유효하며 억제소화(연쇄반응 차단)가 이에 해당되고, 억제소화란 Chain Carrier(O^+, H^+, OH^-)의 작용을 억제하여 연쇄반응을 차단하여 소화하는 것으로 소화효과중 약 90 % 정도가 화학적 소화이다.

➜ Chain Carrier(연쇄 운반체, 연쇄 전달체) : 연쇄반응의 연쇄를 이어주는 물질

② 불꽃연소 과정에서 자유 Radical이 계속 이어지면서 발생하는 연쇄반응으로 이루어지는데, 이 과정에 고온의 화염에 할론이 접촉하면 할론이 함유하고 있는 Br(브롬)이 고온에서 Radical 형태로 분해되어, 연소시 연쇄반응의 원인물질인 활성 자유 Radical과 반응하여, 연쇄반응의 고리를 끊어준다.

04 특성

(1) 장점

① 화학적인 부촉매 작용에 의해 연소억제 작용을 함으로 소화능력이 타 소화약제에 비해 대단히 우수하다.

② 비전도성으로 전기화재에도 적합하다.

③ 공기보다 5배 무거워 심부화재에 효과적이다.

④ 소화시간이 빠르다.

⑤ 할론 1301 소화약제의 경우 소화농도에서 거주자에 안전하다.

⑥ 약제에 관련된 독성이나 부식성이 매우 낮다.

⑦ 소화 후 잔존물이 없어 소화 후 소화대상물을 오염·손상시키지 않는다.

⑧ 저농도로서 소화가 가능함으로 저장용기실의 저장면적이 작다.

(2) 단점

① CFC 규제대상이므로 약제 생산 및 사용이 제한되어 안정적인 수급이 불가능하다.

② CFC 계열의 물질로 오존층을 파괴한다.

③ 열분해시 독성물을 생성한다.

④ 지구온난화 지수가 높다.

⑤ 자체증기압이 작아 가압해야 한다. ➜ Halon 1301의 14 kgf/cm^2 at 21 ℃

(3) 개별약제의 특징

① 약제의 명명법

㉠ 할론 계열

할론(Halogenated Hydrocarbon)	할론 1301(CF_3Br)
첫번째 숫자 - 분자중 탄소(C) 원자의 수	1
두번째 숫자 - 분자중 불소(F) 원자의 수	3
세번째 숫자 - 분자중 염소(Cl)원자의 수	0
네번째 숫자 - 분자중 취소(Br) 원자의 수	1
다섯번째 숫자 - 분자중 요오드(I) 원자의 수	0

할론명	C	F	Cl	Br	분자식
할론 1301	1	3	0	1	CF_3Br
할론 1211	1	2	1	1	CF_2ClBr
할론 2402	2	4	0	2	$C_2F_4Br_2$

- 미국공병단에서 처음 구분한 할론소화약제의 명명법(마지막이 0이 될 때는 명기하지 않음)
- 불화수소계 소화약제로 일반적으로 많이 이용되는 것

– 할론 1301(CF_3Br) : Bromo Trifluoro Methane

– 할론 1211(CF_2ClBr) : Bromo Chloro Difluoro Methane

– 할론 2402($C_2F_4Br_2$) : Dibromo Tetrafluoro Ethane

㉡ CFC 계열(Chloro Fluoro Carbon : 염화불화탄소)

CFC 계열	C	H	F	Cl	분자식
	+1(플)	−1(마)	0(공)	나머지수	CH_4
CFC-11	0	1	1		메탄유도체
분자식	$C_{(0+1=1)}$	$H_{(1-1=0)}$	$F_{(1+0=1)}$	$Cl_{(4-1=3)}$	CCl_3F

※ 청정소화약제 화학식

CHF 플마공(+,−,0), 원자수가 부족시 Cl 추가하여 분자식 완성

㉢ HCFC 계열(Hydro Chloro Fluoro Carbon : 염화불화탄화수소)

CFC 계열	C	H	F	Cl	분자식
	+1	−1	0	나머지수	C_2H_6
HCFC-123	1	2	3		에탄유도체
분자식	$C_{(1+1=2)}$	$H_{(2-1=1)}$	$F_{(3+0=3)}$	$Cl_{(6-4=2)}$	$C_2HCl_2F_3$

㉣ HFC 계열(Hydro Fluoro Carbon : 불화탄화수소)

CFC 계열	C	H	F	Cl	분자식
	+1	−1	0	나머지수	C_3H_8
HFC-227	2	2	7		프로판유도체
분자식	$C_{(2+1=3)}$	$H_{(2-1=1)}$	$F_{(7+0=7)}$	$Cl_{(8-8=0)}$	C_3HF_7

② 소화약제의 개략적인 물성과 특성

특성 \ 종류	할론 1301	할론 1211	할론 2402
분자식	CF_3Br	CF_2ClBr	$C_2F_4Br_2$
분자량(g/mol)	148.9	165.4	259.8
비점(℃, 1 atm)	-57.8	-3.4	47.3
증기압(kg/cm^2) at 21 ℃	14	2.5	0.48
증발잠열(㎈/g, 비점)	28.4	32.3	25.0
액체비열(㎈/g·℃,25 ℃)	0.19	0.18	0.18
증기비중(공기=1)	5.1	5.7	9.0
상태(상온, 상압)	기체	기체	액체
대기잔존기간(1년)	100	20	-
오존층 파괴지수	10	3	6
약제형태	액상 → 가스	액상 → 가스	액상
독성	약	중	강
특징	• 할론 1211, 할론 2402, CO_2에 비해 소화최저농도가 낮다. • 독성이 가장 작다. (열분해시 HF 발생) • 전기 절연성 우수 • 약제량이 소량이다 (밀폐실내 압력상승 無) • 전역방출방식에 사용	• 비점이 0 ℃에 가까워 -4 ℃ 방출시 액이 나온다. • 저장압력이 높지 않으나 사용시 자체압 부족으로 질소가압하여야 하고 질소가 할론 1211에 용해하므로 내압 밸런스가 복잡 • 유일한 에탄(C_2H_6) 유도체 • ABC급 소화기에 주로 사용	• 상온에서 액상이므로 증기비중이 큼 • 독성이 강하여 옥외에서만 사용 (FRT 등 석유류의 옥외탱크시설에 한정적으로 사용) • 약제가 액상이므로 가압식으로 사용
분사헤드 방식	0.9 MPa로 10 초 이내	0.2 MPa로 10 초 이내	0.1 MPa로 10 초 이내

③ 소화약제의 일반특성

할론은 인체에 끼치는 독성이 적고 소화 후에 잔사를 남기지 않으며 B급 화재나 C급 화재에 뛰어난 소화능력을 갖고 있는 강력소화제이다. 불소(F)는 주기율표상 오른쪽 상단에 위치하며 가장 전기음성도가 큰 물질이다. 따라서 이 물질이 다른 물질과 화학결합을 할 때 결합에 관여하는 전자를 강하게 잡아당기기 때문에 결합길이도 짧고 결합력도 강해진다.

㉠ 불소(F) 사용 ➜ Br보다 소화효과는 적으나 오존파괴능력 개선

• 안정성(전기 음성도, 결합력)의 크기

– F > Cl > Br > I 순으로 F가 가장 강해 분해속도가 느려 소화효과가 적다.

– F는 결합력이 강해 한번 Free Radical과 결합하면 소멸된다.

– Cl, Br는 반응성이 강해 10,000번 이상 Free Radical과 결합히므로 부촉매소화가 크다.

• 반응성의 크기 : F < Cl < Br < I

I는 소화강도는 강하나 독성, 부식성, 경제성 등으로 소화약제로서 실용성이 없다.

㉡ 7족 원소(할로겐족 원소)와 1족 원소(알칼리금속)의 역할

- 주기율표의 1족과 7족은 최외각 전자가 +1가와 -1가를 가져 다른 물질과 쉽게 반응하려는 성질을 가지고 있다.
- 1족(Na, K)은 분말소화약제의 연쇄반응 차단, 7족(F, Cl, Br, I)은 할로겐화합물 소화약제의 연쇄반응 억제 및 냉각소화 효과를 갖는다.
- 7족 원소의 소화효과

7족 원소	전기음성도	소화효과	분해, 반응속도	결합력(안정성)	오존층 파괴정도
F	대	냉각	소	대	소
Cl	⇕	⇕	⇕	⇕	⇕
Br					
I	소	부촉매	대	소	대

전기음성도(電氣陰性度, Electro-negativity)(이해개념 : 전자당김도)

1. 원자나 분자가 화학결합을 할 때 다른 전자를 끌어들이는 능력의 척도 즉, 다른 원자로부터 전자를 잡아당겨 내가 음전하가 되려는 정도를 나타내는 척도
2. 전기음성도가 클수록 그 원자가 전자를 잡아당기는 능력이 크다. 따라서 주기율표에서 위로 갈수록, 또 오른쪽으로 갈수록 전기 음성도는 커진다.
3. 비금속성이 크면 전기 음성도가 크고, 금속성이 크면 전기 음성도가 작다.(비금속원소 : 대부분 2.0 이상, 금속원소 : 대부분 2.0 이하)
4. 전기음성도는 가전자 껍질에 있는 원자수와 핵에 떨어져 있는 껍질 간 거리의 함수 거의 채워져 있는 껍질은 완전히 채우려고 하는 성질이 있으며, 거의 빈 껍질은 쉽게 전자를 포기하는 경향이 있다. 예를 들면 가전자 7을 갖는 염소(Cl)는 외부껍질을 채우기 위해 전자를 얻으려고 하지만 그 반면 나트륨(Na)은 그의 가전자를 쉽게 포기한다.

④ 소화약제의 개별특성

㉠ 할론 1301 소화약제

- 이 약제는 메탄(CH_4)에 불소(F) 3분자와 취소(Br) 1분자가 치환되어 있는 약제로서 분자식은 CF_3Br이며 분자량은 148.93이다.

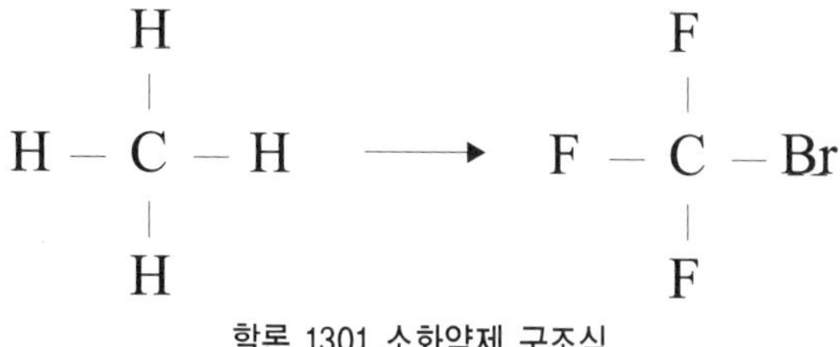

할론 1301 소화약제 구조식

- 상온(21 ℃)에서 기체이며 무색, 무취로 전기 전도성이 없으며 공기보다 약 5.1배(148.93/29 = 5.13배) 무거우며 21 ℃에서 약 14 kg/cm^2의 압력을 가하면 액화될 수 있다.
- 저장 : 고압식(42 kg/cm^2)과 저압식(25 kg/cm^2)으로 저장하는데 할론 1301 소화설비에서 자체 증기압은 14 kg/cm^2(21 ℃)이므로 고압식으로 저장하면 나머지 압력 (42 − 14 = 28 kg/cm^2)은 질소가스를 충전하여 약제를 전량 외부로 방출하도록 되어 있다.
- 특징 : 할론 소화약제 중에서 독성이 가장 약하고 소화효과는 가장 좋다. B급(유류) 화재, C급(전기) 화재에 적합하다.

㉡ 할론 1211 소화약제

- 메탄에 불소(F) 2분자, 염소(Cl) 1분자, 취소(Br) 1분자가 치환되어 있는 약제로서 분자식은 CF_2ClBr이며 분자량은 166.4이다.

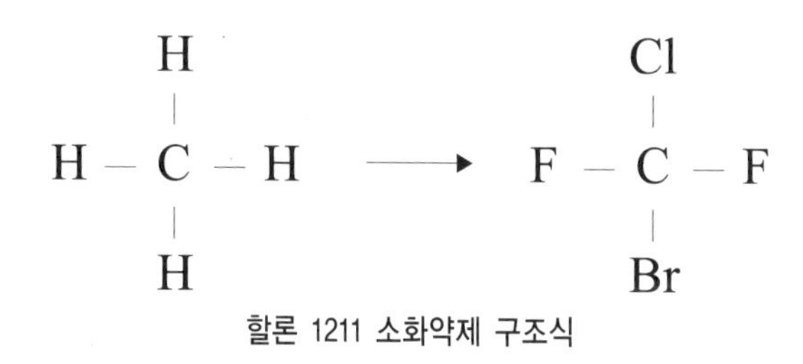

할론 1211 소화약제 구조식

- 상온에서 기체이며, 공기보다 약 5.7배 무거우며, 비점은 −4 ℃로서 이 온도에서 방출시에는 액체상태로 방사된다.

㉢ 할론 2402 소화약제

에탄(C_2H_6)에 불소(F) 4분자와 취소(Br) 2분자를 치환한 약제로서 분자식은 $C_2F_4Br_2$이며 분자량은 259.9이다. 유류화재, 전기화재의 소화에 적합하다.

```
    H   H                 F   F
    |   |                 |   |
H – C – C – H   ──→   Br– C – C – Br
    |   |                 |   |
    H   H                 F   F
```

할론 2402 소화약제 구조식

⑤ CO_2, 할론 1301 소화설비 차이점

구 분	CO_2소화설비(고압식)	할론 1301 소화설비(축압식)
소화약제	액체 탄산(CO_2)	CF_3Br
소화작용	**질식작용**, 냉각작용, 희석작용	**부촉매작용**, 냉각작용, 질식작용
소화성능	다량의 소화약제를 필요로 하고, 소화시간이 길다(1 분~7 분).	CO_2의 1/3양으로 소화가 가능하고, 소화시간이 짧다(10 초).
사용농도 범위	50 % ~ 75 %(전역방출방식의 경우)	5 % ~ 10 %(전역방출방식의 경우)
안전성	•방사 후 산소농도가 16 % ~ 14% 까지 저하하므로 인체에 대한 질식위험이 있다. •−80 ℃정도의 냉각피해가 있다.	•방사 후 산소농도가 19 % 내외가 되므로 인체에 비교적 안전하다. •550 ℃에서 열분해를 시작하여 인체에 유해한 불화수소 등 방출
농도와 생리적 반응	•농도 2 % : 불쾌감 •농도 3 % : 호흡수 증가, 호흡이 깊어짐 •농도 4 % : 눈·목의 점막에 자극, 두통, 귀울림, 어지러움, 혈압상승 •농도 8 % : 호흡곤란 •농도 9 % : 구토 및 실신 •농도 10 % : 시력장해, 1분 이내 의식상실, 장기간 노출시 사망 •농도 20 % : 중추신경마비, 단시간내 사망	•농도 10 %~15 % : 1 분 이상 참기 어려운 불쾌감 •농도 15 %~20 % : 실신위험(사망우려)
환경문제	지구온난화	오존층 파괴, 지구온난화
가스압력	6 MPa at 20 ℃	4.2 MPa at 20 ℃(질소가스 축압)
충전비	1.5 ~ 1.9 L/kg	0.9 ~ 1.6 L/kg
배관	압력배관용 탄소강관(Sch.80 이상)	압력배관용 탄소강관(Sch.40 이상)
분사헤드	•방사압력 : 2.1 MPa at 21 ℃ •방사시간 : 1 분 ~ 7 분 이내(국소 : 30 초 이내) •호스릴설비 : 60 kg/min 이상 at 20 ℃	•방사압력 : 0.9 MPa 이상 •방사시간 : 10 초 이내 •호스릴설비 : 35 kg/min 이상 at 20 ℃

05 설치기준

(1) 저장용기 설치장소의 기준

이산화탄소 소화설비의 기준 준용

(2) 저장용기의 설치기준

① 저장용기 압력

㉠ 축압식 : 사전에 용기에 압력을 축압시켜 놓은 것

할론명	가스압력	충전가스
할론 1211	1.1 MPa 또는 2.5 MPa(20 ℃)	질소(N_2)
할론 1301	2.5 MPa 또는 4.2 MPa(20 ℃)	질소(N_2)

㉡ 가압식 : 따로 가압용 가스 용기를 연결하는 방식

- 21 ℃에서 2.5 MPa 또는 4.2 MPa(질소가스 사용시)
- 압력조정장치 설치 : 2.0 MPa 이하
- 할론 2402은 저장용기압력의 기준은 없고, 질소를 이용한 가압식으로만 사용함

② 저장용기 충전비(L/kg)

종 류	할론 소화약제	충전비(L/kg)
축압식	할론 1301	0.90 이상 ~ 1.60 이하
	할론 1211	0.70 이상 ~ 1.40 이하
	할론 2402	0.67 이상 ~ 2.75 이하
가압식	할론 2402	0.51 이상 ~ 0.67 미만

③ 동일 집합관에 연결되는 약제의 충전량은 동일 충전비일 것

④ 하나의 구역을 담당하는 소화약제 저장용기의 소화약제의 체적합계보다 그 소화약제 방출시 방출경로가 되는 배관(집합관 포함)의 내용적이 1.5배 이상일 경우에는 해당 방호구역에 대한 설비는 별도 독립방식으로 할 것

배관길이가 너무 길 경우 문제점 : 별도 독립배관방식으로 하는 이유

1. 방사시간의 제한규정을 맞출 수 없음
2. 배관내에서의 기화율 증가
3. 방사압력의 저하

➜ CO_2와 같이 자기증기압이 크거나 방사시간이 긴 경우를 제외하고는 방출경로의 배관내용적이 일정 값 이상일 경우에는 독립배관방식으로 해야 함

⑤ 동일 집합관에 접속되는 용기의 소화약제 충전량은 동일충전비의 것이어야 할 것

(3) 개방밸브

자동식 또는 수동식으로 개방되고 안전장치를 부착할 것

① 자동식은 전기식·가스압력식 또는 기계식에 따라 자동으로 개방할 것

② 수동식은 수동으로 개방되는 것

(4) 소화약제 저장량

2 이상의 방호구역이나 방호대상물이 있는 경우 산출한 저장량 중 최대의 것으로 함

① 전역방출방식

방호구역의 체적(불연재료나 내열성 재료로 밀폐된 구조물이 있는 경우 그 체적 제외)

소방대상물 또는 그 부분		소화약제의 종별	방호체적(m^3)당 소화약제량	개구부의 면적 1 m^2당 소화약제량(개구부 자동폐쇄장치 미설치시)
차고·주차장·전기실·통신기기실·전산실 기타 이와 유사한 전기설비가 설치된 부분		할론 1301	0.32 kg ~ 0.64 kg	2.4 kg
특수가연물 저장·취급하는 소방대상물 또는 그 부분	가연성 고체류·가연성 액체류	할론 1301	0.32 kg ~ 0.64 kg	2.4 kg
		할론 1211	0.36 kg ~ 0.71 kg	2.7 kg
		할론 2402	0.40 kg ~ 1.10 kg	3.0 kg
	면화류·나무껍질 및 대팻밥, 넝마 및 종이부스러기, 사류, 볏짚류, 목재가공품 및 나무부스러기 저장·취급하는 것	할론 1301	0.52 kg ~ 0.64 kg	3.9 kg
		할론 1211	0.60 kg ~ 0.71 kg	4.5 kg
	합성수지류를 저장·취급하는 것	할론 1301	0.32 kg ~ 0.64 kg	2.4 kg
		할론 1211	0.36 kg ~ 0.71 kg	2.7 kg

② 국소방출방식

국소방출방식에 있어서는 다음의 기준에 따라 산출한 양에 할론 2402 또는 할론 1211에 있어서는 1.1을, 할론 1301에 있어서는 1.25를 각각 곱하여 얻은 양 이상으로 할 것

㉠ 윗면이 개방된 용기에 저장하는 경우와 화재시 연소면이 1면에 한정되고 가연물이 비산할 우려가 없는 경우에는 다음 표에 따른 양

소화약제의 종별	방호대상물의 표면적 1 m^2에 대한 소화약제의 양
할론 2402	8.8 kg
할론 1211	7.6 kg
할론 1301	6.8 kg

㉡ ㉠ 외의 경우에는 방호공간의 체적 1 m^3에 대하여 다음의 식에 따라 산출한 양

$$Q = X - Y\frac{a}{A}$$

(여기서, Q : 방호공간 1 m^3에 대한 할론소화약제의 양(kg/m^3)

a : 방호대상물의 주위에 설치된 벽의 면적의 합계(m^2)

A : 방호공간의 벽면적(벽이 없는 경우 벽이 있는 것으로 가정한 해당 부분의 면적)의 합계(m^2)

〈X, Y의 수치〉

소화약제의 종별	X의 수치	Y의 수치
할론 2402	5.2	3.9
할론 1211	4.4	3.3
할론 1301	4.0	3.0

➜ 방호공간 : 방호내상물의 각 부분으로부터 0.6 m의 거리에 따라 둘러싸인 공간

③ 호스릴할론소화설비

하나의 노즐에 대하여 다음표에 따른 양 이상으로 할 것

소화약제의 종별	소화약제의 양
할론 2402 또는 할론 1211	50 kg
할론 1301	45 kg

(5) 배관등

① 설치기준 : 이산화탄소 소화설비의 설치기준 정리자료 참조

② 선택밸브

2 이상의 방호구역 또는 방호대상물이 있어 할론 저장용기를 공용하는 경우에 설치

㉠ 방호구역 또는 방호대상물마다 설치할 것

㉡ 각 선택밸브에는 그 담당방호구역 또는 방호대상물을 표시할 것

③ 분사헤드

㉠ 전역방출방식

• 방사된 소화약제가 방호구역의 전역에 균일하게 신속히 확산될 수 있도록 할 것

• 할론 2402를 방출하는 분사헤드는 해당 소화약제가 무상으로 분무되는 것 설치

• 분사헤드의 방사압력 암기 **구둘장**

– 할론 1301을 방사하는 것에 있어서는 0.9 MPa 이상,

– 할론 1211을 방사하는 것에 있어서는 0.2 MPa 이상,

– 할론 2402를 방사하는 것에 있어서는 0.1 MPa 이상으로 할 것

• 기준 저장량의 소화약제를 10초 이내에 방사할 수 있는 것

㉡ 국소방출방식

• 소화약제의 방사에 따라 가연물이 비산하지 아니하는 장소에 설치할 것

• 할론 2402를 방사하는 분사헤드는 해당 소화약제가 무상으로 분무되는 것 설치

• 분사헤드의 방사압력

– 할론 1301을 방사하는 것에 있어서는 0.9 MPa 이상,

– 할론 1211을 방사하는 것에 있어서는 0.2 MPa 이상,

– 할론 2402를 방사하는 것에 있어서는 0.1 MPa 이상으로 할 것

• 기준 저장량의 소화약제를 10초 이내에 방사할 수 있는 것

(6) 호스릴할론소화설비

① 설치장소 : 화재시 현저하게 연기가 찰 우려가 없는 장소

㉠ 지상 1층 및 피난층에 있는 부분으로서 지상에서 수동 또는 원격조작에 따라 개방할 수 있는 개구부의 유효면적합계가 바닥면적의 15 % 이상이 되는 부분

㉡ 전기설비가 설치되어 있는 부분 또는 다량의 화기를 사용하는 부분(해당 설비의 주위 5 m 이내의 부분 포함)의 바닥면적이 해당 설비가 설치되어 있는 구획의 바닥면적의 5분의 1 미만이 되는 부분

② 설치기준

㉠ 방호대상물의 각 부분으로부터 하나의 호스 접결구까지의 수평거리가 20 m 이하

㉡ 소화약제 저장용기는 호스릴을 설치하는 장소마다 설치할 것

㉢ 소화약제 저장용기의 개방밸브는 호스의 설치장소에서 수동으로 개폐할 수 있는 것

㉣ 소화약제 저장용기의 가장 가까운 곳의 보기 쉬운 곳에 표시등을 설치하고, 호스릴이산화탄소 소화설비가 있다는 뜻을 표시한 표지를 할 것

㉤ 노즐은 20 ℃에서 하나의 노즐마다 1분당 다음 표에 따른 소화약제를 방사할 수 있는 것

소화약제의 종별	1분당 방사하는 소화약제의 양
할론 2402	45 kg
할론 1211	40 kg
할론 1301	35 kg

(7) 분사헤드의 오리피스구경

① 분사헤드에는 부식방지조치를 하여야 하며 오리피스의 크기, 제조일자, 제조업체가 표시되도록 할 것

② 분사헤드의 갯수는 방호구역에 방사시간이 충족되도록 설치할 것

③ 분사헤드의 방출율 및 방출압력은 제조업체에서 정한 값으로 할 것

④ 분사헤드의 오리피스 면적은 분사헤드가 연결되는 배관구경면적의 70 %를 초과하지 아니할 것

(8) 기타 설치기준은 이산화탄소 소화설비의 화재안전기준 준용

03 할로겐화합물 및 불활성기체소화설비

Fire Equipment Manager

01 개요

(1) 할론

① 할론은 1970년대 초 당시 사용되고 있던 이산화탄소 등과 같은 다른 소화약제들보다 많은 장점을 가지고 세상에 소개되었다.

② 할론 1301의 주요 장점은 탁월한 소화능력과 전기적으로 부도체이고 잔재물이 남지 않는 것이다. 많은 경우에 있어 매우 낮은 농도(설계농도 5 %)로도 화재를 진압할 수 있으며, 이로 인해 사람이 상주하는 곳에서도 독성에 대한 우려 없이 사용할 수 있다. 또한 적은 양이 필요하므로 약제를 보관하는 공간이 적게 필요하였다.

(2) 문제점

① 그러나 할론 혼합물이 환경을 파괴한다는 점 때문에 대부분의 국가에서 할론 혼합물의 생산과 사용을 단계적으로 중단한다는 내용의 1987년 몬트리올협약을 맺게 된다.

② 이미 많은 나라에서 할론 혼합물의 생산과 사용을 중단했으며, 협약에 가입한 나머지 나라들도 2010년까지 단계적으로 전면 사용 중단될 것이다.

③ 이 협약 이후로 할론을 대체할 소화약제를 찾는 연구가 이루어지고 있다. 할론 대체 소화약제들은 할로겐화탄소(Halocarbon)와 불활성 기체가 주재료인 혼합물이다.

(3) 기술적인 대응방법

① 기존 소화약제 및 소화시스템의 활용 및 개선

② 할론의 회수 및 재이용을 위한 할론 은행관리

③ 새로 개발된 할론 대체물질 및 이를 이용한 소화설비의 적용 등

(4) 소화약제 분류

구분	7족원소	전기음성도	소화효과	오존층파괴	계열	소화약제
할로겐 화합물	F	대 ⇕ 소	냉각 ⇕ 부촉매	소 ⇕ 대	HFC	HFC-125, HFC-227ea, HFC-23, HFC-236fa
					PFC	FC-3-1-10, FK-5-1-12
	Cl				HCFC	HCFC BLEND A, HCFC-124
	Br				BFC	(Halon 1301, CF_3Br)
	I				FIC	FIC-13I1
불활성기체					IG	IG-01, IG-100, IG-541, IG-55

계열	원어
CFC	Chloro-fluoro-carbon(염화불화탄소, 일명 Freon 가스)
HCFC	Hydro-chloro-fluoro-carbon(수소화 염화 불화탄소)
HFC	Hydro-fluoro-carbon(수소화 불화탄소)
PFC	Perfluoro-carbon(과불화탄소) : C에 F가 결합된 것으로 탄소의 모든 결합이 F와 결합된 것.
BFC	Bromo-fluoro-carbon(브롬불화탄소)
FIC	Fluoro-iodo-carbon(불화요오드탄소) : 할론 1301의 분자구조 중 브롬원자를 요오드 원자로 대치한 형태
IG	Inert Gas(불활성가스, 비활성기체 : 다른 물질과 화학적 결합이 어려운 기체)

※ HCFC와 HFC의 차이점

1. HCFC : Cl, Br이 성층권에 도달하기 전에 분해되도록(대기권) H 첨가
2. HFC : 처음부터 Cl, Br 원소 등이 포함되지 않도록 한 것. 따라서 ODP = 0

02 적용기준

(1) 설치대상 : 이산화탄소 소화설비의 기준 준용

(2) 설치면제 : 이산화탄소 소화설비의 기준 준용

(3) 설치제외 대상

① 사람이 상주하는 곳으로써 최대허용 설계농도를 초과하는 장소

② 3류 및 5류 위험물을 사용하는 장소. 다만, 소화성능이 인정되는 위험물은 제외

03 용어의 정의

(1) 독성

① NOAEL(No Observable Adverse Effect Level)

㉠ 독성 또는 생리적 변화가 관찰되지 않는 최고농도

㉡ 악영향(부작용) 무관찰 최대량

② LOAEL(Lowest Observable Adverse Effect Level)

㉠ 독성 또는 생리적 변화가 관찰되는 최저농도

㉡ 악영향(부작용) 관찰 최소량

(2) 환경영향성

① ODP(Ozone Depletion Potential : 오존파괴지수)

㉠ 어떤 물질의 오존파괴능력을 상대적으로 나타내는 지표로서 CFC-11($CFCl_3$: 삼염화 불화탄소)를 1로 정하고 오존층에 대한 영향을 비교 환산한 것

㉡ 계산식

$$ODP = \frac{\text{어떤 물질 1 kg이 파괴하는 오존량}}{\text{CFC-11, 1 kg이 파괴하는 오존량}}$$

② GWP(Global Warming Potential : 지구온난화 지수)

㉠ 이산화탄소 1 kg이 지구온난화를 일으키는 정도에 비해 다른 물질이 얼마나 지구온난화를 일으키는가를 나타내는 수치로서 이산화탄소의 GWP는 1이다.

$$GWP = \frac{\text{어떤 물질 1 kg이 기여하는 지구온난화정도}}{CO_2\text{ 1 kg이 기여하는 지구온난화정도}}$$

- 100-year GWP : 100년 지구온난화지수
  100년 단위로 지구온난화에 미치는 효과가 같은 이산화탄소의 중량
- HGWP(Halocarbon GWP)
  할로카본 지구온난화 정도(CFC-11 또는 R-11(CCl_3F) = 1)

㉡ 이산화탄소가 대표적 온실가스인 이유

- 온실가스 : 지구가 방출하는 장파장의 적외선을 흡수하여 온도가 올라가는 기체
- 수증기는 옛날부터 있어왔고 그 양도 거의 일정하다고 보지만 이산화탄소는 산업혁명 이후 인류에 의한 배출량이 급증하면서 자연계에서 그 양이 급증하고 다른 온실가스와 비교해서 훨씬 많아 문제가 된다.
- CO_2 외에도 CH_4, CFC 및 HCFC 등도 온실가스이지만, 그 양이 이산화탄소에 비해 미미하기 때문에 지구의 온실효과에 아직은 큰 영향을 미치지는 않는다.

소화약제	CO_2	HFC-23	할론 1301	HFC-227ea	CH_4	IG-541
GWP	1	9,000	4,900	2,900	21	0

③ ALT(Atmospheric Life Time : 대기권 잔존 년수)

㉠ 소화약제가 대기 중에서 분해, 화합하여 다른 물질로 변하게 되는데 그때까지 대기중에 존재하는 기간을 년수로 표시한 것

㉡ 지구온난화지수 및 오존층 파괴지수에 영향을 미친다.

04 개별약제의 비교

(1) 개요

① 정의

㉠ **할로겐화합물 및 불활성기체소화약제** : 할로겐화합물(할론 1301, 2402, 1211 제외) 및 불활성기체로서 전기적으로 비전도성이며 휘발성이 있거나 증발 후 잔여물을 남기지 않는 소화약제

㉡ **할로겐화합물 소화약제** : 불소, 염소, 브롬 또는 요오드 중 하나 이상의 원소를 포함하고 있는 유기화합물을 기본성분으로 하는 소화약제

㉢ **불활성가스 소화약제** : 헬륨, 네온, 아르곤 또는 질소가스 중 하나 이상의 원소를 기본성분으로 하는 소화약제

㉣ **충전밀도** : 용기의 단위용적당 소화약제의 중량의 비율

② 소화약제 구비조건 암기 **소독한 물안경**

㉠ **소화성능** : 기존 할론 소화약제와 유사할 것

㉡ **독성** : 설계농도는 NOAEL 이하일 것

㉢ **환경영향** : ODP, GWP, ALT가 낮을 것 암기 **오지아(OGA)**

㉣ **물성** : 소화 후 잔존물이 없고 전기적으로 비전도성이며 냉각효과 클 것

㉤ **안정성** : 저장시 분해되지 않고 용기를 부식시키지 않을 것

㉥ **경제성** : 설치비용이 크지 않을 것

③ 가스계 소화설비 선정시 고려사항 암기 **인재환경**

㉠ **인명측면** : 거주지역인 경우 NOAEL 이하에서 소화가 가능한 농도의 약제일 것

㉡ **재산측면** : 전기설비등 고가장비 소화시 물 소화는 재산보호가 불가능하다.

㉢ **환경측면** : ODP, GWP, ALT 고려할 것

㉣ **경제측면** : 가격이 저렴하고 유지관리 비용이 저렴해야 한다.

④ Halon을 대체해야 하는 이유

㉠ 오존층 파괴 주범은 CFC 화합물(Chloro Fluoro Carbon), 프레온가스, 할론 소화약제, 분사제, 세정제, 발포제 등이다.

㉡ 오존층 파괴시 영향을 주기 때문이다.

(2) 소화약제의 종류

<table>
<tr><th colspan="2" rowspan="2">소화약제 구분</th><th rowspan="2">소화약제 종류</th><th rowspan="2">상품명</th><th colspan="3">화학식</th><th rowspan="2">최대허용설계농도(%)</th></tr>
<tr><th>분자식</th><th colspan="2">시성식</th></tr>
<tr><td rowspan="9">할로겐 화합물</td><td rowspan="2">HCFC</td><td>HCFC-124</td><td>FE-241</td><td>C_2HClF_4</td><td colspan="2">$CHClFCF_3$</td><td>1</td></tr>
<tr><td>HCFC BLEND A</td><td>FINE-XG
(NAF S-Ⅲ)</td><td colspan="3">• HCFC-22($CHClF_2$) : 82 %
• HCFC-123($C_2HCl_2F_3$) : 4.75 %
• HCFC-124(C_2HClF_4) : 9.5 %
• $C_{10}H_{16}$: 3.75 %</td><td>10</td></tr>
<tr><td>FIC</td><td>FIC-13I1</td><td>Triodide</td><td>–</td><td colspan="2">CF_3I</td><td>0.3</td></tr>
<tr><td>FK</td><td>FK-5-1-12</td><td>Novec 1230</td><td>C_6OF_{12}</td><td colspan="2">$CF_3CF_2C(O)CF(CF_3)_2$</td><td>10</td></tr>
<tr><td rowspan="4">HFC</td><td>HFC-227ea</td><td>FM-200</td><td>C_3HF_7</td><td colspan="2">CF_3CHFCF_3</td><td>10.5</td></tr>
<tr><td>HFC-125</td><td>FE-25</td><td>C_2HF_5</td><td colspan="2">CHF_2CF_3</td><td>11.5</td></tr>
<tr><td>HFC-236fa</td><td>FE-36</td><td>$C_3H_2F_6$</td><td colspan="2">$CF_3CH_2CF_3$</td><td>12.5</td></tr>
<tr><td>HFC-23</td><td>Blazero-Ⅰ, Ⅱ</td><td>CHF_3</td><td colspan="2">CHF_3</td><td>30</td></tr>
<tr><td>FC</td><td>FC-3-1-10</td><td>PFC-410</td><td>C_4F_{10}</td><td colspan="2">–</td><td>40</td></tr>
<tr><td rowspan="5">불활성 기체</td><td rowspan="5">IG</td><td colspan="2">암기 **질알탄** : 성분비(%) →</td><td>질(N_2)</td><td>알(Ar)</td><td>탄(CO_2)</td><td rowspan="5">43</td></tr>
<tr><td>IG-100</td><td>Nitrogen</td><td>100 %</td><td>–</td><td>–</td></tr>
<tr><td>IG-01</td><td>Argon</td><td>–</td><td>100 %</td><td>–</td></tr>
<tr><td>IG-55</td><td>Argonite</td><td>50 %</td><td>50 %</td><td>–</td></tr>
<tr><td>IG-541</td><td>Inergen</td><td>52 %</td><td>40 %</td><td>8 %</td></tr>
</table>

계열	원어
CFC	Chloro-fluoro-carbon(염화불화탄소, 일명 Freon 가스)
HCFC	Hydro-chloro-fluoro-carbon(수소화 염화 불화탄소)
HFC	Hydro-fluoro-carbon(수소화 불화탄소)
PFC	Perfluoro-carbon(과불화탄소) : C에 F가 결합된 것으로 탄소의 모든 결합이 F와 결합된 것.
BFC	Bromo-fluoro-carbon(브롬불화탄소)
FIC	Fluoro-iodo-carbon(불화요오드탄소) : 할론 1301의 분자구조 중 브롬원자를 요오드 원자로 대치한 형태
IG	Inert Gas(불활성가스, 비활성기체 : 다른 물질과 하하적 결합이 어려운 기체)

※ HCFC와 HFC의 차이점
1. HCFC : Cl, Br원소가 성층권에 도달하기 전에 대류권에서 분해되도록 "H" 첨가
2. HFC : 처음부터 오존층 파괴물질인 Cl, Br원소 등이 소화약제에 포함되지 않도록 한 것. 따라서 ODP = 0

(3) 소화약제 주요특성 : 현재 사용중인 소화약제 중에서 정리함

소화약제		CO_2	IG-541	IG-100	HFC-125	HFC-23
상품명		Fort-CO_2	Inergen	FINE N-100	F-one25	Blazero-Ⅰ
분자식		CO_2	혼합약제	N_2(100%)	C_2HF_5	CHF_3
소화성능		질식소화	질식소화	질식소화	67 % 흡열반응 33 % 부 촉 매	80 % 흡열반응 20 % 부 촉 매
상주지역 최대 허용설계농도		/	43 %	43 %	11.5 %	30 %
독성	NOAEL	비상주지역 적용	43 %	43 %	7.5 %	30 %
	LOAEL		52 %	52 %	10 %	〉 50 %
	A급,C급 설계농도	50 %~75 %	38.7 % (0.49 m^3/m^3)	37.2 % (0.466 m^3/m^3)	8 %	15.60 % (0.543 kg/m^3)
	B급 설계농도	34 %	45.5 % (0.608 m^3/m^3)	46.02 % (0.617 m^3/m^3)	11.3 %	17.55 % (0.625 kg/m^3)
환경	ODP	0	0	0	0	0
	GWP	1	0	0	3,400	12,400
	ALT	-	-	-	33년	264년
물성	분자량	44 g/mol	34.08 g/mol	28 g/mol	120 g/mol	70 g/mol
	임계점	31.4 ℃	-	-147.1 ℃	66 ℃	25.9 ℃
	비등점	-78.4	-	-196	-48.5	-82.1
안정	HF발생	무	무	무	5,000 ppm	8,400 ppm
	운무발생	시야확보곤란	없음	없음	약간발생	시야확보곤란
	인체영향	순간질식우려	안전함	안전함	11.5 %까지 안전	순간질식우려
경제성 (용기)		100 %	260 %	200 %	-	126 %
승인	국내	성능시험인정	성능시험인정	성능시험인정	성능시험인정	성능시험인정
	국제	UL/VDS(유럽)	UL/FM(재보험)	UL/FM	UL/FM	UL/FM
체적당 약제량 (A급, C급)		1.3 kg/m^3 ~ 2.7 kg/m^3	0.49 m^3/m^3	0.465 m^3/m^3	0.442 kg/m^3	0.543 kg/m^3
전기실 3,000 m^3		67병 (87 L/58 kg)	119병 (84 L/12.4 m^3)	80병 (84 L/17.4 m^3)	30병 (68 L/45 kg)	38병 (68 L/43 kg)
충전압력(20 ℃)		60 bar	150 bar	223 bar	42 bar	42 bar
말단 노즐압력		25 bar	12 bar	29 bar	7.5 bar	4 bar
사용배관		Sch.80	Sch.80, Sch.40	Sch.80, Sch.40	Sch.40	Sch.40
노즐 설치높이		0.3 m~5 m	0.3 m~6.5 m	0.3 m~5 m	0.3 m~4.5 m	0.3 m~4.4 m
방사시간		표면1분, 심부7분	60초 이내	60초 이내	10초 이내	10초 이내
제조업체		포트텍	지멘스	화인텍	엘엔피	한창

화학식의 종류

1. 화학식

   원소 기호를 사용하여 물질을 이루는 기본 입자인 원자, 분자 또는 이온을 나타낸 식

2. 화학식의 종류

   ① 실험식 : 화합물에 포함된 원소의 종류와 원자의 수를 가장 간단한 정수비로 나타낸 식

   ② 분자식 : 원소기호 사용 분자를 구성하고 있는 원자의 종류 및 수를 표시한 식

   ③ 시성식 : 분자 중에 그물질의 특성을 지닌 라디칼이 있을 때 라디칼을 이용하여 물질의 특성을 표시한 식

〈특성을 지닌 Radical(작용기, Functional Group)〉

라디칼	이 름	특 성	라디칼	이 름	특 성
-OH	수산화기	염기성(중성, 산성)	-COO-	에스테르기	향기
-CHO	알데히드기	환원성	$-NO_2$	니트로기	폭발성
-CO-	케톤기	유기용매	$-NH_2$	아미노기	염기성
-COOH	카르복시기	산성(지방산)	$-SO_3H$	슬폰산기	산성

   ④ 구조식 : 한 분자 속의 각 원자 간의 결합된 상태를 원자가와 같은 수의 결합 선으로 표시한 식

물 질	실험식	분자식	시성식	구조식
아세트산	CH_2O	$C_2H_4O_2$	CH_3COOH	H—C(H)(H)—C(=O)—O—H

냉각소화 과정 : HFC, HCFC, PFC 계열 소화약제

주로 화염 반응대에서 열을 흡수하여 화염온도를 저하시키는 물리적 소화를 한다. 그러므로 HFC, HCFC, PFC 화합물은 화염대에서 화학 연쇄반응을 저지하는 성능이 부족하여 Halon 1301에 비해 높은 소화농도를 필요로 하는 것이다.

가스계 소화설비 배관 기압시험

1. NFPA 2001(Clean Agent Extinguishing Systems) : 질소 등으로 40 psi (약 2.8 kgf/cm^2)에서 10분간 기밀시험
2. NFPA 12A(Halon 1301)) : 150 psi (약 10.5 kgf/cm^2)으로 10분간 기밀시험

수계소화설비 수압시험

1. 상용수압이 1.05 MPa 미만인 경우 1.4 MPa의 압력으로 2시간 이상 시험
2. 상용수압이 1.05 MPa 이상인 경우 그 상용수압에 0.35 MPa을 더한 값으로 2시간 이상 시험

상용수압이 1.05 MPa 미만	1.4 MPa의 압력으로 2시간 이상 시험
상용수압이 1.05 MPa 이상	상용수압 + 0.35 MPa의 압력으로 2시간 이상 시험

05 설치기준

(1) 저장용기 설치장소의 기준 암기 외온 직방표 3체

① 방호구역 외의 장소에 설치할 것. 다만, 방호구역 내에 설치할 경우에는 피난 및 조작이 용이하도록 피난구 부근에 설치하여야 한다.

② 온도가 55 ℃ 이하이고, 온도변화가 적은 곳에 설치할 것

③ 직사광선 및 빗물이 침투할 우려가 없는 곳에 설치할 것

④ 저장용기를 방호구역 외에 설치한 경우에는 방화문으로 구획된 실에 설치할 것

⑤ 용기의 설치장소에는 해당용기가 설치된 곳임을 표시하는 표지를 할 것

⑥ 용기간의 간격은 점검에 지장이 없도록 3 cm 이상의 간격유지를 할 것

⑦ 저장용기와 집합관 연결하는 연결배관에는 체크밸브 설치를 할 것

➜ 체크밸브의 설치이유 : 일부의 저장용기가 누기, 무게측정 등으로 집합관으로부터 분리할 경우 이 기간 동안에 화재로 인한 약제방출시 체크밸브가 없다면 약제누출로 인한 약제의 손실과 소화불가능 때문

(2) 저장용기 설치기준

① 저장용기의 충전밀도 및 충전압력은 별표1에 따를 것

② 저장용기는 약제명 · 저장용기의 자체중량과 총중량 · 충전일시 · 충전압력 및 약제의 체적을 표시할 것

③ 집합관에 접속되는 저장용기는 동일한 내용적을 가진 것으로 충전량 및 충전압력이 같도록 할 것

④ 저장용기에 충전량 및 충전압력을 확인할 수 있는 장치를 하는 경우에는 해당 소화약제에 적합한 구조로 할 것

⑤ 저장용기의 약제량 손실이 5 %를 초과하거나 압력손실이 10 %를 초과할 경우에는 재충전하거나 저장용기를 교체할 것. 다만, 불활성기체 소화약제 저장용기의 경우에는 압력손실이 5 %를 초과할 경우 재충전하거나 저장용기를 교체하여야 한다.

⑥ 하나의 방호구역을 담당하는 저장용기의 소화약제의 체적합계보다 소화약제의 방출시 방출경로가 되는 배관(집합관 포함)의 내용적의 비율이 소화약제 제조업체의 설계기준에서 정한 값 이상일 경우에는 해당 방호구역에 대한 설비는 별도 독립방식으로 하여야 한다.

배관내 허용용적 비율 (Percent in Pipe)

1. 설계 평형점(액체상태의 소화약제 반이 노즐을 통해 방출될 때)에서의 관내 저장된 약제의 체적대 저장용기 내 소화약제량의 체적비

소화약제의 종류	제조업체에 의한 독립배관 허용치
	$\dfrac{\text{약제 체적}}{\text{배관 내용적}} \times 100\ \% = \dfrac{V_\ell}{V_P} \times 100\ \%$
HCFC BLEND A, HCFC-124, HFC-125	95 %
HFC-227ea, HFC-23	80 %
Halon 1301, IG-541	67 %($\dfrac{\text{배관 내용적}}{\text{약제 체적}}$ = 1.50 배)

➜ 표의 수치가 큰 소화약제일수록 배관길이를 가급적 짧게 설계해야 한다.

2. 배관길이가 너무 길 경우 문제점(별도 독립배관방식으로 하는 이유)

① 방사시간의 제한규정을 맞출 수 없음

② 배관내에서의 기화비율 증대

③ 방사압력의 저하

➜ CO_2와 같이 자기증기압이 크거나 방사시간이 긴 경우를 제외하고는 방출경로의 배관 내용적이 일정 값 이상일 경우에는 독립배관방식으로 해야 한다.

(3) 소화약제 저장량

① 할로겐화합물 소화약제

$$W = \frac{V}{S} \times \frac{C}{100 - C}\ [\text{kg}]$$

(여기서, W : 소화약제의 무게(kg)

V : 방호구역의 체적(m^3)

S : 소화약제별 선형상수($K_1 + K_2 \times t$)(m^3/kg)

C : 체적에 따른 소화약제의 설계농도(%)

t : 방호구역의 최소예상온도(℃))

소화약제	K_1	K_2
FC-3-1-10	0.094104	0.00034455
HCFC BLEND A	0.2413	0.00088
HCFC-124	0.1575	0.0006
HFC-125	0.1825	0.0007
HFC-227ea	0.1269	0.0005
HFC-23	0.3164	0.0012
HFC-236fa	0.1413	0.0006
FIC-1311	0.1138	0.0005
FK-5-1-12	0.0664	0.0002741

② 불활성기체 소화약제

$$X = \frac{Vs}{S} \times \ln\frac{100}{100 - C} \quad (\because \frac{Vs}{S} \fallingdotseq 1)$$

(여기서, X : 공간체적당 더해진 소화약제의 부피(m^3/m^3)

S : 소화약제별 선형상수($K_1 + K_2 \times t$)(m^3/kg)

C : 체적에 따른 소화약제의 설계농도(%)

Vs : 20 ℃에서 소화약제의 비체적(m^3/kg)

t : 방호구역의 최소예상온도(℃))

소화약제	K_1	K_2
IG-01	0.5685	0.00208
IG-100	0.7997	0.00293
IG-541	0.65799	0.00239
IG-55	0.6598	0.00242

③ 체적에 따른 소화약제의 설계농도(%)는 상온에서 제조업체의 설계기준에서 정한 실험수치를 적용한다. 이 경우 설계농도는 소화농도(%)에 안전계수(A · C급 화재 : 1.2, B급 화재 : 1.3)를 곱한 값으로 할 것

④ 산출한 소화약제량은 사람이 상주하는 곳에서는 최대허용설계농도를 초과할 수 없음

⑤ 2 이상의 방호구역이 있는 경우 저장량 중 최대의 것으로 함

(4) 배관등

① 설치기준

㉠ 배관은 전용으로 할 것

㉡ 배관 · 배관부속 및 밸브류는 저장용기의 방출내압을 견딜 수 있어야 하며 다음의 각목의 기준에 적합할 것. 이 경우 설계내압은 최소사용설계압력 이상으로 하여야 한다.

- 강관을 사용하는 경우의 배관은 압력배관용탄소강관(KS D 3562) 또는 이와 동등 이상의 강도를 가진 것으로서 아연도금 등에 따라 방식처리된 것
- 동관을 사용하는 경우의 배관은 이음이 없는 동 및 동합금관(KS D 5301)의 것을 사용할 것
- 배관의 두께(t). 다만, 방출헤드 설치부는 제외

$$\text{관의 두께}(t) = \frac{PD}{2SE} + A$$

(여기서, P : 최대허용압력(kPa), D : 배관의 바깥지름(mm), SE : 최대허용응력(kPa)
(배관재질 인장강도의 1/4값과 항복점의 2/3값 중 적은 값 × 배관이음효율 × 1.2),
A : 나사이음, 홈이음 등의 허용값(mm)(헤드 설치부분은 제외))

이음등의 허용값	배관이음효율
나사 이음 : 나사의 높이	이음매 없는 배관 : 1.00
절단홈이음 : 홈의 깊이	전기저항용접배관 : 0.85
용접 이음 : 0	가열맞대기 용접배관 : 0.60

㉢ 배관부속 및 밸브류는 강관 또는 동관과 동등 이상의 강도 및 내식성이 있는 것으로 하여야 한다.

㉣ 배관과 배관, 배관과 배관부속 및 밸브류의 접속은 나사접합, 용접접합, 압축접합 또는 플랜지접합 등의 방법을 사용하여야 한다.

ⓜ 배관의 구경은 해당 방호구역에 할로겐화합물소화약제는 10초 이내에, 불활성기체소화약제는 A·C급 화재 2분, B급 화재 1분 이내에 방호구역 각 부분에 최소설계농도의 95 % 이상 해당하는 약제량이 방출되도록 하여야 한다.

② 선택밸브

하나의 특정소방대상물 또는 그 부분에 2 이상의 방호구역이 있어 소화약제의 저장용기를 공용하는 경우에 있어서 방호구역마다 선택밸브를 설치하고 선택밸브에는 각각의 방호구역을 표시하여야 한다.

③ 분사헤드

㉠ 분사헤드의 설치 높이는 방호구역의 바닥으로부터 최소 0.2 m 이상 최대 3.7 m 이하로 하여야 하며 천장높이가 3.7 m를 초과할 경우에는 추가로 다른 열의 분사헤드를 설치할 것. 다만, 분사헤드의 성능 인정 범위내에서 설치하는 경우에는 그러하지 아니하다.

㉡ 분사헤드의 갯수는 방호구역에 제10조 제3항의 규정이 충족되도록 설치하여야 한다.

㉢ 분사헤드에는 부식방지조치를 하여야 하며, 오리피스의 크기, 제조일자, 제조업체가 표시되도록 한다.

㉣ 분사헤드의 방출율 및 방출압력은 제조업체에서 정한 값으로 한다.

ⓜ 분사헤드의 오리피스의 면적은 분사헤드가 연결되는 배관구경면적의 70 %를 초과하여서는 안 된다.

④ 과압배출구

할로겐화합물 및 불활성기체소화설비의 방호구역에 소화약제가 방출시 과압으로 인하여 구조물 등에 손상이 생길 우려가 있는 장소에는 과압배출구를 설치하여야 한다.

⑤ 설계프로그램

할로겐화합물 및 불활성기체소화설비를 컴퓨터프로그램을 이용하여 설계할 경우에는 가스계소화설비의 설계프로그램 성능인증 및 제품검사의 기술기준에 적합한 설계프로그램을 사용하여야 한다.

⑥ 기타 설치기준은 이산화탄소소화설비의 화재안전기준 준용

스케줄 번호(Schedule number ; Sch. No)

1. 압력배관의 두께를 선정할 때 기준이 되는 번호로서, 부식여유, 나사절삭여유 및 제조치수의 허용차를 고려한다.
2. 배관의 치수를 표시하는 방법은 호칭지름 × 호칭두께로 한다. 예를 들면 50 A × Sch.40 또는 2 B× Sch.40 등으로 표시한다.
3. 호칭두께(스케줄번호 : 압력관의 두께를 나타내는 번호)가 클수록 살 두께가 두껍다. 스케줄번호는 10, 20, 30, 40, 60, 80, 100, 120, 140, 160의 10종류가 있으며, 40과 80의 것이 많이 사용된다. 인장강도에 따라 SPPS 38(2종)과 SPPS 42(3종)가 있다.

스케줄번호를 구하는 식	배관의 살 두께(t)를 구하는 식 (Barlow's formula)
Sch. No = 10 × P / σ_a [공학단위] Sch. No = 1,000 × P / σ_a [SI단위]	$t = \frac{PD}{\sigma_a 175} + 2.54$ [mm, 공학단위] $t = \frac{PD}{\sigma_a 1.75} + 2.54$ [mm, SI단위]

P : 배관의 사용압력 kgf/cm^2 {MPa}, D : 배관의 외경(mm)
σ_a : 배관의 허용인장응력(kgf/mm^2){N/mm^2} = 인장강도(σ_u)/안전율(S)
S (안전율) : 정압4, 동압6 ➜ { } 속의 단위는 SI단위

06 기타사항

(1) 방사시간(Discharge Time)

① 개요

가스계소화설비의 방사시간은 정해진 위험을 방호하는 데 필요한 규정 방사시간과 상황에 따라 연장이 필요한 경우의 지연 방사시간으로 대별된다.

② 규정 방사시간

㉠ 약제 방출은 화재를 진압하고, 분해나 연소생성물 형성을 막기 위해 가능한 한 빨리 완료되어야 한다. 어떠한 경우에도 방사시간은 10초를 초과할 수 없으며, 필요에 의한 경우에는 초과할 수 있다. 다만, 분해 생성물을 형성하지 않는 불활성가스의 경우 방사시간은 설계농도를 맞추기 위해 1분 이내로 연장될 수 있다.

㉡ 방사시간은 최소설계농도에 도달하는 데 필요한 약제량(21 ℃에서)의 95 % 이상을 노즐로부터 방출하는 데 필요한 시간, 즉 분사노즐에서 액체상태의 소화약제가 나오기 시작해서 더 이상 액체가 나오지 않고 기체가 방출될 때까지의 시간이다.

③ 지연 방사시간

㉠ 방사시간의 연장이 필요할 때, 방출속도는 필요한 지연시간동안 원하는 농도를 지속시키기에 충분해야 한다.

㉡ 방사지연이 생명이나 재산의 위협을 급격히 증가시키지 않는 지역에 사용할 때는, 가스계 소화설비를 방출 전에 울리는 경보설비와 함께 사용하여 시간을 지연시킴으로서 방출 전에 거주자가 대피할 수 있도록 해야 한다.

㉢ 시간지연은 거주자의 대피와 위험지역으로의 방출준비를 위해서만 사용해야 한다.

㉣ 시간지연은 자동작동 전의 감지설비의 작동을 확인하기 위한 방법으로 사용해서는 안 된다.

④ 할로겐화합물 소화설비의 방사시간을 10초 이내로 제한하는 이유 암기 **분유속 조기누설**

㉠ 소화약제의 열분해 생성물의 발생억제

할로겐 화합물은 500 ℃ 이상에서 열분해생성물인 HF, HCl, HBr이 생성되므로

㉡ 노즐에서의 충분한 유량(Flow Rate)

방호구역내의 공기와의 신속하고 확실한 혼합을 얻기 위함

㉢ 배관내에서의 충분한 유속

배관내에서 액상과 기상의 균일한 흐름에 필요한 충분한 유속을 얻기 위함

㉣ 조기 소화

일단 화재가 발생한 후에는 가능한 한 최단 시간내에 소화약제가 투입되어 신속히 소화농도에 이르게 하는 것이 매우 중요하기 때문에 방사시간을 제한한다.

㉤ 누설량 감소

누설틈새가 있는 공간에 소화약제가 방출되면 실내공간의 압력이 양압으로 되어 외부의 압력보다 높아지므로 약제의 일부가 밖으로 누설된다. 누설되는 약제량은 시간에 비례해서 증가하므로 약제를 신속히 방출해서 소화를 완료해야 누설량을 감소시킬 수 있다.

㉥ 그 밖의 화재 손상 및 그 영향의 제한, 구획실 과압의 제한, 부수적인 노즐 효과

(2) 설계농도 유지시간(Soaking Time, Holding Time, Retention Time)

① 개요

㉠ 가스계 소화약제가 헤드에서 방사되어 설계농도에 도달된 이후에 최소설계농도를 유지하여야 하는 시간 즉, 재발화가 일어나지 않는 완전소화를 달성하는 데 필요한 시간

㉡ 할로겐 화합물은 A급 화재에서 5 %의 농도로 소화가 가능하나 심부화재의 경우 냉각효과가 아주 작기 때문에 재발화가 발생한다.

㉢ 따라서 심부화재 또는 재발화 위험이 있는 화재에 적용시 중요하다.

㉣ 즉, 가스계 소화설비는 냉각효과가 매우 떨어지는 단점을 가지고 있기 때문에 인화점 이하로 냉각시키는 데 시간이 필요하다. 따라서 가스계 소화약제가 헤드에서 방사되어 설계농도에 도달된 이후 재발화가 일어나지 않는 완전소화를 달성하는 데 필요한 시간이 요구되며 이를 설계농도 유지시간이라 한다.

② 설계농도 유지시간이 필요한 이유

㉠ A급 심부화재

- 표면화재 : 연쇄반응 억제에 의한 빠른 소화
- 심부화재 : 질식 및 냉각에 의한 소화가 필요. 따라서 할로겐화합물 소화약제 적용시 높은 농도와 긴 지속시간이 필요

㉡ 가연성, 인화성 액체 위험물

- 가연성 인화성 액체 위험물은 인화점 이하의 냉각이 필요
- 표면의 온도가 높기 때문에 재점화, 재착화가 발생함으로 이를 방지하기 위해 Soaking Time이 필요

㉢ 관계인 활동을 고려

③ 설계농도 유지시간(Soaking Time) : 미국의 NFPA 기준

㉠ 할로겐화합물 및 불활성기체소화약제 : 10 분

㉡ 이산화탄소 : 20 분

㉢ 방호대상물의 종류, 특성, 중요도에 따라 Soaking Time의 연장이 필요

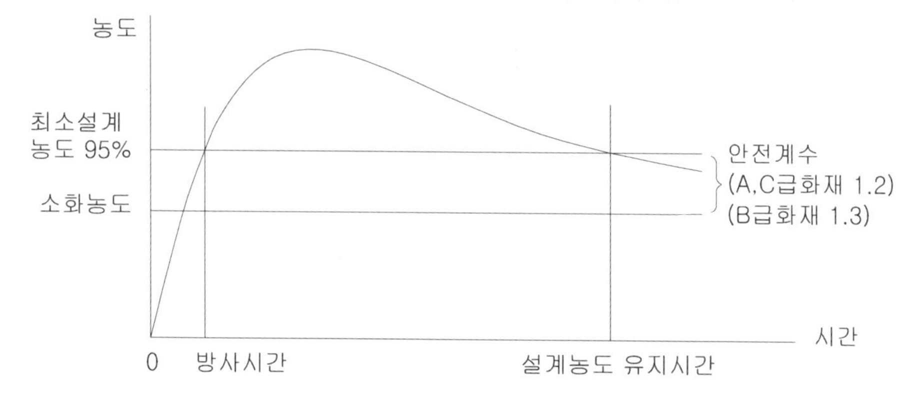

04 분말소화설비

Fire Equipment Manager

01 개요

(1) 고체 물질의 미세한 분말은 정도의 차이는 있으나 소화 능력을 가지고 있으며, 분말이 미세하면 미세할수록 이 능력은 커진다.

(2) 분말소화약제는 탄산수소나트륨, 탄산수소칼륨, 제1인산암모늄 등의 물질을 미세한 분말로 만들어 유동성을 높인 후 이를 가스압(주로 N_2, 또는 CO_2의 압력)으로 분출시켜 소화하는 약제이다.

(3) 사용되는 분말입도는 10 ㎛~70 ㎛ 범위이며 최적 소화효과를 나타내는 입도는 20 ㎛~25 ㎛이다. 분말소화약제는 습기와 반응하여 고화되기 때문에 이를 방지하기 위하여 금속의 스테아린산염이나 실리콘 수지 등(현재는 대부분 실리콘 수지를 사용한다)으로 방습 가공을 해야 한다.

(4) 분말소화설비는 가압가스의 충전 상태에 따라 축압식과 가압식으로 구분된다. 축압식은 약제저장탱크에 분말소화약제를 충전한 후 가압용 가스를 함께 충전한 방식이고, 가압식은 약제 저장 탱크와는 별도로 가압용 가스용기를 설치하여 이를 약제 저장 탱크에 주입시켜 약제를 외부로 방출시키는 방식이다.

(5) 이 약제의 주된 소화효과는 분말 운무에 의한 방사열의 차단효과, 부촉매효과, 발생한 불연성 가스에 의한 질식효과 등으로 가연성액체의 표면화재에 매우 효과적이다.

(6) 또한 분말이 비전도체이기 때문에 전기화재에도 효과가 있다. 일반적으로 분말소화약제는 유류화재와 전기화재에만 효과적이나 제3종 분말소화약제의 경우는 유류화재, 전기화재는 물론 일반화재에도 효과가 있다.

02 적용기준

(1) 설치대상 : 이산화탄소 소화설비의 기준 준용

(2) 설치면제 : 이산화탄소 소화설비의 기준 준용

03 소화효과와 적응 화재

(1) 소화효과

① 질식효과(Smothering Effect)

㉠ 분말소화약제가 열에 의해 분해될 때 발생되는 CO_2, 수증기 등의 불연성 기체에 의해 공기 중의 산소 농도가 저하되어 나타나는 현상이다.

㉡ 분말소화약제가 연소물질에 분사되었을 때, 제1인산암모늄의 경우는 점착성의 잔류물질을 남기게 된다. 이 잔류물질은 연소표면에서 산소공급을 차단하고 이 효과에 의하여 소화가 촉진되고 재발화가 방지된다.

② 냉각효과(Cooling Effect)

㉠ 분말소화약제의 열분해시 나타나는 흡열 반응에 의한 냉각효과와 고체 분말에 의한 화염온도 저하(고농도인 경우)는 부인할 수 없으나 주된 소화효과는 아니다.

㉡ 좀 더 효과적인 분말소화약제는 열에 민감하여 화학적으로 쉽게 활성화될 수 있어야 할 것이다.

③ 복사열의 차단효과(Radiation Shielding effect)

분말소화약제는 방출되면 화염과 가연물 사이에 분말의 운무를 형성, 화염으로부터의 방사열을 차단. 따라서 가연물질의 온도가 저하되어 연소가 지속되지 못함. 유류화재의 소화시에 큰 효과를 나타냄

④ 연쇄연소반응의 차단(Chain-breaking Reaction)

㉠ 연소의 연쇄 반응을 중단시켜 소화하는 화학적 소화효과이다. 이 효과는 앞에서도 설명한 것처럼 가연물의 연소시 발생되는 H^+나 OH^- 등의 활성기(Free Radical)에 의한 연쇄반응(Chain Reaction)을 차단

㉡ 2가지의 소화 기구(Extinguishingmechanism)

- 분말의 크기를 아주 작게 하는 경우 분말의 크기를 작게 하면 표면적이 증가하여 좀 더 활성화된 표면이 나타나 가연물의 활성기와 쉽게 결합하여 연쇄 반응을 중단시키게 된다.
- 연쇄반응을 전파시키는 활성기와 반응할 수 있는 화학종이 생성되는 경우

– 열분해시 유리된 K^+, Na^+, NH_4^+가 라디칼 포착제(Radical Scavenger)로 작용하여 화염 중의 Chain Carrier(O^+, OH^-)를 포착함으로써 연쇄반응이 중단됨

– 크기는 알칼리금속 화합물에서 이 효과의 크기는 원자번호의 순($K > Na > Li$)

– $M + OH^- \rightarrow MOH$

– $MOH + H^+ \rightarrow M + H_2O$

(여기서 M은 Na^+과 K^+ ; OH^-와 H^+ 반응순서가 할로겐과 다름이 특징)

– 부촉매소화 원리

연소과정 : Free Radical의 연쇄반응 → $NH_4H_2PO_4$가 고온에 접촉 → NH_4^+가 자유라디칼형태로 분해 → 활성라디칼(H^+, OH^-)과 반응 → 라디칼 포착제를 형성 → 연쇄반응의 고리를 차단

⑤ 방진효과

방진효과는 제3종 분말소화약제에서만 나타나는 소화효과로 제1인산암모늄이 열분해될 때 생성되는 용융 유리상의 메타인산(HPO_3)이 가연물의 표면에 불침투의 층을 만들어서 산소와의 접촉을 차단하는 것이다. 따라서 이러한 소화효과를 나타내는 경우는 A급 화재에도 사용이 가능하다.

(2) 적응화재

① 분말소화약제는 일반적으로 유류화재에 사용되며 전기 전도성이 없기 때문에 전기화재에도 유효하다. 또한 빠른 소화 성능을 이용하여 분출되는 가스나 일반화재를 포함한 표면화재에도 사용되고 있다.

② 특히, 제3종 분말소화약제의 경우는 앞에서도 설명한 것처럼 메타인산의 방진 효과 때문에 A급 화재에도 적응이 가능하다.

③ 분말소화약제는 빠른 소화 성능 때문에 초기 소화용은 물론, 고정식 소화설비에서도 소용량에서부터 점보제트기의 격납고, LNG 탱크의 방유제 내부에 설치되는 대용량에 이르기까지 각종 대상물에 널리 이용되고 있다.

(3) 설비별 특징

구 분	이산화탄소	할 론	분 말
소화원리	질식, 냉각, 피복	연쇄반응억제, 질식, 냉각	연쇄반응억제, 질식, 냉각
약제특성	인명위해, 동상	환경파괴	무독성, 시야차단
소화효과	1	3	2
설치장소	전기실, 도장, 열처리	컴퓨터실	석유화학, 철강공장

04 분말소화약제

(1) 분말소화약제 구비조건 및 침강시험 암기 미내유비 결무침

① 미세도(입도)

㉠ 분말은 미세할수록 화염과 접촉시 반응이 빠르고 표면적이 커져서 소화효과가 좋다. 너무 미세할 경우 화재의 상승기류에 의해 화심 속으로 침투하지 못하고 비산되므로 크기별로 적당히 배합(∴ 최적 소화효과를 나타내는 입도는 20 ㎛~25 ㎛)

㉡ 입도가 고울수록 소화시간이 짧아지고, 방사량은 증가하다 감소하는 경향이 있어 이와 같은 상반되는 두 가지면을 고려하여 입도의 분포를 결정해야 한다.

② 내습성(내습성↓ → 유동성↓ → 소화효과↓)

㉠ 분말의 방습이 불안전하면 유동성이 감소하고, 입자간 응집으로 인해 소화효과 감소

㉡ 침강시험을 통해 확인

③ 유동성 : 안식각(θ)의 측정(유동성↑ → 안식각↓ → 퇴적물 높이↓)

㉠ 소화가 방사효율 및 소화성능이 향상되려면 유동성이 좋아야 하므로 활제(∴ 활색분, 운모분)를 첨가하여 입자간 내부마찰을 감소시킴

㉡ 유동성 측정은 깔대기를 이용하여 측정

㉢ 원추형 퇴적물이 꼭지점과 밑변을 이루는 각(안식각)을 산출하여 측정

④ 비고화성

㉠ 분말은 미세할수록 입자간 응력이 강해 습기가 침투시 뭉쳐지게 된다.

㉡ 고화방지를 위해 고화방지제 첨가 내습성을 높여준다.

⑤ **겉보기 비중(시료의 무게(g)/시료의 부피(mL)) ➜ 충전비, 비체적 단위의 역수임**

㉠ 입자가 고울수록 겉보기 비중은 작아진다.

㉡ 겉보기 비중이 작은 것일수록 소화성능이 우수하며, 장기간 저장하여도 굳거나 덩어리지지 않는다.

➜ $\frac{\text{무게}}{\text{부피}\uparrow}$ → 겉보기비중↓ → 곱다 → 소화효과↑

㉢ 분말소화약제 겉보기비중은 0.82 g/mL 이상 ➜ 자체 비중이 있어야 화염의 상승기류에 비산이 안 됨

⑥ **무독성 및 내부식성**

㉠ 독성과 부식성이 없어야 한다.

㉡ 외적조건인 열과 수분에 따라 용해 및 분해현상으로 용기의 재질이 부식

⑦ **침강시험**

㉠ 200 cc 비이커에 물 200 cc를 담은 후 수면 위에 분말소화약제 시료 2 g을 골고루 살포한 후 1시간 이내 침강이 전혀 없어야 한다.

㉡ $NH_4H_2PO_4$는 분말에 발수제인 실리콘 오일(Silicon Oil)을 코팅한 것으로 침강하면 실리콘이 파괴

(2) 특징

① 장점

㉠ 소화성능 좋고 진화시간 짧다. : 급속한 연소확대형 액체 표면화재에 적합

㉡ 비전도성으로 전기화재에도 적당하다.

㉢ 소방대상물에 피해가 적고 인체에 해가 없다.(자체독성 및 부식성이 없다)

㉣ 소화약제가 반영구적이며 가격면에서 경제적이다.

② 단점

㉠ 침투성과 냉각효과가 약하다.

㉡ 분말에 의하여 피연소물에 2차피해를 줄 수 있다.

㉢ 주위에 과열된 금속이 있으면 재발위험성이 있다.

가압식 분말소화설비

(3) 분말소화약제의 종류

종 류	분자식	주성분	적응화재	색 상
제1종 분말	$NaHCO_3$	탄산수소 나트륨	B·C·K급	백색
제2종 분말	$KHCO_3$	탄산수소 칼륨	B·C·K급	담회색
제3종 분말	$NH_4H_2PO_4$	제1인산암모늄	A·B·C급	담홍색
제4종 분말	$KHCO_3 + (NH_2)_2CO$	탄산수소칼륨+요소	B·C급	회색

① 제1종 분말소화약제

㉠ 일반사항

주성분	$NaHCO_3$(탄산수소나트륨, 중탄산나트륨, 중조, 베이킹소다)
색 상	백색
적응화재	B급(유류화재), C급(전기화재)

㉡ 분해반응식

저온(270 ℃)에서의 반응	$2NaHCO_3 \rightarrow Na_2CO_3 + CO_2 + H_2O - Q$
고온(850 ℃)에서의 반응	$2NaHCO_3 \rightarrow Na_2O + 2CO_2 + H_2O - Q$

㉢ 소화특성

- 질식작용 : 약제의 열분해에 의해 생성되는 불연성 가스인 CO_2 및 수증기(H_2O)에 의해 가연물의 표면을 덮어서 산소공급차단
- 냉각작용 : H_2O의 증발잠열에 의해 주위의 열을 흡수(흡열반응)
- 희석작용 : 분말 미립자에 의해 연소농도 이하로 희석시켜 가연성물질의 생성을 억제
- 부촉매작용 : Na^+에 의한 부촉매 작용에 의한 연쇄반응을 억제
- Knock Down 효과
  연소 중의 가연물에 분사되면 우선 가연물의 표면을 덮어서 산소공급을 차단시켜 질식시킨다. 동시에 분말이 연소 중의 불꽃과 연소물질을 입체적 포위 후 부촉매작용에 의한 연소의 연쇄반응을 중단하여 순식간에 불꽃을 사그라지게 하는 작용(보통 약제 방사 후 10초~20초 내에 소화)
- 비누화 현상
  $NaHCO_3$를 지방이나 식용유의 화재에 사용하면 탄산수소나트륨의 Na^+이온과 기름(지방이나 식용유)의 지방산이 결합하여 비누거품을 형성하게 된다. 이 비누거품이 가연물을 덮어 산소공급을 차단하여 소화효과를 높이게 되는데 이를 분말소화약제의 비누화현상이라고 한다.

㉣ 장점 및 단점

장 점	단 점
• 값이 싸다. • 소화력이 우수하다. • 유류와 전기화재에 사용된다.	• A급(일반화재) 화재에는 소화력이 없다. • 소화 후 불씨가 남아 있으면 재연한다. (단, 식용유나 지방질유 화재시 포를 형성하여 재발방지효과 있음 → 비누화효과) • 불꽃이 꺼져도 주위에 과열된 금속이 있으면 재연한다.

② 제2종 분말소화약제

㉠ 일반사항

주성분	$KHCO_3$(탄산수소칼륨, 중탄산칼륨)
색 상	자색
적응화재	B급(유류화재), C급(전기화재)

㉡ 분해반응식

저온(190 ℃)에서의 반응	$2KHCO_3 \rightarrow K_2CO_3 + CO_2 + H_2O - Q$
고온(891 ℃)에서의 반응	$2KHCO_3 \rightarrow K_2O + 2CO_2 + H_2O - Q$

㉢ 소화특성

- 질식작용 : CO_2, 수증기(H_2O)
- 냉각작용 : H_2O 및 흡열반응
- 희석작용 : 분말 미립자
- 부촉매작용 : K^+에 의한 부촉매작용(산소와 반응)
- Knock Down 효과

㉣ 장점 및 단점

장 점	단 점
• 소화성능은 중탄산나트륨 소화약제(제1종 분말)보다 2배 크다. • 전기화재에 사용할 수 있다.	• A급화재(일반화재)에는 소화력이 없다. • 소화 후 불씨가 남아 있으면 재연한다. • 불꽃이 꺼져도 주위에 과열된 금속이 있으면 재연한다.

③ 제3종 분말소화약제

㉠ 일반사항

주성분	$NH_4H_2PO_3$(제1인산암모늄)
색 상	담홍색
적응화재	A급(일반화재), B급(유류화재), C급(전기화재)

㉡ 분해반응식

저온(166 ℃)에서의 반응	$NH_4H_2PO_4 \rightarrow NH_3 + H_3PO_4$(올소인산) $- Q$
고온(360 ℃)에서의 반응	$NH_4H_2PO_4 \rightarrow NH_3 + H_2O + HPO_3$(메타인산) $- Q$

㉢ 소화특성

- 질식작용 : 수증기(H_2O)
- 냉각작용 : H_2O 및 흡열반응
- 부촉매작용 : NH_4^+에 의한 부촉매작용(산소와 반응)
- 희석작용 : 분말 미립자
- 방진작용 : 메타인산(HPO_3)의 방진작용에 의한 재연소 방지 효과. 숯불 등에 융착하여 유리상의 피막을 이루어 방진하므로 재연소방지(비누화현상과 유사)

$$C_6H_{10}O_5 \xrightarrow{H_3PO_4} 6C + 5H_2O$$

• H_3PO_4(올소인산)에 의한 탄화 탈수 : 목재 · 섬유 · 종이 등을 구성하고 있는 섬유소를 연소하기 어려운 탄소로 급속히 변화시키는 작용에 의해 섬유소를 불활성탄소와 물로 분해하여 연소차단

㉣ 장점 및 단점

장 점	단 점
• 소화성능이 우수하다. • A급, B급, C급 화재에 사용된다.	• 소화 후 불씨가 남아 있으면 재연한다. • 불꽃이 꺼져도 주위에 과열된 금속이 있으면 재연한다. • 일반화재 중 솜뭉치, 종이뭉치 등에는 약제가 내부까지 침투하지 못하므로 소화효과를 기대할 수 없다.

④ 제4종 분말소화약제

㉠ 일반사항

주성분	$KHCO_3$ + $(NH_2)_2CO$(탄산수소칼륨 + 요소)
색 상	회색
적응화재	B급(유류화재), C급(전기화재)

㉡ 분해반응식

저온(190 ℃)에서의 반응	$2KHCO_3 + (NH_2)_2CO \rightarrow K_2CO_3 + 2NH_3 + 2CO_2 - Q$
고온(590 ℃)에서의 반응	$2KHCO_3 + (NH_2)_2CO \rightarrow K_2O + 2NH_3 + 3CO_2 - Q$

㉢ 소화특성

열분해로 발생되는 NH_3, CO_2 등의 불연성가스에 의한 질식작용, 흡열반응에 의한 냉각작용, 분말 미립자에 의한 희석작용, 연쇄반응을 억제하는 부촉매작용

㉣ 장점 및 단점

장 점	단 점
• 소화효과가 우수하다. • B급, C급 화재에 사용한다.	• A급 화재에는 효과가 없고, 다른 약제에 비하여 고가이다. • 아직 우리나라에서는 제조되지 않고 있다.

05 계통도와 작동순서

(1) 가압식 저장용기의 계통도

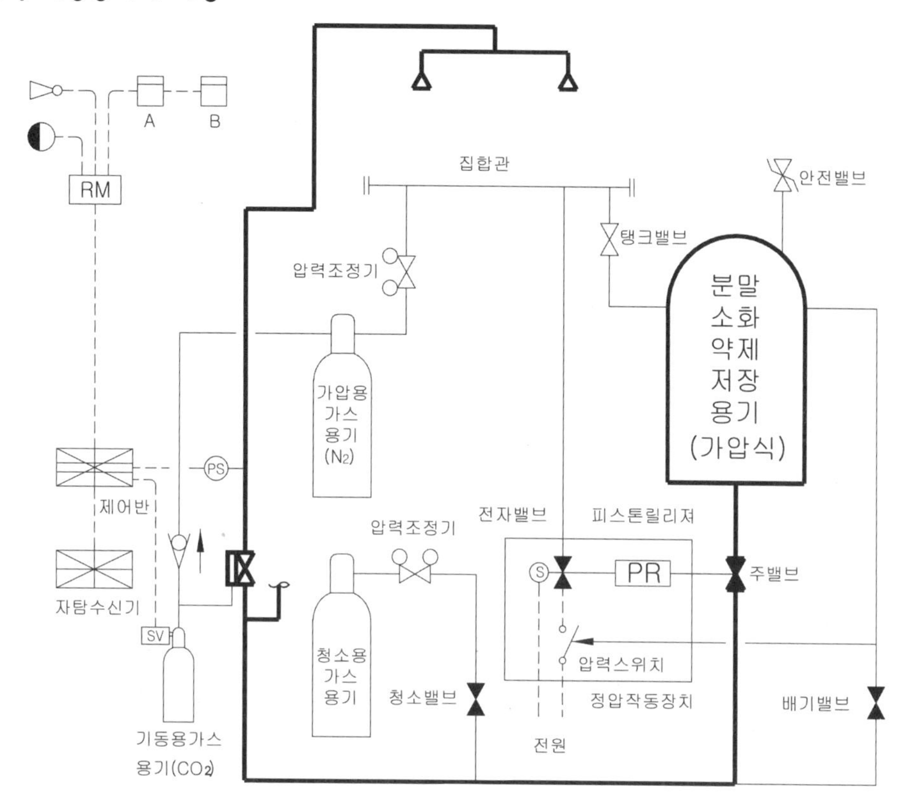

※ 분말소화설비의 동작순서

① 화재가 발생하면 화재 감지기가 동작한다. 사람이 먼저 화재를 발견한 경우는 수동기동장치의 누름 버튼을 누른다.

② 화재신호가 제어반에 통보되어 경보가 발령된다.

③ 기동장치의 작동으로 기동용기가 개방되어 선택밸브, 가압용기밸브가 개방되고 자동폐쇄장치가 작동한다.

④ 가압용 가스가 압력조정기를 통해 분말용기에 유입되어 약제를 유동시키고 가압한다.

⑤ 약제 저장탱크의 압력이 충분이 높아지면 정압작동장치가 작동한다.

⑥ 약제 저장탱크의 주밸브가 개방된다.

⑦ 소화약제가 배관을 통해 분사헤드에서 분사되어 소화한다.

(2) 축압식 저장용기의 계통도

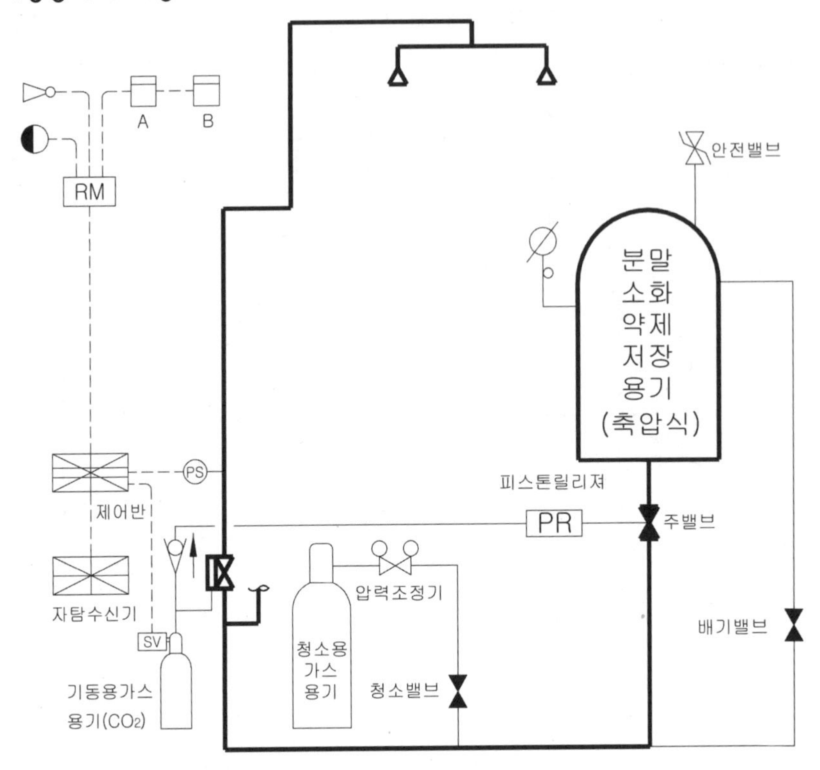

※ 분말 소화설비의 동작순서

① 화재가 발생하면 화재 감지기가 동작한다. 사람이 먼저 화재를 발견한 경우는 수동기동장치의 누름버튼을 누른다.

② 화재신호가 제어반에 통보되어 경보가 발령된다.

③ 기동장치의 작동으로 기동용기가 개방되어 선택밸브가 개방되고 자동폐쇄장치가 작동한다.

④ 기동장치의 작동으로 주밸브가 개방된다.

⑤ 평상시 가압용 가스로 가압된 저장탱크내 분말약제가 개방된 선택밸브를 통하여 약제방사

⑥ 소화약제가 배관을 통해 분사헤드에서 분사되어 소화한다.

제1종 분말소화약제보다 제2종 분말소화약제가 소화능력이 더 우수한 이유

1. 칼륨(K)이 나트륨(Na)보다 활성화에너지가 작고 반응성이 더 크기 때문이다.
2. 알칼리금속은 원자번호가 클수록 반응성은 커지며 소화력이 우수해진다. 그러나 루비듐(Rb), 세슘(Cs), 프랑슘(Fr)은 반응성이 매우 커서 물과 공기 중의 산소와 쉽게 반응하므로 석유나 파라핀, 벤젠 등에 넣어 보관하고 비경제적이라 소화약제로 사용하지 않는다.
3. 알칼리금속의 반응성은 리튬(3Li) 〈 나트륨(11Na) 〈 칼륨(19K) 〈 루비듐(37Rb) 〈 세슘(55Cs) 〈 프랑슘(87Fr)의 순으로 커진다.
4. 1족인 알칼리금속은 원자가전자수가 1개이고
   이온화에너지가 가장 작은 족(族)원소로 전자를 잃기가 쉬워 화학적인 반응을 쉽게 한다.

06 설치기준

(1) 저장용기 설치장소의 기준

이산화탄소소화설비의 화재안전기준 준용

(2) 저장용기의 설치기준 암기 내안정 충청계

① 저장용기의 내용적

소화약제의 종별	소화약제에 대한 저장용기의 내용적	겉보기비중
제1종 분말	0.8 L/kg	1.25 kg/L
제2종 분말	1 L/kg	1 kg/L
제3종 분말	1 L/kg	1 kg/L
제4종 분말	1.25 L/kg	0.8 kg/L

※소화효과 : 4종 〉 2종 · 3종 〉 1종(∴ 겉보기비중↓→ 표면적 · 방사량↑→ 소화효과↑)

② 안전밸브

저장용기에는 가압식의 것에 있어서는 최고사용압력의 1.8배 이하, 축압식의 것에 있어서는 용기의 내압시험압력의 0.8배 이하의 압력에서 작동하는 안전밸브를 설치할 것

③ 정압작동장치 → 가압식 저장용기만 해당

저장용기에는 저장용기의 내부압력이 설정압력으로 되었을 때 주밸브를 개방하는 정압작동장치를 설치할 것

④ **충**전비(L/kg) : 저장용기의 충전비는 0.8 이상으로 할 것

⑤ **청**소장치 : 저장용기 및 배관에는 잔류 소화약제를 처리할 수 있는 청소장치를 설치할 것

⑥ 압력**계** : 축압식의 분말소화설비는 사용압력의 범위를 표시한 지시압력계를 설치할 것

(3) 가압용 가스용기

① 저장용기에 접속 : 분말소화약제의 가스용기는 분말소화약제의 저장용기에 접속하여 설치할 것

② 전자개방밸브 : 분말소화약제의 가압용 가스용기를 3병 이상 설치한 경우에 있어서는 2개 이상의 용기에 전자개방밸브를 부착하여야 한다.

③ 압력조정기 : 분말소화약제의 가압용 가스용기에는 2.5 MPa 이하의 압력에서 조정이 가능한 압력조정기를 설치하여야 한다.

(4) 가압용 가스 또는 축압용 가스

① 가압용 가스 또는 축압용 가스는 질소가스 또는 이산화탄소로 할 것

② 가압용 가스에 질소가스를 사용하는 것에 있어서의 질소가스는 소화약제 1 kg마다 40 L(35 ℃에서 1기압의 압력상태로 환산한 것) 이상으로 하고, 이산화탄소를 사용하는 것에 있어서의 이산화탄소는 소화약제 1 kg에 대하여 20 g에 배관의 청소에 필요한 양을 가산한 양 이상으로 할 것

③ 축압용 가스에 질소가스를 사용하는 것에 있어서의 질소가스는 소화약제 1 kg에 대하여 10 L(35 ℃에서 1기압의 압력상태로 환산한 것) 이상으로 하고, 이산화탄소를 사용하는 것에 있어서의 이산화탄소는 소화약제 1 kg에 대하여 20 g에 배관의 청소에 필요한 양을 가산한 양 이상으로 할 것

④ 배관의 청소에 필요한 양의 가스는 별도의 용기에 저장할 것

가스 종류	가압용 가스	축압용 가스
질소가스	소화약제 1 kg당 40 L 이상(35 ℃, 1기압)	소화약제 1 kg당 10 L 이상(35 ℃, 1기압)
이산화탄소	소화약제 1 kg당 20 g의 배관의 청소에 필요한 양을 가산한 양 이상	소화약제 1 kg당 20 g의 배관의 청소에 필요한 양을 가산한 양 이상

(5) 소화약제 저장량

2 이상의 방호구역 또는 방호대상물이 있는 경우에는 각 방호구역 또는 방호대상물에 대하여 다음 각 호의 기준에 따라 산출한 저장량 중 최대의 것으로 할 수 있다.

① 전역방출방식

㉠ 방호구역의 체적 1 m^3에 대하여 다음 표에 따른 양

소화약제 종별	방호구역의 체적에 대한 소화약제의 양	비 고
제1종 분말	0.60 kg/m^3	-
제2종 분말	0.36 kg/m^3	-
제3종 분말	0.36 kg/m^3	차고 또는 주차장에 설치
제4종 분말	0.24 kg/m^3	-

㉡ 방호구역의 개구부에 자동폐쇄장치를 설치하지 않은 경우 가산한 양

소화약제 종별	가산량(개구부 면적에 대한 소화약제의 양)	비 고
제1종 분말	4.5 kg/m^2	-
제2종 분말	2.7 kg/m^2	-
제3종 분말	2.7 kg/m^2	차고 또는 주차장에 설치
제4종 분말	1.8 kg/m^2	-

② 국소방출방식

다음의 기준에 따라 산출한 양에 1.1을 곱하여 얻은 양 이상으로 할 것

$$Q = X - Y\frac{a}{A}$$

(여기서, Q : 방호공간(방호대상물의 각 부분으로부터 0.6 m의 거리에 따라 둘러싸인 공간) 1 m^3에 대한 분말소화약제의 양(kg/m^3)
a : 방호대상물의 주변에 설치된 벽면적의 합계(m^2)
A : 방호공간의 벽면적(벽이 없는 경우에는 벽이 있는 것으로 가정한 해당 부분의 면적)의 합계(m^2))

〈X, Y의 수치〉

소화약제의 종별	X의 수치	Y의 수치
제1종 분말	5.2	3.9
제2종 분말	3.2	2.4
제3종 분말	3.2	2.4
제4종 분말	2.0	1.5

③ 호스릴분말소화설비

하나의 노즐에 대하여 다음표에 따른 양 이상으로 할 것

소화약제의 종별	소화약제의 양
제1종 분말	50 kg
제2종 분말	30 kg
제3종 분말	30 kg
제4종 분말	20 kg

(6) 분사헤드

① 전역방출방식

㉠ 방사된 소화약제가 방호구역의 전역에 균일하게 신속히 확산할 수 있도록 할 것

㉡ 기준 저장량의 소화약제를 30 초 이내에 방사할 수 있는 것

② 국소방출방식

㉠ 소화약제의 방사에 따라 가연물이 비산하지 아니하는 장소에 설치할 것

㉡ 기준 소화약제 저장량의 소화약제를 30 초 이내에 방사할 수 있는 것

(7) 호스릴분말소화설비

① 설치장소 : 화재시 현저하게 연기가 찰 우려가 없는 장소

㉠ 지상 1층 및 피난층에 있는 부분으로서 지상에서 수동 또는 원격조작에 따라 개방할 수 있는 개구부의 유효면적의 합계가 바닥면적의 15 % 이상이 되는 부분

㉡ 전기설비가 설치되어 있는 부분 또는 다량의 화기를 사용하는 부분(해당 설비의 주위 5 m 이내의 부분 포함)의 바닥면적이 해당 설비가 설치되어 있는 구획의 바닥면적의 1/5 미만이 되는 부분

② 설치기준

㉠ 방호대상물의 각 부분으로부터 하나의 호스접결구까지의 수평거리가 15 m 이하가 되도록 할 것

㉡ 소화약제 저장용기는 호스릴을 설치하는 장소마다 설치할 것

㉢ 소화약제 저장용기의 개방밸브는 호스의 설치장소에서 수동으로 개폐할 수 있는 것으로 할 것

㉣ 소화약제 저장용기의 가장 가까운 곳의 보기 쉬운 곳에 표시등을 설치하고, 이동식 분말소화설비가 있다는 뜻을 표시한 표지를 할 것

㉤ 노즐은 하나의 노즐마다 1분당 다음표에 따른 소화약제를 방사할 수 있는 것

소화약제의 종별	소화약제의 양
제1종 분말	45 kg/min
제2종 분말	27 kg/min
제3종 분말	27 kg/min
제4종 분말	18 kg/min

(8) 기타 설치기준

이산화탄소소화설비의 화재안전기준 준용

05 소화기구

Fire Equipment Manager

01 소화기

(1) 정의

소화약제를 압력에 따라 방사하는 기구로서 사람이 수동으로 조작하여 소화하는 것

(2) 가압방식에 의한 분류

① 축압식 소화기

본체용기 중에 소화약제와 함께 소화약제의 방출원이 되는 압축가스(질소 등)를 봉입한 방식의 소화기

② 가압식 소화기

소화약제의 방출원이 되는 가압가스를 소화기 본체용기와는 별도의 전용용기, 즉 소화기 가압용 가스용기에 충전하여 장치하고 소화기 가압용 가스용기의 작동 봉판을 파괴하는 등의 조작에 의하여 방출되는 가스의 압력으로 소화약제를 방사하는 방식의 소화기

(3) 소화기에 충전하는 소화약제의 양(소화능력단위)에 의한 분류

① 소형소화기

능력단위가 1단위 이상이고 대형소화기의 능력단위 미만인 소화기

② 대형소화기

화재시 사람이 운반할 수 있도록 운반대와 바퀴가 설치되어 있고 능력단위가 A급 10단위 이상, B급 20단위 이상인 소화기 암기 **물강포 탄할분 팔륙이 오삼이**

종 류	물소화기	강화액 소화기	포 소화기	이산화탄소 소화기	할로겐화물 소화기	분말 소화기
약제 충전량	80 L	60 L	20 L	50 kg	30 kg	20 kg

02 자동소화장치

(1) 주거용 주방자동소화장치

법 제36조에 따라 제품검사에 합격한 것으로서 가연성 가스 등의 누출을 자동으로 차단하며, 소화약제를 압력 등에 따라 자동으로 방사하여 소화하는 고정된 소화장치

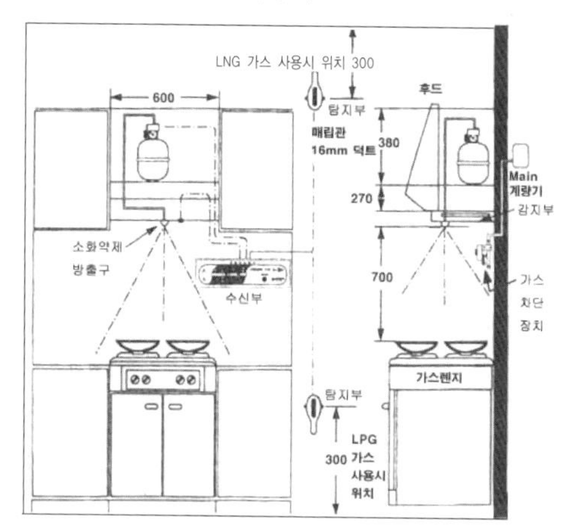

(2) 캐비닛형, 가스, 분말, 고체에어로졸 자동소화장치

법 제36조에 따라 제품검사에 합격한 것으로서 열, 연기 또는 불꽃 등을 감지하여 자동적으로 소화약제를 방사하여 소화하는 고정된 소화장치

캐비넷형 자동소화장치

가스 자동소화장치

가스 자동소화장치

03 간이소화용구(보통 능력단위 1단위 미만의 제품)

에어로졸식 소화용구, 투척용 소화용구 및 소화약제 외의 것을 이용한 소화용구

(1) 팽창질석 및 팽창진주암(SiO_2(이산화규소 또는 실리카)와 Al_2O_3(산화알루미늄 또는 알루미나))

(2) 마른 모래

〈소화약제 외의 것을 이용한 간이소화용구의 능력단위〉

간이소화용구		능력단위
마른 모래	삽을 상비한 50 L 이상의 것 1포	0.5단위
팽창질석 또는 팽창진주암	삽을 상비한 80 L 이상의 것 1포	
그 밖의 것	에어로졸식 소화용구	1단위 미만
	투척용 소화용구	

(3) 자동확산소화기

법 제36조에 따라 제품검사에 합격한 것으로서 화재시 화염이나 열에 따라 자동으로 소화약제가 확산하여 국소적으로 소화하는 고정된 소화장치

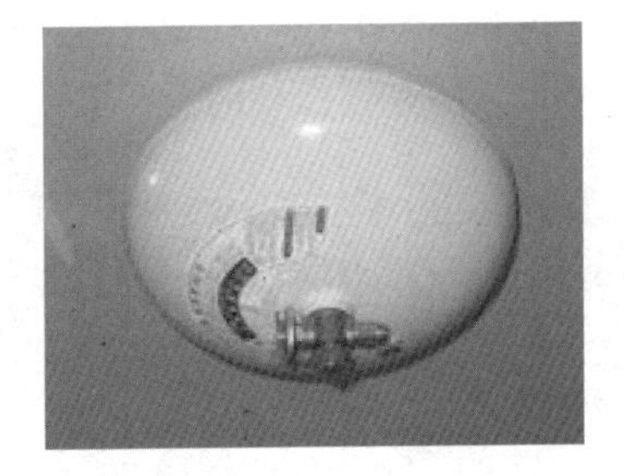

04 소화기의 설계기준

(1) 설치대상 암기 3평 문가터

① 소화기 또는 간이소화용구 : 화재안전기준에서 정하는 장소

㉠ 연면적 33 m^2 이상

㉡ 지정 문화재 및 가스시설

㉢ 터널

② 주거용 주방자동소화장치 : 아파트 및 30층 이상 오피스텔의 전층

③ 캐비닛형, 가스, 분말, 고체에어로졸 자동소화장치 : 화재안전기준에서 정하는 장소

(2) 적응성 기준

① 특정소방대상물의 설치장소에 따라 적합한 종류의 것으로 할 것

구분 \ 소화약제 (적응대상)	가스			분말		액체				기타			
	이산화탄소 소화약제	할론 소화약제	할로겐화합물 및 불활성가스 소화약제	인산염류 소화약제	중탄산염류 소화약제	산알칼리 소화약제	강화액 소화약제	포소화약제	물·침윤 소화약제	고체에어로졸화합물	마른모래	팽창질석·팽창진주암	그 밖의 것
일반화재(A급 화재)	–	○	○	○	–	○	○	○	○	○	○	○	–
유류화재(B급 화재)	○	○	○	○	○	○	○	○	○	○	○	○	–
전기화재(C급 화재)	○	○	○	○	○	*	*	*	*	○	–	–	–
주방화재(K급 화재)	–	–	–	–	*	–	*	*	*	–	–	–	*

1) "*"의 액체 소화약제는 전기전도성 시험에 적합한 경우 전기화재(C급화재) 적응성 있음

2) 위 적응성은 소화기구가 화재예방, 소방시설 설치·유지 및 안전관리에 관한 법률 제36조에 의하여 화재 종류별 형식승인 및 제품검사의 기술 기준에 적합한 소화기구로 설치할 수 있다.

② 일반건축물에는 이산화탄소와 같은 질식성 소화기는 설치할 수 없다.

③ 통신기기실과 전산실 등에는 소화약제에 의한 기기의 손상을 방지하기 위해 분말이나 물소화기 계통은 설치할 수 없도록 하고 있다. ※ NFPA(미국)에서는 제한규정 없음

(3) 소요능력단위

① 기본 소요능력단위

특정소방대상물에 따라 능력단위(화재별 소화기의 성능)가 법적규정 이상의 것으로 할 것

〈특정소방대상물별 소화기구의 능력단위기준〉

특정소방대상물	소화기구의 능력단위
위락시설	1단위 이상 / 해당용도 바닥면적 30 m^2
공연장 · 집회장 · 관람장 · 문화재 · 의료시설 및 장례식장	1단위 이상 / 해당용도 바닥면적 50 m^2
근린생활 · 판매 · 숙박 · 노유자 · 전시장 · 공동주택 · 업무 · 공장 · 창고 · 방송통신 · 운수시설 · 관광 · 휴게 · 항공기 및 자동차 관련 시설	1단위 이상 / 해당용도 바닥면적 100 m^2
그 밖의 것	1단위 이상 / 해당용도 바닥면적 200 m^2

(주) 소화기구의 능력단위를 산출함에 있어서 건축물의 주요구조부가 내화구조이고, 벽 및 반자의 실내에 면하는 부분이 불연재료 · 준불연재료 또는 난연재료로 된 특정소방대상물에 있어서는 위 표의 기준면적의 2배를 해당 특정소방대상물의 기준면적으로 한다.

② 추가 소요능력단위

기본 소요능력단위 외에 법적규정에 따라 부속용도별로 사용되는 부분에 대하여는 소화기구의 능력단위를 추가하여 설치할 것

〈부속용도별로 추가하여야 할 소화기구〉

<table>
<tr><th colspan="2">용도별</th><th>소화기구의 능력단위</th></tr>
<tr><td colspan="2">다음 각목의 시설. 다만, SP · 간이SP · 물분무등소화설비 또는 상업용 주방자동소화장치가 설치된 경우에는 자동확산소화기를 설치하지 아니 할 수 있다.
• 보일러실(아파트의 경우 방화구획된 것 제외) · 건조실 · 세탁소 · 대량 화기취급소
• 음식점(지하가의 음식점 포함) · 다중이용업소 · 노유자 · 호텔 · 기숙사 · 의료시설 · 업무시설 · 공장 · 장례식장 · 교육연구시설 · 교정 및 군사시설의 주방. 다만, 의료 · 업무 및 공장의 주방은 공동취사를 위한 것에 한함
• 관리자 출입이 곤란한 변전실 · 송전실 · 변압기실 및 배전반실 (불연재료로 된 상자안에 장치된 것 제외)
• 지하구의 제어반 또는 분전반</td><td>1. 해당 용도의 바닥면적 25 m^2마다 능력단위 1단위 이상의 소화기로 하고, 그 외에 자동확산소화기를 바닥면적 10 m^2 이하는 1개, 10 m^2 초과는 2개를 설치할 것. 다만, 지하구의 제어반 또는 분전반의 경우에는 제어반 또는 분전반마다 그 내부에 가스 · 분말 · 고체에어로졸 자동소화장치를 설치하여야 한다.
2. 나목의 주방의 경우, 1호에 의하여 설치하는 소화기중 1개 이상은 주방화재용 소화기(K급)를 설치하여야 한다.</td></tr>
<tr><td colspan="2">발전실 · 변전실 · 송전실 · 변압기실 · 배전반실 · 통신기기실 · 전산기기실 · 기타 유사한 시설이 있는 장소. 다만, 제1호 다목의 장소를 제외한다.</td><td>해당 용도의 바닥면적 50 m^2마다 적응성이 있는 소화기 1개 이상 또는 유효설치 방호체적 이내의 가스 · 분말 · 고체에어로졸 자동소화장치, 캐비닛형 자동소화장치(다만, 통신기기실 · 전자기기실을 제외한 장소에 있어서는 교류 600 V 또는 직류 750 V 이상의 것에 한한다)</td></tr>
<tr><td colspan="2">위험물 지정수량의 1/5 이상 지정수량 미만의 위험물을 저장 또는 취급하는 장소</td><td>능력단위 2단위 이상 또는 유효설치 방호체적 이내의 가스 · 분말 · 고체에어로졸 자동소화장치, 캐비닛형 자동소화장치</td></tr>
<tr><td rowspan="2">특수가연물을 저장 또는 취급하는 장소</td><td>지정수량 이상</td><td>지정수량의 50배 이상마다 능력단위 1단위 이상</td></tr>
<tr><td>지정수량의 500배 이상</td><td>대형소화기 1개 이상</td></tr>
<tr><td rowspan="2">고압가스안전관리법 · 액화석유가스의 안전관리 및 사업법 및 도시가스사업법에서 규정하는 가연성가스를 연료로 사용하는 장소</td><td>액화석유가스 기타 가연성가스를 연료로 사용하는 연소기기가 있는 장소</td><td>각 연소기로부터 보행거리 10 m 이내에 능력단위 3단위 이상의 소화기 1개 이상. 다만, 상업용 주방자동소화장치가 설치된 장소는 제외</td></tr>
<tr><td>액화석유가스 기타 가연성가스를 연료로 사용하기 위하여 저장하는 저장실(저장량 300 kg 미만 제외)</td><td>능력단위 5단위 이상의 소화기 2개 이상 및 대형소화기 1개 이상</td></tr>
</table>

(비고) 액화석유가스 · 기타 가연성 가스를 제조하거나 연료외의 용도로 사용하는 장소에 소화기를 설치하는 때에는 해당 장소 바닥면적 50 m^2 이하인 경우에도 해당 소화기를 2개 이상 비치하여야 한다.

(4) 설치기준

① 소화기

㉠ 배치기준

- 각 층마다 설치하되, 특정소방대상물의 각 부분으로부터 다음과 배치
  - 소형소화기 : 보행거리 20 m 이내마다 배치
  - 대형소화기 : 보행거리 30 m 이내마다 배치
- 가연성물질이 없는 작업장 : 작업장의 실정에 맞게 보행거리를 완화하여 배치가능
- 지하구 : 화재발생의 우려가 있거나 사람의 접근이 쉬운 장소에 한하여 설치가능
- 능력단위가 2단위 이상이 되도록 소화기를 설치하여야 할 특정소방대상물 또는 그 부분은 간이소화용구의 능력단위가 전체 능력단위의 1/2 이하. 다만, 노유자시설의 경우에는 그렇지 아니하다.

㉡ 추가기준

특정소방대상물의 각 층이 2 이상의 거실로 구획된 경우에는 위 배치기준에 따라 각 층마다 설치하는 것 외에 바닥면적 33 m^2 이상으로 구획된 각 거실(아파트의 경우 각 세대)에도 배치할 것

② 주거용 주방자동소화장치 암기 **방감 차탐수**

- 소화약제 <u>방</u>출구는 환기구(주방에서 발생하는 열기류 등을 밖으로 배출하는 장치)의 청소부분과 분리되어 있어야 하며, 형식승인 받은 유효설치 높이 및 방호면적에 따라 설치할 것
- <u>감</u>지부는 형식승인 받은 유효한 높이 및 위치에 설치할 것
- <u>차</u>단장치(전기 또는 가스)는 상시 확인 및 점검이 가능하도록 설치할 것
- 가스용 주방자동소화장치를 사용하는 경우 <u>탐</u>지부는 수신부와 분리하여 설치하되, 공기보다 가벼운 가스를 사용하는 경우에는 천장 면으로부터 30 ㎝ 이하의 위치에 설치하고, 공기보다 무거운 가스를 사용하는 장소에는 바닥 면으로부터 30 ㎝ 이하의 위치에 설치할 것
- <u>수</u>신부는 주위의 열기류 또는 습기 등과 주위온도에 영향을 받지 아니하고 사용자가 상시 볼 수 있는 장소에 설치할 것

③ 상업용 주방자동소화장치

- 소화장치는 조리기구의 종류 별로 성능인증 받은 설계 매뉴얼에 적합하게 설치할 것
- 감지부는 성능인증 받는 유효높이 및 위치에 설치할 것
- 차단장치(전기 또는 가스)는 상시 확인 및 점검이 가능하도록 설치할 것
- 후드에 방출되는 분사헤드는 후드의 가장 긴 변의 길이까지 방출될 수 있도록 약제 방출 방향 및 거리를 고려하여 설치할 것
- 덕트에 방출되는 분사헤드는 성능인증 받는 길이 이내로 설치할 것

④ 캐비닛형 자동소화장치

- 분사헤드의 설치 높이는 방호구역의 바닥으로부터 최소 0.2 m 이상 최대 3.7 m 이하로 하여야 한다. 다만, 법 제36조 제5항에 따라 형식승인을 받은 경우에는 그 성능인정범위 내에서 설치할 수 있다.
- 화재감지기는 방호구역내의 천장 또는 옥내에 면하는 부분에 설치할 것
- 방호구역내의 화재감지기의 감지에 따라 작동되도록 할 것
- 화재감지기의 회로는 교차회로방식으로 설치할 것. 다만, 화재감지기를 자동화재탐지설비의 화재안전기준(NFSC 203) 제7조 제1항 단서의 각호의 감지기로 설치하는 경우에는 그러하지 아니하다.
- 교차회로내의 각 화재감지기회로별로 설치된 화재감지기 1개가 담당하는 바닥면적은 자동화재탐지설비의 화재안전기준(NFSC 203) 제7조 제3항 제5호 · 제8호 및 제10호에 따른 바닥면적으로 할 것
- 개구부 및 통기구(환기장치를 포함)를 설치한 것에 있어서는 약제가 방사되기 전에 해당 개구부 및 통기구를 자동으로 폐쇄할 수 있도록 할 것
- 작동에 지장이 없도록 견고하게 고정시킬 것
- 구획된 장소의 방호체적 이상을 방호할 수 있는 소화성능이 있을 것

⑤ 가스 · 분말 · 고체에어로졸 자동소화장치

㉠ 소화약제 방출구는 형식승인 받은 유효설치범위 내에 설치할 것

㉡ 자동소화장치는 방호구역 내에 형식승인 된 1개의 제품을 설치할 것. 이 경우 연동방식으로서 하나의 형식을 받은 경우에는 1개의 제품으로 본다.

㉢ 감지부는 형식승인된 유효설치범위 내에 설치하여야 하며 설치장소의 평상시 최고주위온도에 따라 다음 표에 따른 표시온도의 것으로 설치할 것. 다만, 열감지선의 감지부는 형식승인 받은 최고주위온도 범위 내에 설치하여야 한다.

설치장소의 최고주위온도	표시온도
39℃ 미만	79℃ 미만
39℃ 이상 64℃ 미만	79℃ 이상 121℃ 미만
64℃ 이상 106℃ 미만	121℃ 이상 162℃ 미만
106℃ 이상	162℃ 이상

㉣ 다목에도 불구하고 화재감지기를 감지부를 사용하는 경우에는 제8호 나목부터 마목까지의 설치방법에 따를 것

⑤ 설치방법

㉠ 설치높이

바닥으로부터 높이 1.5 m 이하의 곳에 비치(자동소화장치를 제외)

㉡ 표지의 표시방법 : 각 소화기별 다음과 같은 표시한 표지를 보기 쉬운 곳에 부착할 것

- 소화기 : "소화기"
- 투척용 소화용구 : "투척용 소화용구"
- 마른 모래 : "소화용 모래"
- 팽창진주암 및 팽창질석 : "소화질석"

⑥ 설치제한

㉠ 질식성 소화기

이산화탄소 또는 할로겐화합물을 방사하는 소화기구(자동확산소화기를 제외한다)

㉡ 제한 장소

지하층이나 무창층 또는 밀폐된 거실로서 그 바닥면적이 20 m^2 미만의 장소에는 설치할 수 없다. 다만, 배기를 위한 유효한 개구부가 있는 장소인 경우 예외

⑦ 감소기준(소형소화기)

㉠ 소형소화기를 설치하여야 할 특정소방대상물 또는 그 부분에 옥내소화전설비 · 스프링클러설비 · 물분무등소화설비 · 옥외소화전설비 또는 대형소화기를 설치한 경우에는 소형소화기를 감소할 수 있다.

- 소형소화기 : 소요 단위수의 2/3를 감소(즉, 1/3만 설치함)
- 대형소화기 : 소요 단위수의 1/2을 감소

㉡ 감소기준 적용 제외대상

- 층수가 11층 이상인 부분
- 근린생활시설, 판매시설, 숙박시설, 위락시설
- 문화집회시설, 운동시설, 노유자시설, 의료시설
- 아파트, 업무시설(무인변전소는 제외), 방송통신시설, 교육연구시설
- 항공기 및 자동차관련시설, 관광휴게시설

⑧ 대형소화기의 면제

대형소화기를 설치하여야 할 특정소방대상물 또는 그 부분에 다음과 같은 소화설비를 할 경우 대형소화기를 설치하지 아니할 수 있다.

㉠ 옥내소화전설비
㉡ 옥외소화전설비
㉢ 스프링클러설비
㉣ 물분무등소화설비

예 상 문 제

Fire Equipment Manager

01 가스계 소화설비의 교차회로방식에 대하여 다음 물음에 답하시오.
1. 정의
2. 사용목적
3. 교차회로방식으로 하지 않아도 되는 감지기 5가지
4. 자동식 기동장치로 교차회로를 적용하는 소화설비의 종류

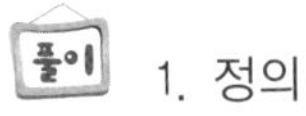

1. 정의

   하나의 방호구역내에 2 이상의 화재감지기회로를 설치하고 인접한 2 이상의 화재감지기가 동시에 감지되는 때에는 (이산화탄소, 할로겐화합물 또는 분말) 소화설비가 작동하여 소화약제가 방출되는 방식

2. 사용목적

   화재발생이 아님에도 화재감지기 1회로의 오동작으로 소화설비가 동작하는 경우를 방지하여 설비의 작동에 대한 신뢰성을 확보하기 위함

3. 교차회로방식으로 하지 않아도 되는 감지기 5가지 암기 **축복 불아광다 정분**

   ① 축적방식의 감지기
   ② 복합형 감지기
   ③ 불꽃 감지기
   ④ 아날로그방식의 감지기
   ⑤ 광전식 분리형 감지기
   ※ 다신호방식의 감지기, 정온식 감지선형 감지기, 분포형 감지기

4. 자동식 기동장치로 교차회로를 적용하는 소화설비의 종류 암기 **준일미 이할할분**

   ① 준비작동식 스프링클러설비
   ② 일제살수식 스프링클러설비 ※ 일제개방밸브설비 안됨
   ③ 미분무소화설비 (개방형)
   ④ 이산화탄소소화설비
   ⑤ 할론소화설비
   ⑥ 할로겐화합물 및 불활성기체소화설비
   ⑦ 분말소화설비

02 이산화탄소소화약제 300 kg를 소화설비의 소화약제로 사용하기 위하여 내용적 68 L의 저장용기에 고압식으로 충전하려고 한다. 저장에 필요한 이산화탄소의 저장용기는 최소 몇 병인가?

풀이

$$\text{최소저장용기의 수} = \frac{\text{이산화탄소의 저장량 (kg)}}{68\,\text{L}/\text{병} \div \text{충전비 (L/kg)}} = \frac{300\,\text{kg}}{68\,\text{L}/\text{병} \div 1.5\,\text{L}/\text{kg}} = 6.62 \fallingdotseq 7\text{병}$$

정답 7병

※ 참고사항

$$\text{최대저장용기의 수} = \frac{\text{이산화탄소의 저장량 (kg)}}{68\,\text{L}/\text{병} \div \text{충전비 (L/kg)}} = \frac{300\,\text{kg}}{68\,\text{L}/\text{병} \div 1.9\,\text{L}/\text{kg}} = 8.38 \fallingdotseq 9\text{병}$$

03 어느 특정소방대상물에 전기실, 발전기실, 종합방재반실을 방호하기 위한 할론 1301 소화설비를 설치하고자 한다. 다음 주어진 조건을 이용하여 각 물음에 답하시오.

1. 약제 저장용기실에 설치하여야 할 최소 용기의 수(병)
2. 약제 저장용기실에 설치하여야 할 최소 선택밸브의 수(개)

조건

1. 각 실의 바닥으로부터 천장까지의 높이, 바닥면적, 배관내용적은 다음표와 같다.

	전기실	발전기실	종합방재반실
바닥면적(m^2)	875	225	50
천장높이(m)	5	5	3
집합관 내용적(L)	100	100	100
집합관 제외한 배관내용적(L)	200	80	10

2. 용기밸브와 집합관 사이의 연결배관에 대한 내용적은 무시한다.
3. 축압식 저장용기의 압력은 온도 20 ℃에서 4.2 MPa이 되도록 질소가스로 축압되어 있다.
4. 하나의 저장용기에 저장되는 소화약제는 50 kg이며, 용기의 내용적은 68 L이다.
5. 각 실에서의 개구부는 없다고 가정한다.
6. 소요약제량 산출시 각실 내부의 기둥과 내용물의 체적은 무시한다.
7. 20 ℃에서의 할론 1301의 액체밀도는 1.6 kg/L이다.

풀이

1. 약제 저장용기실에 설치하여야 할 최소용기의 수

① 전기실의 최소용기개수

- 산출 약제량 : $875\ m^2 \times 5\ m \times 0.32\ kg/m^3 = 1400\ kg$
- 소요 용기수 : 1400 kg ÷ 50 kg/병 = 28병
- 배관용적과 약제체적의 비가 1.5배 이상시 별도 독립방식 해당유무

(100 + 200) L /(28병 × 50 kg/병 ÷ 1.6 kg/L) = 0.34배 < 1.5배 용기공용가능

할로겐화합물소화설비의 화재안전기준(NFSC 107) 제4조 제6항
하나의 구역을 담당하는 소화약제 저장용기의 소화약제량의 체적합계보다
그 소화약제 방출시 방출경로가 되는 배관(집합관 포함)의 내용적이 1.5배 이상일 경우에는
해당 방호구역에 대한 설비는 별도 독립방식으로 하여야 한다.

② 발전기실의 최소용기개수
- 산출 약제량 : 225 m^2 × 5 m × 0.32 kg/m^3 = 360 kg
- 소요 용기수 : 360 kg ÷ 50 kg/병 = 7.2병 ≒ 8병
- 배관용적과 약제체적의 비가 1.5배 이상시 별도 독립방식 해당유무
  (100 + 80)L/(8병 × 50 kg/병 ÷ 1.6 kg/L) =0.72배 < 1.5배 용기공용가능

③ 종합방재반실의 최소용기개수
- 산출 약제량 : 50 m^2 × 3 m × 0.32 kg/m^3 = 48 kg
- 소요 용기수 : 48 kg ÷ 50 kg/병 = 0.96병 ≒ 1병
- 배관용적과 약제체적의 비가 1.5배 이상시 별도 독립방식 해당유무
  (100 + 10) L/(1병 × 50 kg/병 ÷ 1.6 kg/L) = 3.52배 ≥ 1.5배 용기공용불가

④ 용기저장실의 최소용기개수
28 병 + 1병 = 29병

정답 29병

2. 약제 저장용기실에 설치하여야 할 최소 선택밸브의 수
공용 저장용기에 2개 방호구역이므로 2개임(별도 독립방식의 경우 선택밸브 필요 없음)

정답 2개

04 가로 5 m, 세로 5 m, 높이 3 m인 방호대상물에 이산화탄소소화설비를 설치하고자 할 때 방호대상물에 필요한 체적 및 소화약제량(kg)은?(단, 방호대상물 주위에 설치된 벽이 없다)

조 건
1. 방호대상물 : 윤활유 저장탱크
2. 고압식의 설비
3. 방호공간 1 m^3에 대한 소화약제량(Q)

$$Q = 8 - 6\frac{a}{A} \ [kg/m^3]$$

4. 계산결과에서 소수점 발생시 소수 셋째자리에서 반올림한다.

풀이 1. 방호공간의 체적(V)

① 가로, 세로는 좌우로 0.6 m씩, 높이는 위쪽으로만 0.6 m를 연장한 공간
- 가로 = 0.6 m + 5 m + 0.6 m = 6.2 m,
- 세로 = 0.6 m + 5 m + 0.6 m = 6.2 m,

• 높이 = 0 m + 3 m + 0.6 m = 3.6 m(바닥면은 고정면으로 연장안함)

② 방호공간의 체적(V) = 6.2 m × 6.2 m × 3.6 m = 138.384 m^3

정답 138.384 m^3

2. 소화약제 저장량(W) 암기 **팔마육 면비**

$$W = V \times [8 - 6\frac{a}{A}] \times h = 138.384 \times [8 - 6 \times \frac{0}{A}] \times 1.4 = 1{,}549.9008$$

정답 1,549.90 kg

05 다음 용어에 대해 간단히 설명하시오.

1. NOAEL
2. LOAEL
3. ODP
4. GWP
5. ALT

1. NOAEL(No Observable Adverse Effect Level)
   독성 또는 생리적 변화가 관찰되지 않는 최고농도
2. LOAEL(Lowest Observable Adverse Effect Level)
   독성 또는 생리적 변화가 관찰되는 최저농도
3. ODP(오존파괴지수 : Ozone Depletion Potential)
   ① 삼염화불화탄소($CFCl_3$, CFC-11) 1 kg이 오존을 파괴하는 정도에 비해 다른 물질의 오존파괴능력을 상대적으로 나타내는 수치
   ② 계산식
   ODP = 비교하는 물질 1 kg이 파괴하는 오존량 ÷ CFC-11 1 kg이 파괴하는 오존량
4. GWP(지구온난화지수 : Global Warming Potential)
   ① 이산화탄소 1 kg이 지구온난화를 일으키는 정도에 비해 다른 물질의 지구온난화 정도를 상대적으로 나타내는 수치
   ② 계산식
   GWP = 비교하는 물질 1 kg이 기여하는 지구온난화 정도 ÷ CO_2 1 kg이 기여하는 지구온난화 정도
5. ALT(대기권 잔존 년수 : Atmospheric Life Time)
   소화약제가 대기 중에서 분해, 화합하여 다른 물질로 변하게 되는데 그때까지 대기 중에 존재하는 기간을 연수로 표시한 것

06 할로겐화합물 및 불활성기체소화약제의 종류 5가지와 그 화학식, 최대허용설계농도(%), 주된 소화효과를 쓰시오.

소화약제	화학식	최대허용 설계농도(%)	주된 소화효과
FK-5-1-12	C_6OF_{12}	10 %	냉각효과 〉 부촉매효과
HFC-227ea	C_3HF_7	10.5 %	냉각효과 〉 부촉매효과
HFC-125	C_2HF_5	11.5 %	냉각효과 〉 부촉매효과
IG-541	N_2 52 %, Ar 40 %, CO_2 8 % 혼합	43 %	질식효과
IG-100	N_2 100 %	43 %	질식효과
HFC-23	CHF_3	30 %	냉각효과 〉 부촉매효과
HCFC Blend A	HCFC- 22($CHClF_2$) 82 % HCFC-123($C_2HCl_2F_3$) 4.75 % HCFC-124(C_2HClF_4) 9.5 % $C_{10}H_{16}$ 3.75 %가 혼합된 것	10 %	냉각효과 〉 부촉매효과

07 할로겐화합물 소화약제의 저장량 산출식을 유도하시오.

1. 설계농도 $C = \dfrac{\text{방사한 약제부피}}{\text{방호구역 체적} + \text{방사한 약제부피}} \times 100 = \dfrac{Vg}{V+Vg} \times 100$
2. 방사한 소화약제의 부피 $Vg = S \times W$
3. 설계농도 $C = \dfrac{W \times S}{V + W \times S} \times 100$ ➜ $C \times (V + W \times S) = W \times S \times 100$
4. $(W \times S \times 100) - (W \times S \times C) = V \times C$ ➜ $W \times S(100 - C) = V \times C$

(여기서, W : 소화약제의 무게(kg),
V : 방호구역의 체적(m^3),
S : 소화약제별 선형상수(m^3/kg),
C : 체적에 따른 소화약제의 설계농도(%),
t : 방호구역의 최소예상온도(℃))

정답 $W = \dfrac{V}{S} \times \dfrac{C}{100 - C}$

08 할로겐화합물 및 불활성기체 소화설비의 화재안전기준에 의거 규정된 불활성기체 소화약제의 저장량 산출식을 쓰고 기호를 설명하시오.

$$X = 2.303 \times \log\left(\frac{100}{100-C}\right) \times \frac{Vs}{S} \quad [m^3/m^3]$$

(여기서, X : 공간체적당 더해진 소화약제의 부피(m^3/m^3),

S : 소화약제별 선형상수($K_1 + K_2 \times t$)(m^3/kg),

C : 체적에 따른 소화약제의 설계농도(%),

t : 방호구역의 최소예상온도(℃),

Vs : 20 ℃에서 소화약제의 비체적(m^3/kg))

09 다음 조건을 이용하여 할로겐화합물 소화약제가 10초 동안 방사된 약제량(kg)을 구하시오.

조건

1. 10초 동안 약제가 방사될 때 설계농도의 95 %에 해당하는 약제가 방출된다.
2. 실의 구조는 가로 4 m, 세로 5 m, 높이 4 m이다.
3. K_1 = 0.2413, K_2 = 0.00088, 실온은 20 ℃이다.
4. A급, C급 화재 발생가능 장소로써, 소화농도는 8.5 %이다.

1. 공식

$$W = \frac{V}{S} \times \left(\frac{C}{100-C}\right) \ [kg]$$

① 실체적 = 4 m × 5 m × 4 m = 80 m^3

② 비체적(S) = $K_1 + K_2 \times t = 0.2413 + 0.00088 \times 20 = 0.2589\ m^3/kg$

③ 설계농도(C) = 소화농도 × 1.2(A, C급 화재일 경우 안전율) = 8.5 % × 1.2 = 10.2 %

④ 설계농도의 95 %에 해당하는 농도(C) = 10.2 % × 0.95 = 9.69 %

2. 약제량(kg)

$$W = \frac{V}{S} \times \left(\frac{C}{100-C}\right) = \frac{80}{0.2589} \times \left(\frac{9.69}{100-9.69}\right) = 33.154\ kg$$

정답 33.15 kg

10 전기실의 크기가 가로 35 m, 세로 30 m, 높이 7 m인 방호공간에 설치해야 할 IG-541의 최소 약제용기 수는 몇 병인가?(단, IG-541 용기는 80 ㎗용 12 m^3/병, 설계농도는 37 %, 방사시 실내온도 20 ℃을 기준으로 하며, 기타 조건은 무시한다)

풀이

1. 약제량 공식

$$X\,[m^3] = 2.303 \times \log\left(\frac{100}{100-C}\right) \times \frac{Vs}{S} \times V$$ 에서,

문제의 조건이 상온(20 ℃)을 기준으로 하므로 S = Vs이다. 즉,

$$X\,[m^3] = 2.303 \times \log\left(\frac{100}{100-C}\right) \times V$$

2. 약제량 계산

$$X\,[m^3] = 2.303 \times \log\left(\frac{100}{100-C}\right) \times V = 2.303 \times \log\left(\frac{100}{100-37}\right) \times 7350 \quad = 3{,}396.6\ m^3$$

3. 최소약제 용기수

$$N = \frac{3{,}396.6\ m^3}{12\ m^3/병} = 283.05 \fallingdotseq 284\ 병$$

정답 284병

알아두세요

약제량 계산과 최소약제 용기수

$$X[m^3] = \ln\frac{100}{100-C} \times V = \ln\frac{100}{100-37}(35 \times 30 \times 7) = 3{,}395.96\ m^3$$

$$N = \frac{3{,}395.96\ m^3}{12\ m^3/병} = 282.9967 \fallingdotseq 283병$$

11 지하 7층 전기실의 크기가 가로 30 m, 세로 20 m, 높이 7 m인 방호공간에 할로겐화합물 및 불활성기체소화설비를 아래 조건에 따라 설치할 경우 다음 물음에 답하시오.

1. HFC-227ea의 최소 산출량(kg)
2. 최소 소화약제의 저장용기 수(병)
3. 배관구경 산정시 기준이 되는 약제량 방사시 최소 유량(kg/s)
4. 열연기복합형(차동식 스포트형 2종과 광전식 연기감지기 스포트형 2종 설치시 ① 최소 감지기수와 ② 최소 회로수

조건

1. HFC-227ea의 소화농도는 5.83 %
2. HFC-227ea의 용기는 68 L용 45 kg
3. HFC-227ea의 K_1 = 0.1269, K_2 = 0.0005
4. 방호구역의 예상온도 7 ℃~27 ℃
5. 계산결과에서 소수점 발생시 소수 셋째자리에서 반올림한다.
6. 당 건축물은 내화구조이며, 그 밖의 조건은 무시한다.

1. HFC-227ea의 최소 산출량(kg)

① 방호구역의 체적 $V = 30 \times 20 \times 7 = 4{,}200\ m^3$

② 비체적 $S = K_1 + K_2 t = 0.1269 + 0.0005 \times 7 = 0.1304\ m^3/kg$

③ 소화약제의 설계농도 C = 소화농도 × 1.2(A, C급 화재일 경우 안전율)
= 5.83 % × 1.2 = 6.996 %

④ 약제량 $W = \frac{V}{S} \times \left(\frac{C}{100-C}\right) = \frac{4{,}200}{0.1304} \times \left(\frac{6.996}{100-6.996}\right) = 2{,}422.81\ kg$

정답 2,422.81 kg

2. 최소 소화약제의 저장용기 수(병)

$N = \frac{2{,}422.812\ kg}{45\ kg/병} = 53.84027병$

정답 54병

3. 배관구경 산정시 기준이 되는 약제량 방사시 최소유량(kg/s)

$$\frac{W}{s} = \frac{산출량}{방사시간} = \frac{V}{S} \times \left(\frac{C \times 0.95}{100 - C \times 0.95}\right) \div 10$$

$$= \frac{4{,}200}{0.1304} \times \left(\frac{6.996 \times 0.95}{100 - 6.996 \times 0.95}\right) \div 10 = 229.304\ kg/s$$

정답 229.3 kg/s

알아두세요

할로겐화합물 및 불활성기체소화설비의 화재안전기준(NFSC 107A) 제10조 제3항

배관의 구경은 해당 방호구역에 할로겐화합물소화약제는 10초 이내에, 불활성기체소화약제는 A · C급 화재 2분, B급 화재 1분 이내에 방호구역 각 부분에최소설계농도의 95 % 이상 해당하는 약제량이 방출되도록 하여야 한다.

4. 열연기복합형(차동식 스포트형 2종과 광전식 연기감지기 스포트형 2종) 설치시 최소 감지기수와 최소 회로수

① 최소감지기수

$N = \frac{바닥면적}{기준면적/개} = \frac{600\ m^2}{35\ m^2/개} = 17.14 ≒ 18개$

② 최소회로수 : 1회로

정답 ① 18개 ② 1회로

12

최고사용압력이 7 MPa{71 kgf/cm²}인 배관의 호칭지름 50 A, 인장강도 373 N/mm² {38 kgf/cm²}인 강관을 사용하는 경우 압력배관용 탄소강관의 스케줄번호(Sch.No)와 살의 두께(mm)은?(단, 안전율은 4, 외경은 60.5 mm이고, Sch. No은 10, 20, 30, 40, 60, 80, 100, 120, 140, 160에서 선정한다.)

풀이 1. 스케줄번호

허용응력 $\sigma_a = \dfrac{\text{인장강도}}{\text{안전율}} = \dfrac{373}{4} = 93.25\ \text{N/mm}^2$

$\text{Sch. No} = 1{,}000 \times \dfrac{7}{93.25} \fallingdotseq 75.07$

따라서 호칭지름이 50 A이고 두께가 5.14 mm 이상인 규격을

압력배관용 탄소강관의 치수표에서 찾으면 Sch.80을 선정할 수 있다.

스케줄 번호(Sch. No)	배관의 살두께(t)(Barlow's formula)
Sch. No = 10 × P/σ_a [공학단위] $P[\frac{kgf}{cm^2}] = \frac{1kg/cm^2}{0.098MPa}P'[MPa]$ $\sigma[\frac{kgf}{mm^2}] = \frac{1kgf}{9.8N}\sigma'[\frac{N}{mm^2}]$ Sch. No = $10\dfrac{\frac{1}{0.098}P'}{\frac{1}{9.8}\sigma'}$ = 1,000× P/σ_a [SI단위]	$t = \dfrac{PD}{\sigma_a 175} + 2.54$ [mm] 공학단위 $P[\frac{kgf}{cm^2}] = \frac{1kg/cm^2}{0.098MPa}P'[MPa]$ $\sigma[\frac{kgf}{mm^2}] = \frac{1kgf}{9.8N}\sigma'[\frac{N}{mm^2}]$ $t = \dfrac{\frac{1}{0.098}P'D}{\frac{1}{9.8}\sigma' 175} + 2.54$ $= \dfrac{PD}{\sigma_a 1.75} + 2.54[mm]$
암기 **십피나허**	암기 **피디나 175용 인**

P : 배관의 사용압력 kgf/cm² {MPa}, D : 배관의 외경(mm)

σ_a : 배관의 허용인장응력(kgf/mm²){N/mm²} = 인장강도(σ_u)/안전율(S)

S : 안전율(정압 4, 동압 6) ➜ { }속의 단위는 SI단위

정답 Sch.80

2. 배관의 살 두께

$t = \dfrac{7 \times 60.5}{93.25 \times 1.75} + 2.54 = 5.135$

정답 5.14 mm

13

최대 허용압력이 3 MPa이고, 배관의 외경이 114.3 mm이며, 배관재료의 최대 허용응력이 210 MPa, 나사이음으로 나사의 높이가 1 mm일 때 할로겐화합물 및 불활성기체소화설비의 배관의 두께(mm)는?

풀이 배관의 두께(t) $= \dfrac{PD}{2SE} + A = \dfrac{3 \times 10^3 \times 114.3}{2 \times 210 \times 10^3} + 1 = 1.816$

정답 1.82 mm

배관의 두께(t)

할로겐화합물 및 불활성기체소화설비의 화재안전기준(NFSC 107A) 제10조(배관)

관의 두께(t) $= \frac{PD}{2SE} + A$

(여기서, P : 최대허용압력(kPa), D : 배관의 바깥지름(mm), SE : 최대허용응력(kPa)(배관재질 인장강도의 1/4값과 항복점의 2/3 값 중 적은 값 ×배관이음효율 × 1.2), A : 나사이음, 홈이음 등의 허용값(mm)(헤드 설치부분은 제외))

배관이음 효율	이음등의 허용값
이음매없는 배관 : 1.00	나사이음 : 나사의 높이
전기저항용접배관 : 0.85	절단홈이음 : 홈의 깊이
가열맞대기 용접배관 : 0.60	용접이음 : 0

14 분말소화설비의 정압작동장치의 종류 3가지를 쓰고 간단히 설명하시오.

1. 전기식(시한릴레이방식, Timer식)
   저장용기 내압이 가압용 가스의 압력에 의하여 설정압력에 달하는 시간을 미리 설정하여 주밸브를 개방하는 방식
2. 기계식(Spring 방식)
   저장용기 내압이 가압용 가스의 압력에 의하여 설정압력에 달하면 스프링의 힘으로 밸브의 콕크를 잡아당겨서 주밸브를 개방하는 방식
3. 가스압력식(압력스위치 방식) : 현재 대부분 사용하는 방식
   저장용기 내압이 가압용 가스의 압력에 의하여 설정압력이 되었을 때 압력스위치가 닫혀 전자밸브를 개방하여 가압용 가스를 보내어 주밸브를 개방하는 방식

15 분말소화설비의 Knock-down효과와 비누화현상을 설명하시오.

1. 분말소화설비의 Knock-down효과
   연소 중의 불꽃 규모보다 방출율을 크게 하여 불꽃을 입체적으로 두껍게 포위하면서 부촉매작용으로 순식간에 사그라지게 하는 효과
2. 분말소화약제의 비누화현상
   제1종 분말소화약제($NaHCO_3$)를 지방질유나 식용유의 화재에 사용하면 탄산수소나트륨($NaHCO_3$)의 Na^+이온과 기름의 지방산이 결합하여 비누거품을 형성하게 된다. 이 비누거품이 가연물을 덮어 산소공급을 차단하여 질식효과를 갖는 현상

16 소화약제에 의한 간이소화용구 종류 2가지를 쓰고 간단히 설명하시오.

1. 투척용 소화용구 : 화재가 발생한 곳에 던져서 소화하는 소화용구
2. 에어로졸식 소화용구 : 사람이 조작하여 압력에 의하여 방사하는 기구로서 소화기의 형식승인 및 제품검사의 기술기준 중 제4조 제1항에서 규정하는 능력단위의 수치가 1 미만이고 소화약제의 중량이 0.7 kg 미만이며, 한번 사용한 후에는 다시 사용할 수 없는 형의 것

17 소화기 중 대형으로 구분되는 기준(즉, 능력단위, 설치, 약제종류별)을 쓰시오.

풀이

1. 능력단위
   ① A급 : 10단위 이상
   ② B급 : 20단위 이상
   ③ C급 : 전기전도성시험에 적합하여야 하며 능력단위는 지정하지 아니함
2. 설치기준
   ① 각 층마다 설치하되, 특정소방대상물의 각 부분으로부터 보행거리 30 m 이내가 되도록 배치함.
   ② 특정소방대상물의 각층이 2 이상의 거실로 구획된 경우에는 가목의 규정에 따라 각 층마다 설치하는 것 외에 바닥면적이 33 m^2 이상으로 구획된 각 거실(아파트의 경우에는 각 세대를 말한다)에도 배치할 것
   ③ 소화기구(주거용 주방자동소화장치 · 캐비닛형자동소화장치 · 소공간자동소화장치 및 자동확산소화장치를 제외)는 바닥으로부터 높이 1.5 m 이하의 곳에 비치하고, 소화기에 있어서는 "소화기"라고 표시한 표지를 보기 쉬운 곳에 부착할 것
   ④ 소형소화기를 설치해야할 장소에 대형소화기를 설치한 경우에는 그 유효범위에 대해 필요한 능력단위를 1/2 감소시킬 수 있음
3. 약제별 충전 소화약제량 암기 **물강포 탄할분 팔육이 오삼이**

종 류	**물**소화기	**강**화액소화기	**포**소화기
충전량 이상	80 L 이상	60 L 이상	20 L 이상
종류	이산화**탄**소 소화기	**할**로겐화물 소화기	**분**말 소화기
충전량 이상	50 kg 이상	30 kg 이상	20 kg 이상

18 다음 복합건축물에 필요한 소화기구를 설계하시오.

1. 2단위 소형소화기의 총 소요수(개)
2. 자동확산소화기의 총 소요수(개)

층		
지상 5층	업무시설 300 m^2	
지상 4층	업무시설 300 m^2	
지상 3층	업무시설 300 m^2	
지상 2층	위락시설 285 m^2	주방 15 m^2
지상 1층	업무시설 300 m^2	
지하 1층	주차장 275 m^2	보일러실 25 m^2

조건

1. 지하 1층은 스프링클러설비가 설치됨
2. 지상 1층~지상 5층은 옥내소화전설비, 자동화재탐지설비가 설치됨
3. 건물의 주요구조부가 내화구조이고, 벽 및 반자의 실내에 면하는 부분이 난연재료로 되어있음
4. 주차장은 업무시설의 부속용도임

풀이

1. 2단위 소형소화기의 총 소요수(개)
   1) 지하 1층
      ① 특정소방대상물 용도 : 주차장은 업무시설의 부속용도
         ㉠ 내화구조이고, 난연재료이상시 기준면적의 2배
         ㉡ 감소기준 적용여부 : 업무시설이므로 감소기준 적용안 함
         ㉢ 계산 : $300\ m^2 \div (100\ m^2/단위 \times 2배) = 1.5단위$
         ➜ 2단위 소형소화기 1개
      ② 부속용도 : 보일러실 25 m^2(∵부속용도별로 추가하여야 할 소화기구)
         보일러실에는 부속용도별로 추가해야 할 소화기구로서 해당 용도의 바닥면적 25 m^2마다 능력단위 1단위 이상의 소화기 설치
         ➜ 2단위 소형소화기 1개
   2) 지상 1층, 지상 3층~지상 5층 : 4개층
      ① 특정소방대상물 용도 : 업무시설
      ② 내화구조이고, 난연재료 이상시 기준면적의 2배
      ③ 감소기준은 적용여부 : 업무시설에 해당되므로 감소기준은 적용되지 않음
      ④ 계산 : $300\ m^2 \div (100\ m^2/단위 \times 2배) = 1.5단위$
      ➜ 2단위 소형소화기 1개

3) 지상 2층

① 특정소방대상물 용도 : 위락시설

㉠ 내화구조이고, 난연재료이상시 기준면적의 2배

㉡ 감소기준은 적용여부 : 근린생활시설, 위락시설, 문화집회시설, 판매시설, 숙박시설, 노유자시설, 의료시설, 업무시설(무인변전소를 제외), 아파트 등에 해당되므로 감소기준은 적용되지 않음.

㉢ 계산 : 300 m^2 ÷ (30 m^2/단위 × 2배) = 5단위

➜ 2단위 소형소화기 3개

② 부속용도 : 주방 15 m^2(∵부속용도별로 추가하여야 할 소화기)

㉠ 스프링클러설비 · 간이스프링클러설비 · 물분무등소화설비 또는 상업용 주방자동소화장치가 설치된 경우에는 자동확산소화기를 설치하지 아니할 수 있음

㉡ 해당 용도의 바닥면적 25 m^2마다 능력단위 1단위 이상의 소화기로 하고, 주방에 설치하는 소화기 중 1개 이상은 주방화재용 소화기(K급)를 설치하여야 한다.

㉢ 계산 : 15 m^2 ÷ 25 m^2/개 = 0.6단위

➜ 2단위 소형소화기 1개(K급)

정답 2단위 소형소화기 10개

• 지하 1층, 지상 1층, 지상 3층~지상 5층 : 6개

• 지상 2층 : 4개

2. 자동확산소화기의 총 소요수(개)

1) 지하 1층 : 보일러실 25 m^2(∵부속용도별로 추가하여야 할 소화기구)

보일러실에는 부속용도별로 추가해야 할 소화기구로서 자동확산소화기를 설치해야 하지만 스프링클러설비가 설치되어 있으므로 면제

2) 지상 2층 : 주방 15 m^2(∵부속용도별로 추가하여야 할 소화기구)

① 스프링클러설비 · 간이스프링클러설비 · 물분무등소화설비 또는 상업용 주방자동소화장치가 설치된 경우에는 자동확산소화기를 설치하지 아니할 수 있음

② 계산 : 15 m^2 ÷ 10 m^2/개 = 1.5개

➜ 자동확산소화기 2개

정답 자동확산소화기 2개

MEMO

경보설비

01 비상경보설비

Fire Equipment Manager

01 경보설비의 종류 암기 경방누 자자단 시가통

(1) 비상경보설비(비상벨설비 및 자동식 사이렌설비)

화재발생 상황을 경종 또는 사이렌으로 경보하는 설비

(2) 비상방송설비

자동화재탐지설비와 연동하여 화재신고를 수신한 후 필요한 음량으로 화재발생 상황 및 피난에 유효한 방송을 자동으로 10 초 이내에 개시하는 설비

(3) 누전경보기

내화구조가 아닌 건축물로서 벽, 바닥 또는 천장의 전부나 일부를 불연재료 또는 준불연재료가 아닌 재료에 철망을 넣어 만든 건물의 전기설비로부터 누설전류를 탐지하여 경보를 발하며 변류기와 수신부로 구성된 것

➜ 누전차단기(지락, 과부하 및 단락보호) : 일반 전기설비

(4) 자동화재탐지설비

자동(∵ 감지기) 또는 수동(∵ 발신기)으로 작동하나, 비상경보설비는 수동(∵ 발신기)으로만 작동한다.

(5) 자동화재 속보설비

화재신호를 통신망을 통하여 음성 등의 방법으로 소방관서에 통보하는 설비로서 화재 감지기능을 가지고 있지 못해 자동화재탐지설비와 연동되어야 한다.

(6) 단독경보형 감지기

화재발생 상황을 단독으로 감지하여 자체에 내장된 음향장치로 경보하는 감지기

(7) 시각경보기

자동화재탐지설비에서 발하는 화재신호를 시각경보기에 전달하여 청각장애인에게 점멸형태의 시각경보를 하는 것

(8) 가스누설경보기 : 화재가 아닌 가스누설을 경보하는 설비

(9) 통합감시시설

소방관서와 지하구의 통제실간에 화재 등 소방활동과 관련된 정보를 상시 교환할 수 있는 정보통신망을 구축한다.

02 비상경보설비

(1) 개요

① 설치목적

화재발생 상황을 건물내에 있는 사람들에게 경종 또는 사이렌으로 경보하여 초기 소화활동 및 피난유도를 원활하게 하기 위하여 설치한다.

② 비상벨설비와 자동식 사이렌설비

㉠ 작동 : 사람이 화재를 발견하고 건물내에 있는 사람들에게 알리는 설비로 수동으로만 작동함

㉡ 비상벨설비 : 화재발생 상황을 경종으로 경보하는 설비

㉢ 자동식 사이렌설비 : 화재발생 상황을 사이렌으로 경보하는 설비

③ 발신기와 수신기

㉠ 발신기

화재발생 신호를 수신기에 수동으로 발신하는 장치

㉡ 수신기

발신기에서 발하는 화재신호를 직접 수신하여 화재의 발생을 표시 및 경보하여 주는 장치

(2) 설치대상

적용 기준 [암기] 연4 지무 바15 공연100	
연면적	**4**00 m² 이상
지하층 또는 **무**창층의 **바**닥면적	**15**0 m² 이상
지하층 또는 무창층의 바닥면적(**공연**장)	**100** m² 이상
터널 길이	500 m 이상

(3) 면제대상

① 비상경보설비

비상경보설비를 설치하여야 할 특정소방대상물에 단독경보형 감지기를 2개 이상의 단독경보형 감지기와 연동하여 설치하는 경우에는 그 설비의 유효범위안의 부분에서 비상경보설비의 설치가 면제된다.

② 비상경보설비 또는 단독경보형 감지기

비상경보설비 또는 단독경보형 감지기를 설치하여야 하는 특정소방대상물에 자동화재탐지설비를 화재안전기준에 적합하게 설치한 경우에는 그 설비의 유효범위 안의 부분에서 비상경보설비 또는 단독경보형 감지기의 설치가 면제된다.

(4) 구조와 작동원리

① 구조

전원설비로 자동화재탐지설비의 수신기를 이용하는 방식과 비상경보용 축전지설비를 이용하는 방식이 있으나 대부분 수신기를 사용한다. 음향장치로 벨을 사용하면 비상벨설비, 사이렌을 이용하면 자동식 사이렌설비가 된다.

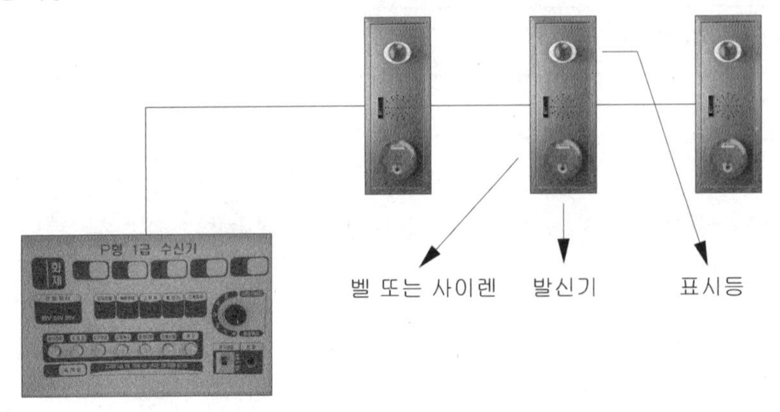

비상벨, 자동식 사이렌설비의 구조

② 작동원리

사람이 화재를 발견하여 발신기 버튼을 누르면 수신기에 신호가 전달되고 수신기는 경종 또는 사이렌을 작동시킨다. 그리고 수신기에는 화재표시등과 지구표시등이 점등된다. 지구표시등은 작동한 발신기를 알려주는 역할을 한다.

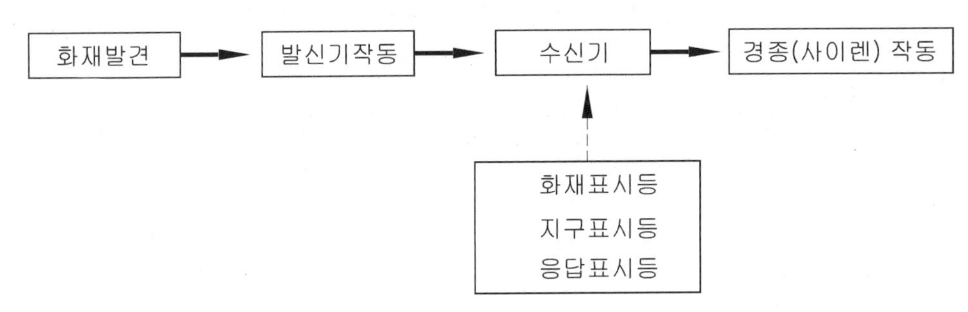

비상벨설비의 작동흐름도

(5) 설치기준

① 설치 위치

비상벨설비 또는 자동식사이렌설비는 부식성 가스 또는 습기 등으로 인하여 부식의 우려가 없는 장소에 설치하여야 한다.

② 음향장치

㉠ 지구음향장치(∵ 경종) 암기 충수 팔구

- 특정소방대상물의 층마다 설치하되, 해당 특정소방대상물의 각 부분으로부터 하나의 음향장치까지의 수평거리가 25 m 이하가 되도록 하고, 해당층의 각 부분에 유효하게 경보를 발할 수 있도록 설치하여야 한다.
- 다만, 비상방송설비의 화재안전기준(NFSC 202)에 적합한 방송설비를 비상벨설비 또는 자동식 사이렌설비와 연동하여 작동하도록 설치한 경우에는 지구음향장치를 설치하지 아니할 수 있다.

㉡ 정격전압의 80 % 전압에서 음향을 발할 수 있도록 하여야 한다. 다만, 건전지를 주전원으로 사용하는 음향장치는 그러하지 아니하다.

㉢ 음량은 부착된 음향장치의 중심으로부터 1 m 떨어진 위치에서 90 dB 이상이 되는 것으로 하여야 한다.

③ 발신기 암기 조층수

㉠ 조작이 쉬운 장소에 설치하고, 조작스위치는 바닥으로부터 0.8 m 이상 1.5 m 이하의 높이에 설치할 것

㉡ 특정 소방대상물의 층마다 설치하되, 해당 특정 소방대상물의 각 부분으로부터 하나의 발신기까지의 수평거리가 25 m 이하가 되도록 할 것. 다만, 복도 또는 별도로 구획된 실로서 보행거리가 40 m 이상일 경우에는 추가로 설치하여야 한다.

㉢ 발신기의 위치표시등 암기 상 15 텐미 적

함의 상부에 설치하되, 그 불빛은 부착 면으로부터 15° 이상의 범위 안에서 부착지점으로부터 10 m 이내의 어느 곳에서도 쉽게 식별할 수 있는 적색등으로 할 것

④ 전원

㉠ 상용전원

- 전원 : 전기가 정상적으로 공급되는 축전지, 전기저장장치(외부 전기에너지를 저장해 두었다가 필요한 때 전기를 공급하는 장치) 또는 교류전압의 옥내간선으로 하고, 전원까지의 배선은 전용으로 할 것
- 개폐기의 표지 : "비상벨설비 또는 자동식 사이렌설비용"이라고 표시한 표지를 할 것

㉡ 축전지설비의 용량 : 비상벨설비 또는 자동식사이렌설비에는 그 설비에 대한 감시상태를 60분간 지속한 후 유효하게 10분 이상 경보할 수 있는 축전지설비(수신기에 내장하는 경우를 포함한다) 또는 전기저장장치(외부 전기에너지를 저장해 두었다가 필요한 때 전기를 공급하는 장치)를 설치하여야 한다. 다만, 상용전원이 축전지설비인 경우 또는 건전지를 주전원으로 사용하는 무선식 설비인 경우에는 그러하지 아니하다.

⑤ 배선

㉠ 배선

- 전원회로의 배선 : 내화배선
- 그 밖의 배선 : 내화배선 또는 내열배선

㉡ 절연저항

- 전원회로의 선로와 대지 사이 및 배선상호간 절연저항은 전기사업법 제67조에 따른 기술기준이 정하는 바에 의할 것

• 부속회로의 전로와 대지 사이 및 배선 상호간의 절연저항은 1경계구역마다 직류 250 V의 절연저항측정기를 사용하여 측정한 절연저항이 0.1 MΩ 이상이 되도록 할 것

㉢ 배선의 설치기준

• 다른 전선과 별도의 관·닥트(절연효력이 있는 것으로 구획한 때에는 그 구획된 부분은 별개의 닥트로 본다)·몰드 또는 풀박스 등에 설치할 것
• 다만, 60 V 미만의 약전류회로에 사용하는 전선으로서 각각의 전압이 같을 때는 그러하지 아니할 것

03 단독경보형 감지기

(1) 개요

① 단독주택에는 소방법령을 적용하지 않고 있다. 이것은 주택의 화재위험이 없어서가 아니라 국가가 관심을 두는 소방대상물을 불특정 다수인이 출입하는 대상물로 정하기 때문이다.

② 실제로 화재에 의한 인명피해는 주택이 주류를 이룬다. 우리 나라의 도시 주거형태는 아파트가 주류를 이루고 있으나 아파트에 경보설비 설치유무에 관계없이 여전히 주거시설에서 발생하는 화재 인명피해 비율이 타 대상에 비하여 월등하므로 이에 적합한 감지기 개발이 요구된다.

③ 단독경보형 감지기

화재발생 상황을 단독으로 감지하여 자체에 내장된 음향장치로 경보하는 감지기이다.

(2) 설치대상

적용기준 [암기] 연 천미 아기	
<u>아</u>파트등으로서 <u>연</u>면적	<u>1,000</u> m^2 <u>미</u>만
<u>기</u>숙사로서 연면적	1,000 m^2 미만
교육연구시설 또는 수련시설 내에 있는 합숙소 또는 기숙사로서 연면적	2,000 m^2 미만
숙박시설로 연면적	600 m^2 미만
노유자생활시설에 해당하지 않는 수련시설(숙박시설 있는 것)	전부

(3) 구조 및 기능

① 구성

㉠ 자체에 건전지와 음향장치가 내장되어 전원을 공급하며 화재시에는 감지기 자체에서 경보를 발할 수 있도록 구성된 설비이다.

㉡ 감지부, 자동복귀형 수동시험스위치, 음향장치, 작동표시등 및 전원감시장치로 구성되어 있다.

② 기능

㉠ 내장된 건전지가 모두 소모되면 자동적으로 경보음이 울려서 건전지 교체시기를 알리는 기능을 겸하고 있다.

㉡ 감지기의 중앙에 위치한 버튼은 기능을 점검하기 위한 것이다.

㉢ 큰 세대인 경우 하나의 감지기가 화재를 감지하면 연결된 모든 감지기의 내장된 경적이 동시에 경보를 발한다.

㉣ 연결 감지기의 최대수는 12개 정도이며, 감지기는 각 침실과 침실로 통하는 문밖에서 설치하고 2층인 경우 계단 최상부 천장에도 설치한다.

㉤ 단독경보형 감지기는 모두 연기 감지기(이온화식)이다.

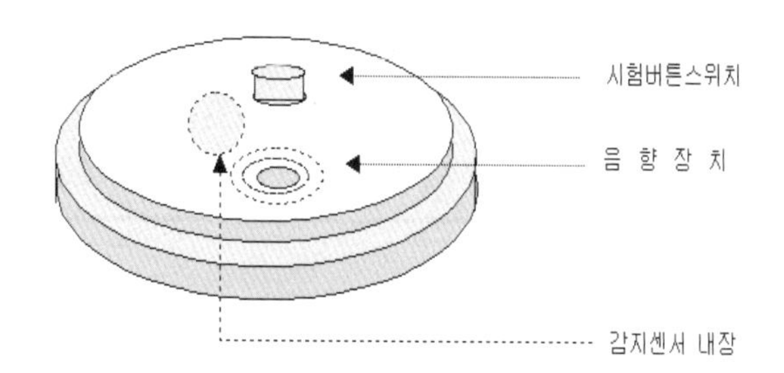

(4) 설치기준 암기 실천교제

① 각 실(이웃하는 실내의 바닥면적이 각각 30 m^2 미만이고 벽체의 상부의 전부 또는 일부가 개방되어 이웃하는 실내와 공기가 상호유통되는 경우에는 이를 1개의 실로 본다)마다 설치하되, 바닥면적이 150 m^2를 초과하는 경우에는 150 m^2마다 1개 이상 설치할 것

② 최상층의 계단실의 천장(외기가 상통하는 계단실의 경우를 제외)에 설치할 것

③ 건전지를 주전원으로 사용하는 단독경보형 감지기는 정상적인 작동상태를 유지할 수 있도록 건전지를 교환할 것

④ 상용전원을 주전원으로 사용하는 단독경보형 감지기의 2차전지는 법 제39조에 따라 제품검사에 합격한 것을 사용할 것

02 자동화재탐지설비 및 시각경보기

Fire Equipment Manager

01 개요

(1) 정의

화재발생을 조기에 감지하여 화재위치를 건물내에 있는 사람들에게 통보하는 설비

(2) 구성

① 감지기 : 자동으로 화재신호 발신

화재시 발생하는 열, 연기, 불꽃 또는 연소생성물을 자동적으로 감지하여 수신기에 발신하는 장치

② 발신기 : 사람이 수동으로 화재신호 발신

화재발생 신호를 수신기에 수동으로 발신하는 장치

③ 중계기(R형 수신기와 감지기 사이에 설치)

감지기·발신기 또는 전기적 접점 등의 작동에 따른 신호를 받아 이를 수신기의 제어반에 전송하는 장치

④ 수신기

감지기나 발신기에서 발하는 화재신호를 직접 수신하거나 중계기를 통하여 수신하여 화재의 발생을 표시 및 경보하여 주는 장치

⑤ 경보장치

화재가 발생했음을 건물내에 있는 사람들에게 경보해 주는 음향장치(경종, 사이렌 등) 및 시각경보기

⑥ 시각경보장치

자동화재탐지설비에서 발하는 화재신호를 시각경보기에 전달하여 청각장애인에게 점멸형태의 시각경보를 하는 것

02 설치대상

(1) 화재예방, 소방시설 설치 · 유지 및 안전관리에 관한 법률 시행령 별표5에 따른 설치대상

적용기준 암기 근위숙 의복 6백, 문판지 관공업 공창 운수 천	
근린생활시설(목욕장은 제외), 위락시설, 숙박시설, 의료시설, 복합건축물 및 장례식장로서 연면적	600 m^2 이상
문화 및 집회시설, 판매시설, 지하가, 관광휴게시설, 공동주택, 업무시설, 공장, 창고시설, 운수시설, 운동시설로서 연면적	1,000 m^2 이상
교육연구시설(교육시설내에 있는 기숙사 및 합숙소 포함), 수련시설(수련시설내에 있는 기숙사 및 합숙소를 포함하며, 숙박시설이 있는 수련시설은 제외), 동물 및 식물 관련 시설(기둥과 지붕만으로 구성되어 외부와 기류가 통하는 장소는 제외), 분뇨 및 쓰레기 처리시설, 교정 및 군사시설(국방 · 군사시설은 제외) 또는 묘지 관련 시설로서 연면적	2,000 m^2 이상
지하구	50 m(영업용 500 m)
터널로서 길이	1,000 m 이상
노유자 생활시설	–
노유자시설 및 숙박시설이 있는 수련시설로서 수용인원이 100명 이상	400 m^2 이상
공장 또는 창고시설로서 특수가연물을 저장 · 취급량이 지정수량	500배 이상

(2) 위험물안전관리법 시행규칙 별표17에 따른 설치대상

제조소등의 구분	규모, 저장 또는 취급하는 위험물의 종류 및 최대수량
제조소 및 일반취급소	• 연면적 500 m^2 이상 • 옥내에서 지정수량의 100배 이상을 취급하는 것 • 일반취급소로 사용되는 부분 외의 부분이 있는 건축물에 설치된 일반취급소
옥내저장소	• 지정수량의 100배 이상을 저장 또는 취급하는 것 • 저장창고의 연면적이 150 m^2를 초과하는 것 • 처마높이가 6 m 이상인 단층건물의 것 • 옥내저장소로 사용되는 부분 외의 부분이 있는 건축물에 설치된 옥내저장소
옥내탱크저장소	단층건물 외의 건축물에 설치된 옥내탱크저장소로서 소화난이도등급 I 에 해당하는 것
주유취급소	옥내주유취급소

03 작동체계 및 원리

(1) 작동체계

① 화재신호 발생장치인 감지기와 발신기에서 신호를 발신하게 되면 수신기는 경보장치를 작동시키고 화재 및 위치 표시를 하는 기기

② 감지기는 화재시에 자동으로 신호를 발신하며, 발신기는 버튼을 눌렀을 때 신호를 발신한다. 그리고 수신기는 신호를 받으면 경보장치를 작동시키고 화재 및 위치를 표시하게 된다. 자동화재탐지설비는 화재를 감시하는 능력이 있으므로 화재시 자동으로 작동해야 할 설비를 연동시켜 작동시킨다.

③ 연동되는 소방시설

비상방송설비, 자동화재속보설비, 3선식배선의 유도등, 배연창, 자동방화셔터, 자동방화문, 스프링클러설비, 물분무등소화설비 또는 제연설비 등

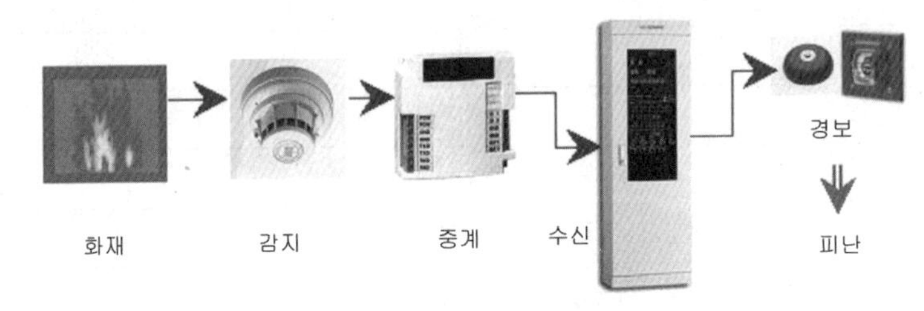

자동화재탐지설비 전체구성도

(2) 작동원리

① 자동화재탐지설비 : 신호종류에 따라 공통신호방식인 P형 설비와 고유신호방식인 R형 설비로 구분

② P형 설비 : 평상시에는 회로의 종단에 저항이 설치되어 있어 적은 전류만 흐르는 상태에 있다. 그러나 회로에 일정치 이상의 전류가 흐르게 되면 계전기가 작동하여 화재표시등, 지구표시등, 경보장치, 연동되는 소방시설을 작동시킨다.

③ R형 설비 : 감지기나 발신기가 작동하면 특정한 통신신호가 수신기에 발신되는 것

④ 감지기 : 회로에서 스위치의 역할을 하여 일정치 이상의 전류가 흐르게 하는 기능

⑤ 발신기 : 사람이 누름스위치를 누르면 접점이 닫혀 일정치 이상의 전류가 흐르게 하는 것

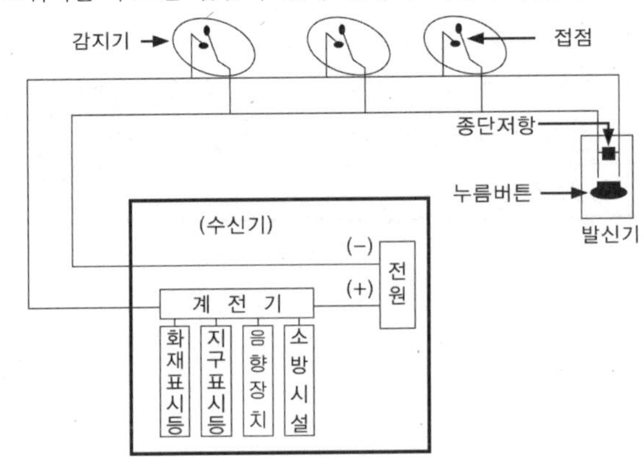

자동화재탐지설비의 회로

04 감지기

(1) 감지기의 작동원리

① 감지기의 기능

㉠ 센서기능 : 화재시 발생되는 물리·화학적 변화량을 검출

㉡ 판단기능 : 화재인지 아닌지를 판단

㉢ 발신기능 : 화재신호를 수신기로 전송

② 센서기능

㉠ 화재시 열, 연기, 불꽃의 물리·화학적 변화가 생긴다. 감지기는 물리·화학적 변화 중에서 하나 또는 2개 이상을 감지한다.

㉡ 감지하는 대상에 따라 열을 감지하는 열 감지기, 연기를 감지하는 연기 감지기, 불꽃을 감지하는 불꽃 감지기, 열과 연기를 동시에 감지하는 복합 감지기로 구분된다.

③ 판단기능

㉠ 화재판단

화재로 인한 물리·화학적 변화량이 일정량 이상, 일정시간 이상 지속되면 이것을 화재라고 판단한다.

㉡ 감도 : 감지기가 화재라고 판단하는 기준이 되는 물리·화학적 변화량은 감지기 형식승인 및 제품검사의 기술기준에 정하고 있는데 이를 감도라고 한다. 감도는 특종, 1종, 2종, 3종으로 구분되며 특종으로 갈수록 작은 변화량에 반응한다.

㉢ 판단 수행 : 감지기 또는 수신기

일반 감지기의 경우 감지기 자체에서 수행하고 있으나, 아날로그식 감지기는 감지기 주변의 물리화학적 변화량만을 수신기에 전달하고 화재의 판단은 수신기에서 하도록 구성되어 있다.

④ 발신기능

㉠ 신호방식 : 접점신호방식과 통신신호방식

㉡ 접점신호방식 : 수신기로부터 감지기에 연결된 전선에 접점을 구성하여 전류가 흐르면 화재이고, 전류가 흐르지 않으면 화재가 아닌 것으로 신호를 보내는 방식

㉢ 통신신호방식

- 감지기와 수신기에 통신장치를 내장하여 통신신호를 주고받는 방식이다.
- 통신장치를 내장한 감지기는 경제적 부담이 되는 단점이 있으므로 수신기는 통신장치를 내장하고, 감지기와 수신기 중간에 접점신호를 통신신호로 변환시켜주는 신호변환장치를 많이 사용하고 있다.
- 통신장치가 내장된 감지기는 화재신호뿐만이 아니라 감지기의 주소까지도 함께 신호를 보낼 수 있는데 이러한 감지기를 주소형(Address형) 감지기라고 한다.

(2) 감지기의 구성요소

감지기는 감지부가 있는 본체, 수신기와 감지기 또는 감지기와 감지기를 연결시키는 베이스와 작동표시장치로 구성

① 본체

본체는 감지부가 있는 부분으로 뒷면에 있는 단자를 통해 베이스와 연결된다.

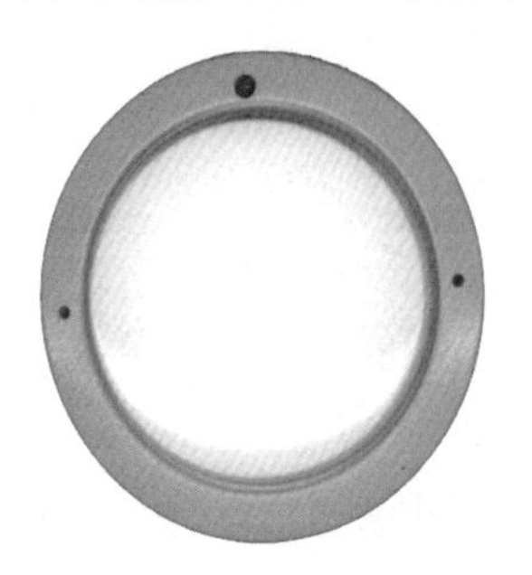

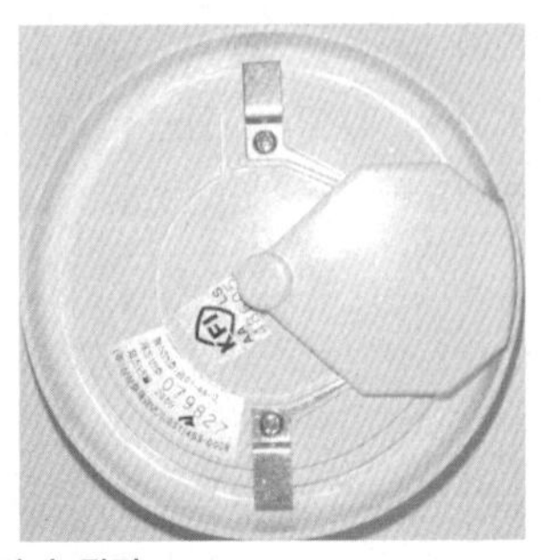

감지기 본체의 앞면과 뒷면

② 베이스

베이스는 감지기를 천장에 고정시키며 수신기와 감지기, 감지기와 감지기를 전선으로 연결할 수 있도록 되어 있다.

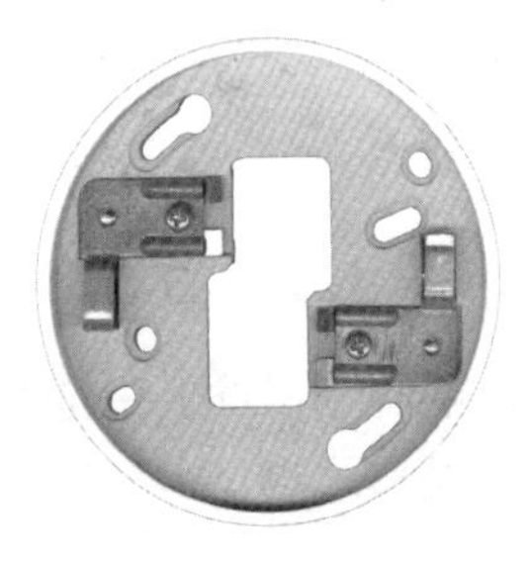

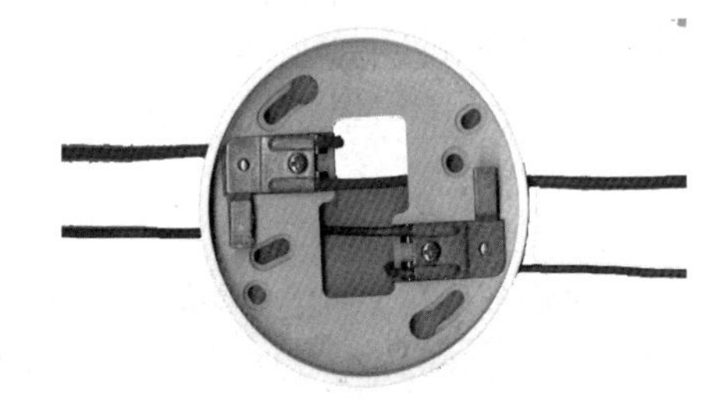

감지기 베이스 및 배선방법

③ 작동표시장치(LED)

감지기의 작동을 표시하기 위해 발광다이오드(LED : Light Emitted Diode)를 사용하며 감지기가 작동하면 점등되고 수신기에서 복구스위치를 누르면 소등된다. 그러나 방폭구조의 감지기, 감지기가 작동한 경우 수신기에 그 감지기가 작동한 내용이 표시되는 감지기, 차동식 분포형 감지기 및 정온식 감지선형 감지기는 작동표시장치를 설치하지 않을 수 있다.

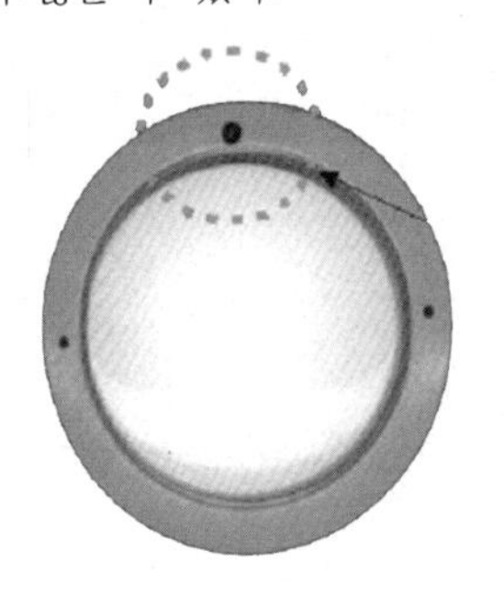

감지기 작동표시등

(3) 감지기의 종류

① 제조업체별 감지기 형식

종 류	구 분	Simens(구. 신화전자)	Tyco(구. 동방전자)
차동식	스포트형	2종(온도상승률 15 ℃/min)	공기관식(2종 외경 2 mm, 내경 1.4 mm)
	분포형	공기관식(2종, 외경 2 mm, 내경 1.4 mm)	2종
정온식	스포트형	특종(70 ℃)	특종(70 ℃, 110 ℃)
	방폭형	특종(90 ℃, 130 ℃)	특종(90 ℃)
	감지선형	1종(70 ℃(백), 90 ℃(청))	1종(70 ℃(백), 110 ℃(청))
	광센서형	6 km(정온식), 8 km(차동식)	–
이온화식	–	–	–
광전식	스포트형	2종(감광률 15 %)	2종(감광률 15 %)
	분리형	2종(분리형, 감광률(35 %~70 %))	2종(분리형, 감광률(35 %~70 %))
열복합형	아날로그	정온식(60 ℃) x 차동식(15 ℃/min)	–
열연기복합형	아날로그	정온식(65 ℃) x 광전식	정온식(65 ℃) x 광전식
적외선	–	IR3	IR3 (감지거리 50 m/시야각 80)
단독경보형	–	광전식 2종	–

② 열 감지기 특성 암기 **차정보 일급 완급 일완급 완훈정보 일주정**

㉠ 차동식 : 일시적, 급격한 온도상승시 작동

㉡ 정온식 : 완만한, 급격한 온도상승시 작동 ➜ 비화재보 방지

㉢ 보상식 : 일시적, 완만한, 급격한 온도 상승시 작동 ➜ 실보 방지

㉣ 완만한 온도상승, 훈소화재 적응성 : 정온식, 보상식

㉤ 일시적 온도상승, 주방 : 정온식 ➜ 차동식이 적응성 있으나 잦은 비화재보로 정온식을 사용함

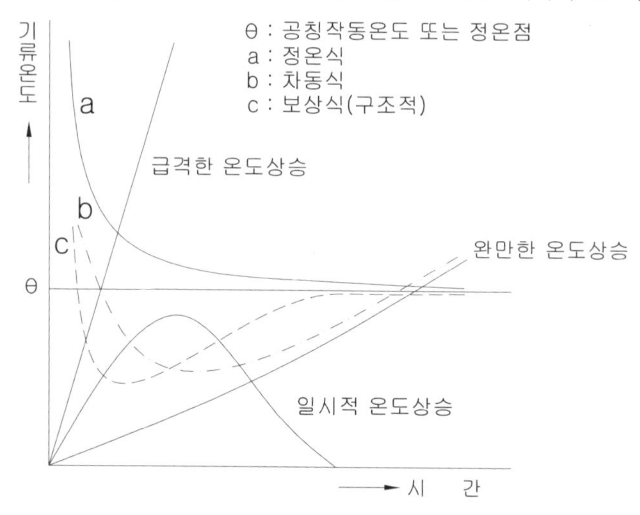

직선 온도상승시의 각종 감지기 작동 특성

③ 차동식, 정온식 종류 암기 **공전반 설사, 공전반, 바이바이 금기 가용**

㉠ 차동식 스포트형 : 공기팽창식, 열전대식, 열반도체(서미스터방식, 감열식 사이리스터방식)

㉡ 차동식 분포형 : 공기관식, 열전대식, 열반도체식

㉢ 정온식 스포트형 : 바이메탈활곡, 바이메탈반전, 금속의 팽창계수, 기체액체팽창, 가용절연물

(4) 열 감지기

① 차동식 감지기

㉠ 차동식 스포트형 감지기 암기 **공전반**

- 주위온도의 변화가 일정 상승률 이상이 되는 경우에 작동하는 것으로서 일국소에서의 열효과에 의하여 작동되는 감지기
- 감지소자 : 공기팽창식, 열전대식, 열반도체식

공기팽창식	열전대식	열반도체식
• 화재가 발생하여 온도가 상승하면 감열실내의 공기가 팽창하여 다이어프램이 위로 밀려 올라가 접점이 닫히고 화재신호가 수신기에 발신된다. • 일상적으로 발생하는 완만한 온도상승으로 팽창한 공기는 리크 구멍을 통하여 외기로 배출되어 접점이 닫히지 않는다.(∵ 훈소)	• 서로 다른 두 종류의 금속(또는 반도체)의 양단을 접촉하여 두 접점의 온도를 다르게 하면 온도차에 의해서 열기전력이 발생하여 릴레이의 접점을 닫아 수신기에 신호를 전달한다. • 제백효과(Seebeck Effect)의 원리를 응용하여 만든 감지기로 화재가 발생하여 온접점의 온도가 올라가면 회로에 전기가 발생한다. ➜ 열기전력(熱起電力, Thermoelectro motive Force) : 온도차에 의해 전압이 발생되어 전류를 흐르게 하는 힘	• 일반적인 금속은 온도가 높아지면 저항값이 증가한다. 그러나 코발트, 구리, 망간, 철, 니켈 등의 산화물 중 2종~3종을 혼합하여 소결시켜 만든 반도체는 온도가 올라가면 저항값이 작아지는데 이러한 반도체를 서미스터(Thermistor)라고 하며 열반도체식 감지기는 이러한 특성을 이용하여 만든 감지기이다. • 화재가 발생하여 온도가 올라가면 저항이 작아지며 전류가 흘러 릴레이를 작동시키게 된다.

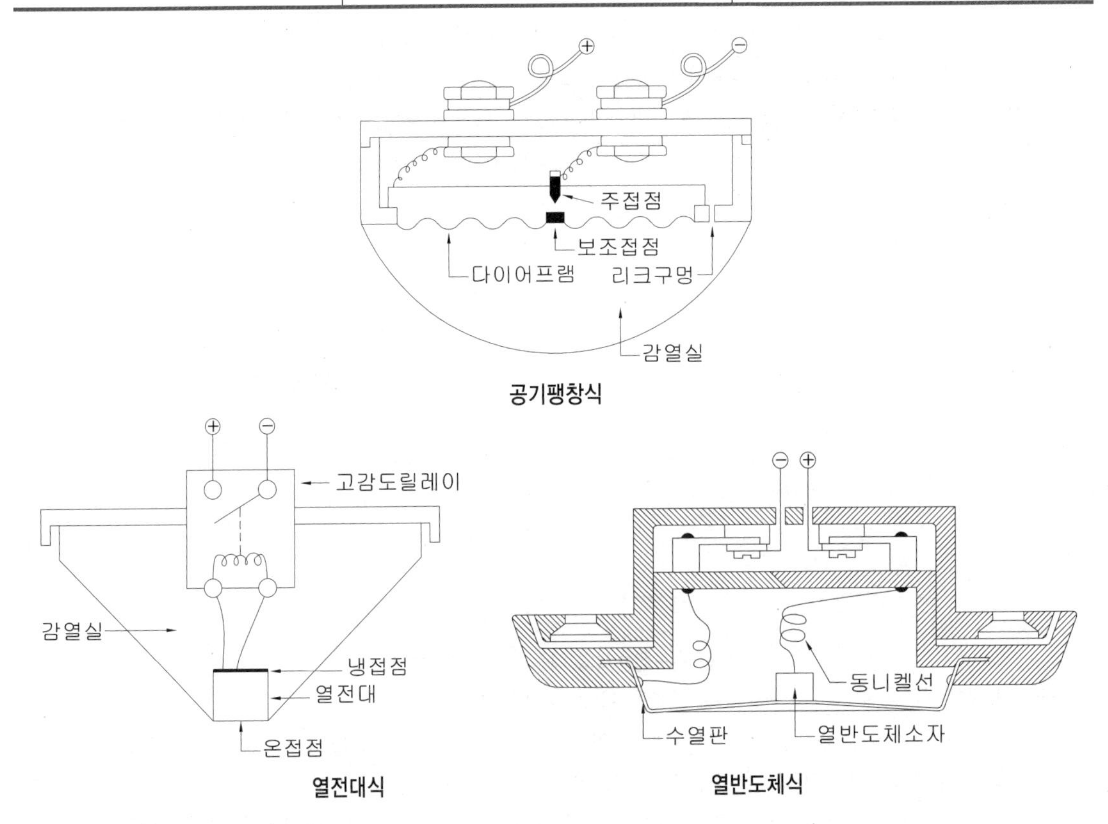

공기팽창식

열전대식

열반도체식

용어정의

1. 서미스터(Thermistor)
   ① 정의
   온도가 높아지면 저항이 감소, 증가 또는 특정한 온도범위에서 저항이 급감하는 것이 있다.
   열용량이 적어서 미소한 온도변화에도 급격한 저항변화가 생기므로 온도제어용 센서로 많이 이용된다.
   ② 종류
   ㉠ CTR(Critical Temperature Resistor) : 부온도 계수를 가지나 특정온도에서 저항이 급격히 감소
   ㉡ NTC(Negative Temperature Coefficient) : 부온도 특성을 나타내는 서미스터로 온도가 상승하면 전기저항이 지수함수적 감소
   ㉢ PTC(Positive Temperature Coefficient) : 정온도 특성을 나타내는 서미스터로 온도가 상승하면 전기저항도 증가함
   ③ 각종 서미스터의 온도 저항 특성

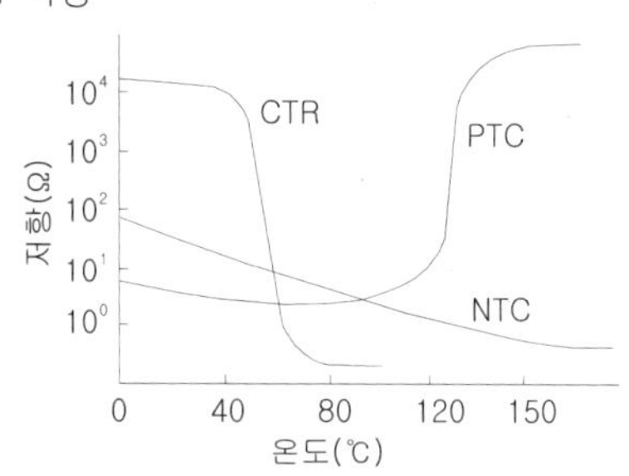

2. 제벡효과(Seebeck Effect)
   ① 정의 암기 **두제 온다 열전**
   서로 다른 **두** 종류의 금속을 접촉하여 폐회로를 만들어 두 접점의 **온**도를 **다**르게 하면 온도차에 의해서 **열**기전력이 발생하고 미소한 **전**류가 흐르는 현상
   ② 열기전력의 크기 : 기전력은 양쪽 접점간의 온도차에 비례
   $Vs = \alpha \times \Delta T$(여기서, 기전력 : Vs[V], 온도차 : ΔT[K], 비례상수 α : 제벡계수)
3. 펠티에 효과(Peltier Effect)
   ① 정의 : 다른 종류의 도체를 결합하여 거기에 전류를 흘리면 그 접합점에서 줄열 이외에 열의 발생 또는 흡열 반응이 생기는 현상
   ② Peltier Effect 수식 : 발생 또는 흡수 열량은 흐르는 전류에 비례

$$Q = \pi \times I$$

   (매초당 발생 또는 흡수 열량 : Q [W], 흐르는 전류 : I [A], 비례상수 π : Peltier 계수)
4. 줄(Joule)의 법칙 : 에너지보존의 법칙(Q = A x W) ➜ 열역학 제1법칙
   ① 정의
   전류에 의해 생기는 열량 Q는 전류의 세기 I의 제곱과, 도체의 전기저항 R과 전류를 통한 시간 t에 비례한다. 전류의 단위인 A(암페어), 전기저항의 단위인 Ω(옴)을 사용하면 이 전류를 t초 동안 흐르게 했을 때 발생하는 열량은 $Q = 0.24\ I^2\ Rt$ [cal]라는 식을 얻을 수 있다. 이 법칙은 전류의 정상・비정상에 관계없이 적용된다.
   ② 줄열 : 지항이 큰 도선에 전류가 흐를 때 발생하는 열(1 J = 0.24 cal)
   ③ 전력량 : $W = Pt = VIt = I^2Rt$ [J]
   ④ 발열량 : $Q = 0.24\ Pt = 0.24\ VIt = 0.24\ I^2Rt$ [cal] ➜ 전류의 발열작용

㉡ 차동식 분포형 감지기

- 개요 : 주위 온도가 일정상승률 이상이 되는 경우에 작동하는 것으로서 넓은 범위에서의 열 효과의 누적에 의하여 작동되는 것
- 감지소자 : **공**기관식, 열**전**대식, 열**반**도체식 암기 **공전반**
  - ➜ 우리나라에서는 공기관식이 일반적으로 사용되고 있다.
- 작동원리 : 감지하고자 하는 장소에 공기관을 설치하여 화재가 발생하면 공기관내의 공기가 팽창하여 압력이 검출부의 다이어프램에 전달되어 릴레이의 접점을 닫아 수신기에 신호를 전달한다.

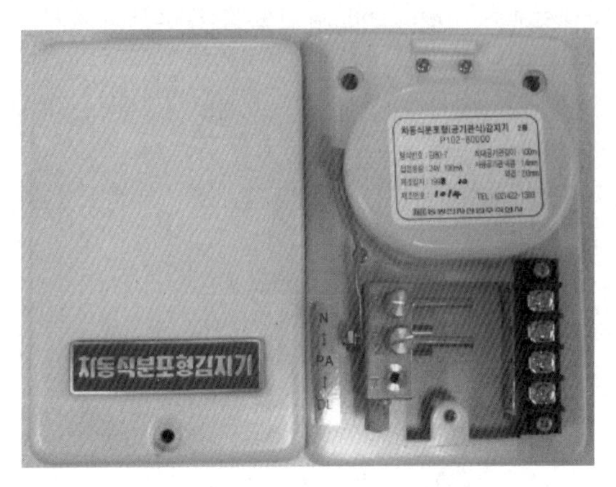

공기관식 분포형 감지기의 검출부

- 허용범위 감지기의 판정방법 : 화재작동시험(펌프시험)
  - ➜ 감지기의 작동 및 작동시간의 정상 여부를 시험하는 것. 즉, 관의 막힘 · 구멍발생여부, 다이아프램 · 접점의 동작여부 검사

구 분	작동시간 미달인 경우(감지기가 조기작동)	작동시간 이상일 경우(감지기가 늦게 작동)
공기관 길이	너무 짧다.	너무 길다.
공기관 상태	폐쇄	누설, 변형
리크 저항치	기준치보다 크다.(잘 리크 안됨)	기준치보다 작다.(잘 리크됨)
접점 수고값	기준치보다 낮다.(감도 예민)	기준치보다 높다.(감도 둔감)
기타	리크구멍에 이물질이 막혔을 때	다이아프램이 부식되어 검출부의 표면에 구멍이 생겼을 때

※ 작동시간 : 릴레이의 접점이 붙을 때까지의 시간

② 정온식 감지기

1. 작동 : 주위온도가 일정한 온도 이상이 되는 경우에 작동하는 것
2. 종류
   ① 스포트형 : 외관이 전선으로 되어 있지 않은 것
   ② 감지선형 : 외관이 전선으로 되어 있는 것
3. 공칭작동온도 : 정온식 감지기가 작동하는 온도
4. 공칭작동온도의 범위 : 60 ℃~150 ℃
   (60 ℃~80 ℃인 것 : 5 ℃ 간격, 80 ℃ 이상인 것 : 10 ℃ 간격)

㉠ 정온식 스포트형 감지기

• 일국소의 주위온도가 일정한 온도 이상이 되는 경우에 작동하는 것으로서 외관이 전선으로 되어 있지 않은 것

• 감지소자 : 바이메탈과 서미스터

– 바이메탈을 이용한 것

바이메탈	팽창계수가 매우 다른 두 종류의 얇은 금속편을 맞붙여 특정온도가 되면 현저하게 구부러지는 특성을 갖는 것
작동원리	바이메탈을 이용하여 일정온도가 되면 구부러져 접점이 닫혀 수신기에 화재신호를 전달한다.

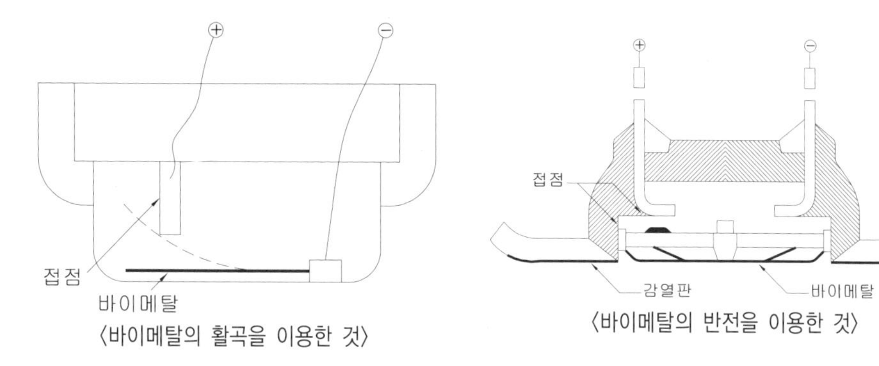

〈바이메탈의 활곡을 이용한 것〉 〈바이메탈의 반전을 이용한 것〉

바이메탈을 이용한 정온식 감지기

– 열반도체를 이용한 것

서미스터(Thermistor)	화재가 발생하여 온도가 올라가면 저항이 작아지며 전류가 흐르는 반도체
작동원리	특정한 온도에 이르게 되면 저항값이 작아져 회로에 많은 전류가 흘러 감지기에 내장된 릴레이가 작동하여 수신기에 화재신호를 전달한다.

㉡ 정온식 감지선형 감지기

• 정의 : 일국소의 주위온도가 일정한 온도 이상이 되는 경우에 작동하는 것으로서 외관이 전선으로 되어 있는 것

• 감지소자 : 가용절연물로 절연한 2개의 전선

• 작동원리 : 화재가 발생하면 열에 의해 절연성이 저하되어 2선간에 전류가 흐르게 된다. 정온식 감지선형 감지기는 작동온도에 따라 색상으로 구분한다.

〈감지선〉 〈감지선형 감지기의 외형〉

정온식 감지선형 감지기의 형태

• 감지기의 온도표시

공칭작동온도	80 ℃ 이하	80 ℃ 이상~120 ℃ 이하	120 ℃ 이상
온도간격	5 ℃	10 ℃	10 ℃
색상	백색	청색	적색

㉢ 보상식 스포트형 감지기

• 정의 : 차동식 스포트형 감지기와 정온식 스포트형 감지기의 성능을 겸한 것으로서 두 가지의 성능 중 어느 한 기능이 작동되면 신호를 발하도록 되어 있는 감지기

• 차동식과 정온식의 단점보완

– 차동식과 정온식은 화재시 발생하는 열의 증감형태에 따라 감지시기가 달라질 수 있다.

– 차동식 : 화재시 온도가 빠르게 증가하면 화재초기에 화재를 감지할 수 있으나 온도가 빨리 증가하지 않는 지연화재(∵ 훈소)인 경우에는 화재감지가 늦어질 수 있다.

– 정온식 : 일정한 온도가 되어야지 감지하기 때문에 화재초기에 감지하기가 어렵다.

(5) 연기 감지기

① 이온화식 연기 감지기

㉠ 정의 : 방사능물질에서 방출되는 α 선은 공기를 이온화시키며 이온화된 공기는 연기와 결합하는 성질이 있어 이를 감지기에 이용한 것

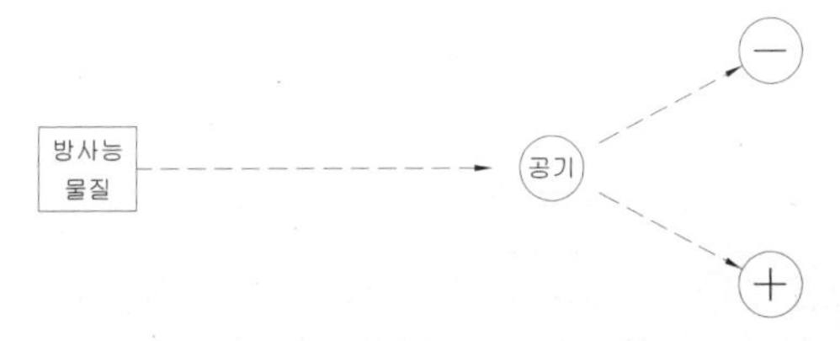

방사능 물질에 의한 공기의 이온화

㉡ 작동원리

• 충전전극 사이에 방사선 물질을 삽입시켜 이온화된 공기가 전자를 운반하여 전류가 흐르도록 회로가 구성되어 있다.

• 화재가 발생하면 연기가 충전전극 사이로 들어와 이온화된 공기를 흡착하여 평상시에 흐르던 전류보다 적은 전류가 흐르게 된다.

• 이러한 전류의 변화량에 의해 릴레이가 작동하여 수신기에 신호를 전달한다.

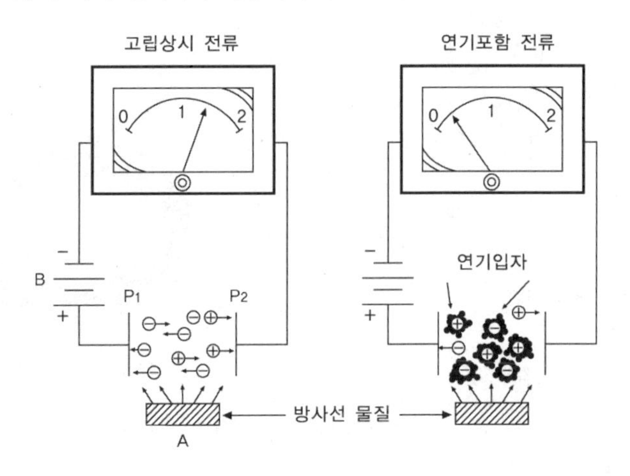

② 광전식 연기 감지기

- 연기가 빛을 차단하거나 반사하는 원리를 이용한 것으로서 빛을 발산하는 발광소자와 빛을 전기로 전환시키는 광전소자를 이용한다.
- 종류 : 스포트형, 분리형, 공기흡입형

㉠ 광전식 스포트형 연기 감지기

- 정의 : 발광소자와 수광소자를 감지기 내에 구성한 것으로 감지기 주위의 공기가 일정한 농도의 연기를 포함하게 되는 경우에 작동한다.
- 종류
  - 감광식 : 빛의 차단 이용(분리형에 주로 이용하는 방식)
  - 산란광식 : 빛의 산란 이용(스포트형에 주로 이용하는 방식)
- 감도 : 1종, 2종, 3종으로 구분하는데, 1종은 연기농도 5%에서, 2종은 10%에서, 3종은 15%에서 작동한다. 우리나라는 2종을 주로 사용하며, 1종은 아직 생산하지 않고 있다.

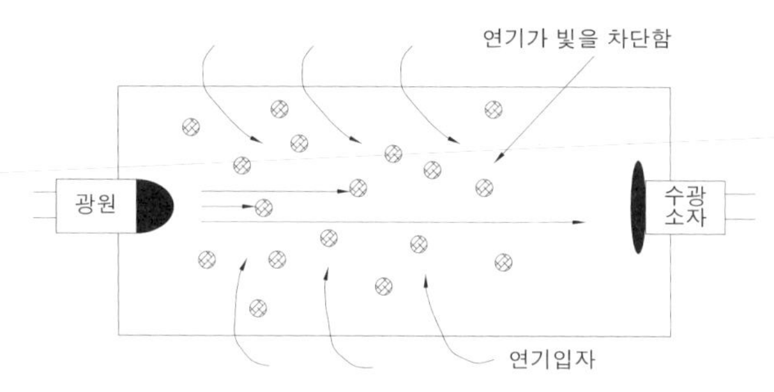

감광식의 감지형태

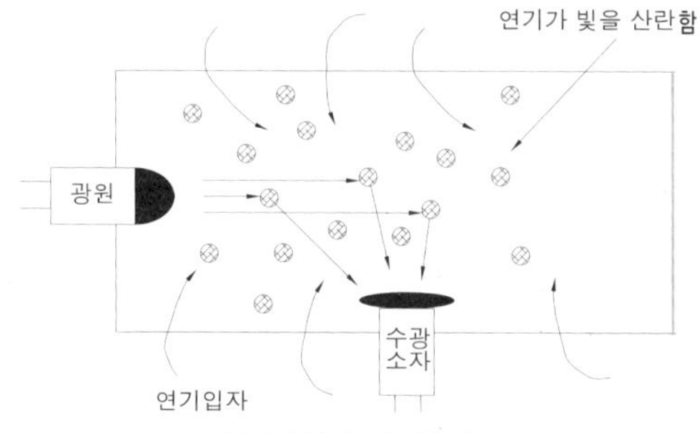

산란광식의 감지원리

㉡ 광전식 분리형 연기 감지기

- 정의 : 광전식 스포트형 연기 감지기의 발광부와 수광부를 분리해 설치하여 넓은 지역에서 연기의 누적에 의한 수광량의 변화에 의해 작동하는 감지기
- 작동원리 : 화재가 발생하여 연기가 확산하며 적외선의 진로를 방해하면 수광부의 수광량이 감소하므로 이를 검출하여 화재신호를 발하는 것
- 특징
  - 발광부와 수광부의 거리는 제품에 따라 다르지만 일반적으로 5 m~100 m 정도가 되기 때문에 큰 공간을 갖는 체육관이나 홀 등에 효과적으로 이용할 수 있다.
  - 감지농도를 스포트형보다 높게 설정해도 화재감지성능이 떨어지지 않으며 국소적 또는 일시적인 연기의 체류에는 작동하지 않는다.
  - 물체 등에 의해 전체가 차단되면 오작동으로 판단하여 작동하지 않는다.

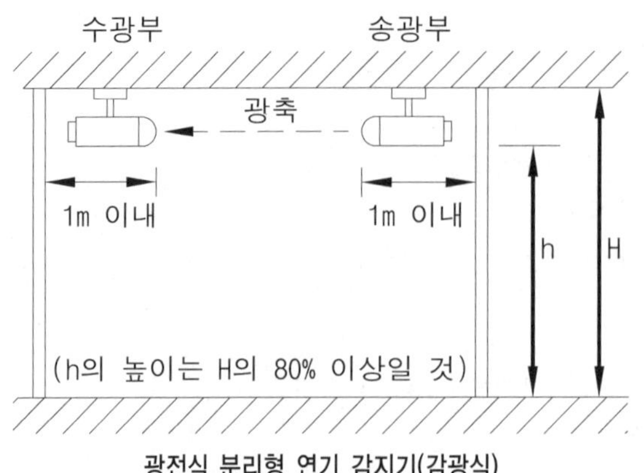

광전식 분리형 연기 감지기(감광식)

㉢ 광전식 공기흡입형 연기 감지기

- 정의
  - 연기 미립자가 습기와 수적을 형성하여 부피가 커지는 원리를 이용하여 화재의 열분해단계에서 보다 빠르게 화재를 감지할 수 있도록 한 감지기(0.005 ㎛ ~ 0.02 ㎛ 미립자 검출)
  - 이온화식 또는 광전식 감지기는 공기의 유속이 빠른 곳이나 연기의 미립자가 극히 작은 경우에는 감지하지 못하거나 작동하더라도 감지가 지연되는데, 이러한 문제를 해결하기 위해서 개발된 것
- 작동원리(Cloud Chamber Type)
  - 감지하고자 하는 공간의 공기를 흡인한다.
  - 챔버내의 압력을 변화시켜 응축시킨다.
  - 광전식 검지장치로 측정한다.
  - 수적의 밀도가 설정치 이상이면 화재신호를 발신한다.

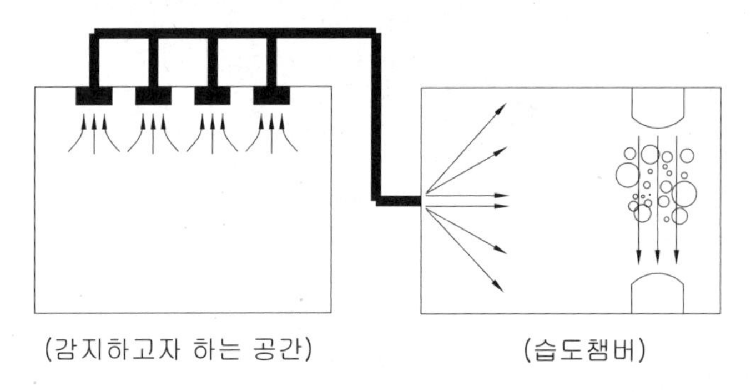

광전식 공기흡입형 연기 감지기의 감지원리

㉣ 축적형 연기 감지기

- 정의 : 일정농도 이상의 연기가 일정시간 연속하는 것을 전기적으로 검출함으로서 작동하는 감지기
- 특징 : 비축적형은 연기가 일정농도가 되면 바로 작동하나 축적형은 일정농도의 연기가 일정시간 지속되어야 작동하게 된다. 이는 일시적으로 발생하는 연기에 의해 오작동하는 것을 방지하기 위한 것이다.
- 축적시간 : 연기가 지속하는 축적시간은 5 초 이상 60 초 이하로 하고 공칭축적시간은 10 초 이상 60 초 이하의 범위에서 10 초 간격으로 한다.

(6) 복합형 감지기

① 개요

㉠ 화재가 발생했을 때 열은 많이 발생하나 연기를 발생하지 않는 장소에는 연기 감지기의 설치는 의미가 없고, 반대로 연기는 다량 발생되나 열이 많이 발생하지 않는 장소에 열 감지기를 설치하는 것도 의미가 없다.

㉡ 그러므로 장소별 감지기의 적정성을 선정하는 번거로움을 배제하기 위해서 열과 연기의 발생을 모두 감지할 수 있다면 화재발생을 쉽게 확인할 수 있다.

㉢ 따라서 화재가 발생하면 감지기가 작동할 수 있도록 화재감지원리 중 하나만의 원리에 의해 화재를 감지하는 것이 아니고 하나의 감지기에 두 가지 감지원리를 조합하여 화재를 감지하도록 한 것이다.

② 종류

㉠ 열복합형 감지기 : 차동식 스포트형 감지기와 정온식 스포트형 감지기의 성능을 겸비한 것으로 두 가지 모두가 작동될 때 화재신호를 발신하거나 또는 두 개의 화재신호를 각각 발신하는 것

〈복합형 감지기와 보상식 감지기의 차이점〉

구 분	보상식 감지기	열복합형 감지기
성능	차동식 또는 정온식	차동식 및 정온식
화재신호발신	OR회로 (단신호)	AND회로(둘다 작동시 단신호), OR회로 (다신호)

㉡ 연기복합형 감지기 : 이온화식과 광전식 감지기의 성능이 있는 것으로서 두 가지 성능의 함께 작동될 때 화재신호를 발신하거나 또는 두 개의 화재신호를 각각 발신하는 것

㉢ 열연기복합형 감지기 : 차동식과 광전식, 차동식과 이온화식, 정온식과 광전식, 정온식과 이온화식으로 4가지의 조합이 있는데, 신호방식은 다른 복합형 감지기와 같다.

(7) 불꽃 감지기

화염에서만 발생하거나 또는 많이 발생하는 특정한 파장과 깜박거림을 감시하고 있다가 이러한 파장과 깜박거림이 일정치 이상이 되면 신호를 보내는 감지기이다. 감지하는 파장에 따라 자외선식, 적외선식, 자외선 · 적외선겸용이 있다.

① 자외선식 불꽃 감지기(Ultra-violet Flame Detector)

㉠ 화염에서 방사되는 0.18 ㎛ ~ 0.26 ㎛범위의 파장인 자외선을 감지하여 신호 발신

㉡ 화염의 화학발광인 OH^-라디칼의 밴드 스펙트럼을 검출하는 것

② 적외선식 불꽃 감지기(Infra-red Flame Detector)

㉠ 화염에서 방사되는 4.1 ㎛ ~ 4.7 ㎛범위의 파장인 적외선을 감지하여 신호 발신

㉡ 감지방식에 따른 종류 암기 **C다정 F**

- CO_2 공명방사 감지방식 : 탄소가 함유된 탄화수소 물질의 화재시에 발생하는 CO_2가 열을 받아서 생기는 특유의 파장 중 4.4 ㎛의 파장에서 최대에너지 강도를 가지므로 이를 검출하여 화재로 인식
- 다파장 감지방식 : 화염에서 방사되는 적외선 영역의 2 이상의 적외선 파장을 감지하는 방식
- 정방사 감지방식 : 적외선 필터에 의해 0.72 ㎛ 이하의 가시광선은 차단시키고 이 범위 이외의 파장을 감지하는 방식
- Flicker 감지방식 : 화염에서 방사되는 적외선 영역의 Flicker(깜빡거림)를 감지하는 방식

③ 자외선 · 적외선 겸용 불꽃 감지기

자외선 또는 적외선에 의한 수광소자의 수광량 변화에 의하여 하나의 화재신호를 발신하는 감지기

(8) 다신호식 감지기

① 정의

1개의 감지기 내에 서로 다른 종별, 감도 또는 축적 등의 기능을 갖춘 것으로서 일정시간 간격을 두고 각각 다른 2개 이상의 화재신호를 발하는 감지기

② 화재신호를 수신하기 위해서는 다신호식 수신기를 사용하여야 한다.

③ 복합형 감지기는 확실한 화재감지를 목적으로 하나 다신호식 감지기는 비화재보를 방지하기 위한 목적이 강하다.

〈복합형 감지기와 다신호식 감지기의 차이점〉

구 분	복합형 감지기	다신호식 감지기
감지소자	감지원리가 다른 감지소자의 조합	종별, 감도, 축적여부 등이 다른 감지소자의 조합
화재신호발신	AND회로(둘다 작동시 단신호), OR회로(다신호)	OR회로(각 감지소자가 작동하는 때)
감지기 구성	차동식과 광전식	정온식 특종 60 ℃ + 정온식 특종 70 ℃
	차동식과 이온화식	정온식 1종 60 ℃ + 정온식 1종 70 ℃
	정온식과 광전식	이온화식 1종 + 이온화식 2종
	정온식과 이온화식	광전식 1종(비축적형) + 광전식 1종(축적형)

(9) 아날로그식 감지기

① 정의

주위의 온도 또는 연기의 양의 변화에 따라 각각 다른 전류치 또는 전압치 등의 출력을 발하는 감지기

② 특징

㉠ **화재여부의 판단** : 시시각각으로 검출된 온도 또는 연기의 농도에 대한 정보만을 수신기에 송출하고 화재여부의 판단은 수신기에서 한다.

㉡ **고유번지(address) 기능** : 해당 감지기가 감지하고 있는 주변의 온도 또는 연기에 대한 정보를 개별적, 주기적, 연속적으로 수신기에 제공해야 한다.

㉢ **자기진단기능** : 자기진단회로로 감지기 자체의 고장여부를 계속적으로 확인하여 고장발생시 수신기에 고장신호를 보낸다.

㉣ **오염도 경보기능** : 설치장소 및 연한에 따라 감지기의 이온실이 먼지, 기름 등의 이물질에 점차적으로 오염되어 아날로그값이 그 설정치를 초과할 경우 감지기가 장해신호를 수신기에 송신하여 경보를 발하는 기능으로 감지기의 청소 및 교체에 대한 신호를 보낸다.

㉤ **감지기 착탈 감시기능** : 수신기에서 주소형 감지기와 일정주기로 신호를 주고받고 있는데 감지기가 이탈되면 수신기에서는 이상경보 및 해당 감지기의 고유번지가 표시되어 감지기의 착탈을 감시하게 할 수 있다.

05 수신기

(1) 기능

① 감지기나 발신기에서 발하는 화재신호를 직접 수신하거나 중계기를 통하여 수신하여 화재의 발생을 표시 및 경보하여 주는 장치

② 화재시 자동으로 작동되어야 하지만 자체적인 화재 감지기능이 없는 비상방송설비, 자동화재속보설비, 3선식 유도등설비 등을 기동시키는 기능도 한다.

(2) 종류

① 신호방식에 따른 구분

㉠ P형 수신기(보통 100회로 이하시 사용)

- 화재신호를 접점신호인 공통신호로 수신하기 때문에 각 경계구역마다 별도의 실선배선(Hard Wire)으로 연결한다.
- 경계구역수가 증가할수록 회선수가 증가하게 되어 대형건물은 많은 회선이 필요함에 따라 설치, 유지, 보수에 문제가 되므로 소규모건물에 설치된다.

㉡ R형 수신기

- 감지기나 발신기에서 보내는 접점신호를 중계기를 사용하여 고유신호로 전환하여 수신기에 전달한다.
- 통신신호방식으로 신호를 주고받기 때문에 하나의 선로를 통하여 많은 신호를 주고받을 수 있어 배선수를 획기적으로 감소시킬 수 있고 경계구역수가 많은 대형건물에 많이 사용된다.

㉢ P형 수신기와 R형 수신기 비교

구 분	P형	R형
구성	감지기, 발신기, 수신기	감지기, 발신기, 중계기, 수신기
신호전송방식	1:1 접점방식	다중전송방식
신호종류	공통신호	고유신호
중계기	–	접점신호를 통신신호로, 통신신호를 접점신호로 변환하는 기능
자기진단기능	없음	있음
배선	실선배선	통신배선
배선공사	선로수가 많이 소요되므로 복잡	선로수가 적게 소요되므로 간단
기기비용	저가	고가
설치건물	소형건물	대형건물

② 사용방식에 따른 구분

㉠ 복합형 수신기 : 다른 소방시설의 감시제어반과 함께 구성된 수신기를 복합형 수신기라고 한다. 복합형수신기도 신호방식에 따라 P형 복합형 수신기와 R형 복합형 수신기로 구분된다.

㉡ GP형, GR형 수신기 : 가스누설탐지기의 수신기와 겸용으로 사용하는 수신기를 신호방식에 따라 GP형 또는 GR형 수신기라고 한다.

(3) 국내 R형 수신기 통신방법

① 다중통신(전송)방식(Multiplexing)

효율적인 운영, 유지, 관리를 위하여 2선을 이용하여 양방향 통신으로 수많은 입출력신호를 고유신호로 변환하여 전송하는 방식

② 다중통신방법의 종류

㉠ 신호전송방식 암기 **주시부**

• FDM(Frequency Division Multiplexing, 주파수분할 다중전송방식) : AM, FM 라디오방송

– 주파수 대역폭을 통신에 필요한 대역으로 잘게 나누어서, 각각 쪼개진 대역폭에 신호를 전송하는 단순 방식

– 통신 보호대역(Guard Band)을 두어 채널간 간섭을 피함

• TDM(Time Division Multiplexing, 시분할 다중전송방식) : R형 수신기

– 시간 축에서 여러 개의 시간구간(Time Slot)을 나누어 전송매체를 공유하는 방식

– 통상 FDM에 의하여 분할된 하나의 주파수 대역을 시간축에서 다시분할

– 중계기가 많을 경우 : 수신기에서 중계기마다 송·수신을 하기 위해 시분할을 함

– 디지털 데이터의 경우 : 펄스의 1 비트당 시간이 매우 짧은 관계로 시스템에는 시간지연이 거의 없음

• CDM(Code Division Multiplexing, 부호분할 다중전송방식) : 위성 DMB, 이동전화

– 동일한 주파수 대역이나 시간영역에 서로 다른 부호를 할당하여 신호를 전송하는 방식

– 필요한 대역폭보다 훨씬 넓은 주파수 대역폭을 사용하는 확산대역(Spread Spectrum)통신방식

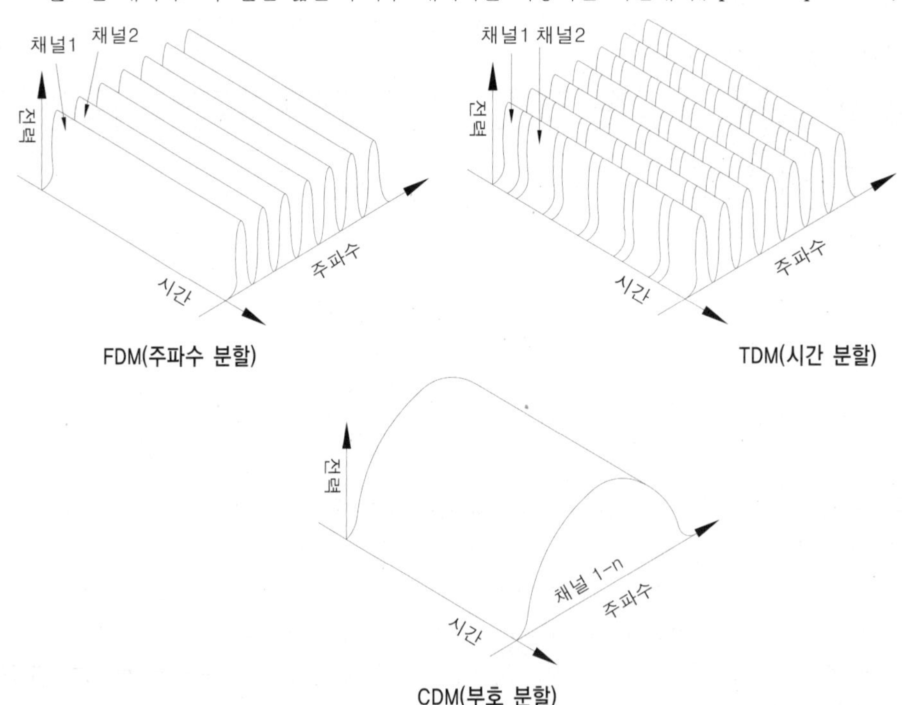

㉡ 신호변조방식(PCM : Pulse Code Modulation, 펄스부호변조) : 신호를 디지털 데이터로 변환하여 이를 전송하기 위해서 모든 정보를 0과 1의 디지털신호로 변환하여 7~8 bit의 Pulse로 변환시켜 통신선로를 이용하여 송·수신한다.

㉢ 신호처리방식(PAM : Polling Addressing Mode)

수신기와의 통신에서 호출신호에 따라 데이터의 중복을 피하는 방법. 아날로그 형식의 감지기 또는 중계기에서는 자기번지가 아니면 통과시키고 동일번지일 경우에 한하여 수신하는 방식

(4) 표시장치

① 개요

R형 수신기는 화재위치 및 회로단선 표시를 액정표시장치(LCD, Liquid Crystal Display)에 문자로서 표시를 한다. 그러나 회로수가 많아지면 이를 일일이 찾아보아야 하는 불편한 점이 있어 이를 보완하기 위해 CRT(Cathode Ray Tube, 음극선관)모니터와 그래픽표시반을 설치한다.

② CRT모니터

수신기로터 받은 정보를 모니터를 통해 건물의 평면도와 단면도에 작동된 소방시설의 종류와 위치를 자동적으로 표시하여 작동상태를 쉽게 알아볼 수 있도록 한 것

③ 그래픽표시반

주요구성품은 발광다이오드(LED, Light Emitting Diode)와 모자이크 타일로 구성되며 수신기에서 신호를 받아 심볼처리된 모자이크 타일에 LED램프를 점등시키는 장치. 건물의 계통도 또는 건축물의 실제형태의 그림에 소방시설을 표현하므로 그 건축물의 설비현황 및 동작유무를 쉽게 파악할 수 있다.

(5) 스위치 및 표시등

R형 수신기와 P형 수신기 모두 자동화재탐지설비의 기본적인 기능을 가지고 있어야 하며, 단지 표시하는 방법에 차이가 있을 뿐이다.

〈화재발생시 : 자동 발신(감지기 작동)〉

구 분	P형	R형
화재표시	화재표시등 점등	화재표시등 점등
경보장치	경보장치 기동출력	경보장치 기동출력
화재위치표시	지구표시등 점등	LCD창에 문자로 표시
기타	-	CRT모니터 및 그래픽표시반에 표시(설치시)

〈화재발생시 : 수동 발신(발신기 누름)〉

구 분	P형	R형
발신기작동표시	발신기 작동, 응답등 점등	발신기 작동, 응답등 점등
화재표시	화재표시등 점등	화재표시등 점등
경보장치	경보장치 기동출력	경보장치 기동출력
화재위치표시	지구표시등 점등	LCD창에 문자로 표시
기타	-	CRT모니터 및 그래픽표시반에 표시(설치시)

06 설치기준

(1) 경계구역

① 정의 암기 발수제

㉠ 화재신호를 발신하고, 그 신호를 수신 및 유효하게 제어할 수 있는 구역

㉡ 자동화재탐지설비는 화재발생 및 화재가 건물의 어느 지점에서 발생했는지도 알려주는 설비이다. 화재발생지점은 수신기에서 지구표시등을 점등시키거나 LCD표시창에 문자로 표시해 주는데 이 지구표시등(P형 수신기) 또는 문자(R형 수신기)하나가 담당하는 구역을 경계구역이라 할 수 있다.

② 설정기준

㉠ 수평적 경계구역 암기 둘 건층 65천 지하철

- 하나의 경계구역이 2개 이상의 건축물에 미치지 아니하도록 할 것
- 하나의 경계구역이 2개 이상의 층에 미치지 아니하도록 할 것. 다만, 500 m^2 이하의 범위 안에서는 2개층을 하나의 경계구역으로 가능
- 하나의 경계구역의 면적은 600 m^2 이하로 하고 한 변의 길이는 50 m 이하로 할 것. 다만, 해당 특정소방대상물의 주된 출입구에서 한 변의 길이가 50 m의 범위내에서 그 내부 전체가 보이는 것에 있어서는 1,000 m^2 이하로 할 수 있다.
- 지하구의 경우 하나의 경계구역의 길이 : 700 m 이하
- 외기에 면하여 상시 개방된 부분이 있는 차고·주차장·창고 등에 있어서는 외기에 면하는 각 부분으로부터 5 m 미만의 범위 안에 있는 부분은 경계구역의 면적에 산입하지 아니한다.

구 분	원 칙	예 외
층별	층마다	2개의 층이 500 m^2 이하일 때는 하나의 경계구역으로 가능
면적	600 m^2 이하	주된 출입구에서 한 변의 길이가 50 m 범위내에서 그 내부 전체가 보일 때는 1,000 m^2 이하
한변 길이	50 m 이하	지하구 : 700 m 이하, 터널 : 100 m 이하

질의회신

질의) 건축허가 동의 시에는 특정소방대상물의 주된 출입구에서 그 내부 전체가 보여 경계구역의 면적을 1,000 m^2로 했으나 사용 중에 간이 벽을 설치하거나 물건을 적재하여 주된 출입구에서 그 내부 전체가 보이지 않는 경우 경계구역의 면적은?

회신) 이 경우에는 경계구역을 600 m^2 이하로 재설정해야 한다. 내부전체가 보이지 않으면 화재를 확인하는데 많은 시간이 걸린다.

㉡ 수직적 경계구역 [암기] **계경엘린파 지계 사시오**

- **계**단 · **경**사로(에스컬레이터경사로 포함) · **엘**리베이터 승강로(권상기실이 있는 경우에는 권상기실) · **린**넨슈트 · **파**이프피트 및 덕트, 기타 이와 유사한 부분에 대하여는 별도 경계구역 설정
- **지**하층의 **계**단 및 경사로(지하층의 층수가 1일 경우 제외)는 별도로 하나의 경계구역으로 함
  ➜ 계단 : 직통계단 외의 것에 있어서는 떨어져 있는 상하계단의 상호간의 수평거리가 5 m 이하로서 서로 간에 구획되지 아니한 것
- 하나의 경계구역은 높이 **45** m 이하(계단 및 경사로에 한함)

구 분	계단, 경사로	엘리베이터 권상기실, 린넨슈트, 파이프 피트 및 덕트, 기타
높 이	45 m 이하	제한 없음
지하층구분	지상층과 지하층 구분 (지하 1층만 있을 경우 제외)	제한 없음

㉢ 설비적 경계구역

- 스프링클러설비 · 물분무등소화설비 또는 제연설비의 화재감지장치로서 화재 감지기를 설치한 경우의 경계구역은 해당 소화설비의 방사구역 또는 제연구역과 동일하게 설정할 수 있다.
- 다른 소화설비의 화재감지장치일 때 경계구역 면적

설 비		경계구역	설정기준
스프링클러설비	폐쇄형	바닥면적	3,000 m^2 이하
		층별 기준	1개층이 하나의 방호구역
			1개층에 헤드 10개 이하 ➜ 3개층 이내를 하나 방호구역 가능
	개방형	층별 기준	1개층이 하나의 방수구역
		헤드 기준	50개 이하
물분무등소화설비		방사 구역	방사구역 마다 설정
거실 제연설비		제연 구역	1,000 m^2 이하

㉣ 경계구역 면적의 산출방법

- 별개의 경계구역을 설정해야 하는 계단, 경사로, 엘리베이터 승강로, 파이프피트 및 덕트 등의 부분의 면적은 제외한다.
- 목욕실, 욕조나 샤워시설이 있는 화장실 등 감지기 설치가 제외된 장소의 면적도 경계구역의 면적에 산입해야 한다.
- 외기에 면하여 상시 개방된 부분이 있는 차고 · 주차장 · 창고 · 외부계단 등 외기에 면하는 각 부분으로부터 5 m 미만의 범위 안에 있는 부분은 경계구역의 면적에 산입하지 아니한다.

③ 경계구역 설정방법

㉠ 층수에 의한 경계구역

ⓐ 2개층에 미치는 경우 : 경계구역 면적이 500 m^2 이하인 경우

- 1층과 2층 그리고 3층과 4층처럼 두 층의 합한 면적이 500 m^2 이하가 되므로 하나의 경계구역으로 할 수 있으나
- 경계구역마다 감지기등의 작동상황을 용이하게 확인할 수 있도록 설정하는 것이 바람직하다.

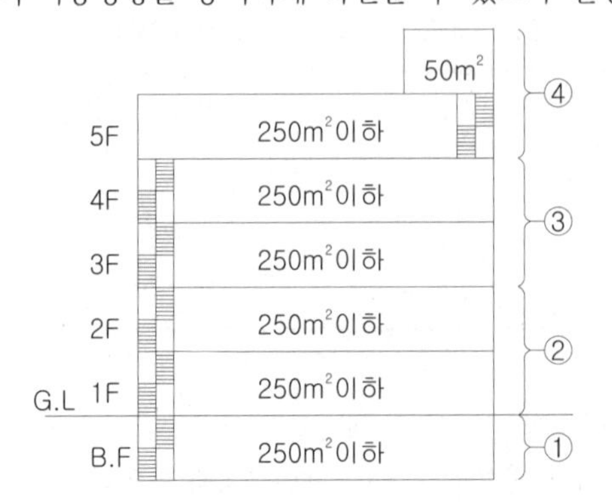

ⓑ 옥상층의 옥탑 또는 그 외의 것으로서 층으로 간주되지 않은 경우

- 옥탑의 각 층에서 건축면적의 1/8 이하이면 옥탑은 600 m^2 이하마다 하나의 경계구역으로 할 수 있다.
- 아래의 경우 R1, R2가 건축면적 1,000 m^2에 비해 수평투영면적(100 m^2)이 1/8 이하이므로 이는 층수로 하지 않는다. 따라서 R1, R2는 하나의 경계구역으로 할 수가 있다.
- 또한 6층의 면적(400 m^2)을 합하여 하나의 경계구역으로 할 수가 있으나 화재시 동작상황을 빠르게 확인할 필요가 있기 때문에 옥탑과 6층과는 별개의 경계구역으로 하는 것이 바람직하다.
- 지하층의 B1, B2의 경우에는 지하층 부분의 면적(250 m^2)은 건축면적(1,000 m^2)의 1/8 이상이 되므로 B1, B2는 각각 별개의 경계구역으로 설정할 필요가 있다. 500 m^2 이하의 경우는 두 층에 걸쳐 같은 경계구역으로 할 수가 있으나 가급적 별개의 경계구역으로 하는 것이 바람직하다.
- 건축법 시행령 제119조 제1항 제9호 : 승강기탑, 계단탑, 망루, 장식탑, 옥탑, 그 밖에 이와 비슷한 건축물의 옥상 부분으로서 그 수평투영면적의 합계가 해당 건축물의 건축면적의 1/8 이하인 것과 지하층은 건축물의 층수에 산입하지 아니한다.

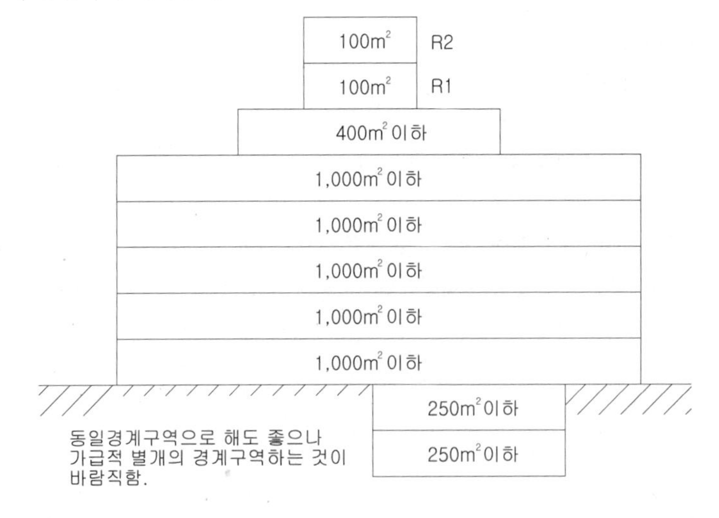

㉡ 수직에 의한 경계구역

- 계단 · 경사로 · 엘리베이터 권상기실 · 린넨슈트 · 파이프 피트 및 덕트 기타 이와 유사한 부분에 대하여는 별도로 경계구역을 설정한다.
- 층수가 많은 고층건물일 경우에 45 m 이하마다 별개 경계구역으로 한다. 그리고 지하층이 2층 이상인 것에 있어서는 지하층과 별개 경계구역으로 하되 지하층이 1층뿐인 경우에는 지상층과 합하여 1개의 경계구역으로 할 수 있다.

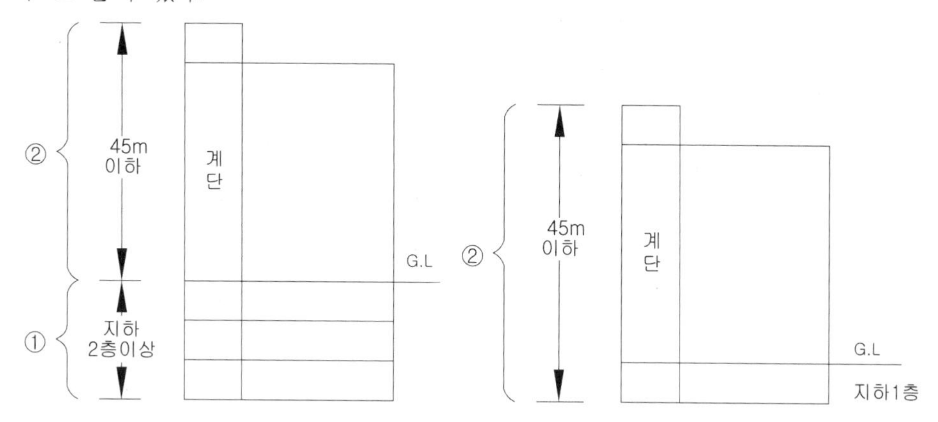

㉢ 길이 및 면적에 의한 경계구역

- 1변의 길이를 가지고 설정하는 경우 한쪽변의 길이가 50 m를 넘으므로 2개의 경계구역으로 한다.

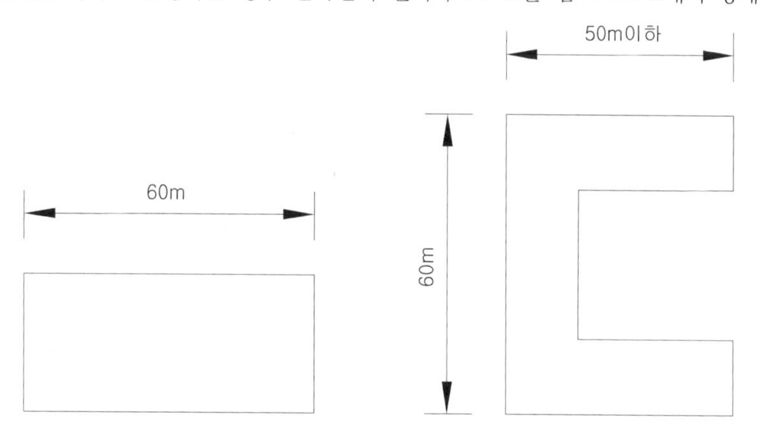

- 하나의 경계구역의 면적을 1,000 m^2로 할 수 있는 경우 특정소방대상물의 주된 출입구 쪽에서 그 내부 전체를 들여다 볼 수 있는 경우가 이에 해당한다. 그러나 평면도에서는 한 눈에 볼 수 있는 것으로 생각되는 경우라도 실상은 물건을 쌓았거나 큰 기계, 랙크, 샤프트 등이 설치되어 있어 내부를 볼 수가 없게 된 경우는 이에 해당되지 않는다.

(2) 수신기의 설치기준 암기 장경2 음감 종조하 축가 전회

① 수위실 등 상시 사람이 근무하는 장소나 관계인 접근이 쉽고 관리가 용이한 장소에 설치
② 수신기 설치장소는 경계구역 일람도를 비치(주 수신기). 다만, 주 수신기 설치시에는 주 수신기를 제외한 기타 수신기는 제외
➜ 경계구역일람도 : 화재발생위치를 신속하게 확인하기 위하여 해당 건물의 경계구역이 어떻게 설정되어 있는지를 표시하는 도면
③ 하나의 특정소방대상물에 2 이상의 수신기를 설치하는 경우 수신기를 상호간 연동시켜 화재발생상황을 각 수신기마다 확인가능
④ 음향기구 : 그 음량 및 음색이 다른 기기의 소음 등과 명확히 구별
⑤ 감지기, 중계기, 발신기가 작동하는 경계구역 표시
⑥ 화재 · 가스 전기등에 대한 종합방재반을 설치한 경우 : 해당 조작반에 수신기 작동과 연동하여 감지기, 중계기 또는 발신기가 작동하는 경계구역 표시할 수 있는 것으로 할 것
⑦ 조작스위치의 설치높이 : 바닥에서 0.8 m~1.5 m 이하
⑧ 하나의 경계구역은 하나의 표시등(∵ P형 수신기) 또는 하나의 문자(∵ R형 수신기)로 표시
⑨ 지하층 · 무창층으로 환기가 잘 아니되거나 실내면적이 40 m^2 미만인 장소, 감지기의 부착면과 실내바닥과의 사이가 2.3 m 이하인 장소로서 일시적으로 발생한 열기 · 연기 또는 먼지 등으로 인하여 감지기가 화재신호를 발신할 우려가 있는 때에는 축적기능 등이 있는 것으로 설치하여야 한다. 다만, 특수형 감지기를 설치한 경우에는 그러하지 아니하다.
※ 특수형 감지기 암기 축복 불아광다 정분
축적방식의 감지기, 복합형 감지기, 불꽃 감지기, 아날로그방식의 감지기, 광전식 분리형 감지기, 다신호방식의 감지기, 정온식 감지선형 감지기, 분포형 감지기
⑩ 해당 특정소방대상물에 가스누설탐지설비가 설치된 경우에는 가스누설탐지설비로부터 가스누설신호를 수신하여 가스누설경보를 할 수 있는 수신기를 설치할 것(가스누설탐지설비의 수신부를 별도로 설치한 경우에는 제외)
⑪ 4층 이상의 특정소방대상물에는 발신기와 전화통화가 가능한 수신기를 설치할 것
⑫ 해당 특정소방대상물의 경계구역을 각각 표시할 수 있는 회선수 이상의 수신기를 설치할 것

(3) 중계기의 설치기준 암기 사장차 정전 표시

① 수신기에서 직접 감지기회로의 도통시험을 행하지 않는 것에 있어서는 수신기와 감지기 사이에 설치할 것
② 조작 및 점검에 편리하고 화재 및 침수 등의 재해로 인한 피해를 받을 우려가 없는 장소에 설치할 것
③ 수신기에 따라 감시되지 아니하는 배선을 통하여 전력을 공급받는 것에 있어서는 전원입력측의 배선에 과전류 차단기를 설치하고 해당 전원의 정전이 즉시 수신기에 표시되는 것으로 하며, 상용전원 및 예비전원의 시험을 할 수 있도록 할 것

(4) 감지기

① 감지기 설치 제외장소 암기 **천간부고 목파먼 프주**

설치제외 장소	설치제외 이유
㉠ **천**장 또는 반자의 높이가 20 m 이상인 장소. 다만, 적응성이 있는 장소는 제외 ㉡ 헛**간** 등 외부와 기류가 통하는 장소로서 감지기에 따라 화재발생을 유효하게 감지할 수 없는 장소 ㉢ **고**온도 및 저온도로서 감지기의 기능이 정지되기 쉽거나 감지기의 유지관리가 어려운 장소	적응성이 없는 장소
㉠ **부**식성가스가 체류하고 있는 장소 → 도금공장, 오수처리장, 축전지실 ㉡ **목**욕실·욕조나 샤워시설이 있는 화장실·기타 이와 유사한 장소 ㉢ **먼**지·가루 또는 수증기가 다량으로 체류하는 장소 또는 주방 등 평시에 연기가 발생하는 장소(연기 감지기에 한함)	비화재보 우려 장소
㉠ **파**이프덕트 등 그 밖의 이와 비슷한 것으로서 2개층마다 방화구획된 것이나 수평단면적이 5 m^2 이하인 것 → EPS, TPS에 연기 감지기 설계 권장 ㉡ **프**레스공장, **주**조공장 등 화재발생의 위험이 적은 장소로서 감지기의 유지관리가 어려운 장소	화재가혹도 작은 장소

② 부착높이에 따른 감지기 종류 암기 **4미 열연불복. 8미 정특1연하나둘. 15분연 하나둘. 이광하나 불복. 불광아**

장소에 따라 화재유형과 위험성이 달라지므로 각 장소에 적합한 감지기를 설치해야 정확한 화재감지와 비화재보를 줄일 수 있다.

부착높이	감지기의 종류
4 m 미만	• **열** 감지기 : 차동식(스포트형, 분포형), 보상식 스포트형, 정온식(스포트형, 감지선형) • **연**기 감지기 : 이온화식 또는 광전식(스포트형, 분리형, 공기흡입형) • **불**꽃 감지기 • **복**합형 : 열복합형, 연기복합형, 열연기복합형
4 m 이상 8 m 미만	• 열 감지기 : 차동식(스포트형, 분포형), 보상식 스포트형, **정**온식(스포트형, 감지선형) **특**종 또는 1종 • **연**기 감지기 : 이온화식 1종 또는 2종, 광전식(스포트형, 분리형, 공기흡입형) 1종 또는 2종 • 불꽃 감지기 • 복합형 : 열복합형, 연기복합형, 열연기복합형
8 m 이상 15 m 미만	• 열 감지기 : 차동식 **분**포형 • **연**기 감지기 : 이온화식 1종 또는 2종, 광전식(스포트형, 분리형, 공기흡입형) 1종 또는 2종 • 불꽃 감지기 • 복합형 : 연기복합형
15 m 이상 20 m 미만	• 열 감지기 : X(적응성 없음) • 연기 감지기 : **이**온화식 1종, **광**전식(스포트형, 분리형, 공기흡입형) 1종 • **불**꽃 감지기 • **복**합형 : 연기복합형
20 m 이상	**불**꽃 감지기, **광**전식(분리형, 공기흡입형) 중 **아**날로그방식

비고) 1. 감지기별 부착높이 등에 대하여 별도로 형식승인 받은 경우에는 그 성능 인정범위내에서 사용할 수 있다.
2. 부착높이 20 m 이상에 설치되는 광전식 중 아날로그방식의 감지기는 공칭감지농도 하한값이 감광률 5 %/m 미만인 것으로 한다.

③ 설치장소별 감지기 적응성(연기 감지기를 설치할 수 없는 경우 적용)

암기 **차 먼지 배연, 정 주부 수고물불**

설치장소		적응 열 감지기									불꽃 감지기
환경상태	적응장소	차동식 스포트형		차동식 분포형		보상식 스포트형		정온식		열 아날로그식	
		1종	2종	1종	2종	1종	2종	특종	1종		
먼지, 미분 등이 다량으로 체류장소	쓰레기장, 하역장, 도장실, 섬유·목재·석재 등 가공공장	O	O	O	O	O	O	O	O	O	O
배기가스가 다량으로 체류장소	주차장, 차고, 화물취급소차로, 자가발전실, 트럭터미널, 엔진시험실	O	O	O	O	O	O	X	X	O	O
연기가 다량으로 유입우려 장소	음식물배급실, 주방전실, 주방내 식품저장실, 음식물운반용 엘리베이터, 주방주변의 복도 및 통로, 식당	O	O	O	O	O	O	O	O	O	X
주방, 기타 평상시 연기 체류 장소	주방, 조리실, 용접작업장 등	X	X	X	X	X	X	O	O	O	O
부식성가스가 발생할 우려가 있는 장소	도금공장, 축전지실, 오수처리장 등	X	X	O	O	O	O	O	O	O	O
수증기가 다량 머무는 장소	증기세정실, 탕비실, 소독실 등	X	X	X	O	X	O	O	O	O	O
현저하게 **고**온으로 되는 장소	건조실, 살균실, 보일러실, 주조실, 영사실, 스튜디오	X	X	X	X	X	X	O	O	O	X
물방울이 발생하는 장소	스레트 또는 철판으로 설치한 지붕 창고·공장, 패키지형 냉각기전용 수납실, 밀폐지하창고, 냉동실 주변 등	X	X	O	O	O	O	O	O	O	O
불을 사용설비로서 불꽃 노출장소	유리공장, 용선로가 있는 장소, 용접실, 작업장, 주방, 주조실 등	X	X	X	X	X	X	O	O	O	X

(주) 1. "O"는 해당 설치장소에 적응하는 것을 표시, "X"는 해당 설치장소에 적응하지 않는 것을 표시
2. 차동식 스포트형, 차동식 분포형, 보상식 스포트형 1종은 감도가 예민하기 때문에 비화재보 발생은 2종에 비해 불리한 조건이라는 것을 유의할 것
3. 차동식 분포형 3종 및 정온식 2종은 소화설비와 연동하는 경우에 한해서 사용할 것
4. 다신호식 감지기는 그 감지기가 가지고 있는 종별, 공칭작동온도별로 따르지 말고 상기 표에 따른 적응성이 있는 감지기로 할 것

④ 설치장소별 감지기 적응성

설치장소		적응 열 감지기					적응 연기 감지기						기타
환경상태	적응장소	차동식 스포트형	차동식 분포형	보상식 스포트형	정온식	열아날로그식	이온화식 스포트형	광전식 스포트형	이온아날로그식 스포트형	광전아날로그식 스포트형	광전식분리형	광전아날로그식 분리형	불꽃감지기
흡연에 의해 연기가 체류하며 환기가 되지 않는 장소	회의실, 응접실, 휴게실, 노래연습실, 오락실, 다방, 음식점, 대합실, 카바레 등의 객실, 집회장, 연회장 등	○	○	○	–	–	–	◎	–	◎	○	○	–
취침시설로 사용하는 장소	호텔 객실, 여관, 수면실 등	–	–	–	–	–	◎	◎	◎	◎	○	○	–
연기이외의 미분이 떠다니는 장소	복도, 통로 등	–	–	–	–	–	◎	◎	◎	◎	○	○	○
바람에 영향을 받기 쉬운 장소	로비, 교회, 관람장, 옥탑에 있는 기계실	–	○	–	–	–	–	◎	–	◎	○	○	○
연기가 멀리 이동해서 감지기에 도달하는 장소	계단, 경사로	–	–	–	–	–	–	○	–	○	○	○	–
훈소 화재의 우려가 있는 장소	전화기기실, 통신기기실, 전산실, 기계제어실	–	–	–	–	–	–	○	–	○	○	○	–
넓은 공간으로 천장이 높아 열 및 연기가 확산하는 장소	체육관, 항공기 격납고, 높은 천장의 창고·공장, 관람석 상부 등감지기 부착 높이가 8 m 이상의 장소	–	○	–	–	–	–	–	–	–	○	○	○

(주) 1. "○"는 해당 설치장소에 적응하는 것을 표시
2. "◎"는 해당 설치장소에 연 감지기를 설치하는 경우에는 해당 감지회로에 축적기능을 갖는 것을 표시
3. 차동식 스포트형, 차동식 분포형, 보상식 스포트형 및 연기식(해당 감지기회로에 축적기능을 갖지 않는 것) 1종은 감도가 예민하기 때문에 비화재보 발생은 2종에 비해 불리한 조건이라는 것을 유의하여 따를 것
4. 차동식 분포형 3종 및 정온식 2종은 소화설비와 연동하는 경우에 한해서 사용할 것
5. 광전식 분리형 감지기는 평상시 연기가 발생하는 장소 또는 공간이 협소한 경우에는 적응성이 없음
6. 넓은 공간으로 천장이 높아 열 및 연기가 확산하는 장소로서 차동식 분포형 또는 광전식 분리형 2종을 설치하는 경우에는 제조사의 사양에 따를 것
7. 다신호식 감지기는 그 감지기가 가지고 있는 종별, 공칭작동온도별로 따르고 표에 따른 적응성이 있는 감지기로 할 것
8. 축적형 감지기 또는 축적형 중계기 혹은 축적형 수신기를 설치하는 경우에는 제7조에 따를 것

⑤ 감지기 설치개수

㉠ 거실

거실마다 감지기의 종류, 설치 면의 높이, 거실의 구조에 따라 다음 식에 따라 산정된다.

$$감지기\ 설치개수 = \frac{감지구역의\ 면적(m^2)}{설치감지기\ 1개의\ 감지면적(m^2)}$$

㉡ 복도 및 통로(연기 감지기)

$$감지기설치개수 = \frac{감지구역의\ 보행거리(m)}{설치감지기\ 1개의\ 감지\ 보행거리(m)} - 1$$

㉢ 계단 및 경사로(연기 감지기)

$$감지기\ 설치개수 = \frac{감지구역의\ 수평거리(m)}{설치\ 감지기\ 1개의\ 감지\ 수직거리(m)}$$

㉣ 열 감지기(스포트형) 설치 바닥면적(단위 : m^2) 암기 **차보정 구질구질 762**

부착높이 및 소방대상물의 구조		차동식, 보상식		정온식		
		1종	2종	특종	1종	2종
4 m 미만	내화구조	90	70	70	60	20
	기타 구조	50	40	40	30	15
4 m 이상 8 m 미만	내화구조	45	35	35	30	
	기타 구조	30	25	25	15	

㉤ 연기 감지기 설치 바닥면적(∵거실 설치시)(단위 : m^2)

부착높이	감지기의 종류	
	1종 및 2종	3종
4 m 미만	150	50
4 m 이상 20 m 미만	75	–

㉥ 연기 감지기 설치거리(∵복도, 통로, 계단, 경사로 설치시)(단위 : m)

장 소	감지기의 종류	
	1종 및 2종	3종
복도 및 통로(보행거리)	30(설치수 = 보행거리 / 30 −1)	20
계단 및 경사로(수직거리)	15(설치수 = 수직거리 / 15)	10

㉦ 기타 : 특별한 규정이 없는 감지기는 제조자의 시방에 따라 설치한다.

⑥ 감지기 설치기준

㉠ 축적형 감지기를 사용하지 않는 경우 암기 **교축급 감수연**

- 교차회로방식에 사용되는 감지기
- 축적기능이 있는 수신기에 연결하여 사용되는 감지기
- 급속한 연소확대가 우려되는 장소에 사용되는 감지기

㉡ 중복하여 사용하면 안 되는 설비

축적기능이 있는(비화재보 방지기능 내장) 수신기에 연결하여 사용되는 감지기는 축적형 감지기를 사용하여서는 안 된다.

㉢ 감지기의 설치위치

- 실내로의 공기유입구로부터 1.5 m 이상 떨어진 위치에 설치(차동식 분포형은 제외)
  ➜ 차동식 분포형 : 공기관과 감지구역의 각 변과의 수평거리 1.5 m 이하
- 천장 또는 반자의 옥내에 면하는 부분에 설치할 것

질의회신

질의) 창문도 공기유입구에 해당되나요?

회신) 공기유입구란 기계 또는 설비에 의해 항시 공기가 유입되는 것으로 창문은 해당되지 않음

㉣ 정온식 감지기 : 주방 · 보일러실 등으로서 다량의 화기를 취급하는 장소에 설치하되, 공칭작동온도가 최고주위온도보다 20 ℃ 이상 높은 것으로 설치할 것

㉤ 스포트형 감지기 : 45° 이상 경사되지 않도록 부착할 것

㉥ 연기 감지기

- 천장, 반자가 낮은 실내, 좁은 실내는 출입구의 가까운 부분에 설치
  ➜ 출입구 부근이 기류이동이 빈번하므로 화재감지에 유리함
- 천장 또는 반자 부근에 배기구가 있는 경우에는 배기구 부근에 설치
- 벽 또는 보로부터 0.6 m 이상 떨어진 곳에 설치할 것
  ➜ 연기는 배기구로 모이게 되므로 연기 감지기는 배기구 근처에 설치하는 것이 화재감지에 유리하며, 벽 또는 보는 연기의 흐름을 방해하므로 0.6 m 이격하여 연기의 유동이 원활한 위치에 설치도록 하는 것임

㉦ 차동식 분포형 공기관식 감지기 암기 **길 거리 검분**

- 길이 : 공기관의 노출부분은 감지구역마다 20 m 이상~100 m 이하로 할 것
- 수평거리 : 공기관과 감지구역의 각 변과의 수평거리는 1.5 m 이하가 되도록 하고, 공기관 상호간 거리는 내화구조의 경우 9 m 이하(기타 구조는 6 m 이하)로 할 것
- 검출부 : 5° 이상 경사되지 아니하도록 부착하고, 바닥으로부터 0.8 m 이상 1.5 m 이하의 위치에 설치할 것
- 공기관은 도중에서 분기하지 아니하도록 할 것

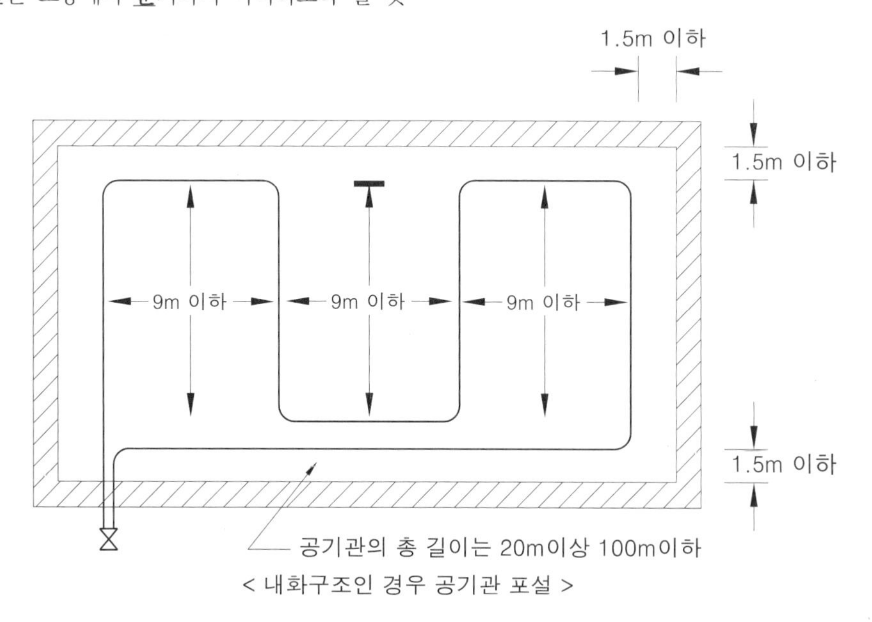

< 내화구조인 경우 공기관 포설 >

ⓞ 정온식 감지선형 감지기 암기 **간선수반 케이지 분기 형제 시방**

- 단자부와 마감 고정금구와의 설치 **간**격은 10 cm 이내로 설치할 것
- 보조선이나 고정금구를 사용하여 감지**선**이 늘어지지 않도록 설치할 것
- 감지기와 감지구역의 각부분과의 **수**평거리가 내화구조의 경우 1종 4.5 m 이하, 2종 3 m 이하로 기타구조의 경우 1종 3.0 m 이하, 2종 1 m 이하로 할 것
- 감지선형 감지기의 굴곡 **반**경은 5 cm 이상으로 할 것
- **케이**블트레이에 감지기를 설치하는 경우에는 케이블트레이 받침대에 마감금구를 사용하여 설치할 것
- **지**하구나 창고의 천장 등에 지지물이 적당하지 않는 장소에서는 보조선(Messenger Wire)을 설치하고 그 보조선에 감지기를 설치할 것
- **분**전반 내부에 설치하는 경우 접착제(Glue)를 이용하여 돌기(∵ 돌출부, 융기)를 바닥에 고정시키고 그곳에 감지기를 설치할 것
- **기**타 설치방법은 형식승인 내용에 따르며 **형**식승인 사항이 아닌 것은 **제**조사의 **시방**(示方)에 따라 설치할 것

시방서

일반적으로 사용재료의 재질·품질·치수 등, 제조·시공상의 방법과 정도, 제품·공사 등의 성능, 특정한 재료·제조·공법 등의 지정, 완성 후의 기술적 및 외관상의 요구 등이 포함된다. 이렇게 소방법에서 제조사의 시방에 따르도록 한 것은 각 제품마다 기술적인 차이가 있기 때문이다.

ⓩ 불꽃 감지기 암기 **공감설수 형제 시방**

- **공**칭감시거리 및 공칭시야각은 형식승인 내용에 따를 것
- **감**시구역(공칭감시거리와 공칭시야각)이 모두 포용될 수 있도록 설치할 것
- **설**치 : 감지기는 화재감지를 유효하게 감지할 수 있는 모서리 또는 벽 등에 설치할 것. 감지기를 천장에 설치하는 경우에는 감지기는 바닥을 향하여 설치할 것
- **수**분이 많이 발생할 우려가 있는 장소에는 방수형으로 설치할 것
- 그 밖의 설치기준은 형식승인 내용에 따르며 **형**식승인 사항이 아닌 것은 **제**조사의 **시방**(示方)에 따라 설치할 것

ⓩ 아날로그방식과 다신호방식의 감지기

- 아날로그방식의 감지기는 공칭감지온도범위 및 공칭감지농도범위에 적합한 장소에 설치할 것
- 다신호방식의 감지기는 화재신호를 발신하는 감도에 적합한 장소에 설치할 것
- 다만, 이 기준에서 정하지 않는 설치방법에 대하여는 형식승인 사항이나 제조사의 시방에 따라 설치할 것

ⓚ 광전식 분리형 감지기 암기 **벽면 높 길이 형제시방**

- **벽** : 광축(송광면과 수광면의 중심을 연결한 선)은 나란한 벽으로부터 0.6 m 이상 이격하여 설치할 것
- 수광**면**은 햇빛을 직접 받지 않도록 설치할 것
- 광축의 **높**이 : 천장등(천장의 실내에 면한 부분 또는 상층의 바닥하부면) 높이의 80 % 이상일 것
- 감지기의 송광부와 수광부는 설치된 뒷벽으로부터 1 m 이내 위치에 설치할 것
- 감지기의 광축의 **길이**는 공칭감시거리 범위 이내일 것
- 그 밖의 설치기준은 형식승인 내용에 따르며 **형**식승인 사항이 아닌 것은 **제**조사의 **시방**(示方)에 따라 설치할 것

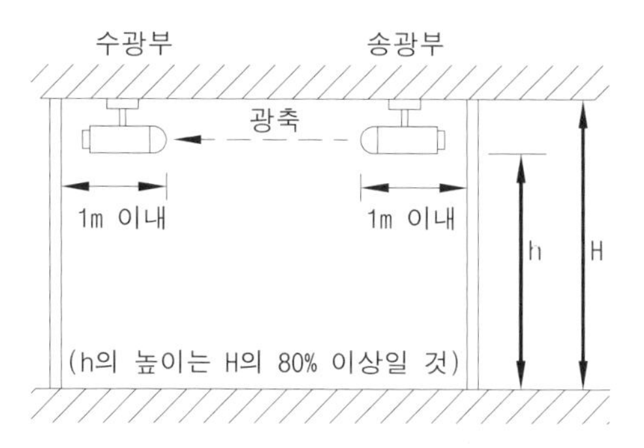

㉢ 광전식 공기흡입형 감지기

설치장소·감지면적 및 공기흡입관의 이격거리 등은 형식승인 내용에 따르며 형식승인 사항이 아닌 것은 제조사의 시방에 따를 것

(5) 발신기

① 개요

발신기는 화재를 발견한 사람이 누름버튼을 조작하여 수신기에 신호를 보내는 장치

② 발신기의 구분

㉠ 기능에 따라 P형, T형

㉡ 설치장소에 따라 옥외형과 옥내형

㉢ 방폭구조 여부에 따라 방폭형 및 비방폭형

㉣ 방수성유무에 따라 방수형 및 비방수형

㉤ P형은 수신기와 전화연락이 가능한 1급과 그러하지 아니한 2급으로 구분된다.

③ 기능에 따른 발신기 종류

㉠ P형 발신기

수동으로 각 발신기의 공통신호를 수신기 또는 중계기에 발신하는 것으로서 발신과 동시에는 통화가 되지 아니하는 것

구분	누름스위치	응답표시등	전화잭	접속수신기
P형1급 발신기	O	O	O	P형, R형
P형2급 발신기	O	X	X	P형

㉡ T형 발신기

수동으로 각 발신기의 공통신호를 수신기에 발신하는 것으로서 발신과 동시에 통화가 가능한 것

④ 발신기 설치기준(지하구 : 발신기 설치제외)

㉠ 조작이 쉬운 장소에 설치하고, 스위치는 바닥으로부터 0.8 m 이상 1.5 m 이하의 높이에 설치

㉡ 특정소방대상물의 층마다 설치하되, 해당 특정소방대상물의 각 부분으로부터 하나의 발신기까지의 수평거리가 25 m 이하가 되도록 할 것. 다만, 복도 또는 별도로 구획된 실로서 보행거리가 40 m 이상일 경우에는 추가로 설치해야 한다.

㉢ ㉡에도 불구하고 ㉡의 기준을 초과하는 경우로서 기둥 또는 벽이 설치되지 아니한 대형공간의 경우 발신기는 설치대상 장소의 가장 가까운 장소의 벽 또는 기둥에 설치할 것

㉣ 발신기의 위치표시등 암기 **상십오 텐미 적**

함의 **상**부에 설치하되, 그 불빛은 부착면으로부터 **15°** 이상의 범위 안에서 부착지점으로부터 **10 m** 이내의 어느 곳에서도 쉽게 식별할 수 있는 **적**색등으로 할 것

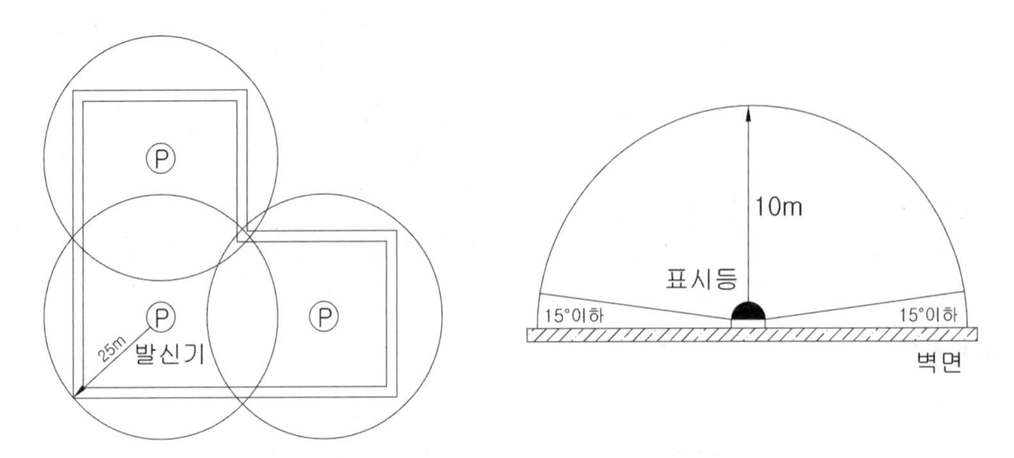

발신기의 설치거리 표시등의 식별범위

(6) 음향장치

① 개요

경보장치는 감지기나 발신기가 작동되어 수신기가 신호를 받게 되면 수신기의 출력신호를 받아 화재발생을 건물 내 사람들에게 알리기 위한 음향장치와 청각장애인을 위한 시각경보기가 있다.

② 음향장치의 종류

㉠ 종류 : 경종, 사이렌

㉡ 경종 : 수신기로부터의 기동출력에 의하여 모터가 작동되어 타봉에 의하여 종을 타종하는 방식과 전자석을 이용한 것

㉢ 사이렌 : 일정주파수를 발진시켜 스피커를 명동시키는 장치

경종 사이렌 시각경보기

③ 음향장치의 설치기준

㉠ 주음향장치 : 수신기의 내부 또는 그 직근에 설치

㉡ 지구음향장치 : 특정소방대상물의 층마다 설치하되, 수평거리가 25 m 이하가 되도록 할 것

㉢ 수평거리가 25 m를 초과하는 경우로서 기둥 또는 벽이 설치되지 아니한 대형공간의 경우 지구음향장치는 설치대상 장소의 가장 가까운 장소의 벽 또는 기둥 등에 설치할 것

㉣ 하나의 특정소방대상물에 2 이상의 수신기가 설치된 경우 어느 수신기에서도 지구음향장치 및 시각경보장치를 작동할 수 있도록 할 것

④ 음향장치의 구조 및 성능기준

㉠ 정격전압의 80 % 전압에서 음향을 발할 수 있는 것으로 할 것. 다만, 건전지를 주전원으로 사용하는 음향장치는 그러하지 아니하다.

㉡ 음량은 부착된 음향장치의 중심으로부터 1 m 떨어진 위치에서 90 dB 이상

㉢ 감지기 또는 발신기의 작동과 연동하여 작동할 수 있는 것으로 할 것

⑤ 경보방식 암기 **5연 3천초**

층수가 5층 이상으로서 연면적이 3,000 m^2를 초과하는 특정소방대상물은 다음 각 목에 따라 경보를 발할 수 있도록 하여야 한다.

㉠ 2층 이상의 층에서 발화한 때에는 발화층 및 그 직상층에 경보를 발할 것

㉡ 1층에서 발화한 때에는 발화층·그 직상층 및 지하층에 경보를 발할 것

㉢ 지하층에서 발화한 때에는 발화층·그 직상층 및 기타의 지하층에 경보를 발할 것

➜ 일정 규모의 건물에 화재가 발생하여 전층에 경보가 되어 한꺼번에 많은 사람들이 피난하게 되면 안전사고의 위험이 있어 단계별로 경보될 수 있도록 한 것이다.

(7) 시각경보장치 (Strobe)

① 개요

음향장치로는 청각장애인들에게 화재피난경보를 알릴 수 없기 때문에 시각으로 알려주는 장치이다. 시각경보기는 섬광을 이용하여 화재경보를 알 수 있도록 크세논 램프를 사용하여 초당 1회 이상, 3회 이하로 점멸하며, 수신기에서 작동신호를 받은 후 3초 이내 경보를 발하여야 하고 정지신호를 받았을 경우에는 3초 이내 정지되어야 한다.

② 설치대상 암기 **근판숙위 노의업 문방(구) 도서 상가**

자동화재탐지설비를 설치하여야 하는 특정소방대상물 중 다음의 어느 하나에 해당하는 것과 같다.

㉠ 근린생활시설, 판매시설, 숙박시설, 위락시설

㉡ 노유자시설, 의료시설, 업무시설(군사시설은 제외)

㉢ 문화 및 집회시설, 방송통신시설 중 방송국, 교육연구시설 중 도서관

㉣ 지하상가

③ 주요기준

구 분	한국소방산업기술원	NFPA 72(미국)
섬광률(섬광횟수)	1 Hz ~ 3 Hz	1/3 Hz ~ 3 Hz
광도	15 cd ~ 1,000 cd 이하	1,000 cd 이하
광원색상	투명이거나 백색	투명이거나 백색

④ 설치기준

㉠ 복도·통로·청각장애인용 객실 및 공용으로 사용하는 거실(로비, 회의실, 강의실, 식당, 휴게실, 오락실, 대기실, 체력단련실, 접객실, 안내실, 전시실, 기타 이와 유사한 장소를 말한다)에 설치하며, 각 부분으로부터 유효하게 경보를 발할 수 있는 위치에 설치할 것

㉡ 공연장 · 집회장 · 관람장 또는 이와 유사한 장소에 설치하는 경우에는 시선이 집중되는 무대부 부분 등에 설치할 것

㉢ 설치높이는 바닥으로부터 2 m 이상, 2.5 m 이하의 장소에 설치할 것. 다만, 천장의 높이가 2 m 이하인 경우에는 천장으로부터 0.15 m 이내의 장소에 설치하여야 한다.

㉣ 시각경보장치의 광원은 전용의 축전지설비에 의하여 점등되도록 할 것. 다만, 시각경보기에 작동전원을 공급할 수 있도록 형식승인을 얻은 수신기를 설치한 경우에는 그러하지 아니하다.

㉤ 하나의 특정소방대상물에 2 이상의 수신기가 설치된 경우 어느 수신기에서도 지구음향장치 및 시각경보장치를 작동할 수 있도록 할 것

(8) 전원

① 자동화재탐지설비의 상용전원

㉠ 전원은 전기가 정상적으로 공급되는 축전지, 전기저장장치(외부 전기에너지를 저장해 두었다가 필요한 때 전기를 공급하는 장치) 교류전압의 옥내 간선으로 하고, 전원까지의 배선은 전용으로 할 것

㉡ 개폐기에는 "자동화재탐지설비용"이라고 표시한 표지를 할 것

② 자동화재탐지설비에는 그 설비에 대한 감시상태를 60분간 지속한 후 유효하게 10분 이상 경보할 수 있는 축전지 설비(수신기에 내장하는 경우를 포함한다)를 설치하여야 한다. 다만, 상용전원이 축전지설비인 경우 또는 건전지를 주전원으로 사용하는 무선식 설비인 경우에는 그러하지 아니하다.

(9) 배선

① 배선

㉠ 전원회로의 배선 : 내화배선

㉡ 그 밖의 배선 : 내화배선 또는 내열배선(감지기 상호간 또는 감지기로부터 수신기에 이르는 감지기회로의 배선은 제외)

② 감지기회로의 배선

㉠ 아날로그식, 다신호식 감지기나 R형 수신기용으로 사용되는 것 : 쉴드선

- 전자파 방해를 방지하기 위하여 쉴드선 사용함. 예) STP 케이블
- 전자파 방해를 받지 아니하는 방식의 경우에는 예외. 예 광케이블(Fiber Optic Cable)

㉡ ㉠항 외의 일반배선 : 내화배선 또는 내열배선

③ 감지기회로의 도통시험을 위한 종단저항의 설치기준 암기 **관점 높이 끝에 표시**

㉠ **관**리 및 **점**검이 쉬운 장소에 설치

㉡ 전용함을 설치하는 경우 그 설치 **높이**는 바닥으로부터 **1.5 m** 이내로 할 것. 감지기 회로의 **끝**부분**에** 설치하며, 종단 감지기에 설치할 경우에는 구별이 쉽도록 해당 감지기의 기판 및 감지기 외부 등에 별도의 **표시**를 할 것

④ 감지기 사이의 회로의 배선 : 송배전식

수신기에서 2차측의 외부배선의 도통시험을 용이하게 하기 위하여 배선의 도중에서 분기하지 않는 배선방식

⑤ 전원회로의 전로와 대지 사이 및 배선 상호간의 절연저항

전기사업법 제67조의 규정에 따른 기술기준이 정하는 바에 의하고, 감지기회로 및 부속회로의 전로와 대지 사이 및 배선 상호간의 절연저항은 1경계구역마다 직류 250 V의 절연저항측정기를 사용하여 측정한 절연저항이 0.1 MΩ 이상이 되도록 할 것

⑥ 자동화재탐지설비용 배선의 공사방법

다른 선선과 별도의 관·덕트·몰드 또는 풀박스 등에 설치할 것. 다만, 60 V 미만의 약전류회로에 사용하는 전선으로서 각각의 전압이 같을 때에는 그러하지 아니하다.

⑦ P형 수신기 및 GP형 수신기의 감지기 회로의 배선에 있어서 하나의 공통선에 접속할 수 있는 경계구역은 7개 이하로 할 것

⑧ 자동화재탐지설비의 감지기회로의 전로저항은 50 Ω 이하가 되도록 하여야 하며, 수신기의 각 회로별 종단에 설치되는 감지기에 접속되는 배선의 전압은 감지기 정격전압의 80 % 이상이어야 할 것

STP, UTP, Fiber Optic 케이블

1. STP(Shielded Twist Pair Cable)

   연선으로 된 케이블 겉에 외부 피복 또는 차폐재가 추가되는데, 차폐재는 접지의 역할을 하여 외부의 노이즈를 차단하거나 전기적 신호의 간섭에 탁월한 성능이 있다.

2. UTP(Unshielded Twist Pair)

   두 선간의 전자기 유도를 줄이기 위하여 절연의 구리선이 서로 꼬여져 있는 케이블 제품 전선과 피복만으로 구성되어 있어 보통 일반적인 랜케이블이 이에 해당되며 사무실 배선용으로 사용된다.

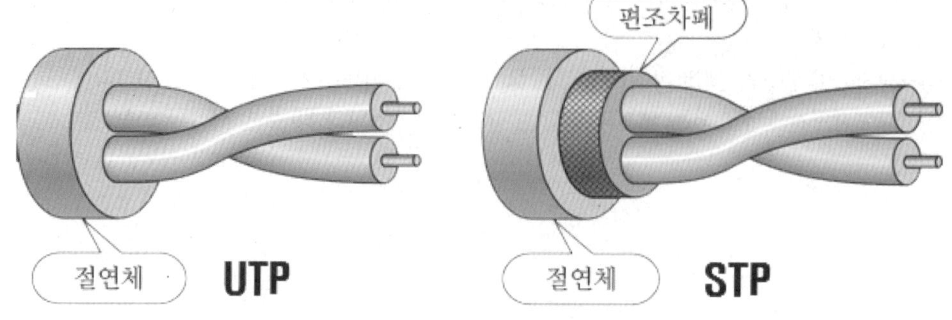

3. Fiber Optic Cable

   ① 정의

   빛의 전송을 목적으로 하는 섬유모양의 도파관(導波管, Waveguide)으로 주로 투명도가 좋은 유리로 만들어진다.

   ② 구조

   중앙의 코어(Core) 부분을 클래딩(Cladding)이 감싸고 그 외부에는 충격으로부터 보호하기 위해 합성수지의 피복을 1~2차례 입힌다.

   ③ 특징

   광섬유는 외부의 전자파에 의한 간섭이나 혼신이 없고, 도청이 힘들며, 소형, 경량으로서 굴곡에서도 강하며, 하나의 광섬유에 많은 통신 회선을 수용할 수 있다.

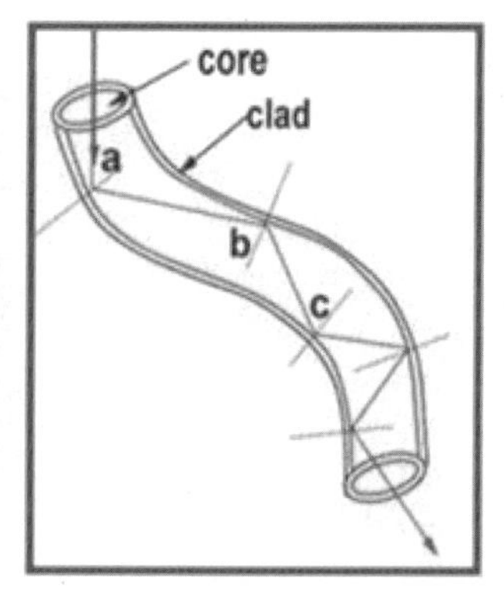

(10) 내화, 내열배선의 공사방법과 성능시험 방법

사용전선의 종류	내화배선 공사방법 암기 매노케	내열배선 공사방법 암기 전노케
1. 450/750V 저독성난연 가교폴리올레핀 절연전선 ➔HFIX 전선(최고허용온도 90℃) 2. 0.6/1kV 가교폴리에틸렌 절연저독성 난연 폴리올레핀시스 전력케이블 ➔ HFCO 전선(최고허용온도 90℃) 3. 6/10kV 가교폴리에틸렌 절연 저독성 난연 폴리올레핀시스 전력용케이블 ➔ HFCO 전선(최고허용온도 90℃) 4. 가교 폴리에틸렌 절연 비닐시스 트레이용 난연 전력 케이블 ➔TFR-CV 전선(최고허용온도 90℃) 5. 0.6/1kV EP 고무절연 클로로프렌시스 케이블 ➔ PN(최고허용온도 90℃) 6. 300/500V 내열성 실리콘 고무절연 전선(180℃) 7. 내열성 에틸렌-비닐 아세테이트 고무 절연 케이블 8. 버스덕트(Bus Duct) 9. 기타 전기용품안전관리법 및 전기설비기술기준에 따라 동등 이상의 내화(내열) 성능이 있다고 주무부장관이 인정하는 것	• **매**설공사 암기 **금2 가합수 25** **금**속관, **2**종 금속제 **가**요전선관, **합**성수지관에 **수**납하여 내화구조로 된 벽, 바닥 등에 벽, 바닥 표면에서 **25** mm 이상 깊이로 매설 • **노출**공사 암기 **배전샤는 PD, 타시오 격1.5** - 배선을 내화성능을 갖는 **배**선 **전**용실, 배선용 **샤**프트, **P**IT, **D**UCT 등에 설치하는 경우 - 배선전용실, 배선용 샤프트, 피트, 덕트 등에 **타** 설비의 배선이 있는 경우에는 이로부터 **15** cm 이상 떨어지게 하거나 소화설비의 배선과 이웃하는 다른 설비의 배선 사이에 불연성 **격**벽을 배선지름(배선의 지름이 다른 경우에는 지름이 가장 큰 것을 기준으로 한다)의 **1.5**배 이상의 높이로 설치하는 경우	• **전선**관 공사 암기 **금가닥케** **금**속관, 금속제 **가**요전선관, 금속**닥**트, **케**이블(불연성 덕트에 설치한 경우) 공사방법에 따라야 한다. • **노출**공사 암기 **배전샤는 PD, 타시오 격1.5** - 배선을 내화성능을 갖는 **배**선 **전**용실, 배선용 **샤**프트, **P**IT, **D**UCT 등에 설치하는 경우 - 배선전용실, 배선용 샤프트, 피트, 덕트 등에 **타** 설비의 배선이 있는 경우에는 이로부터 **15** cm 이상 떨어지게 하거나 소화설비의 배선과 이웃하는 다른 설비의 배선 사이에 불연성 **격**벽을 배선지름(배선의 지름이 다른 경우에는 지름이 가장 큰 것을 기준으로 한다)의 **1.5**배 이상의 높이로 설치하는 경우
내화전선 (내열배선의 경우 내화전선·내열전선)	• 케이블 공사의 방법 - 케이블공사의 방법에 따라 설치할 것	• 케이블 공사의 방법 - 케이블공사의 방법에 따라 설치할 것
성능시험기준	• 내화전선의 성능시험기준 - 버어너 노즐에서 75 mm의 거리에서 온도가 750±5 ℃인 불꽃으로 3시간 동안 가열한 다음 12시간 경과 후 전선간에 허용정류용량 3 A 퓨즈를 연결하여 내화시험전압을 가한 경우 퓨즈가 단선되지 아니하는 것 - 소방청장이 정하여 고시한 소방용전선의 성능인증 및 제품검사의 기술기준에 적합할 것	• 내열전선의 성능시험기준 - 816±10 ℃인 불꽃을 20분간 가한 후 불꽃을 제거하였을 때 10초 이내에 자연소화가 되고, 전선의 연소된 길이가 180 mm 이하 - 가열온도의 값을 한국산업표준(KS F 2257-1)에서 정한 건축구조부분의 내화시험방법으로 15분 동안 380 ℃까지 가열한 후 전선의 연소된 길이가 가열로의 벽으로부터 150 mm 이하일 것 - 소방청장이 정하여 고시한 소방용전선의 성능인증 및 제품검사의 기술기준에 적합할 것

※ 전선과 배선의 차이
- 전선 : 전류를 전송하기 위한 도체 ※ 종류 : 나선, 절연전선, Cord, Cable 등
- 배선 : 전선을 사용하여 전기회로 구성하여 시설한 것 ※ 사용전선은 동일하나 공사방법에 따라 내화배선, 내열배선으로 분류한다.

07 비교

(1) 열 감지기, 연기 감지기, 특수 감지기 비교

항 목	열 감지기	연기 감지기	특수 감지기
장점	비화재보 없다	시간지연 없다	신뢰도 높다
단점	시간지연	비화재보 우려	시공비 높다
감지방식	수동적 감지	수동적 감지	능동적 감지
비화재보 대책	–	A-B 교차회로, 축적형	판단기능을 수신기에 부여

(2) 일반형 감지기와 아날로그형 감지기 비교

항 목	일반형	아날로그형
종류	• 열(차동 · 정온식) • 연기(이온 · 광전)	• 열(스포트형) • 연기(이온 · 광전)
동작특성	정해진 온도, 농도에 도달하면 접점 동작하여 수신반에서 경보	온도 · 농도를 항상 검지하여 아날로그 신호 송출하여 수신기 프로그램에 의해 단계적 경보발생
수신반 회로수	경계구역별 1회로, 회로수 작다	감지기별 1회로이므로 대용량 수신반 필요
시공방법	• 600 m^2당 1경계구역 • 수신기는 특정 경계구역별 화재신호 감시하므로 동작 감지기 알 수 없음	감지기 하나가 1회로이며 고유번호 부여하여 각각 수신기에 연결하여 각 실별로 1회로 수신지역이 많아진다.
비화재보 및 경제성	• 비화재보 발생률 높다 • 가격 저렴	• 비화재보 발생률 낮다 • 감지기 · 수신반 가격이 고가

(3) 이온화식 연기 감지기와 광전식 스포트형 연기 감지기 비교 [암기] 비신사 가설구 조작관

항 목	이온화식	광전식
비화재보	• 온도, 습도, 바람에 민감 • 전자파에 의한 영향은 없음(변전실 설치)	• 분광특성상 다른 파장의 빛에 의해 작동될 수 있음 • 증폭도가 커서 전자파에 의한 오동작의 우려가 있음
신뢰도	낮음	낮음
사용장소	• B급화재 등 불꽃화재 • 환경이 깨끗한 장소 • 알코올 저장장소	• A급화재 등 훈소화재 • 엷은 회색 연기에 유리 • 지하상가(난로 등 연기 체류 장소)
가격	10,000원 ~ 12,000원	10,000원 ~ 12,000원
설치기준		
구조	방사선원, 이온챔버, 검출부	광원, 광수신부, 검출부
조기경보	작은 연기(0.01 ㎛~0.3 ㎛) 유리	큰 연기에 유리(0.3 ㎛~1.0 ㎛)
작동원리	연기에 의한 이온 전류변화	수광부 광량의 증가
관리	방사량 감소로 감도가 민감해져 오보 가능성	감도 둔해져 실보 가능성

(4) 광전식 스포트형 감지기와 광전식 분리형 감지기 비교

항 목	광전식 스포트형	광전식 분리형
비화재보	• 분광특성상 다른 파장의 빛에 의해 작동될 수 있음 • 증폭도가 커서 전자파에 의한 오동작 우려가 있음	담배, 조리 등 국소적으로 체류하는 연기 및 일시적으로 통과하는 연기에 감응하지 않아 비화재보 방지에 효과
신뢰도	낮음	높음
사용장소	• A급화재 등 훈소화재 • 엷은 회색연기에 유리 • 지하상가(난로 등 연기 체류장소)	높은 천장, 넓은 공간의 장소(체육관) 등
가격	저가	고가
설치기준	–	발광부(송광부)와 수광부를 5 m~100 m 떨어져서 설치
구조	발광소자, 수광소자, 암상자를 하나의 몸체에 내장	발광부, 수광부, 제어부를 각각 분리하여 별도 설치
작동원리	수광부 광량의 증가	수광부 광량의 감소
관리	감도 둔해져 실보 가능성, 잦은 비화재보	높은 천장 등 유지관리에 어려움이 있음

(5) 보상식 감지기와 열복합형 감지기

항 목	보상식	열복합형
동작 방식	차동식과 정온식의 OR회로(단신호)	• 차동식과 정온식의 AND회로(단신호) • 차동식과 정온식의 OR회로(다신호)
목적	실보 방지	비화재보 방지
적응성	• 심부성 화재(훈소성 화재) • 연기가 다량 유입되는 장소 • 배기가스, 부식성가스, 결로가 다량으로 체류하는 장소	• 지하층, 무창층으로 환기가 잘되지 않는 장소 • 실내 면적이 40 m^2 미만인 장소 • 층고가 낮아 일시적 오동작 우려가 있는 장소

(6) 복합형 감지기와 다신호식 감지기

항 목	복합형	다신호식
원리	감지원리가 다른 감지소자의 조합	감지원리는 같으나 종별, 감도, 축적여부 등이 다른 감지소자의 조합
동작 방식	두 기능이 모두 작동되는 때(AND회로)	각 감지소자가 작동하는 때(OR회로) ※ 다신호식 수신기 필요
종류	• 열복합형 감지기 • 연복합형 감지기 • 열연복합형 감지기	• 광전식 1종 축적형, 비축적형 • 정온식 스포트형 60 °C, 70 °C • 이온화식 스포트형 1종, 2종
목적	비화재보를 방지	비화재보를 방지
적응성	• 지하층, 무창층으로 환기가 잘되지 않는 장소 • 실내면적이 40 m^2 미만인 장소 • 층고가 낮아 일시적 오동작 우려가 있는 장소	

(7) 비축적형 감지기와 축적형 감지기

항 목	축적형	비축적형
동작 방식	30초 이내에 감지한 후 5초~60초의 축적시간 후에 신호를 발신 ※ 공칭축적시간 : 10초, 20초, 30초, 40초, 50초, 60초 6가지	30초 이내에 감지하여 화재 신호를 발신
목적	비화재보를 방지	화재확대 방지
적응성	• 지하층, 무창층으로 환기가 잘되지 않는 장소 • 실내면적이 40 m^2 미만인 장소 • 층고가 낮아 일시적 오동작 우려가 있는 장소	• 교차회로 방식에 사용되는 감지기 • 축적 수신기에 연결하여 사용되는 감지기 • 유류취급소 등 급속한 연소확대가 우려되는 장소에 사용되는 감지기

(8) 자외선 감지기와 적외선 감지기 비교

항 목	자외선 (UV, Ultraviolet Flame Detector)	적외선 (IR, Infrared Flame Detector)
비화재보	• 연기에 오동작 • 용접불빛에 오동작 • 단파장에 오동작	수증기, 서리에 민감
신뢰도	낮다	높다(연기 등 수광부 오염에 강함) (상대적으로 큰 파장 검출때문)
사용장소	• 화학공장, 격납고, 제련소 • 급속한 연소확대 우려 장소 • 지하구, 터널 등 • 화염 농후한 옥외형(태양광에 동작하지 않음)	• 화학공장, 격납고, 제련소 • 급속한 연소확대 우려 장소 • 지하구, 터널 등 • 연기 농후한 옥내형(터널 등) (용접불꽃, 연기에 영향 없음)
가격	저가	고가
설치기준 암기 **공감설수**	• **공**칭감시거리 및 공칭시야각은 형식승인 • **감**시구역 모두 포용하게 설치 • **설**치 : 벽, 모서리, 천장에 바닥을 향하게 설치 • **수**분 발생 우려장소 : 방수형	
구조	센서, 램프, 투과창 등	센서, 램프, 투과창 등
조기경보	OH 라디칼 파장 검출 : 빠르다.	연소 생성물 검출 : 느리다.
작동원리	자외선(0.18~0.26 ㎛) 검출 • 외부광전효과 - UV tron • 광도전 효과 - PbS(황화연) • 광기전력 - Si	적외선(4.4 ㎛)파장검출 • CO_2 공명방사 감지방식 • 다파장 감지방식 • 정파장 감지방식 • Fricker 감지방식
관리	• 태양광에 동작하지 않음 • 연기에 오동작 • 용접불빛에 오동작 • 단파장에 오동작	• 용접불꽃, 연기에 영향 없음 • 수소화재, 금속화재에 동작 안함 • 수광창 오염에 강함

(9) P형 수신기와 R형 수신기의 특성 비교 [암기] **유신공표가 심경변화**

항 목	P형	R형
유지관리	간선수 많다, 수신기 내부회로 연결복잡, 유지관리 어렵다.	간선수 작다, 내부부품 모듈화 수리용이, 유지관리 쉽다.
신뢰성	외부회로 단락 등 고장시 전체시스템 마비	중계기 고장시 시스템 정상
설치**공**간	회선수당 설치공간 크다	설치 공간 작다
표시방법	창구식, 지도식	창구식, 지도식, 디지털, CRT
가격	저렴	고가
신호 전송방식	개별신호방식	다중전송방식
경제성	배관, 배선비, 인건비 높다(회로수가 적을수록 경제적)	배관, 배선비, 인건비 낮다(회로수가 많을수록 경제적)
증설, **변**경	• 증축시 배관·배선 추가 • 회로 증가시 수신반 추가	• 증설시 중계기 예비회로 사용하거나 별도중계기 설치 • 중계기 신호선만 분기 : 쉽게 증설
비고	R형 수신기 특징 [암기] **수길이 숫신** • 선로**수**를 적게 할 수 있어 경제적 • 전압강하가 적어 선로**길**이를 길게 할 수 있음 • 추가 중계기를 설치하기 때문에 증설 및 **이**설이 용이. • 선명한 **숫**자로 표현 • **신**호 전달이 명확	

비상방송설비

Fire Equipment Manager

01 개요

비상방송설비는 화재발생 상황을 자동 또는 수동으로 음성이나 비상경보의 방송을 확성기를 통해 알려주는 설비이다.

02 설치대상

(1) 설치대상 암기 연상녀 따리지 상

① 연면적 3,500 m^2 이상인 것

② 지하층을 제외한 층수가 11층 이상인 것

③ 지하층의 층수가 3개층 이상인 것

(2) 면제대상

비상방송설비를 설치하여야 할 특정소방대상물에 자동화재탐지설비 또는 비상경보설비와 동등 이상의 음향을 발하는 장치를 부설한 방송설비를 화재안전기준에 적합하게 설치한 경우에는 그 설비의 유효범위 안의 부분에서 설치가 면제된다.

03 작동원리

(1) 작동방식

비상방송설비는 자동화재탐지설비로부터 화재신호를 받아서 확성기로 화재발생을 알려준다. 자동화재탐지설비에는 비상방송설비로 화재신호를 보내지 못하도록 하는 연동정지스위치가 있는데, 이 스위치가 연동정지에 있으면 비상방송설비가 작동하지 못한다.

(2) 경보방식 암기 5연 3천초

층수가 5층 이상으로서 연면적이 3,000 m^2를 초과하는 특정소방대상물은 다음 각 목에 따라 경보를 발할 수 있도록 하여야 한다.

① 2층 이상의 층에서 발화한 때에는 발화층 및 그 직상층에 경보를 발할 것
② 1층에서 발화한 때에는 발화층·그 직상층 및 지하층에 경보를 발할 것
③ 지하층에서 발화한 때에는 발화층·그 직상층 및 기타의 지하층에 경보를 발할 것

04 설치기준

(1) 확성기 암기 확입수

① 확성기의 음성입력은 3 W(실내에 설치시 1 W) 이상일 것
② 확성기는 각 층마다 설치하되 그 층의 각 부분으로부터 하나의 확성기까지의 수평거리가 25 m 이하가 되도록 하고 해당층의 각 부분에 유효하게 경보를 발할 수 있도록 설치할 것

스피커(Speaker)

1. 정의
   전기에너지를 음에너지로 바꾸는 것으로 콘형 스피커와 혼형 스피커를 사용한다.
2. Cone형 스피커 : 원형(천정형), 원추형(1 W 등)
   ① 진동판이 직접 진동하여 음을 반사시키는 형태로서 진동판의 형상이 원추형이다.
   ② 주로 옥내용, 저음용으로 사용
   ③ 공칭 임피던스 : 8 Ω
3. Horn형 스피커 : 나팔형, 주차장의 벽부형(3 W, 10 W 등)
   ① 진동판의 진동이 공간 매개기구인 혼(나팔)을 통하여 음을 방사시키는 형태로서 작은 출력으로 큰 음을 내는 것으로 메가폰의 원리와 같다.
   ② 주로 옥외와 체육관 등 대출력 요구장소에 사용하여 중음 고음용이다.
   ③ 임피던스 : 8 Ω, 16 Ω

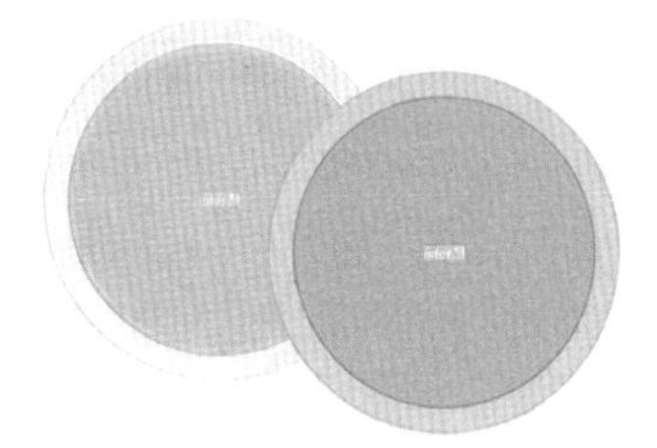
Cone형 스피커

Horn형 스피커

(2) 조작부 등 암기 스표 통전 장(사점방) 공피

① 조작부의 조작 스위치 : 바닥으로부터 0.8 m 이상 1.5 m 이하의 높이에 설치
② 조작부 : 기동장치의 작동과 연동하여 해당 기동장치가 작동한 층 또는 구역을 표시할 수 있는 것으로 할 것
③ 하나의 특정 소방대상물에 2 이상의 조작부가 설치되어 있는 경우
　㉠ 각각의 조작부가 있는 장소 상호간에 동시통화가 가능한 설비
　㉡ 어느 조작부에서도 해당 특정 소방대상물의 전 구역에 방송할 수 있도록 할 것
④ 증폭기 및 조작부 설치장소 암기 사점방
　㉠ 수위실 등 상시 사람이 근무하는 장소
　㉡ 점검이 편리하고 방화상 유효한 곳
⑤ 다른 방송설비와 공용하는 경우 : 화재시 비상경보 외의 방송을 차단할 수 있는 구조
⑥ 음성에 의한 피난방송
　기동장치에 의한 화재신고를 수신한 후, 필요한 음량으로 화재발생 상황 및 피난에 유효한 방송이 자동으로 개시될 때까지의 소요시간은 10초 이하로 할 것

(3) 음향장치 암기 8연

① 정격전압의 80 % 전압에서 음향을 발할 수 있는 것으로 할 것
② 자동화재탐지설비의 작동과 연동하여 작동할 수 있는 것으로 할 것

(4) 배선 암기 3유단

① 음량조정기(ATT, Attenuator) 설치시 배선 : 3선식 배선
② 주의할 점
　㉠ 다른 전기회로에 의하여 유도장애가 생기지 않도록 할 것
　㉡ 화재로 인하여 하나의 층의 확성기 또는 배선이 단락 또는 단선되어도 다른 층의 화재경보에 지장이 없도록 할 것
③ 회로배선
　㉠ 전원회로의 배선 : 내화배선
　㉡ 그 밖의 배선 : 내화배선 또는 내열배선
④ 절연저항
　㉠ 전원회로의 전로와 대지 사이 및 배선 상호간의 절연저항 : 전기사업법 제67조에 따른 기술기준 준용
　㉡ 부속회로의 전로와 대지 사이 및 배선 상호간의 절연저항 : 1경계구역마다 직류 250 V의 절연저항측정기를 사용하여 측정한 절연저항이 0.1 MΩ 이상
⑤ 배선의 공사방법
　㉠ 다른 전선과 별도의 관·닥트·몰드 또는 풀박스 등에 설치할 것
　㉡ 60 V 미만의 약전류회로에 사용하는 전선으로서 각각의 전압이 같을 때에는 그러하지 아니함

(5) 전원

① 전원은 전기가 정상적으로 공급되는 축전지 또는 교류전압의 옥내간선으로 하고, 전원까지의 배선은 전용으로 할 것
② 개폐기에는 "비상방송설비용"이라고 표시한 표지를 할 것
③ 비상방송설비에는 그 설비에 대한 감시상태를 60분간 지속한 후 유효하게 10분 이상 경보할 수 있는 축전지설비(수신기에 내장하는 경우를 포함한다)를 설치할 것

자동화재 속보설비

Fire Equipment Manager

01 개요

자동화재 속보설비는 자동화재탐지설비로부터 화재신호를 받아 소방서에 자동적으로 화재발생과 위치를 신속하게 통보해 주는 설비이다.

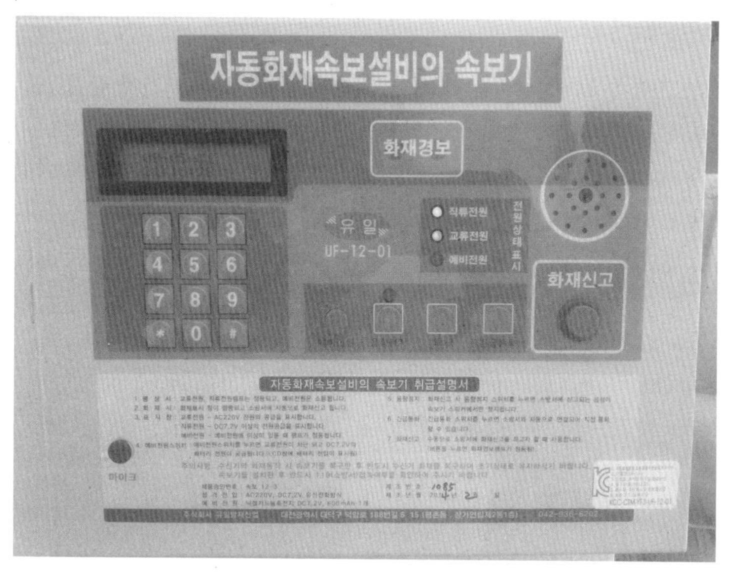

02 설치대상

(1) 설치대상

① 업무시설, 공장, 창고시설, 국방·군사시설, 발전시설로서 바닥면적이 1,500 m^2 이상인 층이 있는 것

② 노유자 생활시설

③ ②에 해당하지 않는 노유자시설로서 바닥면적이 500 m^2 이상인 층이 있는 것

④ 수련시설(숙박시설이 있는 건축물만 해당한다)로서 바닥면적이 500 m^2 이상인 층이 있는 것

⑤ 문화재보호법 제23조에 따라 국보 또는 보물로 지정된 목조건축물

⑥ 특정소방대상물 중 층수가 30층 이상인 것

(2) 면제대상

사람이 24시간 상시 근무하고 있는 경우에는 자동화재속보설비를 설치하지 않을 수 있다. 다만, 의료시설 중 요양병원으로서 바닥면적이 500㎡ 이상인 층이 있는 것과 특정소방대상물 중 층수가 30층 이상인 것에 있어서는 그러하지 아니하다.

03 설치기준 암기 전노통 감기

(1) 자동화재 탐지설비와 연동으로 작동하여 자동적으로 화재발생 상황을 소방서에 전달되는 것으로 한다. 이 경우 부가적으로 특정소방대상물의 관계인에게 화재발생상황을 전달되도록 할 수 있다.

(2) 조작스위치는 바닥으로부터 0.8 m 이상 1.5 m 이하의 높이에 설치할 것.

(3) 속보기는 소방관서에 통신망으로 통보하도록 하며, 데이터 또는 코드전송방식을 부가적으로 설치할 수 있다. 단, 데이터 및 코드전송방식의 기준은 소방청장이 정하여 고시한 자동화재속보설비의 성능인증 및 제품검사의 기술기준 제5조 제12호에 따른다.

(4) 문화재에 설치하는 자동화재 속보설비는 제1호의 기준에 불구하고 속보기에 감지기를 직접 연결하는 방식(자동화재 탐지설비 1개의 경계구역에 한한다)으로 할 수 있다.

(5) 속보기는 소방청장이 정하여 고시한 자동화재속보설비의 성능인증 및 제품검사의 기술기준에 적합한 것으로 설치하여야 한다.

누전경보기

Fire Equipment Manager

01 개요

(1) 정의

누전경보기는 600 V 이하인 경계전로의 누설전류를 검출하여 해당 특정소방대상물의 관계자에게 경보를 발하는 설비

➜ 소방시설은 누전경보기를 설치하고, 전기시설은 누전차단기를 설치함

(2) 구성

누설전류를 검출하는 변류기(CT), 변류기로부터 검출된 신호를 수신하여 누전의 발생을 해당 특정소방대상물의 관계자에게 경보하여 주는 수신기로 구성되어 있다.

(3) 법규 적용

소방관련법규는 600 V 이하의 경우에만 적용하고 그 이상의 전압에 대해서는 전기관련법규에 적용된다.

02 설치 및 면제대상

(1) 설치대상 [암기] 내노 100아 초 아지 면제

계약전류용량 100 A를 초과하고 내화구조가 아닌 특정소방대상물

(2) 면제대상

① 가스시설, 지하구, 지하가 중 터널은 제외

② 아크경보기 또는 지락차단장치를 설치한 경우

03 설치기준

(1) 1급, 2급 누전경보기

① 1급 누전경보기 : 경계전로의 정격전류가 60 A 초과 전로에 설치
② 1급 또는 2급 누전경보기 : 경계전로의 정격전류가 60 A 이하 전로에 설치

(2) 변류기

① 옥외 인입선의 부하측 또는 제2종 접지선측의 점검이 쉬운 위치에 설치할 것
② 변류기를 옥외의 전로에 설치하는 경우에는 옥외형의 것을 설치할 것

(3) 수신부 설치 제한 장소 암기 가부화 습온 대고

① 가연성의 증기 · 먼지 · 가스 등이나 부식성의 증기 · 가스 등이 다량으로 체류하는 장소
② 화약류를 제조하거나 저장 또는 취급하는 장소
③ 습도가 높은 장소
④ 온도의 변화가 급격한 장소
⑤ 대전류회로 · 고주파 발생회로 등에 의한 영향을 받을 우려가 있는 장소

(4) 음향장치

수위실 등 상시 사람이 근무하는 장소에 설치하여야 하며, 그 음량 및 음색은 다른 기기의 소음 등과 명확히 구별할 수 있을 것

(5) 전원

전기사업법 제67조에 따른 기술기준에서 정한 것 외에 다음 각 호의 기준에 따라야 한다.
① 전원은 분전반으로부터 전용회로로 하고, 각 극에 개폐기 및 15 A 이하의 과전류차단기를 설치할 것(배선용차단기에 있어서는 20 A 이하의 것으로 각 극을 개폐할 수 있는 것)
② 전원을 분기할 때에는 다른 차단기에 의하여 전원이 차단되지 아니하도록 할 것
③ 전원의 개폐기에는 누전경보기용임을 표시한 표지를 할 것

04 작동원리

(1) 누전

전류가 정상적인 전류의 통로 이외의 통로로 흐르는 것

(2) 작동원리(단상의 경우)

① 단상 영상변류기는 그림과 같이 부하에 접속되는 2선 모두를 영상변류기를 관통시킨 것
② 전선에 전류가 흐르면 암페어의 오른 나사 법칙에 의해서 전선 주위에는 자계가 형성되고 주위에 철심이 있으면 이 자속은 철심 속을 흐르게 된다.

③ 부하에 흘러 들어가는 전류 I_1in과 I_1out의 크기가 같을 때는 I_1in과 I_1out이 만드는 자속은 서로 반대방향이 되어 두 자속이 서로 상쇄해서 철심 속을 흐르는 자속 φ 는 0이 되므로 이때는 2차 코일에 유기되는 전압도 0이 된다. 따라서 이때는 변류기 2차 코일에는 전류가 흐르지 않는다.

④ 그러나 만일 부하측에서 누전이 발생하면 그림과 같이 부하에 흘러 들어간 전류의 일부가 대지를 통해서 전원으로 흘러가므로 I_1out는 I_1in보다 작아져서, 즉 $I_1out \neq I_1in$이 되므로 이들이 만드는 자속은 완전히 상쇄되지 못하므로 그 차에 해당하는 자속이 철심 속을 흐르게 된다.

㉠ 정상상태 : $I_1in = I_1out$

㉡ 누전시 : $I_1in = I_1out + I_2$ ➜ $I_1in > I_1out$: 자속이 발생함

⑤ 철심 속에 흐르는 자속은 변류기의 2차 코일과 쇄교하여 파라데이의 전자유도 법칙에 의해서 전압이 유기되고 이 전압에 의해서 2차 코일에 전류가 흐르게 된다.

⑥ 이러한 원리를 이용해서 다음 그림과 같이 결선해서 누전시에 경보를 울리도록 한 것이 단상 누전경보기이다.

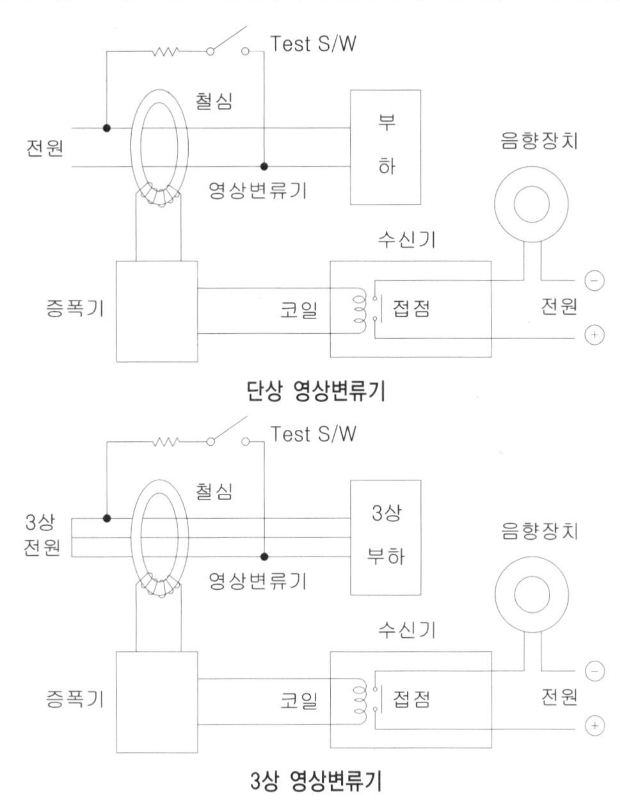

단상 영상변류기

3상 영상변류기

⑦ 앞의 그림에서 증폭기는 변류기 2차 전류가 수 mA 정도로 작으므로 이를 증폭하기 위한 것이고, 증폭된 전류가 수신기의 코일에 흐르면 전자석의 힘에 의해서 접점이 닫히고, 접점이 닫히면 음향장치에 +, − 전원이 모두 가해지게 되므로 경보가 울리게 된다. 3상전원에 연결된 3상부하의 경우에도 동일한 원리가 적용된다.

05 구성요소

(1) 변류기(영상변류기 : ZCT, Zero phase sequence Current Transformer)

① 변류기는 누설전류를 검출하는 장치로 환상의 철심에 검출용 2차 코일을 감은 것
② 변류기 내부를 통과하는 전선에 흐르는 전류가 같지 않을 때는 유기전압을 발생하여 누전을 검출하게 된다.
→ ZCT와 CT의 차이점 : 영상변류기는 3선을 관통하고, 계기용 변류기는 1선을 관통한다.

(2) 증폭기

미소한 유기전압을 증폭하기 위한 것

(3) 수신기

수신기는 영상변류기나 증폭기로부터 누설전류에 의한 전압을 수신하여 계전기를 동작시켜 음향장치를 동작시켜 주는 기기

① **감도조절스위치** : 수신기가 경보음을 발하여야 하는 누설전류의 양을 조절하는 스위치로 0.2 A, 0.5 A, 1.0 A를 선택할 수 있다.
② **도통시험스위치** : 수신기와 변류기 사이의 배선에 대한 단선유무확인과 작동시험을 하는 스위치이다. 눌렀을 때 작동표시등, 도통표시등, 경보음이 울려야 한다.
③ **복구 · 자동복구스위치** : 자동화재탐지설비 수신기의 복구스위치와 동일한 역할을 한다.

(4) 음향장치

① 수위실 등 상시 사람이 근무하는 장소에 설치하여야 하며,
② 그 음량 및 음색은 다른 기기의 소음 등과 명확히 구별할 수 있을 것

(5) 테스트스위치

테스트스위치를 누르면 변류기를 관통하는 두 도체에 흐르는 전류는 테스트스위치 회로에 흐르는 전류만큼 차이가 나게 되므로 누전경보기가 동작한다.

가스누설경보기

Fire Equipment Manager

01 개요

가스누설경보기는 가연성 가스 또는 불완전연소가스가 누설되는 것을 탐지하고 이를 경보하여 가스누출로 인한 피해를 예방하기 위한 설비이다.

	단독형	분리형
사진		
형식	DC 12V, 단독형, 즉시경보형	AC 220V, 분리형, 공업용, 즉시경보형
적용가스	LPG, LNG	가연성가스, 독성가스
사용장소	가정	가스사용소, 가스저장소
탐지소자	접촉연소식	접촉연소식
방폭구조	–	방폭형(Ex II BT4)

※ 접촉연소식 : 가연성 가스가 백금(Pt)선상에 촉매와 작용하여 연소하고 온도상승을 발생하여 백금선의 전기저항이 증가하는 것을 측정하는 방식

02 설치대상

(1) 소방기본법 시행령 별표1

기체연료를 사용하는 보일러가 설치된 장소

(2) 화재예방, 소방시설 설치 · 유지 및 안전관리에 관한 법률 시행령 별표5

가스시설이 설치된 판매시설, 운수시설, 노유자시설, 숙박시설, 창고시설 중 물류터미널, 문화 및 집회시설, 종교시설, 의료시설, 수련시설, 운동시설, 장례시설

03 종류

(1) 구조기준

① 단독형

㉠ 가정용으로 탐지부와 수신부가 일체형인 경보기

㉡ 설치하고자 하는 곳에 가장 간단하게 설치할 수 있는 형태

② 분리형

㉠ 1회로 이상인 공업용과 1회로인 영업용, 휴대용으로 탐지부와 수신부가 분리된 경보기

㉡ 탐지부는 가스저장실에, 수신부는 수위실 등 사람이 상주하는 장소에 배선하여 원거리 감지가 가능한 형태

(2) 경보방식

① 즉시 경보형 : 가스농도가 설정 값에 이르면 즉시 경보

② 경보 지연형 : 가스농도가 설정 값에 달한 후 그 농도 이상으로 계속해서 20초~60초 정도 지속되는 경우에 경보

③ 반즉시 경보형 : 가스농도가 높을수록 경보지연시간을 짧게 한 것

04 설치기준

소방관련법에는 설치기준이 규정되어 있지 않고, 가스안전관리법에 따라 설치기준을 적용한다.

(1) 공통

① 수분·증기가 접촉할 우려가 없는 곳에 설치

② 가스가 체류하기 쉬운 장소에 설치

③ 주위 온도가 현저히 낮거나 높은 곳을 피하여 설치

④ 분리형 경보기는 사람이 상주하는 곳에 설치

(2) 공기보다 무거운 가스

공기보다 무거운 가스를 사용하는 연소기가 설치되어 있는 곳의 검지기는 연소기로부터 4 m 이내에 설치하고 바닥으로부터 0.3 m 이내에 설치한다.

(3) 공기보다 가벼운 가스

공기보다 가벼운 가스를 사용하는 연소기가 설치되어 있는 곳의 검지기는 연소기로부터 8 m 이내, 천장으로부터 0.3 m 이내에 설치를 하고, 0.6 m 이상 돌출된 보가 있는 경우에는 보보다 안쪽으로 설치하며 천장부에 흡기구가 있으면 그 부근에 검지기를 설치한다.

예 상 문 제

Fire Equipment Manager

01 다음의 용어 정의를 간략히 쓰시오.

1. 경계구역(화재안전기준의 정의)
2. Peer to Peer(대등 관계)
3. Stand Alone(독립 제어)
4. 다중통신방식(Multiplexing)

풀이

1. 경계구역(화재안전기준의 정의) 암기 **발수제**
   특정소방대상물 중 화재신호를 발신하고 그 신호를 수신 및 유효하게 제어할 수 있는 구역
2. Peer to Peer(대등 관계)
   각각 수신기가 대등한 관계로 각각의 수신기에서 입출력을 제어하는 시스템
   ➜ 방재센타에 있는 주 수신기에서 고장이 나더라도 지역 수신기의 기능에 영향이 없는 Network 구성
3. Stand Alone(독립 제어)
   지역수신기(Slave)가 주수신기(Master) 고장, 통신선로의 이상 또는 전원공급차단 등에 의해 주 수신기의 감시제어를 받지 못할 경우 지역 수신기 자체에 CPU와 전원공급장치를 갖고 있어 독립적으로 관할 지역의 감시제어를 계속 수행할 수 있는 기능
4. 다중통신방식(Multiplexing)
   2가닥의 신호선을 이용하여 양방향 통신으로 수많은 입출력신호를 고유신호로 변환하여 전송하는 방식

02 일시적으로 발생한 열기·연기 또는 먼지 등으로 인하여 화재신호를 발신할 우려가 있는 장소 3가지를 쓰시오.

암기 **환면거**

1. 지하층·무창층 등으로서 환기가 잘되지 아니한 곳
2. 실내 면적이 40 m^2 미만인 장소
3. 감지기의 부착면과 실내바닥과의 사이가 2.3 m 이하인 곳

03 **자동화재탐지설비의 화재안전기준에서 연기 감지기를 설치하여야 하는 장소 4가지 쓰시오.**

암기 **계단 경사 복 엘린파 15 20**

1. 계단·경사로 및 에스컬레이터 경사로
2. 복도(30 m 미만의 것을 제외)
3. 엘리베이터 권상기실(권상기실이 있는 경우에는 권상기실)·린넨슈트·파이프·피트 및 덕트 기타 이와 유사한 장소
4. 천장 또는 반자의 높이가 **15** m 이상 **20** m 미만의 장소
5. 다음 각 목의 어느 하나에 해당하는 특정소방대상물의 취침·숙박·입원 등 이와 유사한 용도로 사용되는 거실
   ㉠ 공동주택·오피스텔 ·숙박시설·노유자시설·수련시설
   ㉡ 교육연구시설 중 합숙소
   ㉢ 의료시설, 근린생활시설 중 입원실이 있는 의원·조산원
   ㉣ 교정 및 군사시설
   ㉤ 근린생활시설 중 고시원

04 **자동화재탐지설비의 화재안전기준에 있는 부착높이 15 m에서 20 m 미만에 설치할 수 있는 감지기의 종류를 모두 쓰시오.**

1. 이온화식 1종
2. 광전식(스포트형, 분리형, 공기흡입형) 1종
3. 불꽃 감지기
4. 연기 복합형

05 **다음 각 장소에 설치할 수 있는 감지기의 종류를 쓰시오.**

1. 화학공장·격납고·제련소
2. 전산실 또는 반도체 공장 등
3. 체육관, 항공기 격납고, 높은 천장의 창고·공장, 관람석 상부 등 감지기 부착 높이가 8 m 이상의 장소
4. 훈소화재의 우려가 있는 장소인 전화기기실, 통신기기실, 전산실, 기계제어실
5. 도로터널

1. 화학공장·격납고·제련소 등에 2가지
   ① 광전식분리형 감지기
   ② 불꽃 감지기
   이 경우 각 감지기의 공칭감시거리 및 공칭시야각등 감지기의 성능을 고려하여야 한다.

2. 전산실 또는 반도체 공장 등에 1가지
   광전식 공기흡입형 감지기를 설치
   이 경우 설치장소·감지면적 및 공기흡입관의 이격거리 등은 형식승인 내용에 따르며 형식승인 사항이 아닌 것은 제조사의 시방에 따라 설치하여야 한다.
3. 넓은 공간으로 천장이 높아 열 및 연기가 확산하는 장소인 체육관, 항공기 격납고, 높은 천장의 창고·공장, 관람석 상부 등 감지기 부착 높이가 8 m 이상의 장소에 4가지
   ① 차동식 분포형
   ② 불꽃 감지기
   ③ 광전식 분리형
   ④ 광전 아날로그식 분리형
4. 훈소화재의 우려가 있는 장소인 전화기기실, 통신기기실, 전산실, 기계제어실에 4가지
   ① 광전식 스포트형
   ② 광전식 분리형
   ③ 광전 아날로그식 스포트형
   ④ 광전 아날로그식 분리형
5. 도로터널에 2가지
   ① 차동식 분포형
   ② 정온식 감지선형(아날로그식에 한함)
   ③ 중앙기술심의위원회의 심의를 거쳐 터널화재에 적응성이 있다고 인정된 감지기

06 **연기 감지기에는 비축적형과 축적형이 있다. 이 두 가지의 특성을 주어진 항목으로 비교 설명하시오.(비교항목 : 정의, 동작방식, 목적, 사용장소, 동작원리)**

풀이

항 목	비축적형 감지기	축적형 감지기
정의	일정농도 이상의 연기를 전기적으로 검출하여 축적시간 없이 작동하는 감지기	일정농도 이상의 연기가 일정시간(공칭축적시간) 연속하는 것을 전기적으로 검출함으로써 작동하는 감지기(다만, 단순히 작동시간만을 지연시키는 것은 제외한다)
동작방식	30초 이내에 감지하여 화재 신호 발신	30초 이내에 감지한 후 5초~60초의 축적시간 후에 화재신호 발신 ※ 공칭축적시간은 10초 이상 60초의 범위에서 10초 간격으로 한다.
목적	화재확대 방지	비화재보 방지
사용장소	암기 **교축급 감수연** ① **교**차회로방식에 사용되는 **감**지기를 사용하는 장소 ② **축**적기능이 있는 **수**신기에 연결하여 사용하는 감지기를 사용하는 장소 ③ **급**속한 **연**소확대가 우려되는 장소	암기 **환면기** ① 지하층, 무창층으로 **환**기가 잘되지 않는 장소 ② 실내**면**적이 40 m^2 미만인 장소 ③ 감지기의 부착면과 실내바닥 사이가 2.3 m 이하인 곳
동작원리	30초이내 일정농도의연기 감지후 신호발신	30초이내 축적시간 : 5초 ~ 60초이내 일정농도의연기 감지 축적후 신호발신

07 열복합형 감지기와 보상식 감지기를 주어진 항목으로 비교 설명하시오.(비교항목 : 정의, 동작방식, 목적, 사용장소)

풀이

항 목	보상식	열복합형
정의	차동식과 정온식의 성능을 겸한 것으로서 차동식의 성능 또는 정온식의 성능 중 어느 한 기능이 작동되면 작동신호를 발하는 것	차동식과 정온식의 성능이 있는 것으로서 두 가지 성능의 감지기능이 함께 작동될 때 화재신호를 발신하거나 또는 두개의 화재신호를 각각 발신하는 것
동작 방식	차동식과 정온식의 OR회로(단신호)	차동식과 정온식의 AND회로(단신호), 차동식과 정온식의 OR회로(다신호)
목적	실보 방지	비화재보 방지
사용 장소	• 심부화재(훈소화재) • 연기가 다량 유입되는 장소 • 배기가스, 부식성가스, 결로가 다량 체류하는 장소	• 지하층, 무창층으로 환기가 잘되지 않는 장소 • 실내 면적이 40 m^2 미만인 장소 • 감지기 부착면과 실내바닥 사이가 2.3 m이하인 곳 → 상기장소에 축적형수신기를 설치한 장소 제외

08 공기관식 차동식 분포형 감지기의 공기관 길이가 270 m일 때 검출부의 최소 설치개수는?

풀이

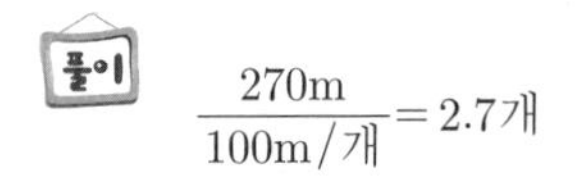

$$\frac{270\text{m}}{100\text{m}/\text{개}} = 2.7\text{개}$$

정답 3개

09 건축물 실내 천장면에 설치된 불꽃 감지기의 부착높이가 20 m, 불꽃 감지기의 공칭감시거리 30 m, 공칭시야각은 90° 이다. 불꽃 감지기가 바닥면까지가 바닥면까지 원뿔형의 형태로 감지할 경우 다음 각 물음에 답하시오.

1. 감지기 1개가 감지하는 바닥면의 원 면적(m^2)
2. 설계적용시 불꽃 감지기의 1개당 실제 감지면적을 바닥면의 원에 내접한 정사각형으로 적용할 경우 정사각형의 면적(m^2)

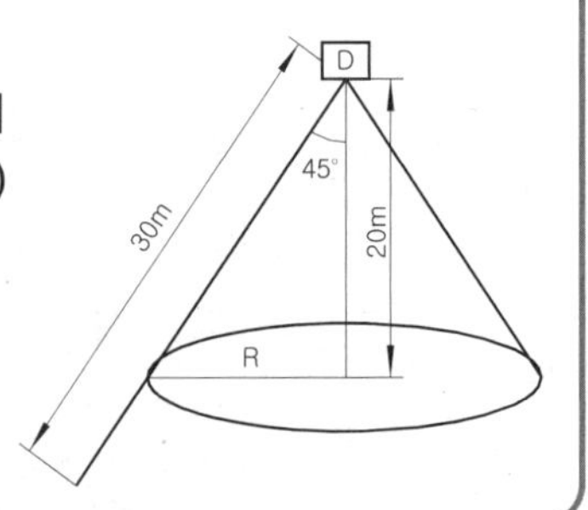

풀이

1. 감지기 1개가 감지하는 바닥면의 원 면적(m^2)
   • 감지하는 바닥면의 원의 반지름 $R = 20\ \tan 45° = 20\ \text{m}$
   • 감지하는 바닥면의 원 면적 $A = \pi R^2 = \pi \times 20^2 = 1256.64\ \text{m}^2$

정답 $1256.64\ \text{m}^2$

2. 설계적용시 불꽃 감지기의 1개당 실제 감지면적을 바닥면의 원에 내접한 정사각형으로 적용할 경우 정사각형의 면적(m^2)

• $A = \frac{1}{2}d^2 = \frac{1}{2} \times 40^2 = 800\ m^2$

정답 $800\ m^2$

10 자동화재탐지설비의 화재안전기준에서 불꽃 감지기 설치기준 5가지를 쓰시오.

풀이

1. 공칭감시거리 및 공칭시야각은 형식승인 내용에 따를 것
2. 감시구역(공칭감시거리와 공칭시야각)이 모두 포용될 수 있도록 설치할 것
3. 감지기는 화재감지를 유효하게 감지할 수 있는 모서리 또는 벽 등에 설치할 것
4. 감지기를 천장에 설치하는 경우에는 감지기는 바닥을 향하여 설치할 것
5. 수분이 많이 발생할 우려가 있는 장소에는 방수형으로 설치할 것
6. 그 밖의 설치기준은 형식승인내용에 따르며 형식승인사항이 아닌 것은 제조사의 시방에 따라 설치

11 감지기회로의 도통시험을 위한 종단저항의 설치기준 3가지를 쓰시오.

풀이

암기 **관점 높이 끝에 표시**

1. **관**리 및 **점**검이 쉬운 장소에 설치할 것
2. 전용함을 설치하는 경우 그 설치 **높이**는 바닥으로부터 1.5 m 이내로 할 것
3. 감지기 회로의 **끝** 부분**에** 설치하며, 종단 감지기에 설치할 경우에는 구별이 쉽도록 해당 감지기의 기판 및 감지기외부 등에 별도의 **표시**를 할 것

12 자동화재탐지설비의 비화재보에 대하여 다음 각 물음에 답하시오.

1. 비화재보(Unwanted Alarm) 중 일과성 비화재보(Nuisance Alarm)과 오보(False Alarm)의 의미
2. 일과성 비화재보(Nuisance Alarm)에 대한 방지대책 6가지

풀이

1. 비화재보(Unwanted Alarm) 중 일과성 비화재보(Nuisance Alarm)과 오보(False Alarm)의 의미
   ① 일과성 비화재보(Nuisance Alarm) : 감지기가 실제화재와 유사한 환경이나 상황이 조성되어 이를 화재로 인식하여 동작되는 경보 → 환경적, 설비적인 요인
   ② 오보(False Alarm) : 오조작 등에 의한 비화재보 → 인위적인 요인

비화재보(Unwanted Alarm)

실제 화재시 발생하는 열, 연기, 불꽃 등 연소생성물이 아닌 다른 요인에 의해 설비가 작동되어 경보하고, 원인을 제거하였을 때 다시 정상적으로 기능이 복구되는 경우를 비화재보라 정의한다. 비화재보에는 Nuisance Alarm과 False Alarm이 있다.

2. 일과성 비화재보(Nuisance Alarm)에 대한 방지대책 6가지

① 설치 장소별 환경에 적응하는 감지기로 설계 및 시공

모든 감지기는 제각기 다른 동작특성을 가지고 있으므로 각각의 특성에 맞는 장소에 설치해야 함은 당연한 것이다. 그러나 환경은 시간에 따라 수시로 변화될 수 있으므로 바뀐 환경에 대해서는 그에 상응하는 감지기로 교환하는 것이 필요하다.

② 비축적형 감지기에 축적기능이 있는 수신기 사용

수신기에 축적기능을 부가하는 장치를 부착하여 수신기의 축적화를 실시한다.

③ 축적기능이 없는 수신기에 축적형 감지기 사용

설치된 장소의 물리 화학적 변화량이 감지기의 동작점에 이르면 즉시 화재신호를 발신하는 비축적형보다는 동작점에 도달한 후 5초~60초 정도 지속되어야 신호를 발신하는 축적형 감지기를 사용하면 비화재보를 줄일 수 있다.

④ AND 접속 화재감지(A, B회로로 구성)

두 개의 감지기가 동시에 동작이 되면 화재신호를 출력하도록 구성하는 방식이다. 이 방식은 서로 다른 종류의 감지기 또는 같은 종류의 연기 감지기를 AND회로로 결선하여 사용하고 있으며, 특히 가스계 소화설비, 스프링클러설비 등에 많이 사용되는 방식이다. 복합형 감지기 중 열열 복합형과 열연기 복합형의 AND개념의 방식도 여기에 해당된다.

⑤ 다신호식 감지기와 다신호식 수신기 설치

서로 동작 감도특성이 다른 두 가지 이상의 감지소자를 내장한 감지기를 사용하여 두 개의 감지소자가 모두 동작했을 때만 화재신호를 발신하도록 하는 것이다.

⑥ 건물 신축 후 일정기간이 지난 다음 연기 감지기의 감도를 재조정

국내의 경우 연기 감지기의 비화재보가 화재 감지기의 설치 후 3개월 사이에 가장 많이 발생을 하게 된다. 그 이유는 건물주는 준공검사 후 내부의 사용조건을 임의로 변경하는 실내의 인테리어 재공사를 진행하는데 이때 발생되는 페인트 및 분진 등의 이물질이 연기 감지기의 내부 암상자에 유입되어 연기 감지기를 오동작시키는 가장 큰 원인이 되기 때문이다. 따라서 자동화재탐지설비의 정상작동은 건물의 인테리어 등의 공사 완료 후에 정상적인 작동을 하게 된다.

⑦ 경년변화에 따른 유지보수

외국의 경우 설치된 후 10년이 지난 감지기는 5년이 경과된 감지기보다 불량률이 25% 정도 높다는 보고가 있다. 또한 모든 설비는 경년열화를 피할 수 없으므로 관리적인 측면에서 수시 점검을 통한 청소 등 불량개소 사전 제거 및 부적합한 장소에 설치된 감지기를 이전 설치하는 것이 최선의 방법이다.

감지기 비화재보 방지 대책

1. 설치 장소별 환경에 적응하는 감지기로 설계 및 시공
   ① 감지기 종류별 적응성 검토
   - 차동식의 경우 : 차동식은 원칙적으로 열을 사용하는 장소에는 설치할 수 없으며 사무실 등과 같이 온도변화율(℃/s)이 낮은 장소에 한하여 설치한다.
   - 정온식의 경우 : 주방, 보일러실 등 화기를 취급하는 장소에는 정온식 감지기를 설치하되 공칭작동온도가 최고 주위 온도보다 20 ℃ 이상 높은 것으로 선정한다.
   - 연기감지기 : 감도의 특성상 이온화식은 온도, 습도, 바람에 광전식보다 민감하며, 전자파에 의한 영향은 광전식보다 적다.
     - 이에 비해 광전식은 분광특성상 다른 파장의 빛에 의해 작동될 수 있으며 증폭도가 크기 때문에 전자파에 의한 오동작의 우려가 이온화식보다 크다. 또한 광전식의 경우는 검은색 연기의 화재는 광을 흡수하나 회색연기의 화재는 광을 반사하므로 수광률이 증가하여 감도가 상승하게 된다.
     - 이온화식은 B급화재 등 불꽃화재(작은 입자의 화재)의 발생우려가 있는 장소, 환경이 깨끗한 장소에 적응성이 높으며, 광전식의 경우는 A급화재 등 훈소화재(큰 입자 화재)가 예상되는 장소, 회색의 엷은 연기가 발생하는 화재에 적응성이 높다.

   ② 설치장소별 감지기 적응성 검토
   - 지하구의 경우 : 지하구는 환기가 불량하며 습기가 체류할 가능성이 많은 장소로서 일반 감지기를 설치할 경우 비화재보의 우려가 높은 곳으로 설치할 수 있는 적응성 있는 정온식 감지선형 감지기를 설치한다.
   - 화학공장 · 격납고 · 제련소등의 경우 : 광전식분리형 감지기 또는 불꽃 감지기. 이 경우 각 감지기의 공칭감시거리 및 공칭시야각등 감지기의 성능을 고려하여야 한다.
   - 전산실 또는 반도체 공장 등 : 광전식공기흡입형 감지기.
     이 경우 설치장소 · 감지면적 및 공기흡입관의 이격거리등은 형식승인 내용에 따르며 형식승인 사항이 아닌 것은 제조사의 시방에 따라 설치하여야 한다.

   ③ 부착 높이별 적응성 검토
   감지기는 초기화재시 연소생성물인 열, 연기, 불꽃 등을 검출하여야 하므로 감지기의 종별에 따라서 부착 높이별 기준을 엄격하게 적용하여야 하며 이는 감지기의 감도설정 유지를 위하여 매우 중요하다.

2. 오동작의 우려가 적은 감지기를 선정한다.
   ① 차동식 분포형 감지기를 활용 : 차동식 스포트형 감지기를 설치하는 장소가 환경적 요인으로 인하여 오동작의 우려가 있는 경우 분포형 감지기로 설치하여야 한다.
   ② 일반형이 아닌 특수 감지기를 사용

3. 감지기 설치장소의 환경을 개선한다.
   ① 수신기 및 감지기의 경우 제조사에서 전자파시험(EMS : ElectroMagnetic Susceptibility, 전자파내성)을 실시하도록 규제하여 외부의 전자파에 의한 영향을 받지 않도록 한다.
   ② 먼지 등을 정기적으로 청소하고 습기를 제거하여 실내환경의 청결상태를 유지한다.
   ③ 감지기 주위에서 취사·난방기구 사용 등 오동작 요인을 제거한다.
   ④ 감지기는(차동식 분포형 제외) 실내 공기유입구에서 1.5 m 이상 이격하여 설치하고, 연기 감지기는 벽 또는 보로부터 60 cm 이격하여 설치한다.

13 P형 1급 수동발신기 세트의 내부결선도를 그리고, 각 단자에 대한 용도 및 기능을 설명하시오.

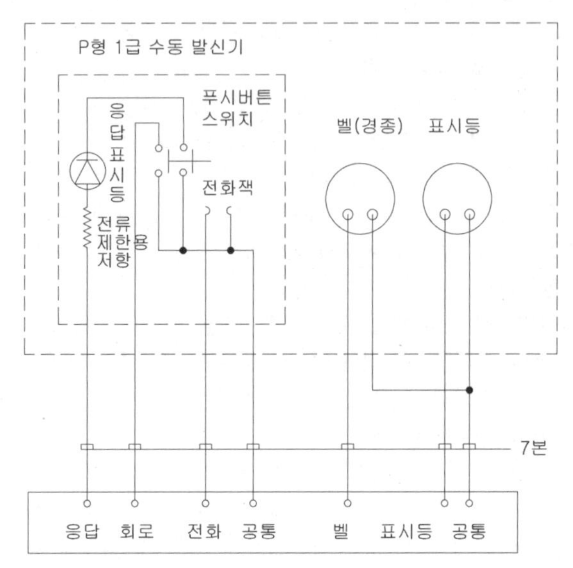

1. 응답 단자 : 발신기의 신호가 수신기에 전달되었는가를 확인하여 주기 위한 단자
2. 회로(지구) 단자 : 화재신호를 수신기에 알리기 위한 단자
3. 전화 단자 : 수신기와 발신기간의 상호 전화연락을 하기 위한 단자
4. 공통 단자 : 응답·회로·전화 단자를 공유한 단자
5. 벨 단자 : 화재발생 상황을 경종으로 경보하기 위한 단자
6. 표시등 단자 : 발신기의 위치를 표시하기 위한 단자
7. 공통 단자 : 벨·표시등 단자를 공유한 단자
8. 누름(푸시)버튼스위치 : 화재발생 신호를 수신기에 수동으로 발신하는 장치

※ 동일한 용어 : 회로선 = 지구선 = 감지기선 = 신호선 = 표시선 ; 응답선 = 발신기선 = 확인선

14 축전지설비를 비상전원으로 사용하는 소방시설의 종류 4가지를 쓰시오.

1. 비상경보설비
2. 비상방송설비
3. 자동화재탐지설비
4. 유도등
5. 비상조명등(예비전원 내장한 경우)
6. 무선통신보조설비(증폭기 및 무선이동중계기 설치한 경우)

※ 위 6가지 항목 중 4가지

15 자동화재탐지설비용 예비전원의 충전방식과 용량기준

풀이 1. 예비전원의 충전방식

① 부동충전(Floating Charge) : 전기실내 백열전구

정류기(∵ 충전기 : 교류를 직류로 변환)에 축전지와 부하를 병렬로 접속하고 축전지의 방전을 계속 보충하면서 부하에 전력을 공급하는 것

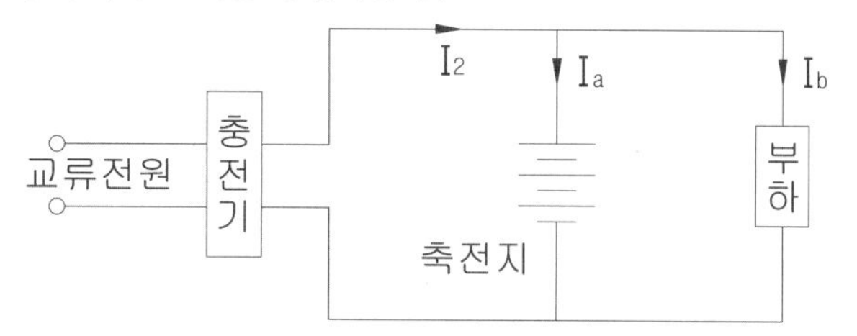

② 세류충전(Trickle Charge)

항상 자기 방전량만을 충전하는 부동충전방식의 일종. 부동충전의 한 방식으로 축전지의 자기방전을 보상하기 위해 부하로부터 떨어진 상태에서 미소한 전류로 행하는 충전. 핸드폰 충전기의 녹색램프에 불이 들어오면 실제 충전량의 96 %~ 97 %가 충전이 된 것이고, 그 이후 100 %의 충전이 되기까지 서서히 충전되는 것

2. 용량기준

자동화재탐지설비에는 그 설비에 대한 감시상태를 60분간 지속한 후 유효하게 10분 이상, 층수가 30층 이상은 30분 이상 경보할 수 있는 축전지설비(수신기에 내장하는 경우를 포함)를 설치하여야 할 것. 다만, 상용전원이 축전지설비인 경우에는 그러하지 아니함

기타 충전방식

1. 보통충전 : 필요할 때마다 표준 시간율로 소정의 충전을 행하는 방식
2. 급속충전(Boosting Charge) : 비교적 단시간에 보통 충전전류의 2배~4배의 전류로 충전
3. 균등충전(Equalizing Charge)

   축전지를 장시간 사용시 각 전해조에서 일어나는 전위차를 보정하기 위하여 일정기간마다 과충전하여 각 전해조의 용량을 균일화하는 방식

16 그림은 자동화재탐지설비의 일부 계통도이다. 다음 각 물음에 답하시오.
(단, 회로 공통선과 벨·표시등 공통선은 별개로 한다)

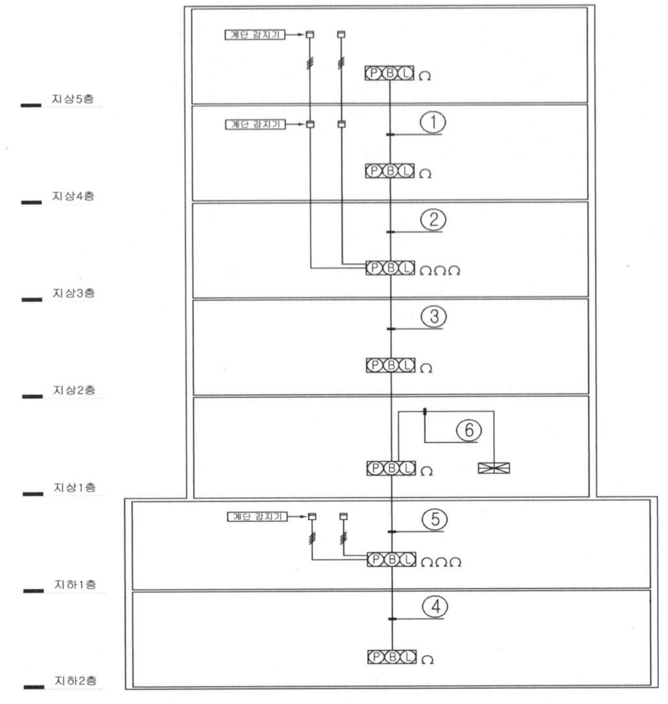

1. 우선경보방식일 경우 ①~⑥의 최소 전선수
2. 일제경보방식일 경우 ①~⑥의 최소 전선수
3. 우선경보방식의 법적 조건과 당 경보방식일 경우 지하 1층 화재시 경보해야 할 층

풀이

1. 우선경보방식일 경우 ①~⑥의 최소 전선수와 2. 일제경보방식일 경우 ①~⑥의 최소 전선수

암기 **전선수 : 응회 전공 벨표공**

전선수	우선경보방식						일제경보방식					
	①	②	③	④	⑤	⑥	①	②	③	④	⑤	⑥
응답선	1	1	1	1	1	1	1	1	1	1	1	1
회로선	1	2	5	1	4	11	1	2	5	1	4	11
전화선	1	1	1	1	1	1	1	1	1	1	1	1
공통선	1	1	1	1	1	2	1	1	1	1	1	2
벨선	1	2	3	1	1	6	1	1	1	1	1	1
표시등	1	1	1	1	1	1	1	1	1	1	1	1
공통선	1	1	1	1	1	1	1	1	1	1	1	1
답	7	9	13	7	10	23	7	8	11	7	10	18

3. 우선경보방식의 법적 조건과 당 경보방식일 경우 지하 1층 화재시 경보해야 할 층

① 우선경보방식의 법적 조건 : 지하층을 제외한 층수가 5층 이상으로서 연면적이 3,000 m^2를 초과하는 특정소방대상물

② 지하 1층 화재시 경보해야 할 층 : 지하 1층, 지상 1층, 지하 2층

17 다음 도면과 조건에서 감지기의 종별 설치개수와 경계구역의 수를 산출하시오.

조건

1. 지하 2층에서 지상 7층까지 바닥면적 : 720 m^2, 한 변의 길이는 50 m
2. 지상 8층의 바닥면적 : 400 m^2, 한변의 길이는 50m
3. 전층에 욕조가 있는 화장실 면적 : 30 m^2
4. 계단외 사용 감지기 : 차동식 스포트형 1종
5. 주요구조부 : 내화구조
6. 계단 사용 감지기 : 연기 감지기 2종
7. 계단 2개

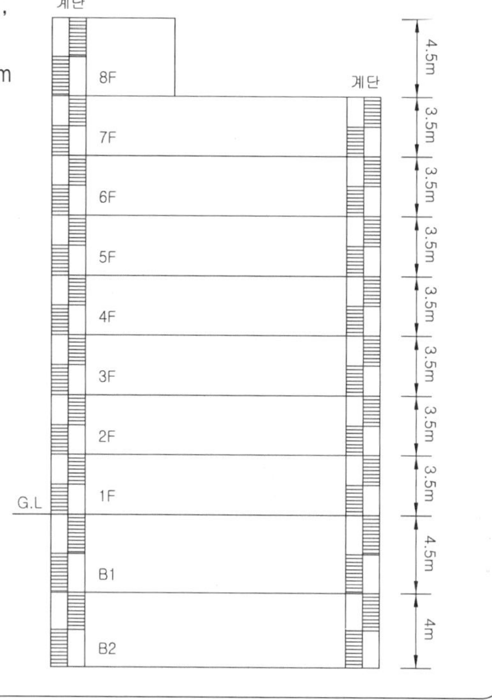

풀이 1. 감지기의 종별 설치개수

① 차동식 스포트형 1종 감지기 수량

- 지상 1층 ~ 지상 7층 : 층고가 4 m 미만이고, 내화구조이므로 1개당 90 m^2

  $(720\ m^2 - 30\ m^2)\ /\ 90\ (m^2/개) = 7.67 ≒ 8개/층$

  ∴ 7개층 × 8개/층 = 56개
- 지하층과 지상 8층은 층고가 4 m 이상이고, 내화구조이므로 1개당 45 m^2
  - 지하층 : $(720\ m^2 - 30\ m^2)\ /\ 45\ (m^2/개) = 15.33 ≒ 16개/층$

    ∴ 2개층 × 16개/층 = 32개
  - 8층 : $(400\ m^2 - 30\ m^2)\ /\ 45\ (m^2/개) = 8.22 ≒ 9개$

    ∴ 9개
- 소계 : 56 + 32 + 9 = 97개

② 연기 감지기 수량

연기 감지기는 수직거리 15 m(3종은 10 m)마다 설치해야 하므로

- 좌측계단 : (3.5 m/층 × 7개층 + 4.5 m/1개층) / 15 m = 1.93 → 2개
- 우측계단 : (3.5 m/층 × 7개층) / 15 m = 1.63 → 2개
- 지하층 : (4 m + 4.5 m) / 15 m = 0.57 → 1개, 양쪽 계단에 하나씩 2개
- 소계 : 2 + 2 + 2 = 6개

정답 103개(차동식 97개, 연기 감지기 6개)

2. 경계구역 수

① 수평적 경계구역

- 층별 면적(1회로 = 600 m^2 이하)
  - 지하 2층 ~ 지상 7층(각 층 바닥면적 720 m^2) : 9개층 × 2 회로/층 = 18회로
  - 지상 8층(바닥면적 400 m^2) : 1회로
- 예외(2개층 바닥면적의 합이 500 m^2 이하) : 해당 없음

② 수직적 경계구역

- 계단, 경사로(회로/45 m 이하) : 지상 2회로 + 지하 2회로 = 4회로
  ➜ 지하층의 계단, 경사로는 별도경계구역(지하층의 층수가 1일 경우는 예외)
- 엘리베이터 권상기실·린넨슈트·파이프 피트·덕트 : 해당 없음

③ 설비적 경계구역

경계구역과 해당 소화설비의 방호구역, 방사구역 또는 제연구역의 동일여부 : 해당 없음

④ 총 경계구역 수 : 18 + 1 + 4 = 23 경계구역(회로)

정답 23회로

18 표준경동선을 사용하는 직류 2선식의 경우 암페어미터법에 의한 전압강하 계산식을 유도하시오.

1. 전선의 저항

$$R = \rho \frac{L}{S} \ [\Omega]$$

(여기서, ρ = 전선의 고유저항($\Omega \cdot mm^2/m$), 표준연동선 ρ = 1/58, L = 전선의 길이(m), S = 전선의 단면적(mm^2))

2. 전선의 고유저항(ρ)

$$\rho = \frac{1}{58} \times \frac{1}{C} = \frac{1}{58} \times \frac{1}{0.97} = 0.0178 \ \Omega \cdot mm^2/m$$

(여기서, 표준연동선의 도전율 C = 100 %, 표준경동선의 도전율 C = 97 %, 고유저항과 도전율은 역수관계)

※ 표준연동선의 고유저항

$$\rho = \frac{RS}{L} \times \frac{1}{C} = \frac{1}{58} \Omega \times \frac{1mm^2}{1m} \times \frac{1}{100\%} = \frac{1}{58} \Omega \cdot mm^2/m$$

3. 전압강하(직류2선식)

$$e = Vs - Vr = 2IR = 2I \times \rho \frac{L}{S} = 2 \times 0.0178 \frac{LI}{S} = \frac{0.0356 LI}{S} \ [V]$$

(여기서, L = 전선의 길이(m), I = 전류(A), S = 전선의 단면적(mm^2), Vs = 송전단 전압(V), Vr = 수전단 전압(단자전압)(V))

19 방재실에서 200 m 떨어진 경종 5개를 동시에 명동시킬 때 선로의 전압강하(V)는?(단, 경종 1개의 작동전류 50 mA, 선로의 전선굵기 2.5 mm^2)

풀이

$$e = \frac{0.0356\ LI}{S} = \frac{0.0356 \times 200\ m \times 50\ mA \times 5\ 개 \times 10^{-3}}{2.5} = 0.712\ V$$

정답 0.712 V

20 방재실에서 200 m 떨어진 경종 5개를 동시에 명동시킬 때 선로의 전압강하와 단자전압은?(단, 수신기의 출력전압 DC 24 V, 경종 1개의 작동전류 50 mA, 배선의 전기저항 0.875 Ω/km)

1. 전압강하(e)

$e = Vs - Vr = 2\ I\ R$

$= (2 \times 50\ mA \times 5개\ /\ 1{,}000) \times 0.2\ km \times 0.875\ Ω/km = 0.0875\ V$

정답 0.0875 V

2. 단자전압(V)

$Vr = Vs - e = 24\ V - 0.0875\ V = 23.91\ V$

정답 23.91 V

21 시각경보기(소비전류 200 mA) 5개를 수신기로부터 각각 50 m 간격으로 병렬 설치했을 때 마지막 시각경보기에 공급되는 전압이 얼마인지 계산하시오.(전선은 2 mm^2, 사용전원은 DC 24 V이다. 기타 조건은 무시한다.)

1. 전압강하 계산식

$e = \frac{0.0356\ LI}{S}[V]$ (여기서, L = 전선의 길이(m), I = 전류(A), S = 전선의 단면적(mm^2))

2. 계산

① 각 구간별로 전압강하 계산

- $e_1 = \frac{0.0356\ LI}{S} = \frac{0.0356 \times 50 \times (0.2 \times 5)}{2} = 0.89\ V$
- $e_2 = \frac{0.0356\ LI}{S} = \frac{0.0356 \times 50 \times (0.2 \times 4)}{2} = 0.712\ V$
- $e_3 = \frac{0.0356\ LI}{S} = \frac{0.0356 \times 50 \times (0.2 \times 3)}{2} = 0.534\ V$
- $e_4 = \frac{0.0356\ LI}{S} = \frac{0.0356 \times 50 \times (0.2 \times 2)}{2} = 0.356\ V$
- $e_5 = \frac{0.0356\ LI}{S} = \frac{0.0356 \times 50 \times 0.2}{2} = 0.178\ V$

→ 전체 구간에서의 전압강하 = $0.89 + 0.712 + 0.534 + 0.356 + 0.178 = 2.67\ \text{V}$

② 마지막 시각경보기에서의 전압 : $24 - 2.67 = 21.33\ \text{V}$

정답 21.33 V

22

수신기에 소비전류가 200 mA인 시각경보장치를 다음 그림과 같이 설계할 때 화재안전기준에서 허용하는 전압강하의 적합여부에 대한 것이다. 다음 물음에 답하시오.(단, 수신기의 정격전압은 DC 24 V이며 표준경동선의 단면적은 1.5 mm^2이다. 접속저항 등 기타조건은 무시하며, 계산과정에서 소수점 발생시 소수 셋째자리에서 반올림한다)

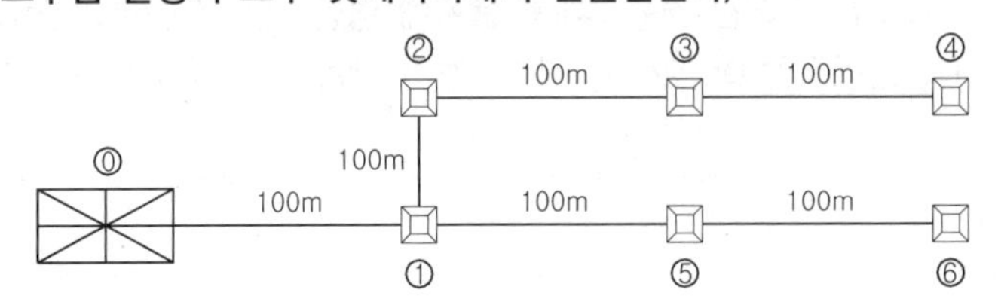

1. 다음 표를 완성하시오.

No	구 간	전압강하 계산식	전압강하(V)
1	⓪~①		
2	①~②		
3	②~③		
4	③~④		
5	①~⑤		
6	⑤~⑥		

2. 부적합 경우 대책 4가지를 쓰시오.

No	구 간	선로의 전압강하 계산식	전압강하(V)
1	⓪~①	$e_1 = \frac{0.0356\ LI}{S} = \frac{0.0356 \times 100\ m \times 0.2\ A/개 \times 6\ 개}{1.5\ mm^2}$	2.85 V
2	①~②	$e_2 = \frac{0.0356\ LI}{S} = \frac{0.0356 \times 100\ m \times 0.2\ A/개 \times 3\ 개}{1.5\ mm^2}$	1.42 V
3	②~③	$e_3 = \frac{0.0356\ LI}{S} = \frac{0.0356 \times 100\ m \times 0.2\ A/개 \times 2\ 개}{1.5\ mm^2}$	0.95 V
4	③~④	$e_4 = \frac{0.0356\ LI}{S} = \frac{0.0356 \times 100\ m \times 0.2\ A/개 \times 1\ 개}{1.5\ mm^2}$	0.47 V
5	①~⑤	$e_5 = \frac{0.0356\ LI}{S} = \frac{0.0356 \times 100\ m \times 0.2\ A/개 \times 2\ 개}{1.5\ mm^2}$	0.95 V
6	⑤~⑥	$e_6 = \frac{0.0356\ LI}{S} = \frac{0.0356 \times 100\ m \times 0.2\ A/개 \times 1\ 개}{1.5\ mm^2}$	0.47 V

알아두세요

NO	구간	단자전압(Vr)	적합여부
1	⓪~①	Vr = 공급전압 − 전압강하 = 24 V − 2.85 V = 21.15 V ≥ 19.2 V	적합
2	①~②	Vr = 24 V − 2.85 V − 1.42 V = 19.73 V ≥ 19.2 V	적합
3	②~③	Vr = 24 V − 2.85 V − 1.42 V − 0.95 V = 18.78 〈 19.2 V	부적합
4	③~④	Vr = 24 V − 2.85 V − 1.42 V − 0.95 V − 0.47 V = 18.31 〈 19.2 V	부적합
5	①~⑤	Vr = 24 V − 2.85 V − 0.95 V = 20.20 V ≥ 19.2 V	적합
6	⑤~⑥	Vr = 24 V − 2.85 V − 0.95 V − 0.47V = 19.73 ≥ 19.2 V	적합

2. 부적합 경우 대책 4가지를 쓰시오.
   ① 부적합한 구간이나 전체구간에 대하여 사용전선의 굵기를 크게 한다.
   ② 비상전원의 용량을 크게 한다.
   ③ 회로를 분리하여 회로별로 적정 용량의 비상전원을 별도 설치한다.
   ④ 동일성능의 소비전류가 작은 시각경보기로 변경하여 설치한다.

23 자동화재탐지설비 수신기의 부하전류가 아래조건과 같다고 가정하였을 때 필요한 축전지의 용량(Ah)을 계산하시오.

조건

1. 사용축전지 : 연축전지, 최저 축전지온도 : 5 ℃, 허용 최저전압 : 1.7 V/Cell
2. 수신기의 감시전류 I_1 = 3.5 A, 수신기의 작동전류 I_2 = 5.5 A, 보수율 L = 0.8
3. 화재시 동작전류에 평상시 감시전류가 포함되어 있다.

방전시간(분)	10	60	70
용량환산 시간계수(K)	0.66	1.65	1.89

4. 사용부하의 방전전류-시간 특성곡선

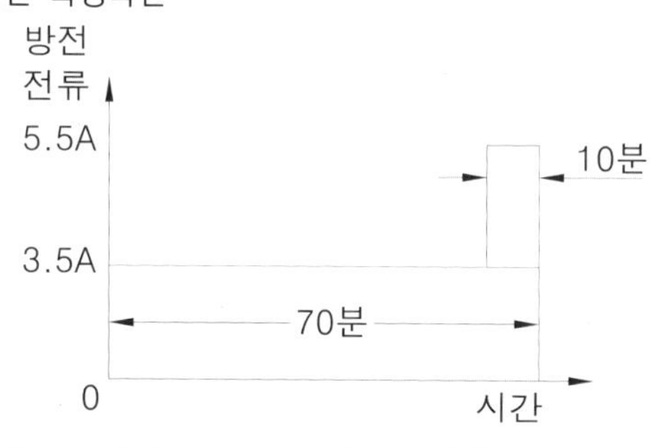

풀이

$$C = \frac{1}{L}[K_1 I_1 + K_2(I_2 - I_1)][Ah] = \frac{1}{0.8}[1.89 \times 3.5 + 0.66(5.5 - 3.5)] = 9.92 \text{ Ah}$$

정답 9.92 Ah

24 화재안전기준에 따른 자동화재속보설비의 설치기준 5가지를 쓰시오.

암기 **전노통 감기**

1. 자동화재 탐지설비와 연동으로 작동하여 자동적으로 화재발생 상황을 소방서에 전달되는 것으로 한다. 이 경우 부가적으로 특정소방대상물의 관계인에게 화재발생상황을 전달되도록 할 수 있다.
2. 조작스위치는 바닥으로부터 0.8 m 이상 1.5 m 이하의 높이에 설치할 것.
3. 속보기는 소방관서에 통신망으로 통보하도록 하며, 데이터 또는 코드전송방식을 부가적으로 설치할 수 있다. 단, 데이터 및 코드전송방식의 기준은 소방청장이 정하여 고시한 자동화재속보설비의 성능인증 및 제품검사의 기술기준 제5조제12호에 따른다.
4. 문화재에 설치하는 자동화재속보설비는 속보기에 감지기를 직접 연결하는 방식(자동화재 탐지설비 1개의 경계구역에 한함)으로 할 수 있다.
5. 속보기는 소방청장이 정하여 고시한 자동화재속보설비의 성능인증 및 제품검사의 기술기준에 적합한 것으로 설치하여야 한다.

피난구조설비

01 피난기구

Fire Equipment Manager

01 개요

(1) 건축물의 화재발생을 예상하여 대피가 용이하도록 건축물에 설치하는 것으로서 건축물의 구조와 기능에 따라 여러 가지 형태의 피난기구의 설치가 요구된다.

(2) 거실에서 복도 또는 통로로 통하는 출입구를 기점으로 양방향 피난이 불가능할 경우 완강기를 설치한다.

(3) 소방법상 피난기구(완강기, 구조대 등)는 이동설비로 소급적용이 가능하며, 건축법상 피난시설(피난계단, 특별피난계단 등)은 고정시설로서 신뢰성이 높다.

02 피난기구의 종류

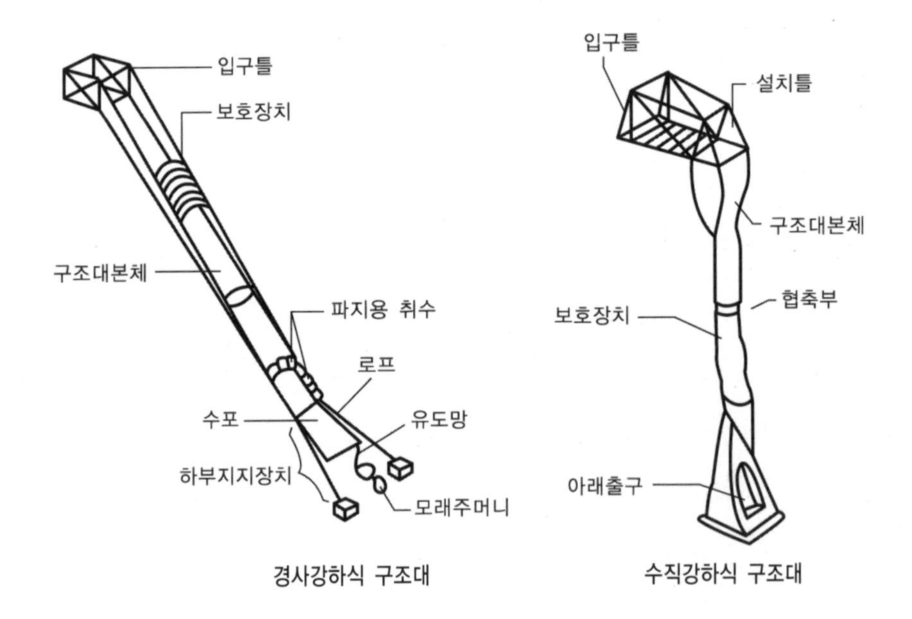

경사강하식 구조대　　　수직강하식 구조대

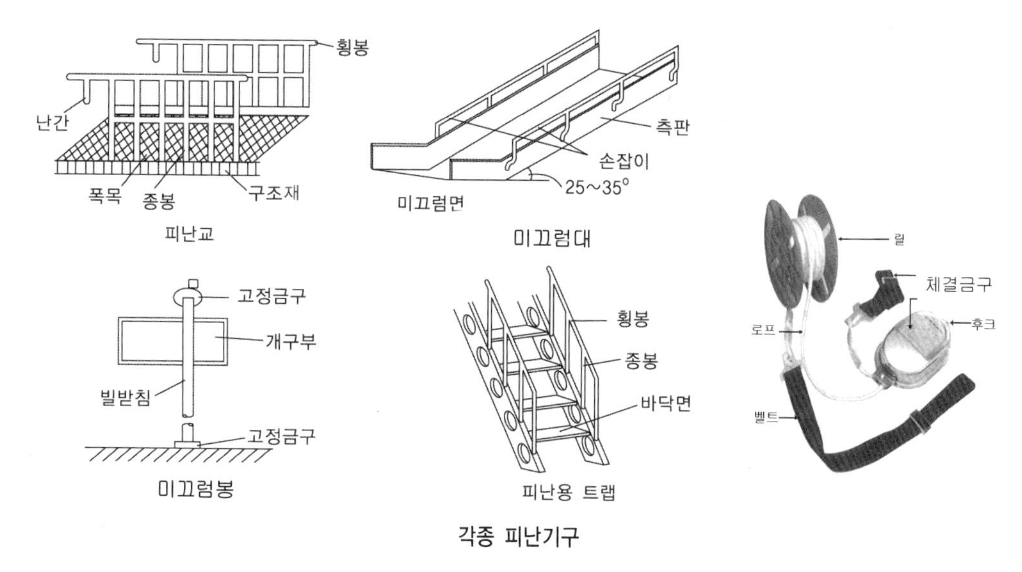

각종 피난기구

(1) 완강기

① 완강기

㉠ 사용자의 몸무게에 따라 자동적으로 내려올 수 있는 기구 중 사용자가 교대하여 연속적으로 사용할 수 있는 것

㉡ 완강기의 강하속도 : 16 cm/s~150 cm/s 이내

② 간이완강기 : 숙박시설의 객실(3층~10층)

㉠ 사용자의 몸무게에 따라 자동적으로 내려올 수 있는 기구 중 사용자가 연속적으로 사용할 수 없는 것

㉡ 숙박시설(휴양콘도미니엄 제외)에 추가로 객실(지하층, 피난층은 제외)마다 설치

(2) 구조대 : 노유자, 의료시설

① 포지 등을 사용하여 자루형태로 만든 것으로서 화재시 사용자가 그 내부에 들어가서 내려옴으로써 대피할 수 있는 것

② 건축물의 3층 이상부터 설치하는 피난기구

(3) 공기안전매트 : 아파트

화재발생시 사람이 건축물 내에서 외부로 긴급히 뛰어 내릴 때 충격을 흡수하여 안전하게 지상에 도달할 수 있도록 포지에 공기 등을 주입하는 구조로 되어 있는 것

(4) 피난사다리(10층 이하에 설치)

화재발생시 긴급대피를 위해 사용하는 사다리

(5) 피난밧줄

급격한 하강을 방지하기 위한 매듭 등을 만들어 놓은 밧줄

(6) 피난교

건축물의 옥상층 또는 그 이하의 층에서 화재발생시 옆 건축물로 피난하기 위해 설치하는 피난기구

(7) 피난용트랩

① 건축물의 지하층, 2층, 3층에서 피난하기 위해 건축물의 개구부에 설치하는 피난기구
② 도난을 방지하기 위해서 옥외에 설치하는 경우에는 피난용트랩을 위로 접어서 올려두고 있다.

(8) 다수인피난장비

화재시 2인 이상의 피난자가 동시에 해당층에서 지상 또는 피난층으로 하강하는 피난기구

(9) 승강식 피난기

사용자의 몸무게에 의하여 자동으로 하강하고 내려서면 스스로 상승하여 연속적으로 사용할 수 있는 무동력 승강식 피난기

(10) 하향식 피난구용 내림식 사다리

하향식 피난구 해치에 격납하여 보관하고 사용시에는 사다리 등이 특정소방대상물과 접촉되지 아니하는 내림식 사다리

(11) 미끄럼대

2층 또는 3층의 건축물에 설치하여 화재시 신속하게 지상으로 피난할 수 있도록 제조된 피난기구

03 설치기준

(1) 소방대상물의 설치장소별 피난기구의 적응성

층별 / 설치장소별 구분	지하층	1층	2층	3층	4층~10층
1. 노유자시설	피난용 트랩	미끄럼대 · 구조대 · 피난교 · 다수인피난장비 · 승강식피난기.	미끄럼대 · 구조대 · 피난교 · 다수인피난장비 · 승강식피난기.	미끄럼대 · 구조대 · 피난교 · 다수인피난장비 · 승강식피난기.	피난교 · 다수인피난장비 · 승강식피난기.
2. 의료시설 · 근린생활시설 중 입원실이 있는 의원 · 접골원 · 조산원	피난용 트랩			미끄럼대 · 구조대 · 피난교 · 피난용트랩 · 다수인피난장비 · 승강식피난기.	구조대 · 피난교 · 피난용트랩 · 다수인피난장비 · 승강식피난기.
3. 다중이용업소로서 영업장의 위치가 4층 이하인 다중이용업소			피난사다리 · 구조대 · 완강기 · 미끄럼대 · 다수인피난장비 · 승강식피난기.		
4. 그 밖의 것	피난 사다리 · 피난용트랩			미끄럼대 · 구조대 · 피난교 · 피난용트랩 · 다수인피난장비 · 승강식피난기 · 피난사다리 · 완강기 · 간이완강기 · 공기안전매트	구조대 · 피난교 · 다수인피난장비 · 승강식피난기 · 피난사다리 · 완강기 · 간이완강기 · 공기안전매트

※ 비고 : 간이완강기의 적응성은 숙박시설의 3층 이상에 있는 객실에, 공기안전매트의 적응성은 공동주택(공동주택관리법 시행령 제2조의 규정에 해당하는 공동주택)에 한한다.

공동주택관리법 시행령 제2조(의무관리대상 공동주택의 범위)
1. 300세대 이상의 공동주택
2. 150세대 이상으로서 승강기가 설치된 공동주택
3. 150세대 이상으로서 중앙집중식 난방방식(지역난방방식을 포함한다)의 공동주택
4. 건축법 제11조에 따른 건축허가를 받아 주택 외의 시설과 주택을 동일건축물로 건축한 건축물로서 주택이 150세대 이상인 건축물

(2) 피난기구의 설치개수

① 층마다 설치하되 그 층의 용도별 설치개수 암기 **숙노의 위문판 오팔 천 세대**

㉠ 숙박·노유자 및 의료시설로 사용되는 층 : 그 층의 바닥면적 500 m^2마다 설치

㉡ 위락·문화집회 및 운동시설·판매시설·전시시설로 사용되는 층 또는 복합용도의 층 : 그 층의 바닥면적 800 m^2마다 1개 이상 설치

㉢ 그 밖의 용도의 층 : 그 층의 바닥면적 1,000 m^2마다 1개 이상 설치

㉣ 계단실형 아파트 : 각 세대마다 설치

② 제1호에 따라 설치한 피난기구 외에 숙박시설(휴양콘도미니엄을 제외)의 경우에는 추가로 객실마다 완강기 또는 둘 이상의 간이완강기를 설치할 것

③ 제1호에 따라 설치한 피난기구 외에 아파트(주택법시행령 제48조에 해당하는 공동주택)의 경우에는 하나의 관리주체가 관리하는 아파트 구역마다 공기안전매트 1개 이상을 추가로 설치할 것. 다만, 옥상으로 피난이 가능하거나 인접세대로 피난할 수 있는 구조인 경우에는 추가로 설치하지 아니할 수 있다.

(3) 피난기구의 설치기준 암기 **유동견 사 R 길 미구**

① 피난기구는 계단·피난구 기타 피난시설로부터 적당한 거리에 있는 안전한 구조로 된 피난 또는 소화활동상 유효한 개구부(가로 0.5 m 이상 세로 1 m 이상인 것을 말한다. 이 경우 개부구 하단이 바닥에서 1.2 m 이상이면 발판 등을 설치하여야 하고, 밀폐된 창문은 쉽게 파괴할 수 있는 파괴장치를 비치하여야 한다)에 고정하여 설치하거나 필요한 때에 신속하고 유효하게 설치할 수 있는 상태에 둘 것

② 피난기구를 설치하는 개구부는 서로 동일직선상이 아닌 위치에 있을 것. 다만, 피난교·피난용트랩·간이완강기·아파트에 설치되는 피난기구(다수인 피난장비는 제외) 기타 피난상 지장이 없는 것에 있어서는 그러하지 아니할 것

③ 피난기구는 특정소방대상물의 기둥·바닥·보 기타 구조상 견고한 부분에 볼트조임·매립·용접 기타의 방법으로 견고하게 부착할 것

④ 4층 이상의 층에 피난사다리(하향식 피난구용 내림식 사다리는 제외)를 설치하는 경우에는 금속성 고정사다리를 설치하고, 해당 고정사다리에는 쉽게 피난할 수 있는 구조의 노대를 설치할 것

⑤ 완강기는 강하시 로프(Rope)가 특정소방대상물과 접촉하여 손상되지 아니하도록 할 것

⑥ 완강기로프의 길이는 부착위치에서 지면 기타 피난상 유효한 착지 면까지의 길이로 할 것

⑦ 미끄럼대는 안전한 강하속도를 유지하도록 하고, 전락방지를 위한 안전조치를 할 것

⑧ 구조대의 길이는 피난상 지장이 없고 안정한 강하속도를 유지할 수 있는 길이로 할 것

⑨ 다수인 피난장비는 다음 각 목에 적합하게 설치할 것

㉠ 피난에 용이하고 안전하게 하강할 수 있는 장소에 적재 하중을 충분히 견딜 수 있도록 건축물의 구조기준 등에 관한 규칙 제3조에서 정하는 구조안전의 확인을 받아 견고하게 설치할 것

㉡ 다수인피난장비 보관실(이하 "보관실"이라 한다)은 건물 외측보다 돌출되지 아니하고, 빗물·먼지 등으로부터 장비를 보호할 수 있는 구조일 것
㉢ 사용시에 보관실 외측 문이 먼저 열리고 탑승기가 외측으로 자동으로 전개될 것
㉣ 하강시에 탑승기가 건물 외벽이나 돌출물에 충돌하지 않도록 설치할 것
㉤ 상·하층에 설치할 경우에는 탑승기의 하강경로가 중첩되지 않도록 할 것
㉥ 하강시에는 안전하고 일정한 속도를 유지하도록 하고 전복, 흔들림, 경로이탈 방지를 위한 안전조치를 할 것
㉦ 보관실의 문에는 오작동 방지조치를 하고, 문 개방시에는 해당 특정소방대상물에 설치된 경보설비와 연동하여 유효한 경보음을 발하도록 할 것
㉧ 피난층에는 해당층에 설치된 피난기구가 착지에 지장이 없도록 충분한 공간을 확보할 것
㉨ 한국소방산업기술원 또는 법 제42조 제1항에 따라 성능시험기관으로 지정받은 기관에서 그 성능을 검증받은 것으로 설치할 것

⑩ 승강식 피난기 및 하향식 피난구용 내림식 사다리는 다음 각 목에 적합하게 설치할 것
㉠ 승강식 피난기 및 하향식 피난구용 내림식 사다리는 설치경로가 설치층에서 피난층까지 연계될 수 있는 구조로 설치할 것. 단, 건축물 규모가 지상 5층 이하로서 구조 및 설치 여건상 불가피한 경우는 그러하지 아니할 것
㉡ 대피실의 면적은 2 m^2(2세대 이상일 경우에는 3 m^2) 이상으로 하고, 건축법시행령 제46조 제4항의 규정에 적합하여야 하며 하강구(개구부) 규격은 직경 60 cm 이상일 것. 단, 외기와 개방된 장소에는 그러하지 아니할 것
㉢ 하강구 내측에는 기구의 연결 금속구 등이 없어야 하며 전개된 피난기구는 하강구 수평투영면적 공간 내의 범위를 침범하지 않는 구조이어야 할 것. 단, 직경 60 cm 크기의 범위를 벗어난 경우이거나, 직하층의 바닥면으로부터 높이 50 cm 이하의 범위는 제외할 것
㉣ 대피실의 출입문은 갑종방화문으로 설치하고, 피난방향에서 식별할 수 있는 위치에 "대피실" 표지판을 부착할 것. 단, 외기와 개방된 장소에는 그러하지 아니할 것
㉤ 착지점과 하강구는 상호 수평거리 15 cm 이상의 간격을 둘 것
㉥ 대피실 내에는 비상조명등을 설치할 것
㉦ 대피실에는 층의 위치표시와 피난기구 사용설명서 및 주의사항 표지판을 부착할 것
㉧ 대피실 출입문이 개방되거나, 피난기구 작동시 해당층 및 직하층 거실에 설치된 표시등 및 경보장치가 작동되고, 감시 제어반에서는 피난기구의 작동을 확인할 수 있어야 할 것
㉨ 사용시 기울거나 흔들리지 않도록 설치할 것
㉩ 승강식 피난기는 한국소방산업기술원 또는 법 제42조 제1항에 따라 성능시험기관으로 지정받은 기관에서 그 성능을 검증받은 것으로 설치할 것

(4) 표지

피난기구를 설치한 장소에는 가까운 곳의 보기 쉬운 곳에 피난기구의 위치를 표시하는 발광식 또는 축광식표지와 그 사용방법을 표시한 표지를 부착하되, 축광식표지는 축광표지의 성능인증 및 제품검사의 기술기준에 적합하여야 한다. 다만, 방사성물질을 사용하는 위치표지는 쉽게 파괴되지 아니하는 재질로 처리할 것

(5) 설치제외

화재예방, 소방시설 설치 · 유지 및 안전관리에 관한 법률시행령 별표6 제7호 피난설비의 설치면제 요건의 규정에 따라 다음 각 호의 어느 하나에 해당하는 특정소방대상물 또는 그 부분에는 피난기구를 설치하지 아니할 수 있다. 다만, 제4조 제2항 제2호에 따라 숙박시설(휴양콘도미니엄을 제외)에 설치되는 완강기 및 간이완강기의 경우에는 그러하지 아니하다.

① 다음 각 목의 기준에 적합한 층 암기 **통도계 내난방**

㉠ 거실의 각 부분으로부터 직접 복도로 쉽게 통할 수 있어야 할 것

㉡ 복도의 어느 부분에서도 2 이상의 방향으로 각각 다른 계단에 도달할 수 있어야 할 것

㉢ 복도에 2 이상의 특별피난계단 또는 피난계단이 건축법시행령 제35조에 적합하게 설치되어 있어야 할 것

㉣ 주요구조부가 내화구조로 되어 있어야 할 것

㉤ 실내의 면하는 부분의 마감이 불연재료·준불연재료 또는 난연재료로 되어 있고, 방화구획이 건축법시행령 제46조의 규정에 적합하게 구획되어 있어야 할 것

② 다음 각 목의 기준에 적합한 특정소방대상물 중 그 옥상의 직하층 또는 최상층(관람집회 및 운동시설 또는 판매시설을 제외한다)

㉠ 주요구조부가 내화구조로 되어 있어야 할 것

㉡ 옥상의 면적이 1,500 m^2 이상이어야 할 것

㉢ 옥상으로 쉽게 통할 수 있는 창 또는 출입구가 설치되어 있어야 할 것

㉣ 옥상이 소방사다리차가 쉽게 통행할 수 있는 도로(폭 6 m 이상의 것) 또는 공지(공원 또는 광장 등)에 면하여 설치되어 있거나 옥상으로부터 피난층 또는 지상으로 통하는 2 이상의 피난계단 또는 특별피난계단이 건축법시행령 제35조의 규정에 적합하게 설치되어 있어야 할 것

③ 주요구조부가 내화구조이고 지하층을 제외한 층수가 4층 이하이며 소방사다리차가 쉽게 통행할 수 있는 도로 또는 공지에 면하는 부분에 영 제2조 제1호 각 목의 기준에 적합한 개구부가 2 이상 설치되어 있는 층(문화집회 및 운동시설·판매시설 및 영업시설 또는 노유자시설의 용도로 사용되는 층으로서 그 층의 바닥면적이 1,000 m^2 이상인 것을 제외한다)

④ 편복도형 아파트 또는 발코니 등을 통하여 인접세대로 피난할 수 있는 구조로 되어 있는 계단실형 아파트

⑤ 주요구조부가 내화구조로서 거실의 각 부분으로 직접 복도로 피난할 수 있는 학교(강의실 용도로 사용되는 층에 한한다)

⑥ 무인공장 또는 자동창고로서 사람의 출입이 금지된 장소(관리를 위하여 일시적으로 출입하는 장소를 포함한다)

⑦ 건축물의 옥상부분으로서 거실에 해당하지 아니하고 건축법 시행령 제119조 제1항 제9호에 해당하여 층수로 산정된 층으로 사람이 근무하거나 거주하지 아니하는 장소

(6) 설치감소

피난기구를 설치하여야 할 소방대상물 중 다음 각 호의 기준에 적합한 층에는 제4조 제2항에 따른 피난기구의 1/2을 감소할 수 있다. 이 경우 설치하여야 할 피난기구의 수에 있어서 소수점 이하의 수는 1로 한다.

① 주요구조부가 내화구조로 되어 있을 것

② 직통계단인 피난계단 또는 특별피난계단이 2 이상 설치되어 있을 것

02 유도등 및 유도표지

Fire Equipment Manager

01 개요

(1) 유도등

화재시에 피난을 유도하기 위한 등으로서 정상상태에서는 상용전원에 따라 켜지고 상용전원이 정전되는 경우에는 비상전원으로 자동 전환되어 켜지는 등

(2) 피난유도선

햇빛이나 전등불에 따라 축광하거나 전류에 따라 빛을 발하는 유도체로서 어두운 상태에서 피난을 유도할 수 있도록 띠 형태로 설치되는 피난유도시설

02 유도등 및 유도표지의 종류

유도등 및 유도표지는 설치장소 및 위치에 따라 다음과 같이 분류할 수 있다.

종 류		이미지	비 고
유도등	피난구 유도등		-
	통로유도등		복도 통로유도등 거실 통로유도등
			계단 통로유도등

	객석유도등		–
유도표지	피난구 유도표지		–
	통로유도표지		복도 통로유도표지
			계단 통로유도표지

(1) 피난구 유도등

① 피난구 또는 피난경로로 사용되는 출입구를 표시하여 피난을 유도하는 등
② 유도등의 크기에 따라 대형, 중형, 소형으로 분류

(2) 통로유도등

통로유도등은 피난통로를 안내하기 위한 유도등으로 유도등의 크기에 따라 대형, 중형, 소형으로 분류하고 설치장소나 사용목적 등에 따라 복도통로유도등, 거실통로유도등, 계단통로유도등으로 분류

① **계단 통로유도등** : 피난통로가 되는 복도에 설치하는 통로유도등으로서 피난구의 방향을 명시하는 것
② **복도 통로유도등** : 거주, 집무, 작업, 집회, 오락 그 밖에 이와 유사한 목적을 위하여 계속적으로 사용하는 거실, 주차장 등 개방된 통로에 설치하는 유도등으로 피난의 방향을 명시하는 것
③ **거실 통로유도등** : 피난통로가 되는 계단이나 경사로에 설치하는 통로유도등으로 바닥면 및 디딤 바닥면을 비추는 것

(3) 객석유도등

객석의 통로, 바닥 또는 벽에 설치하는 유도등

(4) 피난구 유도표지

피난구 또는 피난경로로 사용되는 출입구가 있다는 것을 지시하는 유도표지

(5) 통로유도표지

피난통로가 되는 복도, 계단 등에 설치하는 것으로서 피난구의 방향을 표시하는 유도표지

03 설치대상

(1) 설치대상

① 피난구 유도등·통로유도등 및 유도표지 : 특정소방대상물(지하구, 터널, 축사 제외)에 설치

② 객석유도등

㉠ 유흥주점영업시설(식품위생법 시행령 제21조 제8호라목의 유흥주점영업 중 손님이 춤을 출 수 있는 무대가 설치된 카바레, 나이트클럽 또는 그 밖에 이와 비슷한 영업시설만 해당한다)

㉡ 문화 및 집회시설, 종교시설, 운동시설에 설치하여야 한다.

(2) 소방대상물별 유도등 및 유도표지의 종류

설치장소	유도등 및 유도등의 종류
① 공연장·집회장(종교집회장 포함)·관람장·운동시설	대형피난구유도등, 통로유도등, 객석유도등
② 유흥주점영업시설(식품위생법 시행령 제21조 제8호라목의 유흥주점영업중 손님이 춤을 출 수 있는 무대가 설치된 카바레, 나이트클럽 또는 그 밖에 이와 비슷한 영업시설만 해당)	
③ 위락시설·판매시설·운수시설·관광진흥법 제3조 제1항 제2호에 따른 관광숙박업·의료시설 ·장례식장·방송통신시설·전시장·지하상가·지하철역사	대형피난구유도등, 통로유도등
④ 숙박시설(제③호의 관광숙박업 외의 것)·오피스텔	중형피난구유도등, 통로유도등
⑤ 제①호부터 제③호까지 외의 건축물로서 지하층·무창층 또는 11층 이상인 특정소방대상물	
⑥ 제①호부터 제⑤호까지 외의 건축물로서 근린생활시설·노유자시설 ·업무시설·발전시설·종교시설(집회장 용도로 사용하는 부분 제외)·교육연구시설· 수련시설 ·공장·창고시설 ·교정 및 군사시설(국방·군사시설 제외)·기숙사 ·자동차정비공장 ·운전학원 및 정비학원·다중이용업소·복합건축물·아파트	소형피난구유도등, 통로유도등
⑦ 그 밖의 것	피난구 유도표지, 통로유도표지

〈비고〉

1. 소방서장은 소방대상물의 위치·구조 및 설비의 상황을 판단하여 대형피난구유도등을 설치하여야 할 소방대상물에 중형피난구유도등 또는 소형 피난구 유도등을, 중형 피난구 유도등을 설치하여야 할 소방대상물에 소형 피난구 유도등을 설치하게 할 수 있다.
2. 복합건축물과 아파트의 경우, 주택내의 세대 내에는 유도등을 설치하지 아니할 수 있다.

04 설치장소 및 기준

(1) 피난구 유도등

① 설치장소 암기 **직옥 복통안**

㉠ **직**통계단·직통계단의 계단실 및 그 부속실의 출입구 ➜ 일반층

㉡ **옥**내로부터 직접 지상으로 통하는 출입구 및 그 부속실의 출입구 ➜ 피난층

㉢ ㉠ 및 ㉡에서 정한 출입구에 이르는 **복**도 또는 **통**로로 통하는 출입구

㉣ **안**전구획된 거실로 통하는 출입구

② 설치면제장소

㉠ 바닥면적이 1,000 m^2 미만인 층으로서 옥내로부터 직접 지상으로 통하는 출입구(외부와 식별이 용이한 경우에 한한다)

㉡ 거실 각 부분으로부터 쉽게 도달할 수 있는 출입구

㉢ 거실 각 부분으로부터 하나의 출입구에 이르는 보행거리가 20 m 이하이고 비상조명등과 유도표지가 설치된 거실의 출입구

㉣ 출입구가 3 이상 있는 거실로서 그 거실 각 부분으로부터 하나의 출입구에 이르는 보행거리가 30 m 이하인 경우에는 주된 출입구 2개소 외의 출입구(유도표지가 부착된 출입구). 다만, 공연장·집회장·관람장·전시장·판매시설·운수시설·숙박시설·노유자시설·의료시설·장례식장의 경우에는 그러하지 아니하다.

③ 설치기준

피난구 유도등은 피난구의 바닥으로부터 높이 1.5m 이상으로서 출입구에 인접하도록 설치하여야 한다

(2) 통로유도등

① 설치장소 및 설치기준

㉠ 설치장소 : 소방대상물의 각 거실과 그로부터 지상에 이르는 복도, 계단의 통로에 설치

㉡ 복도 통로유도등의 설치기준

- 복도에 설치
- 구부러진 모퉁이 및 보행거리 20 m마다 설치
- 바닥으로부터 1 m 이하의 위치에 설치

다만, 특정소방대상물 중 지하층, 무창층의 용도가 도매시장·소매시장·여객자동차터미널· 지하역사·지하상가인 경우에는 복도통로 중앙부분의 바닥에 설치할 것

- 바닥에 설치하는 통로유도등은 하중에 따라 파괴되지 아니하는 강도의 것으로 할 것

㉢ 거실 통로유도등의 설치기준

- 거실의 통로에 설치. 다만, 거실의 통로가 벽체 등으로 구획된 경우에는 복도 통로유도등을 설치
- 구부러진 모퉁이 및 보행거리 20 m마다 설치
- 바닥으로부터 1.5 m 이상의 위치에 설치할 것. 다만, 거실통로에 기둥이 설치된 경우에는 기둥부분의 바닥으로부터 높이 1.5 m 이하의 위치에 설치할 수 있다.

㉣ 계단 통로유도등의 설치기준

- 각 층의 경사로참 또는 계단참마다 설치(1개층에 경사로참, 계단참이 2 이상일 경우 2개의 계단참마다 설치)
- 바닥으로부터 1 m 이하의 위치에 설치할 것

㉤ 통행에 지장이 없도록 설치할 것

㉥ 주위에 이와 유사한 등화광고물·게시물 등을 설치하지 말 것

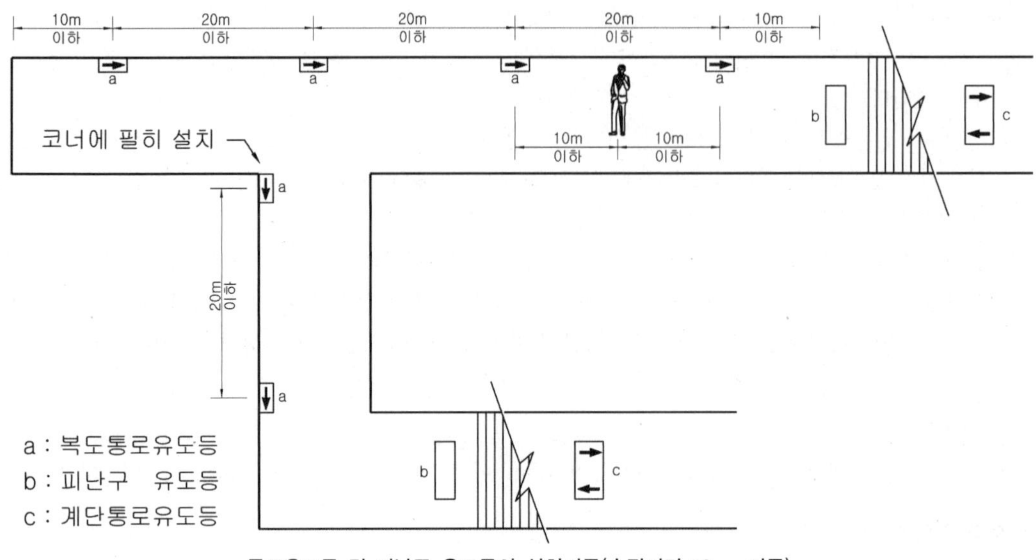

통로유도등 및 피난구 유도등의 설치기준(수평거리 10 m 기준)

② 설치면제장소

㉠ 구부러지지 아니한 복도 또는 통로로서 길이가 30 m 미만인 복도 또는 통로

㉡ ㉠에 해당하지 아니하는 복도 또는 통로로서 보행거리가 20 m 미만이고 그 복도 또는 통로와 연결된 출입구 또는 그 부속실의 출입구에 피난구 유도등이 설치된 복도 또는 통로

(3) 객석유도등

① 설치장소

객석유도등은 객석의 통로, 바닥 또는 벽에 설치하여야 한다.

② 설치면제장소

㉠ 주간에만 사용하는 장소로서 채광이 충분한 객석

㉡ 거실등의 각 부분으로부터 하나의 거실출입구에 이르는 보행거리가 20 m 이하인 객석의 통로로서 그 통로에 통로유도등이 설치된 객석

③ 설치기준

㉠ 객석내의 통로가 경사로 또는 수평으로 되어 있는 부분은 다음의 식에 따라 산출한 수 (소수점 이하의 수는 1로 본다)의 유도등을 설치하여야 한다.

$$\text{설치개수} = \frac{\text{객석의 통로의 직선부분의 길이(m)}}{4} - 1$$

㉡ 객석내의 통로가 옥외 또는 이와 유사한 부분에 있는 경우에는 해당 통로 전체에 미칠 수 있는 수의 유도등을 설치하여야 한다.

(4) 축광방식의 피난유도선 설치기준

① 구획된 각 실로부터 주 출입구 또는 비상구까지 설치할 것
② 바닥으로부터 높이 50 cm 이하의 위치 또는 바닥 면에 설치할 것
③ 피난유도 표시부는 50 cm 이내의 간격으로 연속되도록 설치
④ 부착대에 의하여 견고하게 설치할 것
⑤ 외광 또는 조명장치에 의하여 상시 조명이 제공되거나 비상조명등에 의한 조명이 제공되도록 설치할 것
※ 피난유도선은 소방청장이 고시한 피난유도선의 성능인증 및 제품검사의 기술기준에 적합한 것으로 설치하여야 한다.

(5) 광원점등방식의 피난유도선 설치기준

① 구획된 각 실로부터 주출입구 또는 비상구까지 설치할 것
② 피난유도 표시부는 바닥으로부터 높이 1 m 이하의 위치 또는 바닥면에 설치할 것
③ 피난유도 표시부는 50 cm 이내의 간격으로 연속되도록 설치하되 실내장식물 등으로 설치가 곤란할 경우 1 m 이내로 설치할 것
④ 수신기로부터의 화재신호 및 수동조작에 의하여 광원이 점등되도록 설치할 것
⑤ 비상전원이 상시 충전상태를 유지하도록 설치할 것
⑥ 바닥에 설치되는 피난유도 표시부는 매립하는 방식을 사용할 것
⑦ 피난유도 제어부는 조작 및 관리가 용이하도록 바닥으로부터 0.8 m 이상 1.5 m 이하의 높이에 설치할 것
※ 피난유도선은 소방청장이 고시한 피난유도선의 성능인증 및 제품검사의 기술기준에 적합한 것으로 설치하여야 한다.

광원점등방식의 피난유도선

05 유도등의 전원 및 배선

(1) 유도등의 전원

① 유도등의 전원은 축전지 또는 교류전압의 옥내간선으로 하고, 전원까지의 배선은 전용으로 하여야 한다.
② 비상전원은 다음 각 호의 기준에 적합하게 설치하여야 한다.
　㉠ 축전지로 한다.
　㉡ 유도등은 20분 이상 유효하게 작동 시킬 수 있는 용량의 것으로 할 것. 다만, 다음 각목의 소방대상물의 경우에는 피난층에 이르는 부분의 유도등을 60분 이상 유효하게 작동시킬 수 있는 용량으로 하여야 한다.
　　• 지하층을 제외한 층수가 11층 이상의 층
　　• 지하층 또는 무창층의 용도가 도매시장·소매시장·여객자동차터미널·지하역사 또는 지하상가

고휘도 유도등과 일반 유도등의 장·단점 비교 암기 **외소수 유경변**

항 목	일반 유도등	고휘도 유도등
외형	단조롭고 투박	심플한 디자인
소비전력	고소비 전력	저소비 전력
수명	수명이 짧음	수명이 김
유지보수	수시 교환	장수램프 채용
경제성	초기 투자비 쌈	다소 비싸지만 에너지 절약, 원가 회수 빠름
변색	열변형 및 변색있음	열변형 및 변색없음

(2) 유도등의 배선 암기 **광어 종사 관**

① 유도등의 인입선과 옥내배선은 직접 연결할 것
② 유도등의 전기회로에는 점멸기를 설치하지 아니하고 항상 점등상태를 유지할 것. 다만, 소방대상물 또는 그 부분에 사람이 없거나 다음 각목의 1에 해당하는 장소로서 3선식 배선에 따라 상시 충전되는 구조인 경우에는 그러하지 아니하다.
　㉠ 외부광(光)에 따라 피난구 또는 피난방향을 쉽게 식별할 수 있는 장소
　㉡ 공연장, 암실(暗室) 등으로서 어두워야 할 필요가 있는 장소
　㉢ 특정소방대상물의 종사원 또는 관계인이 주로 사용하는 장소
③ 유도등의 3선식 배선시 점등되는 경우(점멸기 설치시) 암기 **자비 상방자**
　㉠ 자동화재탐지설비의 감지기 또는 발신기가 작동되는 때
　㉡ 비상경보설비의 발신기가 작동되는 때
　㉢ 상용전원이 정전되거나 전원선이 단선되는 때
　㉣ 방재업무를 통제하는 곳 또는 전기실의 배전반에 수동으로 점등하는 때
　㉤ 자동소화설비가 작동되는 때

03 비상조명등 및 휴대용 비상조명등

Fire Equipment Manager

01 개요

(1) 비상조명등

화재발생 등에 따른 정전시 안전하고 원활한 피난활동을 할 수 있도록 거실 및 피난통로 등에 설치되어 자동 점등되는 조명등

(2) 휴대용 비상조명등

화재발생 등으로 인한 정전시 피난자가 휴대할 수 있는 조명등

02 비상조명등 설치대상 및 면제대상

(1) 설치대상(가스시설, 창고는 설치면제)

① 지하층을 포함한 층수가 5층 이상인 건축물로서 연면적 3,000 m^2 이상인 것

② ①에 해당되지 아니하는 특정소방대상물로서 그 지하층 또는 무창층의 바닥면적 450 m^2 이상인 경우에는 그 지하층 또는 무창층

(2) 면제대상

① 화재예방, 소방시설 설치·유지 및 안전관리에 관한 법률 시행령 제16조 별표5 비상조명등을 설치하여야 할 특정소방대상물에 피난구 유도등 또는 통로유도등을 화재안전기준에 적합하게 설치한 경우에는 그 유도등의 유효범위안의 부분에는 설치면제

② 비상조명등의 설치제외 암기 **보15 의경의 공학 거실**

㉠ 거실의 각 부분으로부터 하나의 출입구에 이르는 보행거리가 15 m 이내인 부분

㉡ 의원·경기장·의료시설·공동주택·학교의 거실

03 비상조명등 설치기준

(1) 설치위치

특정소방대상물의 각 거실과 그로부터 지상에 이르는 복도·계단 및 그 밖의 통로에 설치할 것

(2) 조도

비상조명등이 설치된 장소의 각 부분의 바닥에서 1 lx 이상

(3) 예비전원을 내장하는 비상조명등

평상시 점등 여부를 확인할 수 있는 점검스위치를 설치하고 해당 조명등을 작동시킬 수 있는 용량의 축전지와 예비전원 충전장치를 내장할 것

(4) 예비전원을 내장하지 아니하는 비상조명등의 비상전원 암기 점재자 방조

자가발전설비 또는 축전지설비를 다음 각목의 기준에 따라 설치할 것

① 점검이 편리하고 화재 및 침수 등의 재해로 인한 피해를 받을 우려가 없는 곳에 설치

② 상용전원으로부터 전력의 공급이 중단된 때에는 자동으로 비상전원으로부터 전력을 공급받을 수 있도록 할 것

③ 비상전원의 설치장소는 다른 장소와 방화구획 할 것. 이 경우 그 장소에는 비상전원의 공급에 필요한 기구나 설비외의 것(열병합발전설비에 필요한 기구나 설비는 제외)을 두어서는 아니된다.

④ 비상전원을 실내에 설치하는 때에는 그 실내에 비상조명등을 설치할 것

(5) 비상전원은 비상조명등을 20분 이상 작동할 수 있도록 할 것

다만, 다음 각 목의 특정소방대상물의 경우에는 그 부분에서 피난층에 이르는 부분의 비상조명등은 60분 이상 유효하게 작동시킬 수 있는 용량으로 하여야 한다.

① 지하층을 제외한 층수가 11층 이상의 층

② 지하층 또는 무창층의 용도가 도매시장·소매시장·여객자동차터미널·지하역사 또는 지하상가

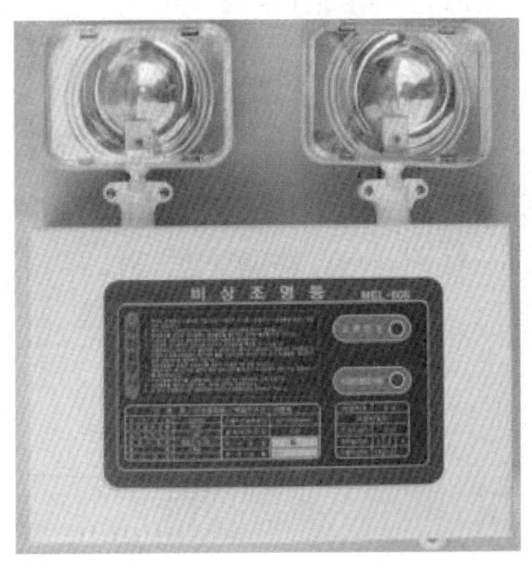

1. 교류전원표시등 : 상단
   교류전원의 공급시 점등됨
2. 예비전원감시등 : 하단
   예비전원에 이상이 있으면 점등
3. 자동복귀형 점멸기 : 본체 우측 하단
   상용전원에서 예비전원으로 전환되는지를 확인하는 스위치로서 끈을 잡아당기면 교류전원 표시등이 소등되고 조명등이 점등된다. 그리고 끈을 놓으면 원상태로 복귀한다.

비상조명등의 표시등 및 스위치

04 휴대용 비상조명등

(1) 설치대상 암기 백영 대역 상가

① 숙박시설

② 수용인원 100명 이상의 영화상영관, 판매시설 중 대규모 점포, 철도 및 도시철도시설 중 지하역사, 지하가 중 지하상가

(2) 설치 제외부분

① 지상 1층 또는 피난층으로서 복도, 통로, 창문 등의 개구부를 통하여 피난이 용이한 경우

② 숙박시설로서 복도에 비상조명등을 설치한 경우

(3) 설치기준 암기 함 높어 자동 건데2

① 다음 각목의 장소에 설치할 것

- ㉠ 숙박시설 또는 다중이용업소 : 객실 또는 영업장안의 구획된 실마다 잘 보이는 곳에 1개 이상(외부에 설치시 출입문 손잡이로부터 1 m 이내 부분)
- ㉡ 백화점·대형점·쇼핑센터 및 영화상영관 : 보행거리 50 m 이내마다 3개 이상 설치
- ㉢ 지하상가 및 지하역사 : 보행거리 25 m 이내마다 3개 이상 설치

② 외함 : 난연성능이 있을 것

③ 설치높이 : 바닥으로부터 0.8 m 이상 1.5 m 이하의 높이에 설치

④ 위치 확인 : 어둠속에서 위치를 확인할 수 있도록 할 것

⑤ 점등 : 사용시 자동으로 점등되는 구조일 것

⑥ 건전지 사용시 : 방전방지조치를 하여야 하고, 충전식 밧데리의 경우에는 상시 충전되도록 할 것

⑦ 건전지 및 충전식 밧데리의 용량 : 20분 이상 유효하게 사용할 수 있는 것

04 인명구조기구

Fire Equipment Manager

01 개요

인명구조기구는 특정소방대상물의 화재 발생뿐만 아니라 유독성, 유해성가스, 위험물질 등으로부터 인명을 보호하거나 구조하는 데 사용되는 기구이다.

02 종류

(1) 방열복

인명구조기구 중 가장 많이 이용되는 것으로서 고온의 복사열에 가까이 접근하여 소방활동을 수행할 수 있는 내열피복

(2) 공기호흡기

소화활동 시에 화재로 인하여 발생하는 각종 유독가스 중에서 일정시간 사용할 수 있도록 제조된 압축공기식 개인호흡장비(보조마스크를 포함한다)

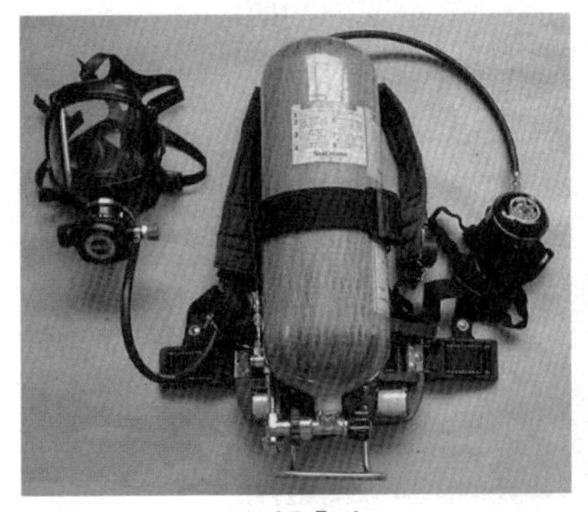

공기호흡기

인공소생기

(3) 인공소생기

화재의 발생으로 인하여 유독성가스에 질식되었거나 중독 등에 의해서 심폐기능이 악화되어 정상적으로 호흡할 수 없는 사람에게 인공 호흡시켜 소생하도록 하는 구급용 기구

03 설치기준

(1) 특정소방대상물의 용도 및 장소별로 설치하여야 할 인명구조기구는 다음 표에 따라 설치하여야 한다.

특정소방대상물	인명구조기구의 종류	설치 수량
지하층을 포함하는 층수가 7층 이상인 관광호텔 및 5층 이상인 병원	방열복 또는 방화복(헬멧, 보호장갑 및 안전화를 포함), 공기호흡기, 인공소생기	각 2개 이상 비치할 것. 다만, 병원의 경우에는 인공소생기를 설치하지 않을 수 있다.
· 문화 및 집회시설 중 수용인원 100명 이상의 영화상영관 · 판매시설 중 대규모 점포 · 운수시설 중 지하역사 · 지하가 중 지하상가	공기호흡기	층마다 2개 이상 비치할 것. 다만, 각 층마다 갖추어두어야 할 공기호흡기 중 일부를 직원이 상주하는 인근 사무실에 갖추어 둘 수 있다.
물분무등소화설비 중 이산화탄소소화설비를 설치하여야 하는 특정소방대상물	공기호흡기	이산화탄소소화설비가 설치된 장소의 출입구 외부 인근에 1대 이상 비치할 것

(2) 화재시 쉽게 반출 사용할 수 있는 장소에 비치할 것

(3) 인명구조기구가 설치된 가까운 장소의 보기 쉬운 곳에 "인명구조기구"라는 축광식표지와 그 사용방법을 표시한 표시를 부착하되, 축광식표지는 국민안전처장관이 고시한 축광표지의 성능인증 및 제품검사의 기술기준에 적합한 것으로 설치할 것

(4) 방열복은 소방청장이 고시한 소방용 방열복의 성능인증 및 제품검사의 기술기준에 적합한 것으로 설치할 것

(5) 방화복(헬멧, 보호장갑 및 안전화를 포함한다)은 소방장비 표준규격 및 내용연수에 관한 규정 제3조에 적합한 것으로 설치할 것

인명구조기구의 설치기준

근거 : 고층건축물의 화재안전기준(NFSC 604) 별표1(피난안전구역에 설치하는 소방시설 설치기준)

1. 방열복, 인공소생기를 각 2개 이상 비치할 것
2. 45 분 이상 사용할 수 있는 성능의 공기호흡기(보조마스크를 포함)를 2개 이상 비치하어야 한나. 다만, 피난안전구역이 50층 이상에 설치되어 있을 경우에는 동일한 성능의 예비용기를 10개 이상 비치
3. 화재시 쉽게 반출할 수 있는 곳에 비치할 것
4. 인명구조기구가 설치된 장소의 보기 쉬운 곳에 "인명구조기구"라는 표지판등을 설치할 것

예 상 문 제

Fire Equipment Manager

01 피난구 유도등을 반드시 설치하여야 할 장소를 4가지로 구분하여 쓰시오.

1. 직통계단·직통계단의 계단실 및 그 부속실의 출입구
2. 옥내로부터 직접 지상으로 통하는 출입구 및 그 부속실의 출입구
3. 위의 1 및 2에서 정한 출입구에 이르는 복도 또는 통로로 통하는 출입구
4. 안전구획된 거실로 통하는 출입구

02 유도등의 전원이 3선식 배선에 따라 상시 충전되는 구조인 장소 4가지를 쓰시오.

암기 **광어 종사관**

1. 외부 광(光)에 따라 피난구 또는 피난방향을 쉽게 식별할 수 있는 장소
2. 공연장, 암실(暗室) 등으로서 어두워야 할 필요가 있는 장소
3. 소방대상물의 종사원 또는 관계인이 주로 사용하는 장소
4. 소방대상물 또는 그 부분에 사람이 없는 경우

03 화재안전기준에 따른 광원점등방식의 피난유도선의 설치기준 5가지를 쓰시오.

1. 구획된 각 실로부터 주 출입구 또는 비상구까지 설치할 것
2. 피난유도 표시부는 바닥으로부터 높이 1 m 이하의 위치 또는 바닥 면에 설치할 것
3. 피난유도 표시부는 50 cm 이내의 간격으로 연속되도록 설치하되 실내장식물 등으로 설치가 곤란할 경우 1 m 이내로 설치할 것
4. 바닥에 설치되는 피난유도 표시부는 매립하는 방식을 사용할 것
5. 수신기로부터의 화재신호 및 수동조작에 의하여 광원이 점등되도록 설치할 것
6. 비상전원이 상시 충전상태를 유지하도록 설치할 것
7. 피난유도 제어부는 조작 및 관리가 용이하도록 바닥으로부터 0.8 m 이상 1.5 m 이하의 높이에 설치

04 통로 직선부분의 길이가 100 m일 때 다음 물음에 답하시오.

1. 통로부분에 소형 소화기의 최소 배치개수와 산출식(다만, 한쪽 측 벽에 일렬로 배치한다)
2. 통로부분에 복도 통로유도등의 최소 설치개수와 산출식
3. 객석의 통로일 경우 객석유도등의 최소 설치개수와 산출식
4. 통로부분에 연기 감지기 2종의 최소 설치개수와 산출식

풀이

1. 통로부분에 소형 소화기의 최소 배치개수와 산출식

   설치개수 : $\dfrac{\text{통로의 보행거리(m)}}{40} = \dfrac{100}{40} = 2.5 \fallingdotseq 3$개

   ➜ 각 층마다 설치하되, 특정소방대상물의 각 부분으로부터 1개의 소화기까지의 보행거리가 소형 소화기의 경우에는 20 m 이내가 되도록 배치할 것

2. 통로부분에 복도 통로유도등의 최소 설치개수와 산출식

   설치개수 : $\dfrac{\text{통로의 보행거리(m)}}{20} - 1 = \dfrac{100}{20} - 1 = 4$개

   ➜ 구부러진 모퉁이 및 보행거리 20 m마다 설치할 것

3. 객석의 통로일 경우 객석유도등의 최소 설치개수와 산출식

   설치개수 : $\dfrac{\text{객석의 통로의 직선부분의 길이(m)}}{4} - 1 = \dfrac{100}{4} - 1 = 24$개

4. 통로부분에 연기감지기 2종의 최소 설치개수와 산출식

   설치개수 : $\dfrac{\text{통로의 보행거리(m)}}{30} - 1 = \dfrac{100}{30} - 1 = 3.33 - 1 \fallingdotseq 3$개

   ➜ 연기 감지기는 복도 및 통로에 있어서는 보행거리 30 m(3종에 있어서는 20 m)마다, 계단 및 경사로에 있어서는 수직거리 15 m(3종에 있어서는 10 m)마다 1개 이상으로 할 것

05 노유자시설의 3층에 적응하는 피난기구의 종류 6가지를 쓰시오.

암기 **미대교다승**

1. 미끄럼대
2. 구조대
3. 피난교
4. 다수인 피난장비
5. 승강식 피난기

MEMO

소화용수설비

소화용수설비

Fire Equipment Manager

01 개요

(1) 대형 건축물 또는 고층건물의 화재시 소화용수의 부족으로 소방 활동에 차질이 생길 우려가 있으므로 이를 채워 주기 위한 방법으로 소화수조 또는 상수도 소화용수설비를 설치한다.

(2) 일반적으로 건물내에 수원을 저장하는 옥외소화전과 구분해야 할 필요성이 있다.

02 설치대상

(1) 상수도 소화용수설비 암기 상어 100 톤

① 연면적 5,000 m^2 이상인 특정소방대상물(가스시설, 지하구 또는 지하가 중 터널의 경우에는 면제)

② 가스시설로서 지상에 노출된 탱크의 저장용량의 합계가 100 톤 이상

(2) 소화수조 또는 저수조 설치

상수도소화용수설비를 설치하여야 하는 특정소방대상물의 대지 경계선에서 180 m 이내에 구경 75 mm 이상인 상수도용 배수관이 설치되지 아니한 지역에는 소화수조 또는 저수조를 설치하여야 한다.

(3) 상수도 소화용수설비 설치면제

상수도 소화용수설비를 설치하여야 하는 특정소방대상물의 각 부분으로부터 수평거리 140 m 이내에 공공의 소방을 위한 소화전이 설치되어 있는 경우에 설치면제

03 설치기준

(1) 상수도 소화용수설비

① 소화전 설치구경 : 호칭지름 75 mm 이상의 수도배관에 호칭지름 100 mm 이상의 소화전 접속

② 소화전의 설치위치 : 소방자동차 등의 진입이 쉬운 도로변 또는 공지에 설치

③ 설치거리 : 특정소방대상물의 수평투영면의 각 부분으로부터 140 m 이하가 되도록 설치

(2) 소화수조 및 저수조

① 가압송수장치

㉠ 소화용수설비의 소화용수가 지면으로부터의 깊이가 4.5 m 이상인 지하에 있는 경우에는 가압송수장치를 설치하여야 한다.

〈소요수량과 가압송수장치 분당 양수량〉

소요수량	20 m^3 이상 40 m^3 미만	40 m^3 이상 100 m^3 미만	100 m^3 이상
가압송수장치의 양수량	1,100 L/min 이상	2,200 L/min 이상	3,300 L/min 이상

㉡ 소화수조가 옥상 또는 옥탑의 부분에 설치된 경우 지상에서 설치된 채수구에서의 압력이 0.15 MPa 이상

㉢ 전동기 또는 내연기관에 따른 펌프를 이용하는 가압송수장치는 타 소화설비의 기준에 따라 설치

② 소화수조 및 저수조

㉠ **채수구 또는 흡수관투입구의 설치위치** : 소방차가 2 m 이내의 지점까지 접근할 수 있는 위치에 설치

㉡ **저수량** : 특정소방대상물의 연면적을 다음표에 따른 기준면적으로 나누어 얻은 수(소수점 이하의 수는 1로 본다)에 20 m^3를 곱한 양 이상

소방대상물의 구분	기준 면적
1층 및 2층의 바닥면적 합계가 15,000 m^2 이상인 소방대상물	7,500 m^2
제1호에 해당되지 아니하는 그 밖의 소방대상물	12,500 m^2

㉢ 흡수관투입구 또는 채수구

- 흡수관투입구의 설치기준 : 그 한 변이 0.6 m 이상이거나 직경이 0.6 m 이상인 것으로 하고, 소요수량이 80 m^3 미만인 것에 있어서는 1개 이상, 80 m^3 이상인 것에 있어서는 2개 이상을 설치하여야 하며, "흡관투입구"라고 표시한 표지를 할 것
- 채수구의 설치기준

– 채수구는 다음표에 따라 소방용 호스 또는 소방용 흡수관에 사용하는 구경 65 mm 이상의 나사식 결합금속구를 설치할 것

소요수량	20 m^3 이상 40 m^3 미만	40 m^3 이상 100 m^3 미만	100 m^3 이상
채수구의 수	1개	2개	3개

– 채수구는 지면으로부터의 높이가 0.5 m 이상 1 m 이하의 위치에 설치하고 "채수구"라고 표시한 표지를 할 것

㉣ 소화용수설비를 설치하여야 할 특정소방대상물에 있어서 유수의 양이 0.8 m^3/min 이상인 유수를 사용할 수 있는 경우에는 소화수조를 설치하지 아니할 수 있다.

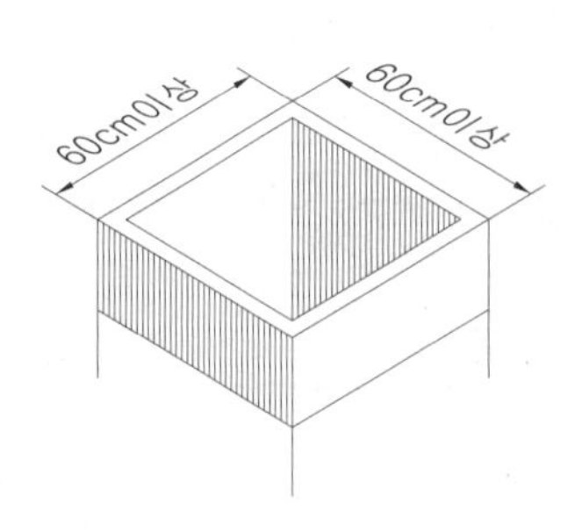

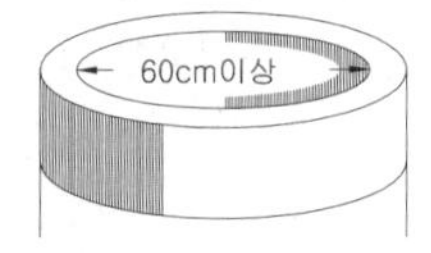

흡수관투입구의 크기

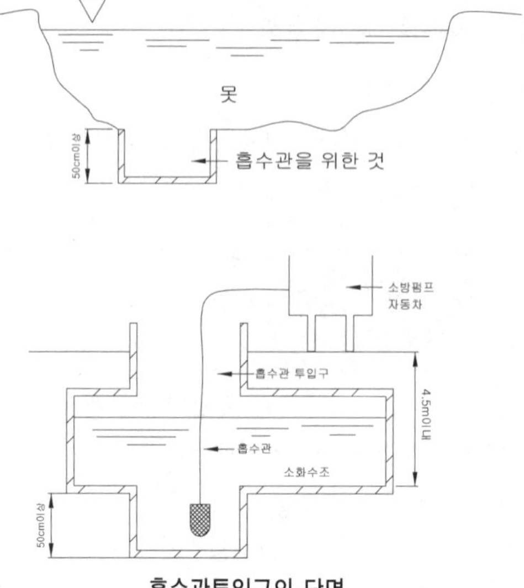

흡수관투입구의 단면

채수구(소화용수설비)

급수탑(소방용수시설)

예 상 문 제

Fire Equipment Manager

01 **국가화재안전기준에 따른 상수도소화용수설비의 설치기준을 쓰시오.**

암기 **구설수**

1. 상수도소화전의 **구**경

   호칭지름 75 mm 이상의 수도배관에 호칭지름 100 mm 이상의 소화전을 접속할 것

2. 상수도소화전의 **설**치위치

   소화전은 소방자동차 등의 진입이 쉬운 도로변 또는 공지에 설치할 것

3. 상수도소화전의 **수**평거리

   소화전은 특정소방대상물의 수평투영면의 각 부분으로부터 140 m 이하가 되도록 설치할 것

02 **상수도 시설이 없는 지역에 단층으로 가로 200 m × 세로 200 m 규모의 공장을 건립하고자 할 때 아래사항에 답하시오.**

1. 옥외소화전의 개수 및 옥외소화전의 수원의 양(m^3)

2. 소화수조 수원의 양(m^3), 흡수관 투입구 수, 채수구 수

풀이

1. 옥외소화전의 개수 및 옥외소화전의 수원의 양(m^3)

   ① 옥외소화전의 수량

   - 건물 둘레의 길이 : 4 면 × 200 m/면 = 800 m
   - 옥외소화전의 수량 : 800 m ÷ 80 m/개 = 10개

   정답 10개 이상

   ② 수원의 양

   - 계산식 : N × 7 m^3/개 이상(N : 옥외소화전 수량으로서, 최대 2개)
   - 수원의 양 : 2 × 7 = 14 m^3

   정답 14 m^3 이상

2. 소화수조 수원의 양(m^3), 흡수관 투입구 수, 채수구 수

   ① 소화수조 수원의 양(m^3)

   특정소방대상물의 연면적을 아래 표에 의한 기준면적으로 나누어 얻은 수(소수점 이하는 1로 함)에 20 m^3를 곱한 양 이상

소방대상물의 구분	기준 면적
지상 1층과 지상 2층의 바닥면적 합계가 15,000 m^2 이상인 소방대상물	7,500 m^2
위에 해당되지 않는 소방대상물	12,500 m^2

- 단층(1층, 2층 바닥면적 합계) : $200 \times 200 = 40,000$ m^2
- 기준면적 산정 : 7,500 m^2
- 기준값 계산 : 40,000 m^2 / 7,500 $m^2 = 5.33 \fallingdotseq 6$
- 소화수조 용량 : 6×20 $m^3 = 120$ m^3

정답 120 m^3

② 흡수관 투입구의 수 : 2개(소요 수량이 80 m^3 미만일 경우는 1개, 80 m^3 이상일 경우에는 2개 이상을 설치해야 함)

정답 2개 이상

③ 채수구의 수

소요 수량(m^3)	20 이상 ~ 40 미만	40 이상 ~ 100 미만	100 이상
채수구의 수	1개	2개	3개

정답 3개

소화활동설비

01 거실 제연설비

Fire Equipment Manager

01 개요

제연설비는 소화활동설비의 하나로서 화재시 발생된 연기 및 유독가스를 효과적으로 배출시켜 소화활동에 장애가 되는 연기를 제어하는 설비이다.

02 설치대상

적용 기준 암기 지무 근판숙위 바합 천	
지하층 또는 무창층에 설치된 근생, 판매, 숙박, 위락, 운수, 물류터미널 용도의 바닥면적 합계가	1,000 m^2 이상인 층
문화 및 집회시설, 종교시설, 운동시설로서 무대부의 바닥면적	200 m^2 이상
문화 및 집회시설 중 영화상영관으로서 수용인원	100명 이상
운수시설 중 시외버스정류장, 철도 및 도시철도시설, 공항시설 및 항만시설의 대합실 또는 휴게시설로서 지하층 또는 무창층의 바닥면적	1,000 m^2 이상
지하가(터널 제외)로 연면적	1,000 m^2 이상
특정소방대상물(갓복도형 아파트등은 제외)에 부설된 특별피난계단 또는 비상용승강기의 승강장	전부
지하가 중 예상 교통량, 경사도 등 터널의 특성을 고려하여 안전행정부령으로 정하는	터널

03 설치면제 및 설치제외

(1) 설치면제 : 화재예방, 소방시설 설치·유지 및 안전관리에 관한 법률시행령 별표6

① 공기조화설비와 겸용으로 설치되어 있는 경우

공기조화설비를 화재안전기준의 제연설비기준에 적합하게 설치하고 공기조화설비가 화재시 제연설비기능으로 자동 전환되는 구조로 설치되어 있는 경우

② 자연 급배기설비가 설치되어 있는 경우

㉠ 직접 외기로 통하는 배출구 면적합계가 해당 제연구역 바닥면적의 1/100 이상

㉡ 배출구로부터 각 부분의 수평거리가 30 m 이내

㉢ 공기유입이 화재안전기준에 적합하게 설치되어 있는 경우

③ 별표 5 제5호가목6)에 따라 제연설비를 설치하여야 하는 특정소방대상물 중 노대(露臺)와 연결된 특별피난계단 또는 노대가 설치된 비상용 승강기의 승강장에는 설치가 면제된다.

(2) 설치제외

제연설비를 설치하여야 할 소방대상물 중 화장실·목욕실·주차장·발코니를 설치한 숙박시설(가족호텔 및 휴양콘도미니엄에 한 한다)의 객실과 사람이 상주하지 아니하는 전기실·기계실·공조실·50 m^2 미만 창고 등으로 사용되는 부분에 대하여는 배출구·공기유입구의 설치 및 배출량 산정에서 이를 제외

04 제연구역

(1) 용어 정의

① **제연구역** : 제연경계(제연설비의 일부인 천장을 포함)에 의해 구획된 건물내의 공간
② **예상제연구역** : 화재발생시 연기의 제어가 요구되는 제연구역
③ **제연경계의 폭** : 제연경계의 천장 또는 반자로부터 그 수직하단까지의 거리
④ **수직거리** : 제연경계의 바닥으로부터 그 수직하단까지의 거리
⑤ **공동예상제연구역** : 2개 이상의 예상제연구역
⑥ **유입풍도** : 예상제연구역으로 공기를 유입하도록 하는 풍도 → 풍속 20 m/s 이하
⑦ **배출풍도** : 예상제연구역의 공기를 외부로 배출하도록 하는 풍도 → 풍속 15 m/s 이하

(2) 제연설비의 설치장소에 대한 제연구역의 구획기준 암기 층면 상호간 원통 길이

① 하나의 제연구역은 2개 이상 층에 미치지 않도록 할 것
② 하나의 제연구역의 면적은 1,000 m^2 이내로 할 것
③ 거실과 통로(복도를 포함)는 상호 제역구획할 것
④ 하나의 제연구역은 직경 60 m 원내에 들어갈 수 있을 것
⑤ 통로상의 제연구역은 보행중심선의 길이 60 m 이내로 할 것

(3) 제연구역의 구획 암기 구재구경

① 구획의 종류

보·제연경계벽(이하 제연경계라 함) 및 벽(화재시 자동으로 구획되는 가동벽·샷다·방화문 포함)으로 한다.

② 재질

내화재료, 불연재료 또는 제연경계벽으로 성능을 인정받은 것으로서 화재시 쉽게 변형·파괴되지 아니하고 연기가 누설되지 않는 기밀성 있는 재료로 할 것

③ 제연경계벽의 구조

배연시 기류에 따라 그 하단이 쉽게 흔들리지 아니하여야 하며, 또한 가동식의 경우에는 급속히 하강하여 인명에 위해를 주지 아니하는 구조일 것

④ 제연경계

제연경계의 폭이 0.6 m 이상이고, 수직거리는 2 m 이내이어야 한다. 다만, 구조상 불가피한 경우는 2 m를 초과할 수 있다.

(4) 통로의 경우 예상제연구역으로 간주하지 않을 조건 암기 내난가무

통로의 주요 구조부가 내화구조이며 마감이 불연재료 또는 난연재료로 처리되고 가연성 내용물이 없는 경우에 그 통로는 예상제연구역으로 간주하지 아니할 수 있다. 다만, 화재발생시 연기의 유입이 우려되는 통로는 그러하지 아니하다.

05 제연설비의 기동

가동식의 벽·제연경계벽·댐퍼 및 배출기의 작동은 자동화재감지기와 연동되어야 하며, 예상제연구역(또는 인접장소) 및 제어반에서 수동으로 기동이 가능하도록 하여야 한다.

거실 제연설비 정리

1. 거실 제연설비와 부속실 제연설비의 비교

구 분	거실 제연설비		부속실 제연설비
목적	수평 피난시간 연장, 소화활동(거실, 복도)		수직 피난시간 연장, 소화활동(계단실 보호)
적용	화재실		피난로(계단실)
제연방식	급배기방식(50 m^2 미만 거실은 통로배출방식)		전층급기 해당층 배기방식(아파트 제외)
제연구역	400 m^2 미만	희석 : 급배기구 이격거리 → 5 m 이상	계단실, 전실, 승강장
	400 m^2 이상	청결층(2 m) 유지 위해 하부급기	
단열처리 (수평덕트)	배기중요		급기중요(전용의 수직풍도를 계단마다)
	배기덕트(뜨거운 열기 이동경로)		급기덕트(신선한 공기 이동경로)

2. 제연방식의 종류

① 급배기방식

- 예상제연구역에 화재시 연기배출과 동시에 공기유입이 될 수 있게 하고, 배출구역이 거실일 경우에는 통로에 동시에 공기가 유입될 수 있도록 할 것
- 통로의 주요구조부가 내화구조이며 마감이 불연재료 또는 난연재료로 처리되고 가연성 내용물이 없는 경우에 그 통로는 예상제연구역으로 간주안 함. 다만, 화재발생시 연기의 유입이 우려되는 통로는 예상제연구역으로 간주해야 함

구 분	배 출	급 기	비 고
기본원칙	○	○	원활한 흐름 위해 급배기 동시필요
거실화재	○	○	거실 화재시 통로에 동시급기는 법적 기준풍량이 없으며, 거실배기 통로급기방식에 적용함
통로화재	○	○	피난통로 안전성 확보
통로화재	/	/	통로가 내화구조, 난연재료, 화재발생시 연기유입 우려 없는 통로 ➜ 예상제연구역 간주안 함 즉, 급배기구 설치안 함)

- 제연방식의 종류

  동일실 급배기방식(소규모 : 400 m^2 미만, 대규모 : 400 m^2 이상 1,000 m^2 이하), 인접구역 상호제연방식, 거실배기와 통로급기방식, 공동예상제연방식

② 통로배출방식

각각의 거실이 50 m^2 미만으로 구획(제연경계에 의한 구획은 불가하나 거실과 통로와의 구획은 제연경계로 가능함)된 경우 통로에 면한 그 거실은 예상제연구역으로 간주하지 않고 통로에서만 배연해서 화재실로부터 통로로 유입된 연기를 외부로 배출함으로써 통로를 피난경로로 사용하는 데 지장이 없도록 하는 방식으로 통로에 급기도 실시 함. 다만, 경유 거실이 있을 때는 경유거실에서 직접 배출해야 한다.

3. 배출량 ≤ 공기유입량

① 통로배출방식(통로와 인접한 각 거실 바닥면적 50 m^2 미만)

② 소규모 거실(400 m^2 미만) : 바닥면적 1 m^2당 1 m^3/min → 60 m^3/(h · m^2)

- 예상 제연구역 전체에 대한 최저 배출량 : 5,000 m^3/h
- 경유거실 : 기준 풍량 (최저 배출량 5,000 m^3/h) × 1.5 배 이상

③ 대규모 거실(400 m^2 이상) 암기 **통 25, 3만 대 4, 45**

길이·직경	수직거리	통로배출방식 (50 m^2 미만)	대규모 거실	비 고
40 m 이하	2.0 m 이하	25,000 m^3/h	40,000 m^3/h	–
	2.5 m 이하	30,000 m^3/h	45,000 m^3/h	+ 5,000
	3.0 m 이하	35,000 m^3/h	50,000 m^3/h	+ 5,000
	3.0 m 초과	45,000 m^3/h	60,000 m^3/h	+10,000
60 m 이하	2.0 m 이하	30,000 m^3/h	45,000 m^3/h(통로)	–
	2.5 m 이하	35,000 m^3/h	50,000 m^3/h	+ 5,000
	3.0 m 이하	40,000 m^3/h	55,000 m^3/h	+ 5,000
	3.0 m 초과	50,000 m^3/h	65,000 m^3/h	+10,000

4. 예상 제연구역에 대한 공기유입

유입풍도를 경유한 강제유입 또는 자연유입방식으로 하거나 인접한 제연구역 또는 통로에 유입되는 공기(가압의 결과를 일으키는 경우 포함)가 해당구역으로 유입되는 방식

※ 기계환기방식의 종류 3가지

제1종 기계제연방식 (급기 및 배기)	제2종 기계제연방식 (급기만)	제3종 기계제연방식(배기만)
배연기 / 복도 / 문 / 송풍기 / 화재실	배연구 / 복도 / 문 / 화재실	배연기 / 복도 / 문 / 급기구 / 화재실
화재실에 대해서 기계배연을 행하는 동시에 복도나 계단실을 통해서 신선한 공기를 송풍기에 의해 급기를 행하는 방식 예 실내발열 및 습기발생 우려장소	복도, 계단실 등 피난통로에 신선한 공기를 송풍기에 의해 급기하고 그 부분의 정압을 화재실보다 높게 해서 연기의 침입을 방지하는 방식 예 외부 먼지, 가스 등 실내 침입방지	화재로 발생한 연기를 실상부로부터 배연기에 의해 흡인하여 옥외로 배출하는 방식 예 냄새가 타실로 확산우려장소인 주방, 화장실 등

06 제연설비의 제연방식과 특징

(1) 제연설비 전용방식

① 동일실 급배기방식

	소규모 거실	대규모 거실
거실면적	400 m^2 미만	400 m^2 이상 1,000 m^2 이하
중요개념	면적 작아 대피용이(청결층 형성 불필요)	피난시간 확보 위해 청결층 형성
급배기방식	상부급기와 상부배기(제1종 기계환기설비)	하부급기와 상부배기(제1종 기계환기설비)
급배출구	•상부배기로 배출구는 천장 또는 반자와 바닥 사이의 중간 윗부분에 설치	•상부배기로 배출구의 하단이 제연경계의 하단보다 높이 되도록 설치
	•급배출구 5 m 이상 이격(연기와 유입공기 혼합방지)	•급기구는 바닥에서 1.5 m 이하 위치에 설치하며 그 주변 2 m 이내에 가연물금지
	•예상제연구역의 각 부분으로부터 하나의 배출구까지의 수평거리는 10 m 이내가 되도록 설치 •예상제연구역에 공기가 유입되는 순간의 풍속은 5 m/s 이하 •유입구의 구조는 유입공기를 하향 60° 이내로 분출할 수 있도록	
특징	•상부급기 이유 – 작은 거실에 하부급기시 연소촉진 우려 있음 – 피난이 용이한 작은 거실에 하부급기시 난류발생으로 청결층 유지에 불리함 – 면적 작아 화재시 실내에서 대피 용이하여 피난 및 진압을 위한 피난로(청결층)의 형성 불필요	•하부급기 이유 – 거실면적이 커서 화재시 피난시간이 길어지므로, 피난 및 진압을 위한 피난로(청결층)의 형성이 필요함.

② 인접구역 상호제연방식

➜ 통로가 없는 개방된 넓은 공간(예 백화점 등) 또는 통로에 적용

㉠ 화재실은 연기를 배출시켜야 되므로 천장 배기를 실시

㉡ 인접실은 피난경로이므로 연기의 침투를 방지하기 위해 천장급기를 실시

③ 거실배기와 통로급기방식

➜ 구획된 실이 통로에 면해 있는 경우(예 지하상가)

㉠ 화재실은 연기를 배출시켜야 하므로 천장 배기를 실시

㉡ 복도에서 천장급기를 실시하고 거실과 복도 사이의 벽하부에 그릴을 설치하여 거실의 하부로 급기 실시

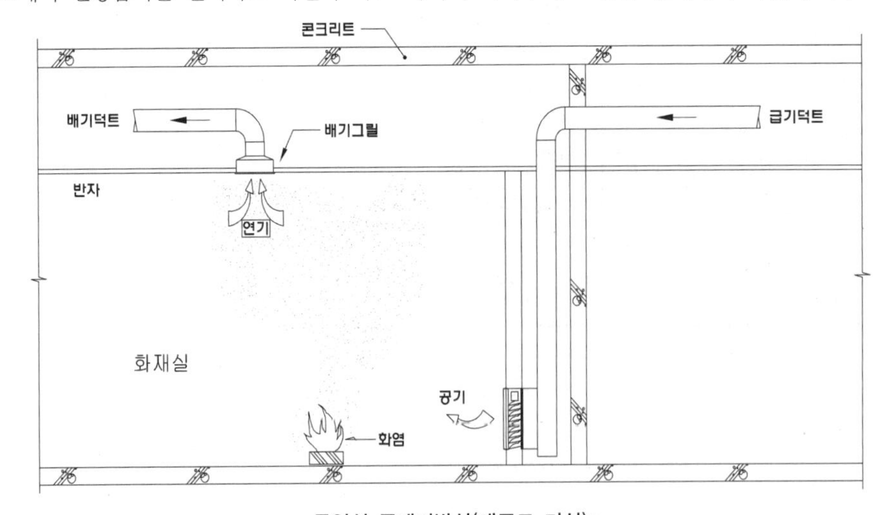

동일실 급배기방식(대규모 거실)

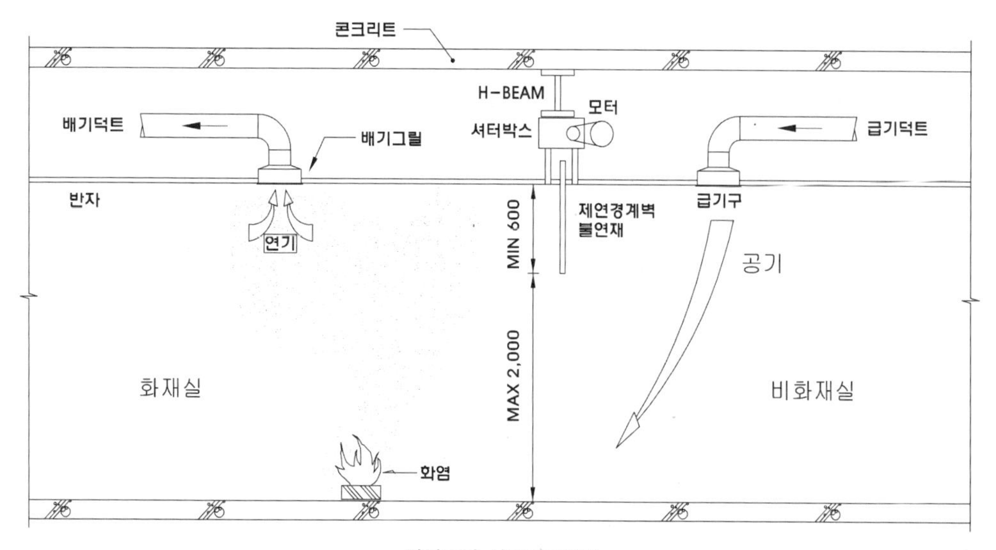

인접구역 상호제연방식

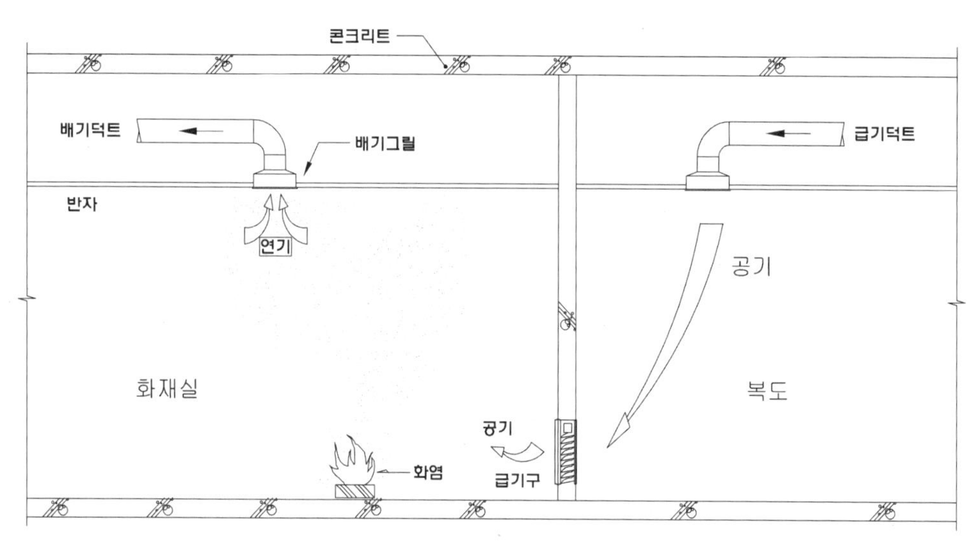

통로급기 거실배기방식

④ 통로 배출방식

→ 50 m^2 미만으로 구획된 소규모실이 통로에 면한 경우(예 호텔)

㉠ 복도에 천장배기와 하부급기를 실시

㉡ 경유 거실이 있는 경우 경유 거실에서 직접 배출 실시함

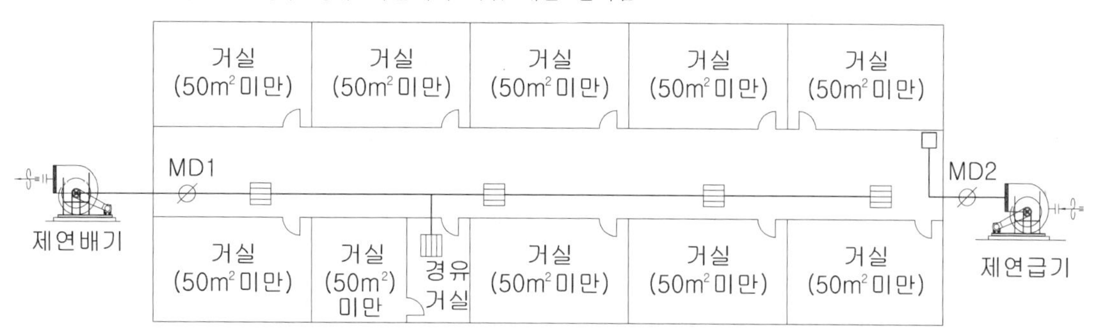

⑤ 공동 예상제연방식

㉠ 배출은 각 예상제연구역별로 면적, 수평거리(직경) 또는 수직거리별 배출량 이상을 배출하되, 2개 이상 예상제연구역이 설치된 소방대상물에서 배출을 각 예상지역별로 구분하지 아니하고 2개 이상의 예상제연구역(공동 예상 제연구역)을 동시에 배출

㉡ 거실과 통로는 공동예상제연구역으로 할 수 없음

㉢ 천장배기와 하부급기를 실시

(2) 공기조화설비와 겸용방식

① 평소에는 공조기능을 수행하다가 화재시에 제연기능으로 전환한다.

② 일반적으로 공조기(AHU)의 풍속 및 풍량은 제연풍속 및 풍량에 미달되므로 예상제연구역을 분할하거나 공조기의 풍량을 제연풍량 이상이 되도록 확보해야 한다.

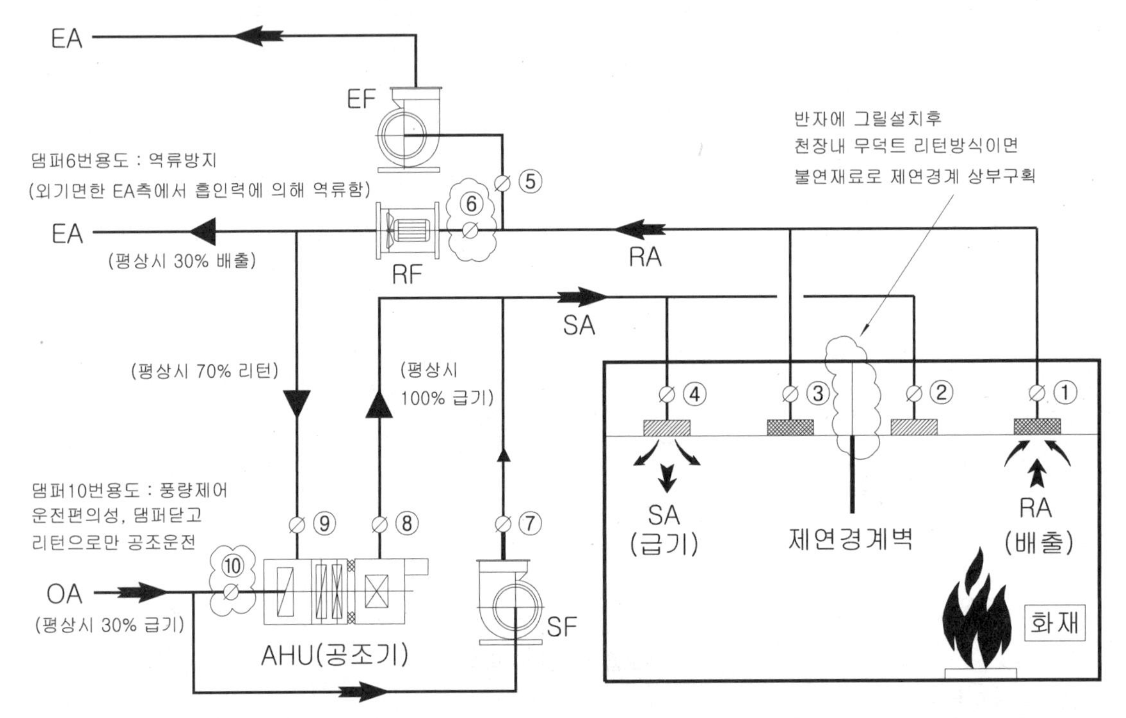

③ MD의 제어 Sequence 구성도(예상제연구역의 감지기 동작에 따른 Sequence)

구 분	댐퍼 개방	댐퍼 폐쇄	비고
평상시	1, 2, 3, 4, 6, 8, 9, 10	5, 7	공조기(AHU)내 급기작동, RF작동, SF급기정지, EF배기정지
화재시	1, 4, 5, 6, 7, 8, 10	2, 3, 9	공조기(AHU)내 급기작동, RF배기작동, SF급기작동, EF배기작동

07 덕트의 마찰손실선도

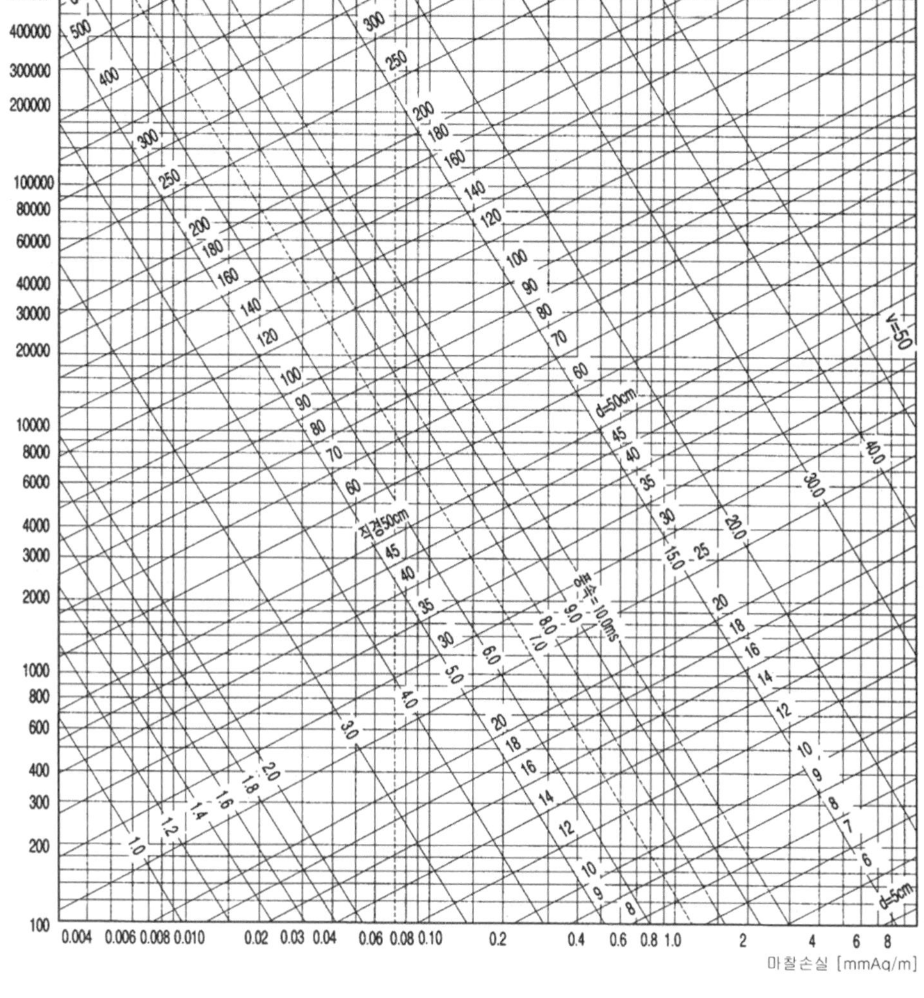
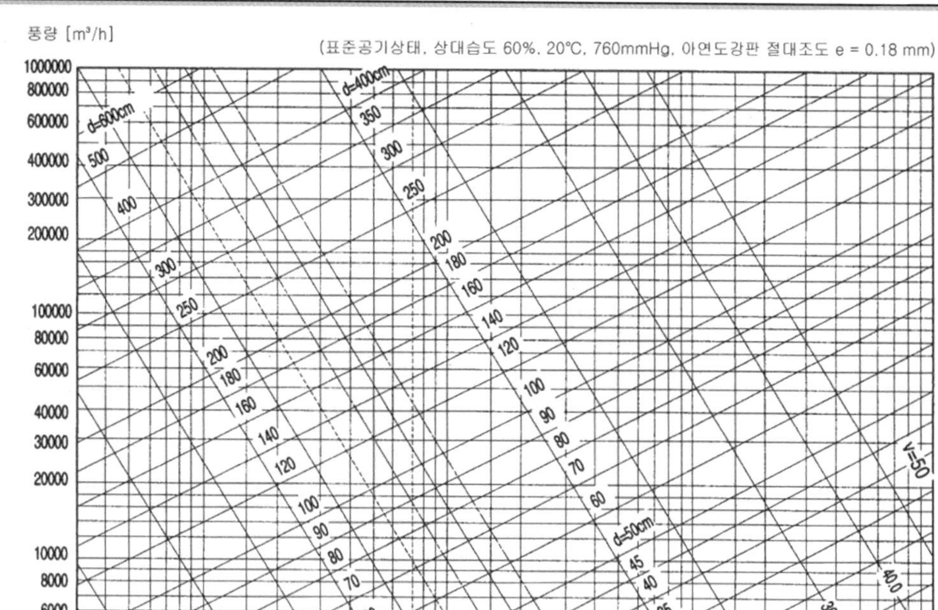

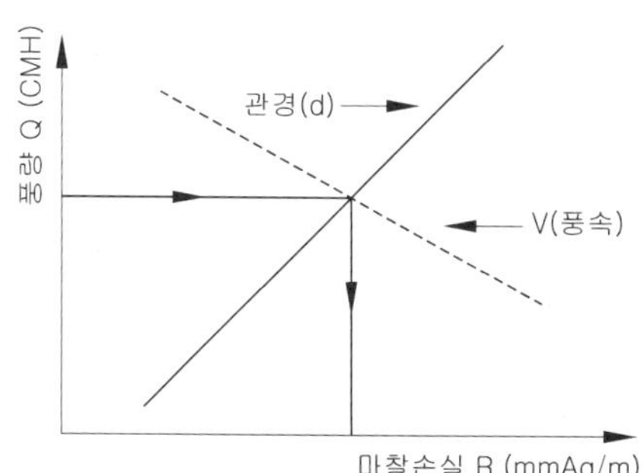

선도를 보는 방법

1. 풍량과 풍속과의 교점을 표시한다.
2. 교점에서 가로축방향으로 수직선을 내려 마찰손실을 구한다.
3. 교점에서 상당 직경을 읽고 원형덕트와 장방형 덕트의 환산표에서 샤프트 크기를 고려하여 장방형 덕트의 치수를 구한다.
   ➜ 시공성을 고려하여 샤프트 크기보다 10 cm 작은 장방형 덕트 구한다.

구 분	급기덕트	급기구	배기덕트	배기구
거실 제연풍속	법규 20 m/s 이하	법규 5 m/s 이하	법규 15 m/s 이하	(권장 10 m/s 이하)
부속실 제연풍속	(권장 15 m/s 이하)	(권장 5 m/s 이하)	법규 15 m/s 이하	(권장 10 m/s 이하)

08 원형덕트와 장방형 덕트의 환산표

a \ b	20.0	22.0	24.0	26.0	28.0	30.0	32.0	34.0	36.0	38.0	40.0	42.0	44.0	46.0	48.0	50.0	54.0	58.0	62.0	66.0	70.0	74.0	78.0	82.0	86.0	94.0
20.0	21.9																									
22.0	22.9	24.0																								
24.0	23.9	25.1	26.2																							
26.0	24.9	26.1	27.3	28.4																						
28.0	25.8	27.1	28.3	29.5	30.6																					
30.0	26.6	28.0	29.3	30.5	31.7	32.8																				
32.0	27.5	28.9	30.2	31.5	32.7	33.9	35.0																			
34.0	28.3	29.7	31.1	32.4	33.7	34.9	36.1	37.2																		
36.0	29.0	30.5	32.0	33.3	34.6	35.9	37.1	38.2	39.4																	
38.0	29.8	31.3	32.8	34.2	35.6	36.8	38.1	39.3	40.4	41.5																
40.0	30.5	32.1	33.8	35.1	36.4	37.8	39.0	40.3	41.5	42.6	43.7															
42.0	31.2	32.8	34.4	35.9	37.3	38.7	40.0	41.3	42.5	43.7	44.8	45.9														
44.0	31.8	33.5	35.1	36.7	38.1	39.5	40.9	42.2	43.5	44.7	45.8	47.0	48.1													
46.0	32.5	34.2	35.9	37.4	38.9	40.4	41.8	43.1	44.4	45.7	46.9	48.0	49.2	50.3												
48.0	33.1	34.9	36.6	38.2	39.7	41.2	42.6	44.0	45.3	46.6	47.9	49.1	50.2	51.4	52.5											
50.0	33.7	35.5	37.2	38.9	40.5	42.0	43.5	44.9	46.2	47.5	48.8	50.0	51.2	52.4	53.6	54.7										
54.0	34.9	36.8	38.6	40.3	41.9	43.5	45.1	46.5	48.0	49.3	50.7	52.0	53.2	54.4	55.6	56.8	58.0									
58.0	36.0	38.0	39.8	41.6	43.3	45.0	46.6	48.1	49.6	51.0	52.4	53.8	55.1	56.4	57.6	58.8	61.2	63.4								
62.0	37.1	39.1	41.0	42.9	44.7	46.4	48.0	49.6	51.2	52.7	54.1	55.5	56.9	58.2	59.5	60.8	63.2	65.5	67.8							
66.0	38.1	40.2	42.2	44.1	46.0	47.7	49.4	51.1	52.7	54.2	55.7	57.2	58.6	60.0	61.3	62.6	65.2	67.6	69.9	72.1						
70.0	39.1	41.2	43.3	45.3	47.2	49.0	50.8	52.5	54.1	55.7	57.3	58.8	60.3	61.7	63.1	64.4	67.1	69.6	72.0	74.3	76.5					
74.0	40.0	42.2	44.4	46.4	48.4	50.3	52.1	53.8	55.5	57.2	58.8	60.3	61.9	63.3	64.8	66.2	68.9	71.5	74.0	76.4	78.7	80.9				
78.0	40.9	43.2	45.4	47.5	49.5	51.4	53.3	55.1	56.9	58.6	60.2	61.8	63.4	64.9	66.4	67.9	70.6	73.3	75.9	78.4	80.7	83.0	85.3			
82.0	41.8	44.1	46.4	48.5	50.6	52.6	54.5	56.4	58.2	59.9	61.6	63.3	64.9	66.5	68.0	69.5	72.3	75.1	77.8	80.3	82.8	85.1	87.4	89.6		
86.0	42.6	45.0	47.3	49.6	51.7	53.7	55.7	57.6	59.4	61.2	63.0	64.7	66.3	67.9	69.5	71.0	74.0	76.8	79.6	82.2	84.7	87.1	89.5	91.8	94.0	
90.0	43.5	45.9	48.3	50.5	52.7	54.8	56.8	58.8	60.7	62.5	64.3	66.0	67.7	69.4	71.0	72.6	75.6	78.5	81.3	84.0	86.6	89.1	91.5	93.9	96.2	98.4

장방형 덕트의 상당직경 de [cm]

$$de = 1.3 \times \left\{ \frac{(a \times b)^5}{(a+b)^2} \right\}^{1/8} = 1.3 \times \left\{ \frac{(a \times b)^5}{(a+b)^2} \right\}^{0.125} = 1.3 \times \frac{(a \times b)^{0.625}}{(a+b)^{0.25}}$$

(여기서, de : 원형 덕트의 직경[cm], a : 장방형 덕트의 장변[cm], b : 장방형 덕트의 단변[cm])

장방형 덕트의 Aspect Ratio (AR비, 종횡비, 장단비, 가로 세로의 비)

장방형 덕트 제작시 장변과 단변의 비를 말하고 4 : 1 이하가 표준이며, 최대 8 : 1 이하로 하여야 함

Aspect Ratio가 클 때

1. 공사비가 비싸다. 2. 열손실이 크다. 3. 정압손실이 크다.

제연설비 설계흐름도

1. 대상물 적용검토 2. 제연구역 Zoning 3. 제연방식 선정 (전용 또는 겸용) 4. 배출량 선정
5. 배출구 및 공기유입구 배치 6. 덕트 설계 7. 전압계산후 송풍기 선정 8. 시공 · 감리 · TAB

09 아연도금 강판 덕트의 판두께와 치수 암기 사고 치고 15억 오욕도로

풍도단면의 긴변 또는 직경의 크기	450 mm 이하	750 mm 이하	1,500 mm 이하	2,250 mm 이하	2,250 mm 초과
강판 두께	0.5 mm	0.6 mm	0.8 mm	1.0 mm	1.2 mm
강판 번호	# 26	# 24	# 22	# 20	# 18

※ 종횡비(Aspect Ratio) : 보통 4 : 1, 최대 8 : 1

10 공동예상제연구역의 덕트 구성과 MD(모터댐퍼)의 제어 Sequence

(1) 제연방식

배출은 각 예상제연구역별로 면적, 수평거리(직경) 또는 수직거리별 배출량 이상을 배출하되, 2개 이상 예상제연구역이 설치된 소방대상물에서 배출을 각 예상지역별로 구분하지 아니하고 2개 이상의 예상제연구역(공동예상제연구역)을 동시에 배출하고자 할 때 적용함. 다만, 거실과 통로는 공동예상제연구역으로 할 수 없다.

(2) 덕트 구성(거실과 통로의 제연구획은 벽 또는 제연경계벽으로 가능)

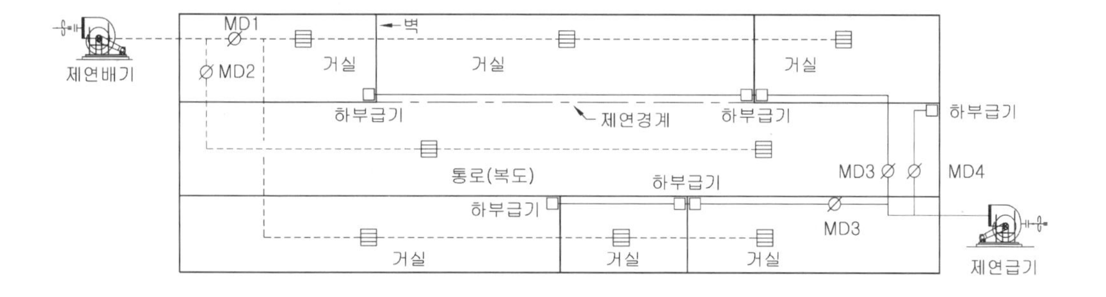

(3) MD의 제어 Sequence 구성도(예상제연구역의 감지기 동작에 따른 Sequence)

구 분	MD1	MD2	MD3	MD4
거실화재	OPEN	CLOSE	OPEN	OPEN
통로화재	CLOSE	OPEN	CLOSE	OPEN

(4) 특징

① 장점

㉠ 단독제연방식에 비해 제어용 댐퍼(MFD) 수량이 적다.

㉡ 회로가 복잡하지 않으므로 MFD의 오작동우려가 적다.

㉢ 벽으로 구획된 거실은 제연용량이 충분하다면 면적제한이 없다.

㉣ 제연경계로된 구역의 풍량은 구획별 필요 제연풍량 중 최대풍량으로 선정한다.

㉤ 실구획이 복잡하게 구획된 경우에 적용하면 효과적이다.

② 단점

㉠ 벽으로 구획된 제연풍량은 합계풍량으로 선정하므로 제연팬(Fan)의 용량이 증가한다.

㉡ 제연경계로 구획된 공동제연구역은 바닥면적 1,000 m^2 이하, 직경 40 m원 내접, 통로는 40 m 이내로 제한된다.

(5) 배출량

① 공동예상제연구역안에 설치된 예상제연구역이 각각 벽으로 구획된 경우(제연구역의 구획 중 출입구만을 제연경계로 구획한 경우를 포함)에는 각 예상제연구역의 배출량을 합한 것 이상으로 할 것

→ 60 m의 거리와 1,000 m^2의 면적제한이 없고 벽으로 구획되어 있어 인접구역 상호제연방식(즉, 제연경계로 구획한 경우)은 적용하기가 곤란하며, 각각의 예상제연구역의 배출량을 전부 합해야 하므로, 송풍기와 발전기의 용량을 효율성이나 경제적으로 무한대로 증가시킬 수 없다.

㉠ 제연구역의 조건1(예상제연구역이 각각 벽으로 구획된 경우)

거실A (1,000 m^2 이내이고 직경 60 m 이내)	거실B (1,000 m^2 이내이고 직경 60 m 이내)	거실C (1,000 m^2 이내이고 직경 60 m 이내)

• 공동예상제연구역으로 할 경우 거실 A, B, C 전체에 대해 면적이나 직경기준은 적용하지 않는다.

• 각각의 거실 A, B, C는 하나의 예상제연구역이고, 이를 공동예상제연구역으로 할 경우 각각의 거실 A, B, C는 1,000 m^2 이내이고 직경 60 m 이내이어야 한다.

㉡ 제연구역의 조건2(거실과 통로는 공동예상제연구역으로 할 수 없다)

예상제연구역 A	예상제연구역 B	예상제연구역 C
거실1	거실2	거실3
복도1	복도2	복도3

• 거실과 통로(복도를 포함)는 상호 제연구획할 것 : NFSC 501 제4조 제1항 제2호

제연구역의 조건2(예상제연구역이 각각 벽으로 구획된 경우)

1. 예상제연구역 A (1,000 m^2 이내이고 직경 60 m 이내)			2. 예상제연구역 B (1,000 m^2 이내이고 직경 60 m 이내)		3. 예상제연구역 C (1,000 m^2 이내이고 직경 60 m 이내)			
거실1 300 m^2	거실2 500 m^2	거실3 200 m^2	거실4 500 m^2	거실5 500 m^2	거실6 200 m^2	거실7 300 m^2	거실8 150 m^2	거실9 350 m^2

1. 하나의 제연구역의 면적은 1,000 m^2 이내로 할 것
2. 하나의 제연구역은 직경 60 m원 내에 들어갈 수 있을 것
3. 면적과 직경기준으로 소규모, 대규모 거실에 따라 Zoning 풍량 선정하여 면적비율로 구역내 실 풍량결정

② 공동예상제연구역 안에 설치된 예상제연구역이 각각 제연경계로 구획된 경우(예상제연구역의 구획 중 일부가 제연경계로 구획된 경우를 포함하나 출입구 부분만을 제연경계로 구획한 경우를 제외)에 배출량은 각 예상제연구역의 배출량 중 최대의 것으로 할 것. 이 경우 공동제연예상구역이 거실일 때에는 그 바닥면적이 1,000 m^2 이하이며, 직경 40 m원 안에 들어가야 하고, 공동제연예상구역이 통로일 때에는 보행중심선의 길이를 40 m 이하로 해야 한다.

③ 수직거리가 구획부분에 따라 다른 경우는 수직거리가 긴 것을 기준으로 한다.

(6) 공기유입구와 배출구 설치기준

① 공기유입구 : 하부급기

➜ 바닥면적이 400 m^2 이상의 거실인 예상제연구역의 공기유입구 설치기준 준용

② 배출구 : 천장배기

➜ 예상 제연구역의 각 부분에서 배출구 수평거리는 10 m 이내

(∵ 공기유입구는 수평거리 제한 규정 없음)

전실 제연설비

Fire Equipment Manager

01 개요

(1) 제연구역

제연하고자 하는 계단실, 부속실 또는 비상용승강기의 승강장

(2) 방연풍속

옥내로부터 제연구역내로 연기의 유입을 유효하게 방지할 수 있는 풍속

(3) 급기량

제연구역에 공급하여야 할 공기의 양

(4) 누설량

틈새를 통하여 제연구역으로부터 흘러나가는 공기량

(5) 보충량

방연풍속을 유지하기 위하여 제연구역에 보충하여야 할 공기량

(6) 플랩댐퍼

부속실의 설정압력범위를 초과하는 경우 압력을 배출하여 설정압 범위를 유지하게 하는 과압방지장치

(7) 유입공기

제연구역으로부터 옥내로 유입하는 공기로서 차압에 따라 누설하는 것과 출입문의 개방에 따라 유입하는 것

(8) 자동차압·과압조절형 급기댐퍼

제연구역과 옥내 사이의 차압을 압력센서 등으로 감지하여 제연구역에 공급되는 풍량조절로 제연구역의 차압 유지 및 과압방지를 자동으로 제어할 수 있는 댐퍼

(9) 자동폐쇄장치

제연구역의 출입문 등에 설치하는 것으로서 화재발생시 옥내에 설치된 감지기 작동과 연동하여 출입문을 자동적으로 닫게 하는 장치

➜ 방화문의 자동폐쇄장치(Door Closer, Door Check)와 다른 용어임

02 제연방식

(1) 제연구역에 옥외의 신선한 공기를 공급하여 제연구역의 기압을 제연구역 이외의 옥내보다 높게 하되 일정한 기압의 차이를 유지하게 함으로써 옥내로부터 제연구역내로 연기가 침투하지 못하도록 할 것

(2) 피난을 위하여 제연구역의 출입문이 일시적으로 개방되는 경우 방연풍속을 유지하도록 옥외의 공기를 제연구역내로 보충·공급하도록 할 것

(3) 출입문이 닫히는 경우 제연구역의 과압을 방지할 수 있는 유효한 조치를 하여 차압을 유지할 것

03 제연구역의 선정

(1) 계단실 및 그 부속실을 동시에 제연하는 것

(2) 부속실만을 단독으로 제연하는 것

(3) 계단실 단독 제연하는 것

(4) 비상용승강기 승강장 단독 제연하는 것

04 부속실 제연설비 계통도

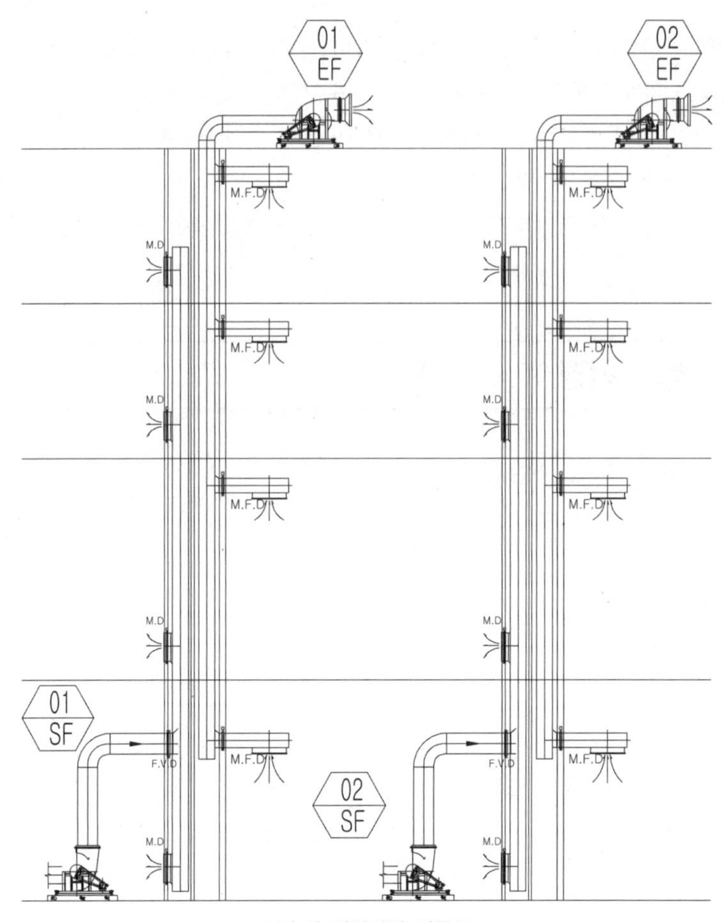

부속실 제연설비 계통도

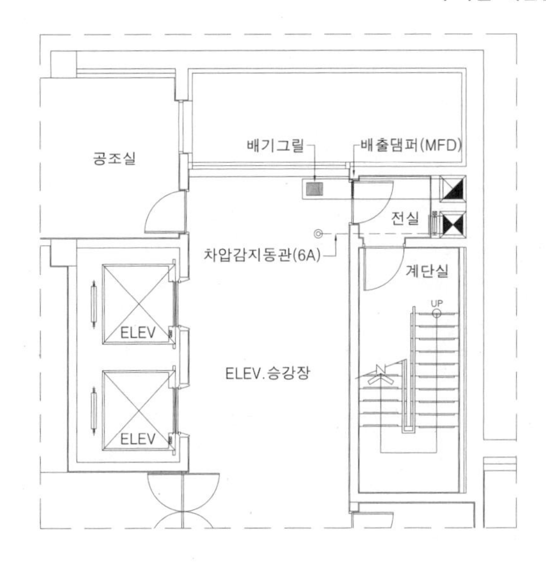

부속실 제연설비 평면도

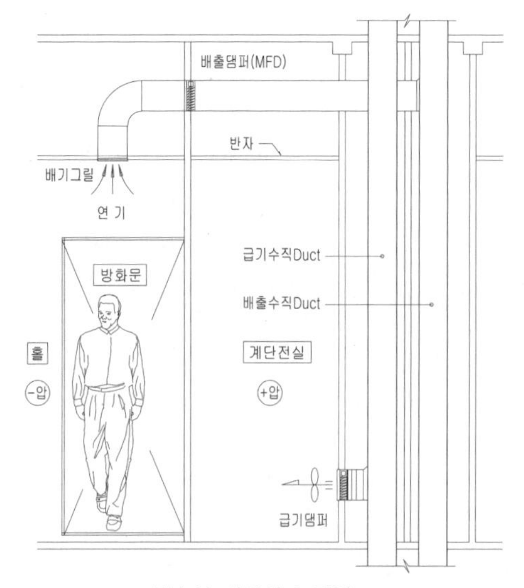

부속실 제연설비 단면도

05 부속실 제연설비 시공사진

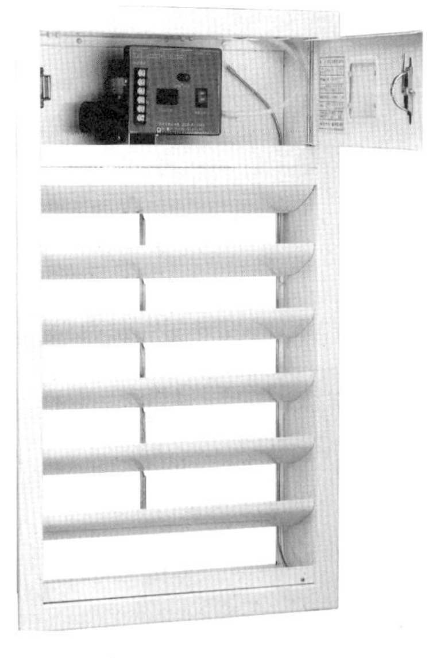

전용의 수동기동장치

겸용의 수동기동장치

옥내와 면하는 수직풍도의 관통부에
설치한 배출댐퍼

급기 및 배출용 수직풍도

배출용 송풍기

급기댐퍼와 배출구

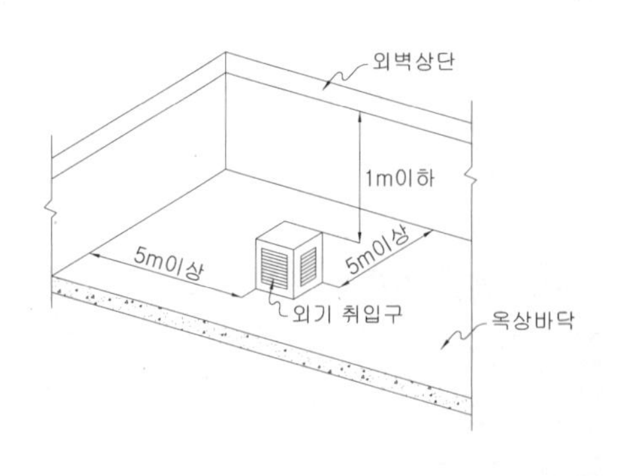

외기취입구(외벽 있는 경우)

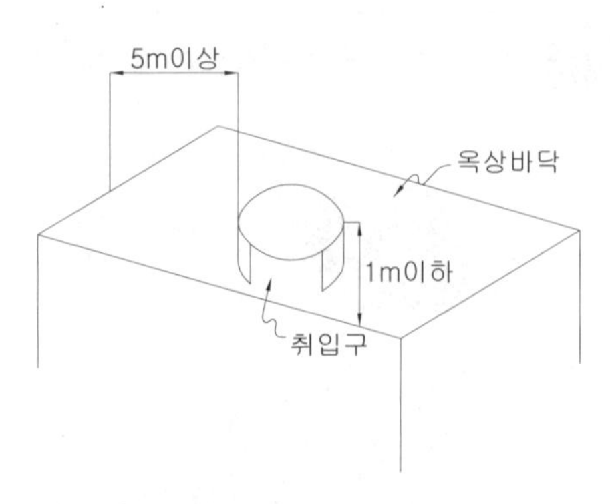

외기취입구(외벽 없는 경우)

옥상 외기취입구 설치 예

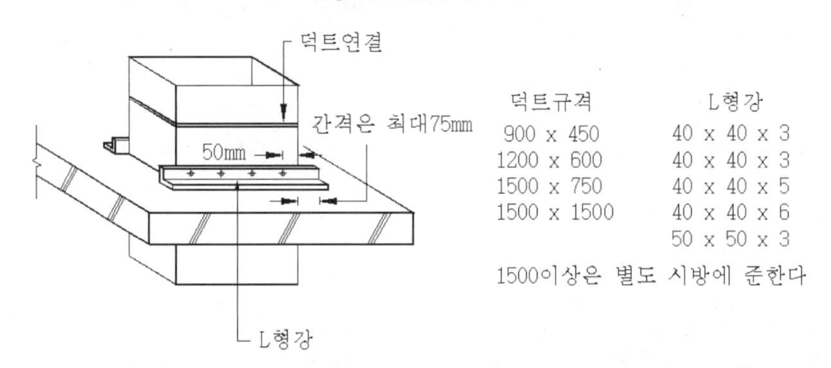

수직덕트 지지

06 차압등

(1) 제연구역과 옥내와의 사이에 유지하여야 하는 최소차압은 40 Pa(옥내에 스프링클러설비가 설치된 경우에는 12.5 Pa) 이상으로 하여야 한다.

> 최소차압
> 연기 유입방지를 위한 개념으로 제연구역과 옥내와의 차압은 40 Pa(스프링클러 설치시 12.5 Pa) 이상이 필요하다. 기류이동은 압력차만 있으면 이동하나 실험에 의하면 화재시 화재실의 압력은 20 Pa~30 Pa 정도 상승하기 때문에 이보다 더 큰 압력인 40 Pa을 설정하고 스프링클러 설치시 압력상승은 거의 없다고 본다.

(2) 제연설비가 가동되었을 경우 출입문의 개방에 필요한 힘은 110 N 이하로 하여야 한다.

> 최대차압 → 출입문의 개방에 필요한 힘
> 기존 60 Pa은 표준형 방화문의 경우(2 m × 0.9 m × 60 Pa) ≒ 110 N이지만 방화문의 크기에 대한 개념이 없어 개정된 소방법에는 피난시 필요한 힘 개념으로 변경되었다.
> 110 N의 경우 110/9.8 ≒ 11.2 kgf로 노약자 및 어린이가 피난시 문을 개방하는 데 필요한 최대 힘이다.

(3) 출입문이 일시적으로 개방되는 경우 개방되지 아니하는 제연구역과 옥내와의 차압은 **(1)**의 기준에 불구하고 **(1)**항의 기준에 따른 차압의 70 % 미만이 되어서는 아니된다.

(4) 계단실과 부속실을 동시에 제연하는 경우 부속실의 기압은 계단실과 같게 하거나 계단실의 기압보다 낮게 할 경우에는 부속실과 계단실의 압력차이는 5 Pa 이하가 되도록 하여야 한다.

07 급기량

(1) 급기량

① 정의 : 제연구역에 공급하여야 할 공기의 양

② 급기량 : 누설량(Q) + 보충량(q)

③ 송풍량 : 송풍기가 담당하는 제연구역에 대한 급기량의 1.15배 이상

(2) 기본풍량(누설량)

① 정의 : 차압을 유지하기 위하여 제연구역에 공급하여야 할 공기량, 이 경우 제연구역에 설치된 출입문(창문을 포함)의 누설량과 같아야 한다.

② 누설량

제연구역의 누설량을 합한 양으로 한다. 이 경우 출입문이 2개소 이상인 경우에는 각 출입문의 누설틈새면적을 합한 것으로 한다.

③ 누설량(Q)

$Q = 0.827 \times A \times N \times P^{1/n}[m^3/s]$

(여기서, A : 문의 틈새면적(m^2), N 부속실의 수, P : 문을 경계로 한 실내외의 기압차(Pa))

➜ 일반적으로 실무에서는 누설량에 보이지 않는 누설틈새에 대한 보정치 1.25를 곱하여 구한다.

(3) 보충량

① 정의 : 방연풍속을 유지하기 위하여 제연구역에 보충하여야 할 공기량

② 보충량(q)

$q = k \times S \times V - Q_o[m^3/s]$

(여기서, 부속실(또는 승강장)의 수가 20 이하 → k = 1, 부속실(또는 승강장)의 수가 21 이상 → k = 2, S = 제연구역과 옥내사이 방화문의 면적(m^2), Qo = 거실로 유입되는 공기량(m^3/s), V = 방연풍속(m/s))

08 방연풍속

제연구역		방연풍속
계단실 및 그 부속실을 동시에 제연하는 것 또는 계단실만 단독으로 제연하는 것		0.5 m/s 이상
부속실만 단독제연하는 것 또는 비상용승강기의 승강장만 단독제연하는 것	부속실 또는 승강장이 면하는 옥내가 거실인 것	0.7 m/s 이상
	부속실 또는 승강장이 면하는 옥내가 복도로서 그 구조가 방화구조(내화시간 30분 이상인 구조 포함)인 것	0.5 m/s 이상

09 과압방지조치

제연구역에 과압의 우려가 있는 경우에는 과압방지를 위하여 해당 제연구역에 자동차압 · 과압조절형댐퍼 또는 과압방지장치를 다음 각 호의 기준에 따라 설치하여야 한다.

(1) 과압방지장치

제연구역의 압력을 자동으로 조절하는 성능이 있는 것으로 할 것

(2) 과압방지를 위한 과압조절장치

제6조(차압등)와 제10조(방연풍속)의 해당 조건을 만족하여야 한다.

(3) 플랩댐퍼

플랩댐퍼는 소방청장이 고시하는 성능인증 및 제품검사의 기술기준에 적합한 것으로 설치하여야 한다.

(4) 플랩댐퍼에 사용하는 철판

두께 1.5 mm 이상의 열간압연강판(KS D 3501) 또는 이와 동등 이상의 내식성 및 내열성이 있는 것으로 할 것

(5) 자동차압·과압조절형 댐퍼를 설치하는 경우에는 제17조 제3호 나목부터 마목의 기준에 적합할 것

10 누설틈새의 면적

(1) 출입문의 틈새면적

다음의 식에 따라 산출하는 수치를 기준으로 할 것. 다만, 방화문의 경우에는 한국산업표준에서 정하는 문세트(KS F 3109)에 따른 기준을 고려하여 산출할 수 있다.

$$A = \frac{L}{\ell} \times A_d = \frac{\text{출입문 누설틈새의 실측길이}}{\text{출입문 누설틈새의 기준길이}} \times \text{출입문 누설틈새 면적의 기준치}$$

(여기서, A : 출입문의 틈새 (m^2) , L : 출입문의 틈새길이 (m)(다만, L수치가 ℓ수치 이하인 경우에는 ℓ의 수치로 할 것), ℓ : 외여닫이문 5.6 m, 쌍여닫이문 9.2 m, 승강기의 출입문 8.0 m, Ad : 외 여닫이문으로 제연구역의 실내/실외 쪽으로 열리는 문 0.01 m^2, 0.02 m^2, 쌍여닫이문 0.03 m^2, 승강기의 출입문 0.06 m^2)

> 제연구역의 실내 쪽으로 열리는 방화문과 문틀 사이 누설틈새 폭(W)
>
> 문틈새 폭(W) = $\frac{Ad}{\ell} = \frac{0.01}{5.6}\ \text{m} \times \frac{1{,}000\ \text{mm}}{1\ \text{m}} = 1.78\ \text{mm}$
>
> 따라서 시공시 문틈새가 이 이상일 경우 풍량이 부족하기 때문에 주의를 요한다.

(2) 창문의 틈새면적

다음의 식에 따라 산출하는 수치를 기준으로 할 것. 다만, 한국산업표준에서 정하는 창세트(KS F 3117)에 따른 기준을 고려하여 산출할 수 있다.

① 여닫이식 창문으로 창틀에 방수팩킹이 없는 경우
틈새면적(m^2) = 2.55×10^{-4} × 틈새길이(m)

② 여닫이식 창문으로 창틀에 방수팩킹이 있는 경우
틈새면적(m^2) = 3.61×10^{-5} × 틈새길이(m)

③ 미닫이식 창문이 설치되어 있는 경우
틈새면적(m^2) = 1.00×10^{-4} × 틈새길이(m)

(3) 제연구역으로부터 누설하는 공기가 승강기의 승강로를 경유하여 승강로의 외부로 유출하는 유출면적은 승강로 상부의 승강로와 기계실 사이의 개구부 면적을 합한 것을 기준으로 할 것

(4) 제연구역을 구성하는 벽체(반자속의 벽체를 포함)가 벽돌 또는 시멘트블록 등의 조적구조이거나 석고판 등의 조립구조인 경우에는 불연재료를 사용하여 틈새를 조정할 것. 다만, 제연구역의 내부 또는 외부면을 시멘트모르터로 마감하거나 철근콘크리트 구조의 벽체로 하는 경우에는 그 벽체의 공기누설은 무시할 수 있다.

(5) 제연설비의 완공시 제연구역의 출입문등은 크기 및 개방방식이 해당 설비의 설계시와 같아야 한다.

누설량(화재안전기준)과 차연량(KS 방화문) → 문의 면적(A) = 가로 1 m × 높이 2.1 = 2.1 m^2

구 분		화재안전기준	KS 방화문
거실측 출입문	누설 틈새 면적 (A_T)	• 누설틈새길이 L = (1 + 2.1) x 2 = 6.2 • 기준틈새길이 ℓ : 외여닫이 5.6 • 기준틈새면적 Ad : 0.01 • 실제틈새면적(A_T) L : A_T = ℓ : Ad A_T = Ad x L/ ℓ = 0.0111 m^2	• 차압 25 Pa에서 최대허용누설량 0.9 $m^3/(min \cdot m^2)$ • 0.9 : $\sqrt{25}$ = X : $\sqrt{50}$ • X = Q/A = 누설량 / 문면적 = 0.9 x $\sqrt{50}$ / $\sqrt{25}$ = 1.2728 $m^3/(min \cdot m^2)$ = 0.0212 $m^3/(s \cdot m^2)$ • A_T = Q/A x 2.1 m^2/(0.827 $\sqrt{P}$) = 0.0212 x 2.1 m^2/(0.827 $\sqrt{50}$) = 0.0076 m^2
	누설량 (Q)	누설량(Q) = $0.827 A_T \sqrt{50}$ $= 0.827 \times 0.0111 \times \sqrt{50}$ $= 0.0649 m^3/s = 233.64 m^3/h$	누설량(Q) $= 0.0212 m^3/(s \cdot m^2) \times 2.1 m^2$ $= 0.04452 m^3/s = 160.27 m^3/h$
	비교	1.5배	1배
계단측 출입문	틈새 면적 (A_T)	• L = 6.2, ℓ : 외여닫이 5.6 • Ad : 0.02 • A_T = Ad x L/ ℓ = 0.0222 m^2	•실제틈새면적(A_T) = 0.0076 m^2
	누설량 (Q)	누설량(Q) = $0.827 A_T \sqrt{50}$ $= 0.827 \times 0.0222 \times \sqrt{50}$ $= 0.1298 m^3/s = 467.35 m^3/h$	누설량(Q) $= 0.0212 m^3/(s \cdot m^2) \times 2.1 m^2$ $= 0.04452 m^3/s = 160.27 m^3/h$
	비교	3배	1배

※ 실제 방화문의 최대허용누설량은 KS 방화문 기준치보다 작은 0.3 $m^3/(min \cdot m^2)$ 정도로 작다.

부속실 단독 제연설비의 층당 실제 급기량 : 부속실의 수는 20개소(층당 출입문 2개소, 20개층)

→ KS F 3109 방화문 시험기준 : 문면적(A) = 가로 1 m × 높이 2.1 = 2.1 m^2

1. 누설량 Q_1(차압 50 Pa) : Q/A = 누설량/문면적 = 0.0212 $m^3/(s \cdot m^2)$
2. 보충량 Q_2 = A x V = 2.1 x 0.7 = 1.47 m^3/s = 5,292 m^3/h
3. 급기량 (여유율 15 %) Q = (Q_1 + Q_2) × 1.15
   Q = (0.0212 $m^3/(s \cdot m^2 \cdot$ 개) × 2.1 m^2 × 40개 + 1.47 m^3/s) × 1.15 = 3.74 m^3/s = 13,464 m^3/h
4. 층당 급기량 : 보통 15,000 m^3/h / 20개층 = 750 $m^3/(h \cdot$ 층)
5. 층당 실제 급기량 : 750 $m^3/(h \cdot$ 층) ÷ 3 = 250 $m^3/(h \cdot$ 층)

누설틈새면적의 병렬, 직렬배열 관계식 병렬과 직렬상태

[∴ 급기량 : $Q = K\ A_T\ \Delta P^{1/n}$ ($K = 0.827$; n = 개구부의 계수로 문은 2, 창은 1.6)]

구 분	병 렬	직 렬		
구조	Q_1, A_1, A_2, Q_2, A_3, Q_3	A_1, A_2, A_3, P_1, P_2, P_3, P_4		
급기량	$Q = Q_1 + Q_2 + Q_3$	$Q = Q_1 = Q_2 = Q_3$	실내압력(P)	$P_1 > P_2 > P_3 > P_4$
차압	$\Delta P = \Delta P_1 = \Delta P_2 = \Delta P_3$ (누설면적 같을 경우)	$P_1 - P_2 = \Delta P_1$ $P_2 - P_3 = \Delta P_2$ $+\ P_3 - P_4 = \Delta P_3$ $\Delta P_{1-4} = P_1 - P_4 = \Delta P_1 + \Delta P_2 + \Delta P_3$		
누설 면적	$Q = Q_1 + Q_2$ $K\ A_T\ \Delta P^{1/n}$ $= K\ A_1\ \Delta P^{1/n} + K\ A_2\ \Delta P^{1/n}$ $\therefore A_T = A_1 + A_2$	$\Delta P_{1-4} = \Delta P_1 + \Delta P_2$ $(\frac{Q}{K})^n \cdot (\frac{1}{A_T})^n$ $= (\frac{Q}{K})^n \cdot (\frac{1}{A_1})^n + (\frac{Q}{K})^n \cdot (\frac{1}{A_2})^n$		
		$\therefore \frac{1}{A^n} = \frac{1}{A_1^n} + \frac{1}{A_2^n}$	$\therefore A_T = \sqrt{\frac{A_1^2 \times A_2^2}{A_1^2 + A_2^2}}$	

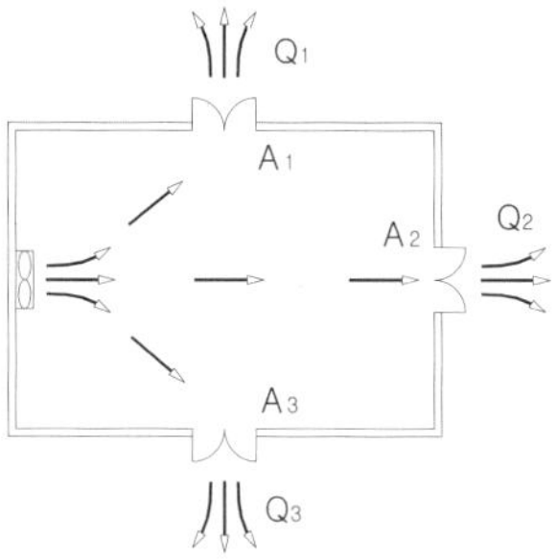

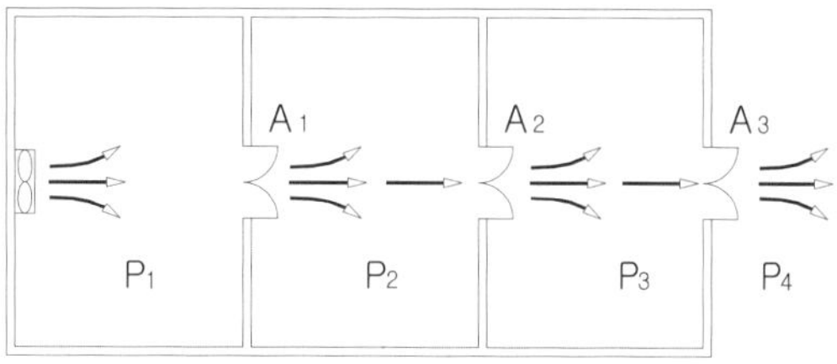

11 유입공기의 배출

(1) 유입공기

유입공기는 화재층의 제연구역과 면하는 옥내로부터 옥외로 배출되도록 하여야 한다. 다만, 직통계단식 공동주택의 경우에는 그러하지 아니하다.

(2) 유입공기의 배출

다음 각 호의 어느 하나의 기준에 따른 배출방식으로 하여야 한다.

① 수직풍도에 따른 배출

옥상으로 직통하는 전용의 배출용 수직풍도를 설치하여 배출하는 것으로서 다음 각 목의 어느 하나에 해당하는 것

- 자연배출식 : 굴뚝효과에 따라 배출하는 것
- 기계배출식 : 수직풍도의 상부에 전용의 배출용 송풍기를 설치하여 강제로 배출하는 것. 다만, 지하층만을 제연하는 경우 배출용 송풍기의 설치위치는 배출된 공기로 인하여 피난 및 소화활동에 지장을 주지 아니하는 곳에 설치할 수 있다.

② 배출구에 따른 배출

건물의 옥내와 면하는 외벽마다 옥외와 통하는 배출구를 설치하여 배출하는 것

③ 제연설비에 따른 배출

거실제연설비가 설치되어 있고 해당 옥내로부터 옥외로 배출하여야 하는 유입공기의 양을 거실제연설비의 배출량에 합하여 배출하는 경우 유입공기의 배출은 해당 거실제연설비에 따른 배출로 갈음

12 수직풍도에 따른 배출

(1) 수직풍도의 구조

내화구조로 하되 건축물의 피난·방화구조 등의 기준에 관한 규칙 제3조제1호(벽의 경우) 또는 제2호(외벽중 비내력벽의 경우)의 기준 이상의 성능으로 할 것

(2) 수직풍도의 내부마감재료

내부면은 두께 0.5 mm 이상의 아연도금강판 또는 동등 이상의 내식성·내열성이 있는 것으로 마감되는 접합부에 대하여는 통기성이 없도록 조치할 것

(3) 각층의 옥내와 면하는 수직풍도의 관통부에는 다음 각목의 기준에 적합한 댐퍼를 설치

➜ 제연구역의 직근 옥내가 옥외와 상시 개방되어 출입문을 통하여 유입되는 공기에 의하여 옥내의 압력이 상승할 우려가 없는 경우에는 배출설비의 의미가 없음

① 배출댐퍼는 두께 1.5 mm 이상의 강판 또는 이와 동등 이상의 성능이 있는 것으로 설치하여야 하며 비내식성 재료의 경우에는 부식방지 조치를 할 것

② 평상시 닫힌 구조로 기밀상태를 유지할 것

③ 개폐여부를 해당 장치 및 제어반에서 확인할 수 있는 감지기능을 내장하고 있을 것
④ 구동부의 작동상태와 닫혀 있을 때의 기밀상태를 수시로 점검할 수 있는 구조일 것
⑤ 풍도의 내부마감상태에 대한 점검 및 댐퍼의 정비가 가능한 이·탈착구조로 할 것
⑥ 화재층의 옥내에 설치된 화재감지기의 동작에 따라 해당층의 댐퍼가 개방될 것
⑦ 개방시의 실제개구부(개구율을 감안한 것을 말한다)의 크기는 수직풍도의 내부단면적과 같도록 할 것
⑧ 댐퍼는 풍도내의 공기흐름에 지장을 주지 않도록 수직풍도의 내부로 돌출하지 않게 설치할 것

(4) 수직풍도의 내부단면적은 다음 각 목의 기준에 적합할 것

① 자연배출식의 경우 다음 식에 따라 산출하는 수치 이상으로 할 것. 다만, 수직풍도의 길이가 100 m를 초과하는 경우에는 산출수치의 1.2배 이상

$A_P = Q_N/2$

(여기서, A_P : 수직풍도의 내부단면적(m^2), Q_N : 수직풍도가 담당하는 1개층의 제연구역의 출입문(옥내와 면하는 출입문) 1개의 면적(m^2)과 방연풍속(m/s)를 곱한 값(m^3/s))

> 수직풍도의 단면적 의미
> 연기는 고층건물의 경우 수직으로 2 m/s~3 m/s 속도로 이동하는데 이는 실험에 의하면 100 m 이내의 경우 1 m^3/s의 공기량을 자연 배출하는 데 단면적 0.5 m^2 × 유속 2 m/s로 알려져 있으며, 화재안전기준 수직풍도의 단면적은 이를 응용하여 $A_P = Q_N/2$가 된다.

② 송풍기를 이용한 기계배출식의 경우
풍속 15 m/s 이하로 할 것

(5) 기계배출식에 따라 배출하는 경우 배출용 송풍기

다음 각 목의 기준에 적합할 것
① 열기류에 노출되는 송풍기 및 그 부품들은 250 ℃의 온도에서 1시간 이상 가동상태를 유지할 것
② 송풍기의 풍량은 제4호 가목의 기준에 따른 Q_N에 여유량을 더한 양을 기준으로 할 것
➜ 송풍기의 풍량은 Q_N의 수치에 배출댐퍼의 누설량을 더한 값에 여유량을 곱한 수치로 하여 덕트내에 압력저하에 따른 비개방층 댐퍼의 누설량과 여유율을 고려함.
③ 송풍기는 옥내의 화재감지기의 동작에 따라 연동하도록 할 것

(6) 수직풍도의 상부의 말단(기계배출식의 송풍기도 포함한다)

빗물이 흘러들지 않는 구조로 하고, 옥외의 풍압에 따라 배출성능이 감소하지 않도록 유효한 조치를 할 것

13 배출구에 따른 배출

(1) 배출구(또는 개폐기) 설치기준

① 빗물과 이물질이 유입하지 아니하는 구조로 할 것
② 옥외 쪽으로만 열리도록 하고 옥외의 풍압에 따라 자동으로 닫히도록 할 것
③ 그 밖의 설치기준은 제14조(수직풍도에 따른 배출)제3호 가목 내지 사목의 기준을 준용할 것

(2) 개폐기의 개구면적

$A_O = Q_N / 2.5$

(여기서, A_O : 개폐기의 개구면적(m^2), Q_N : 수직풍도가 담당하는 1개층의 제연구역의 출입문(옥내와 면하는 출입문) 1개의 면적(m^2)과 방연풍속(m/s)를 곱한 값(m^3/s))

14 급기, 급기구, 급기풍도

(1) 급기

① 부속실을 제연하는 경우 동일수직선상의 모든 부속실은 하나의 전용수직풍도를 통해 동시에 급기할 것. 다만, 동일수직선상에 2대 이상의 급기송풍기가 설치되는 경우에는 수직풍도를 분리하여 설치할 수 있다.

② 계단실 및 부속실을 동시에 제연하는 경우 계단실에 대하여는 그 부속실의 수직풍도를 통해 급기할 수 있다.

③ 계단실만 제연하는 경우에는 전용수직풍도를 설치하거나 계단실에 급기풍도 또는 급기송풍기를 직접 연결하여 급기하는 방식으로 할 것.

④ 하나의 수직풍도마다 전용의 송풍기로 급기할 것.

⑤ 비상용승강기의 승강장을 제연하는 경우에는 비상용승강기의 승강로를 급기풍도로 사용할 수 있다.

(2) 급기구

① 급기용 수직풍도와 직접 면하는 벽체 또는 천장(당해 수직풍도와 천장급기구 사이의 풍도를 포함)에 고정하되, 급기되는 기류 흐름이 출입문으로 인하여 차단되거나 방해받지 아니하도록 옥내와 면하는 출입문으로부터 가능한 먼 위치에 설치할 것.

② 계단실과 그 부속실을 동시에 제연하거나 또는 계단실만을 제연하는 경우 급기구는 계단실 매 3개층 이하의 높이마다 설치할 것. 다만, 계단실의 높이가 31 m 이하로서 계단실만을 제연하는 경우에는 하나의 계단실에 하나의 급기구만을 설치할 수 있다.

$$\text{급기그릴 크기} = \frac{Q_N\,[m^3/s]}{5\ m/s}\left(\because Q_N = \text{1개층 누설량}\left(\frac{Q}{N}\right) + \text{보충량}\left(\frac{q}{n}\right)\right)$$

여기서, N : 하나의 계단실에 부속하는 부속실의 수, 부속실의 수가 20 이하 n=1, 21 이상 n=2

③ 급기구의 댐퍼설치는 다음 각 목의 기준에 적합할 것

㉠ 급기댐퍼는 두께 1.5 mm 이상의 강판 또는 이와 동등 이상의 강도가 있는 것으로 설치하여야 하며, 비내식성 재료의 경우에는 부식방지조치를 할 것

㉡ 자동차압·과압조절형 댐퍼를 설치하는 경우 차압범위의 수동설정기능과 설정범위의 차압이 유지되도록 개구율을 자동조절하는 기능이 있을 것

㉢ 자동차압·과압조절형 댐퍼는 옥내와 면하는 개방된 출입문이 완전히 닫히기 전에 개구율을 자동감소시켜 과압을 방지하는 기능이 있을 것

㉣ 자동차압·과압조절형 댐퍼는 주위온도 및 습도의 변화에 의해 기능이 영향을 받지 아니하는 구조일 것

㉤ 자동차압·과압조절형댐퍼는 자동차압·과압조절형댐퍼의 성능인증 및 제품검사의 기술기준에 적합한 것으로 설치할 것

ⓑ 자동차압·과압조절형이 아닌 댐퍼는 개구율을 수동으로 조절할 수 있는 구조로 할 것

ⓢ 옥내에 설치된 화재감지기에 따라 모든 제연구역의 댐퍼가 개방되도록 할 것. 다만, 둘 이상의 특정소방대상물이 지하에 설치된 주차장으로 연결되어 있는 경우에는 주차장에서 하나의 특정소방대상물의 제연구역으로 들어가는 입구에 설치된 제연용 연기감지기의 작동에 따라 특정소방대상물의 해당 수직풍도에 연결된 모든 제연구역의 댐퍼가 개방되도록 할 것

ⓞ 댐퍼의 작동이 전기적 방식에 의하는 경우 제14조 제3호의 나목 내지 마목의 기준을, 기계적 방식에 따른 경우 제14조 제3호의 다목, 라목 및 마목 기준을 준용할 것

ⓩ 그 밖의 설치기준은 제14조 제3호 가목 및 아목의 기준을 준용할 것

(3) 급기풍도

① 수직풍도는 제14조(수직풍도에 따른 배출) 제1호 및 제2호의 기준을 준용할 것

② 수직풍도 이외의 풍도로서 금속판으로 설치하는 풍도는 다음 각 목의 기준에 적합할 것

㉠ 풍도는 아연도금강판 또는 이와 동등 이상의 내식성·내열성이 있는 것으로 하며, 불연재료(석면재료를 제외한다)이 있는 단열재로 유효한 단열처리를 하고, 강판의 두께는 배출풍도의 크기에 따라 다음표에 따른 기준 이상으로 할 것. 다만, 방화구획이 되는 전용실에 급기송풍기와 연결되는 닥트는 단열이 필요 없다.

암기 **사고 치고 십퍼 오육팔**

풍도단면의 긴변 또는 직경의 크기	450 mm 이하	450 mm 초과 750 mm 이하	750 mm 초과 1,500 mm 이하	1,500 mm 초과 2,250 mm 이하	2,250 mm 초과
강판 두께	0.5 mm	0.6 mm	0.8 mm	1.0 mm	1.2 mm

㉡ 풍도에서의 누설량은 급기량의 10%를 초과하지 아니할 것

③ 풍도는 정기적으로 풍도내부를 청소할 수 있는 구조로 설치할 것

15 급기송풍기

(1) 송풍기 송풍능력은 송풍기가 담당하는 제연구역에 대한 급기량의 1.15배 이상으로 할 것. 다만, 풍도에서의 누설을 실측하여 조정하는 경우에는 그러하지 아니할 것

급기송풍기 동력(kW) : $Lm = \dfrac{P[mmAq] \times Q[\text{급기량}m^3/s] \times 1.15}{102\,\eta} \times 1.1$

(2) 송풍기에는 풍량조절장치를 설치하여 풍량조절을 할 수 있도록 할 것

(3) 송풍기에는 풍량을 실측할 수 있는 유효한 조치를 할 것

(4) 송풍기는 인접장소의 화재로부터 영향을 받지 아니하고 접근 및 점검이 용이한 곳에 설치할 것

(5) 송풍기는 옥내의 화재감지기의 동작에 따라 작동하도록 할 것

(6) 송풍기와 연결되는 캔버스는 내열성(석면재료를 제외)이 있는 것으로 할 것

16 외기취입구

(1) 외기를 옥외로부터 취입하는 경우

취입구는 연기 또는 공해물질 등으로 오염된 공기를 취입하지 아니하는 위치에 설치하여야 하며, 배기구 등(유입공기, 주방의 조리대의 배출공기 또는 화장실의 배출공기 등을 배출하는 배기구를 말한다)으로부터 수평거리 5m 이상, 수직거리 1m 이상 낮은 위치에 설치할 것

(2) 취입구를 옥상에 설치하는 경우

옥상의 외곽 면으로부터 수평거리 5m 이상, 외곽면의 상단으로부터 하부로 수직거리 1m 이하의 위치에 설치할 것

(3) 취입구는 빗물과 이물질이 유입하지 않는 구조로 할 것

(4) 취입구는 취입공기가 옥외의 바람의 속도와 방향에 따라 영향을 받지 않는 구조로 할 것

17 제연구역 및 옥내의 출입문

(1) 제연구역의 출입문

① 제연구역의 출입문(창문 포함)은 언제나 닫힘상태를 유지하거나 자동폐쇄장치에 의해 자동으로 닫히는 구조로 할 것. 다만, 아파트인 경우 제연구역과 계단실 사이의 출입문은 자동폐쇄장치에 의하여 자동으로 닫히는 구조로 하여야 한다.

② 제연구역의 출입문에 설치하는 자동폐쇄장치는 제연구역의 기압에도 불구하고 출입문을 용이하게 닫을 수 있는 충분한 폐쇄력이 있어야 한다.

③ 제연구역의 출입문등에 자동폐쇄장치를 사용하는 경우에는 자동폐쇄장치의 성능인증 및 제품검사의 기술기준에 적합한 것으로 설치하여야 한다.

(2) 옥내의 출입문

제10조(방연풍속)의 기준에 따른 방화구조의 복도가 있는 경우로서 복도와 거실 사이의 출입문에 한함

① 출입문은 언제나 닫힌 상태를 유지하거나 자동폐쇄장치에 의해 자동으로 닫히는 구조로 할 것

② 거실쪽으로 열리는 구조의 출입문에 자동폐쇄장치를 설치하는 경우에는 출입문의 개방시 유입공기의 압력에도 불구하고 출입문을 용이하게 닫을 수 있는 충분한 폐쇄력이 있는 것으로 할 것

18 수동기동장치

(1) 배출댐퍼 및 개폐기의 직근 및 제연구역

배출댐퍼 및 개폐기의 직근과 제연구역에는 다음 각 호의 기준에 따른 장치의 작동을 위하여 전용의 수동기동장치를 설치하여야 한다. 다만, 계단실 및 그 부속실을 동시에 제연하는 제연구역에는 그 부속실에만 설치 가능함

① 전층의 제연구역에 설치된 급기댐퍼의 개방
② 해당층의 배출댐퍼 또는 개폐기의 개방
③ 급기송풍기 및 유입공기의 배출용 송풍기(설치한 경우에 한함)의 작동
④ 개방·고정된 모든 출입문(제연구역과 옥내 사이의 출입문에 한한다)의 개폐장치의 작동

〈부속실 제연설비 연동표〉

항 목	입 력	출 력	연 동		
			SAD	MD	FAN
SAD (급기댐퍼)	댐퍼개폐	해당층 SAD작동	전층작동	연동못함	작동
	수동기동	해당층 SAD작동	전층작동	해당층작동	작동
MD (배출댐퍼)	댐퍼개폐	해당층 MD작동	전층작동	해당층작동	작동
	수동기동	해당층 MD작동	전층작동	해당층작동	작동
기타	감지기	→	전층작동	해당층작동	작동
	발신기	→	전층작동	해당층작동	작동

(2) 제1항 각 호의 기준에 따른 장치

옥내에 설치된 수동발신기의 조작에 따라서도 작동할 수 있도록 하여야 한다.

19 제어반

(1) 제어반의 축전지 용량

제어반의 기능을 1시간 이상 유지할 수 있는 용량의 비상용축전지를 내장할 것. 다만, 해당 제어반이 종합방재제어반에 함께 설치되어 종합방재제어반으로부터 이 기준에 따른 용량의 전원을 공급받을 수 있는 경우에는 그러하지 아니한다.

(2) 제어반의 기능 암기 수감자-감시, 댐배송출-감원

① 수동기동장치의 작동여부에 대한 감시기능
② 감시선로의 단선에 대한 감시기능
③ 급기구 개구율의 자동조절장치(설치하는 경우에 한함)의 작동여부에 대한 감시기능. 다만, 급기구에 차압표시계를 고정부착한 자동차압·과압조절형 댐퍼를 설치하고 해당 제어반에도 차압표시계를 설치한 경우에는 그러하지 아니하다.
④ 급기용 댐퍼의 개폐에 대한 감시 및 원격조작기능

⑤ 배출댐퍼 또는 개폐기의 작동여부에 대한 감시 및 원격조작기능
⑥ 급기송풍기와 유입공기의 배출용 송풍기(설치한 경우에 한한다)의 작동여부에 대한 감시 및 원격조작기능
⑦ 제연구역의 출입문의 일시적인 고정개방 및 해정에 대한 감시 및 원격조작기능
⑧ 예비전원이 확보되고 예비전원의 적합여부를 시험할 수 있어야 할 것

20 비상전원, 시험, 측정 및 조정등

(1) 비상전원

거실 제연설비 화재안전기준 준용

(2) 시험, 측정 및 조정등

① 제연설비는 설계목적에 적합한지 사전에 검토하고 건물의 모든 부분(건축설비를 포함)을 완성하는 시점부터 시험등(확인, 측정 및 조정을 포함)을 하여야 한다.
② 제연설비의 시험 등은 다음 각 호의 기준에 따라 실시하여야 한다.
㉠ 제연구역의 모든 출입문등의 크기와 열리는 방향이 설계시와 동일한지 여부를 확인하고, 동일하지 아니한 경우 급기량과 보충량 등을 다시 산출하여 조정가능여부 또는 재설계·개수의 여부를 결정할 것
㉡ 제1호의 기준에 따른 확인결과 출입문등이 설계시와 동일한 경우에는 출입문마다 그 바닥 사이의 틈새가 평균적으로 균일한지 여부를 확인하고, 큰 편차가 있는 출입문등에 대하여는 그 바닥의 마감을 재시공하거나, 출입문 등에 불연재료를 사용하여 틈새를 조정할 것
㉢ 제연구역의 출입문 및 복도와 거실(옥내가 복도와 거실로 되어 있는 경우에 한한다) 사이의 출입문마다 제연설비가 작동하고 있지 아니한 상태에서 그 폐쇄력을 측정할 것
㉣ 옥내의 층별로 화재감지기(수동기동장치를 포함)를 동작시켜 제연설비가 작동하는지 여부를 확인할 것. 다만, 둘 이상의 특정소방대상물이 지하에 설치된 주차장으로 연결되어 있는 경우에는 주차장에서 하나의 특정소방대상물의 제연구역으로 들어가는 입구에 설치된 제연용 연기감지기의 작동에 따라 특정소방대상물의 해당 수직풍도에 연결된 모든 제연구역의 댐퍼가 개방되도록 하고 비상전원을 작동시켜 급기 및 배기용 송풍기의 성능이 정상인지 확인할 것
㉤ 제4호의 기준에 따라 제연설비가 작동하는 경우 다음 각 목의 기준에 따른 시험등을 실시할 것
ⓐ 부속실과 면하는 옥내 및 계단실의 출입문을 동시에 개방할 경우, 유입공기의 풍속이 제10조의 규정에 따른 방연풍속에 적합한지 여부를 확인하고, 적합하지 아니한 경우에는 급기구의 개구율과 송풍기의 풍량조절댐퍼 등을 조정하여 적합하게 할 것. 이 경우 유입공기의 풍속은 출입문의 개방에 따른 개구부를 대칭적으로 균등 분할하는 10 이상의 지점에서 측정하는 풍속의 평균치로 할 것
ⓑ ⓐ의 기준에 따른 시험등의 과정에서 출입문을 개방하지 아니하는 제연구역의 실제 차압이 제6조 제3항의 기준에 적합한지 여부를 출입문등에 차압측정공을 설치하고 이를 통하여 차압측정기구로 실측하여 확인·조정할 것
ⓒ 제연구역의 출입문이 모두 닫혀 있는 상태에서 제연설비를 가동시킨 후 출입문의 개방에 필요한 힘을 측정하여 제6조 제2항의 규정에 따른 개방력에 적합한지 여부를 확인하고, 적합하지 아니한 경우에는 급기구의 개구율 조정 및 플랩댐퍼(설치하는 경우에 한한다)와 풍량조절용댐퍼 등의 조정에 따라 적합하도록 조치할 것

ⓓ ⓐ의 기준에 따른 시험 등의 과정에서 부속실의 개방된 출입문이 자동으로 완전히 닫히는지 여부를 확인하고, 닫힌 상태를 유지할 수 있도록 조정할 것

21 부속실 유의사항

(1) 부속실 단독가압방식에 따른 현실적인 문제

① 계단실쪽 출입문의 폐쇄 불량 초래

② 옥외 특별피난계단의 계단실에 수동개폐인 옥외 창문이 설치될 경우 방연풍속이 안 나옴

➜ 옥내에 설치된 감지기 작동과 연동하여 옥외 창문이 자동적으로 닫게 하는 자동폐쇄장치를 설치해야 함

③ 부속실에 연기가 유입될 경우 비가압 계단실로 연기 유출됨

➜ 계단실로 유입된 연기는 건물 외부로의 배출이 어려워짐

④ 독립된 수많은 부속실은 설계가 매우 어렵고, 각 부속실에 설치된 댐퍼들이 개별적으로 작동하여 제어가 어려워 실패할 확률이 높음

(2) 부속실 제연설비 차압동관의 설치장소

차압감지관은 해당층의 옥내와 동일한 높이를 가지는 실내(제3의 장소)에 설치하며, 동일압력 확인여부는 각각의 위치에서 제연구역과의 차압을 측정하여 확인할 수 있음

(3) 차압측정공

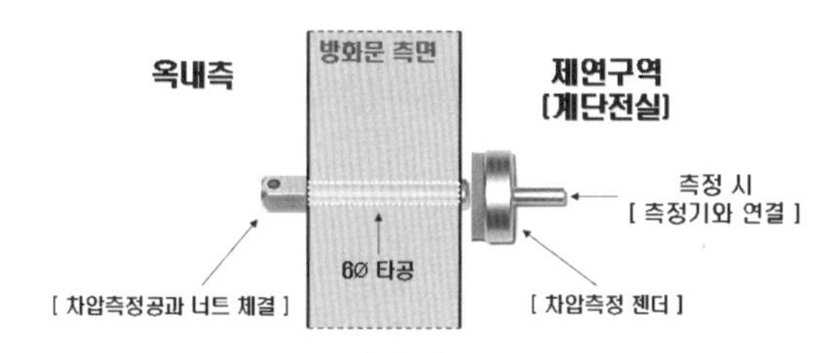

설치 단면도

설치와 측정 사진

(4) 부속실 제연설비 설계시 유의사항

① 지하층(지하 2층)은 피난계단이고, 지상층(지상 11층 이상)은 특별피난계단일 경우

지하층 화재로 인하여 계단실에 연기가 유입되는 경우 연기는 부력에 의해 지상층 계단실까지 오염될 수

있어 지하층도 특별피난계단으로 하거나 계단실 및 부속실을 동시제연방식 또는 계단실만 단독제연하는 방식으로 제연구역을 설정하여야 한다.

② 비상용승강기 승강장 단독 제연하는 것

㉠ 승강로에 연기침입을 방지하여 소방관의 소화활동을 원활히 할 수 있도록 하기 위한 것이다.

㉡ 건축법규상 피난층에 승강장과 옥내 사이에 방화문을 면제할 수 있는 근거가 있으므로 피난층에 승강장이 없고, 피난층에서 화재발생시 승강로에 연기침입의 우려가 있다. 소화활동면에서는 문제가 없으나 화재시 실제 피난용도로 사용되는 점을 감안할 때 문제가 될 수 있다.

㉢ 공동주택은 특별피난계단의 부속실과 비상용승강기의 승강장이 겸용되기 때문에 공동주택 이외의 건축물에서 적용할 수 있는 방법이다.

③ 공동주택의 경우 지하주차장에 2개동 이상 연결되는 경우 하나의 특정소방대상물이 되므로 지하층 화재시 전 동의 모든 제연구역의 급기댐퍼 및 급기송풍기가 작동되어, 현실적으로 불합리한 경우가 있으므로, 지상층의 경우 하나의 동에 국한되게 하는 것이 바람직하다.

④ 계단실에 연기가 침입하지 않도록 설치하는 것이 제연설비의 목적이므로 옥내 직근에 전용의 연기감지기를 설치하여 제연설비를 작동시키더라도 제연설비의 유효성을 확보할 수 있으므로, 특정소방대상물의 현실적 여건을 고려하여 설계할 수 있도록 함이 합리적일 것이다.

⑤ 일반적으로 화재가 발생하였을 때

㉠ Flash-over가 발생하기 이전까지는 연기의 이동은 부력의 영향이 가장 크다. 화재발생시 부력으로 발생하는 압력이 16 Pa~20 Pa 정도이고, 극한의 경우 50 Pa까지 이르게 된다.

㉡ 또한 NFPA 92A에서는 제연구역 인접의 가스온도가 925 ℃일 때 최소 설계차압을 스프링클러가 설치된 건물의 경우 12.5 Pa, 천장 높이가 2.7 m일 때 25 Pa로 규정하고 있다.

㉢ 이에 따라 제연구역으로 연기가 침투하지 못하려면 제연구역의 출입문이 개방되더라도 제연구역의 최소차압은 25 Pa보다 커야 한다. 따라서 출입문 일시 개방시 40 Pa × 70% = 28 Pa > 천장 높이가 2.7 m일 때 25 Pa이므로 출입문이 일시 개방될 때 최소허용차압을 40 Pa의 70%로 규정한 것이다.

연결송수관설비

Fire Equipment Manager

01 개요

(1) 연결송수관설비의 사용개념은 소방대에 의해 사용되는 전문가용 설비이다. 따라서 연결송수관 방수구는 소방대가 건물외부에서 옥내로 진입하여 화재가 발생한 장소까지 접근하기에 용이하도록 계단에서 5 m 이내에 설치하도록 규정되어 있다.

(2) 연결송수관설비는 소방대원의 현장 도착 즉시 소화활동을 원활하게 하기 위해 건물에 소화수를 공급하기 위한 배관과 소화활동용 소방호스와 관창을 비치하여 둔다. 연결송수관용 호스는 옥내소화전 호스와 같이 관계인이 즉시 사용할 수 있도록 상시 방수구와 접결하지 않고 별도의 격납함(방수기구함)내에 보관하여 둔다.

(3) 연결송수관설비는 지면으로부터 31 m 또는 지상 11층을 기준으로 습식과 건식으로 구분할 수 있으며, 현재 국내의 소방펌프차 성능상 고층 건물(70 m 이상)에는 별도의 가압송수장치를 설치하도록 되어 있다.

02 설치대상

(1) 층수가 5층 이상으로서 연면적 6,000 m^2 이상인 것

(2) 특정소방대상물로서 지하층을 포함한 층수가 7층 이상인 것

(3) 특정소방대상물로서 지하층의 층수가 3개층 이상이고 지하층의 바닥면적의 합계가 1,000 m^2 이상인 것

(4) 지하가 중 터널로서 길이가 1,000 m 이상인 것

03 구성요소

(1) 송수구

① 소화설비에 소화용수를 보급하기 위하여 건물 외벽 또는 구조물의 외벽에 설치하는 관

② 소방펌프차에 의해 건물내부에 송수를 하기 위한 송수용 호스접결구

(2) 방수구

특정소방대상물의 층마다 설치하도록 되어 있으며 일부 저층부, 피난이 원활한 경우, 면적이 적은 경우, 지하층의 층수가 적은 경우에는 방수구의 설치가 제외되기도 한다.

① 소화설비로부터 소화용수를 방수하기 위하여 건물내벽 또는 구조물의 외벽에 설치하는 관

② 방수기구함 내에 있는 호스 및 노즐을 이용하여 소방펌프차에 의해 송수되는 물을 각 층에서 방수하기 위한 방수용 호스접결구

(3) 방수기구함

소방대가 사용하는 연결송수관용 호스 및 노즐을 상시 보관하기 위한 기구함

04 계통도

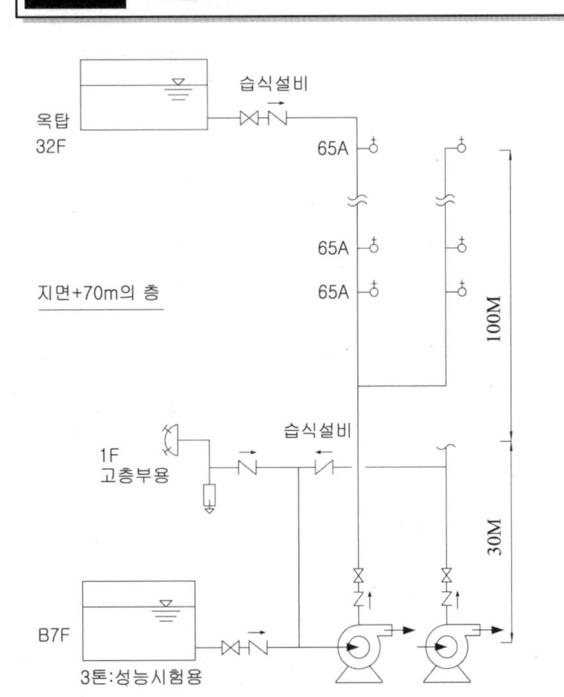

연결송수관설비 전용

송수구와 무선기기 접속단자함

송수구 옆 펌프수동스위치

구 분	양 정	비 고
실양정(낙차)	130 m	지하 7층 ~ 지상 32층 방수구까지의 수직거리 : 130 m
노즐선단압력	35 m	0.35 MPa 이상
배관마찰손실(호스 포함)	20 m	연결송수관용 펌프의 토출측 플랜지~지상 32층 방수구까지
계	185 m	–
송수압력	–105 m	소방차 펌프양정 85 m + 낙차수두 30 m – 배관의 마찰손실수두 10 m = 105 m (지상 1 층 ~ 지하 7층 펌프 흡입측까지 수직거리 : 30 m)
연결송수관용 펌프	80 m	※ 80 m로 하여도 되나 실제로 설계시 펌프양정은 120 m로 계산함. 185 m – 85 m(소방차 펌프양정) = 100 m, 100 m × 1.2 (안전율) = 120 m

05 종류

(1) 건식

① 입상관에 물을 채워두지 않고 비워놓은 방식으로 10층 이하의 저층건물에 적용하며, 소방펌프치로 물을 공급하는 설비

② 송수구의 부근에는 송수구, 자동배수밸브, 체크밸브, 자동배수밸브의 순으로 설치한다.

(2) 습식

① 고가수조에 의해 입상관에 물이 충만되어 있는 방식으로 높이가 31 m 이상 또는 11층 이상의 특정소방대상물에 적용하는 설비이다. 그러나 대부분의 건물이 옥내소화전설비 등의 주배관과 겸용함에 따라 10층 이하의 저층건물도 통상적으로 습식으로 사용된다.

② 송수구의 부근에는 송수구, 자동배수밸브, 체크밸브의 순으로 설치한다.

06 가압송수장치

(1) 설치사유

지표면에서 최상층 방수구의 높이가 70 m 이상의 특정소방대상물은 소방펌프차가 유효하게 송수할 수 없으므로 이를 보완하기 위하여 도입된 것으로서 소화설비용 펌프와는 설치개념이 다르다. 소화설비용 펌프는 순수한 가압용 주펌프이며, 연결송수관용 펌프는 소방펌프차의 수압을 받아 이를 중계하는 중간펌프(Booster Pump)의 역할을 한다.

(2) 설치기준

지표면에서 최상층 방수구의 높이가 70 m 이상의 특정소방대상물에 설치

① 토출량

2,400 L/min(계단식 아파트의 경우에는 1,200 L/min) 이상이 되는 것으로 할 것. 다만, 해당층에 설치된 방수구가 3개를 초과(방수구 5개 이상인 경우에는 5개)하는 것에 있어서는 1개마다 800 L/min(계단식 아파트의 경우에는 400 L/min)를 가산한 양이 되는 것으로 할 것

② 양정

최상층에 설치된 노즐선단의 압력이 0.35 MPa 이상의 압력이 되도록 할 것

$$Hb + Hp \geq H_1 + H_2 + H_3 + H_4$$

(여기서, Hb : 가압송수장치(중간펌프)의 양정(m)

Hp : 소방펌프차의 정격토출양정(정격 85 m, 고압 190 m)

H_1 : 낙차 수두(m)

H_2 : 배관의 마찰손실수두(m)

H_3 : 소방용 호스의 마찰손실수두(m)

H_4 : 최상층에 설치된 노즐 선단의 방수압력(0.35 MPa))

③ 기동방식

㉠ **자동** : 방수구가 개방될 때 기동

㉡ **수동** : 스위치의 조작에 의하여 기동되고, 스위치는 2개 이상을 설치하되 그 중 1개는 송수구 부근에 다음과 같이 설치할 것

- 송수구로부터 5 m 이내의 보기 쉬운 장소에 바닥으로부터 높이 0.8 m 이상 1.5 m 이하로 설치할 것
- 1.5 mm 이상의 강판함에 수납하여 설치할 것. 이 경우 문짝은 불연재료로 설치할 수 있다.
- 전기사업법 제67조(기술기준)에 따른 기술기준에 따라 접지하고 빗물 등이 들어가지 아니하는 구조로 할 것

07 설치기준

(1) 송수구

① 소방차가 쉽게 접근할 수 있고 잘 보이는 장소에 설치하되 화재층으로부터 지면으로 떨어지는 유리창 등이 송수 및 그 밖의 소화작업에 지장을 주지 아니하는 장소에 설치할 것

② 지면으로부터 높이가 0.5 m 이상 1 m 이하의 위치에 설치할 것

③ 송수구로부터 연결송수관설비의 주배관에 이르는 연결배관에 개폐밸브를 설치한 때에는 그 개폐상태를 쉽게 확인 및 조작할 수 있는 옥외 또는 기계실 등의 장소에 설치할 것

이 경우 개폐밸브에는 그 밸브의 개폐상태를 감시제어반에서 확인할 수 있도록 급수개폐밸브 작동표시 스위치를 다음 각 목의 기준에 따라 설치하여야 한다.

㉠ 급수개폐밸브가 잠길 경우 탬퍼 스위치의 동작으로 인하여 감시제어반 또는 수신기에 표시되어야 하며 경보음을 발할 것

㉡ 탬퍼 스위치는 감시제어반 또는 수신기에서 동작의 유무확인과 동작시험, 도통시험을 할 수 있을 것

㉢ 급수개폐밸브의 작동표시 스위치에 사용되는 전기배선은 내화전선 또는 내열전선으로 설치할 것

④ 구경 65 mm의 쌍구형으로 할 것

⑤ 송수구에는 그 가까운 곳의 보기 쉬운 곳에 송수압력범위를 표시한 표지를 할 것

➜ 소방펌프차의 규격방수압력 8.5 kg/cm^2, 고압방수압력 19 kg/cm^2이므로 과도한 송수압력으로 인한 배관 등의 파손방지, 원활한 소화활동을 위하여

⑥ 송수구는 연결송수관의 수직배관마다 1개 이상을 설치할 것. 다만, 하나의 건축물에 설치된 각 수직배관이 중간에 개폐밸브가 설치되지 아니한 배관으로 상호 연결되어 있는 경우에는 건축물마다 1개씩 설치할 수 있다.

⑦ 송수구의 부근에는 자동배수밸브 및 체크밸브를 다음 각목의 기준에 따라 설치할 것. 이 경우 자동배수밸브는 배관안의 물이 잘빠질 수 있는 위치에 설치하되, 배수로 인하여 다른 물건이나 장소에 피해를 주지 아니하여야 한다.

㉠ 습식의 경우에는 송수구, 자동배수밸브, 체크밸브의 순으로 설치할 것

㉡ 건식의 경우에는 송수구, 자동배수밸브, 체크밸브, 자동배수밸브의 순으로 설치할 것

⑧ 송수구에는 가까운 곳의 보기 쉬운 곳에 "연결송수관설비송수구"라고 표시한 표지를 설치할 것

⑨ 송수구에는 이물질을 막기 위한 마개를 씌울 것

(2) 송수구의 겸용

연결송수관설비의 송수구를 옥내소화전설비·스프링클러설비·간이스프링클러설비·화재조기진압용스프링클러설비·물분무소화설비·포소화설비 또는 연결살수설비와 겸용으로 설치하는 경우에는 스프링클러설비의 송수구 설치기준에 따르되 각각의 소화설비의 기능에 지장이 없도록 하여야 한다.

(3) 배관 등

① 연결송수관설비의 배관은 다음 각 호의 기준에 따라 설치하여야 한다.
  ㉠ 주배관의 구경은 100 mm 이상의 것으로 할 것
  ㉡ 지면으로부터의 높이가 31 m 이상인 특정소방대상물 또는 지상 11층 이상인 특정소방대상물에 있어서는 습식설비로 할 것

② 배관은 다음 각 호의 어느 하나에 해당하는 것을 사용하여야 한다. 다만, 배관 이음은 각 배관과 동등 이상의 성능에 적합한 배관이음쇠를 사용하고 배관용 스테인리스강관(KS D 3576)의 이음을 용접으로 할 경우에는 알곤용접방식에 따른다.
  ㉠ 배관 내 사용압력이 1.2 MPa 미만일 경우에는 다음 각 목의 어느 하나에 해당하는 것 또는 동등 이상의 강도·내식성 및 내열성을 가진 것
    - 배관용 탄소강관(KS D 3507)
    - 이음매 없는 구리 및 구리합금관(KS D 5301). 다만, 습식의 배관에 한한다.
    - 배관용 스테인리스강관(KS D 3576) 또는 일반배관용 스테인리스강관(KS D 3595)
  ㉡ 배관 내 사용압력이 1.2 MPa 이상일 경우에는 압력배관용탄소강관(KS D 3562) 또는 이와 동등 이상의 강도·내식성 및 내열성을 가진 것

③ 제②항에도 불구하고 다음 각 호의 어느 하나에 해당하는 장소에는 소방청장이 정하여 고시한 소방용합성수지배관의 성능인증 및 제품검사의 기술기준에 적합한 소방용 합성수지배관으로 설치할 수 있다.
  ㉠ 배관을 지하에 매설하는 경우
  ㉡ 다른 부분과 내화구조로 구획된 덕트 또는 피트의 내부에 설치하는 경우
  ㉢ 천장(상층이 있는 경우에는 상층바닥의 하단을 포함한다. 이하 같다)과 반자를 불연재료 또는 준불연재료로 설치하고 소화배관 내부에 항상 소화수가 채워진 상태로 설치하는 경우

④ 연결송수관설비의 배관은 주배관의 구경이 100 mm 이상인 옥내소화전설비·스프링클러설비 또는 물분무등소화설비의 배관과 겸용할 수 있다.

⑤ 연결송수관설비의 수직배관은 내화구조로 구획된 계단실(부속실을 포함) 또는 파이프덕트 등 화재의 우려가 없는 장소에 설치하여야 한다. 다만, 학교 또는 공장이거나 배관주위를 1시간 이상의 내화성능이 있는 재료로 보호하는 경우에는 그러하지 아니하다.

⑥ 분기배관을 사용할 경우에는 소방청장이 정하여 고시한 분기배관의 성능인증 및 제품검사의 기술기준에 적합한 것으로 설치하여야 한다.

⑦ 배관은 다른 설비의 배관과 쉽게 구분이 될 수 있는 위치에 설치하거나, 그 배관표면 또는 배관 보온재표면의 색상은 한국산업표준(배관계의 식별 표시, KS A 0503) 또는 적색으로 식별이 가능하도록 소방용설비의 배관임을 표시하여야 한다.

(4) 방수구

① 연결송수관설비의 방수구는 그 특정소방대상물의 층마다 설치할 것. 다만, 다음 각 목의 1에 해당하는 층에는 설치하지 아니할 수 있다.
   ㉠ 아파트의 1층 및 2층
   ㉡ 소방차 접근 가능하고 소방대원이 소방차로부터 각 부분에 쉽게 도달할 수 있는 피난층
   ㉢ 송수구가 부설된 옥내소화전을 설치한 특정소방대상물(집회장·관람장·백화점·도매시장·소매시장·판매시설·공장·창고시설 또는 지하가를 제외)로서 다음의 1에 해당하는 층
   - 지하층을 제외한 층수가 4층 이하이고 연면적이 6,000 m^2 미만인 특정소방대상물의 지상층
   - 지하층의 층수가 2 이하인 특정소방대상물의 지하층

② 방수구는 아파트 또는 바닥면적이 1,000 m^2 미만인 층에 있어서는 계단(계단의 부속실을 포함하며 계단이 2 이상 있는 경우에는 그 중 1개의 계단)으로부터 5 m 이내에, 바닥면적 1,000 m^2 이상인 층(아파트를 제외)에 있어서는 각 계단(계단의 부속실을 포함하며 계단이 3 이상 있는 층의 경우에는 그 중 2개의 계단)으로부터 5 m 이내에 설치하되, 그 방수구로부터 그 층의 각 부분까지의 거리가 다음 각목의 기준을 초과하는 경우에는 그 기준 이하가 되도록 방수구를 추가하여 설치
   ㉠ 지하가(터널 제외) 또는 지하층의 바닥면적의 합계가 3,000 m^2 이상인 것은 수평거리 25 m
   ㉡ ㉠에 해당하지 아니하는 것은 수평거리 50 m

③ 11층 이상의 부분에 설치하는 방수구는 쌍구형으로 할 것. 다만, 다음 각 목의 1에 해당하는 층에는 단구형으로 설치할 수 있다.
   ㉠ 아파트의 용도로 사용되는 층
   ㉡ 스프링클러설비가 유효하게 설치되어 있고 방수구가 2개소 이상 설치된 층

④ 방수구의 호스접결구는 바닥으로부터 높이 0.5 m 이상 1 m 이하의 위치에 설치할 것

⑤ 방수구는 연결송수관설비의 전용방수구 또는 옥내소화전방수구로서 구경 65 mm의 것으로 설치할 것

⑥ 방수구의 위치표시는 표시등 또는 축광식표지로 하되 다음 각 목의 기준에 따라 설치할 것
   ㉠ 표시등을 설치하는 경우에는 함의 상부에 설치하되, 소방청장이 고시한 표시등의 성능인증 및 제품검사의 기술기준에 적합한 것으로 설치하여야 한다.
   ㉡ 축광식표지를 설치하는 경우에는 소방청장이 고시한 축광표지의 성능인증 및 제품검사의 기술기준에 적합한 것으로 설치하여야 한다.

⑦ 방수구는 개폐기능을 가진 것으로 설치해야 하며, 평상시 닫힌 상태를 유지할 것

(5) 방수기구함

① 방수기구함은 피난층과 가장 가까운 층을 기준으로 3개층마다 설치하되, 그 층의 방수구마다 보행거리 5m 이내에 설치할 것

② 방수기구함에는 길이 15 m의 호스와 방사형 관창을 다음 각 목의 기준에 따라 비치할 것

㉠ 호스는 방수구에 연결하였을 때 그 방수구가 담당하는 구역의 각 부분에 유효하게 물이 뿌려질 수 있는 개수 이상을 비치할 것. 이 경우 쌍구형 방수구는 단구형 방수구의 2배 이상의 개수를 설치할 것

㉡ 방사형 관창은 단구형 방수구의 경우에는 1개, 쌍구형 방수구의 경우에는 2개 이상 비치할 것

③ 방수기구함에는 "방수기구함"이라고 표시한 축광식 표지를 할 것. 이 경우 축광식 표지는 소방청장이 고시한 축광표지의 성능인증 및 제품검사의 기술기준에 적합한 것으로 설치하여야 한다.

(6) 가압송수장치

지표면에서 최상층 방수구의 높이가 70 m 이상의 특정소방대상물에는 다음 각 호의 기준에 따라 연결송수관설비의 가압송수장치를 설치하여야 한다.

① 쉽게 접근할 수 있고 점검하기에 충분한 공간이 있는 장소로서 화재 및 침수 등의 재해로 인한 피해를 받을 우려가 없는 곳에 설치할 것

② 동결방지조치를 하거나 동결의 우려가 없는 장소에 설치할 것

③ 펌프는 전용으로 할 것. 다만, 다른 소화설비와 겸용하는 경우 각각의 소화설비의 성능에 지장이 없을 때에는 예외로 한다.

④ 펌프의 토출측에는 압력계를 체크밸브 이전에 펌프토출측 플랜지에서 가까운 곳에 설치하고, 흡입측에는 연성계 또는 진공계를 설치할 것. 다만, 수원의 수위가 펌프의 위치보다 높거나 수직회전축 펌프의 경우에는 연성계 또는 진공계를 설치하지 아니할 수 있다.

⑤ 가압송수장치에는 정격부하운전시 펌프의 성능을 시험하기 위한 배관을 설치할 것. 다만, 충압펌프의 경우에는 그러하지 아니하다.

⑥ 가압송수장치에는 체절운전시 수온의 상승을 방지하기 위한 순환배관을 설치할 것. 다만, 충압펌프의 경우에는 그러하지 아니하다.

⑦ 펌프의 토출량은 2,400 L/min(계단식 아파트의 경우에는 1,200 L/min) 이상이 되는 것으로 할 것. 다만, 해당층에 설치된 방수구가 3개를 초과(방수구가 5개 이상인 경우에는 5개) 하는 것에 있어서는 1개마다 800 L(계단식 아파트의 경우에는 400 L/min)를 가산한 양이 되는 것으로 할 것

⑧ 펌프의 양정은 최상층에 설치된 노즐선단의 압력이 0.35 MPa 이상의 압력이 되도록 할 것

⑨ 가압송수장치는 방수구가 개방될 때 자동으로 기동되거나 또는 수동스위치의 조작에 따라 기동되도록 할 것. 이 경우 수동스위치는 2개 이상을 설치하되, 그 중 1개는 다음 각목의 기준에 따라 송수구의 부근에 설치하여야 한다.

㉠ 송수구로부터 5 m 이내의 보기 쉬운 장소에 바닥으로부터 높이 0.8 m 이상, 1.5 m 이하로 설치할 것

㉡ 1.5 mm 이상의 강판함에 수납하여 설치하고 "연결송수관설비 수동스위치"라고 표시한 표지를 부착할 것. 이 경우 문짝은 불연재료로 설치할 수 있다.

㉢ 전기사업법 제67조에 따른 기술기준에 따라 접지하고 빗물 등이 들어가지 아니하는 구조로 할 것

⑩ 기동장치로는 기동용수압개폐장치 또는 이와 동등 이상의 성능이 있는 것으로 설치할 것. 다만, 기동용수압개폐장치 중 압력챔버를 사용할 경우 그 용적은 100 L 이상의 것으로 할 것

⑪ 수원의 수위가 펌프보다 낮은 위치에 있는 가압송수장치에는 다음의 기준에 따른 물올림장치를 설치할 것

㉠ 물올림장치에는 전용의 탱크를 설치할 것

㉡ 탱크의 유효수량은 100 L 이상으로 하되, 구경 15 mm 이상의 급수배관에 따라 해당 탱크에 물이 계속 보급되도록 할 것

⑫ 기동용 수압개폐장치를 기동장치로 사용할 경우에는 다음의 기준에 따른 충압펌프를 설치할 것. 다만, 소화용 급수펌프로도 상시 충압이 가능하고 다음 각 목의 성능을 갖춘 경우에는 충압펌프를 별도로 설치하지 아니할 수 있다.

㉠ 펌프의 토출압력은 그 설비의 최고위 호스접결구의 자연압보다 적어도 0.2 MPa이 더 크도록 하거나 가압송수장치의 정격토출압력과 같게할 것

㉡ 펌프의 정격토출량은 정상적인 누설량보다 적어서는 아니되며, 연결송수관설비의 펌프가 자동적으로 작동할 수 있도록 충분한 토출량을 유지할 것

⑬ 내연기관을 사용하는 경우에는 다음의 기준에 적합한 것으로 할 것

㉠ 내연기관의 기동은 제9호의 기동장치의 기동을 명시하는 적색등을 설치할 것

㉡ 제어반에 따라 내연기관의 자동기동 및 수동기동이 가능하고, 상시 충전되어 있는 축전지설비를 갖출 것

㉢ 내연기관의 연료량은 펌프를 20분(층수가 30층 이상 49층 이하는 40분, 50층이 이상은 60분) 이상 운전할 수 있는 용량일 것

⑭ 가압송수장치에는 "연결송수관펌프"라고 표시한 표지를 할 것. 이 경우 그 가압송수장치를 다른 설비와 겸용하는 때에는 그 겸용되는 설비의 이름을 표시한 표지를 함께 하여야 한다.

⑮ 가압송수장치가 기동이 된 경우에는 자동으로 정지되지 아니하도록 하여야 한다. 다만, 충압펌프의 경우에는 그러하지 아니하다.(개정 2008.12.15)

소방차량 주요 종류

소방펌프자동차	물탱크 소방펌프자동차	고가 사다리차	굴절 사다리차
대형, 중형, 소형	대형, 중형, 소형	52, 46, 33, 32 m	35, 27, 18 m

소방펌프자동차

물탱크 소방펌프자동차

1. 소방펌프자동차(서울소방방재본부 : 138대)
   차대에 소방펌프, 물탱크, 포소화약제저장탱크, 방수포, 방수구, 소방호스, 복식사다리 등을 장착하여 화재진압을 주 용도로 사용하는 자동차

구 분	대형(서울본부 : 22대)	중형(서울본부 : 78대)	소형(서울본부 : 38대)
펌프	① 2단터빈펌프 A-2급 이상 • 규격방수 : 8.5 kg/cm²일 때 2,800 L/min 이상 • 고압방수 : 19 kg/cm²일 때 1,300 L/min 이상	② 터빈펌프 A-2급 이상 • 규격방수 : 8.5 kg/cm²일 때 2,000 L/min 이상 • 고압방수 : 19 kg/cm²일 때 900 L/min 이상	③ 2단 바란스 터빈펌프 • 규격방수 : 8.5 kg/cm²일 때 1,500 L/min 이상 • 고압방수 : 19 kg/cm²일 때 700 L/min 이상
	④ 3단터빈펌프 A-1급 이상 • 규격방수 : 8.5 kg/cm²일 때 2,800 L/min 이상 • 고압방수 : 19 kg/cm²일 때 2,000 L/min 이상	⑤ 흡수관 75 mm × 10 m × 2본	⑥ 흡수관 75 mm × 10 m × 2본
탱크	물 3,400 L 이상, 포 200 L	물 2,400 L 이상, 포 200 L	물 1,000 L 이상, 포 100 L

※ 스로틀 레버(Throttle Lever)를 조절하여 엔진 회전수(1,200 r/min)를 서서히 올려 필요한 압력으로 조정함

2. 물탱크 소방펌프자동차(서울소방방재본부 : 129대)
   소방펌프가 차대에 고정되어 화재진압 및 급수지원을 주 용도로 사용되는 차량으로서 3,000 L 이상의 물탱크와 부수장치 등을 구비하고 있는 자동차

구 분	대 형	중 형	소 형
펌프	2단 터빈펌프 A-1급 이상	2단 터빈펌프 A-2급 이상	2단 터빈펌프 A-2급 이상
탱크	10,000 L	6,000 L	3,000 L
차중량	11 톤 이상	8.5 톤 이상	5 톤 이상
전장	10 m 이하	8.5 m 이하	7.7 m 이하
전폭	2.5 m 이하	2.5 m 이하	2.4 m 이하
전이고	3.8 m 이하	3.2 m 이하	2.9 m 이하

04 연결살수설비

Fire Equipment Manager

01 개요

(1) 연결살수설비는 건축물 지하층의 바닥면적의 합계가 150 m^2 이상인 곳에 설치하는 본격 소화를 위한 소화활동설비이다.

(2) 지하가, 건축물의 지하층은 화재가 발생할 경우 연소생성물인 연기가 외부로 쉽게 배출되지 않아 소화활동에 지장을 초래하므로 초기소화용으로 설치된 옥내소화전설비만으로는 화재의 소화가 어려워 건축물의 1층벽에 설치된 연결살수설비용의 송수구로 수원을 공급받아 살수헤드로부터 방사하여 소화하는 소화활동설비이다.

(3) 따라서 연결살수설비는 자동소화설비가 아니며 자체 수원이 없이도 소화활동이 가능하다. 구성으로는 송수구, 배관, 살수헤드, 밸브로 되어 있다.

(4) 연결살수설비가 스프링클러설비, 물분무소화설비와 다른 점은 외부의 소방차 등으로부터 수원을 공급받아 화재를 소화할 수 있게 되어 있다는 점과 송수구역마다 선택밸브가 설치되어 있어 선택밸브를 개폐하여 물이 뿌려지도록 하고 있다는 점이다.

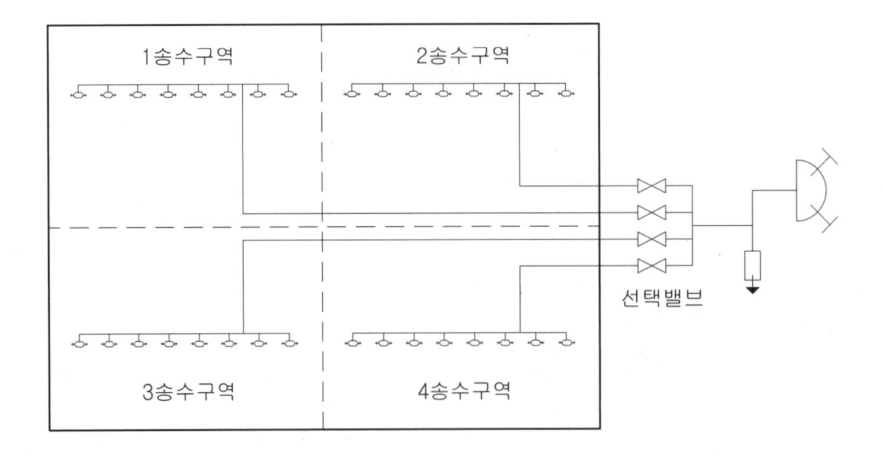

02 설치대상 및 설치면제

(1) 설치대상(지하구 제외)

① 판매시설, 운수시설, 창고시설 중 물류터미널로서 해당 용도로 사용되는 부분의 바닥면적의 합계가 1,000 m^2 이상

② 지하층(피난층으로 주된 출입구가 도로와 접한 경우는 제외)으로서 바닥면적의 합계가 150 m^2 이상인 것. 다만, 주택법 시행령 제21조 제4항에 따른 국민주택규모 이하인 아파트의 지하층(대피시설로 사용하는 것만 해당한다)과 교육연구시설 중 학교의 지하층에 있어서는 700 m^2 이상인 것

> 주택법 시행령 제21조제4항
>
> 국토해양부장관은 주택수급의 적정을 기하기 위하여 필요하다고 인정하는 때에는 법 제21조 제1항 제4호의 규정에 의하여 사업주체가 건설하는 주택의 75%(법 제10조 제2항 및 제3항의 규정에 의한 주택조합이나 고용자가 건설하는 주택은 100 %) 이하의 범위안에서 일정 비율 이상을 국민주택규모로 건설하게 할 수 있다.

③ 가스시설 중 지상에 노출된 탱크의 용량이 30톤 이상인 탱크시설

④ ① 및 ②의 특정소방대상물에 부속된 연결통로

(2) 설치면제

① 연결살수설비를 설치하여야 하는 특정소방대상물에 송수구를 부설한 스프링클러설비, 간이스프링클러설비, 물분무소화설비 또는 미분무소화설비를 화재안전기준에 적합하게 설치한 경우에는 그 설비의 유효범위 안의 부분에서 설치가 면제된다.

② 가스관계법령에 따라 설치되는 물분무장치등에 소방대가 사용할 수 있는 연결송수구가 설치되거나 물분무장치등에 6시간 이상 공급할 수 있는 수원이 확보된 경우에는 설치가 면제된다.

03 연결살수설비의 형태

(1) 개방형 헤드를 사용하는 경우

연결살수설비가 되어 있는 건축물의 1층 벽면에 설치된 송수구로부터 소방자동차 등에 의해 수원을 공급받아 개방형 살수헤드로 물을 살수하는 설비

(2) 폐쇄형 헤드를 사용하는 경우

연결살수설비용 주배관에 옥내소화전설비의 주배관, 수도배관 또는 옥상에 설치된 수조에 접속하여 설치한다. 이때 접속부분에는 체크밸브를 설치하여야 한다.

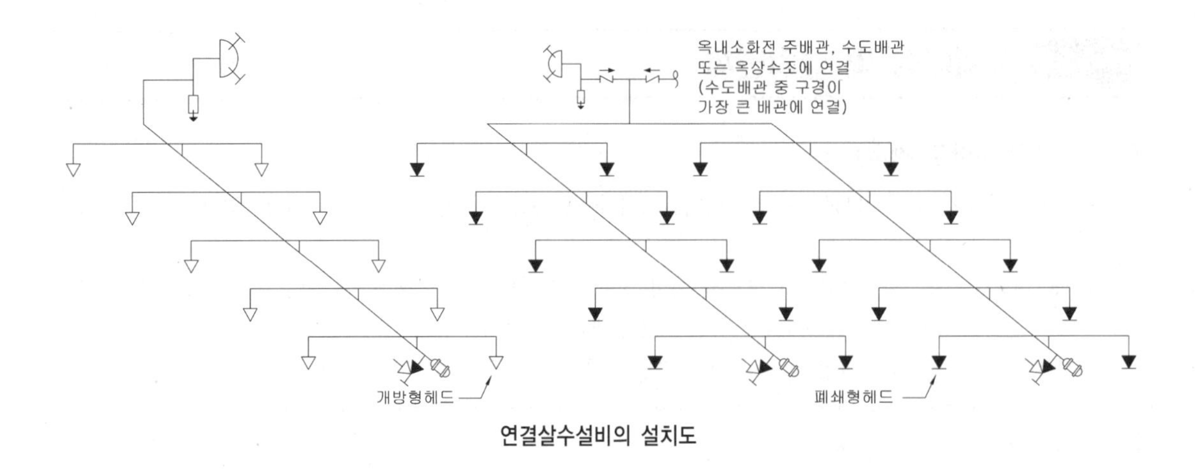

연결살수설비의 설치도

04 연결살수설비의 헤드

(1) 연결살수설비의 헤드는 연결살수설비의 전용헤드나 스프링클러헤드로 설치할 수 있으며 천정 또는 반자의 실내에 면하는 부분에 설치하여야 한다.

(2) 천정 또는 반자의 각 부분으로부터 하나의 살수헤드까지의 수평거리가 연결살수설비전용헤드의 경우에는 3.7 m 이하, 스프링클러헤드의 경우는 2.3 m 이하가 되도록 설치하되 살수헤드의 부착면과 바닥과의 높이가 2.1 m 이하인 경우는 살수헤드의 살수분포에 의한 거리로 할 수 있다. 1개의 송수구역에 설치하는 살수헤드의 개수는 개방형을 사용하는 경우에는 10개 이하로 하여야 한다.

05 설치기준

(1) 송수구

① 소방차가 쉽게 접근할 수 있고 노출된 장소에 설치할 것. 이 경우 가연성 가스의 저장·취급시설에 설치하는 연결살수설비의 송수구는 그 방호대상물로부터 20 m 이상의 거리를 두거나 방호대상물에 면하는 부분이 높이 1.5 m 이상 폭 2.5 m 이상의 철근콘크리트벽으로 가려진 장소에 설치하여야 한다.

② 송수구는 구경 65 mm의 쌍구형으로 설치할 것. 다만, 하나의 송수구역에 부착하는 살수헤드의 수가 10개 이하인 것 있어서는 단구형의 것으로 할 수 있다.

③ 개방형 헤드를 사용하는 송수구의 호스접결구는 각 송수구역마다 설치할 것. 다만, 송수구역을 선택할 수 있는 선택밸브가 설치되어 있고 각 송수구역의 주요구조부가 내화구조로 되어 있는 경우에는 그러하지 아니하다.

④ 지면으로부터 높이가 0.5 m 이상 1 m 이하의 위치에 설치하여야 한다.

⑤ 송수구로부터 주배관에 이르는 연결배관에는 개폐밸브를 설치하지 아니할 것. 다만, 스프링클러설비·물분무소화설비·포소화설비 또는 연결송수관설비의 배관과 겸용하는 경우에는 그러하지 아니하다.

⑥ 송수구의 부근에는 "연결살수설비 송수구"라고 표시한 표시와 송수구역 일람표를 설치할 것. 다만, 제2항의 규정에 따른 선택밸브를 설치한 경우에는 그러하지 아니하다.

⑦ 송수구에는 이물질을 막기 위한 마개를 씌워야 한다.

(2) 선택밸브

송수구를 송수구역마다 설치한 때에는 설치하지 아니하다.

① 화재시 연소의 우려가 없는 장소로서 조작 및 점검이 쉬운 위치에 설치할 것

② 자동개방밸브에 따른 선택밸브를 사용하는 경우에 있어서는 송수구역에 방수하지 아니하고 자동밸브의 작동시험이 가능하도록 할 것

③ 선택밸브의 부근에는 송수구역 일람표를 설치할 것

(3) 부속설비 설치 순서

① 폐쇄형 헤드 사용시 : 송수구 → 자동배수밸브 → 체크밸브의 순으로 설치할 것

② 개방형 헤드 사용시 : 송수구 → 자동배수밸브의 순으로 설치할 것

③ 개방형 헤드 사용시 : 송수구역당 10개 이하로 설치할 것

④ 자동배수밸브는 배관 안의 물이 잘 빠질 수 있는 위치에 설치하되, 배수로 인하여 다른 물건 또는 장소에 피해를 주지 아니할 것

(4) 연결살수설비 배관등

① 연결살수설비 전용헤드 사용시 배관구경

하나의 배관의 헤드수	1개	2개	3개	4개~5개	6개~10개
배관 구경(mm)	32	40	50	65	80

② 스프링클러헤드를 사용하는 경우에는 스프링클러설비의 화재안전기준 별표1의 기준에 따를 것

③ 폐쇄형헤드를 사용하는 연결살수설비의 주배관은 다음 각 호의 어느 하나에 해당 하는 배관 또는 수조에 접속하여야 한다. 이 경우 접속부분에는 체크밸브를 설치하되 점검하기 쉽게 하여야 한다.

㉠ 옥내소화전설비의 주배관(옥내소화전설비가 설치된 경우에 한한다)

㉡ 수도배관(연결살수설비가 설치된 건축물 안에 설치된 수도배관 중 구경이 가장 큰 배관을 말한다)

㉢ 옥상에 설치된 수조(다른 설비의 수조를 포함한다)

④ 폐쇄형 헤드사용시 시험배관 설치

㉠ 송수구의 가장 먼 가지배관의 끝으로부터 연결하여 설치할 것

㉡ 시험장치 배관의 구경은 가장 먼 가지배관의 구경과 동일한 구경으로 하고, 그 끝에는 물받이 통 및 배수관을 설치하여 시험 중 방사된 물이 바닥으로 흘러내리지 아니하도록 할 것. 다만, 목욕실·화장실 또는 그 밖의 배수처리가 쉬운 장소의 경우에는 물받이 통 또는 배수관을 설치하지 아니할 수 있다.

⑤ 개방형 헤드 사용하는 수평주행배관

헤드를 향하여 상향으로 100분의 1 이상의 기울기로 설치하고 주배관 중 낮은 부분에는 자동배수밸브를 제4조 제3항 제3호의 기준에 따라 설치할 것

⑥ 가지배관 또는 교차배관을 설치하는 경우

가지배관의 배열은 토너멘트방식이 아니어야 하며, 가지배관은 교차배관 또는 주배관에서 분기되는 지점을 기점으로 한 쪽 가지배관에 설치되는 헤드의 개수는 8개 이하로 할 것

(5) 연결살수설비의 헤드

① 설치 : 천정 또는 반자의 실내에 면하는 부분

② 천정, 반자에서 살수 헤드까지 수평거리

㉠ 연결살수설비 전용헤드 3.7 m 이하

㉡ 스프링클러헤드 2.3 m 이하

㉢ 다만, 살수헤드의 부착면과 바닥과의 높이가 2.1 m 이하인 부분에 있어서는 살수헤드의 살수분포에 따른 거리로 할 수 있음

③ 가연성 가스의 저장, 취급시설

㉠ 연결살수설비 전용의 개방형 헤드를 설치할 것

㉡ 가스저장탱크·가스홀더 및 가스발생기의 주위에 설치하되, 헤드상호 간의 거리는 3.7 m 이하로 할 것

㉢ 헤드의 살수범위는 가스저장탱크·가스홀더 및 가스발생기의 몸체의 중간 윗부분의 모든 부분이 포함되도록 하여야 하고 살수된 물이 흘러내리면서 살수범위에 포함되지 아니한 부분에도 모두 적셔질 수 있도록 할 것

(6) 소화설비의 겸용

연결살수설비의 송수구를 스프링클러설비·간이스프링클러설비·화재조기진압용스프링클러설비·물분무소화설비·포소화설비 또는 연결송수관설비와 겸용으로 설치하는 경우에는 스프링클러설비의 송수구 설치기준에 따르고, 옥내소화전설비의 송수구와 겸용으로 설치하는 경우에는 옥내소화전설비의 송수구의 설치기준을 따르되 각각의 소화설비의 기능에 지장이 없도록 하여야 한다.

05 비상콘센트설비

Fire Equipment Manager

01 개요

(1) 화재가 발생하면 건물내의 전원이 대부분 차단되므로 출동한 소방대의 소화활동장비에 전원을 공급하기 위해서 이동용 자가발전기를 사용하거나 외부로부터 전선릴을 이용하여 전원을 사용해야 하는데, 건물내부로 접근이 용이치 않은 고층건물이나 지하층은 전원공급에 많은 어려움이 있다. 그래서 일정한 규모 이상의 건물에는 화재발생시 소화활동에 필요한 전원을 전용으로 공급받을 수 있는 설비를 설치하도록 하고 있는데 이를 비상콘센트설비라고 한다.

(2) 이 설비는 일반전원이 차단되더라도 비상콘센트에 공급되는 전원에 영향을 최소화할 수 있도록 분기하고, 전원에서 비상콘센트까지는 전용배선으로 하고, 배선은 내화배선과 내열배선으로 설치하도록 하고 있다.

02 설치대상(가스시설, 지하구는 제외) 암기 따라지 3바천

(1) 층수가 11층 이상인 특정소방대상물은 11층 이상의 층

(2) 지하층의 층수가 3개층 이상이고 지하층의 바닥면적합계가 1,000 m^2 이상인 것은 지하층의 전층

(3) 지하가 중 터널로서 길이가 500 m 이상인 것

03 구성

비상콘센트설비는 전원, 배선, 콘센트, 보호함으로 구성되어 있다.

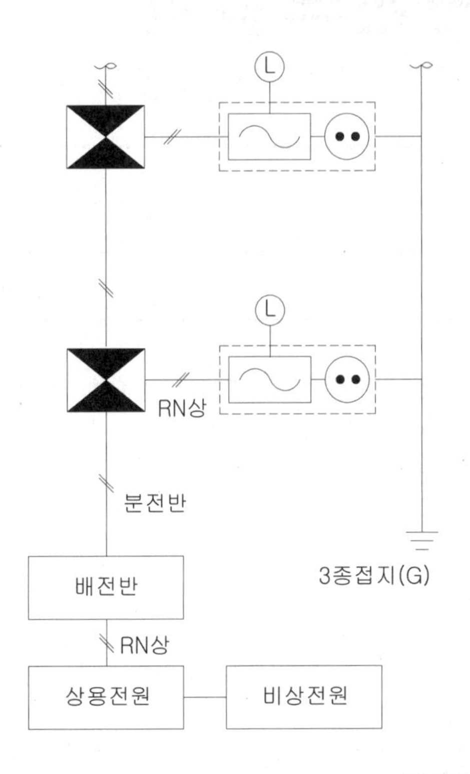

단상 비상콘센트 (단독형 발신기셋트함 내장)

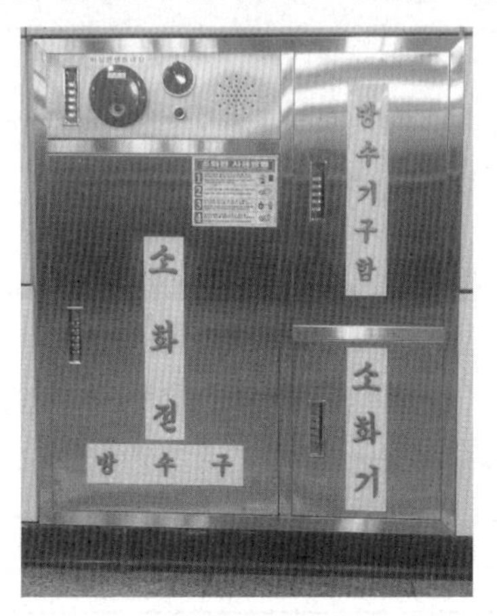

비상콘센트설비의 배선도

04 설치기준

(1) 정의

① 저압 : 교류는 600 V 이하, 직류는 750 V 이하인 것

② 고압 : 교류는 600 V ~ 7 kV, 직류는 750 V ~ 7 kV

③ 특고압 : 교류, 직류 모두 7 kV 초과한 것

(2) 전원

① 상용전원회로의 배선은 저압수전인 경우에는 인입개폐기의 직후에서, 특고압수전 또는 고압수전인 경우에는 전력용변압기 2차측의 주차단기 1차측 또는 2차측에서 분기하여 전용배선으로 할 것

② 지하층을 제외한 층수가 7층 이상으로서 연면적이 2,000 m^2 이상이거나 지하층의 바닥면적의 합계가 3,000 m^2 이상인 특정소방대상물의 비상콘센트설비에는 자가발전기설비, 비상전원수전설비 또는 전기저장장치(외부 전기에너지를 저장해 두었다가 필요한 때 전기를 공급하는 장치)를 비상전원으로 설치할 것. 다만, 2 이상의 변전소에서 전력을 동시에 공급받을 수 있거나 하나의 변전소로부터 전력의 공급이 중단되는 때에는

자동으로 다른 변전소로부터 전력을 공급받을 수 있도록 상용전원을 설치한 경우에는 비상전원을 설치하지 아니할 수 있다.

③ 제2호의 규정에 따른 비상전원 중 자가발전설비는 다음 각 목의 기준에 따라 설치하고, 비상전원수전설비는 소방시설용 비상전원수전설비의 화재안전기준(NFSC 602)에 따라 설치할 것

㉠ 점검에 편리하고 화재 및 침수 등의 재해로 인한 피해를 받을 우려가 없는 곳에 설치할 것

㉡ 비상콘센트설비를 유효하게 20분 이상 작동시킬 수 있는 용량으로 할 것

㉢ 상용전원으로부터 전력의 공급이 중단된 때에는 자동으로 비상전원으로부터 전력을 공급받을 수 있도록 할 것

㉣ 비상전원의 설치장소는 다른 장소와 방화구획 할 것. 이 경우 그 장소에는 비상전원의 공급에 필요한 기구나 설비외의 것(열병합발전설비에 필요한 기구나 설비는 제외)을 두어서는 안 된다.

㉤ 비상전원을 실내에 설치하는 때에는 그 실내에 비상조명등을 설치할 것

(3) 전원회로 암기 2 용전 분배표 풀장

① 전원회로는 각 층에 있어서 2 이상이 되도록 설치할 것. 다만, 설치하여야 할 층의 비상콘센트가 1개인 때에는 하나의 회로로 할 수 있다.

② 비상콘센트설비의 전원회로는 단상교류 220 V인 것으로서, 그 공급용량은 1.5 KVA 이상인 것으로 할 것

③ 전원회로는 주배전반에서 전용회로로 할 것. 다만, 다른 설비의 회로에 접속한 것으로서 다른 설비의 회로의 사고에 의한 영향을 받지 않도록 되어 있는 것에 있어서는 그러하지 아니하다.

④ 전원으로부터 각 층의 비상콘센트에 분기되는 경우에는 분기배선용 차단기를 보호함 안에 설치할 것

⑤ 콘센트마다 배선용차단기(KS C 8321) 설치하고, 충전부가 노출되지 아니하도록 할 것

⑥ 개폐기에는 "비상콘센트"라고 표시한 표지를 할 것

⑦ 비상콘센트용의 풀박스 등은 방청도장을 한 것으로서, 두께 1.6 mm 이상의 철판으로 할 것

⑧ 하나의 전용회로에 설치하는 비상콘센트는 10개 이하로 할 것. 이 경우 전선의 용량은 각 비상콘센트(비상콘센트가 3개 이상인 경우에는 3개)의 공급용량을 합한 용량 이상의 것으로 하여야 한다.

(4) 플럭접속기

① 비상콘센트의 플럭접속기는 접지형 2극 플럭접속기(KS C 8305)를 사용하여야 한다.

② 비상콘센트의 플럭접속기의 칼받이의 접지극에는 접지공사를 하여야 한다. ➜ 제3종 접지공사를 의미함

(5) 비상콘센트의 배치 및 위치

① 비상콘센트는 아파트 또는 바닥면적이 1,000 m^2 미만인 층에 있어서는 계단의 출입구(계단의 부속실을 포함하여 계단이 2 이상 있는 경우에는 그 중 1개의 계단)으로부터 5 m 이내에, 바닥면적 1,000 m^2 이상인 층(아파트 제외)에 있어서는 각 계단의 출입구 또는 계단부속실 출입구(계단의 부속실을 포함하며 계단이 3 이상 있는 층의 경우에는 그 중 2개의 계단)으로부터 5 m 이내에 설치하되, 그 비상콘센트로부터 그 층의 각 부분까지의 수평거리가 다음 각 목의 기준을 초과하는 경우에는 그 기준 이하가 되도록 비상콘센트를 추가하여 설치할 것

㉠ 지하상가 또는 지하층의 바닥면적의 합계가 3,000 m^2 이상인 것은 수평거리 25 m

㉡ ㉠목에 해당하지 아니하는 것은 수평거리 50 m

② 바닥으로부터 높이 0.8 m 이상 1.5 m 이하의 위치에 설치할 것

(6) 절연저항 및 절연내력

① 절연저항은 전원부와 외함 사이를 500 V 절연저항계로 측정할 때 20 MΩ 이상일 것

② 절연내력은 전원부와 외함 사이에 정격전압이 150 V 이하인 경우에는 1,000 V의 실효전압을, 정격전압이 150 V 이상인 경우에는 그 정격전압에 2를 곱하여 1,000을 더한 실효전압을 가하는 시험에서 1분 이상 견디는 것으로 할 것

(7) 비상콘센트의 보호함

① 보호함에는 쉽게 개폐할 수 있는 문을 설치할 것
② 보호함 표면에 "비상콘센트"라고 표시한 표지를 할 것
③ 보호함 상부에 적색의 표시등을 설치할 것. 다만, 비상콘센트의 보호함을 옥내소화전함 등과 접속하여 설치하는 경우에는 옥내소화전함 등의 표시등과 겸용할 수 있다.

(8) 비상콘센트설비의 배선

전기사업법 제67조에 따른 기술기준에서 정하는 것 외에 다음 각 호의 기준에 의하여 설치하여야 한다.
① 전원회로의 배선은 내화배선으로, 그 밖의 배선은 내화배선 또는 내열배선으로 할 것
② ①의 규정에 의한 내화배선 및 내열배선에 사용하는 전선 및 설치방법은 옥내소화전설비의 화재안전기준 별표1의 기준에 따를 것

비상콘센트의 피상전력

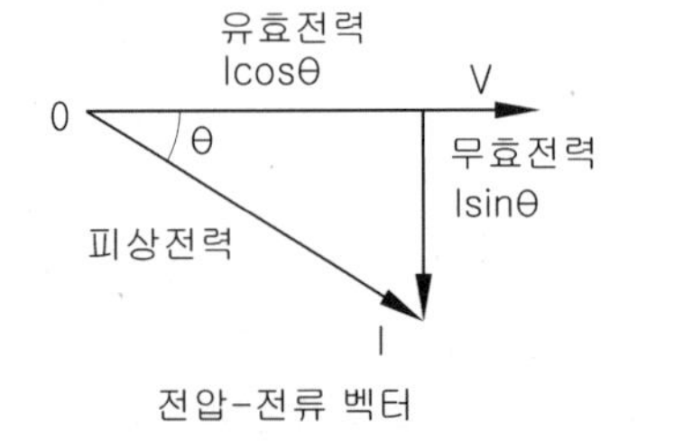

전압-전류 벡터

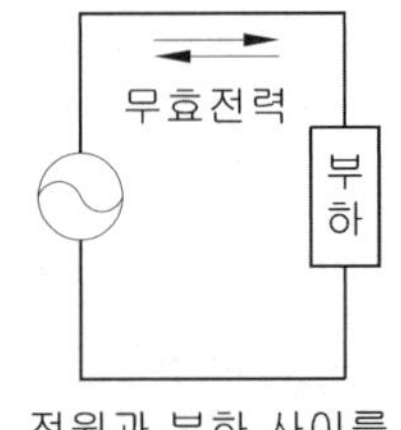

전원과 부하 사이를 왕복하는 무효전력

1. 피상전력(Apparent Power)
   교류의 부하 또는 전원의 용량을 표시하는 전력. 전원에서 공급되는 전력
   $Pa = VI = I^2 Z$ [VA]
   예 발전기용량, 비상콘센트 용량
2. 유효전력(Active Power)
   전원에서 공급되어 부하에서 유효하게 이용(소비)되는 전력
   $P = VI\cos\theta = I^2 R$ [W],
   예 전동기, 비상조명등의 소비전력 ➜ 전원에서 부하로 실제 소비되는 전력
3. 무효전력(Reactive Power)
   실제로는 아무런 일을 하지 않아 부하에서는 전력으로 이용될 수 없는 전력
   $Pr = VI\sin\theta = I^2 X$ [var, Volt Ampere Reactive]
   예 커패시터(Capacitor)와 인덕터(Inductor)는 에너지를 소비하지 않고 다시 돌려보내는 기능을 함

① 전기흐름을 방해하는 요소(Reactive)에 의하여 발생하는 전력의 한 형태
② 커패시터(Capacitor)와 같이 소비되지 않고 전원으로 다시 환원되는 전력
③ 왔다가 일은 안하고 그냥 돌아가는 전력

4. 역률(Power Factor : PF)

피상선력(실제 공급전력)과 유효전력(실제 소비전력)의 비율

① 역률의 표현 : $\cos\theta = \dfrac{\text{유효전력}}{\text{피상전력}} = \dfrac{P}{Pa} = \dfrac{VI\cos\theta}{VI}$

② 역률 개선 : 부하의 역률을 1에 가깝게 높이는 것

> ※ 직류는 역률이 1로 무효전력이 없다. 역률이 1이라는 말은 전압과 전류가 동상이라는 뜻이다. 하지만 우리가 쓰는 교류는 대부분 전압과 전류가 동상이 아니고 위상차가 발생한다. 위상차가 크면 클수록 무효전력도 많이 발생한다는 의미이다. 즉, 역률은 전류와 전압 사이의 위상차에 의해서 결정된다.

③ 역률 개선방법 : 전력용 콘덴서 또는 진상용 콘덴서를 부하에 첨가

④ 피상·유효·무효전력 사이의 관계 : $Pa = \sqrt{P^2 + P_r^2}$ [VA]

⑤ 모터·형광등·용접기 등 코일성분이 많은 기기가 역률이 낮고 전열기 등이 역률이 높음

5. 비상콘센트의 발전기용량 : 1.5 kVA/개× 3개 = 4.5 kVA↑

구 분	전 압	공급용량	전선용량	피상전력	입상가닥수, 분기가닥수
단상	220 V	1.5 kVA	3개↑	Pa = VI $I = \dfrac{Pa}{V}$ $= \dfrac{1.5\ kVA/\text{개} \times \text{최대3개}}{220\ V}$ = 20.5 A ≒ 30 A	· 3가닥 · 단상2선식 (R, S, T상 중 1선과 N상 1선)과 접지선)

06 무선통신보조설비

Fire Equipment Manager

01 개요

지하층이나 지하상가는 그 구조상 전파의 반송특성이 나빠서 무선교신이 용이하지 않아 화재진압이나 구조현장에서 소방대원간의 무선교신이 어렵게 된다. 그래서 이러한 특성이 있는 건축물 중 일정규모 이상의 특정소방대상물에 전파가 도착하기 어려운 것을 보충하기 위해서 누설동축케이블이나 안테나 같은 무선통신보조설비를 설치하여 원활하게 무선교신을 할 수 있도록 하였다.

02 설치대상 및 면제대상

(1) 설치대상 암기 3천또 3 바천 지천 공

① 지하층의 바닥면적의 합계가 3,000 m^2 이상인 것 또는 지하층의 층수가 3개층 이상이고 지하층의 바닥면적의 합계가 1,000 m^2 이상인 것은 지하층의 모든 층

② 지하가(터널 제외)로서 연면적 1,000 m^2 이상인 것

③ 지하구로서 국토의 계획 및 이용에 관한 법률 제2조 제9호의 규정에 의한 공동구

④ 지하가 중 터널로서 길이가 500 m 이상인 것

⑤ 층수가 30층 이상인 것으로서 16층 이상 부분의 모든 층

공동구 : 국토의 계획 및 이용에 관한 법률 제2조 제9호
지하매설물(전기·가스·수도 등의 공급설비, 통신시설, 하수도시설 등)을 공용 수용함으로서 도시미관의 개선, 도로구조의 보전 및 교통의 원활한 소통을 기하기 위하여 지하에 설치하는 시설물을 말한다.

(2) 면제대상

무선통신보조설비를 설치하여야 할 특정소방대상물에 이동통신 구내 중계기 선로설비 또는 무선이동중계기 등을 화재안전기준의 무선통신보조설비기준에 적합하게 설치한 경우에는 무선통신보조설비 설치가 면제된다.

(3) 설치제외

지하층으로서 특정소방대상물의 바닥부분 2면 이상이 지표면과 동일하거나 지표면으로부터의 깊이가 1 m 이하인 경우에는 해당층에 한하여 무선통신보조설비를 설치하지 아니할 수 있다.

03 구성요소

소방용 무선통신보조설비에는 누설동축케이블 방식과 안테나 방식이 있다.

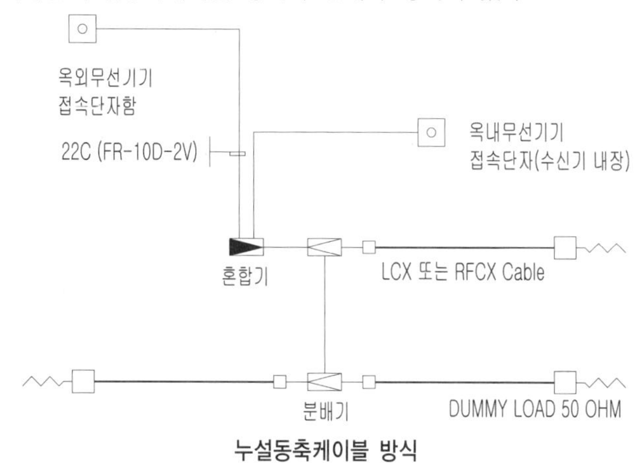

누설동축케이블 방식

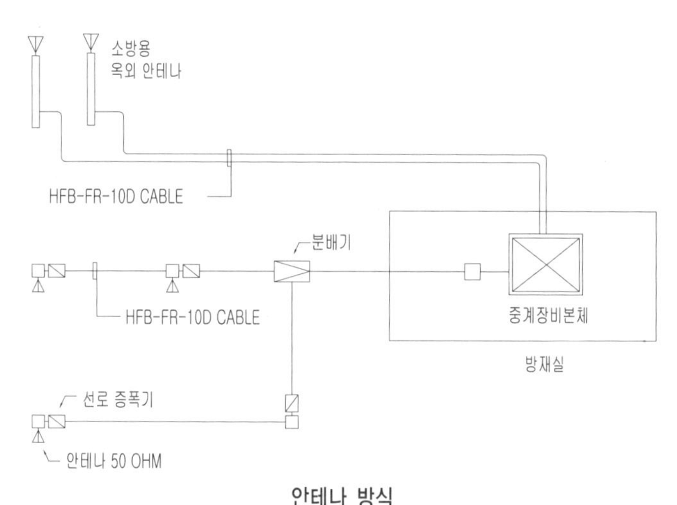

안테나 방식

(1) 누설동축케이블

누설동축케이블은 동축케이블의 외부도체에 가느다란 홈(Slot : 슬롯)을 만들어서 전파가 외부로 새어나갈 수 있도록 한 케이블로, 내열성을 가지게 한 것은 내열 누설동축케이블이라고 부른다.

(2) 무선기기 접속단자함

접속단자함은 일반적으로 건물 지상의 현관이나 수위실에 설치되며, 소화전 설치대상에는 소화전의 감시제어반에 설치하여 소화활동을 지휘하는 소방대원의 휴대용 무전기를 접속하기 위한 것으로 외함과 접속단자로 구성된다.

(3) 분배기(Distributor, Divider)

분배기는 신호의 전송로가 분기되는 장소에 설치하는 것으로 임피던스 매칭(Matching)과 신호 균등분배를 위해서 사용하는 장치

(4) 분파기(Splitter)

서로 다른 주파수의 합성된 신호를 분리하기 위해서 사용하는 장치

(5) 혼합기(Mixer) ➔ 공용기(Combiner, 결합기)

2개 이상의 입력신호를 원하는 비율로 조합한 출력이 발생하도록 하는 장치

(6) 증폭기(Amplifier)

증폭기는 누설동축케이블의 길이가 길어짐에 따라 저항의 증가로 출력이 약해지므로 이를 증폭하는 장치이다. 전파의 출력을 높이기 위해서 증폭기에는 전원이 설치되는데, 전원은 상용전원으로 축전지와 교류전원이 사용될 수 있으며, 상용전원 차단시 사용할 수 있는 비상전원이 부착되는데, 비상전원의 용량은 무선통신보조설비를 유효하게 30분 이상 작동시킬 수 있는 것으로 한다.

(7) 무반사 종단저항(Dummy Load)

빛이 공기 중을 통과하다가 공기와 밀도가 다른 유리에 도달하면 일부는 유리를 투과하고 일부는 반사한다. 무선통신용 신호도 동축케이블의 끝에 도달하면 갑자기 임피던스가 무한대로 되므로 그 지점에서 반사하여 왔던 길로 되돌아가 메아리가 생기는데 이런 반사파를 없애기 위해 설치하는 것이 무반사 종단저항이다.

04 설치기준

(1) 누설동축케이블 등 암기 전안불무 4 이 판

① 소방전용 주파수대에서 전파의 전송 또는 복사에 적합한 것으로서 소방**전**용의 것으로 할 것. 다만, 소방대 상호간의 무선연락에 지장이 없는 경우에는 다른 용도와 겸용할 수 있다.

② 누설동축케이블과 이에 접속하는 **안**테나 또는 동축케이블과 이에 접속하는 안테나에 따른 것으로 할 것

③ 누설동축케이블은 **불**연 또는 난연성의 것으로서 습기에 의하여 전기의 특성이 변질되지 아니하는 것으로 하고, 노출하여 설치한 경우에는 피난 및 통행에 장애가 없도록 할 것

④ 누설동축케이블의 끝부분에는 **무**반사 종단저항을 견고하게 설치할 것

⑤ 누설동축케이블은 화재에 의하여 해당 케이블의 피복이 소실된 경우에 케이블 본체가 떨어지지 아니하도록 **4** m 이내마다 금속제 또는 자기제 등의 지지금구로 벽·천장·기둥 등에 견고하게 고정시킬 것. 다만, 불연재료로 구획된 반자 안에 설치하는 경우에는 그러하지 아니하다.

⑥ 누설동축케이블 및 안테나는 고압의 전로로부터 1.5 m 이상 **떨어진** 위치에 설치할 것. 다만, 해당 전로에 정전기 차폐장치를 유효하게 설치한 경우에는 그러하지 아니하다.

⑦ 누설동축케이블 및 안테나는 금속**판** 등에 의하여 전파의 복사 또는 특성이 현저하게 저하되지 아니하는 위치에 설치할 것

⑧ 누설동축케이블 또는 동축케이블의 임피던스는 50 Ω 으로 하고, 이에 접속하는 안테나·분배기 기타의 장치는 해당 임피던스에 적합한 것으로 하여야 한다.

(2) 무선기기 접속단자 암기 장로표 3 5 함

무선기기 접속단자는 다음 각 호의 기준에 의하여 설치하여야 한다. 다만, 전파법 제58조의2에 따른 적합성평가를받은 무선이동중계기를 설치하는 경우에는 그러하지 아니하다.

① 화재층으로부터 지면으로 떨어지는 유리창 등에 의한 지장을 받지 않고 지상에서 유효하게 소방활동을 할 수 있는 장소 또는 수위실 등 상시 사람이 근무하고 있는 장소에 설치할 것
② 단자는 한국산업규격에 적합한 것으로 하고, 바닥으로부터 높이 0.8 m 이상, 1.5 m 이하의 위치에 설치할 것
③ 단자의 보호함의 표면은 "무선기 접속단자"라고 표시한 표지를 할 것
④ 지상에 설치하는 접속단자는 보행거리 300 m 이내마다 설치하고, 다른 용도로 사용되는 접속단자에서 5 m 이상의 거리를 둘 것
⑤ 지상에 설치하는 단자를 보호하기 위하여 견고하고 함부로 개폐할 수 없는 구조의 보호함을 설치하고, 먼지·습기 및 부식 등에 의하여 영향을 받지 아니하도록 조치할 것

(3) 분배기 등

분배기·분파기·혼합기 등은 다음 각 호의 기준에 의하여 설치하여야 한다.

① 먼지·습기 및 부식 등에 의하여 기능에 이상을 가져오지 아니하도록 할 것
② 임피던스는 50 Ω 의 것으로 할 것
③ 점검에 편리하고 화재 등의 재해로 인한 피해의 우려가 없는 장소에 설치할 것

(4) 증폭기 및 무선이동중계기를 설치하는 경우

① 전원은 전기가 정상적으로 공급되는 축전지 또는 교류전압 옥내간선으로 하고, 전원까지의 배선은 전용으로 할 것
② 증폭기의 전면에는 주 회로의 전원이 정상인지의 여부를 표시할 수 있는 표시등 및 전압계를 설치할 것
③ 증폭기에는 비상전원이 부착된 것으로 하고 해당 비상전원 용량은 무선통신보조설비를 유효하게 30분 이상 작동시킬 수 있는 것으로 할 것
④ 무선이동중계기를 설치하는 경우에는 전파법 제46조의 규정에 의한 형식검정을 받거나 형식등록한 제품으로 설치할 것

무선통신설비의 Grading

1. 전송손실 ➜ 배관의 마찰손실에 비유
   ① 케이블의 길이 방향으로 신호가 전달되면서 신호 입력단에서 멀어질수록 신호의 세력이 감쇠되는 양을 dB로 나타낸 것으로, 도체에 전류가 흐르게 되면 그 도체의 임피던스에 의해 도체내에 전력손실이 생기는데 통신 분야에서는 전송손실이라 한다.
   ② 누설동축케이블에서 전송손실은 도체손실, 절연체손실, 복사손실의 합이다.
   ③ 결합손실이 작은 것일수록 복사손실이 커지고 전송손실이 커지며, 이 전송손실은 회로에서 취급하는 주파수가 높을수록 커진다. 즉, 주파수를 f로 하면 손실(dB/km)은 주파수에 비례하여 증가해 나감을 알 수 있다.

2. 결합손실 ➜ 배관의 미소마찰손실에 비유

① 어떤 전기회로에 어떤 기기 또는 물질을 추가로 삽입했을 때 이것으로 인해 발생한 손실

② 누설동축케이블에서 결합손실은 누설동축케이블에서 1.5 m만큼 떨어진 거리에 있는 다이폴 안테나(Dipole Antenna)를 설치하고 케이블의 입력전력과 수신전력의 비율로 구한다.

• $Lc = -10\log\frac{Pr}{Ps}[dB] = -10\log\frac{\text{출력전력}}{\text{입력전력}}[dB] = 10\log\frac{Ps}{Pr}[dB]$

여기서, Ps : 누설동축케이블에 인가한 입력 전력(W), Pr : 다이폴안테나에서 수신한 수신전력(W)

③ 결합 손실은 Slot 크기와 각도에 의해 조절되고 전송손실은 결합손실 크기에 따라 변한다.

05 그레이딩(Grading)

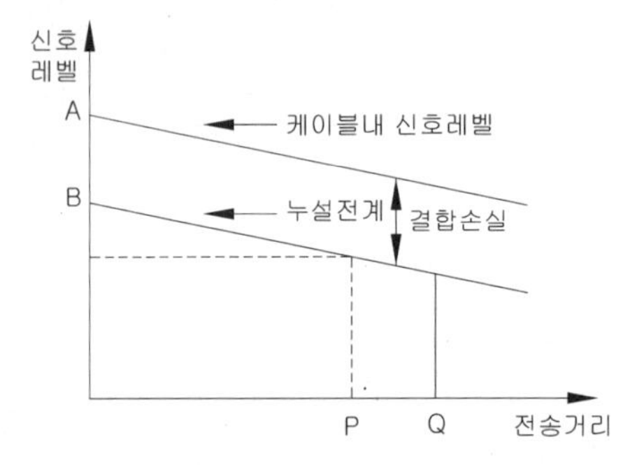

(1) 실용 전계의 강도를 A, B간으로 하면 P점까지는 문제가 없으나 Q점에서는 신호의 레벨이 약해서 케이블의 신호를 증폭시킬 필요가 있다.

(2) 누설동축케이블의 경우 비상전원, 유지관리 등의 문제로 인해 일반적으로 증폭기나 중계기를 사용하지 않고 결합손실이 큰 케이블부터 순차적으로 접속함에 따라 전송거리를 얻는 방법으로 Grading을 이용한다.

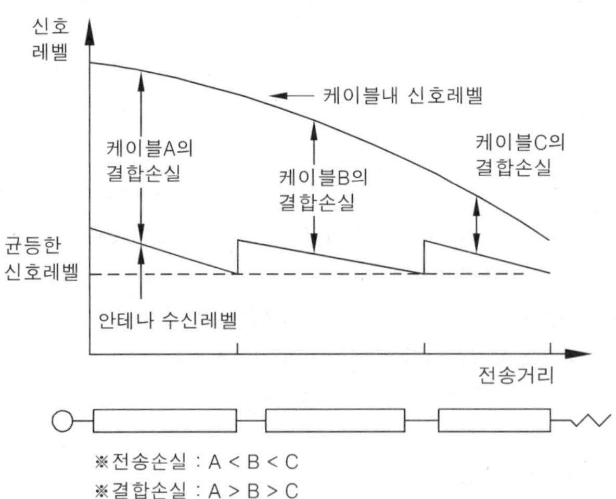

※전송손실 : A < B < C
※결합손실 : A > B > C

(3) 그레이딩(Grading)을 위해 신호레벨이 높은 곳에는 결합손실이 큰 케이블을 사용하고 신호레벨이 낮은 곳에는 결합손실이 작은 케이블을 사용하여 그림과 같이 계단처럼 평준화시켜 주는 것을 Grading이라 한다.

06 누설동축케이블 명명법

기호의미	LCX – FR – SS – 42D –146
LCX	누설형 동축케이블(Leaky Coaxial Cable)
FR	내열성(Fla me Resistance)
SS	자기 지지(Self Supporting)
42	절연체 외경(mm)
D	특성 임피던스(C : 75 Ω, D : 50 Ω)
14	사용 주파수 1 : 150 MHz, 4 : 450 MHz, 14 : 150 MHz 또는 450 MHz
6	결합손실표시

07 동축케이블 종류

종류	누설동축케이블, LCX Cable (Leaky Coaxial Cable, LCC)	방사형 누설동축케이블, RFCX Cable (Radiation High foamed Coaxial Cable, RCC)
구조	외피 외부도체 절연체 내부도체 외피 외부도체 절연체 내부도체 슬롯(Slot) 내열층(option) 지지선	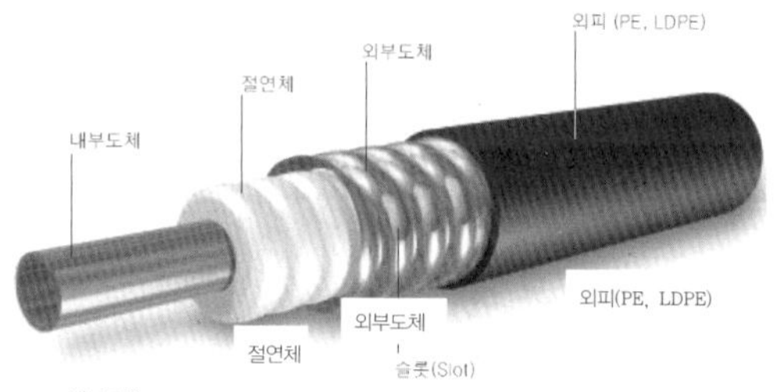 방사형 누설동축케이블 슬롯(SLOT) 형태도
특징	• 동축케이블(Coaxial Cable) : 두 도체의 동심원상에서 내부도체와 외부도체를 동일한 축상에 배열한 것으로 외부전계와 완전히 차단되어 있어 고주파 전송용 도체로 사용함 • LCX 케이블 : 이는 전파를 방사할 수 있도록 케이블 길이방향으로 일정하게 슬롯(Slot)을 만들어 놓은 것으로 슬롯의 길이와 각도에 따라 특정 주파수를 선택할 수 있으나 소방용의 경우 특정 주파수대에서만 동작하고 그 외 주파수대역에서는 동작하지 않도록 Slot이 정해져 있다. • 터널, 지하철, 빌딩지하층, 지하상가 등 지상의 전파가 미치지 못하는 지역에서 무선호출기, Cellular, 소방무선, 차량전화, 방송수신, 무선교신 등에 사용	• RFCX 케이블 : 고발포 폴리에틸렌 절연체 위에 외부도체로 파형(주름진)동관(Corrugated Copper Tube)을 Slotting한 구조로 VSWR 및 특성임피던스가 향상되도록 설계된 케이블 • 특정 주파수대에서만 동작하는 LCX와는 달리, RFCX 케이블은 급전선의 외부도체 부분에 일정간격의 홈(Slot)을 내어 광대역주파수대에서 동작하도록 설계됨 • 현재 Cellular, PCS, WLL, IMT-2000 등 이동 통신용으로 주파수대가 넓은 곳에서 광범위하게 사용 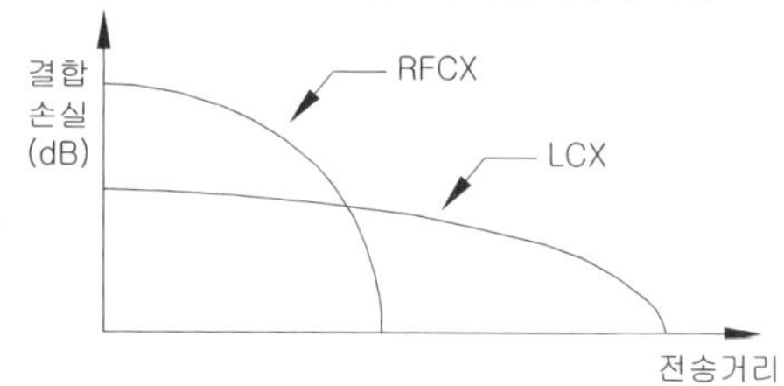

비 교	• 주파수 대역 : LCX는 특정주파수에서 균일한 전파를 방사하고, RFCX는 주파수대가 넓은 곳에서 사용한다. • 전송손실 : LCX케이블에 비해 RFCX케이블이 전송손실이 월등히 좋다. PCS 및 IMT-2000의 서비스 대역의 주파수에서도 사용이 가능하다. • 결합손실 : 대체적으로 결합손실은 RFCX케이블에 비해 특성주파수에 맞게 설계된 LCX케이블이 양호하다. • 누설 동축케이블의 방사거리 : 케이블의 외경의 굵기에 따라서 방사거리도 차이가 생긴다. • 일반적으로 LCX 42D의 방사거리는 15 m, RFCX 22D는 12 m의 방사거리를 갖는다.

08 임피던스(Impedance : 방해, 저지) : AC 개념의 저항

(1) 정의

교류회로에서 저항(R), 인덕턴스(L), 캐패시턴스(C)에 대한 저항값으로 전류의 흐름을 방해하는 양. 임피던스는 주파수를 가진 AC 회로에서 응용되는 개념이나, 직류회로의 저항(Resistance)라는 개념과 매우 유사하며 실제로도 그러하다.

저항(Resistance), 기호 : R, 단위 : 옴(Ohm, Ω)

1. 물질은 자유전자의 이동에 따라 전기적인 성질을 가지게 되는데, 자유전자가 그 물질을 통과할 때 물질을 구성하고 있는 원자에 의해 흐름을 방해받게 되는 것을 저항이라 한다. 즉, 전자의 이동을 전류라고 할 때 전류의 흐름을 억제하는 기능을 저항이라 한다.
2. 일반적으로 주어진 전압이 일정하다고 할 때, 직류 전기회로에서 전류는 저항에 반비례한다.

(2) 임피던스의 역할

① 크게 보면 저항과 마찬가지로 소모와 저장, 부하의 3가지 역할로 나눌 수 있다. 도선을 따라 전류가 흐를 때, 주파수와 구조에 따라 자기장으로 에너지가 축적되는 인덕턴스(Inductance : L)나 전기장으로 에너지가 축적되는 캐패시턴스(Capacitance : C)로 에너지가 축적되면 외부에서 보기에 에너지가 사라져서 마치 소모된 것처럼 보인다. 물론 실제 소모되는 경우도 있지만, 대체로 축적 후에 교류 상황에 맞게 에너지가 재활용하게 된다.
바로 이렇게 교류저항성 소자들로 인해 주파수에 따라 임피던스가 다르고, 이러한 것을 이용하여 부하(Load)를 걸 수 있다.

② 전자회로 설계는 결국 여러 부위에 원하는 전압이나 전류를 분산하여 인가함으로써 특정한 목적을 가진 회로로서 동작하게 만드는 것이다. 그러려면 특정 부위, 특정 지점에 일정한 전압 또는 전류가 흐르도록 제어해야 되는데, 대부분 전압이나 전류 중 한 가지는 고정되어있기 때문에 임피던스를 조절하면 나머지 한 가지 요소를 조절할 수 있게 된다.(임피던스의 정의가 전압과 전류의 비라는 점을 상기할 것!)

(3) 특성 임피던스(Characteristic Impedance)

① 모든 RF(Radio Frequency, 무선주파수)회로에서는 특성임피던스가 주어진다. 이것은 하나의 회로 혹은 시스템을 기준 잡는 임피던스로서, 일반적으로 회로에서는 50 Ω, 안테나에서는 75 Ω을 많이 사용한다. 이 임피던스 값 자체가 어떤 특성을 가지는 것은 아니고, 기준 임피던스를 잡음으로써 각각의 Component, Circuit이 서로 입출력단에서 호환성을 가지게 하려는 의미가 더 강하다.

② 모든 RF 파트의 입력단과 출력단을 50 Ω으로 통일한다면 특별한 임피던스 정합을 하지 않아도 바로 연결할 수 있기 때문이다.

※ 고주파에서는 임피던스 값이 변화되는 부분이 있으면 반사파가 발생하고, 영상에서는 고스트나 찌그러짐이 생긴다.

50 Ω을 쓰는 이유

전자파 에너지의 전력 전송(Power Transfer) 특성이 가장 좋은 임피던스는 33 Ω, 신호파형의 왜곡(Distortion)이 가장 작은 임피던스는 75 Ω 정도이다. 그래서 그 중간정도가 49 Ω 정도인데, 계산의 편의성을 위해 50 Ω을 사용하게 되었다.

RF(Radio Frequency, 방사주파수, 무선주파수)회로

100 MHz~300 MHz 이상의 고주파 무선통신 및 고주파를 이용하는 장비설계, 연구공학분야 일체

07

연소방지설비

Fire Equipment Manager

01 개요

연소방지설비란 전력·통신용의 전선이나 가스·냉난방용의 배관 또는 이와 비슷한 것을 집합수용하기 위하여 설치된 지하공작물로서 사람이 점검 또는 보수하기 위하여 출입이 가능한 폭 1.8 m 이상, 높이 2 m 이상 및 길이 50 m 이상(전력 또는 통신사업용인 것은 500 m 이상)의 급배수관용을 제외한 지하구내에 연소를 방지하기 위하여 설치하는 수막설비와 유사한 설비로 기본적인 구성은 송수구, 배관, 방수헤드 등으로 구성된다.

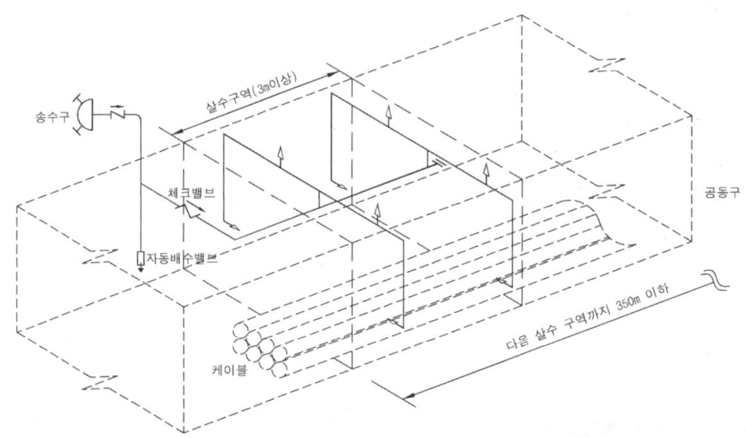

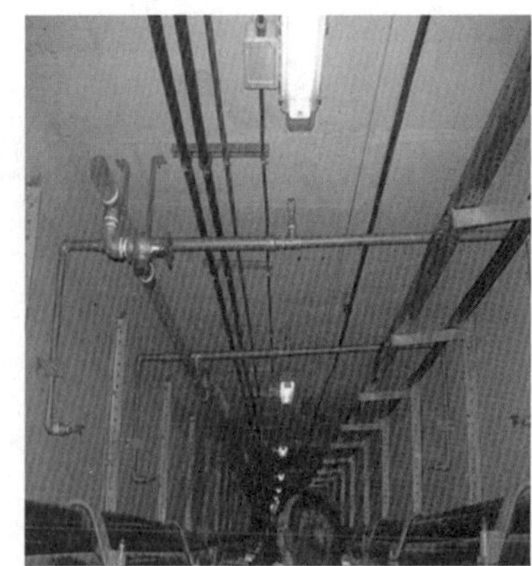

02 연소방지설비의 송수구

연소방지설비의 송수구는 소방차가 쉽게 접근할 수 있는 보도, 차도 근처에 설치하고 구경은 65 mm 쌍구형으로 하여야 하며 설치장소 1 m 이내에 살수구역에 대한 표지를 하여야 한다. 그 밖의 송수구의 설치에 관하여는 옥내소화전 송수구 규정을 준용한다.

03 연소방지설비의 배관

연소방지설비의 헤드는 연소방지설비전용헤드나 스프링클러헤드를 사용할 수 있는데 전용헤드를 사용하는 경우는 연결살수설비에 준하여 설치하고, 스프링클러헤드를 사용하는 경우에는 스프링클러설비 배관에 준하여 설치한다. 이때 수평주행배관의 구경은 100 mm 이상으로 하여야 하고 배관의 기울기는 헤드를 향하여 상향으로 1/1,000 이상으로 하여야 한다.

04 방수헤드

방수헤드의 설치는 천정 또는 벽면에 설치하되 방수헤드간의 수평거리는 연소방지설비전용헤드를 사용할 경우에는 2 m 이하, 스프링클러헤드를 사용한 경우에는 1.5 m 이하로 하여야 한다. 살수구역은 지하구의 길이방향으로 길이 350 m 이하마다 또는 환기구 등을 기준으로 1개 이상 설치하되 하나의 살수구역의 길이는 3 m 이상으로 하여야 한다.

05 설치기준

(1) 정의

① **분전반** : 분기개폐기·분기과전류차단기 그 밖에 배선용기기 및 배선을 금속제 외함에 수납한 것
② **방수헤드** : 연소방지설비전용헤드 또는 스프링클러헤드
③ **방화벽** : 화재의 연소를 방지하기 위하여 설치하는 벽
④ **연소방지도료** : 케이블·전선 등에 칠하여 가열할 경우 칠한 막의 부분이 발포하거나 단열의 효과가 있어 케이블·전선 등이 연소하는 것을 지연시키는 도료
⑤ **발포성** : 불꽃이 접촉할 때 발포하여 불꽃의 전파를 지연 또는 차단시키는 성질
⑥ **비발포성** : 불꽃이 접촉할 때 발포하지 않지만 단열효과가 있어 불꽃의 전파를 지연 또는 차단시키는 성질
⑦ **난연테이프** : 케이블·전선 등에 감아 케이블·전선 등이 연소하는 것을 지연시키는 테이프

(2) 연소방지설비의 배관

① 배관의 구경

㉠ 연소방지설비전용헤드를 사용하는 경우에는 다음 표에 따른 구경 이상으로 할 것

하나의 배관에 부착하는 살수헤드의 개수	1개	2개	3개	4개 또는 5개	6개 이상
배관의 구경(mm)	32	40	50	65	80

㉡ 스프링클러헤드를 사용하는 경우에는 스프링클러설비의 화재안전기준 별표1의 기준에 따를 것

③ 연소방지설비에 있어서의 수평주행배관의 구경은 100 mm 이상의 것으로 하되, 연소방지설비전용헤드 및 스프링클러헤드를 향하여 상향으로 1,000분의 1 이상의 기울기로 설치하여야 한다.

(3) 방수헤드

① 천장 또는 벽면에 설치할 것

② 방수헤드간의 수평거리는 연소방지설비 전용헤드의 경우에는 2 m 이하, 스프링클러헤드의 경우에는 1.5 m 이하로 할 것

③ 살수구역은 환기구 등을 기준으로 지하구의 길이방향으로 350 m 이하마다 1개 이상 설치하되, 하나의 살수구역의 길이는 3 m 이상으로 할 것

(4) 송수구

① 소방차가 쉽게 접근할 수 있는 노출된 장소에 설치하되, 눈에 띄기 쉬운 보도 또는 차도에 설치할 것

② 송수구는 구경 65 mm의 쌍구형으로 할 것

③ 송수구로부터 1 m 이내에 살수구역 안내표지를 설치할 것

④ 지면으로부터 높이가 0.5 m 이상, 1 m 이하의 위치에 설치할 것

⑤ 송수구의 가까운 부분에 자동배수밸브(또는 직경 5 mm의 배수공)를 설치할 것. 이 경우 자동배수밸브는 배관안의 물이 잘 빠질 수 있는 위치에 설치하되, 배수로 인하여 다른 물건 또는 장소에 피해를 주지 아니할 것

⑥ 송수구로부터 주배관에 이르는 연결배관에는 개폐밸브를 설치하지 아니할 것

⑦ 송수구에는 이물질을 막기 위한 마개를 씌어야 함

(5) 연소방지도료의 도포

지하구안에 설치된 케이블·전선 등에는 다음 각 호의 기준에 따라 연소방지용 도료를 도포하여야 한다. 다만, 케이블·전선 등을 옥내소화전설비의 화재안전기준 제10조 제2항의 규정에서 정한 기준에 적합한 내화배선 방법으로 설치한 경우와 이와 동등 이상의 내화성능이 있도록 한 경우에는 그러하지 아니하다.

① 도포 방법

㉠ 도료를 도포하고자 하는 부분의 오물을 제거하고 충분히 건조시킨 후 도포할 것

㉡ 도료의 도포 두께는 평균 1 mm 이상으로 할 것

㉢ 유성도료의 1회당 도포간격은 2시간 이상으로 하되, 환기가 원활한 곳에서 실시할 것. 다만, 지하구 또는 유증기(油蒸氣)체류가 우려되는 공간에서 실시하여서는 안 된다.

② 도포 장소

연소방지도료는 다음 각 호 부분의 중심으로부터 양쪽방향으로 전력용케이블의 경우에는 20 m(단, 통신케이블의 경우에는 10 m) 이상 도포할 것

㉠ 지하구와 교차된 수직구 또는 분기구

㉡ 집수정 또는 환풍기가 설치된 부분

㉢ 지하구로 인입 및 인출되는 부분

㉣ 분전반, 절연유 순환펌프 등이 설치된 부분

㉤ 케이블이 상호 연결된 부분

㉥ 기타 화재발생 위험이 우려되는 부분

③ 연소방지도료 및 난연테이프의 성능기준 및 시험방법. 다만, 난연테이프의 경우 ㉣ 및 ㉤의 규정만을 시험한다.

㉠ 연소방지도료에는 인체에 유해한 석면 등이 함유되어서는 아니되며,
난연처리하는 케이블·전선 등의 기능에 변화를 일으키지 아니할 것

㉡ 건조에 대한 시험

KS M 5000 중 시험방법 2511[도료의 건조시간 시험방법(바니쉬·락카·에나멜 및 수성도료) 또는 시험방법 2512(도료의 건조시간 시험방법(유성도료)에 따라 7일간 자연건조 하였을 경우 고화건조, 경화건조, 불점착건조 또는 완전건조 중 하나에 해당될 것. 다만, 가열건조할 경우는 65±2 ℃에서 24시간 건조한다.

㉢ 산소지수

- 시험을 위한 시료는 KS M 5000 중 1121(도료 시험용 유리판 조제 방법)의 방법으로 두께 3 mm, 가로 6 mm, 세로 150 mm의 크기로 제작할 것
- 시료의 건조는 50 ± 2 ℃인 항온 건조기 안에서 24시간 건조한 후 실리카겔을 넣은 데시케이터 안에 2시간 동안 넣어둘 것
- 시료의 연소시간이 3분간 지속되거나 또는 착염 후 탄화길이가 50 mm일 때까지 연소가 지속될 때의 최저의 산소유량과 질소유량을 측정하여 산소지수값을 다음 계산식에 따라 산출하되, 산소지수는 평균 30 이상이어야 할 것. 다만, 난연테이프의 산소지수는 평균 28 이상이어야 한다.

$$\text{산소지수} = \frac{O_2}{O_2 + N_2} \times 100$$

(여기서, O_2 : 산소유량(L/min), N_2 : 질소유량(L/min))

㉣ 난연성시험

- 시료의 길이가 2,400 mm인 전선에 연소방지도료 또는 난연테이프를 도포(감은)한 것으로 할 것
- 난연성시험기는 금속제 수직형트레이와 별도의 리본가스버너를 사용할 것
- 트레이는 사다리 형태이며, 깊이 75 mm, 너비 300 mm, 길이 2,440 mm로 할 것
- 리본가스버너의 불꽃의 길이는 380 mm 이상이어야 하고, 트레이격자 사이의 시료중심에 불꽃이 닿도록 할 것
- 버너면은 시험편 표면에서 부터 76 mm 간격을 두어야 하며, 수직형트레이 바닥에서 600 mm 높이에 수평으로 장치하여야 할 것
- 수직형트레이 시험기의 온도측정용 온도감지센서는 불꽃 가까이에 설치하여야 하며, 시험편과 닿지 않도록 3 mm의 거리를 두어 설치할 것
- 시료의 배열은 수직형트레이 중심부분에 시료를 단층으로 배열하고 전선의 직경 1/2간격으로 폭 150 mm 이상이 되도록 금속제 사다리 중앙부에 배열할 것

• 가열온도를 816±10 ℃를 유지하면서 20분간 가열한 후 불꽃을 제거하였을 때 자연소화되어야 하며, 시험체가 전소되지 아니하여야 할 것

㉤ 발연량

ASTM E 662(고체물질에서 발생하는 연기의 특성광학밀도)의 방법으로 발연량을 측정하였을 때 최대연기밀도가 400 이하이어야 할 것

④ 성능시험을 위한 시료채취

㉠ 시료채취는 KS M 5000(도료 및 관련원료 시험방법) 중 시험방법 1021(도료의 시료 채취방법)에 따를 것

㉡ 성능시험을 위한 시험판은 KS D 3512(냉간압연강판 및 강대) 또는 이와 동등 이상의 것으로 두께 0.8 mm, 가로 70 mm, 세로 150 mm인 것으로 하며, 전선은 직경 10 ø ~ 20 ø 또는 22.9 kV CN-CV(동심 중성선 전력케이블) 325 mm^2, 피복은 흑색폴리에틸렌을 혼합한(Black Polyethylene Compound) 것으로 할 것

㉢ 시험을 위한 시험판 또는 전선에 도료를 분무기 또는 붓으로 칠하여 직사광선을 피하여 수직으로 7일 이상 건조한 것으로 할 것. 이 경우 건조한 도료의 도포두께는 1.0 mm 이내이어야 할 것

(6) 방화벽

① 내화구조로서 홀로 설 수 있는 구조일 것
② 방화벽에 출입문을 설치하는 경우에는 방화문으로 할 것
③ 방화벽을 관통하는 케이블·전선 등에는 내화성이 있는 화재차단재로 마감할 것
④ 방화벽의 위치는 분기구 및 환기구 등의 구조를 고려하여 설치할 것

(7) 공동구의 통합감시시설 구축 등 암기 정원수 예비

① 소방관서와 공동구의 통제실간에 화재 등 소방활동과 관련된 정보를 상시 교환할 수 있는 정보통신망을 구축할 것
② 제1호의 규정에 따른 정보통신망은 광케이블 또는 이와 유사한 성능을 가진 선로로서 원격제어가 가능할 것
③ 주 수신기는 공동구의 통제실에, 보조수신기는 관할 소방관서에 설치하여야 하고, 수신기에는 원격제어 기능이 있을 것
④ 비상시에 대비하여 예비선로를 구축할 것

예 상 문 제

Fire Equipment Manager

01 거실 제연설비의 설치장소에 대해 제연구역으로 구획하는 기준을 쓰시오.

암기 **인천 상육(작전)**

1. 하나의 제연구역은 2개 이상 층에 미치지 않도록 할 것
2. 하나의 제연구역의 면적은 1,000 m^2 이내로 할 것
3. 거실과 통로(복도를 포함)는 **상**호 제역구획 할 것
4. 하나의 제연구역은 직경 60 m 원내에 들어갈 수 있을 것
5. 통로상의 제연구역은 보행중심선의 길이가 60 m 이하일 것

02 거실 제연설비의 제연방식을 쓰시오.

1. 급배기방식
   예상제연구역에 대하여는 화재시 연기배출과 동시에 공기유입이 될 수 있게 하고, 배출구역이 거실일 경우에는 통로에 동시에 공기가 유입될 수 있도록 하여야 한다.
2. 통로배출방식 : 통로와 경유거실에 급배기실시
   통로와 인접하고 있는 거실의 바닥면적이 50 m^2 미만으로 구획되고 그 거실에 통로가 인접하여 있는 경우에는 화재시 그 거실에서 직접 배출하지 아니하고 인접한 통로의 배출로 갈음할 수 있다. 다만, 그 거실이 다른 거실의 피난을 위한 경유거실인 경우에는 그 거실에서 직접 배출하여야 한다.
3. 예상 제연구역 간주 예외
   통로의 주요 구조부가 내화구조이며 마감이 불연재료 또는 난연재료로 처리되고 가연성 내용물이 없는 경우에 그 통로는 예상제연구역으로 간주하지 아니할 수 있다. 다만, 화재발생시 연기의 유입이 우려되는 통로는 그러하지 아니하다.

03 거실 제연설비에서 전용덕트 제연방식과 공조덕트 겸용방식의 장단점을 신뢰도, 층고, 공사비, 유지보수관리, 개보수, 에너지절약 측면에서 비교하시오.

풀이

항 목	제연전용 닥트방식	공조덕트 겸용방식
신뢰도	제어부분이 간단하여 신뢰도가 높다.	여러 개의 Damper를 사용하며 동력시퀀스가 복잡하여 신뢰도가 떨어진다.
층고	공조용닥트의 필요층고 외에 600 mm~700 mm가 더 필요하다.	공조용닥트의 필요 층고로 충분하다.
공사비	별도의 제연닥트와 팬 설비를 요하므로 공사비가 비싸다.	닥트를 겸용함으로서 공사비는 대체로 저렴하다.
유지관리	단순하고 수명이 길다.	복잡하고 댐퍼동작, 팬 등 연동관계를 동시에 시험해 보아야 한다.
개보수	칸막이 변동에 어느 정도 대처 용이하다.	추후 칸막이 변동에 대해 대처 곤란하다.
에너지 절약	제연전용임으로 필요시만 운전되어 에너지 절약에 유리하다.	공조용 닥트를 제연용량에 맞추어 키우는 등 큰 용량의 기기를 저부하 저효율에서 운전하는 경우 절약에 불리하다.

04 제연설비용 송풍기의 날개 모양에 따른 종류 중 Sirocco Fan(다익형)과 Airfoil Fan(익형)을 비교한 것이다. 다음 빈칸을 채우시오.

구 분	Sirocco Fan(다익형)	Airfoil Fan(익형)
특성곡선도 (풍량 대비전압, 동력곡선)		
임펠러의 회전방향과 날개굽은 방향명기		
특징		

풀이

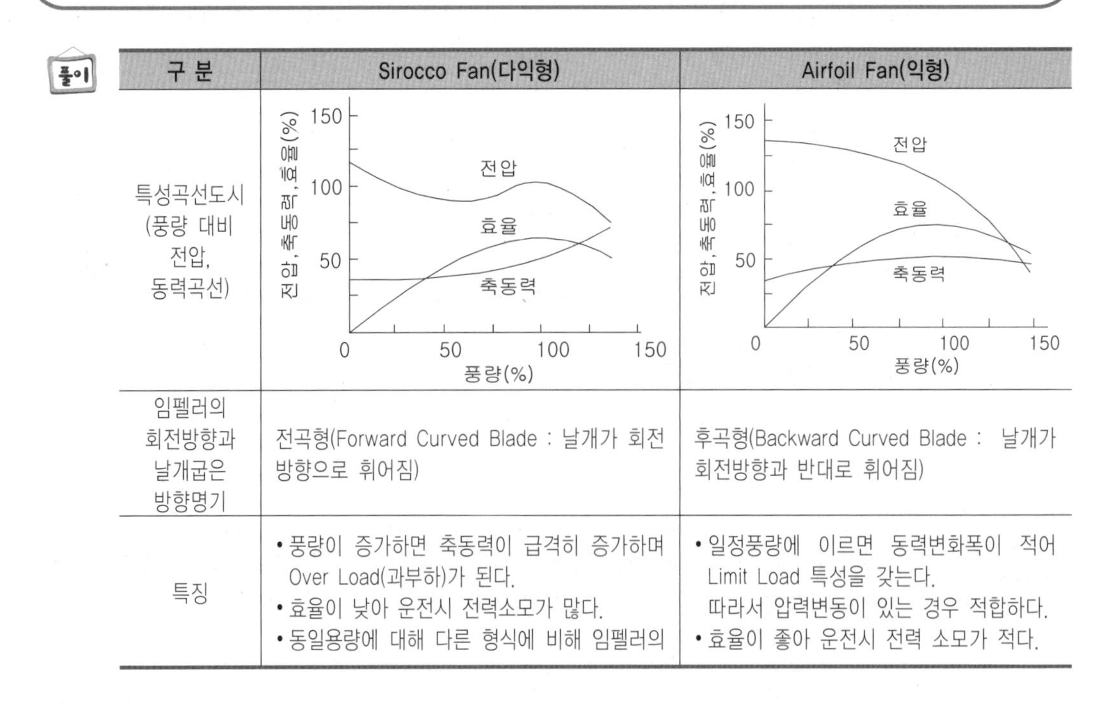

구 분	Sirocco Fan(다익형)	Airfoil Fan(익형)
특성곡선도시 (풍량 대비 전압, 동력곡선)		
임펠러의 회전방향과 날개굽은 방향명기	전곡형(Forward Curved Blade : 날개가 회전 방향으로 휘어짐)	후곡형(Backward Curved Blade : 날개가 회전방향과 반대로 휘어짐)
특징	• 풍량이 증가하면 축동력이 급격히 증가하며 Over Load(과부하)가 된다. • 효율이 낮아 운전시 전력소모가 많다. • 동일용량에 대해 다른 형식에 비해 임펠러의	• 일정풍량에 이르면 동력변화폭이 적어 Limit Load 특성을 갖는다. 따라서 압력변동이 있는 경우 적합하다. • 효율이 좋아 운전시 전력 소모가 적다.

	회전속도가 느리기 때문에 소음문제가 거의 발생하지 않고 강도가 중요하지 않으므로 저가에 제작이 가능하다. • 동일용량에 대해 송풍기 크기가 작다.	• 고속회전이 가능하며 소음이 적다. • 날개가 회전방향의 반대인 뒤로 구부러져 있으므로 입자상 물질이 퇴적하기 쉬우며 부식에 약하다.

05 제연설비의 배출풍도용 강판의 두께는 배출풍도의 크기에 따라 다음표에 따른 기준 이상으로 하여야 한다. 다음표의 빈칸을 채우시오.

풍도단면의 긴변 또는 직경의 크기	450 mm 이하	450 mm 초과 750 mm 이하	750 mm 초과 1,500 mm 이하	1,500 mm 초과 2,250 mm 이하	2,250 mm 초과
강판두께(mm)	(①)	0.6	(②)	1.0	(③)

정답 ① 0.5, ② 0.8, ③ 1.2

06 다음의 조건을 참고하여 제연설비의 1. 배출기 풍량, 2. 전압, 3. 전동기의 출력을 구하시오.

조건

1. 바닥면적 900 m^2인 거실로서 예상제연구역은 직경 55 m이다.
2. 경계벽의 수직거리는 2.3 m로 한다.
3. Duct 길이는 150 m, Duct 마찰손실은 0.5 mmAq/m로 한다.
4. 배출구 저항은 7 mmAq, 그릴 저항은 3 mmAq, 부속류는 닥트 저항의 50%로 한다.
5. 효율은 50%로 한다.
6. 전동기의 전달계수는 1.1이다.

1. 풍량 : 50,000 m^3/h
2. 전압

$$150\ m \times 0.5\ mmAq/m + 7\ mmAq + 3\ mmAq + 150\ m \times 0.5\ mmAq/m \times 0.5$$
$$= 122.5\ mmAq$$

정답 122.5 mmAq

3. 전동기의 출력(1 mmAq = 1 kgf/m^2)

$$L_M = \frac{P_T\ Q_S}{102\eta_f} \times K = \frac{122.5 \times 50{,}000}{102 \times 0.5 \times 3600} \times 1.1 = 36.696 \fallingdotseq 36.70\ kW$$

정답 36.70 kW

배출량의 기준

1. 통로배출방식(50 m^2 미만)
2. 거실
   ① 소규모 거실(400 m^2 미만)
   바닥면적 $m^2 \times 60\ m^3/(h \cdot m^2) \geq$ 최저 배출량 5,000 m^3/h
   ② 경유거실(소규모 거실인 경우)
   기준 풍량 (최저 배출량 5,000 m^3/h) × 1.5 배 이상
   ③ 대규모 거실(400 m^2 이상)
   면적 → 직경 → 제연경계벽의 수직거리
3. 통로 암기 **통 25, 3만 대 4, 45**
   보행중심선의 길이 → 제연경계벽의 수직거리 ≥ 최저 배출량 45,000 m^3/h

길이·직경	수직거리	통로배출방식(50 m^2 미만)	대규모 거실
40 m 이하	2.0 m 이하	25,000 m^3/h	40,000 m^3/h
	2.5 m 이하	30,000 m^3/h	45,000 m^3/h
	3.0 m 이하	35,000 m^3/h	50,000 m^3/h
	3.0 m 초과	45,000 m^3/h	60,000 m^3/h
60 m 이하	2.0 m 이하	30,000 m^3/h	45,000 m^3/h(또는 통로)
	2.5 m 이하	35,000 m^3/h	50,000 m^3/h
	3.0 m 이하	40,000 m^3/h	55,000 m^3/h
	3.0 m 초과	50,000 m^3/h	65,000 m^3/h

07 **다음 그림과 조건을 참고하여 다음 각 물음에 답하시오.**

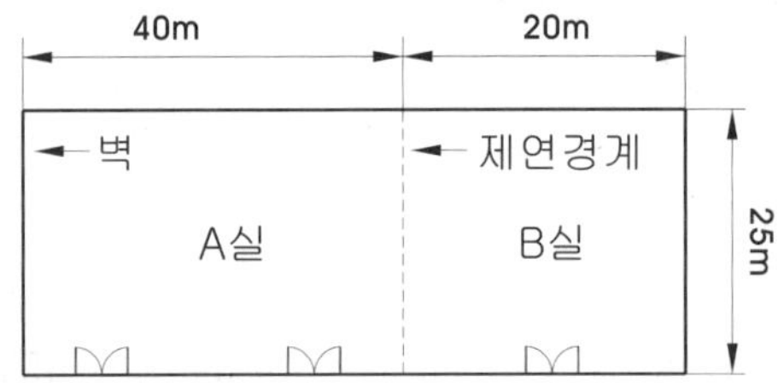

1. 배출기의 최소 배출량(m^3/h)

2. A실과 B실의 배출구의 최소 개수

3. A실과 B실의 공기유입구의 최소 크기(m^2)

조건

1. 거실의 천장높이는 3 m이며, 제연경계의 폭은 600 mm이다.
2. 전용 제연설비이며, 급기용 송풍기와 배출용 송풍기는 각각 1대이다.
3. 이 실의 내부에는 기둥이 없고, 실내 상부에는 반자로 고르게 마감되어 있다.
4. 헤드, 감지기, 전등 또는 공조용 디퓨져 등의 모듈(Module)은 무시하는 것으로 한다.
5. 계산결과에서 소수점 발생시 소수 셋째자리에서 반올림한다.

1. 배출기의 최소 배출량(m^3/h)

구 분	바닥면적	직 경	수직거리	배출량
A실	1,000 m^2	$40m < \sqrt{40^2+25^2} = 47.17\ m \le 60\ m$	2.4 m	50,000 m^3/h
B실	500 m^2	$\sqrt{20^2+25^2} = 32.02\ m \le 40\ m$	2.4 m	45,000 m^3/h

※ 거실의 바닥면적 → 직경 → 제연경계벽의 수직거리

정답 50,000 m^3h

2. A실과 B실에 설치되는 배출구의 최소 개수

① 배출구의 유효반경 : $r = 10\ m$

② 배출구 간격 : $S = 2\ r\cos 45° = 2 \times 10 \times \cos 45° = 14.14\ m$

A실	B실
가로열 개수 = 40/14.14 ≒ 3	가로열 개수 = 20/14.14 ≒ 2
세로열 개수 = 25/14.14 ≒ 2	세로열 개수 = 25/14.14 ≒ 2
설치수 : 2 X 3 = 6개	설치수 : 2 X 2 = 4개

정답 A실 6개, B실 4개

3. A실과 B실에 설치되는 공기유입구의 최소 크기(m^2)

구분	계산식	공기유입구 크기	비 고
A실	(45,000 m^3/h = 750.00 m^3/min) X 0.0035 m^2/(m^3/min)	2.63 m^2	B실로 유입
B실	(50,000 m^3/h = 833.33 m^3/min) X 0.0035 m^2/(m^3/min)	2.92 m^2	A실로 유입

정답 A실 : 2.63 m^2, B실 : 2.92 m^2

알아두세요

1. 제연설비의 화재안전기준(NFSC 501) 제8조(공기유입방식 및 유입구)
   ① 인접한 제연구역 또는 통로에 유입되는 공기를 해당 예상제연구역에 대한 공기유입으로 하는 경우에는 그 인접한 제연구역 또는 통로의 유입구가 제연경계 하단보다 높은 경우에는 그 인접한 제연구역 또는 통로의 화재시 그 유입구는 다음 각 호의 1의 기준에 적합할 것
   - 각 유입구는 자동폐쇄될 것
   - 해당구역내에 설치된 유입풍도가 해당 제연구획부분을 지나는 곳에 설치된 댐퍼는 자동폐쇄될 것

   ② 예상제연구역에 공기가 유입되는 순간의 풍속은 5 m/s 이하가 되도록 하고, 제2항 내지 제4항의 유입구의 구조는 유입공기를 하향 60° 이내로 분출할 수 있도록 예상제연구역에 대한 공기유입구의 크기는 해당 예상제연구역 배출량 1 m^3/min에 대하여 35 cm^2 이상으로 하여야 한다.
   ③ 예상제연구역에 대한 공기유입량은 제6조 제1항 내지 제4항의 규정에 따른 배출량 이상이 되도록 하여야 한다.
2. A실과 B실의 배출구의 최소 개수 : 제연설비의 화재안전기준(NFSC 501) 제7조 예상제연구역의 각 부분으로부터 하나의 배출구까지의 수평거리는 10 m 이내가 되도록 설치
   ➜ 동일한 방호면적이라도 건물평면도의 형태에 따라 설치개수는 다를 수도 있다. 다만, 배출구의 간격을 헤드 배치방법처럼 구하여 설치개수를 구하는 방법이 가장 미포용 부분을 발생시키지 않는 방법이다. 다른 설비도 이에 준하여 계산하면 된다.

① 배출구 유효반경(r) 10 m
② 배출구 간격(S)
$S = 2r\cos 45^\circ = 14.14$ m
$= 2 \times 10 \times \cos 45^\circ$
- A실
  - 가로열 개수 = 40/14.14 ≒ 3
  - 세로열 개수 = 25/14.14 ≒ 2
  - 설치수 : 2 × 3 = 6개
- B실
  - 가로열 개수 = 20/14.14 ≒ 2
  - 세로열 개수 = 25/14.14 ≒ 2
  - 설치수 : 2 × 2 = 4개

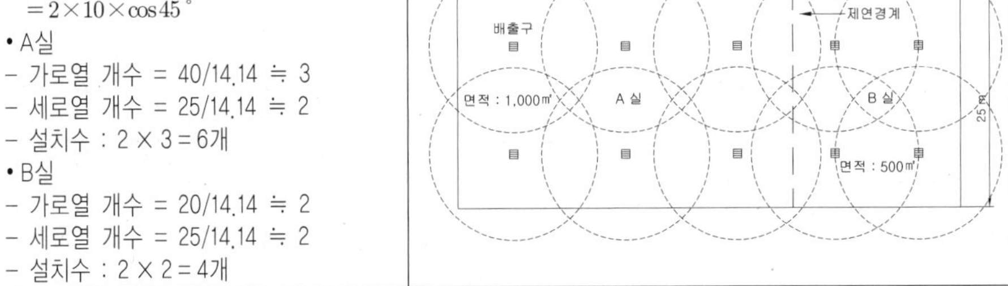

① 배출구 유효반경 10 m
$\pi r^2 = \pi \times 10^2$
$= 314.16\ m^2$
- A실 : 1,000 m^2 ÷ 314.16 m^2/개 = 3.2 ≒ 4개
- B실 : 500 m^2 ÷ 314.16 m^2/개 = 1.6 ≒ 2개
- 결론 : 미포용 부분 발생

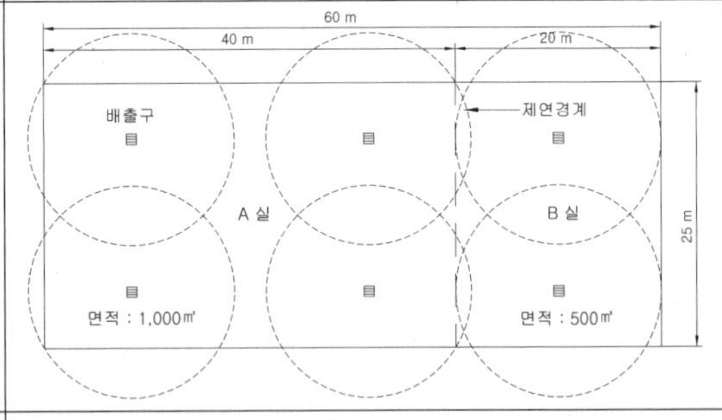

① 배출구 유효반경(r) 10 m
② 배출구 유효면적(A)
$A = 20 \times 20 \div 2 = 200\ m^2$
- A실 : 1,000 m^2 ÷ 200 m^2/개 ≒ 5개
- B실 : 500 m^2 ÷ 200 m^2/개 ≒ 3개
- 결론 : 미포용 부분 발생

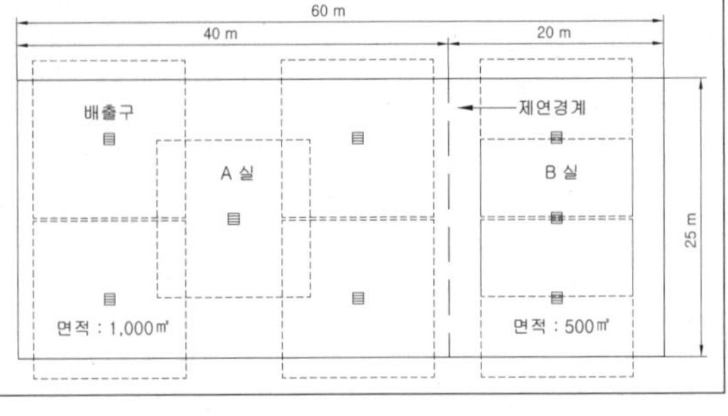

08 다음과 같은 건축평면도에 거실 제연설비를 설계하고자 한다. 다음 각 물음에 답하시오.

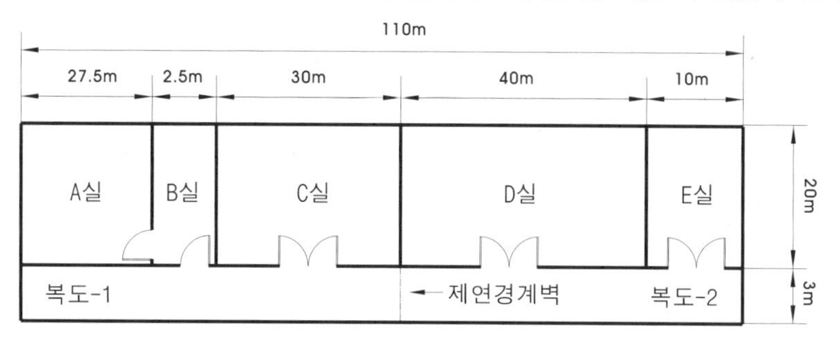

8-1 B실에 대한 최소 배출량(m^3/h)을 구하시오.

8-2 D실, E실의 제연구역 Zoning에 따른 최소 배출량 구할 때 다음표의 빈칸을 채우시오.

8-3 공동예상제연방식이 아닐 경우 당 평면에 대한 급기 송풍기의 최소 풍량(m^3/h)을 구하시오.

조건

1. 전용 제연설비이며, 급기용 송풍기와 배출용 송풍기는 각각 1대이다.
2. 복도는 주요 구조부가 내화구조이며 마감이 불연재료 또는 난연재료로 처리되고 가연성 내용물이 없으나 화재발생시 연기의 유입이 우려되는 구조이다.
3. 복도의 천장높이는 3 m이며, 제연경계의 폭은 600 mm이다.
4. A실, B실, C실, D실, E실은 거실이다.

8-1 B실에 대한 최소 배출량(m^3/h)을 구하시오.

풀이 $50\ m^2 \times 60\ m^3/(h \cdot m^2) = 3{,}000\ m^3/h \le 5{,}000\ m^3/h,\ 5{,}000\ m^3/h \times 1.5 = 7{,}500\ m^3/h$

8-2 D실, E실의 제연구역 Zoning에 따른 최소 배출량 구할 때 다음 표의 빈칸을 채우시오.

제연구역 Zoning	D실	E실	D실 + E실
제연구역의 면적			
제연구역의 직경		–	
D실와 E실을 하나의 예상제연구역 배출량			
D실와 E실을 별개의 예상제연구역 배출량			–

풀이

제연구역 Zoning	D실	E실	D실 + E실
제연구역의 면적	$800\ m^2$	$200\ m^2$	$1{,}000\ m^2$
제연구역의 직경	$\sqrt{40^2+20^2}=45\ m$	–	$\sqrt{50^2+20^2}=54\ m$
D실와 E실을 하나의 예상제연구역 배출량	$45{,}000\ m^3/h \times \frac{800\ m^2}{1{,}000\ m^2}$ $=36{,}000\ m^3/h$	$45{,}000\ m^3/h \times \frac{200\ m^2}{1{,}000\ m^2}$ $=9{,}000\ m^3/h$	$45{,}000\ m^3/h$

D실와 E실을 별개의 예상제연구역 배출량	$45{,}000\ m^3/h$	$200\ m^2 \times \dfrac{60\ m^3/h}{1\ m^2}$ $= 12{,}000\ m^3/h$	–

> 8-3 공동예상제연방식이 아닐 경우 당 평면에 대한 급기 송풍기의 최소 풍량(m^3/h)을 구하시오.

풀이

제연구역 Zoning	복도-1	복도-2
보행중심선의 길이	60 m 이하	60 m 이하
제연경계의 수직거리	3 m − 0.6 m = 2.4 m	3 m − 0.6 m = 2.4 m
상호제연구역 배출량	$50{,}000\ m^3/h$	$50{,}000\ m^3/h$

정답 $50{,}000\ m^3/h$

09 그림과 같은 방호공간으로 구성되어 있는 장소에 제연설비를 설치하고자 한다. 각 출입문의 면적이 $A_1 = 0.04\ m^2$, $A_2 = A_3 = 0.03\ m^2$, $A_4 = A_5 = A_6 = 0.03\ m^2$일 때 전체 유효누설 면적($m^2$)을 계산하시오.

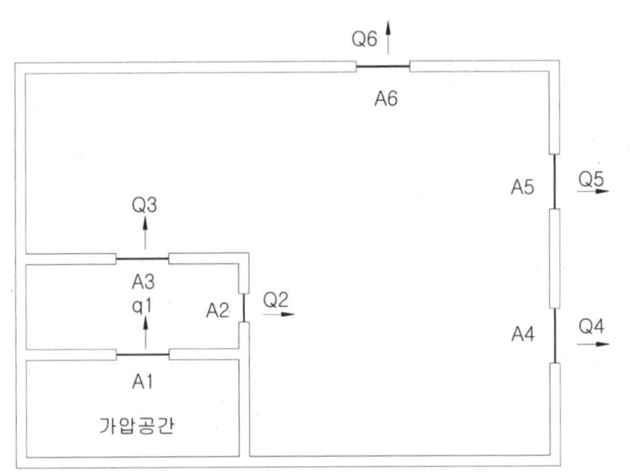

풀이

1. $A_1 = 0.04\ m^2$
2. $A_{2\text{-}3} = A_2 + A_3 = (0.03 + 0.03) = 0.06\ m^2$
3. $A_{4\text{-}6} = A_4 + A_5 + A_6 = 0.03 + 0.03 + 0.03 = 0.09\ m^2$
4. $A_{1\text{-}3} = \sqrt{\dfrac{A_1^2 \times A_{2-3}^2}{A_1^2 + A_{2-3}^2}} = \sqrt{\dfrac{0.04^2 \times 0.06^2}{0.04^2 + 0.06^2}} = 0.0333\ m^2$
5. $A_T = A_{1\text{-}6} = \sqrt{\dfrac{A_{1-3}^2 \times A_{4-6}^2}{A_{1-3}^2 + A_{4-6}^2}} = \sqrt{\dfrac{0.0333^2 \times 0.09^2}{0.0333^2 + 0.09^2}} = 0.03123\ m^2$

정답 $0.03123\ m^2$

10 제연구역인 부속실과 옥내와의 사이의 차압을 50 Pa로 유지할 경우 부속실의 최소 누설량(m^3/h)은? 다만, 여유율은 25%이며, 계산결과에서 소수점 발생시 소수 셋째자리에서 반올림한다.

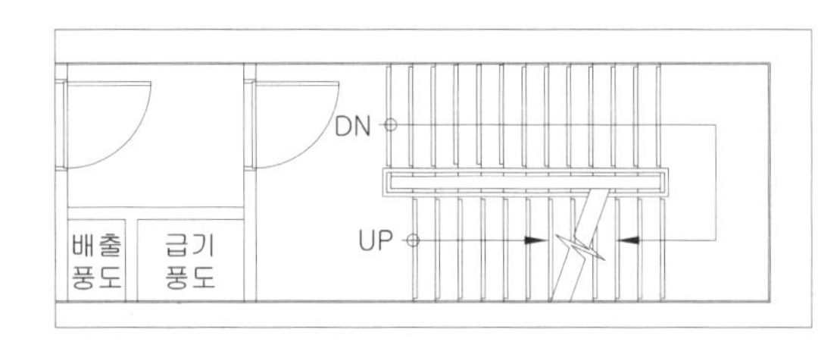

열린 방향	문 종류	문크기(mm)	문수
옥내 → 부속실	외여닫이	$1,000^W \times 2,100^H$	1
부속실 → 계단실	외여닫이	$1,000^W \times 2,100^H$	1

풀이

1. 누설 틈새면적
   ① 누설 틈새길이
   $1 \times 2 + 2.1 \times 2 = 6.2$ m
   ② 누설 틈새면적
   - 옥내 → 부속실(가압공간으로 열림) : $6.20 \text{ m} / 5.6 \text{ m} \times 0.01 \text{ m}^2 = 0.01107 \text{ m}^2$
   - 부속실 → 계단실(비가압공간으로 열림) : $6.20 \text{ m} / 5.6 \text{ m} \times 0.02 \text{ m}^2 = 0.02214 \text{ m}^2$
   - 합계 : 0.03321 m^2
2. 최소 누설량(Q) : 문의 폐쇄상태가 대전제임
   $Q = 0.827 \times 0.03321 \times \sqrt{50} \times 1.25 = 0.242756 \ \text{m}^3/\text{s} = 873.92 \text{ m}^3/\text{h}$

<table>
<tr><td colspan="2">출입문의 틈새면적(A) 산출식</td><td colspan="3">A = (L/ ℓ) × Ad
(A : 출입문의 틈새면적(m^2), L : 출입문 틈새의 길이(m),
다만, L의 수치가 ℓ의 수치 이하인 경우에 ℓ의 수치로 할 것)</td></tr>
<tr><td colspan="2">출입문의 누설틈새의 기준길이(ℓ)</td><td colspan="3">출입문의 누설틈새의 기준면적(Ad)</td></tr>
<tr><td rowspan="2">외여닫이문</td><td rowspan="2">5.6</td><td rowspan="2">외여닫이문</td><td>제연구역의 실내쪽으로 열리도록 설치하는 경우</td><td>0.01</td></tr>
<tr><td>제연구역의 실외쪽으로 열리도록 설치하는 경우</td><td>0.02</td></tr>
<tr><td>쌍여닫이문</td><td>9.2</td><td colspan="2">쌍여닫이문</td><td>0.03</td></tr>
<tr><td>승강기의 출입문</td><td>8.0</td><td colspan="2">승강기의 출입문</td><td>0.06</td></tr>
</table>

정답 $873.92 \text{ m}^3/\text{h}$

11 그림과 같은 건물의 특별피난계단 부속실에 제연설비를 설치하는 경우에 다음을 계산하시오.

1. 부속실의 총 누설면적(m^2)
2. 제연구역에 대한 급기량(m^3/s)

조건

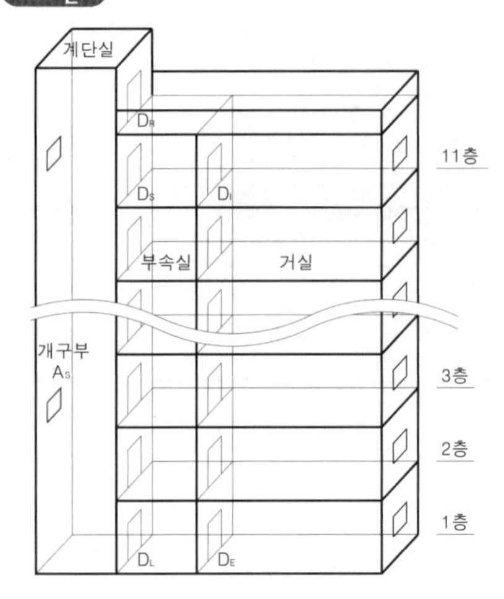

1. 계단실과 옥상 사이의 출입문(D_R)의 누설틈새 면적 : 0.02 m^2
2. 부속실내와 계단실 사이 출입문(D_S)의 누설틈새 면적(2F~11F 구간) : 0.02 m^2
3. 부속실내와 거실 사이의 출입문(D_I)의 누설틈새 면적(2F~11F 구간) : 0.01 m^2
4. 계단실과 1층 부속실 사이의 출입문(D_L)의 누설틈새 면적 : 0.01 m^2
5. 부속실과 1층 거실 사이의 출입문(D_E)의 누설틈새 면적 : 0.02 m^2
6. 계단실 개구부(A_S)의 총면적 : 0.5 m^2× 2개소
7. 건축물의 층수 : 11층(옥상제외)
8. 제연구역 : 부속실만을 단독제연하는 방식
9. 부속실내와 거실 사이의 출입문(D_I, D_E)의 크기 : 높이 2 m × 폭 0.8 m
10. 전층에 스프링클러설비가 설치되어 있다.
11. 풍압 등 기타 조건은 무시하며, 그 밖의 사항은 화재안전기준에 따른다.
12. 확인되지 않은 누설틈새의 여유율 : 1.25
13. 계산과정에서 소수점 발생시 소수 세 번째 자리에서 반올림한다.

풀이

1. 부속실의 총 누설면적(m^2)

① 병렬로 배열된 누설 틈새면적

(계단실 개구부(A_S) 총면적 : 0.5 m^2×2) + (옥상 출입문(D_R)의 누설 틈새면적 : 0.02 m^2) = 1.02 m^2

② 병렬로 배열된 누설 틈새면적

(계단실과 부속실 사이 출입문(Ds)의 누설 틈새면적 : 10개층 × 0.02 m^2/층) + (계단실과 1층 부속실 사이 출입문(D_L)의 누설 틈새면적 : 0.01 m^2) = 0.21 m^2

③ 직렬로 배열된 누설 틈새면적 : ①과 ②

- $A_T = \sqrt{\dfrac{A_1^2 \times A_2^2}{A_1^2 + A_2^2}} = \sqrt{\dfrac{1.02^2 \times 0.21^2}{1.02^2 + 0.21^2}} = 0.21\ m^2$ 또는

- $A_T = 1/\left(\dfrac{1}{1.02^2} + \dfrac{1}{0.21^2}\right)^{\frac{1}{2}} = 0.21\ m^2$

④ 병렬로 배열된 누설 틈새면적(거실과 부속실 사이 출입문(D_I)의 누설 틈새면적 : 10개층 $\times$ 0.01 m^2/층) + (부속실과 1층 거실 사이 출입문(D_E)의 누설 틈새면적 : 0.02 m^2) = 0.12 m^2

⑤ 병렬로 배열된 누설 틈새면적 : ③과 ④

∴ 부속실의 총 누설면적(m^2) = 0.21 + 0.12 = 0.33 m^2

정답 0.33 m^2

2. 급기량(m^3/s)

① 누설량 $Q = 0.827 \times 0.33 \times \sqrt{12.5} \times 1.25 = 1.21\ m^3/s$

② 보충량 $q = S \times V = 2\ m \times 0.8\ m \times 0.7\ m/s = 1.12\ m^3/s$

③ 급기량 = 누설량(Q) + 보충량(q) = 1.21 + 1.12 = 2.33 m^3/s

정답 2.33 m^3/s

12 특정소방대상물의 규모·용도 등을 고려하면 무선통신보조설비의 적용대상임에도 불구하고 화재안전기준에서 당 설비를 해당층에 한하여 설치하지 아니할 수 있는 경우를 쓰시오.

지하층으로서 특정소방대상물의 바닥부분 2면 이상이 지표면과 동일하거나 지표면으로부터의 깊이가 1 m 이하인 경우에는 해당층에 한하여 무선통신보조설비를 설치하지 아니할 수 있다.

13 무선통신보조설비에서 무선기기 접속단자의 설치기준 5가지를 쓰시오.

풀이

암기 **장로표 3 5 함**

1. 지상에서 유효하게 소방활동을 할 수 있는 장소 또는 수위실 등 상시 사람이 근무하고 있는 장소에 설치할 것
2. 단자는 한국산업규격에 적합한 것으로 하고, 바닥으로부터 높이 0.8 m 이상, 1.5 m 이하의 위치에 설치할 것
3. 단자의 보호함의 표면은 "무선기 접속단자"라고 표시한 표지를 할 것
4. 지상에 설치하는 접속단자는 보행거리 300 m 이내마다 설치하고, 다른 용도로 사용되는 접속단자에서 5 m 이상의 거리를 둘 것
5. 지상에 설치하는 단자를 보호하기 위하여 견고하고 함부로 개폐할 수 없는 구조의 보호함을 설치하고, 먼지·습기 및 부식 등에 의하여 영향을 받지 아니하도록 조치할 것

14 누설동축케이블에 사용되는 그레이딩(Grading) 원리를 간단히 설명하시오.

1. 누설동축케이블의 경우 비상전원, 유지관리 등의 문제로 인해 일반적으로 증폭기나 중계기를 사용하지 않고 결합손실이 큰 케이블부터 순차적으로 접속함에 따라 전송거리를 얻는 방법으로 Grading을 이용한다.

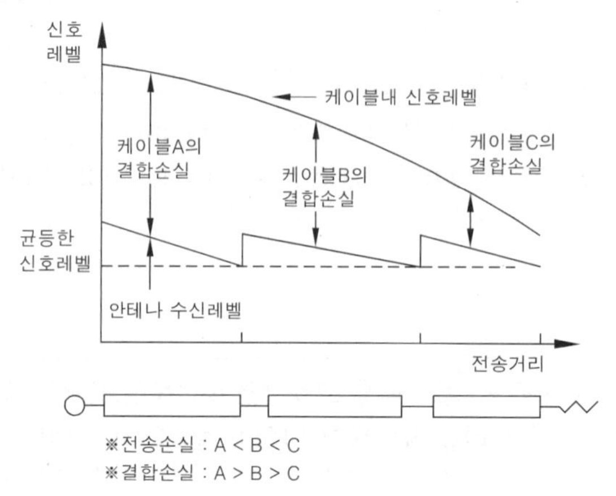

2. 그레이딩(Grading)을 위해 신호레벨이 높은 곳에는 결합손실이 큰 케이블을 사용하고 신호레벨이 낮은 곳에는 결합손실이 작은 케이블을 사용하여 그림과 같이 계단처럼 평준화시켜 주는 것을 Grading이라 한다.

15 연결송수관설비에 대하여 다음 각 물음에 답하시오.

1. 습식으로 설치하여야 하는 경우

2. 11층 이상의 경우에는 쌍구형 방수구를 설치하여야 하지만 단구형으로 설치할 수 있는 경우

3. 연결송수관 방수구를 설치하지 않을 수 있는 경우

1. 습식으로 설치하여야 하는 경우
   ① 지면으로부터의 높이가 31 m 이상인 특정소방대상물
   ② 지상 11층 이상인 특정소방대상물
2. 11층 이상의 경우에는 쌍구형 방수구를 설치하여야 하지만 단구형으로 설치할 수 있는 경우
   ① 아파트의 용도로 사용되는 층
   ② 스프링클러설비가 유효하게 설치되어 있고 방수구가 2개소 이상 설치된 층
3. 연결송수관 방수구를 설치하지 않을 수 있는 경우
   ① 아파트의 1층 및 2층
   ② 소방차의 접근이 가능하고 소방대원이 소방차로부터 각 부분에 쉽게 도달할 수 있는 피난층
   ③ 송수구가 부설된 옥내소화전을 설치한 특정소방대상물(집회장·관람장·백화점·도매시장·소매시장·판매시설·공장·창고시설 또는 지하가를 제외한다)로서 다음의 1에 해당하는 층
   - 지하층을 제외한 층수가 4층 이하이고 연면적이 6,000 m^2 미만인 특정소방대상물의 지상층
   - 지하층의 층수가 2 이하인 특정소방대상물의 지하층

16 연결살수설비의 배관의 구경은 연결살수설비 전용헤드를 사용하는 경우에는 다음 표에 따른 구경 이상으로 하여야 한다. 다음 표의 빈칸을 채우시오.

하나의 배관에 부착하는 살수헤드의 개수	1개	2개	3개	4개 또는 5개	6개 이상 10개 이하
배관의 구경(mm)	(①)	(②)	(③)	65	(④)

정답 ① 32, ② 40, ③ 50, ④ 80

17 비상콘센트설비의 전원회로에 대한 설치기준에 관한 것이다. 다음 빈칸을 완성하시오.

구 분	전 압	공급용량	전선용량 계산시 비상콘센트수	비상콘센트 3개의 전류용량 (발전기 용량계산시 반영함)	플럭 접속기
단상					

풀이

구 분	전 압	공급용량	전선용량 계산시 비상콘센트수	비상콘센트 3개의 전류용량 (발전기 용량계산시 반영함)	플럭 접속기
단상	220 V	1.5 kVA	3개 이상	Pa = VI $\rightarrow I = \dfrac{Pa}{V} = \dfrac{1.5\,\text{kVA/개} \times \text{최대 } 3\text{개}}{220\,\text{V}}$ = 20.5 A	접지형 2극

18 연소방지설비에서 공동구의 통합감시시설 구축 등의 설치기준 4가지를 쓰시오.

암기 **정원수 예비**

1. 소방관서와 공동구의 통제실간에 화재 등 소방활동과 관련된 정보를 상시 교환할 수 있는 정보통신망을 구축할 것
2. 제1호의 규정에 따른 정보통신망은 광케이블 또는 이와 유사한 성능을 가진 선로로서 원격제어가 가능할 것
3. 주 수신기는 공동구의 통제실에, 보조수신기는 관할 소방관서에 설치하여야 하고, 수신기에는 원격제어 기능이 있을 것
4. 비상시에 대비하여 예비선로를 구축할 것

19 연소방지설비의 화재안전기준에 근거한 산소지수의 정의는?

시료의 연소시간이 3분간 지속되거나 또는 착염 후 탄화길이가 50 mm일 때까지 연소가 지속될 때의 최저의 산소유량과 질소유량을 측정하여 산소지수값을 다음 계산식에 따라 산출하되, 산소지수는 평균 30 이상이어야 할 것. 다만, 난연테이프의 산소지수는 평균 28 이상이어야 한다.

$$\text{산소지수} = \frac{O_2}{O_2 + N_2} \times 100$$

(여기서, O_2 : 산소유량(L/min), N_2 : 질소유량(L/min))

알아두세요

한계산소지수(Limiting Oxygen Index, LOI)와 **한계산소농도**(Limiting Oxygen Concentration, LOC)

1. 개요
   ① 발화 지배 인자 : 인화온도, 자연발화온도, 한계산소농도(LOC 또는 LOI)
   - 자소성 : 한계산소농도 21 % 이하에서 연소가 계속되지 않는 물질
   - 불연성 : 한계산소농도 21 % 이하에서 발화되지 않는 물질

   ② 연소하한계(LFL)는 공기 중의 연료를 기준으로 한다. 그러나 연소에 있어서 산소(또는 공기)도 중요한 요소이다. 화재 및 폭발은 연료의 농도와는 무관하게 산소의 농도를 감소시킴으로써 방지할 수 있으므로 최소산소농도(또는 한계산소농도)라고도 한다.

   ③ 일반적으로 물질의 점화 또는 발화 저항성이 클수록 산소지수값은 크다.
   혼합기체의 온도는 산소지수에 영향을 미치며, 해수면의 표준대기는 산소농도가 21 %이다.
   - 관련규격 : ASTM D 2863 / BS 2782, Part 1, Method 141B / ISO 4589
   - 각종 섬유 LOI

재료	CPVC	PBI(소방복)	PVC	Wool	Nylon	PET	Cotton	Acryl
LOI(%)	60	46	37	25	23	21	19	18

   - CPVC : Chloronated Poly – Vinyl – Chloride
   - PBI : Polybenzi Midazole(폴리벤즈이미다졸)

2. 정의
   시료가 발화되어서 3분간 꺼지지 않고 타는 데 필요한 산소–질소 혼합 공기 중 최소한 산소의 부피 퍼센트

$$\mathrm{LOI} = \frac{\text{산소부피}}{\text{산소부피} + \text{질소부피}} \times 100$$

   이 값은 각종 섬유류와 플라스틱 재료의 난연성평가의 지표로 활용한다.

방재안전시설

01 소방시설용 비상전원수전설비

Fire Equipment Manager

01 개요

(1) 비상전원(Emergency Power)이란 정전이나 단선 · 단락 등 전기적 사고로 인하여 상용전원의 공급이 중단되었을 경우 외부전원의 공급이 없이 특정소방대상물 자체에서 소방시설을 일정시간 사용하기 위한 별도의 전원공급 장치이다.

(2) 일반적으로 비상전원은 자가발전설비, 축전지설비, 전기저장장치를 사용하나 그 외에도 비상전원수전설비를 별도의 비상전원으로 인정하고 있다.

(3) 비상전원수전설비의 특징은 화재시 발생하는 전기적 사고로 인한 전원차단을 감안하여 상용전원의 내화성능을 보강한 다음, 이를 소규모의 특정된 건물에 국한하여 비상전원으로 인정한 설비이다.

(4) 따라서 정전시에는 비상전원수전설비 역시 단전되므로 비상전원으로서의 기능을 수행할 수 없으나 화재 초기에는 일반적으로 전원공급에 문제가 없다고 가정하고 초기화재시 사용상 지장이 없도록 한 제한적인 기능의 비상전원이다.

02 설치대상

(1) 스프링클러설비, 미분무소화설비 → 소규모 건축물

차고 · 주차장으로서 스프링클러설비가 설치된 부분의 바닥면적(포소화설비의 화재안전기준(NFSC 105) 제13조제2항제2호의 규정에 따라 차고 · 주차장의 바닥면적을 포함한다)의 합계가 1,000 m^2 미만인 경우

(2) 포소화설비

① 포소화설비의 화재안전기준(NFSC 105) 제4조제2호 단서의 규정에 따라 호스릴포소화설비 또는 포소화전만을 설치한 차고 · 주차장 → 수동식 소화설비가 설치된 차고 또는 주차장

② 포헤드설비 또는 고정포방출설비가 설치된 부분의 바닥면적(스프링클러설비가 설치된 차고 · 주차장의 바닥면적을 포함한다)의 합계가 1,000 m^2 미만인 것 → 소규모 건축물

(3) 비상콘센트설비 → 옥내소화전설비의 비상전원 대상건물과 일치되도록 하기 위하여

① 지하층을 제외한 층수가 7층 이상으로서 연면적이 2,000 m^2 이상

② 지하층의 바닥면적의 합계가 3,000 m^2 이상인 특정소방대상물

(4) 간이스프링클러설비 ➔ 무전원설비(∵상수도직결식이나 고가수조방식)인 경우

간이스프링클러설비를 설치하여야 하는 특정소방대상물

03 설치기준

(1) 정의

① 전기사업자

㉠ 전기사업법 제2조제2호의 규정에 따른 자

㉡ 즉, 발전사업자 · 송전사업자 · 배전사업자 · 전기판매사업자 및 구역전기사업자를 말한다.

② 인입선

㉠ 전기설비기술기준 제3조제1항제9호에 따른 것

㉡ 가공인입선(가공전선로의 지지물로부터 다른 지지물을 거치지 아니하고 수용장소의 붙임점에 이르는 가공전선(가공전선로의 전선)) 및 수용장소의 조영물(토지에 정착한 시설물 중 지붕 및 기둥 또는 벽이 있는 시설물)의 옆면 등에 시설하는 전선으로서 그 수용장소의 인입구에 이르는 부분의 전선

③ 인입구배선 : 인입선 연결점으로부터 특정소방대상물 내에 시설하는 인입개폐기에 이르는 배선

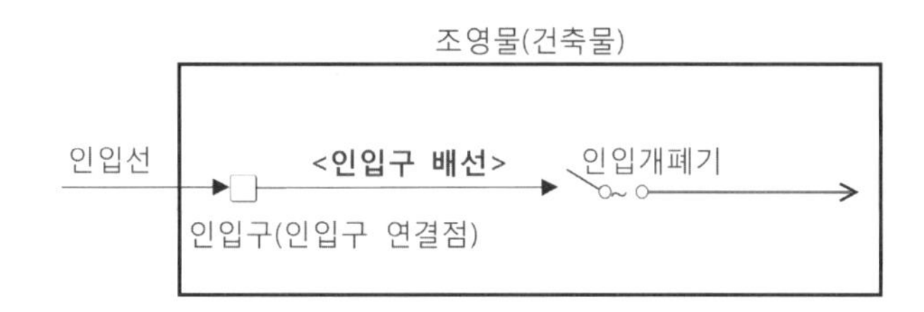

④ 인입개폐기

㉠ 전기설비기술기준의 판단기준 제169조에 따른 것

㉡ 고압의 전기설비에 사용하는 것은 해당되지 않으며 저압의 경우에 사용하는 것

⑤ 과전류차단기

㉠ 전기설비기술기준의 판단기준 제38조와 제39조에 따른 것

㉡ 배선용차단기(MCCB), 퓨즈(Fuse), 기중(氣中)차단기(ACB)와 같이 과부하전류 및 단락전류와 같은 과전류(Overcurrent)를 자동으로 차단하는 기능이 있는 전기기구를 총칭하는 것이다.

⑥ 소방회로 : 소방부하에 전원을 공급하는 전기회로

⑦ 일반회로 : 소방회로 이외의 전기회로

⑧ 수전설비

㉠ 전력수급용 계기용 변성기 · 주차단장치 및 그 부속기기

㉡ 수전설비는 전력을 공급받는 관련설비이나 변전설비는 공급받은 전기를 구내에서 사용하기 위하여 변성하는 설비이다.

⑨ 변전설비 : 전력용 변압기 및 그 부속장치

⑩ 전용큐비클식

㉠ 소방회로용의 것으로 수전설비, 변전설비 그 밖의 기기 및 배선을 금속제 외함에 수납한 것

㉡ 큐비클(Cubicle)이란 수전설비나 변전설비 등을 금속제의 접지된 캐비넷에 수납하여 설치하는 수변전 시설이다

⑪ **공용큐비클식** : 소방회로 및 일반회로 겸용의 것으로서 수전설비, 변전설비 그 밖의 기기 및 배선을 금속제 외함에 수납한 것

⑫ 전용배전반

㉠ 소방회로 전용의 것으로서 개폐기, 과전류차단기, 계기 그 밖의 배선용기기 및 배손을 금속제 외함에 수납한 것

㉡ 배전반은 수전점 이후에 설치된 전원회로를 배전하기 위한 메인 패널이며 분전반은 배전반 이후에 각 분기회로별로 설치된 분기용 패널이 된다.

⑬ **공용배전반** : 소방회로 및 일반회로 겸용의 것으로서 개폐기, 과전류차단기, 계기 그 밖의 배선용기기 및 배선을 금속제 외함에 수납한 것

⑭ **전용분전반** : 소방회로 전용의 것으로서 분기 개폐기, 분기과전류차단기 그 밖의 배선용기기 및 배선을 금속제 외함에 수납한 것

⑮ **공용분전반** : 소방회로 및 일반회로 겸용의 것으로서 분기개폐기, 분기과전류차단기 그 밖의 배선용기기 및 배선을 금속제 외함에 수납한 것

(2) 인입선 및 인입구 배선의 시설

① 인입선은 특정소방대상물에 화재가 발생할 경우에도 화재로 인한 손상을 받지 않도록 설치하여야 한다.

② 인입구배선은 옥내소화전설비의 화재안전기준(NFSC 102) 별표 1에 따른 내화배선으로 하여야 한다.

(3) 특별고압 또는 고압으로 수전하는 경우

일반전기사업자인 한국전력으로부터 특별고압 또는 고압으로 수전하는 비상전원수전설비는 방화구획형, 옥외개방형 또는 큐비클형으로 하여야 한다.

① **방화구획형** : 수전설비를 다른 부분과 건축법상 방화구획을 하여 화재시 이를 보호하도록 조치하여야 한다.

② **옥외개방형** : 건물의 옥외나 또는 건물의 옥상에 울타리를 설치하고 그 내부에 수전설비를 설치하는 방식으로 이는 건물 내부와 이격되어 있으므로 건물 화재시 방화구획된 것과 동등이상으로 간주하는 것이다.

③ **큐비클형** : 수전설비를 전기실 내에 노출로 개방시켜 설치하는 것이 아니라 큐비클 내에 수납하여 설치하는 것을 말하며, 일반적인 전기실의 경우는 수전설비를 주로 큐비클에 설치하고 있으며 이는 일종에 방화조치가 된 것으로 간주하는 것이다.

④ 설치기준

㉠ 전용의 방화구획 내에 설치할 것

㉡ 소방회로배선은 일반회로배선과 불연성 벽으로 구획할 것
다만, 소방회로배선과 일반회로배선을 15 cm 이상 떨어져 설치한 경우는 그러하지 아니한다.

㉢ 일반회로에서 과부하, 지락사고 또는 단락사고가 발생한 경우에도 이에 영향을 받지 아니하고 계속하여 소방회로에 선원을 공급시켜 줄 수 있어야 할 것

㉣ 소방회로용 개폐기 및 과전류차단기에는 "소방시설용"이라 표시할 것

㉤ 전기회로는 별표 1과 같이 결선할 것

⑤ 고압 또는 특별고압수전의 경우 전기회로

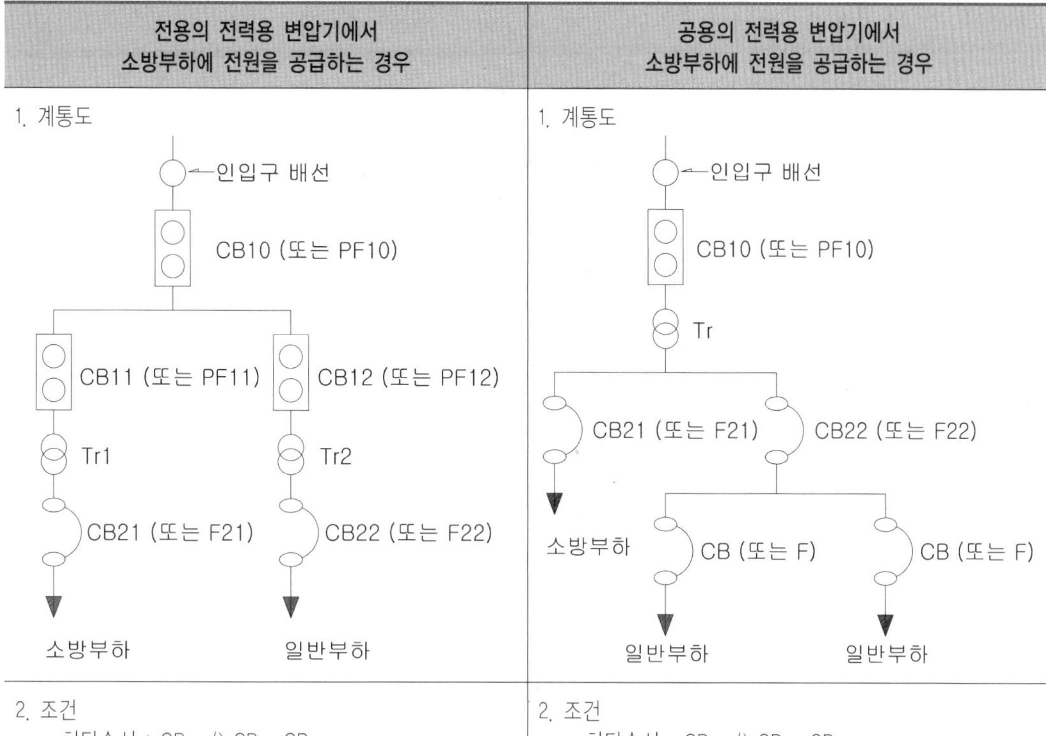

전용의 전력용 변압기에서 소방부하에 전원을 공급하는 경우

2. 조건
- 차단순서 : $CB_{10} \nRightarrow CB_{12}$, CB_{22}
  일반회로의 과부하 또는 단락사고시 CB_{10}(또는 PF_{10})이 CB_{12}(또는 PF_{12}) 및 CB_{22}(또는 F_{22})보다 먼저 차단되어서는 안 된다.
- 차단용량 : $CB_{11} \geq CB_{12}$
  CB_{11}(또는 PF_{11})은 CB_{12}(또는 PF_{12})와 동등 이상의 차단용량일 것

3. 약호와 명칭

약호	명칭
CB	전력차단기
PF	전력퓨즈(고압 또는 특고압용)
F	퓨즈(저압용)
Tr	전력용 변압기

공용의 전력용 변압기에서 소방부하에 전원을 공급하는 경우

2. 조건
- 차단순서 : $CB_{10} \nRightarrow CB_{22}$, CB
  일반회로의 과부하 또는 단락사고시 CB_{10}(또는 PF_{10})이 CB_{22}(또는 F_{22}) 및 CB(또는 F)보다 먼저 차단되어서는 안 된다.
- 차단용량 : $CB_{21} \geq CB_{22}$
  CB_{21}(또는 F_{21})은 CB_{22}(또는 F_{22})와 동등 이상의 차단용량일 것

3. 약호와 명칭

약호	명칭
CB	전력차단기
PF	전력퓨즈(고압 또는 특고압용)
F	퓨즈(저압용)
Tr	전력용 변압기

(4) 저압으로 수전하는 경우

전기사업자로부터 저압으로 수전하는 비상전원설비는 전용배전반(1·2종)·전용분전반(1·2종) 또는 공용분전반(1·2종)으로 하여야 한다.

① 제1종 배전반 및 제1종 분전반 설치기준

㉠ 외함은 두께 1.6 mm (전면판 및 문은 2.3 mm) 이상의 강판과 이와 동등 이상의 강도와 내화성능이 있는 것으로 제작할 것

㉡ 외함의 내부는 외부의 열에 의해 영향을 받지 않도록 내열성 및 단열성이 있는 재료를 사용하여 단열할 것 이 경우 단열부분은 열 또는 진동에 따라 쉽게 변형되지 아니하여야 한다.

㉢ 다음 각 목에 해당하는 것은 외함에 노출하여 설치할 수 있다.
- 표시등(불연성 또는 난연성 재료로 덮개를 설치한 것에 한한다)
- 전선의 인입구 및 입출구

㉣ 외함은 금속관 또는 금속제 가요전선관을 쉽게 접속할 수 있도록 하고, 당해 접속부분에는 단열조치를 할 것

㉤ 공용배전판 및 공용분전판의 경우 소방회로와 일반회로에 사용하는 배선 및 배선용 기기는 불연재료로 구획되어야 할 것

② 제2종 배전반 및 제2종 분전반은 다음 각 호에 적합하게 설치하여야 한다.

㉠ 외함은 두께 1 mm (함전면의 면적이 1,000 cm^2를 초과하고 2,000 cm^2 이하인 경우에는 1.2 mm, 2,000 cm^2를 초과하는 경우에는 1.6 mm) 이상의 강판과 이와 동등 이상의 강도와 내화성능이 있는 것으로 제작할 것

㉡ 제1항 제㉢호 각목에 정한 것과 120 ℃의 온도를 가했을 때 이상이 없는 전압계 및 전류계는 외함에 노출하여 설치할 것

㉢ 단열을 위해 배선용 불연전용 실내에 설치할 것

㉣ 그 밖의 제2종 배전반 및 제2종 분전반의 설치에 관하여는 제1항 제㉣호 및 제㉤호의 규정에 적합할 것

③ 그 밖의 배전반 및 분전반의 설치에 관하여는 다음 각 호에 적합하여야 한다.

㉠ 일반회로에서 과부하·지락사고 또는 단락사고가 발생한 경우에도 이에 영향을 받지 아니하고 계속하여 소방회로에 전원을 공급시켜 줄 수 있어야 할 것

㉡ 소방회로용 개폐기 및 과전류차단기에는 "소방시설용"이라는 표시를 할 것

㉢ 전기회로는 별표 2와 같이 결선할 것

④ 저압수전의 경우 전기회로

1. 계통도

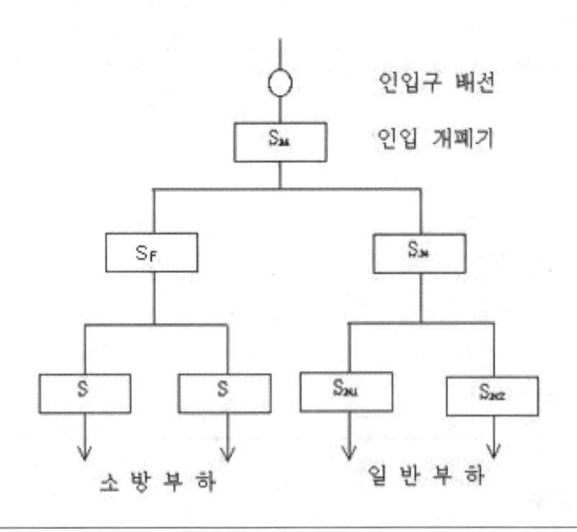

2. 조건

1) 일반회로의 과부하 또는 단락사고시 S_M이 S_N, S_{N1} 및 S_{N2}보다 먼저차단 되어서는 아니된다.

2) S_F는 S_N과 동등 이상의 차단용량일 것.

3. 약호와 명칭

약호	명칭
S	저압용 개폐기 및 과전류차단기

도로터널

Fire Equipment Manager

01 개요

(1) 도로터널은 지하공간 특성상 어둡고 환기가 곤란하여 화재 발생시 연기에 의한 질식의 위험이 상존하고, 외부와 연락이 곤란할 뿐만 아니라 터널 내부에서도 상호 정보 교환이 늦어 위험성 인지가 곤란하다.

(2) 또한 도로의 기능상 불특정 다수인들이 차량에 의해 이동하므로 교통사고의 위험성이 높고 각종 인화성 물질 및 독극물 등의 위험물 이동에 따른 사고위험성이 상존하며, 지하의 습기와 차량이동에 따른 진동 등으로 방재시설에 대한 유지관리가 어렵다.

(3) 아울러, 유사시 대피나 소화활동에 대한 안전교육이 부족하여 초기 대응을 잘 하면 미연에 방지할 수 있는 작은 사고가 대형사고로 커지는 경우가 많다.

02 정의

(1) 도로터널

도로법 제11조에서 규정한 도로의 일부로서 자동차의 통행을 위해 지붕이 있는 지하 구조물

(2) 설계화재강도

터널 화재시 소화설비 및 제연설비 등의 용량산정을 위해 적용하는 차종별 최대열방출률(MW)

(3) 종류환기방식

터널 안의 배기가스와 연기 등을 배출하는 환기설비로서 기류를 종방향(출입구 방향)으로 흐르게 하여 환기하는 방식

(4) 횡류환기방식

터널 안의 배기가스와 연기 등을 배출하는 환기설비로서 기류를 횡방향(바닥에서 천장)으로 흐르게 하여 환기하는 방식

(5) 반횡류환기방식

터널 안의 배기가스와 연기 등을 배출하는 환기설비로서 터널에 수직배기구를 설치해서 횡방향과 종방향으로 기류를 흐르게 하여 환기하는 방식

(6) 양방향터널

하나의 터널 안에서 차량의 흐름이 서로 마주보게 되는 터널

(7) 일방향터널

하나의 터널 안에서 차량의 흐름이 하나의 방향으로만 진행되는 터널

(8) 연기발생률

일정한 설계화재강도의 차량에서 단위 시간당 발생하는 연기량

(9) 피난연결통로

본선터널과 병설된 상대터널이나 본선터널과 평행한 피난통로를 연결하기 위한 연결통로

(10) 배기구

터널 안의 오염공기를 배출하거나 화재발생시 연기를 배출하기 위한 개구부

03 소화기

(1) 능력단위

A급 화재에 3단위 이상, B급 화재에 5단위 이상 및 C급 화재에 적응성이 있는 것으로 한다.

(2) 총중량

사용 및 운반의 편리성을 고려하여 7 kg 이하로 한다.

(3) 설치개수

주행차로의 우측 측벽에 50 m 이내의 간격으로 2개 이상을 설치하며, 편도 2차선 이상의 양방향 터널과 4차로 이상의 일방향 터널의 경우에는 양쪽 측벽에 각각 50 m 이내의 간격으로 엇갈리게 2개 이상을 설치한다.

(4) 설치위치

바닥면(차로 또는 보행로)으로부터 1.5 m 이하의 높이에 설치한다.

(5) 표지판

소화기구함의 상부에 "소화기"라고 조명식 또는 반사식의 표지판을 부착하여 사용자가 쉽게 인지할 수 있도록 한다.

04 옥내소화전설비

(1) 설치개수

소화전함과 방수구는 주행차로 우측 측벽을 따라 50 m 이내의 간격으로 설치하며, 편도 2차선 이상의 양방향 터널이나 4차로 이상의 일방향 터널의 경우에는 양쪽 측벽에 각각 50 m 이내의 간격으로 엇갈리게 설치한다.

(2) 수원량

수원은 그 저수량이 옥내소화전의 설치개수 2개(4차로 이상의 터널의 경우 3개)를 동시에 40분 이상 사용할 수 있는 충분한 양 이상을 확보한다.

(3) 가압송수장치

① 가압송수장치는 옥내소화전 2개를 동시에 사용할 경우 각 옥내소화전의 노즐선단에서의 방수압력은 0.35 MPa 이상이고 방수량은 190 L/min 이상이 되는 성능의 것으로 한다.
(0.7 MPa을 초과할 경우에는 호스접결구의 인입측에 감압장치를 설치)

② 압력수조나 고가수조가 아닌 전동기 및 내연기관에 의한 펌프를 이용하는 가압송수장치는 주펌프와 동등 이상인 별도의 예비펌프를 설치한다.

(4) 방수구

① 방수구는 40 mm 구경의 단구형을 옥내소화전이 설치된 벽면의 바닥면으로부터 1.5 m 이하의 높이에 설치한다.

② 소화전함에는 옥내소화전 방수구 1개, 15 m 이상의 소방호스 3본 이상 및 방수노즐을 비치한다.

(5) 비상전원 : 40분 이상 작동

05 물분무소화설비

(1) 방사량

물분무 헤드는 도로면에 1 m^2당 6 L/min 이상의 수량을 균일하게 방수할 수 있도록 한다.

(2) 수원량

하나의 방수구역은 25 m 이상으로 하며, 3개 방수구역을 동시에 40분 이상 방수할 수 있는 수량을 확보한다.

(3) 비상전원

비상전원은 40분 이상 기능을 유지할 수 있도록 한다.

06 비상경보설비

(1) 발신기

① 발신기는 주행차로 한쪽 측벽에 50 m 이내의 간격으로 설치하며, 편도 2차선 이상의 양방향 터널이나 4차로 이상의 일방향 터널의 경우에는 양쪽의 측벽에 각각 50 m 이내의 간격으로 엇갈리게 설치한다.

② 발신기는 바닥면으로부터 0.8 m 이상, 1.5 m 이하의 높이에 설치한다.

(2) 음향장치

발신기 설치위치와 동일하게 설치한다. 다만, 비상방송설비를 비상경보설비와 연동하여 작동하도록 설치한 경우에는 비상경보설비의 지구음향장치를 설치하지 아니할 수 있다.

(3) 음량장치의 음량

부착된 음향장치의 중심으로부터 1 m 떨어진 위치에서 90 dB 이상이 되도록 하고, 터널내부 전체에 동시에 경보를 발하도록 설치한다.

(4) 시각경보기

주행차로 한쪽 측벽에 50 m 이내의 간격으로 비상경보설비 상부 직근에 설치하고, 전체 시각경보기는 동기방식에 의해 작동될 수 있도록 한다.

07 자동화재탐지설비

(1) 터널에 설치할 수 있는 감지기

① 차동식분포형감지기
② 정온식감지선형감지기(아날로그식에 한함)
③ 중앙소방기술심의위원회의 심의를 거쳐 터널화재에 적응성이 있다고 인정된 감지기

(2) 경계구역

하나의 경계구역의 길이는 100 m 이하로 하여야 한다.

(3) 감지기의 설치기준

① 감지기의 감열부와 감열부 사이의 이격거리는 10 m 이하로, 감지기와 터널 좌・우측 벽면과의 이격거리는 6.5 m 이하로 설치한다.
② 터널 천장의 구조가 아치형의 터널에 감지기를 터널 진행방향으로 설치하고자 하는 경우에는 감열부와 감열부 사이의 이격거리를 10 m 이하로 하여 아치형 천장의 중앙 최상부에 1열로 감지기를 설치하여야 하며, 감지기를 2열 이상으로 설치하고자 하는 경우에는 감열부와 감열부 사이의 이격거리는 10 m 이하로 감지기 간의 이격거리는 6.5 m 이하로 설치한다.
③ 감지기를 천장면에 설치하는 경우에는 감지기가 천장면에 밀착되지 않도록 고정금구 등을 사용하여 설치한다.
④ 형식승인 내용에 설치방법이 규정된 경우에는 형식승인 내용에 따라 설치한다.
⑤ 감지기의 작동에 의하여 다른 소방시설 등이 연동되는 경우로서 해당 소방시설 등의 작동을 위한 정확한 발화위치를 확인할 필요가 있는 경우에는 경계구역의 길이가 해당 설비의 방호구역 등에 포함되도록 설치하여야 한다.

(4) 발신기 및 지구음향장치 : 비상경보설비 준용

08 비상조명등

(1) 비상조명등 조도

상시 조명이 소등된 상태에서 비상조명등이 점등되는 경우 터널안의 차도 및 보도의 바닥면의 조도는 10 lx 이상, 그 외 모든 지점의 조도는 1 lx 이상이 될 수 있도록 설치한다.

(2) 비상전원 기능

비상조명등은 상용전원이 차단되는 경우 자동으로 비상전원이 60분 이상 점등되도록 설치한다.

(3) 비상전원

비상조명등에 내장된 예비전원이나 축전지설비는 상용전원의 공급에 의하여 상시 충전상태를 유지할 수 있도록 설치한다.

09 제연설비

(1) 제연설비 설계 및 성능

① 설계화재강도 20 MW를 기준으로 하고, 이때 연기발생률은 80 m^3/s로 하며, 배출량은 발생된 연기와 혼합된 공기를 충분히 배출할 수 있는 용량 이상을 확보한다.
② 화재강도가 설계화재강도보다 높을 것으로 예상될 경우 위험도분석을 통하여 설계화재강도를 설정하도록 한다.

(2) 제연설비 설치기준

① 종류환기방식의 경우 제트팬의 소손을 고려하여 예비용 제트팬을 설치하도록 한다.
② 횡류환기방식 및 대배기구방식의 배연용 팬은 덕트의 길이에 따라서 노출온도가 달라질 수 있으므로 수치해석 등을 통해서 내열온도 등을 검토한 후에 적용하도록 한다.
③ 대배기구의 개폐용 전동모터는 정전 등 전원이 차단되는 경우에도 조작상태를 유지할 수 있도록 한다.
④ 화재에 노출이 우려되는 제연설비와 전원공급선 및 제트팬 사이의 전원공급장치 등은 250 ℃의 온도에서 60분 이상 운전상태를 유지할 수 있도록 한다.

(3) 제연설비의 기동

자동 또는 수동으로 기동될 수 있도록 하여야 한다.
① 화재감지기가 동작되는 경우
② 발신기 스위치 조작 또는 자동소화설비의 기동장치를 동작시키는 경우
③ 화재수신기 또는 감시제어반의 수동조작스위치를 동작시키는 경우

(4) 제연설비 비상전원

비상전원은 60분 이상 작동할 수 있도록 하여야 한다.

10 연결송수관설비

(1) 연결송수관 방수압력 등

방수압력은 0.35 MPa 이상, 방수량은 400 L/min 이상을 유지할 수 있도록 한다.

(2) 방수구 설치

① 방수구는 50 m 이내의 간격으로 옥내소화전함에 병설하거나 독립적으로 터널출입구 부근과 피난연결통로에 설치한다.

② 방수기구함은 50 m 이내의 간격으로 옥내소화전함 안에 설치하거나 독립적으로 설치하고, 하나의 방수기구함에는 65 mm 방수노즐 1개와 15 m 이상의 호스 3본을 설치하도록 한다.

11 무선통신보조설비

(1) 접속단자

① 무전기접속단자는 방재실과 터널의 입구 및 출구, 피난연결통로에 설치하여야 한다.

② 라디오 재방송설비가 설치되는 터널의 경우에는 무선통신보조설비와 겸용으로 설치할 수 있다.

12 비상콘센트설비

(1) 전원회로와 용량

① 비상콘센트설비의 전원회로는 단상교류 220V인 것으로서, 그 공급용량은 1.5 kVA 이상인 것으로 한다.

② 전원회로는 주배전반에서 전용회로로 한다.

(2) 설치기준

① 콘센트마다 배선용 차단기(KS C 8321)를 설치하여야 하며, 충전부가 노출되지 아니하도록 한다.

② 주행차로의 우측 측벽에 50 m 이내의 간격으로 바닥으로부터 0.8 m 이상, 1.5 m 이하의 높이에 설치한다.

03 고층건축물

Fire Equipment Manager

01 개요

(1) 2010년 10월 1일 발생한 부산 우신골든스위트 화재의 경우 4층에서 발생한 화재가 38층 꼭대기까지 속수무책으로 번져가는 모습이 TV에 생방송되는 계기로 고층건축물의 안전에 대한 사회적 관심이 집중되었다.

(2) 고층건축물 화재는 많은 인명피해를 유발하기 쉽고 철저한 대비가 필수적이지만 이번 우신골든스위트 화재에서 목격하였듯이 우리나라의 경우 소방시설 및 장비가 부족한 것은 물론 재난대피시설 등의 규정이 미흡해 대형 참사로 이어질 가능성이 높다.

(3) 따라서 일반건축물에서 고층건축물까지 일률적으로 적용하는 소방관련 규정이 아니라 고층건축물에 적용하는 최소한의 화재안전기준이 마련되어야 하며 더 나아가 화재는 단순히 안전사고가 아닌 국민의 생명과 재산을 지키는 마지막 안전대책이라는 점을 인식의 전환이 필요하다.

02 고층건축물의 화재특성

화재특성	세부내용
연돌효과	고층건축물 내·외부의 온도차에 의해 연돌효과가 발생하여 급격한 화재 및 연기확산으로 피해를 증가
화재하중	고층건축물의 복합·용도화에 따른 화재하중 증가로 화재 발생 위험이 증가 및 대형피해 유발
패닉현상	고층건축물의 경우 내부의 복잡성으로 패닉현상을 가중시키고 많은 인명피해 발생
상층 연소확대 용이	각종 덕트 등을 경로로 해서 상층으로 화재의 연소확대 위험성이 매우 높음
화재대응 및 진압의 한계성	고층건축물은 연소조건의 다양성 및 수직·수평 접근동선이 길어 통보와 방수개시의 지연 등 화재진압의 한계성이 발생
피난의 난이성	고층건축물의 수직적 구조에 따른 빠른 연기의 확산으로 피난이 근본적으로 어렵게 됨
제연의 불확실성	공간의 복잡·다양성 및 고층부 강풍에 의해 피난경로로 연기·유독가스 확산

03 정의

(1) 고층건축물

① 건축법 제2조제1항제19호 규정에 따른 건축물
② 30층 이상이거나 높이가 120 m 이상인 건축물을 말한다.

(2) 급수배관

수원 및 옥외송수구로부터 옥내소화전 방수구 또는 스프링클러헤드, 연결송수관 방수구에 급수하는 배관

04 옥내소화전설비

(1) 수원량

수원은 그 저수량이 옥내소화전의 설치개수가 가장 많은 층의 설치개수(5개 이상 설치된 경우에는 5개)에 5.2 m^3 (호스릴옥내소화전설비를 포함한다)를 곱한 양 이상이 되도록 하여야 한다.
다만, 층수가 50층 이상인 건축물의 경우에는 7.8 m^3를 곱한 양 이상이 되도록 하여야 한다.

(2) 옥상수조

수원은 (1)에 따라 산출된 유효수량 외에 유효수량의 3분의 1이상을 옥상(옥내소화전설비가 설치된 건축물의 주된 옥상)에 설치하여야 한다. 다만, 옥내소화전설비의 화재안전기준(NFSC 102) 제4조제2항제3호 또는 제4호에 해당하는 경우에는 그러하지 아니하다.

아두세요

옥내소화전설비의 화재안전기준(NFSC 102) 제4조제2항 제3호 또는 제4호
3. 제5조제2항에 따른 고가수조를 가압송수장치로 설치한 옥내소화전설비
4. 수원이 건축물의 최상층에 설치된 방수구보다 높은 위치에 설치된 경우

(3) 가압송수장치

전동기 또는 내연기관을 이용한 펌프방식의 가압송수장치는 옥내소화전설비 전용으로 설치하여야 하며, 옥내소화전설비 주펌프 이외에 동등 이상인 별도의 예비펌프를 설치하여야 한다.

(4) 배관

① 급수배관은 전용으로 하여야 한다.
다만, 옥내소화전설비의 성능에 지장이 없는 경우에는 연결송수관설비의 배관과 겸용할 수 있다.
② 50층 이상인 건축물의 옥내소화전 주배관 중 수직배관은 2개 이상(주배관 성능을 갖는 동일호칭 배관)으로 설치하여야 하며, 하나의 수직배관의 파손 등 작동 불능 시에도 다른 수직배관으로부터 소화용수가 공급되도록 구성하여야 한다.

(5) 비상전원

자가발전설비, 축전지설비(내연기관에 따른 펌프를 사용하는 경우에는 내연기관의 기동 및 제어용 축전지) 또는 전기저장장치(외부 전기에너지를 저장해 두었다가 필요한 때 전기를 공급하는 장치)로서 스프링클러설비를 40분 이상 작동할 수 있을 것. 다만, 50층 이상인 건축물의 경우에는 60분 이상 작동할 수 있어야 한다.

05 스프링클러설비

(1) 수원량

수원은 스프링클러설비 설치장소별 스프링클러헤드의 기준개수에 3.2 m^3를 곱한 양 이상이 되도록 하여야 한다. 다만, 50층 이상인 건축물의 경우에는 4.8 m^3를 곱한 양 이상이 되도록 하여야 한다.

(2)

스프링클러설비의 수원은 제1호에 따라 산출된 유효수량 외에 유효수량의 3분의 1이상을 옥상(스프링클러설비가 설치된 건축물의 주된 옥상)에 설치하여야 한다.
다만, 스프링클러설비의 화재안전기준(NFSC 103) 제4조제2항제3호 또는 제4호에 해당하는 경우에는 그러하지 아니하다.

(3) 가압송수장치

전동기 또는 내연기관을 이용한 펌프방식의 가압송수장치는 스프링클러설비 전용으로 설치하여야 하며, 스프링클러설비 주펌프 이외에 동등 이상인 별도의 예비펌프를 설치하여야 한다.

(4) 배관

① 급수배관은 전용으로 설치하여야 한다.
② 50층 이상인 건축물의 스프링클러설비 주배관 중 수직배관은 2개 이상(주배관 성능을 갖는 동일호칭배관)으로 설치하고, 하나의 수직배관이 파손 등 작동 불능 시에도 다른 수직배관으로부터 소화용수가 공급되도록 구성하여야 하며, 각각의 수직배관에 유수검지장치를 설치하여야 한다.
③ 50층 이상인 건축물의 스프링클러헤드에는 2개 이상의 가지배관 양방향에서 소화용수가 공급되도록 하고, 수리계산에 의한 설계를 하여야 한다.

(5) 음향장치

① 2층 이상의 층에서 발화한 때에는 발화층 및 그 직상 4개층에 경보를 발할 것
② 1층에서 발화한 때에는 발화층·그 직상 4개층 및 지하층에 경보를 발할 것
③ 지하층에서 발화한 때에는 발화층·그 직상층 및 기타의 지하층에 경보를 발할 것

(6) 비상전원

자가발전설비, 축전지설비(내연기관에 따른 펌프를 사용하는 경우에는 내연기관의 기동 및 제어용 축전지) 또는 전기저장장치(외부 전기에너지를 저장해 두었다가 필요한 때 전기를 공급하는 장치)로서 스프링클러설비를 40분 이상 작동할 수 있을 것. 다만, 50층 이상인 건축물의 경우에는 60분 이상 작동할 수 있어야 한다.

06 연결송수관설비

(1) 배관

연결송수관설비의 배관은 전용으로 한다.
다만, 주배관의 구경이 100 mm 이상인 옥내소화전설비와 겸용할 수 있다.

(2) 비상전원

자가발전설비, 축전지설비(내연기관에 따른 펌프를 사용하는 경우에는 내연기관의 기동 및 제어용 축전지) 또는 전기저장장치(외부 전기에너지를 저장해 두었다가 필요한 때 전기를 공급하는 장치)로서 스프링클러설비를 40분 이상 작동할 수 있을 것. 다만, 50층 이상인 건축물의 경우에는 60분 이상 작동할 수 있어야 한다.

07 비상방송설비

(1) 음향장치 : 스프링클러설비의 음향장치기준과 동일함.

(2) 비상전원 : 자동화재탐지설비의 비상전원기준과 동일함.

08 자동화재탐지설비

(1) 감지기

아날로그방식의 감지기로서 감지기의 작동 및 설치지점을 수신기에서 확인할 수 있는 것으로 설치하여야 한다. 다만, 공동주택의 경우에는 감지기별로 작동 및 설치지점을 수신기에서 확인할 수 있는 아날로그방식 외의 감지기로 설치할 수 있다.

(2) 음향장치

스프링클러설비의 음향장치 기준과 동일함.

(3) 통신 · 신호배선

50층 이상인 건축물에 설치하는 통신·신호배선은 이중배선을 설치하도록 하고 단선시에도 고장표시가 되며 정상 작동할 수 있는 성능을 갖도록 설비를 하여야 한다.
① 수신기와 수신기 사이의 통신배선
② 수신기와 중계기 사이의 신호배선
③ 수신기와 감지기 사이의 신호배선

(4) 비상전원

자동화재탐지설비에는 그 설비에 대한 감시상태를 60분간 지속한 후 유효하게 30분 이상 경보할 수 있는 축전지설비(수신기에 내장하는 경우를 포함한다) 또는 전기저장장치(외부 전기에너지를 저장해 두었다가 필요한 때 전기를 공급하는 장치)를 설치하여야 한다. 다만, 상용전원이 축전지설비인 경우에는 그러하지 아니하다.

09 피난안전구역에 설치하는 소방시설 설치기준

구분	설치기준
1. 제연 설비	피난안전구역과 비 제연구역 간의 차압은 50 Pa(옥내에 스프링클러설비가 설치된 경우에는 12.5 Pa) 이상으로 하여야 한다. 다만 피난안전구역의 한쪽 면 이상이 외기에 개방된 구조의 경우에는 설치하지 아니할 수 있다.
2. 피난유도선	피난유도선은 나음 각호의 기순에 따라 설치하여야 한다. 가. 피난안전구역이 설치된 층의 계단실 출입구에서 피난안전구역 주 출입구 또는 비상구까지 설치할 것 나. 계단실에 설치하는 경우 계단 및 계단참에 설치할 것 다. 피난유도 표시부의 너비는 최소 25 mm 이상으로 설치할 것 라. 광원점등방식(전류에 의하여 빛을 내는 방식)으로 설치하되, 60분 이상 유효하게 작동할 것
3. 비상조명등	피난안전구역의 비상조명등은 상시 조명이 소등된 상태에서 그 비상조명등이 점등되는 경우 각 부분의 바닥에서 조도는 10 lx 이상이 될 수 있도록 설치할 것
4. 휴대용 비상조명등	가. 피난안전구역에는 휴대용 비상조명등을 다음 각호의 기준에 따라 설치하여야 한다. 1) 초고층 건축물에 설치된 피난안전구역: 피난안전구역 위층의 재실자수(건축물의 피난·방화구조 등의 기준에 관한 규칙 별표 1의2에 따라 산정된 재실자 수)의 10분의 1 이상 2) 지하연계 복합건축물에 설치된 피난안전구역 : 피난안전구역이 설치된 층의 수용인원(영 별표 2에 따라 산정된 수용인원을 말한다)의 10분의 1 이상 나. 건전지 및 충전식 건전지의 용량은 40분 이상 유효하게 사용할 수 있는 것으로 한다. 다만, 피난안전구역이 50층 이상에 설치되어 있을 경우의 용량은 60분 이상으로 할 것
5. 인명 구조기구	가. 방열복, 인공소생기를 각 2개 이상 비치할 것 나. 45분 이상 사용할 수 있는 성능의 공기호흡기(보조마스크를 포함한다)를 2개 이상 비치하여야 한다. 다만, 피난안전구역이 50층 이상에 설치되어 있을 경우에는 동일한 성능의 예비용기를 10개 이상 비치할 것 다. 화재시 쉽게 반출할 수 있는 곳에 비치할 것 라. 인명구조기구가 설치된 장소의 보기 쉬운 곳에 "인명구조기구"라는 표지판 등을 설치할 것

시험 대비 최근 기출문제

- 제17회 소방시설관리사 소방시설의 설계 및 시공 시험문제풀이
- 제18회 소방시설관리사 소방시설의 설계 및 시공 시험문제풀이
- 제19회 소방시설관리사 소방시설의 설계 및 시공 시험문제풀이

소방시설관리사 소방시설의 설계 및 시공 제17회 시험문제풀이

01 다음 물음에 답하시오. (40점)

1) 특정소방대상물의 관계인이 특정소방대상물의 규모·용도 및 수용인원을 고려하여 스프링클러설비를 설치하고자 한다. "지붕 또는 외벽이 불연재료가 아니거나 내화구조가 아닌 공장 또는 창고시설"로서 스프링클러설비 설치대상이 되는 경우 5가지를 쓰시오. (5점)

풀이 ① 창고시설(물류터미널에 한정한다) 중 2)에 해당하지 않는 것으로서 바닥면적의 합계가 2천5백 m^2 이상이거나 수용인원이 250명 이상인 것

② 창고시설(물류터미널은 제외) 중 5)에 해당하지 않는 것으로서 바닥면적의 합계가 2,500m^2 이상인 것

③ 랙식 창고시설 중 6)에 해당하지 않는 것으로서 바닥면적의 합계가 750m^2 이상인 것

④ 공장 또는 창고시설 중 7)에 해당하지 않는 것으로서 지하층·무창층 또는 층수가 4층 이상인 것 중 바닥면적이 500m^2 이상인 것

⑤ 공장 또는 창고시설 중 8) 가)에 해당하지 않는 것으로서 「소방기본법 시행령」 별표 2에서 정하는 수량의 500배 이상의 특수가연물을 저장·취급하는 시설

2) 준비작동식스프링클러설비의 동작순서 block diagram을 완성하시오. (7점)

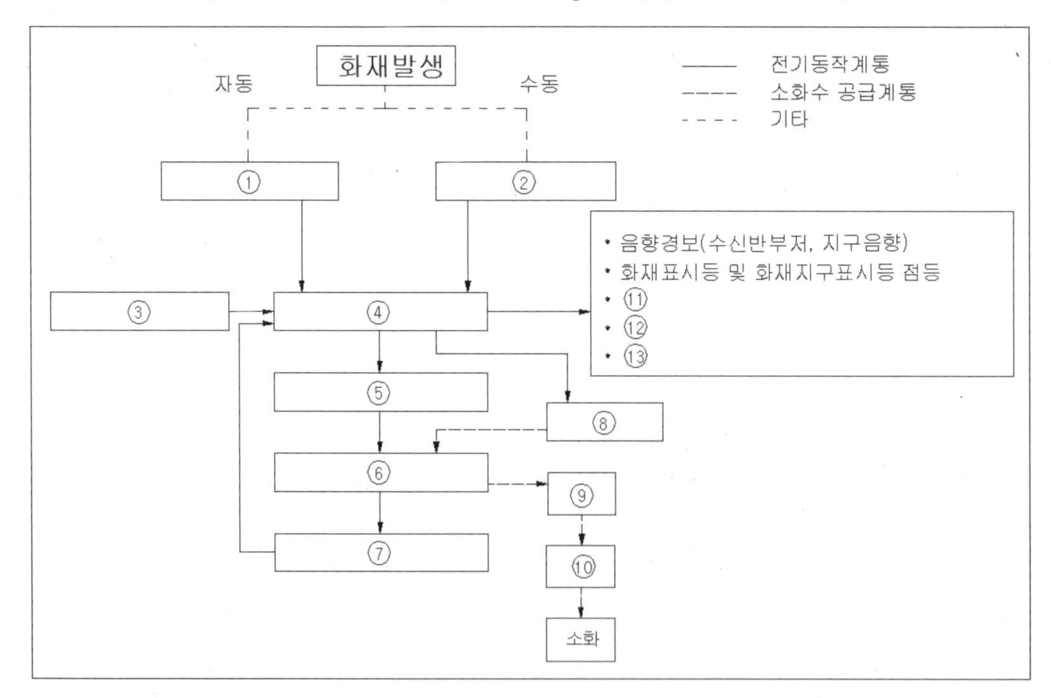

풀이 ① 교차회로 감지기 작동

② 수동기동장치 작동

③ 기동용수압개폐장치의 압력스위치 작동

④ 수신반
⑤ 전자밸브 개방
⑥ 준비작동밸브 개방
⑦ 압력스위치 작동
⑧ 펌프 작동
⑨ 배관
⑩ 헤드 개방
⑪ 준비작동밸브 개방확인등 점등
⑫ 기동용수압개폐장치의 압력스위치회로 작동
⑬ 펌프기동 확인등 점등

3) 감지기회로의 도통시험과 관련하여 다음의 각 물음에 답하시오.(4점)

(1) 종단저항 설치기준 3가지를 쓰시오. (2점)

풀이 가. 점검 및 관리가 쉬운 장소에 설치할 것
나. 전용함을 설치하는 경우 그 설치 높이는 바닥으로부터 1.5m 이내로 할 것
다. 감지기 회로의 끝부분에 설치하며, 종단감지기에 설치할 경우에는 구별이 쉽도록 해당감지기의 기판 및 감지기 외부 등에 별도의 표시를 할 것

(2) 회로도통시험을 전압계를 사용하여 시험시 측정결과에 대한 가부판정기준을 쓰시오. (2점)

풀이 가. 단선 : 전압계의 지침 0 V
나. 정상 : 전압계의 지침 2 V~6 V
다. 단락 : 전압계의 지침 18 V 이상이면 그 회선은 화재경보상태

4) 일제개방밸브를 사용하는 스프링클러설비에 있어서 일제개방밸브 2차측 배관의 부대설비 설치기준을 쓰시오. (4점)

풀이 가. 개폐표시형밸브를 설치할 것
나. 제1호에 따른 밸브와 준비작동식유수검지장치 또는 일제개방밸브 사이의 배관은 다음 각 목과 같은 구조로 할 것
가) 수직배수배관과 연결하고 동 연결배관상에는 개폐밸브를 설치할 것
나) 자동배수장치 및 압력스위치를 설치할 것
다) 나목에 따른 압력스위치는 수신부에서 준비작동식유수검지장치 또는 일제개방밸브의 개방여부를 확인할 수 있게 설치할 것

5) 「위험물안전관리에 관한 세부기준」에서 부착장소의 최고주위온도와 스프링클러헤드 표시온도를 쓰시오. (5점)

풀이

부착장소의 최고주위온도(단위: ℃)	표시온도(단위: ℃)
① 28 미만	② 58 미만
③ 28 이상 39 미만	④ 58 이상 79 미만
⑤ 39 이상 64 미만	⑥ 79 이상 121 미만
⑦ 64 이상 106 미만	⑧ 121 이상 162 미만
⑨ 106 이상	⑩ 162 이상

6) 감지기 오작동으로 인하여 준비작동밸브가 개방되어 1차측의 가압수가 2차측으로 이동하였으나 스프링클러헤드는 개방되지 않았다. 밸브 2차측 배관은 평상시 대기압 상태로서 배관 내의 체적은 3.2 m^3이고 밸브 1차측 압력은 5.8 kgf/cm^2이며, 물의 비중량은 9,800 N/m^3, 공기의 분자운동은 이상기체로서 온도 변화는 없다고 할 때 다음 물음에 답하시오. (단, 계산과정을 쓰고, 계산값은 소수점 셋째자리에서 반올림 하여 둘째자리까지 구하시오.) (8점)

(1) 오작동으로 인하여 밸브 2차측으로 넘어간 소화수의 양(m^3)을 구하시오. (5점)

풀이

밸브 개방전	P_2 = 대기압 + 게이지압 (0 kgf/cm^2) = 1.0332 kgf/cm^2	$V_2 = 3.2\ m^3$
밸브 개방후	P_1 = 대기압 + 5.8 kgf/cm^2 = 6.8332 kgf/cm^2	$V_1 = ?$

$P_2 \times V_2 = P_1 \times V_1$ (여기서, P_1과 P_2는 절대압력)

$1.0332 \times 3.2 = 6.8332 \times V_1$

$$V_1 = \frac{1.0332}{6.8332} \times 3.2 = 0.4838 m^3$$

2차측으로 이동한 물의 양

$\varDelta V = V_2 - V_1 = 3.2 - 0.4838 = 2.7162 ≒ 2.72\ m^3$

답) 2.72 m^3

(2) 밸브 2차측 배관 내에 충수되는 유체의 무게(kN)를 구하시오. (3점)

풀이 $F = \gamma V = 9{,}800 N/m^3 \times 2.72 m^3 = 26{,}656 N ≒ 26.66 kN$

답) 26.66 kN

7) 청정소화약제소화설비의 화재안전기준(NFSC 107A)에 관한 다음 물음에 답하시오. (단, 계산과정을 쓰고, 계산값은 소수점 셋째자리에서 반올림하여 둘째자리까지 구하시오.) (7점)

조건

- 최대허용압력: 16,000 kPa
- 배관의 바깥지름: 8.5 cm
- 배관 재질 인장 강도: 410 N/mm^2
- 항복점: 250 N/mm^2
- 전기 저항 용접 배관 방식이며, 용접이음을 한다.

(1) 배관의 최대허용응력(kPa)을 구하시오. (4점)

풀이 가. 배관재질 인장강도의 1/4 = 410/4 = 102.5 N/mm^2

나. 항복점의 2/3 = 250 × 2/3 = 166.667 N/mm^2

따라서, 둘 중에서 작은 값인 102.5 N/mm^2을 선택한다.

다. 배관이음효율: 0.85 (전기저항 용접배관)

라. 배관의 최대허용응력(N/mm^2)

102.5 × 0.85 × 1.2 = 104.55 N/mm^2

마. 단위변환

$$104.55\frac{N}{mm^2}\times(\frac{1,000mm}{1m})^2\times\frac{1kPa}{1,000Pa}=104,550\,kPa$$

(2) 관의 두께(mm)를 구하시오. (3점)

풀이 $$t=\frac{PD}{2SE}+A=\frac{16,000\times 85}{2\times 104,550}+0=6.504mm$$

답) 6.5 mm

02 다음 물음에 답하시오. (30점)

1) 주요구조부가 내화구조인 건축물에 자동화재탐지설비를 설치하고자 한다. 다음 조건을 참고하여 물음에 답하시오. (단, 조건에 없는 내용은 고려하지 않는다.) (9점)

조건

- 층수 : 지하 2층, 지상 9층
- 바닥면적 : 층별 1,050 m^2 (가로 35m, 세로 30m)
- 연 면 적 : 11,550 m^2
- 각층의 높이는 지하 2층 4.5 m, 지하 1층 4.5m, 1층 ~ 9층 3.5 m, 옥탑층 3.5 m
- 직통계단은 건물 좌, 우측에 1개씩 설치
- 옥탑층은 엘리베이터 권상기실로만 사용되며 건물 좌, 우측에 1개씩 설치
- 각 층 거실과 지하주차장에는 차동식스포트형감지기 2종 설치
- 연기감지기 설치장소에는 광전식스포트형 2종 설치
- 지하 2개 층은 주차장 용도로 준비작동식 유수검지장치(교차회로방식) 설치
- 지상 9개 층은 사무실 용도로 습식유수검지장치 설치
- 화재감지기는 스프링클러설비와 겸용으로 설치

(1) 전체 경계구역의 수를 구하시오. (4점)

풀이 가. 수평적 경계구역

가) 지하층 : 소화설비의 방호구역과 동일하게 설정한 경계구역

- 층별 비닥면적이 1,050 m^2 (가로 35m, 세로 30m)이고 3,000 m^2 이하이므로 층당 하나의 방호구역임.
  따라서 2개층이므로 2개의 경계구역임

나) 지상층 : 자동화재탐지설비의 경계구역

- $1,050\ m^2 \div 600\ m^2$/개 = 1.75 ≒ 2개
- 2개/층 × 9개층 = 18개

나. 수직적 경계구역

가) 계단 2개소

- 지상 수직거리 : 3.5 m/층 × 10개층 = 35 m (옥탑층 포함)
  35 m ÷ 45 m / 개 = 0.777 ≒ 1개
  1개/개소 × 2개소 = 2개
- 지하 수직거리 : 4.5 m/층 × 2개층 = 9 m
  9 m ÷ 45 m / 개 = 0.2 ≒ 1개
  1개/개소 × 2개소 = 2개

나) 엘리베이터 2개소 : 2개 경계구역

다. 합계

2 + 18 + 2 + 2 + 2 = 26

답) 26개 경계구역

(2) 설치해야 할 감지기의 종류별 수량을 구하시오. (5점)

풀이 가. 차동식 스포트형 2종

가) 지상

$1,050\ m^2 \div 70\ m^2$/개 = 15개/층 × 9개층 = 135개

나) 지하

$1,050\ m^2 \div 35\ m^2$/개 = 30개/층 × 2개층 = 60개

교차회로임으로

60개 × 2배 = 120개

계 : 135 + 120 = 255개

나. 광전식 스포트형 2종

가) 계단 2개소

- 지상 수직거리 : 3.5 m/층 × 10개층 = 35 m (옥탑층 포함)
  35 m ÷ 15 m / 개 = 2.33 ≒ 3개
  3개/개소 × 2개소 = 6개
- 지하 수직거리 : 4.5 m/층 × 2개층 = 9 m
  9 m ÷ 15 m / 개 = 0.6 ≒ 1개
  1개/개소 × 2개소 = 2개

나) 엘리베이터 2개소 : 2개

계 : 6 + 2 + 2 = 10개

답) 차동식 스포트형 2종 : 255개, 광전식 스포트형 2종 : 10개

2) 국가화재안전기준(NFSC)에 관한 다음 물음에 답하시오. (7점)

(1) 송수구 가까운 곳의 보기 쉬운 곳에 송수압력범위를 표시한 표지를 설치하여야 되는 소방시설 중 화재안전기준상 규정하고 있는 소화설비의 종류 4가지를 쓰시오. (2점)

풀이 가. 스프링클러설비
나. 화재조기진압용 스프링클러설비
다. 물분무소화설비
라. 포소화설비

(2) 연결송수관설비의 송수구 설치기준 중 급수개폐밸브 작동표시스위치의 설치기준을 쓰시오. (3점)

풀이 가. 급수개폐밸브가 잠길 경우 탬퍼 스위치의 동작으로 인하여 감시제어반 또는 수신기에 표시되어야 하며 경보음을 발할 것
나. 탬퍼스위치는 감시제어반 또는 수신기에서 동작의 유무확인과 동작시험, 도통시험을 할 수 있을 것
다. 급수개폐밸브의 작동표시 스위치에 사용되는 전기배선은 내화전선 또는 내열전선으로 설치할 것

(3) 특별피난계단의 계단실 및 부속실 제연설비에서 옥내의 출입문(방화구조의 복도가 있는 경우로서 복도와 거실사이의 출입문)에 대한 구조기준을 쓰시오. (2점)

풀이 가. 출입문은 언제나 닫힌 상태를 유지하거나 자동폐쇄장치에 의해 자동으로 닫히는 구조로 할 것
나. 거실 쪽으로 열리는 구조의 출입문에 자동폐쇄장치를 설치하는 경우에는 출입문의 개방 시 유입공기의 압력에도 불구하고 출입문을 용이하게 닫을 수 있는 충분한 폐쇄력이 있는 것으로 할 것

3) 다중이용업소의 안전관리에 관한 특별법령상 다음 물음에 답하시오. (6점)

(1) 다중이용업소에 설치·유지하여야 하는 안전시설등 중에서 구획된 실(室)이 있는 영업장 내부에 피난통로를 설치하여야 되는 다중이용업의 종류를 쓰시오. (2점)

풀이 가. 단란주점영업과 유흥주점영업의 영업장
나. 비디오물감상실업의 영업장과 복합영상물제공업의 영업장
다. 노래연습장업의 영업장
라. 산후조리업의 영업장
마. 고시원업의 영업장

(2) 다중이용업소의 영업장에 설치·유지하여야 하는 안전시설등의 종류 중 영상음향 차단장치에 대한 설치·유지기준을 쓰시오. (4점)

풀이 가. 화재 시 자동화재탐지설비의 감지기에 의하여 자동으로 음향 및 영상이 정지될 수 있는 구조로 설치하되, 수동(하나의 스위치로 전체의 음향 및 영상장치를 제어할 수 있는 구조를 말한다)으로도 조작할 수 있도록 설치할 것

나. 영상음향차단장치의 수동차단스위치를 설치하는 경우에는 관계인이 일정하게 거주하거나 일정하게 근무하는 장소에 설치할 것. 이 경우 수동차단스위치와 가장 가까운 곳에 "영상음향차단스위치"라는 표지를 부착하여야 한다.

다. 전기로 인한 화재발생 위험을 예방하기 위하여 부하용량에 알맞은 누전차단기(과전류차단기를 포함한다)를 설치할 것

라. 영상음향차단장치의 작동으로 실내 등의 전원이 차단되지 않는 구조로 설치할 것

4) 아래 조건과 같은 배관의 A지점에서 B지점으로 40 kgf/s의 소화수가 흐를 때 A,B 각 지점에서의 평균속도(m/s)를 계산하시오.(단, 조건에 없는 내용은 고려하지 않으며, 계산과정을 쓰고 답은 소수점 넷째자리에서 반올림하여 셋째자리까지 구하시오) (3점)

조건

- 배관의 재잴 : 배관용 탄소강관(KS D 3507)
- A지점 : 호칭지름 100, 바깥지름 114.3 mm, 두께 4.5 mm
- B지점 : 호칭지름 80, 바깥지름 89.1 mm, 두께 4.05 mm

풀이 $G=\gamma Q=\gamma Av$, $Q=Av=\dfrac{G}{\gamma}=\dfrac{40}{1,000}=0.04m^3/s$

$D_A=114.3-4.5\times 2=105.3mm=0.1053m$

$D_B=89.1-4.05\times 2=81mm=0.081m$

$Q=A_A\times v_A=A_B\times v_B$

$v_A=\dfrac{Q}{A_A}=\dfrac{0.04}{\pi/4\times 0.1053^2}=4.593m/s$

$v_B=\dfrac{Q}{A_B}=\dfrac{0.04}{\pi/4\times 0.081^2}=7.762m/s$

답) A지점에서의 평균속도 : 4.593 m/s
B지점에서의 평균속도 : 7.762 m/s

5) 「소방시성의 내진설계 기준」에 따른 수평배관의 종방향 흔들림 방지 버팀대에 대한 설치기준을 쓰시오. (5점)

풀이 가. 종방향 흔들림 버팀대의 수평지진하중 산정시 버팀대의 모든 가지배관을 포함하여야 한다.

나. 종방향 흔들림 방지 버팀대의 설계하중은 설치된 위치의 좌우 12 m를 포함한 24 m내의 배관에 작용하는 수평지진하중으로 산정한다.

다. 주배관 및 교차배관에 설치된 종방향 흔들림 방지 버팀대의 간격은 24 m를 넘지 않아야 한다.

라. 마지막 버팀대와 배관 단부 사이의 거리는 12 m를 초과하지 않아야 한다.

마. 4방향 버팀대는 횡방향 및 종방향 버팀대의 역할을 동시에 할 수 있어야 한다.

03 다음 물음에 답하시오.

1) 소화기구 및 자동소화장치의 화재안전기준(NFSC 101)에 관하여 다음 물음에 답하시오. (8점)

(1) 소화기 수량산출에서 소형소화기를 감소 할 수 있는 경우에 관하여 쓰시오. (2점)

풀이

구 분	내 용
소화설비가 설치된 경우	㉠ 해당 설비의 유효범위의 부분에 대하여는 제4조제1항제2호 및 제3호에 따른 소화기의 3분의 2를 감소할 수 있다.
대형소화기가 설치된 경우	㉡ 해당 설비의 유효범위의 부분에 대하여는 제4조제1항제2호 및 제3호에 따른 소화기의 2분의 1를 감소할 수 있다.

(2) 소화기 수량산출에서 소형소화기를 감소 할 수 없는 특정소방대상물 4가지를 쓰시오. (2점)

풀이 가. 근린생활시설

나. 판매시설

다. 숙박시설

라. 위락시설

그 밖 : 문화 및 집회시설, 운동시설, 운수시설, 노유자시설, 의료시설, 아파트, 업무시설(무인변전소를 제외), 방송통신시설, 교육연구시설, 항공기 및 자동차관련시설, 관광 휴게시설

(3) 일반화재를 적용대상으로 하는 소화기구의 적응성 있는 소화약제를 쓰시오. (4점)

풀이

구 분	종 류
가스계소화약제	㉠ 할로겐화물소화약제, 청정소화약제
분말소화약제	㉡ 인산염류소화약제
액체소화약제	㉢ 산알칼리소화약제, 강화액소화약제, 포소화약제, 물・침윤소화약제
기타소화약제	㉣ 고체에어로졸화합물, 마른모래, 팽창질석・팽창진주암

2) 항공기 격납고에 포소화설비를 설치하고자 한다. 아래 조건을 참고하여 물음에 답하시오. (12점)

조건

- 격납고의 바닥면적 1800 m^2, 높이 12 m
- 격납고의 주요 구조부가 내화구조이고, 벽 및 천장의 실내에 면하는 부분은 난연재료임
- 격납고 주변에 호스릴포소화설비 6개 설치
- 항공기의 높이 : 5.5 m
- 전역방출방식의 고발포용 고정포방출구 설비 설치
- 팽창비가 220인 수성막포 사용

(1) 격납고의 소화기구의 총 능력단위를 구하시오. (2점)

풀이 항공기 격납고는 항공기 및 자동차 관련시설로 바닥면적 100 m^2 마다 능력단위 1단위이고, 내화구조이고, 벽 및 반자의 실내에 면하는 부분이 난연재료 이상으로 된 특정소방대상물은 기준면적의 2배를 해당 특정소방대상물의 기준면적으로 한다.

$$\frac{1,800\,m^2}{100m^2/\text{능력단위} \times 2\text{배}} = 9\,\text{단위}$$

답) 9단위

(2) 고정포방출구 최소 설치개수를 구하시오. (3점)

풀이 1,800 m^2 ÷ 500 m^2/개 = 3.6개 ≒ 4개

답) 4개

(3) 고정포방출구 1개당 최소 방출량(L/min)을 구하시오. (3점)

풀이 1,800 m^2 × (5.5 m + 0.5 m) × 2 L/(min · m^3) ÷ 4 = 5,400 L/min

답) 5,400 L/min

(4) 전체 포소화설비에 필요한 포수용액량(m^3)을 구하시오. (4점)

풀이 4개 × 5,400 L/(min · 개) × 10 min + 5개 × 300 L/(min · 개) × 20 min = 246,000 L = 246 m^3

답) 246 m^3

3) 비상콘센트설비의 화재안전기준(NFSC 504) 등을 참고하여 다음 물음에 답하시오. (10점)

(1) 업무시설로서 층당 바닥면적은 1,000 m^2이며, 층수가 25층인 특정소방대상물에 특별피난계단이 2개소일 경우 비상콘센트의 회로수, 설치개수 및 전선의 허용전류(A)를 구하시오. (단, 수평거리에 따른 설치는 무시하며, 전선관은 수직으로 설치되어 있으며, 허용전류는 25 % 할증을 고려한다.) (5점)

풀이 가. 비상콘센트의 회로수

특별피난계단이 2개소이고, 1개소당 15개로 총 30개이며 하나의 전용회로에 설치하는 비상콘센트는 10개 이하임으로 4개 회로이다.

답) 4개 회로

나. 비상콘센트의 설치개수

답) 30개

다. 비상콘센트의 전선의 허용전류(A)

$P = VI$

$$I = \frac{P}{V} \times \text{할증계수} = \frac{4,500}{220} \times 1.25 = 25.568\,A$$

답) 25.57 A

(2) 소방용 장비 용량이 3 kW, 역률이 65 %인 장비를 비상콘센트에 접속하여 사용하고자 한다. 층수가 25층인 특정소방대상물의 각층 층고는 4 m이며, 비상콘센트(비상콘센트용 풀박스)는 화재안전기준에서 허용하는 가장 낮은 위치에 설치하고, 1층의 비상콘센트용 풀박스로부터 수전설비까지의 거리가 100 m일 경우 전선의 단면적(mm^2)을 구하시오.
(단, 전압강하는 정격전압의 10 %로 하고, 최상층 기준으로 한다.) (5점)

풀이 $S = \frac{0.0356LI}{e}$

전압강하 e = 220 × 0.1 = 22 V

전선길이 L = 100 m + 4 m/층 × 24개층 = 196 m

소비전류 I = $\frac{P}{V\cos\theta} = \frac{3{,}000\,W}{220 \times 0.65} = 20.979A$

$S = \frac{0.0356LI}{e} = \frac{0.0356 \times 196 \times 20.979}{22} = 6.653\,mm^2$

답) 6.65 mm^2

01 다음 물음에 답하시오. (40점)

1) 벤츄리관(Venturi tube)에 대하여 답하시오. (17점)

(1) 벤츄리관(Venturi tube)에서 베르누이 정리와 연속방정식 등을 이용하여 유량 구하는 공식을 유도하시오. (12점)

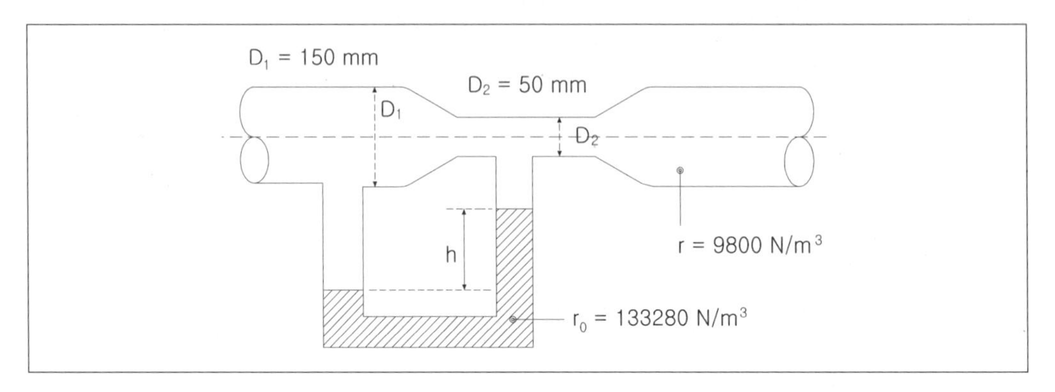

풀이 ① 베르누이의 정리($\because\ Z_1 = Z_2 = 0,\ h_\ell = 0$)

$$\frac{P_1}{\gamma} + \frac{v_1^2}{2g} + Z_1 = \frac{P_2}{\gamma} + \frac{v_2^2}{2g} + Z_2,\quad \frac{P_1 - P_2}{\gamma} = \frac{v_2^2}{2g}\left[1 - \left(\frac{v_1}{v_2}\right)^2\right]$$

② 연속방정식

$$Q = A_1 \times v_1 = A_2 \times v_2 \rightarrow \text{개구비 } m = \frac{v_1}{v_2} = \frac{A_2}{A_1} = \frac{D_2^2}{D_1^2} = \left(\frac{D_2}{D_1}\right)^2,\ 0 < m < 1$$

③ 동일 수평면상의 압력은 동일(H : 1지점에서 액주계 액면까지 높이)

$$P_1 + \gamma H = P_2 + \gamma(H - h) + \gamma_o h = P_2 + \gamma H - \gamma h + \gamma_o h$$

$$P_1 - P_2 = (\gamma_o - \gamma)h$$

④ 유속

$$v_2 = \frac{1}{\sqrt{1 - \left(\frac{A_2}{A_1}\right)^2}} \times \sqrt{2gh\,\frac{\gamma_o - \gamma}{\gamma}} = \frac{1}{\sqrt{1 - m^2}} \times \sqrt{2gh\frac{\gamma_o - \gamma}{\gamma}}$$

⑤ 유량(Q)

$$Q = A_2 \times v_2 = \frac{A_2}{\sqrt{1 - m^2}} \times \sqrt{2gh\frac{\gamma_o - \gamma}{\gamma}}$$

(2) 위 그림과 같은 벤츄리관(Venturi tube)에서 액주계의 높이차가 200 mm일 때, 관을 통과하는 물의 유량(m^3/s)을 구하시오. (단, 중력가속도 = 9.8 m/s^2, π= 3.14, 기타 조건은 무시하며, 소수점 여섯자리에서 반올림하여 다섯자리까지 구하시오.) (5점)

풀이 $Q = A_2 \times v_2 = \frac{A_2}{\sqrt{1-m^2}} \times \sqrt{2gh\frac{\gamma_o - \gamma}{\gamma}}$

$= \frac{3.14}{4} \times 0.05^2 \times \frac{1}{\sqrt{1-(0.05^2/0.15^2)^2}} \times \sqrt{2 \times 9.8 \times 0.2 \times \frac{133{,}280 - 9{,}800}{9{,}800}}$

$= 0.013878 \fallingdotseq 0.01388\ m^3/s$

답) $0.01388\ m^3/s$

2) 피난기구의 화재안전기준(NFSC 301)에 대하여 답하시오. (10점)

(1) 4층 이상의 층에 피난사다리(하향식 피난구용 내림식사다리는 제외)를 설치하는 경우 기준을 쓰시오. (2점)

풀이 피난기구의 화재안전기준 제4조제3항제4호

금속성 고정사다리를 설치하고, 당해 고정사다리에는 쉽게 피난할 수 있는 구조의 노대를 설치할 것

(2) "피난기구는 계단·피난구 기타 피난시설로부터 적당한 거리에 있는 안전한 구조로 된 피난 또는 소화활동상 유효한 개구부에 고정하여 설치하거나 필요한 때에 신속하고 유효하게 설치할 수 있는 상태에 둘 것"이라고 규정하고 있다. 여기에서 밑줄 친 유효한 개구부에 대하여 설명하시오. (2점)

풀이 피난기구의 화재안전기준 제4조제3항제1호

가로 0.5m이상 세로 1m이상인 것을 말한다.

이 경우 개구부 하단이 바닥에서 1.2m 이상이면 발판 등을 설치하여야 하고, 밀폐된 창문은 쉽게 파괴할 수 있는 파괴장치를 비치하여야 한다.

(3) 지상 10층(업무시설)인 소방대상물의 3층에 피난기구를 설치하고자 한다. 적응성이 있는 피난기구 8가지를 쓰시오. (4점)

풀이 피난기구의 화재안전기준 [별표 1] 소방대상물의 설치장소별 피난기구의 적응성

① 미끄럼대 ② 피난사다리
③ 구조대 ④ 완강기
⑤ 피난교 ⑥ 피난용트랩
⑦ 다수인피난장비 ⑧ 승강식피난기

(4) 지상 10층(판매시설)인 소방대상물의 5층에 피난기구를 설치하고자 한다. 필요한 피난기구의 최소수량을 산출하시오. (단, 바닥면적은 2000 m^2이며, 주요구조부는 내화구조이고, 특별피난계단이 2개소 설치되어 있다.) (2점)

풀이 ① 층별 완강기 설치개수 $= \frac{2{,}000\,m^2}{800\,m^2/\text{개}} = 2.5$

② 완강기 설치의 감소 $= 2.5 \div 2 = 1.25 \fallingdotseq 2$

답) 2개

3) 이산화탄소소화설비의 화재안전기준(NFSC 106) 및 아래 조건에 따라 이산화탄소소화설비를 설치하고자 한다. 다음에 대하여 답하시오. (13점)

조건

- 방호구역은 2개 구역으로 한다.
  A 구역은 가로 20m × 세로 25m × 높이 5m
  B 구역은 가로 6m × 세로 5m × 높이 5m
- 개구부는 다음과 같다.

구분	개구부 면적	비고
A 구역	이산화탄소소화설비의 화재안전기준에서 규정한 최대값 적용	자동폐쇄장치 미설치
B 구역	이산화탄소소화설비의 화재안전기준에서 규정한 최대값 적용	자동폐쇄장치 미설치

- 전역방출설비이며 방출시간은 60초 이내로 한다.
- 충전비는 1.5, 저장용기의 내용적은 68 L이다.
- 각 구역 모두 아세틸렌저장창고 이다.
- 개구부 면적 계산 시에 바닥면적을 포함하고, 주어진 조건 외에는 고려하지 않는다.
- 설계농도에 따른 보정계수는 아래의 표를 참고한다.

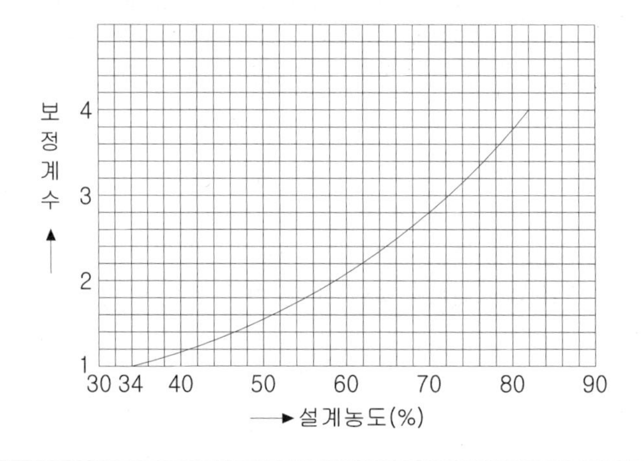

(1) 각 방호구역 내 개구부의 최대면적(m^2)을 구하시오. (2점)

풀이 ① A 구역의 최대면적(m^2) : 방호구역 전체 표면적의 3 % 이하

$[(20\times5)\times2\text{면}+(25\times5)\times2\text{면}+(20\times25)\times2\text{면}]\times0.03=43.5\ m^2$

답) 43.5 m^2

② B 구역의 최대면적(m^2) : 방호구역 전체 표면적의 3 % 이하

$[(6\times5)\times2\text{면}+(5\times5)\times2\text{면}+(6\times5)\times2\text{면}]\times0.03=5.1\ m^2$

답) 5.1 m^2

(2) 각 방호구역의 최소 소화약제 산출량(kg)을 구하시오. (5점)

풀이 ① A 구역의 최소 소화약제 산출량(kg) (실크기 : 가로 20m × 세로 25m × 높이 5m)

㉠ 방호구역 체적 고려한 산출량(kg)

- 방호구역 체적 : $20\times25\times5=2{,}500m^3$

• 방출계수 0.75 kg/m^3, 소화약제 저장량의 최저한도의 양 : 135 kg

• $2{,}500\,m^3 \times 0.75kg/m^3 = 1{,}875\,kg \geq$ 최저한도의 양 $1{,}125\,kg$

∴ 1,875 kg

㉡ 설계농도가 34 % 이상인 방호대상물의 소화약제량 고려한 산출량(kg)

• 보정계수 : 2.6 (설계농도 66 % 일때)

• $1{,}875\,kg \times 2.6 = 4{,}875\,kg$

∴ 4,875 kg

㉢ 개구부 면적 고려한 산출량(kg)

• 개구부 면적 : 43.5 m^2

• 방출계수 5 kg/m^2

• $43.5\,m^2 \times 5kg/m^2 = 217.5\,kg$

㉣ 최소 소화약제 산출량(kg)

$4{,}875 + 217.5 = 5{,}092.5\,kg$

답) 5,092.5 kg

② B 구역의 최소 소화약제 산출량(kg) (실크기 : 가로 6m × 세로 5m × 높이 5m)

㉠ 방호구역 체적 고려한 산출량(kg)

• 방호구역 체적 : $6 \times 5 \times 5 = 150\,m^3$

• 방출계수 0.8 kg/m^3, 소화약제 저장량의 최저한도의 양 : 135 kg

• $150\,m^3 \times 0.8kg/m^3 = 120\,kg$ ➜ 최저한도의 양 : 135 kg

∴ 135 kg

㉡ 설계농도가 34 % 이상인 방호대상물의 소화약제량 고려한 산출량(kg)

• 보정계수 : 2.6 (설계농도 66 % 일 때)

• $135\,kg \times 2.6 = 351\,kg$

∴ 351 kg

㉢ 개구부 면적 고려한 산출량(kg)

• 개구부 면적 : 5.1 m^2

• 방출계수 5 kg/m^2

• $5.1\,m^2 \times 5kg/m^2 = 25.5\,kg$

㉣ 최소 소화약제 산출량(kg)

$351 + 25.5 = 376.5\,kg$

답) 376.5 kg

(3) 저장용기실의 최소 저장용기 수 및 최소 소화약제 저장량(kg) 구하시오. (4점)

풀이 ① A 구역의 최소 저장용기 수 및 최소 소화약제 저장량(kg)

㉠ 최소 저장용기 수

5,092.5 kg × 1.5 L/kg ÷ 68 L/병 = 112.334 ≒ 113 병

답) 113 병

㉡ 최소 소화약제 저장량(kg)

113병 × 68 L/병 ÷ 1.5 L/kg = 5,122.666 kg

답) 5,122.67 kg

② B 구역의 최소 저장용기 수 및 최소 소화약제 저장량(kg)

㉠ 최소 저장용기 수

376.5 kg × 1.5 L/kg ÷ 68 L/병 = 8.305 병 ≒ 9병

답) 9 병

㉡ 최소 소화약제 저장량(kg)

9병 × 68 L/병 ÷ 1.5 L/kg = 408 kg

답) 408 kg

(4) 이산화탄소소화설비의 화재안전기준 별표 1에서 정하는 가연성액체 또는 가연성 가스의 소화에 필요한 설계농도(%) 기준 중 석탄가스와 에틸렌의 설계농도(%)를 쓰시오. (2점)

풀이 ① 석탄가스의 설계농도(%)

답) 37 %

② 에틸렌의 설계농도(%)

답) 49 %

02 다음 물음에 답하시오. (30점)

1) 화재안전기준 및 아래 조건에 따라 다음에 대하여 답하시오. (18점)

조건

- 두 개의 동으로 구성된 건축물로서 A동은 50 층의 아파트, B동은 11 층의 오피스텔로서 지하층은 공용으로 사용된다.
- A동과 B동은 완전구획하지 않고 하나의 소방대상물로 보며, 소방시설은 각각 별개 시설로 구성한다.
- 지하층은 5개 층으로 주차장, 기계실 및 전기실로 구성되었으며, 지하층의 소방시설은 B동에 연결되어 있다.
- A동, B동의 층고는 2.8 m 이며, 바닥 면적은 30 m × 20 m으로 동일하다.
- 지하층은 층고는 3.5 m 이며, 바닥 면적은 80 m × 60 m 이다.
- 옥내소화전설비의 방수구는 화재안전기준상 바닥으로부터 가장 높이 설치되어 있으며, 바닥 등 콘크리트 두께는 무시한다.
- 고가수조의 크기는 8 m × 6 m × 6 m (H)이며 각 동 옥상 바닥에 설치되어 있다.
- 수조의 토출구는 물탱크의 바닥에 위치한다.
- 계산시 π = 3.14 이며 소수점 3자리에서 반올림하여 2자리까지 구한다.
- 주어진 조건 외에는 고려하지 않는다.

(1) 옥내소화전설비를 정방형으로 배치한 경우, A동과 B동의 최소 수원(m^3)을 각각 구하시오. (8점)

풀이 ① A동 아파트의 최소 수원(m^3)

㉠ 옥내소화전용 방수구의 상호간 거리(S) : 수평거리 R = 25 m

$S = 2R\cos 45^o = 2 \times 25\cos 45^o = 35.355\,m$

㉡ 옥내소화전용 방수구의 수 : 바닥 면적은 30 m × 20 m

- 가로의 수

30 m ÷ 35.355 m/개 = 0.8 개 ≒ 1 개

• 세로의 수

20 m ÷ 35.355 m/개 = 0.6 개 ≒ 1 개

• 방수구의 수

1 × 1 = 1 개

㉢ 최소 수원(m^3) : 50 층의 아파트, 방수시간 60 min

$$130L/(\min \cdot 개) \times 1개 \times 60\min \times \frac{1m^3}{1{,}000\,L} = 7.8m^3$$

답) 7.8 m^3

② B동 오피스텔의 최소 수원(m^3) : 소방시설은 각각 별개 시설로 구성

㉠ 옥내소화전용 방수구의 상호간 거리(S) : 수평거리 R = 25 m

$$S = 2R\cos 45^o = 2 \times 25\cos 45^o = 35.355\,m$$

㉡ 옥내소화전용 방수구의 수 : 바닥 면적은 80 m × 60 m

• 가로의 수 : 80 m ÷ 35.355 m/개 = 2.3 개

• 세로의 수 : 60 m ÷ 35.355 m/개 = 1.7 개

• 방수구의 수 : 3 × 2 = 6 개

㉢ 최소 수원(m^3) : 11 층의 오피스텔, 방수시간 60 min (지하층이 연결된 하나의 50 층 건축물이므로) 지하층은 층고는 3.5m, 지하층의 소방시설은 B동에 연결

$$130L/(\min \cdot 개) \times 5개 \times 60\min \times \frac{1m^3}{1{,}000L} = 39\,m^3$$

답) 39 m^3

(2) 스프링클러설비가 설치된 경우, 아파트와 오피스텔의 최소 수원(m^3)을 각각 구하시오. (6점)

풀이 ① A동 아파트의 최소 수원(m^3) : 50 층의 아파트, 기준개수 10개, 방수시간 60 min

$$80L/(\min \cdot 개) \times 10개 \times 60\min \times \frac{1m^3}{1{,}000\,L} = 48\,m^3$$

답) 48 m^3

② B동 오피스텔의 최소 수원(m^3) : 11 층의 오피스텔, 기준개수 30개, 방수시간 60 min

소방시설은 각각 별개 시설로 구성한다. 지하층의 소방시설은 B동에 연결되어 있다. 고가수조의 크기는 8 m × 6 m × 6 m (H)이며 각 동 옥상 바닥에 설치되어 있다. 지하층이 연결된 하나의 50층 건축물이므로 방수시간은 60 min이다.

$$80L/(\min \cdot 개) \times 30개 \times 60\min \times \frac{1m^3}{1{,}000\,L} = 144\,m^3$$

∴ 144 m^3

(3) B동 고가수조의 소화용수가 자연낙차에 따라 지하 5층 옥내소화전 방수구로 방수되는데 소요되는 최소시간(s)을 구하시오. (4점)

풀이 ① 배수시간 t[s]

$$t = \frac{2A}{C \times a\sqrt{2g}}(\sqrt{H} - \sqrt{h})[s]$$

여기서, A : 수조의 단면적(m^2), C : 유량계수, a : 오리피스(방수구) 단면적(m^2),

g : 중력가속도(9.8 m/s^2),

H : 만수 수심(만수 수면에서 방수구까지 높이)(m),

h : 하강 수심(수면 하강시 수면에서 방수구까지 높이)(m)

② B동 고가수조의 수원량(m^3)과 저수높이(m)

㉠ 수원량(m^3)

$19\ m^3 + 144\ m^3 = 163\ m^3$

㉡ 저수높이(m) : 고가수조의 크기는 8 m × 6 m × 6 m (H)

$$\text{저수높이} = \frac{163\,m^3}{48\,m^2} = 3.3958\,m$$

③ 낙차 h

$$2.8\,m/\text{층} \times \text{지상}\,11\,\text{개층} + 3.5\,m/\text{층} \times \text{지하}\,5\,\text{개층} - 1.5\,m = 46.8\,m$$

④ 유효수원 만수시 낙차 H

$46.8\ m + 3.3958\ m = 50.1958\ m$

⑤ 계산식에 대입하여 배수시간 구하면 (유량계수 C = 1로 가정)

$$t = \frac{2A}{C \times a\sqrt{2g}}(\sqrt{H} - \sqrt{h})[s] = \frac{2 \times 8 \times 6}{1 \times \frac{3.14}{4} \times 0.04^2 \times \sqrt{2 \times 9.8}}(\sqrt{50.1958} - \sqrt{46.8})$$

$$= 4{,}209.89\,s$$

답) 4,209.89 s

2) 물의 압력-온도 상태도와 관련하여 다음에 대하여 답하시오. (12점)

(1) 물의 압력-온도 상태도(Pressure-Temperature Diagram)를 작도하고, 상태도에 임계점과 삼중점을 표시하시고 각각을 설명하시오. (4점)

풀이

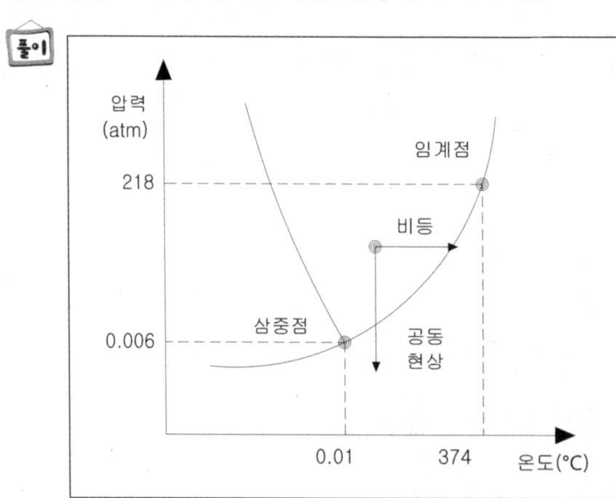

① 임계점 : 374 ℃, 218 atm 액화시킬 수 있는 최고의 온도이고 이 임계온도에서 기체를 액화시킬 수 있는 최저의 압력을 임계압력이라 한다.
임계점 이상이면 분자운동이 너무 활발해서 아무리 압력을 가해도 액화 안됨

② 삼중점 : 0.01 ℃, 0.006 atm 고체, 액체, 기체의 세 가지 상이 평형을 이루어 함께 존재하는 점

(2) 상태도에 비등(Ebullition)현상과 공동(Cavitation)현상을 작도하고 설명하시오. (4점)

풀이 ① 비등(Ebullition)현상

일정한 압력하에서 액체의 온도가 일정온도에 도달한 후 액체표면에 기화(증발) 외에 액체 안에 증기 기포가 형성되는 기화현상

② 공동(Cavitation)현상

액체의 압력이 포화증기압 이하로 낮아져서 액체 내에 기포가 발생하는 현상

(3) 물의 응축잠열과 증발잠열을 설명하고, 증발잠열이 소화효과에 미치는 영향을 설명하시오. (4점)

풀이 ① 응축잠열 : 어떤 물질에 열을 가했을 때 기체에서 액체로 상태가 변화할 때 필요한 잠열

② 증발잠열 : 어떤 물질에 열을 가했을 때 액체에서 기체로 상태가 변화할 때 필요한 잠열

③ 증발잠열의 소화효과

물은 증발잠열이 539 kcal/kg로 매우 커서 화점에서 물을 수증기로 변하면서 많은 열을 빼앗아 냉각소화한다.

03 다음 물음에 답하시오. (30점)

1) 자동화재탐지설비에 대하여 답하시오. (12점)

(1) 아래 조건을 참조하여 실온이 18 ℃일 때, 1종 정온식 감지기의 최소작동시간(s)을 계산과정을 쓰고 구하시오. (10점)

조건

- 감지기의 공칭작동온도는 80 ℃이고, 작동시험온도는 100 ℃이다.
- 실온이 0 ℃ 및 0 ℃ 이외에서 감지기 작동시간의 소수점이하는 절상하여 계산한다.

풀이 감지기의 형식승인 및 제품검사의 기술기준 제16조제1항제1호

① 실온 18 ℃일때 1종 정온식 감지기의 최소작동시간 t[s]

$$t = \frac{t_0 \log_{10}(1 + \frac{\theta - \theta r}{\delta})}{\log_{10}(1 + \frac{\theta}{\delta})} = \frac{41 \log_{10}(1 + \frac{80 - 18}{20})}{\log_{10}(1 + \frac{80}{20})} = 35.9445 = 36\,s$$

여기서, t_0 : 실온이 0 ℃인 경우의 작동시간(s), θ : 공칭작동온도(℃)

δ : 공칭작동온도와 작동시험온도와의 차

답) 36 s

알아두세요

감지기의 형식승인 및 제품검사의 기술기준 [시행 2017. 12. 6.]

제16조(정온식감지기의 공칭작동온도의 구분, 감도시험 및 화재정보신호)

① 정온식감지기(아날로그식 제외)의 공칭작동온도는 60 ℃에서 150 ℃까지의 범위로 하되, 60 ℃에서 80 ℃인 것은 5 ℃ 간격으로, 80 ℃ 이상인 것은 10 ℃ 간격으로 하여야 하며 다음 각 호의 시험에 적합하여야 한다.

1. 작동시험

공칭작동온도의 125 %가 되는 온도이고 풍속이 1 m/s인 수직기류에 투입하는 경우 그 종별에 따라 다음 표에 정하는 시간 이내에 작동하여야 한다.

종별	실온	
	0 ℃	0 ℃ 이외
특종	40초 이하	실온 θ_r(℃)일 때의 작동시간 t(초)는 다음 식에 의하여 산출한다. $t = \dfrac{t_0 \log_{10}(1 + \dfrac{\theta - \theta r}{\delta})}{\log_{10}(1 + \dfrac{\theta}{\delta})}$
1종	40초 초과 120초 이하	
2종	120초 초과 300초 이하	
(주) t_0 : 실온이 0 ℃인 경우의 작동시간(초), θ : 공칭작동온도(℃) δ : 공칭작동온도와 작동시험온도와의 차		

(2) 자동화재탐지설비 및 시각경보장치의 화재안전기준(NFSC 203)에 따른 정온식 감지선형감지기 설치기준이다. ( ) 안의 내용을 차례대로 쓰시오. (2점)

감지기와 감지구역의 각부분과의 수평거리가 내화구조의 경우 1종 (ㄱ) 이하, 2종 (ㄴ) 이하로 할 것. 기타 구조의 경우 1종 (ㄷ) 이하, 2종 (ㄹ) 이하로 할 것

풀이 자동화재탐지설비의 화재안전기준 제7조제3항제12호 라목

ㄱ : 4.5 m　　ㄴ : 3 m　　ㄷ : 3 m　　ㄹ : 1 m

2) 가스계 소화설비에 대하여 답하시오. (10점)

(1) 화재안전기준(NFSC 107A) 및 아래 조건에 따라, HCFC BLEND A를 이용한 소화설비를 설치하였을 때, 전체 소화약제 저장용기에 저장되는 최소 소화약제의 저장량(kg)을 산출하시오. (6점)

조건
- 바닥면적 300 m^2, 높이 4 m의 발전실에 소화농도는 7.0 %로 한다.
- 방사시 온도는 20 ℃, K_1 = 0.2413, K_2 = 0.00088 이다.
- 저장용기의 규격은 68 L, 50 kg용이다.

풀이 ① 최소 소화약제의 저장량(kg) 산출식

$$W = \frac{V}{S} \times [\frac{C}{100 - C}] \text{ [kg]}$$

여기서, W : 소화약제의 무게(kg), V : 방호구역의 체적(m^3),
S : 소화약제별 선형상수($K_1 + K_2 \times t$) (m^3/kg)
• C : 체적에 따른 소화약제의 설계농도(%), t : 방호구역의 최소예상온도(℃)

② 방호구역의 체적 V [m^3]

$$V = 300 \times 4 = 1{,}200\, m^3$$

③ 소화약제별 선형상수 S [m^3/kg]

$$S = K_1 + K_2 \times t = 0.2413 + 0.00088 \times 20 = 0.2589\, m^3/kg$$

④ 설계농도(%)

$$C = \text{소화농도} \times \text{안전율} = 7 \times 1.3 = 9.1\,\%$$

⑤ 산출량(kg)

$$W = \frac{V}{S} \times [\frac{C}{100 - C}] = \frac{1{,}200}{0.2589} \times [\frac{9.1}{100 - 9.1}] = 464.009\, kg$$

⑥ 저장량(kg)

㉠ 저장용기 수

464.009 kg ÷ 50 kg/병 = 9.28 병 ≒ 10병

㉡ 저장량(kg)

10병 × 50 kg/병 = 500 kg

답) 500 kg

(2) 위 (1)의 저장용기에 대하여 화재안전기준(NFSC 107A)에서 요구하는 저장용기 교체기준을 쓰시오. (2점)

풀이 청정소화약제소화설비의 화재안전기준 제6조제2항제5호

저장용기의 약제량 손실이 5%를 초과하거나 압력손실이 10%를 초과할 경우에는 재충전하거나 저장용기를 교체할 것.

(3) 이산화탄소소화설비의 화재안전기준(NFSC 106)에 따라 이산화탄소 소화설비의 설치장소에 대한 안전시설 설치기준 2가지를 쓰시오. (2점)

풀이 이산화탄소 소화설비의 화재안전기준 제19조

① 소화약제 방출시 방호구역 내와 부근에 가스방출시 영향을 미칠 수 있는 장소에 시각경보장치를 설치하여 소화약제가 방출되었음을 알도록 할 것.

② 방호구역의 출입구 부근 잘 보이는 장소에 약제방출에 따른 위험경고표지를 부착할 것.

3) 특별피난계단의 계단실 및 부속실 제연설비의 화재안전기준(NFSC 501A)에 따라 부속실에 제연설비를 설치하고자 한다. 아래 조건에 따라 다음에 대하여 답하시오. (8점)

조건
- 제연구역에 설치된 출입문의 크기는 폭 1.6m, 높이 2.0m 이다.
- 외여닫이문으로 제연구역의 실내 쪽으로 열린다.
- 주어진 조건 외에는 고려하지 않으며, 계산값은 소수점 넷째자리에서 반올림하여 소수점 셋째자리까지 구한다.

(1) 출입문의 누설틈새 면적(m^2)을 산출하시오. (4점)

풀이 $= (\frac{1.6m \times 2 + 2m \times 2}{5.6m}) \times 0.01m^2 = 0.0128 ≒ 0.013m^2$

답) 0.013 m^2

(2) 위 (1)의 누설틈새를 통한 최소 누설량(m^3/s)을 $Q = 0.827AP^{1/2}$의 식을 이용하여 산출하시오. (4점)

풀이 $Q = 0.827AP^{1/2} = 0.827 \times 0.013 \times 40^{1/2} = 0.0679 ≒ 0.068m^3/s$

답) 0.068 m^3/s

소방시설관리사
소방시설의 설계 및 시공

제19회 시험문제풀이

01 다음 물음에 답하시오. (40점)

1) 건축물내 실의 크기가 가로 20 m × 세로 20 m × 높이 4 m인 노유자시설에 제3종 분말 소화기를 설치하고자 한다. 다음을 구하시오. (단, 건축물은 비내화구조이다.) (3점)

(1) 최소소화 능력단위 (2점)

풀이 400 m^2 ÷ 100 m^2/단위 = 4 단위

답) 4 단위

(2) 2단위 소화기 설치 시 소화기 개수 (1점)

풀이 4 단위 ÷ 2단위/개 = 2 개

답) 2개

2) 다음을 계산하시오. (21점)

(1) 소방대상물(B급 화재)에 소화약제 HFC-23인 할로겐화합물소화설비를 설치한다. 다음 조건에 따라 답을 구하시오. (9점)

조건

- 소방대상물 크기 : 가로 20 m × 세로 8 m × 높이 6 m
- 소화농도 32 % 이다.
- 저장용기는 80 리터이며, 최대충전밀도 중 가장 큰 것을 사용한다.
- 소화약제 선형상수 값(K_1 = 0.3164, K_2 = 0.0012)
- 방호구역의 온도는 20 ℃이다.
- 화재안전기준의 $W=\frac{V}{S}\times(\frac{C}{100-C})$식을 적용한다.
- 소수점 셋째자리에서 반올림하여 둘째자리까지 구한다.
- 주어진 조건 외에는 고려하지 않는다.

조건

- 할로겐화합물 소화약제 저장용기의 충전밀도 · 충전압력 및 배관의 최소사용설계압력

항목 \ 소화약제	HFC-23				
최대충전밀도(kg/m^3)	768.9	720.8	640.7	560.6	480.6
21 ℃ 충전압력(kPa)	4,198	4,198	4,198	4,198	4,198
최소사용 설계압력(kPa)	9,453	8,605	7,626	6,943	6,392

① 소화약제 저장량(kg) (3점)

풀이 ▶ 공식에 따라 산출한 양(kg)

$$W = \frac{V}{S} \times \left(\frac{C}{100-C}\right) = \frac{960\,m^3}{0.3404\,m^3/kg} \times \frac{32 \times 1.3}{100 - 32 \times 1.3} = 2008.9177\,kg$$

여기서, $S = K_1 + K_2 \times t = 0.3164 + 0.0012 \times 20 = 0.3404\,m^3/kg$

▶ 병당 충전양(kg)

저장용기는 80 리터이며, 최대충전밀도 중 가장 큰 것을 사용한다.

최대충전밀도(kg/m³) = $768.9\,\frac{kg}{m^3} \times 80\,L \times \frac{1\,m^3}{1{,}000\,L} = 61.512\,kg$

▶ 저장 병수

2008.9177 kg ÷ 61.512 kg/병 = 32.658 병 ≒ 33 병

▶ 소화약제 저장량(kg)

$33병 \times 61.512\,kg/병 = 2{,}029.896\,kg$

답) 2,029.90 kg

② 소화약제를 방사할 때 분사헤드에서의 유량(kg/s) (6점)

풀이 $$\frac{W}{t} = \frac{V}{S} \times \left(\frac{C}{100-C}\right) = \frac{960\,m^3}{0.3404\,m^3/kg} \times \frac{32 \times 1.3 \times 0.95}{100 - 32 \times 1.3 \times 0.95} \div 10\,s = 184.283\,kg/s$$

답) 184.28 kg/s

(2) 소방대상물(C급 화재)에 소화약제 IG-100 불활성기체소화설비를 설치한다. 다음 조건에 따라 답을 구하시오. (12점)

조건

- 소방대상물 크기 : 가로 20 m × 세로 8 m × 높이 6 m
- 소화농도 30 % 이다.
- 저장용기는 80 리터이며, 충전압력 중 가장 적은 것을 사용한다.
- 소화약제 선형상수의 값과 20 ℃에서 소화약제의 비체적은 같다고 가정한다.
- 방호구역의 온도는 20 ℃이다.
- 화재안전기준의 $X = 2.303 \times \left(\frac{V_S}{S}\right) \times \log_{10}\left(\frac{100}{100-C}\right)$ 식을 적용한다.
- 소수점 셋째자리에서 반올림하여 둘째자리까지 구한다.
- 주어진 조건 외에는 고려하지 않는 다.
- 불활성기체 소화약제 저장용기의 충전압력 및 배관의 최소사용설계압력

항목 \ 소화약제		IG-01		IG-541			IG-55			IG-100		
21℃ 충전압력(kPa)		16,341	20,436	14,997	19,996	31,125	15,320	20,423	30,634	16,575	22,312	28,000
최소사용설계압력(kPa)	1차측	16,341	20,436	14,997	19,996	31,125	15,320	20,423	30,634	16,575	22,312	227.4
	2차측	비고2 참조										

비고) 1. 1차측과 2차측은 감압장치를 기준으로 한다.
2. 2차측 최소사용설계압력은 제조사의 설계프로그램에 의한 압력값에 따른다.

① 소화약제 저장량(m^3) (4점)

풀이 ▶ 공식에 따라 산출한 양(m^3) : $V_S/S=1$

$$V_g = X\times V = 2.303\times(\frac{V_S}{S})\times\log_{10}(\frac{100}{100-C})\times V$$

$$=2.303\times1\times\log_{10}(\frac{100}{100-30\times1.2})\times960=428.512\,m^3$$

▶ 병당 충전양(m^3)

저장용기는 80 리터(0.08 m^3)이며, 충전압력 중 가장 적은 것(21℃ 16,575 kPa)

방사전후 온도와 압력변화에 따른 체적변화 : 보일-샤를 법칙

$$\frac{P_1V_1}{T_1}=\frac{P_2V_2}{T_2}$$

$$\frac{(16{,}575+101.325)\,kPa\times V_1}{(273+21)K}=\frac{101.325\,kPa\times428.512\,m^3}{(273+20)K}$$

$V_1=2.612\,m^3$

▶ 저장 병수

2.612 m^3 ÷ 0.08 m^3/병 = 32.65 병 ≒ 33 병

▶ 소화약제 저장량(m^3)

$33병\times0.08\,m^3/병=2.64\,m^3$

답) 2.64 m^3

② 소화약제 저장용기 수 (8점)

풀이 2.64 m^3 ÷ 0.08 m^3/병 = 33 병

답) 33 병

3) 스프링클러설비가 소요되는 펌프의 전양정 66 m에서 말단헤드 압력이 0.1 MPa이다. 말단헤드압력을 0.2 MPa로 증가시켰을 때 다음 조건에 따라 답을 구하시오. (11점)

조건
- 하젠-윌리암스의 식을 적용한다.
- 방출계수 K값은 90 이다.
- 1 MPa의 환산수두는 100 m이다.
- 실양정은 20 m이다.
- 소수점 셋째자리에서 반올림하여 둘째자리까지 구한다.
- 주어진 조건 외에는 고려하지 않는다.

(1) 말단헤드 유량(L/min) (2점)

풀이 $Q=K\sqrt{10P}=90\sqrt{10\times0.2MPa}=127.279\,L/\min$

답) 127.28 L/min

(2) 마찰손실압력(MPa) (7점)

풀이 ① 펌프의 전양정 66 m, 말단헤드 압력이 0.1 MPa, 실양정은 20 m, 마찰손실압력(MPa)?

$66m = 20m + \Delta h + 10m$, $\Delta h = 66m - 30m = 36m = 0.36MPa$

② 말단헤드 압력이 0.2 MPa, 실양정은 20 m, 마찰손실압력(MPa)?

$Q_1 = K\sqrt{10P} = 90\sqrt{10 \times 0.1MPa} = 90L/\min$

$\Delta P_2 = (\frac{Q_2}{Q_1})^{1.85} \times \Delta P_1 = (\frac{127.28}{90})^{1.85} \times 0.36 = 0.6835MPa \fallingdotseq 0.68MPa$

답) 0.68 MPa

(3) 펌프의 토출압력(MPa) (2점)

풀이 H = 실양정 + 마찰손실압력 + 방수압력 = 0.2 + 0.68 + 0.2 = 1.08 MPa

답) 1.08 MPa

4) 다음 조건을 참조하여 할로겐화합물 및 불활성기체소화설비에서 배관의 두께(mm)를 구하시오. (5점)

조건

- 가열맞대기 용접배관을 사용한다.
- 배관의 바깥지름은 84 mm이다.
- 배관재질의 인장강도 440 MPa, 항복점 300 MPa이다.
- 배관 내 최대허용압력은 12,000 kPa이다.
- 화재안전기준의 $t = \frac{PD}{2SE} + A$ 식을 적용한다.
- 소수점 셋째자리에서 반올림하여 둘째자리까지 구한다.
- 주어진 조건 외에는 고려하지 않는다.

풀이 (1) 배관 내 최대허용압력(P) : 12,000 kPa

(2) 배관의 바깥지름(D) : 84 mm

(3) 최대허용응력(SE)

① 배관재질 인장강도의 1/4 = 440 MPa /4 = 110 MPa

② 항복점의 2/3 = 300 MPa × 2/3 = 200 MPa

③ $SE = 110MPa \times 0.6 \times 1.2 = 79.2MPa = 79{,}200kPa$

(4) 나사이음, 홈이음 등의 허용값(A) : 0

(5) 배관의 두께(t)

$t = \frac{PD}{2SE} + A = \frac{12{,}000kPa \times 84mm}{2 \times 79{,}200\,kPa} + 0 = 6.3636mm$

답) 6.36 mm

02 **특별피난계단의 계단실 및 부속실 제연설비의 화재안전기준(NFSC 501A) 및 다음 조건을 참조하여 각 물음에 답하시오.** (30점)

조건

풍량	• 업무시설로서 층수는 20층이고, 층별 누설량은 500 m^3/h, 보충량은 5,000 m^3/h이다. • 풍량 산정은 화재안전기준에서 정하는 최소 풍량으로 계산한다. • 소수점은 둘째자리에서 반올림하여 첫째자리까지 구한다.
정압	• 흡입 루버의 압력강하량 : 150 Pa • System effect(흡입) : 50 Pa • System effect(토출) : 50 Pa • 수평덕트의 압력강하량 : 250 Pa • 수직덕트의 압력강하량 : 150 Pa • 자동차압댐퍼의 압력강하량 : 250 Pa • 송풍기정압은 10 % 여유율로 하고 기타 조건은 무시한다. • 단위환산은 표준대기압 조건으로 한다. • 소수점은 둘째자리에서 반올림하여 첫째자리까지 구한다.
전동기	• 효율은 55 %이고 전달계수는 1.1이다. • 상기 풍량, 정압조건만 반영한다. • 소수점은 둘째자리에서 반올림하여 첫째자리까지 구한다.

1) 송풍기의 풍량(m^3/h)을 산정하시오. (8점)

풀이 (1) 급기량(m^3/h) ☞ 보수적으로 계산함.

급기량 = 누설량 + 보충량 = 20층 × 500 m^3/h/층 + 5,000 m^3/h = 15,000 m^3/h

(2) 송풍기의 풍량(m^3/h)

송풍기의 풍량 = 급기량 × 1.15 = 15,000 m^3/h × 1.15 = 17,250 m^3/h

답) 17,250 m^3/h

2) 송풍기 정압을 산정하여 mmAq로 표기하시오. (14점)

풀이 (1) 송풍기 정압(Pa)

= (150 + 50 + 50 + 250 + 150 + 250) × 1.1 = 900 × 1.1 = 990 Pa

(2) 송풍기 정압(mmAq)

$$= 990\,Pa \times \frac{10{,}332 mmAq}{101{,}325\,Pa} = 100.949\,mmAq$$

답) 100.95 mmAq

3) 송풍기 구동에 필요한 전동기 용량(kW)을 계산하시오. (8점)

풀이 $$Lm = \frac{Pt \times Q}{102\eta} \times K = \frac{100.95\,kgf/m^2 \times 17{,}250\,m^3/h}{102 \times 3{,}600 \times 0.55} \times 1.1 = 9.4846\,kW$$

답) 9.48 kW

03 다음 물음에 답하시오. (30점)

1) 국가화재안전기준 및 다음 조건에 따라 각 물음에 답하시오. (7점)

조건

• 스프링클러설비 펌프 일람표

장비명	수량	유량(L/min)	양정(m)	비고
주펌프	1	2,400	120	전자식 압력스위치 적용
예비펌프	1	2,400	120	
충압펌프	1	60	120	

(1) 기동용수압개폐장치의 압력설정치(MPa)를 쓰시오. (단, 10 m = 0.1 MPa로 하고, 충압펌프의 자동정지는 정격치로 하되 기동~정지 압력차는 0.1 MPa, 나머지 압력차는 0.05 MPa로 설정하며, 압력강하시 자동기동은 충압-주-예비펌프 순으로 한다.) (3점)

풀이 ① 주펌프 기동점, 정지점

답) 기동점 1.05 MPa

정지점 1.68 MPa

② 예비펌프 기동점, 정지점

답) 기동점 1.00 MPa

정지점 1.68 MPa

③ 충압펌프 기동점, 정지점

답) 기동점 1.1 MPa

정지점 1.2 MPa

(2) 주펌프 또는 예비펌프 성능시험 시 성능기준에 적합한 양정(m)을 쓰시오. (2점)

풀이 ① 체절운전 시 : 정격토출압력 × 1.4 이하

168 m 이하

② 정격토출량의 150 % 운전 시 : 정격토출압력 × 0.65 이상

78 m 이상

(3) 펌프의 성능시험배관에 적합한 유량측정장치의 유량범위를 쓰시오. (2점)

풀이 ① 최소유량(L/min) : 2,400 L/min

② 최대유량(L/min) : 4,200 L/min

2) 화재예방, 소방시설 설치·유지 및 안전관리에 관한 법령 및 국가화재안전기준에 따라 각 물음에 답하시오. (10점)

(1) 특정소방대상물의 규모·용도 및 수용인원 등을 고려하여 갖추어야 하는 소방시설의 종류 중 문화 및 집회시설(동·식물원 제외), 종교시설(주요구조부가 목조인 것 제외), 운동시설(물놀이형 시설 제외)의 모든 층에 설치하여야 하는 경우에 해당하는 스프링클러설비 설치대상 4가지를 쓰시오. (4점)

풀이 ① 수용인원이 100명 이상인 것
② 영화상영관의 용도로 쓰이는 층의 바닥면적이 지하층 또는 무창층인 경우에는 500m^2 이상, 그 밖의 층의 경우에는 1천 m^2 이상인 것
③ 무대부가 지하층·무창층 또는 4층 이상의 층에 있는 경우에는 무대부의 면적이 300m^2 이상인 것
④ 무대부가 ③외의 층에 있는 경우에는 무대부의 면적이 500m^2 이상인 것

(2) 할로겐화합물 및 불활성기체소화설비의 화재안전기준(NFSC 107A)에 따른 배관의 구경 선정기준을 쓰시오. (2점)

풀이 배관의 구경은 해당 방호구역에 할로겐화합물소화약제는 10초 이내에, 불활성기체소화약제는 A·C급 화재 2분, B급 화재 1분 이내에 방호구역 각 부분에 최소설계농도의 95 % 이상 해당하는 약제량이 방출되도록 하여야 한다.

(3) 무선통신보조설비의 화재안전기준(NFSC 505)에 따른 무선기기 접속단자 설치기준을 4가지만 쓰시오. (4점)

풀이 ① 화재층으로부터 지면으로 떨어지는 유리창 등에 의한 지장을 받지 않고 지상에서 유효하게 소방활동을 할 수 있는 장소 또는 수위실 등 상시 사람이 근무하고 있는 장소에 설치할 것
② 단자는 한국산업규격에 적합한 것으로 하고, 바닥으로부터 높이 0.8 m 이상 1.5 m 이하의 위치에 설치할 것
③ 지상에 설치하는 접속단자는 보행거리 300 m 이내마다 설치하고, 다른 용도로 사용되는 접속단지에서 5 m 이상의 거리를 둘 것
④ 지상에 설치하는 단자를 보호하기 위하여 견고하고 함부로 개폐할 수 없는 구조의 보호함을 설치하고, 먼지·습기 및 부식 등에 따라 영향을 받지 아니하도록 조치할 것
• 단자의 보호함의 표면에 "무선기 접속단자"라고 표시한 표지를 할 것

3) 국가화재안전기준 및 다음 조건에 따라 각 물음에 답하시오. (13점)

조건

- 지하주차장은 3개 층이며, 각 층의 바닥면적은 60 m × 60 m 이고 층고는 4.5 m이다.
- 주차장의 준비작동식스프링클러설비 감지기는 교차회로방식으로 자동화재탐지설비와 겸용한다.
- 지하 3층 주차장은 기계실(450 m^2)과 전기실·발전기실(250 m^2)이 있다.
- 지하 3층 기계실은 습식스프링클러설비를 적용한다.
- 주요구조부는 내화구조이다.
- 주어진 조건 외에는 고려하지 않는다.

(1) 지하주차장 및 기계실에 차동식스포트형 감지기(2종)를 적용할 경우 설치수량을 구하시오. (단, 층별 하나의 방호구역 바닥면적은 최대로 적용한다.) (5점)

풀이 ① 지하 1층, 지하 2층 주차장 : 3,600 m^2, 층고는 4.5 m
(층별 하나의 방호구역 바닥면적은 최대로 적용한다.)
3,000 m^2 ÷ 35 m^2/개 = 85.7 ≒ 86 개
600 m^2 ÷ 35 m^2/개 = 17.1 ≒ 18 개
(86개 + 18개)/회로 × 2개회로 × 2개층 = 416개

② 지하 3층 주차장
방호구역 : 3,600 m^2 − 450 m^2(기계실) + 250 m^2(전기실·발전기실) = 2,900 m^2, 층고는 4.5 m
2,900 m^2 ÷ 35 m^2/개 = 82.85 ≒ 83 개
83 개/회로 × 2개회로 = 166 개

③ 지하 3층 기계실(450 m^2)
450 m^2 ÷ 35 m^2/개 = 12.85 ≒ 13 개

④ 합계
416 개 + 166 개 + 13개 = 595 개
답) 595 개

(2) 스프링클러설비 유수검지장치의 종류별 설치수량을 구하시오. (2점)

풀이 ① 지하 1층 주차장, 지하 2층 주차장 : 3,600 m^2
3,600 m^2 ÷ 3,000 m^2/개 ≒ 2 개
2개층이므로
준비작동식 유수검지장치 : 4개

② 지하 3층 주차장
방호구역 : 3,600 m^2 − 450 m^2(기계실) + 250 m^2(전기실·발전기실) = 2,900 m^2
2,900 m^2 ÷ 3,000 m^2/개 ≒ 1 개
준비작동식 유수검지장치 : 1개

③ 지하 3층 기계실(450 m^2)
450 m^2 ÷ 3,000 m^2/개 ≒ 1 개
습식 유수검지장치 : 1개
답) 준비작동식 유수검지장치 : 5개, 습식 유수검지장치 : 1개

(3) 폐쇄형스프링클러헤드를 사용하는 설비의 방호구역·유수검지장치 설치기준을 6가지만 쓰시오. (6점)

풀이 ① 하나의 방호구역의 바닥면적은 3,000m^2를 초과하지 아니할 것.
다만, 폐쇄형스프링클러설비에 격자형배관방식(2이상의 수평주행배관 사이를 가지배관으로 연결하는 방식을 말한다)을 채택하는 때에는 3,700m^2 범위 내에서 펌프용량, 배관의 구경 등을 수리학적으로 계산한 결과 헤드의 방수압 및 방수량이 방호구역 범위 내에서 소화목적을 달성하는 데 충분할 것

② 하나의 방호구역에는 1개 이상의 유수검지장치를 설치하되, 화재발생시 접근이 쉽고 점검하기 편리한 장소에 설치할 것

③ 하나의 방호구역은 2개 층에 미치지 아니하도록 할 것. 다만, 1개 층에 설치되는 스프링클러헤드의 수가 10개 이하인 경우와 복층형구조의 공동주택에는 3개 층 이내로 할 수 있다.

④ 유수검지장치를 실내에 설치하거나 보호용 철망 등으로 구획하여 바닥으로부터 0.8 m 이상 1.5 m 이하의 위치에 설치하되, 그 실 등에는 가로 0.5 m 이상 세로 1 m 이상의 출입문을 설치하고 그 출입문 상단에 "유수검지장치실"이라고 표시한 표지를 설치할 것. 다만, 유수검지장치를 기계실(공조용기계실을 포함한다)안에 설치하는 경우에는 별도의 실 또는 보호용 철망을 설치하지 아니하고 기계실 출입문 상단에 "유수검지장치실"이라고 표시한 표지를 설치할 수 있다.

⑤ 스프링클러헤드에 공급되는 물은 유수검지장치를 지나도록 할 것.
다만, 송수구를 통하여 공급되는 물은 그러하지 아니하다.

⑥ 자연낙차에 따른 압력수가 흐르는 배관 상에 설치된 유수검지장치는 화재시 물의 흐름을 검지할 수 있는 최소한의 압력이 얻어질 수 있도록 수조의 하단으로부터 낙차를 두어 설치할 것

• 조기반응형 스프링클러헤드를 설치하는 경우에는 습식유수검지장치 또는 부압식스프링클러설비를 설치할 것

MASTER
소방시설관리사 2차 실기시험문제
(소방시설의 설계 및 시공)

발 행 일 2020년 1월 6일 개정 5판 1쇄 인쇄
2020년 1월 10일 개정 5판 1쇄 발행

저 자 백종해

발 행 처 

발 행 인 이상원
신고번호 제 300-2007-143호
주 소 서울시 종로구 율곡로13길 21
대표전화 02) 745-0311~3
팩 스 02) 766-3000
홈페이지 www.crownbook.com
I S B N 978-89-406-4171-2 / 13550

특별판매정가 38,000원

이 도서의 문의를 편집부(02-6430-7029)로 연락주시면
친절하게 응답해 드립니다.